CAD/CAM 工程范例系列教材

职业技能培训用书

计算机辅助设计与制造实训图库

常州轻工职业技术学院
国家级数控培训基地
美国UGS公司授权培训中心

袁锋　编著
吴华　主审

机 械 工 业 出 版 社

本书结合了作者多年从事 CAD/CAM/CAE 的教学和培训的经验，在总结多年的教学及教学改革经验的基础上，根据不同层次、专业的学生在学习计算机辅助设计与制造课程中的需求，编写出了这本适合教学与实训使用的 CAD/CAM 图库。

全书共分十章，第一章为二维造型实训图库；第二章为线框造型实训图库；第三、四章为实体造型实训图库；第五章为曲面造型实训图库；第六、七章为全国数控大赛图库；第八章为计算机辅助制造 CAM 图库；第九章为钣金件造型图库；第十章为塑料制品造型实训图库。

本图库适用于国内外 CAD/CAM 领域各层次相关软件，不限定于某一特指绘图设计软件。不同的设计软件可根据图库内容进行有选择的练习。练习的目的在于熟练掌握并应用 CAD/CAM 软件完成对机械产品的二维工程图形制作、零部件结构三维设计与制造。

本书适用于学习计算机辅助设计与制造各层次、各专业人员使用，也可供工程设计人员学习 CAD/CAM 技术时参考。

图书在版编目（CIP）数据

计算机辅助设计与制造实训图库/袁锋编著. —北京：机械工业出版社，2007. 4（2026. 2 重印）

（CAD/CAM 工程范例系列教材）职业技能培训用书

ISBN 978-7-111-21278-2

Ⅰ. 计… Ⅱ. 袁… Ⅲ. ①计算机辅助设计-教材②计算机辅助制造-教材 Ⅳ. TP391. 7

中国版本图书馆 CIP 数据核字（2007）第 048772 号

机械工业出版社（北京市百万庄大街 22 号 邮政编码 100037）
责任编辑：汪光灿 版式设计：张世琴 责任校对：李 婷
封面设计：王伟光 责任印制：邓 博
涿州市般润文化传播有限公司印刷
2026 年 2 月第 1 版第 14 次印刷
184mm×260mm · 21. 75 印张 · 540 千字
标准书号：ISBN 978-7-111-21278-2
定价：66. 00 元

电话服务	网络服务
客服电话：010-88361066	机 工 官 网：www. cmpbook. com
010-88379833	机 工 官 博：weibo. com/cmp1952
010-68326294	金 书 网：www. golden-book. com
封底无防伪标均为盗版	机工教育服务网：www. cmpedu. com

前　言

作为先进制造技术与信息技术相结合的产物，数字化设计与数字化制造已成为当今世界制造业发展的大趋势，成为世界各国在科技竞争中抢占制高点的突破口。使用计算机绘制图形并设计出产品已成为当代设计人员掌握的首要方法。在对一个产品进行开发、设计和制造的整个过程中，借助计算机及CAD/CAM软件制作和产生各种二维图形、三维实体模型及工程图样并生成数控加工程序已成为数字化设计与数字化制造的主要手段。

图样是设计师的语言，是表达设计思想最重要的工具。作为优秀的设计人员，应该能够将自己的设计方案用规范、美观的图样表现出来。因此，熟练掌握CAD/CAM技术进行设计与制造，是能否正确、快捷、简明表达最终设计与制造结果的重要步骤。

常州轻工职业技术学院作为美国UGS的授权培训中心、国家级数控培训基地，常年从事CAD/CAM软件和数控机床的教学培训工作，积累了丰富的教学和培训经验。本书的作者为UGS公司正式授权的UG教员，于2002－2005年连续四年担任全国数控培训网络“Unigraphics师资培训班”教官。本书结合了作者多年从事CAD/CAM/CAE的教学和培训的经验，在总结多年的教学及教学改革经验的基础上，根据不同层次、专业的学生在学习计算机辅助设计与制造课程中的需求，编写出了这本适合教学与实训使用的图库。

全书共分十章，第一章为二维造型实训图库；第二章为线框造型实训图库；第三、四章为实体造型实训图库；第五章为曲面造型实训图库；第六、七章为全国数控大赛图库；第八章为计算机辅助制造CAM实训图库；第九章为钣金件造型实训图库；第十章为塑料制品造型实训图库。

本图库适用于国内外CAD/CAM领域各层次相关软件，不限定于某一特指绘图设计软件。不同的设计软件可根据图库内容进行有选择的练习。练习的目的在于熟练掌握并应用CAD/CAM软件完成对机械产品的二维工程图形制作、零部件结构三维设计与制造。

本书适用于学习计算机辅助设计与制造各层次、各专业人员使用，也可供工程设计人员学习CAD/CAM技术时参考。

本书由常州轻工职业技术学院吴华高级技师主审。

本书在编写过程中得到了常州轻工职业技术学院、全国数控技能大赛组委会、优集系统（中国）有限公司与UGS各授权培训中心的大力支持，在此表示衷心感谢。

由于编者水平有限，谬误欠妥之处恳请读者指正并提宝贵意见。我的E－Mail：YF2008@CZILI. EDU. CN。

编著者

目　录

第一章　二维造型实训图库

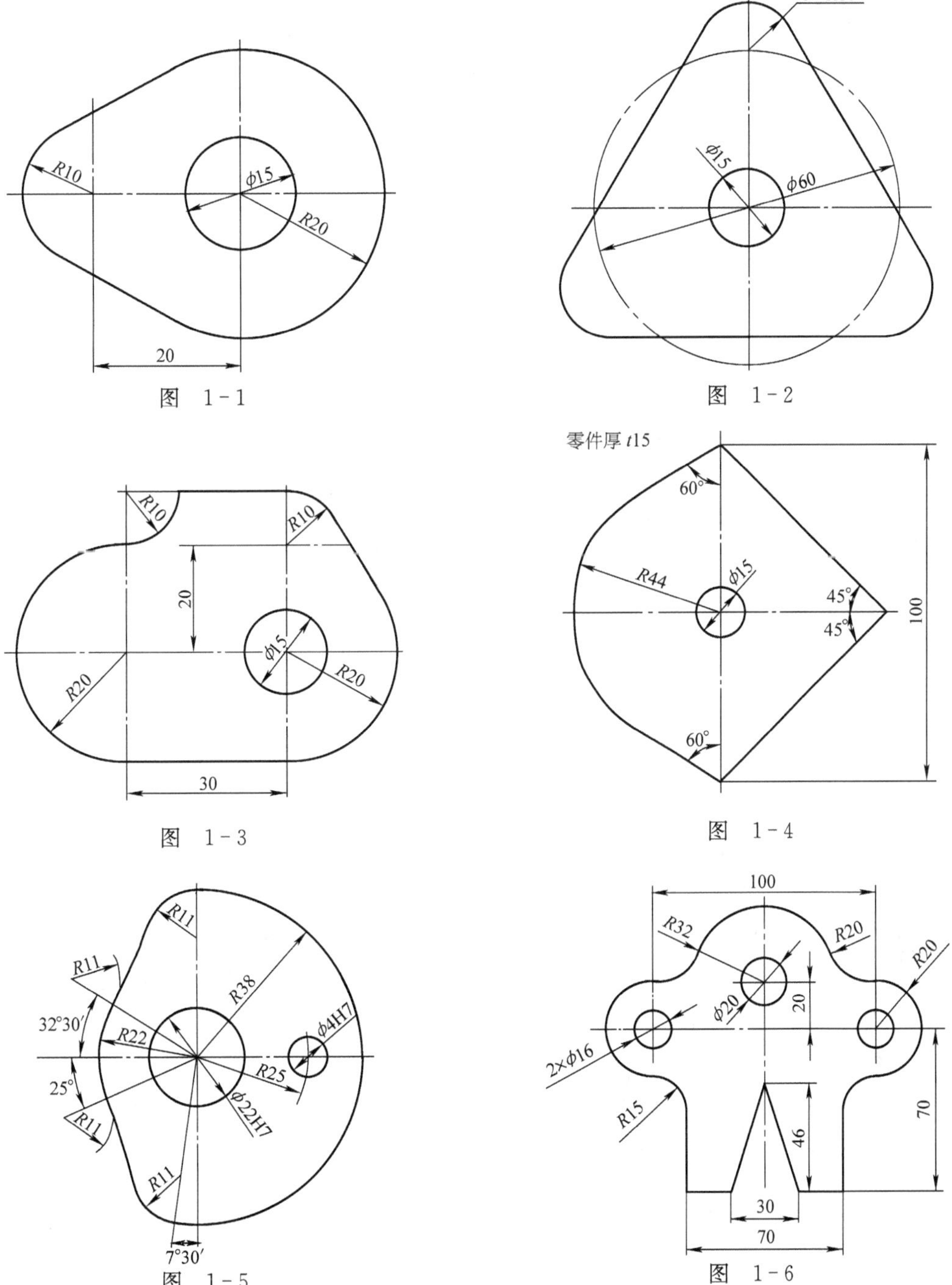

图　1-1

图　1-2

图　1-3

图　1-4

图　1-5

图　1-6

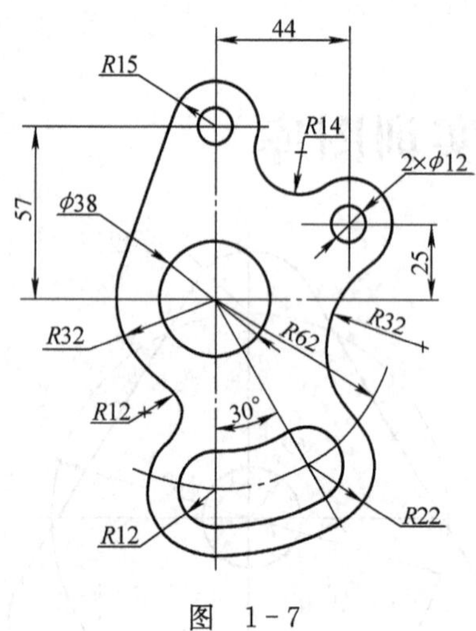

图 1-7

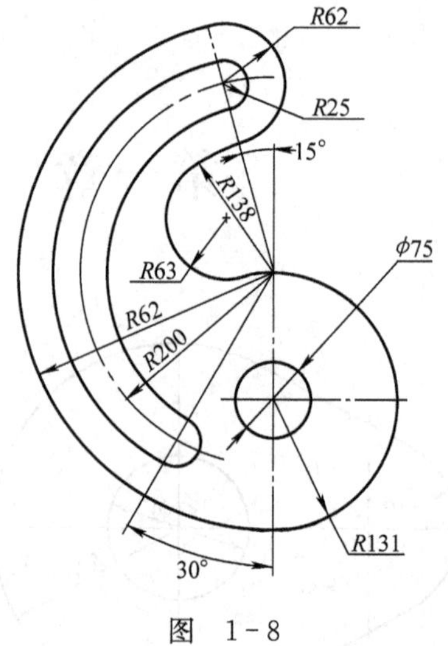

图 1-8

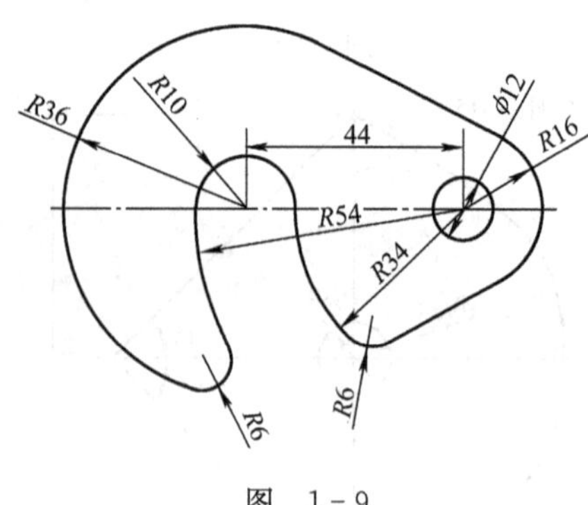

图 1-9

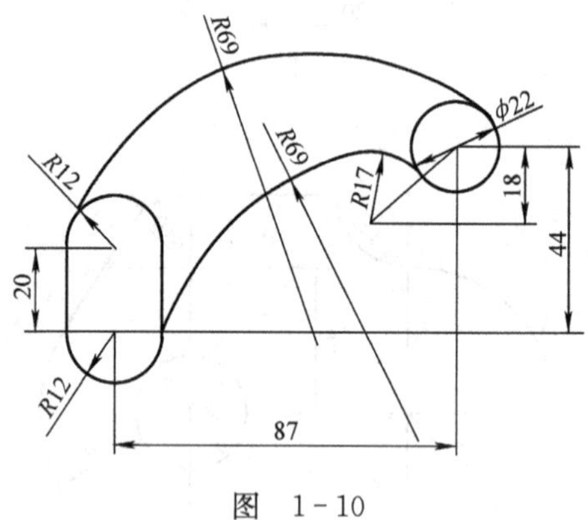

图 1-10

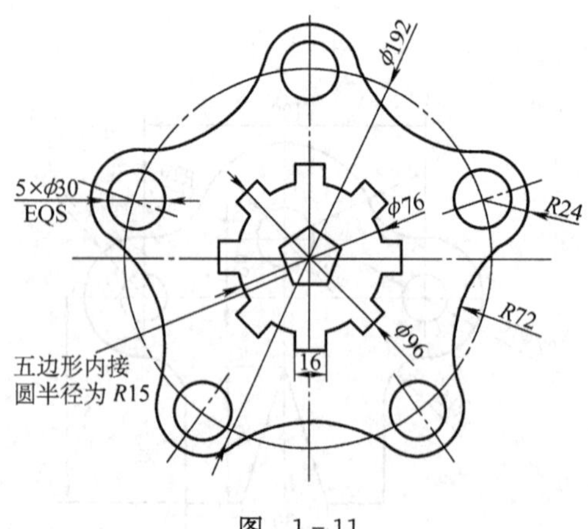

图 1-11

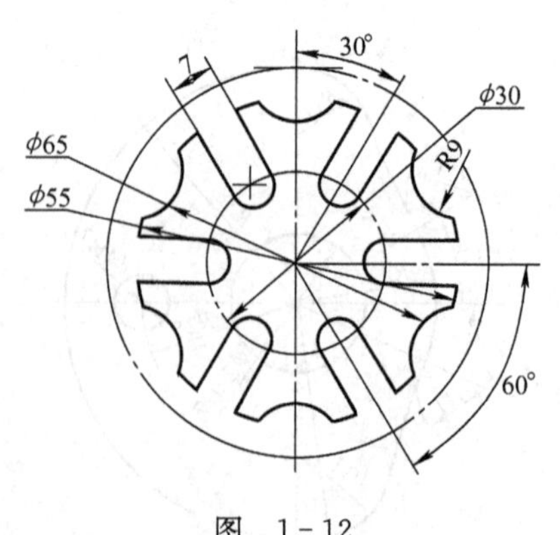

图 1-12

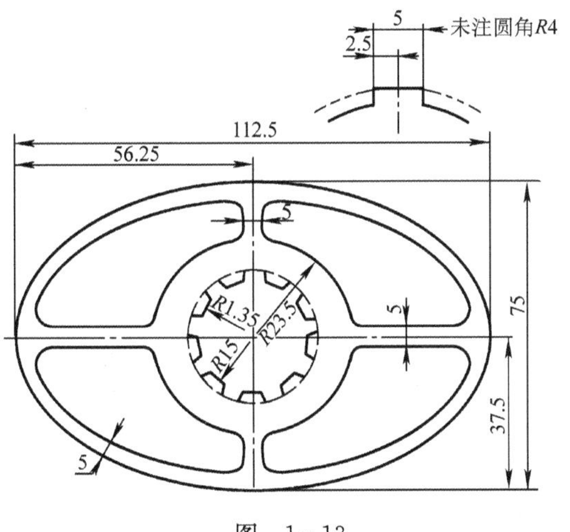

图　1-13

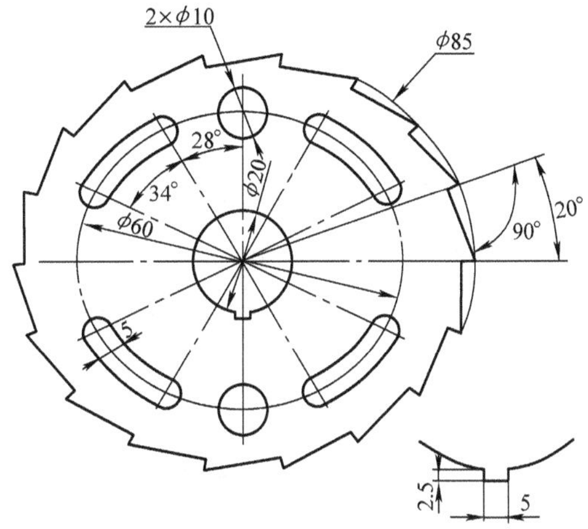

图　1-14

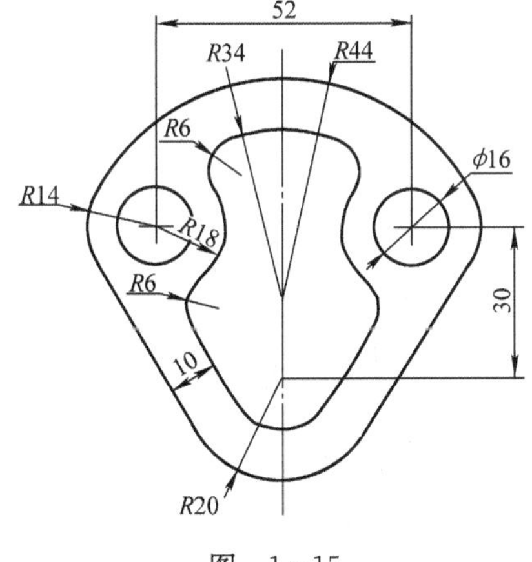

图　1-15

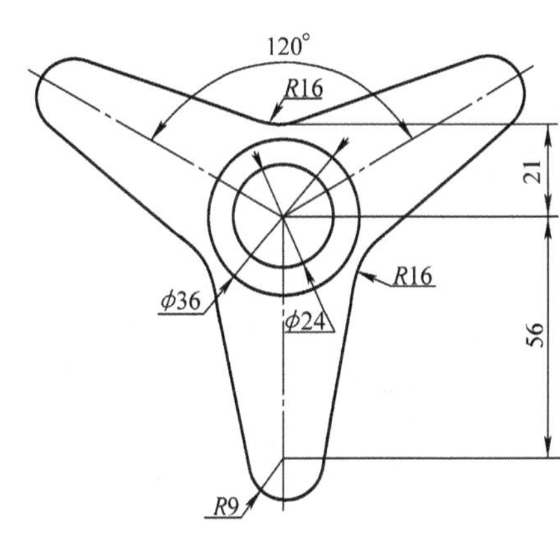

图　1-16

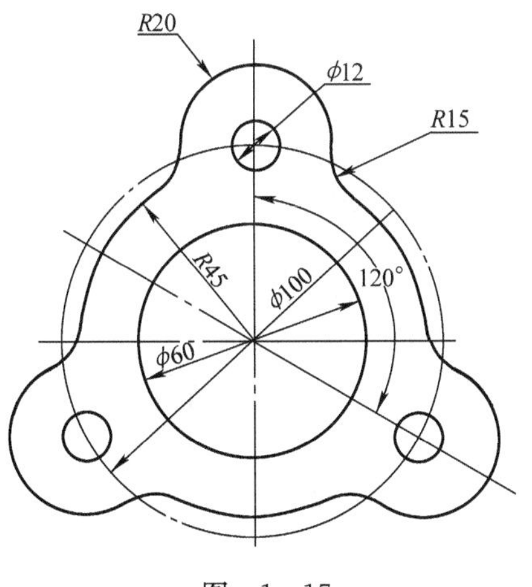

图　1-17

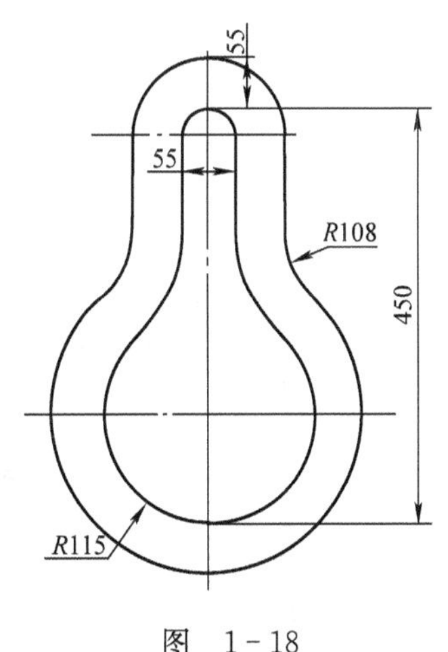

图　1-18

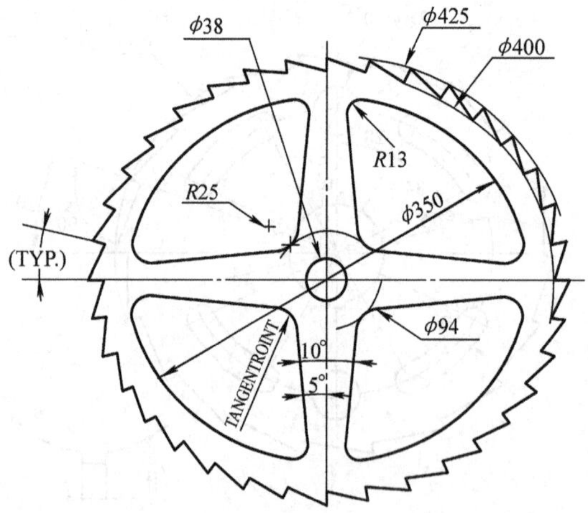

图 1-19

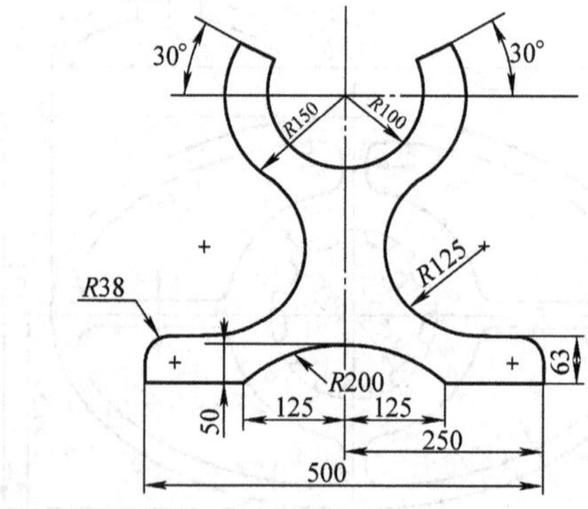

图 1-20

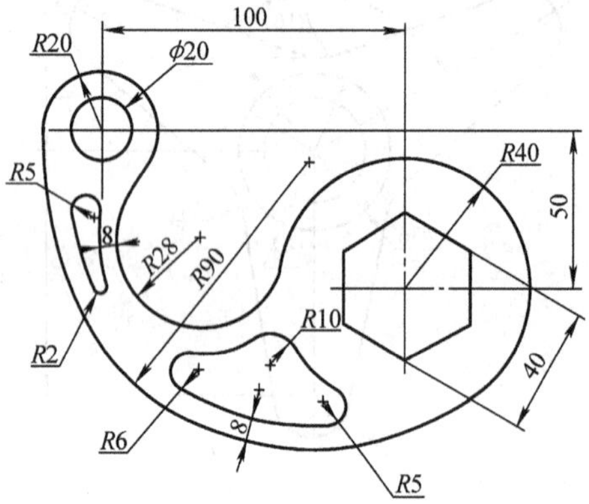

图 1-21

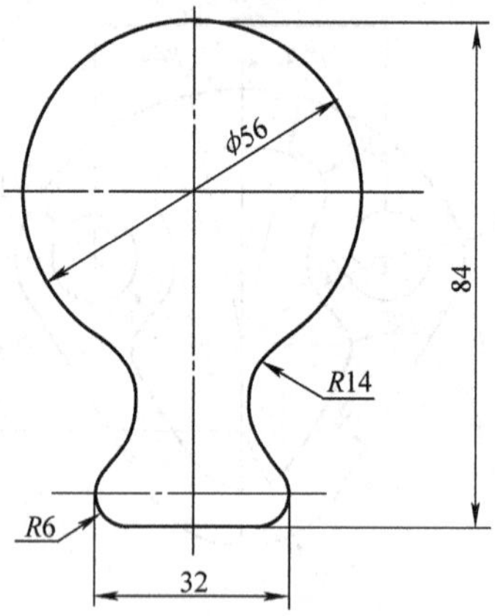

图 1-22

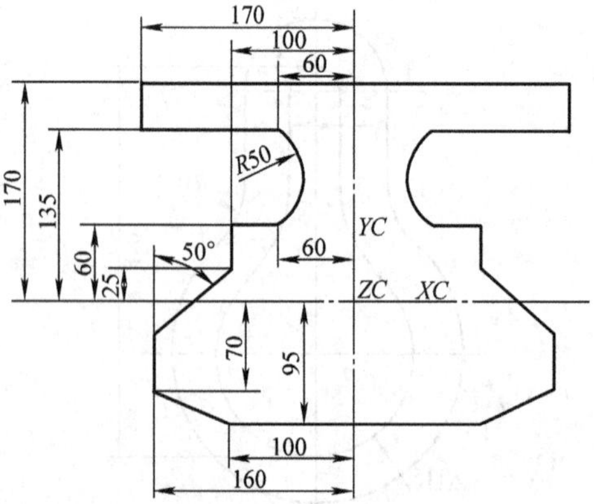

图 1-23

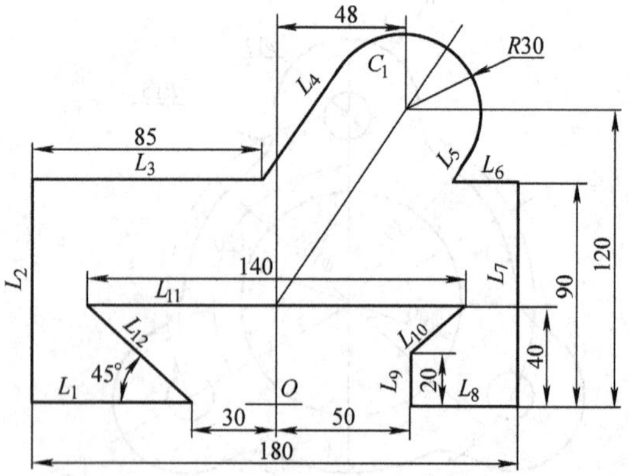

图 1-24

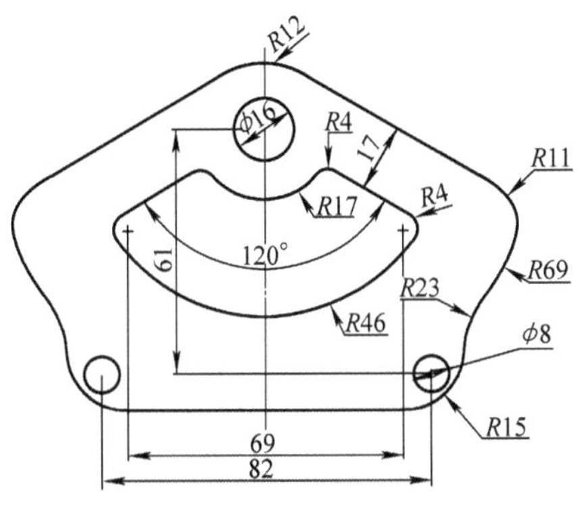

图　1-25

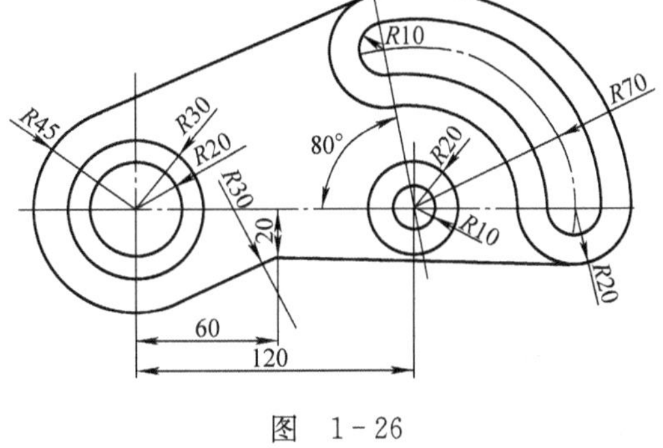

图　1-26

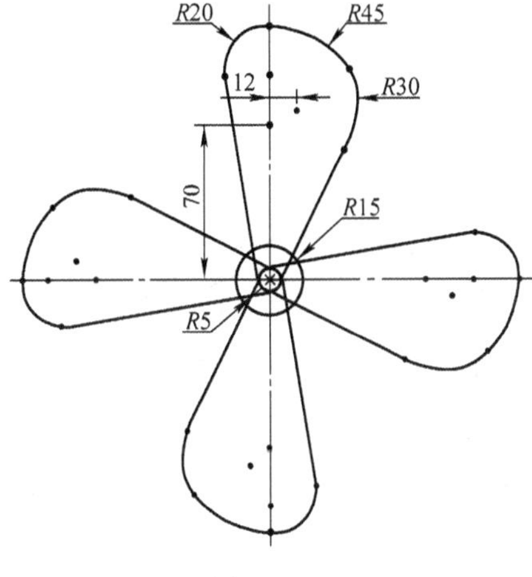

图　1-27

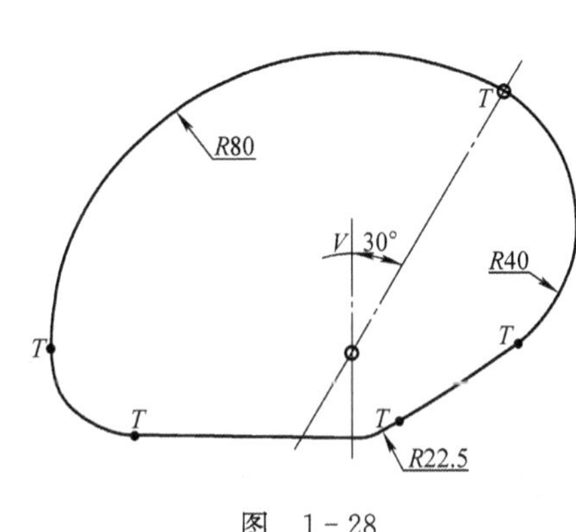

图　1-28

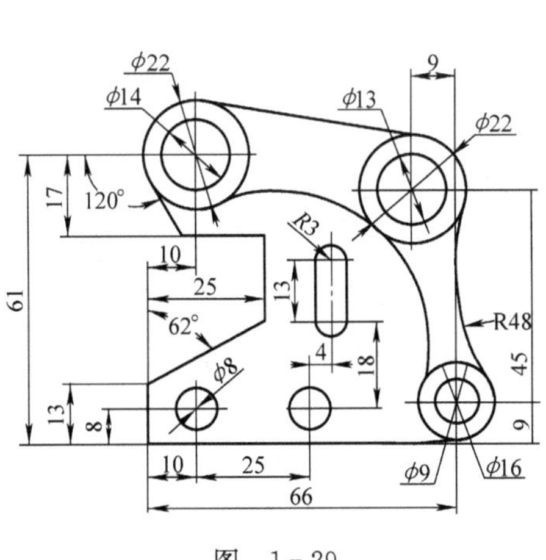

图　1-29

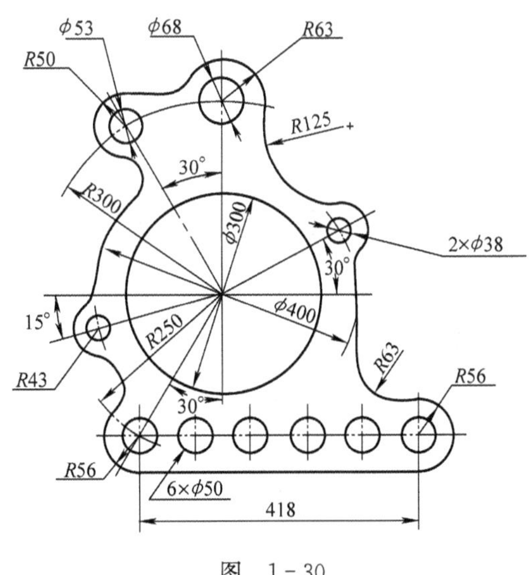

图　1-30

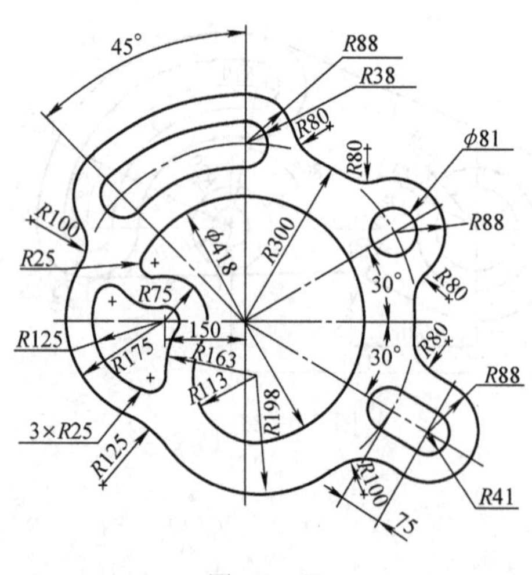

图 1-31

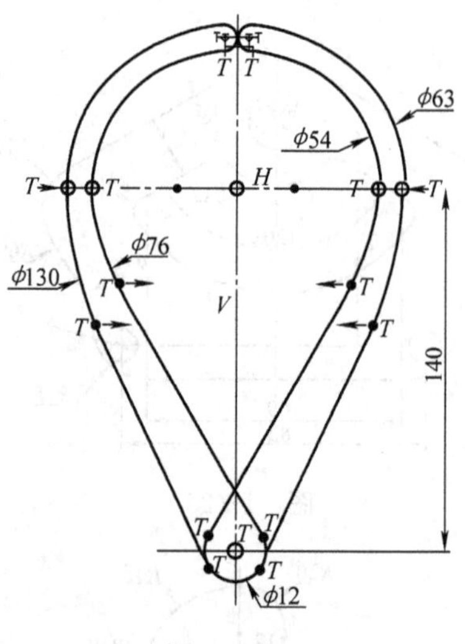

图 1-32

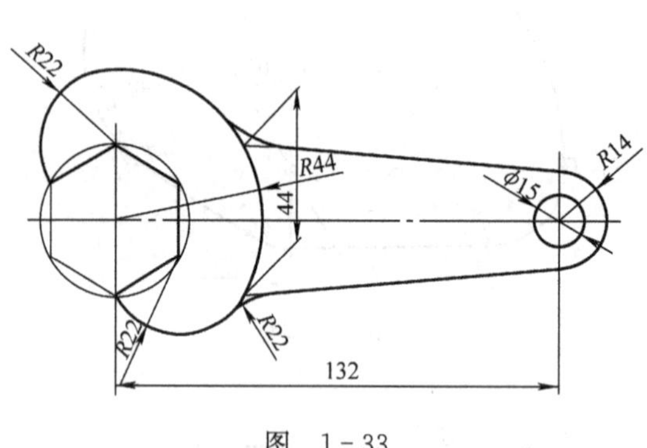

图 1-33

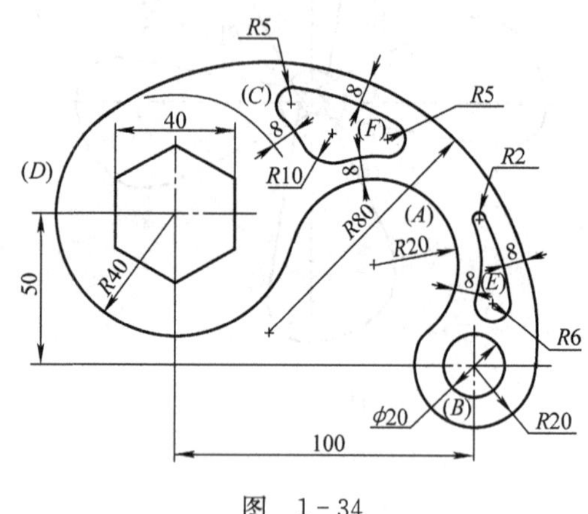

图 1-34

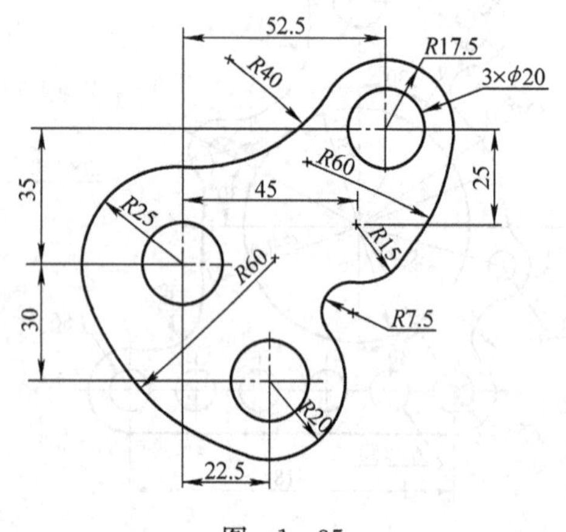

图 1-35

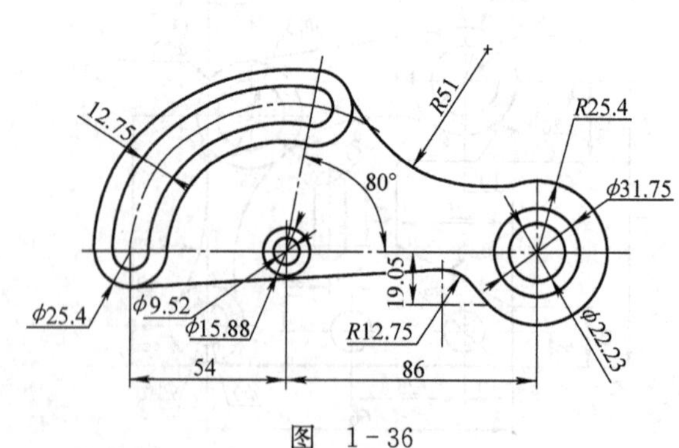

图 1-36

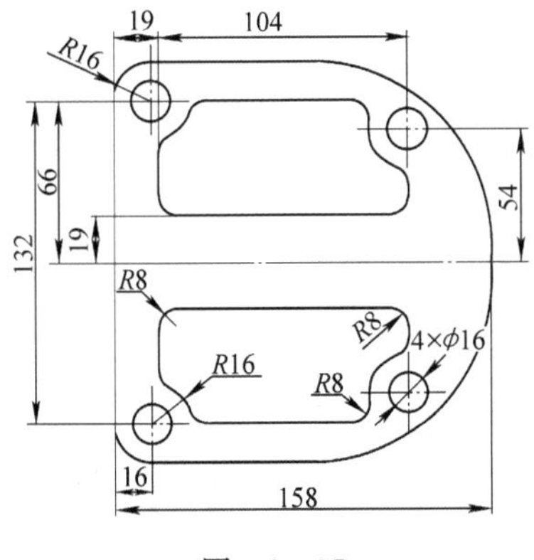

图　1-37

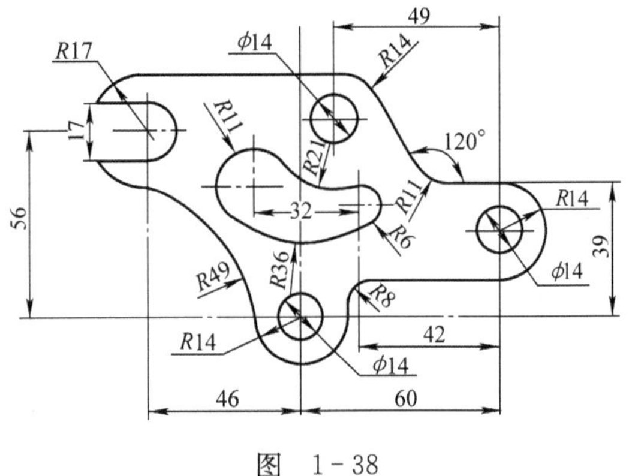

图　1-38

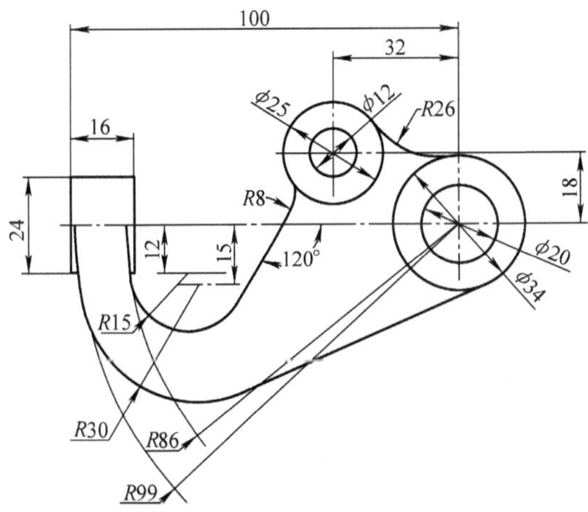

图　1-39

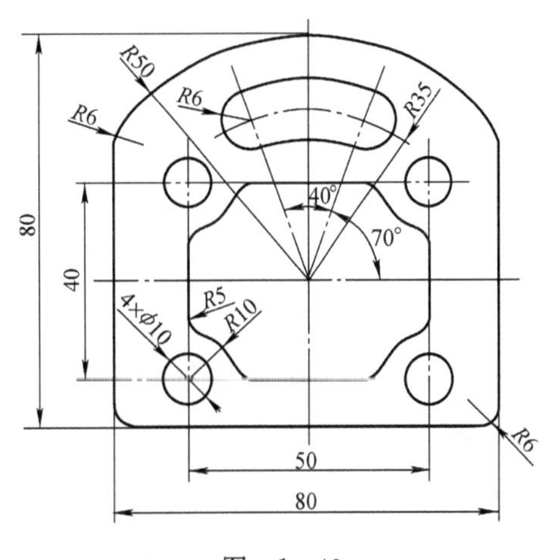

图　1-40

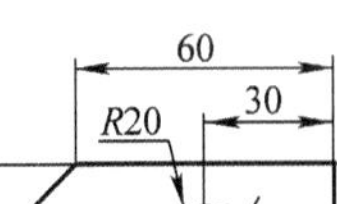

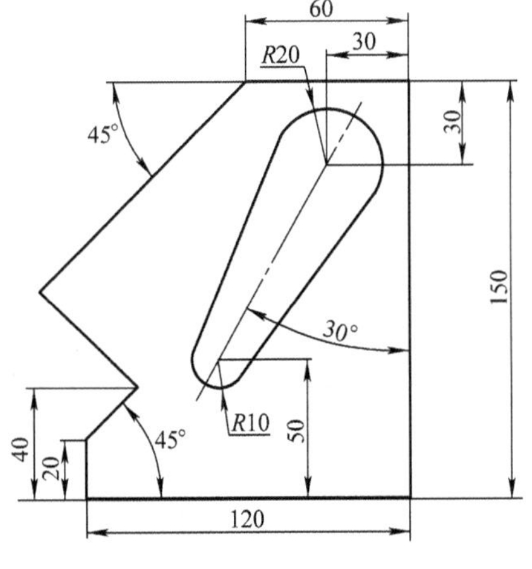

图　1-41

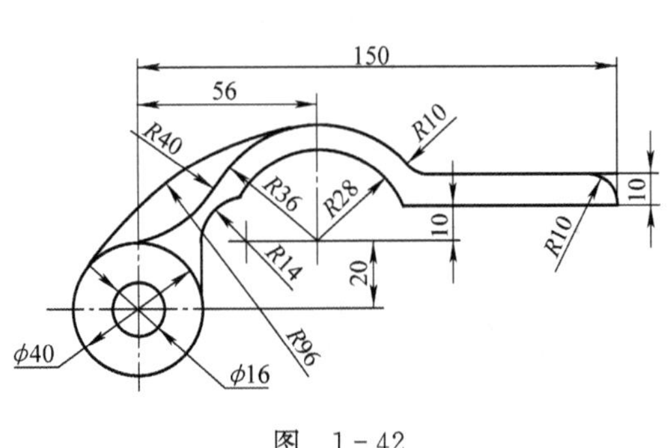

图　1-42

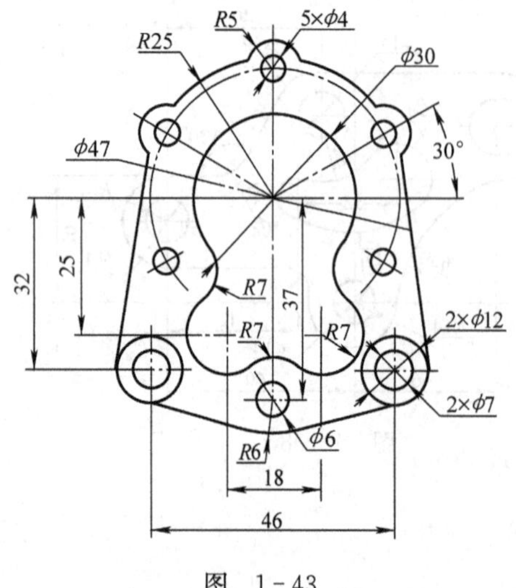

图 1-43

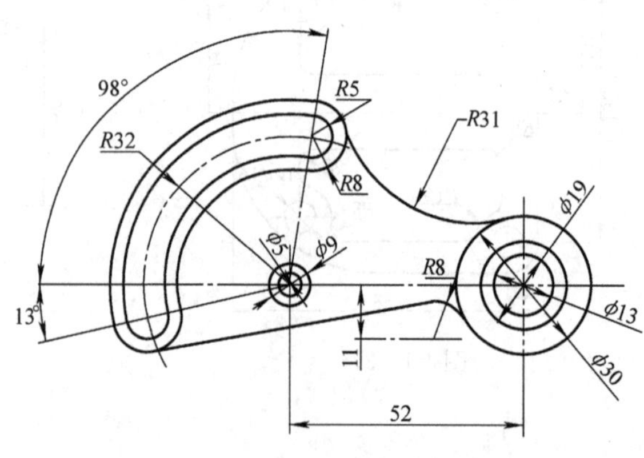

图 1-44

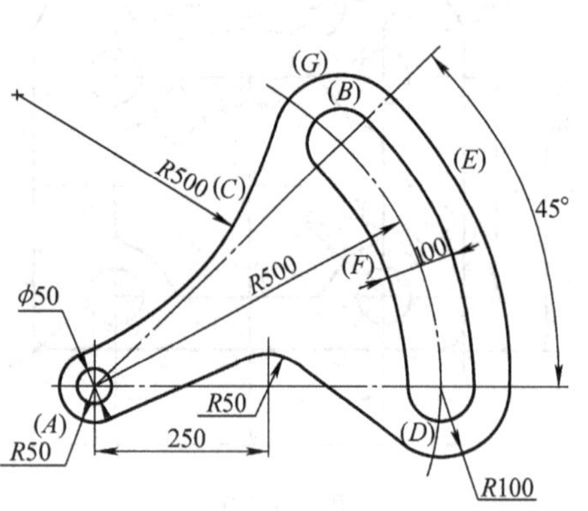

图 1-45

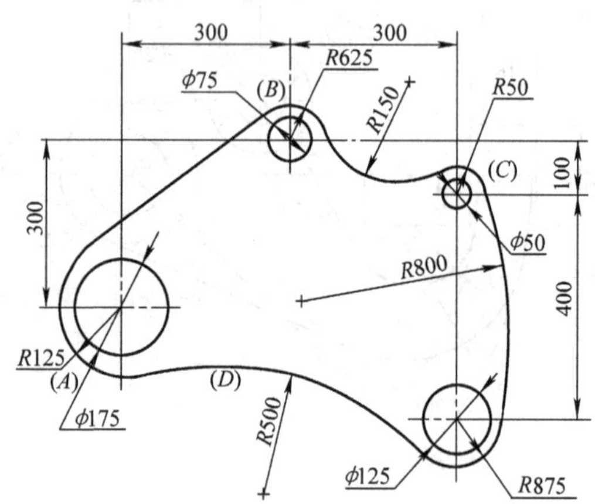

图 1-46

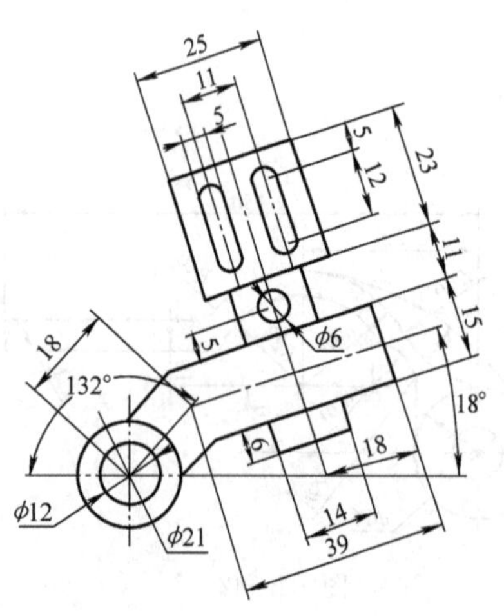

图 1-47

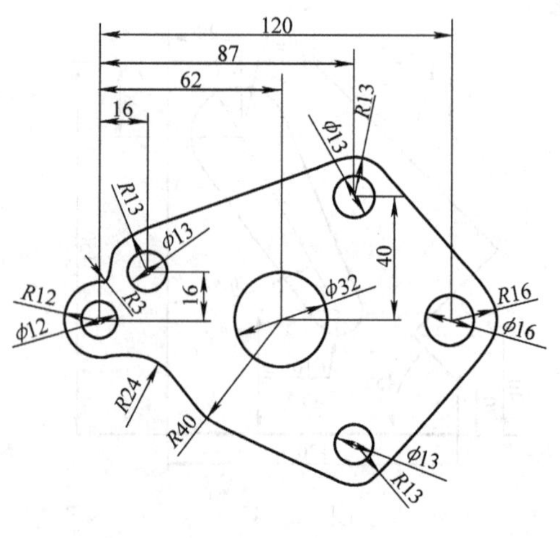

图 1-48

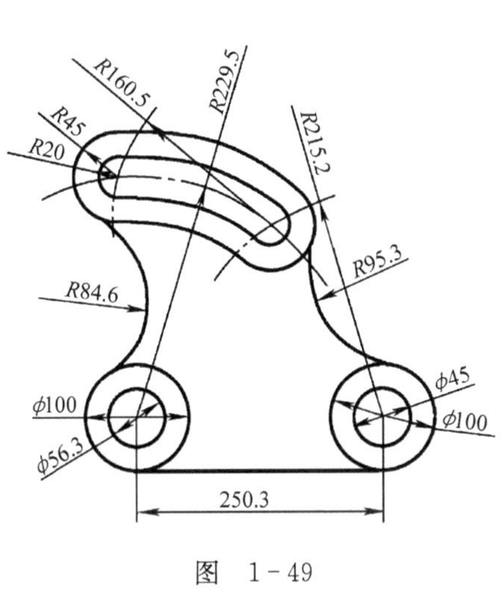

图　1－49

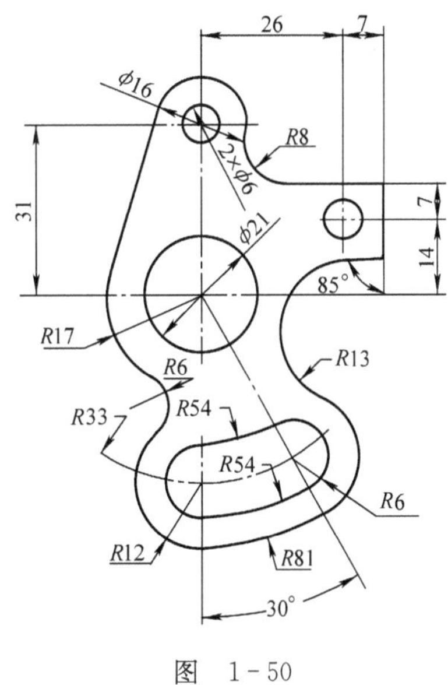

图　1－50

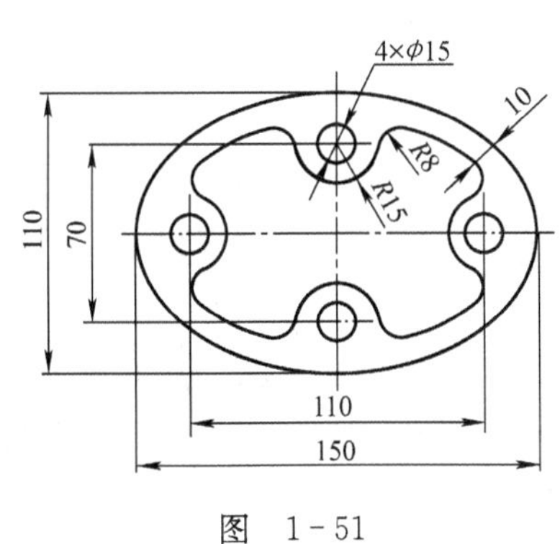

图　1－51

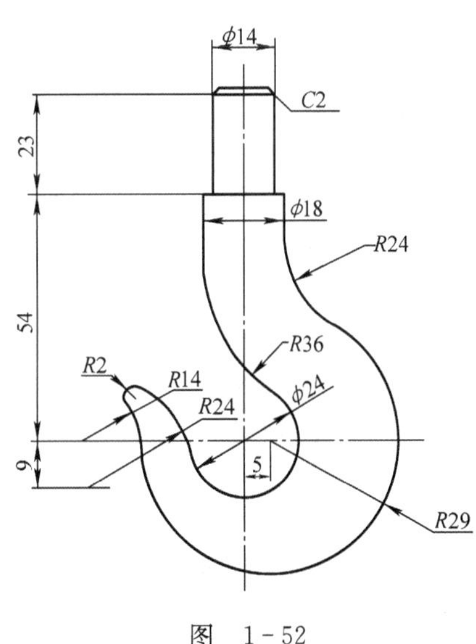

图　1－52

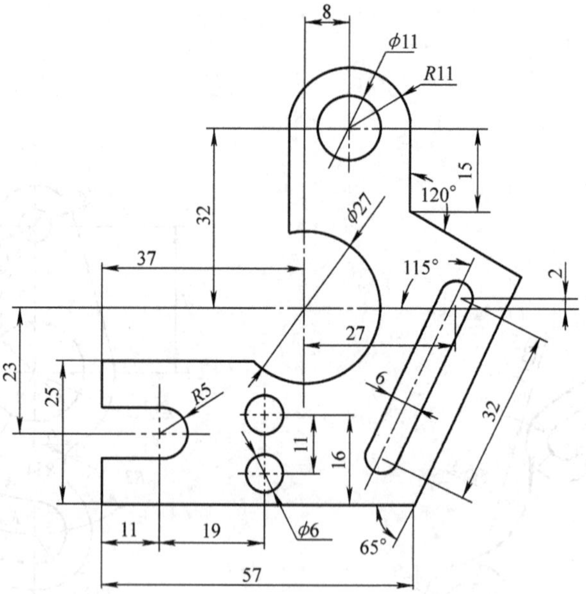

图 1-53

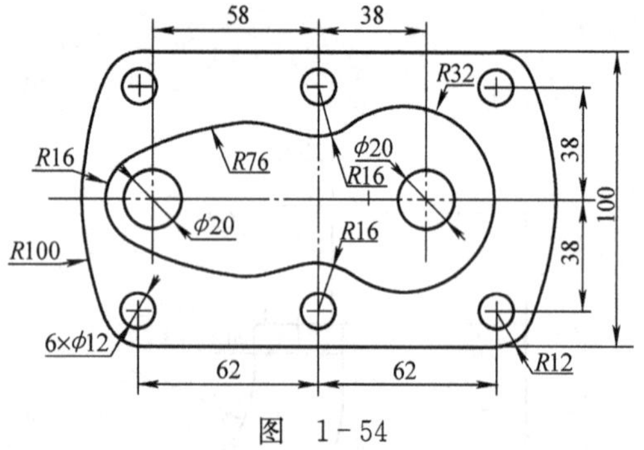

图 1-54

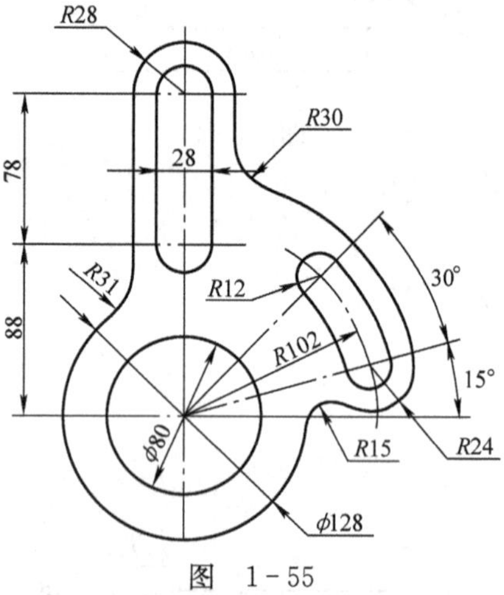

图 1-55

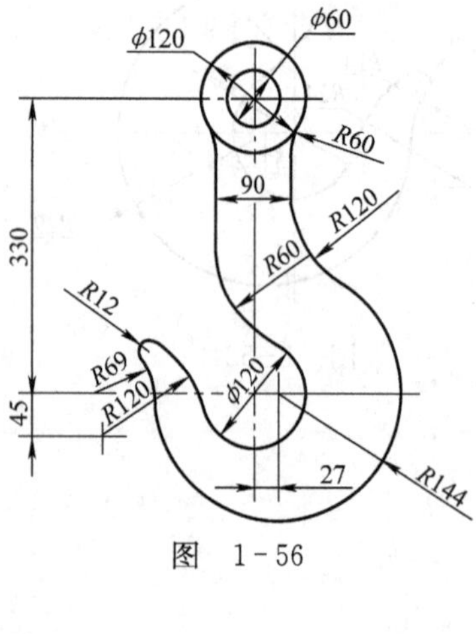

图 1-56

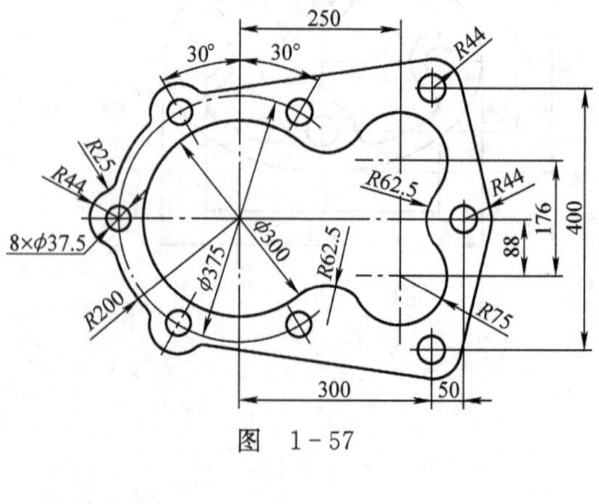

图 1-57

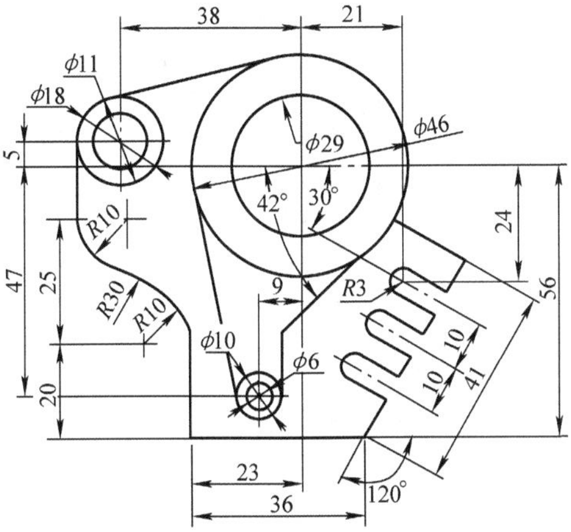

图　1-58

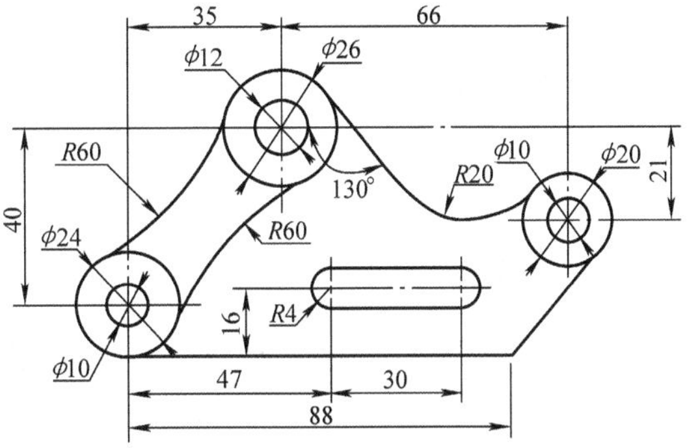

图　1-59

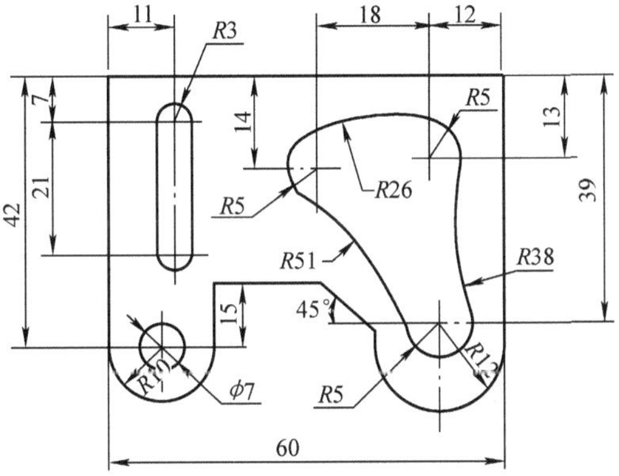

图　1-60

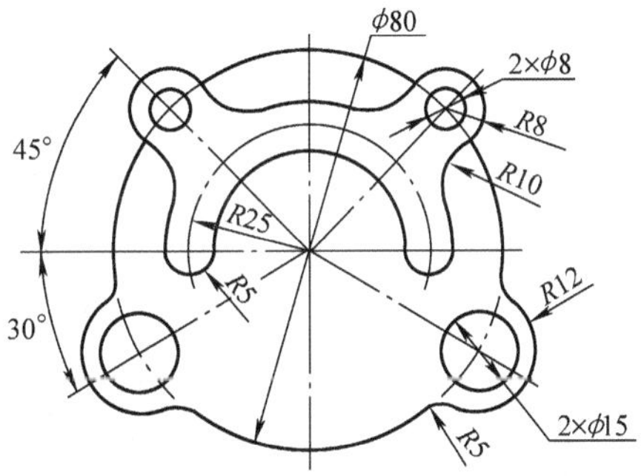

图　1-61

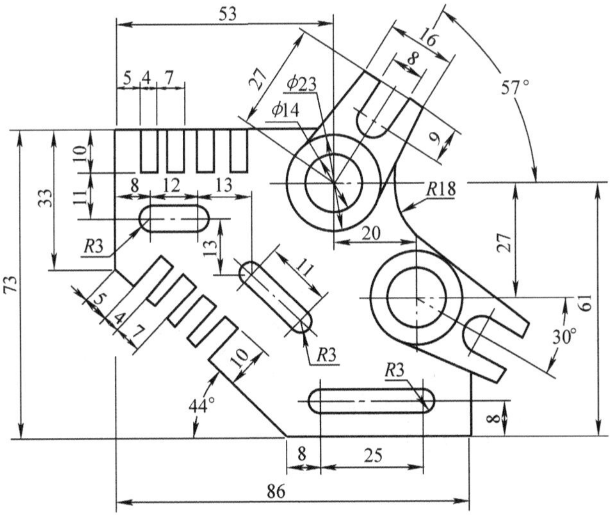

图　1-62

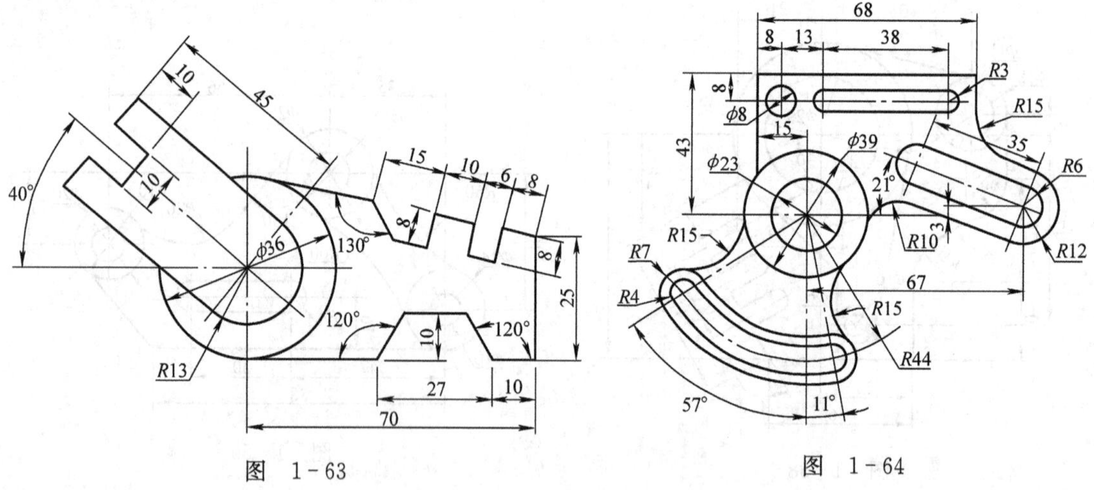

图 1-63　　图 1-64

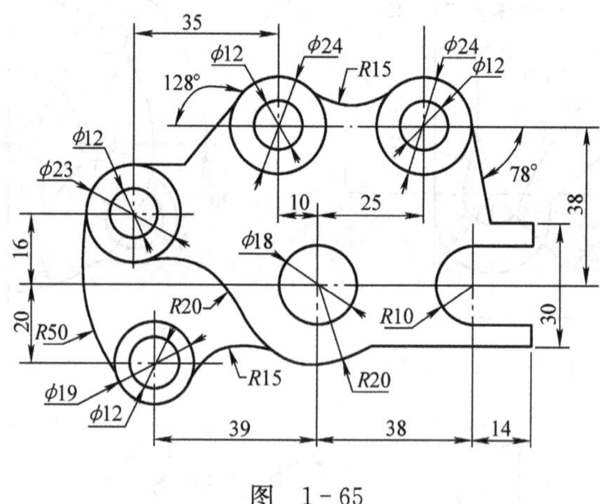

图 1-65

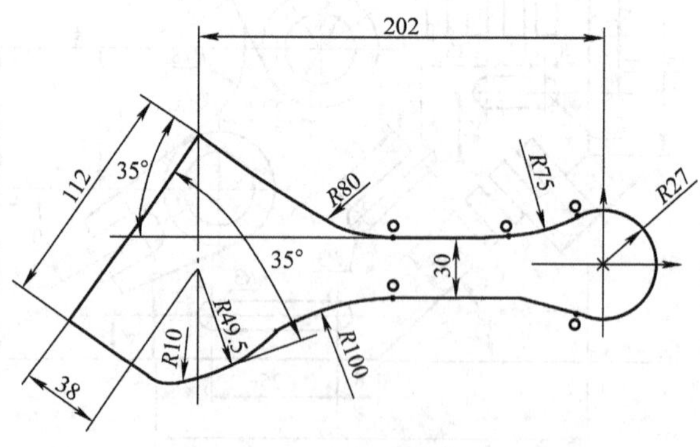

图 1-66

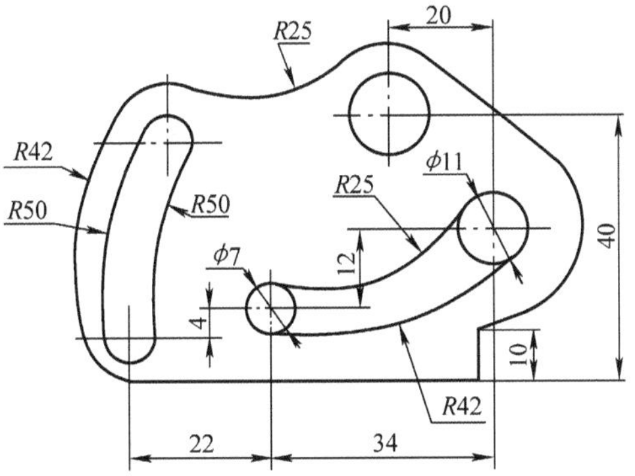

图　1-67

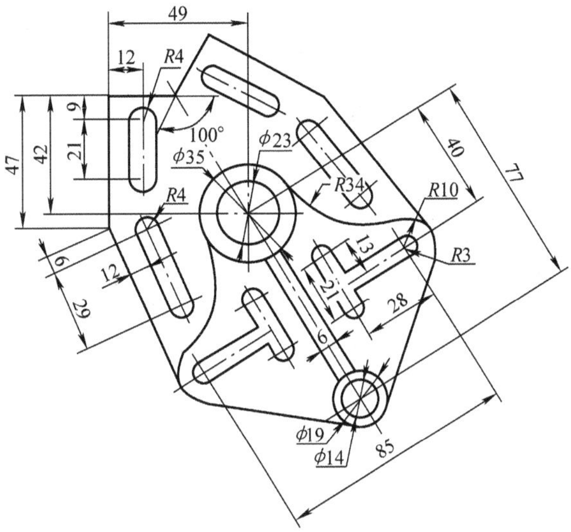

图　1-68

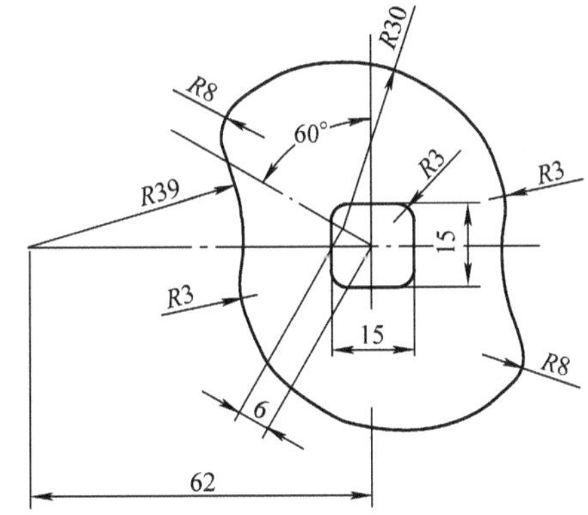

图　1-69

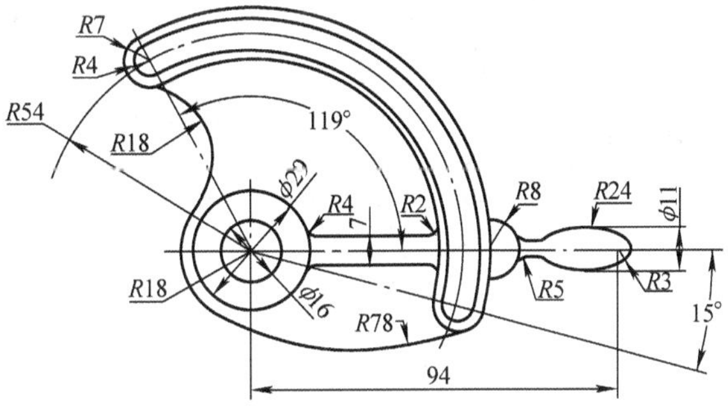

图　1-70

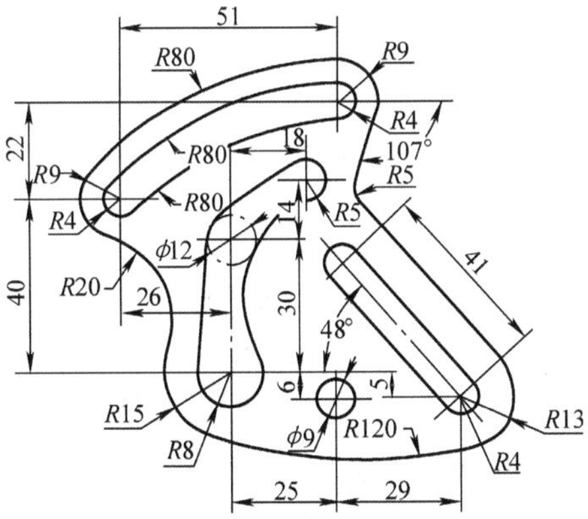

图　1-71

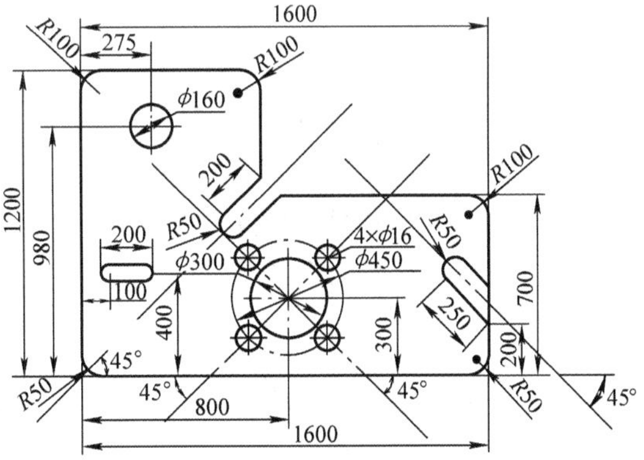

图　1-72

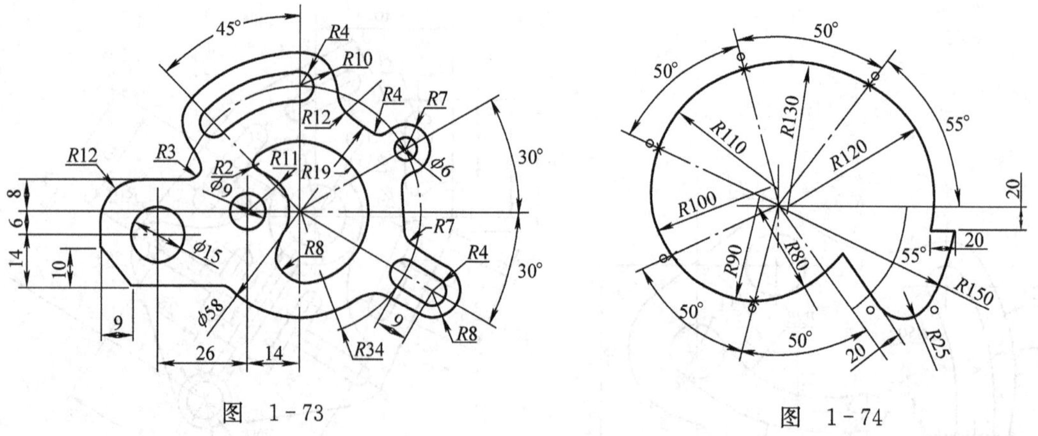

图 1-73

图 1-74

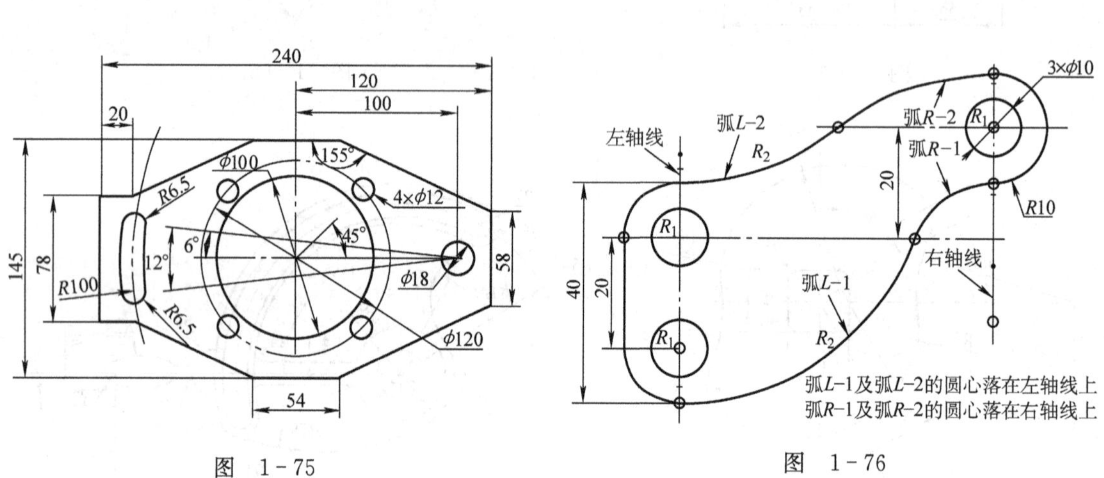

图 1-75

图 1-76

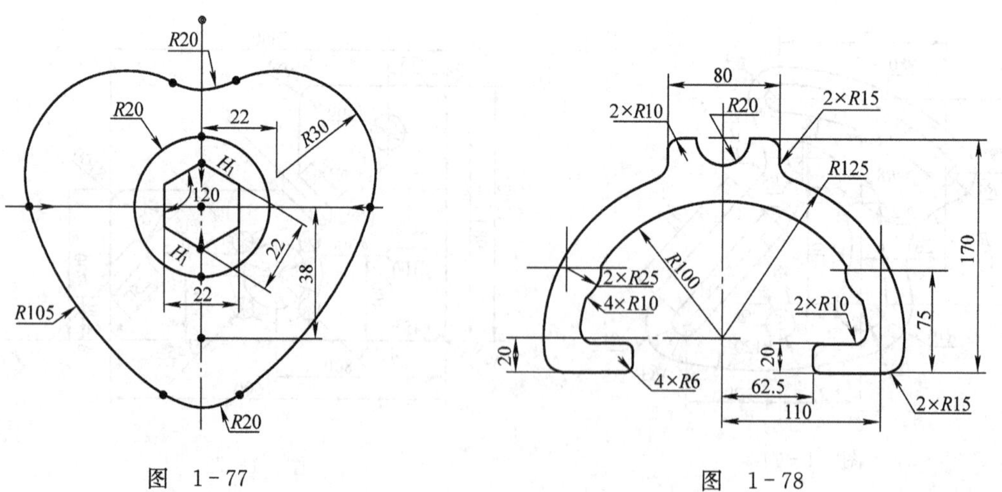

图 1-77

图 1-78

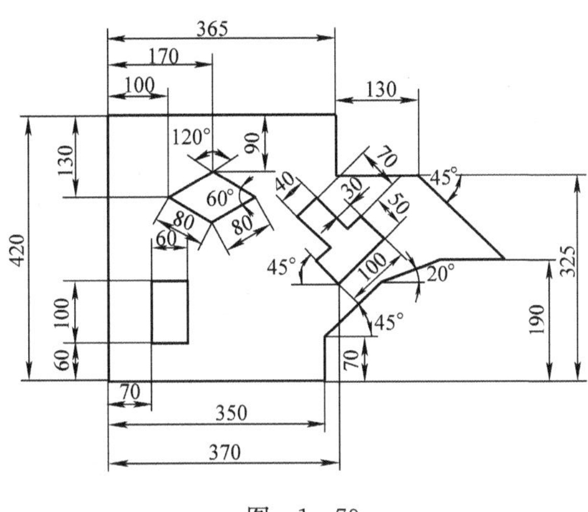

图　1－79

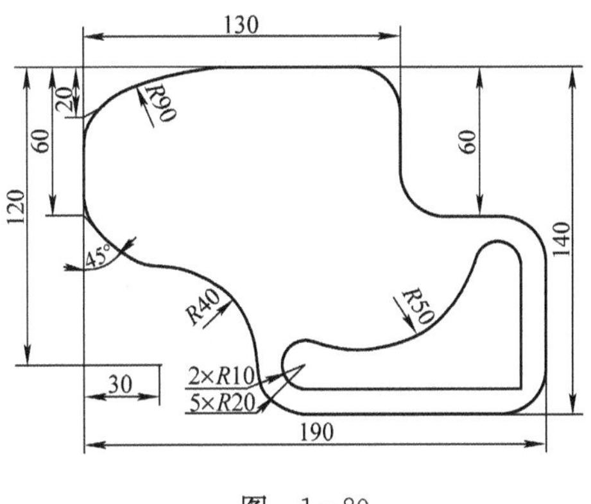

图　1－80

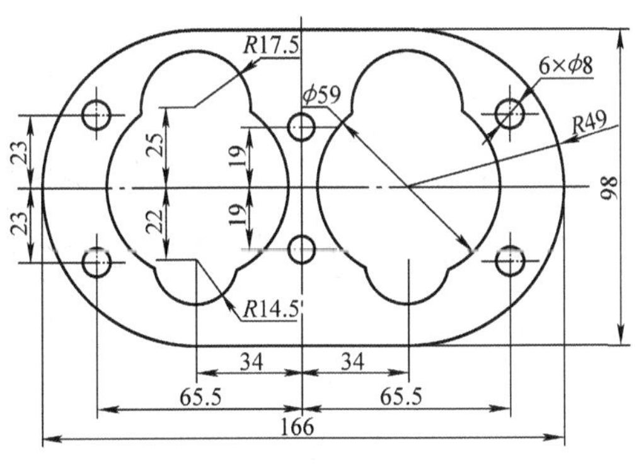

图　1－81

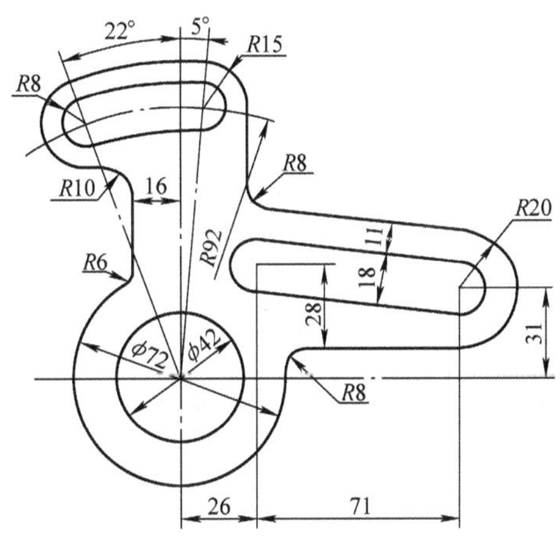

图　1－82

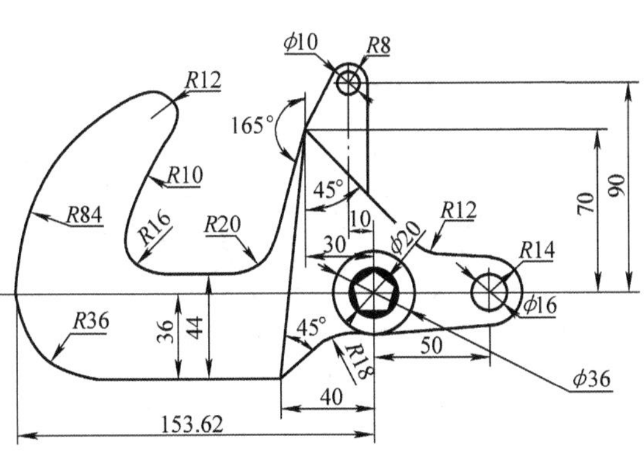

图　1－83

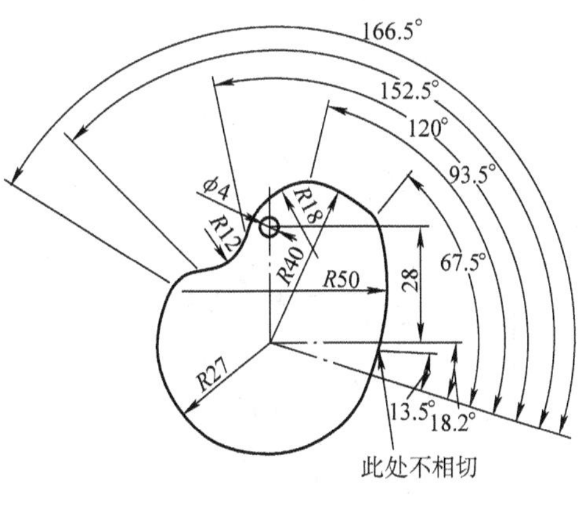

图　1－84

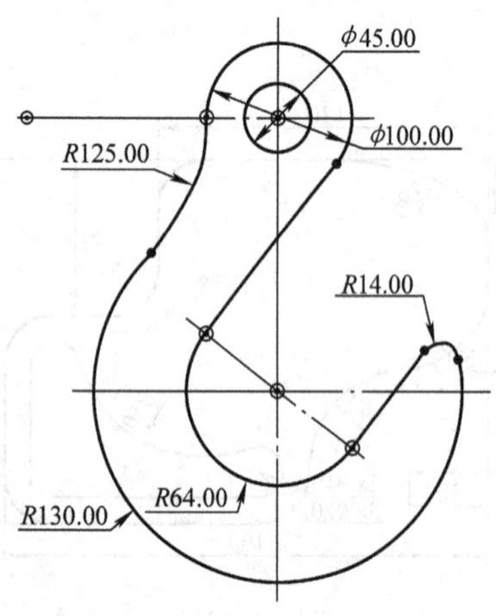

图 1-85

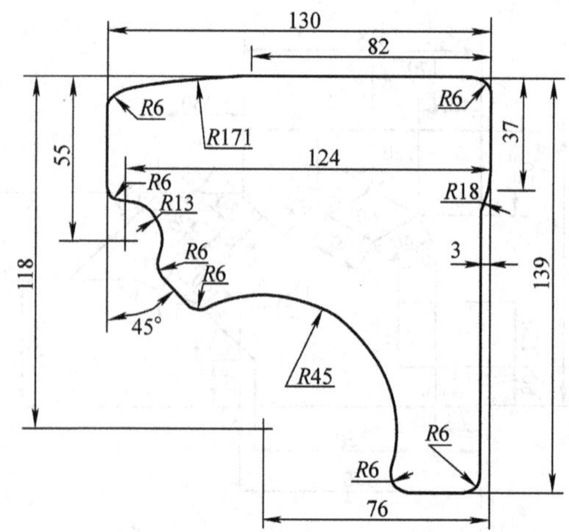

图 1-86

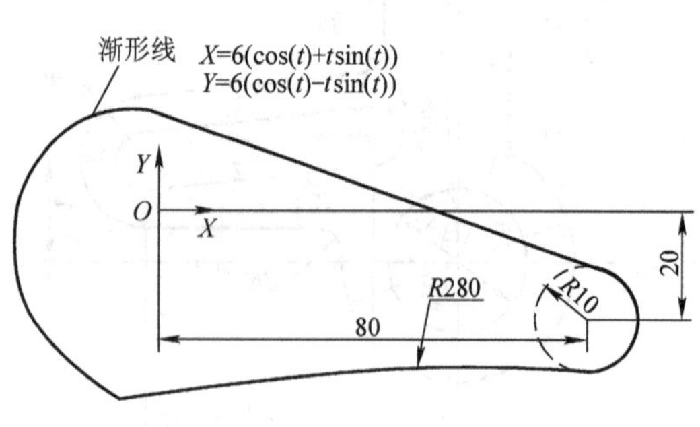

图 1-87

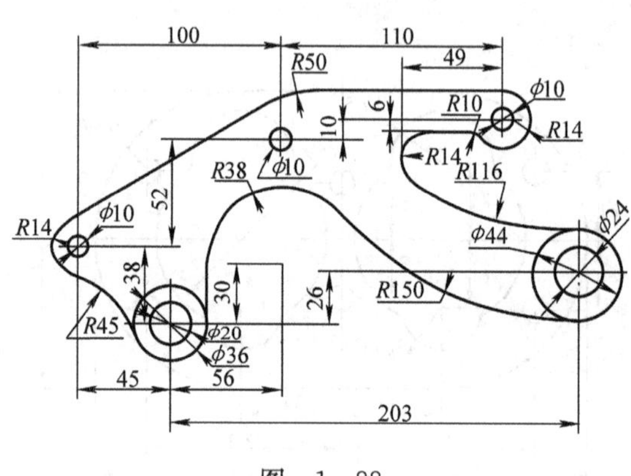

图 1-88

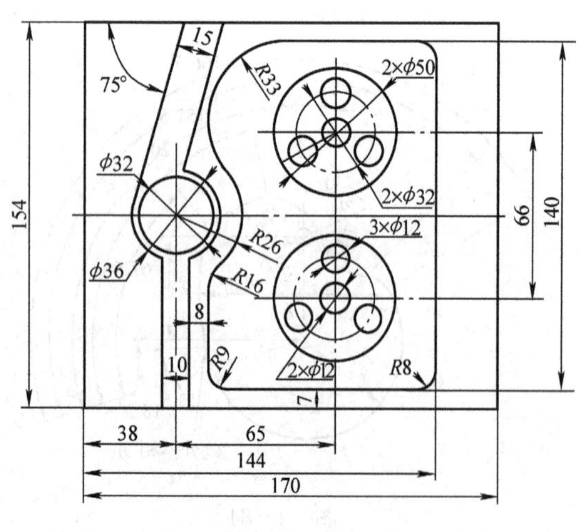

图 1-89

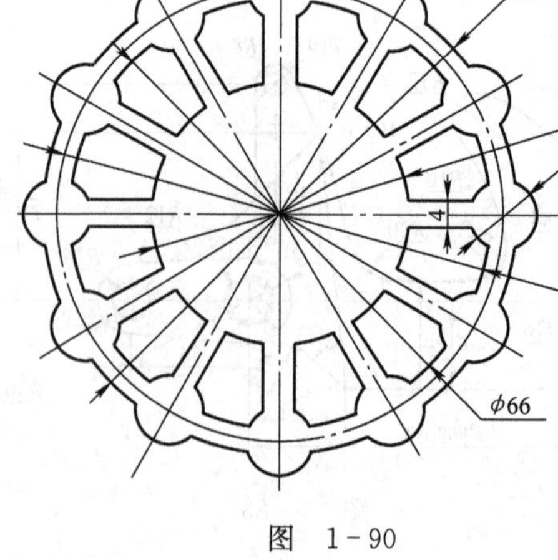

图 1-90

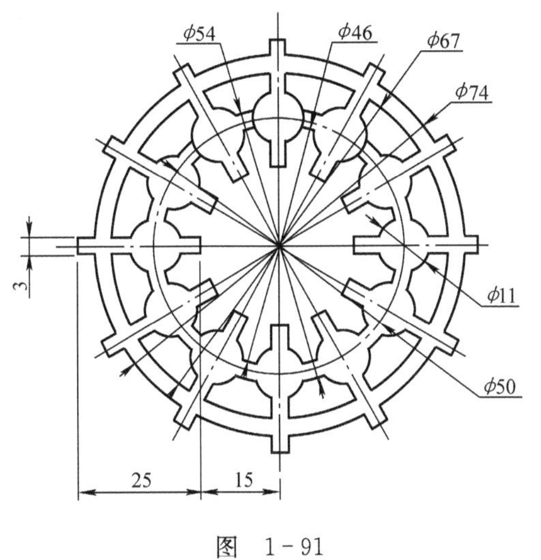

图　1-91

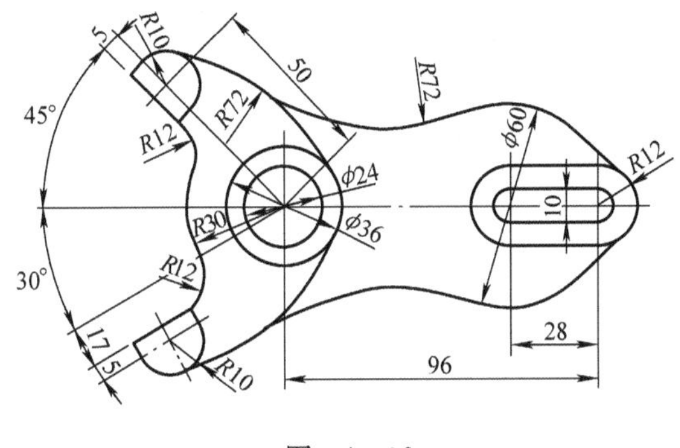

图　1-92

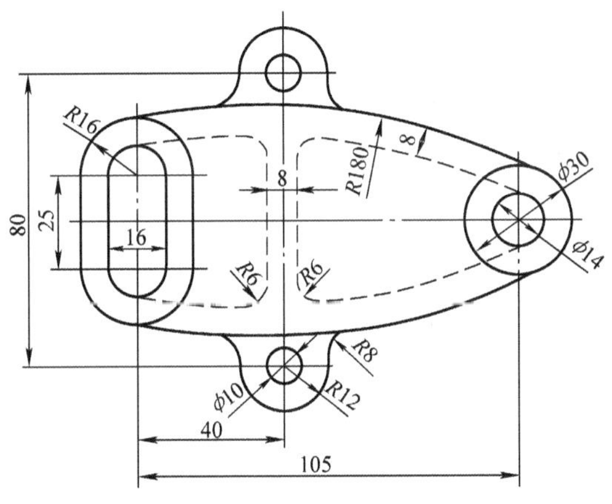

图　1-93

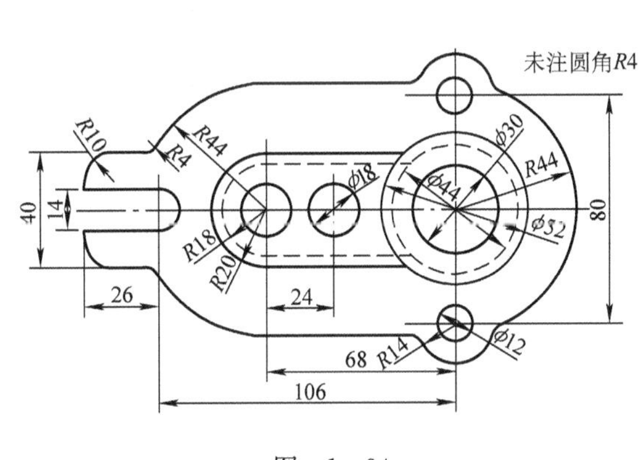

图　1-94

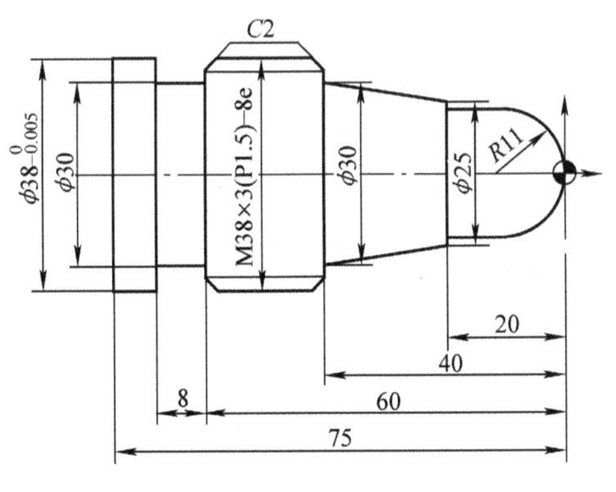

图　1-95

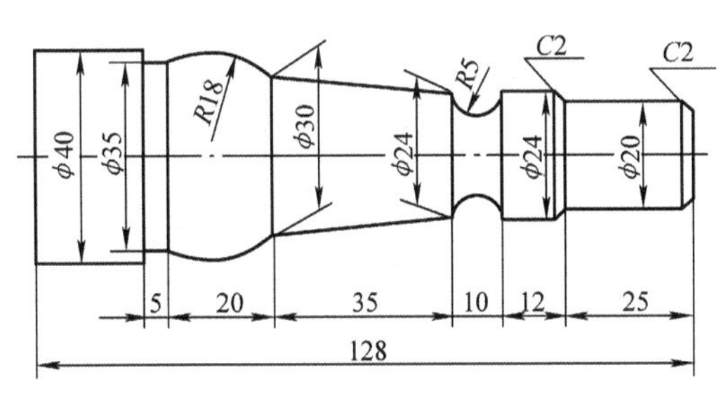

图　1-96

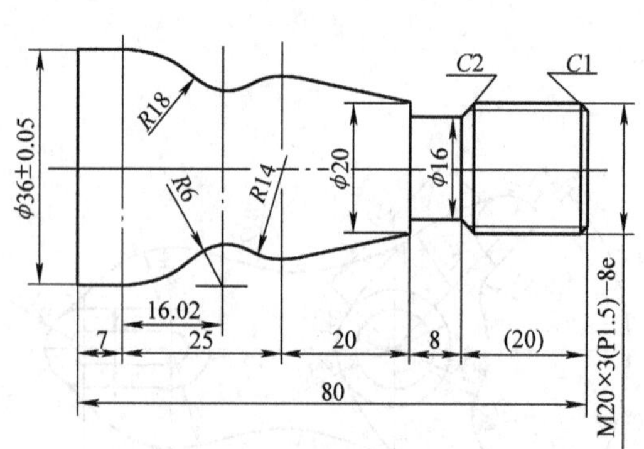

图 1-97

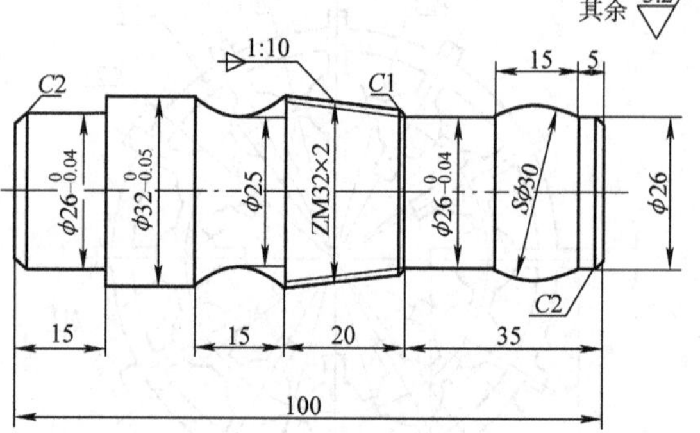

图 1-98

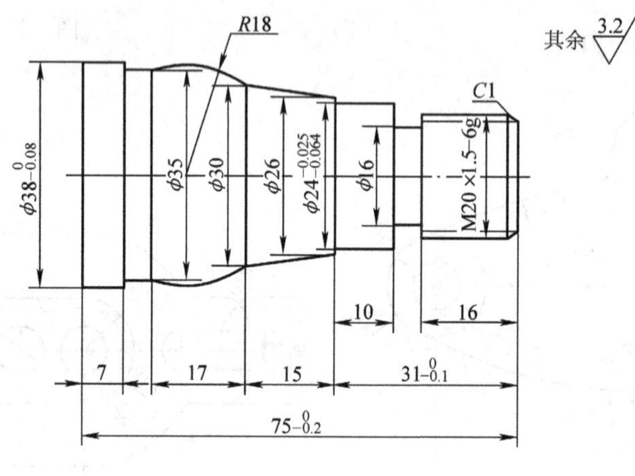

图 1-99

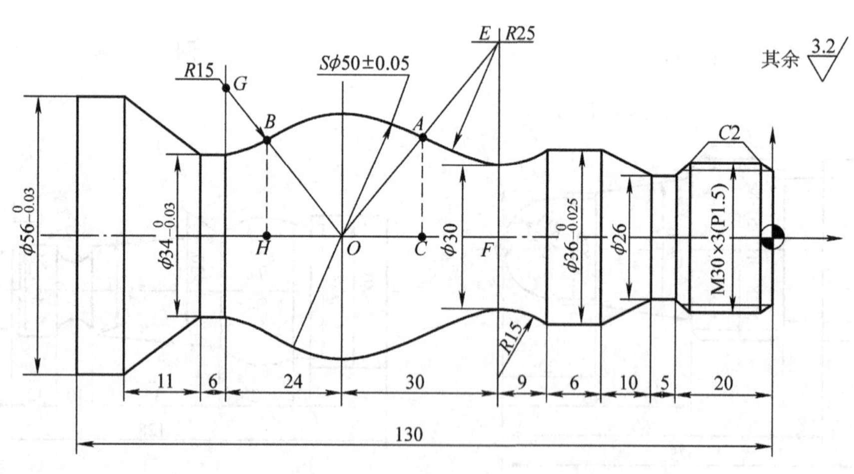

图 1-100

第二章　线框造型实训图库

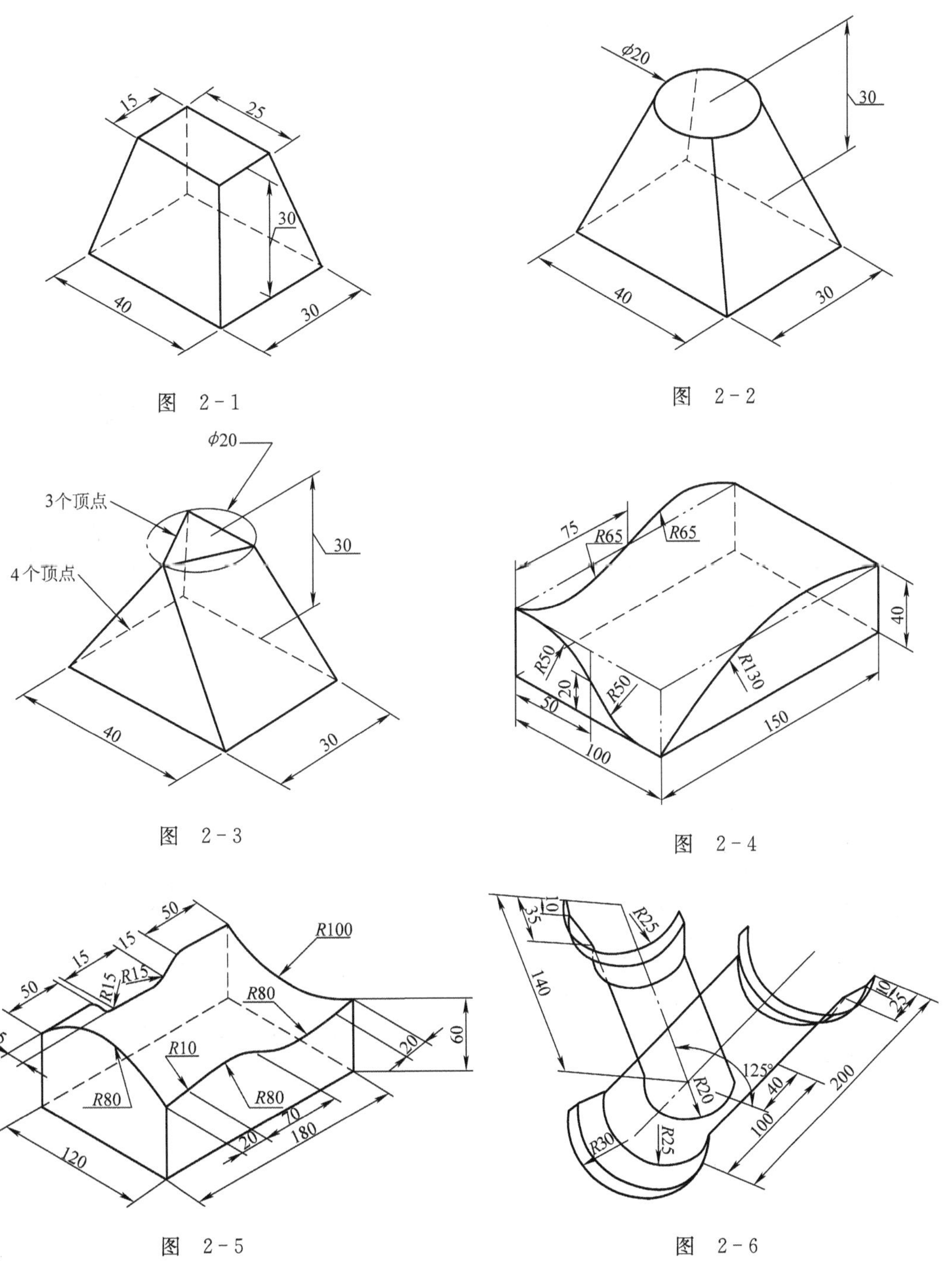

图　2-1

图　2-2

图　2-3

图　2-4

图　2-5

图　2-6

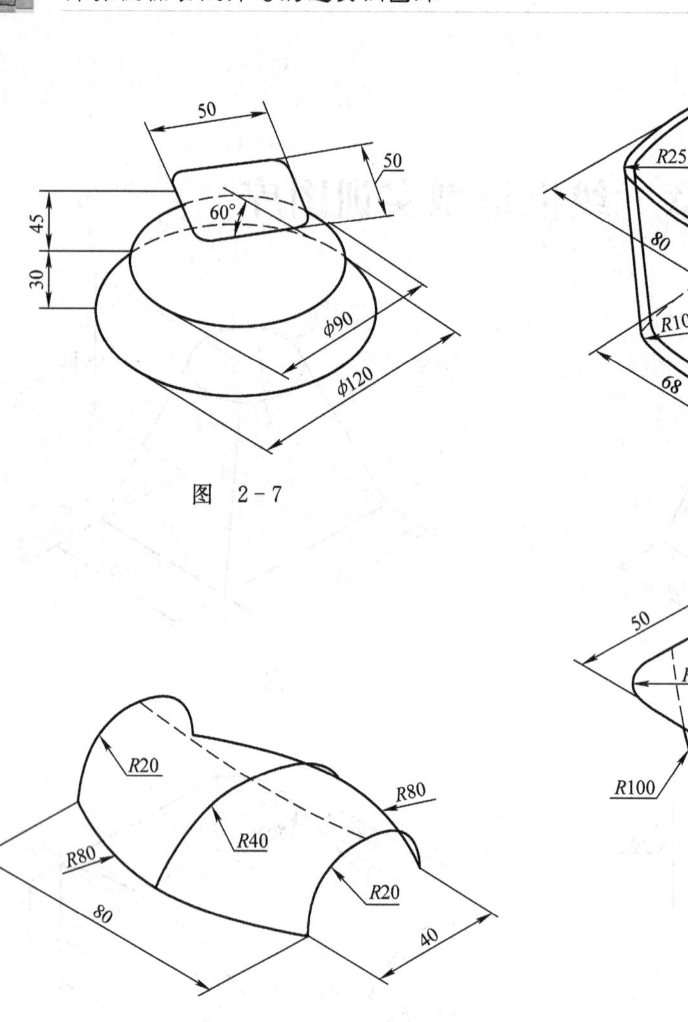

图 2-7

图 2-9

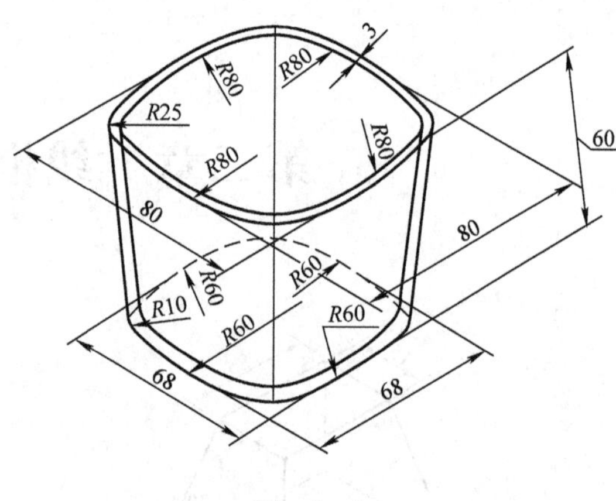

图 2-8

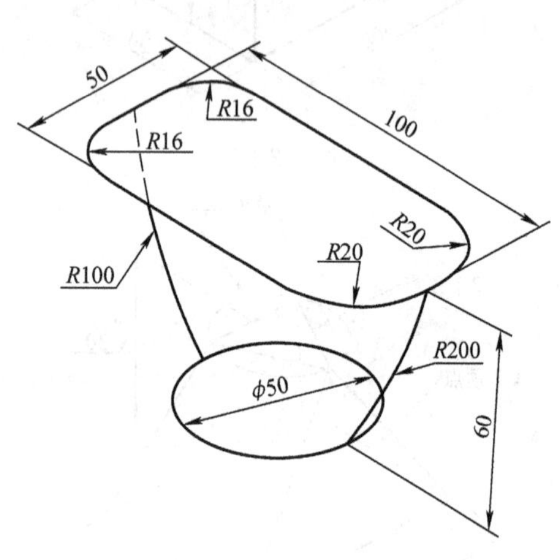

图 2-10

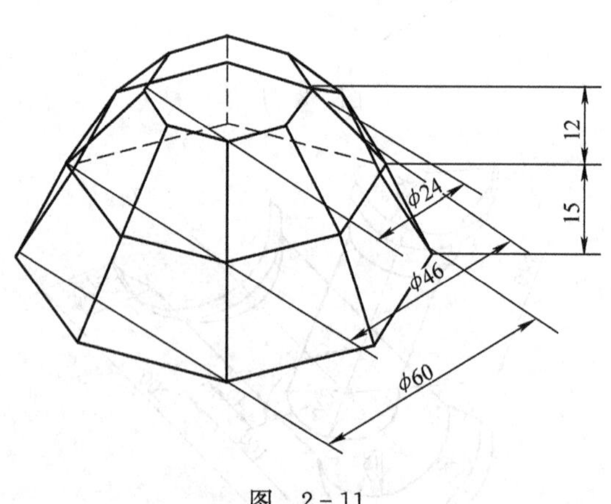

图 2-11

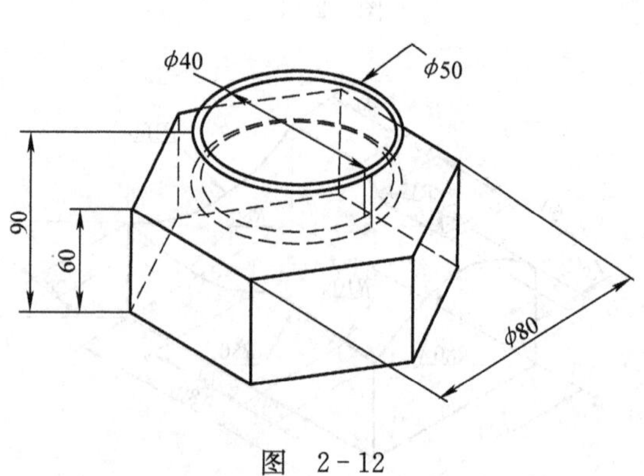

图 2-12

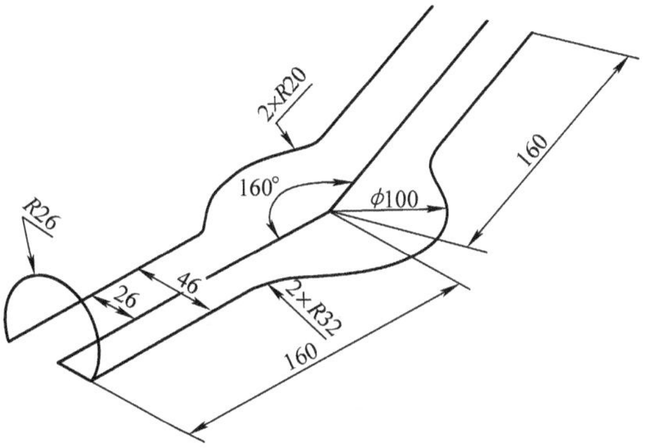

图　2-13

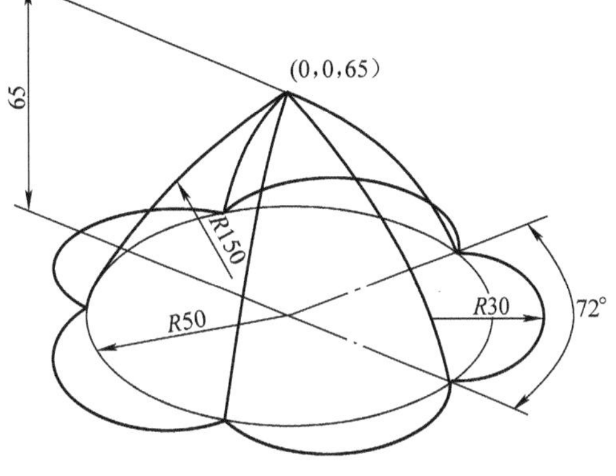

图　2-14

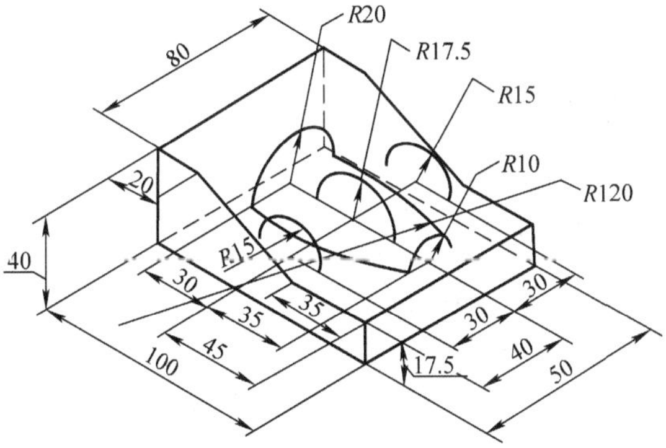

图　2-15

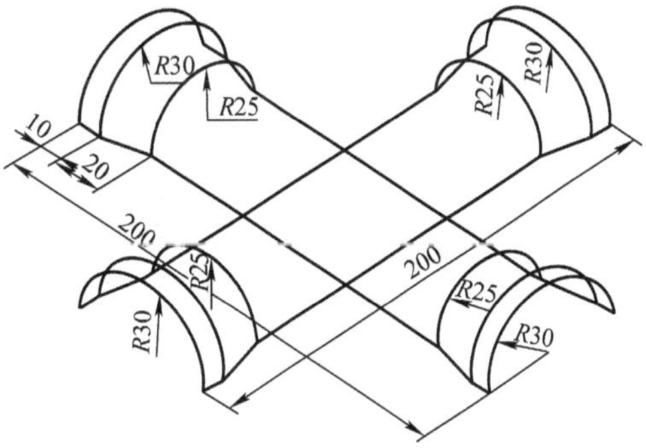

图　2-16

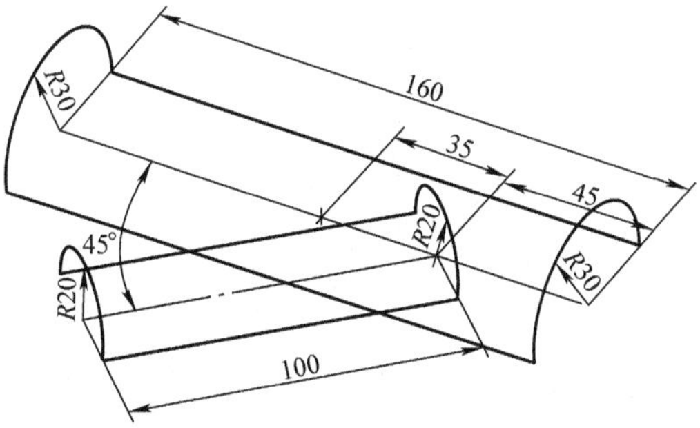

图　2-17

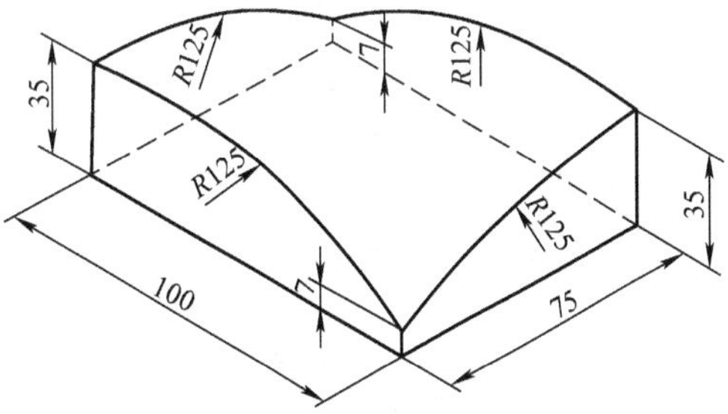

图　2-18

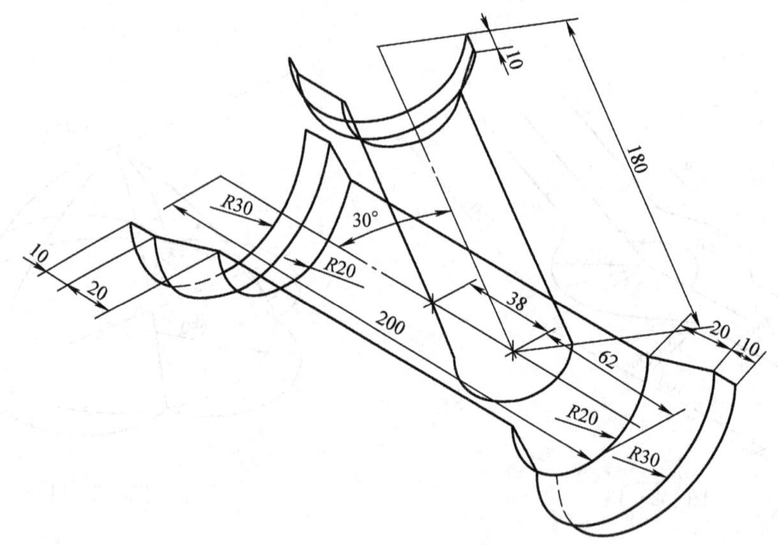

图 2-19

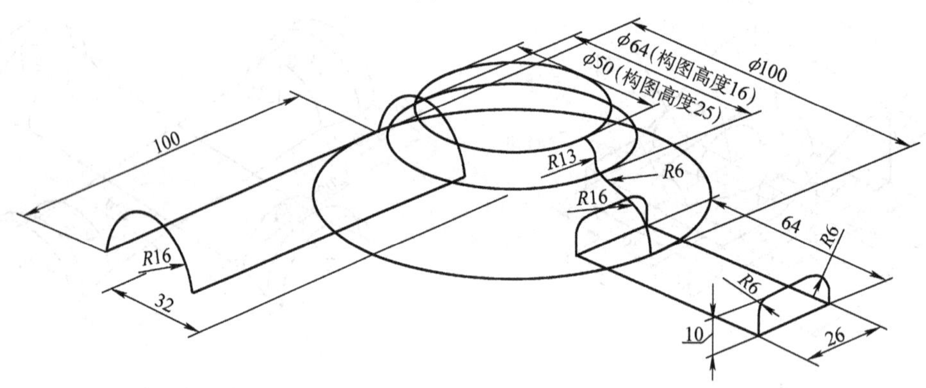

图 2-20

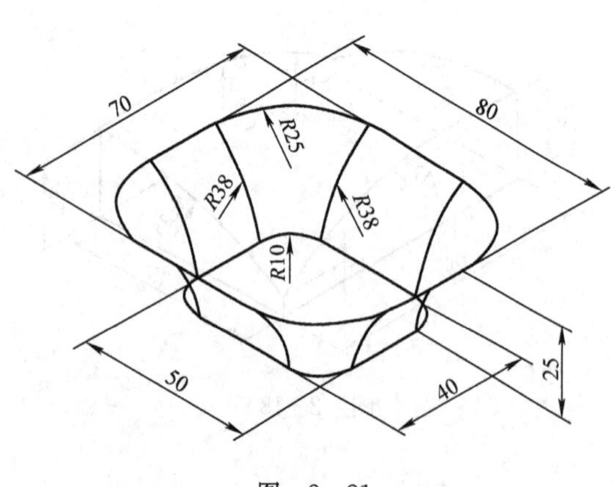

图 2-21

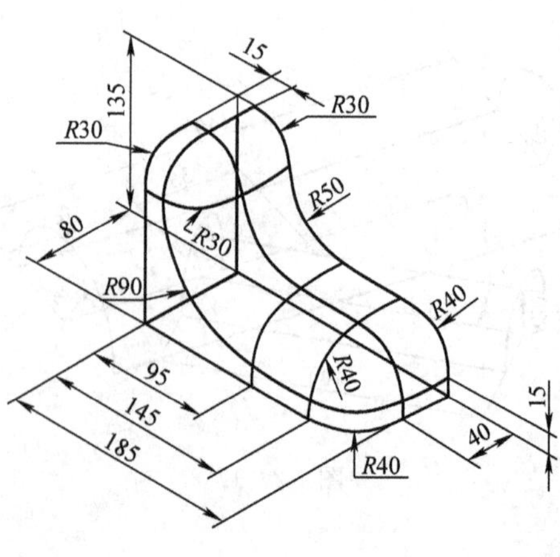

图 2-22

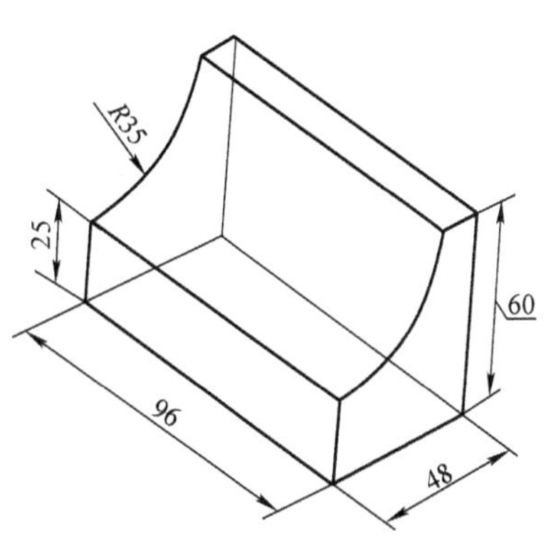

图　2-23

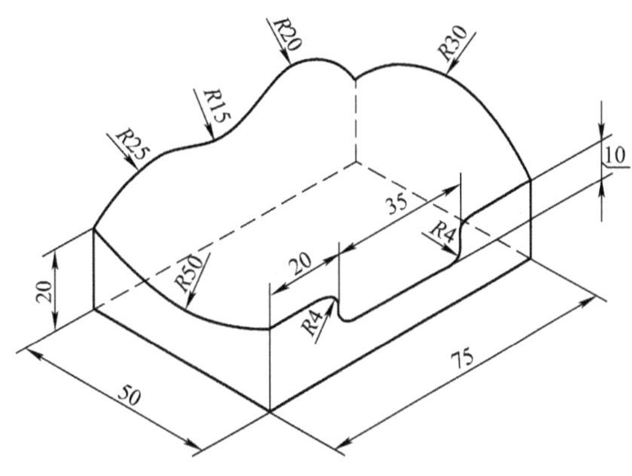

图　2-24

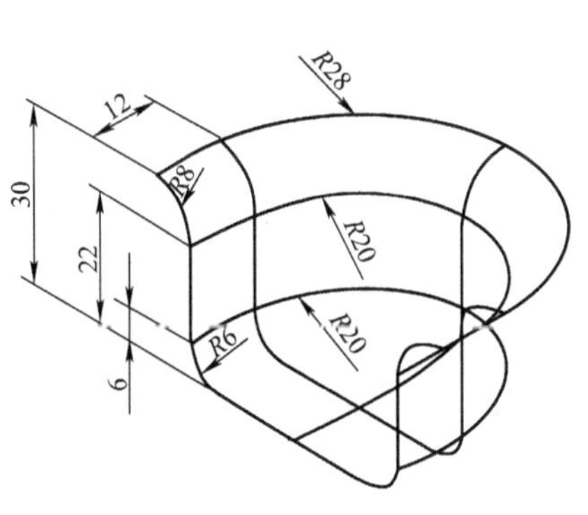

图　2-25

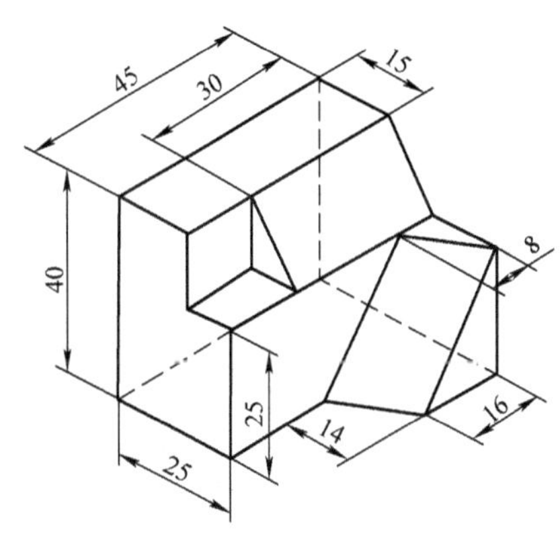

图　2-26

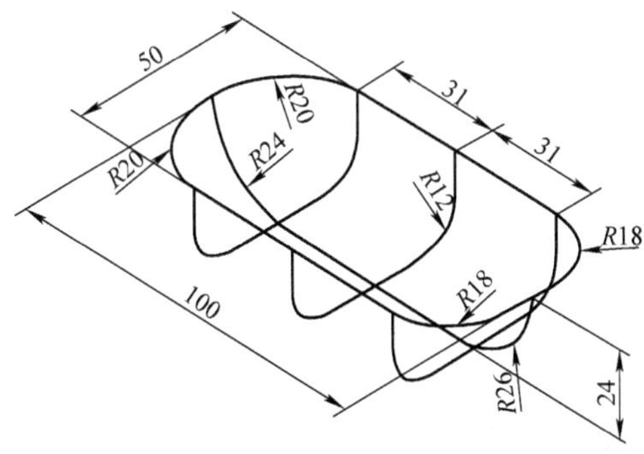

图　2-27

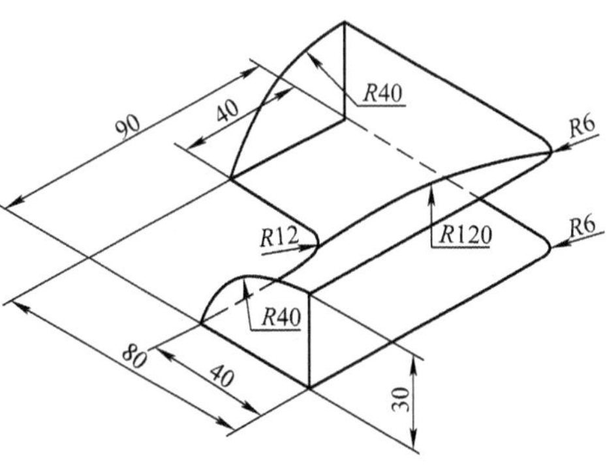

图　2-28

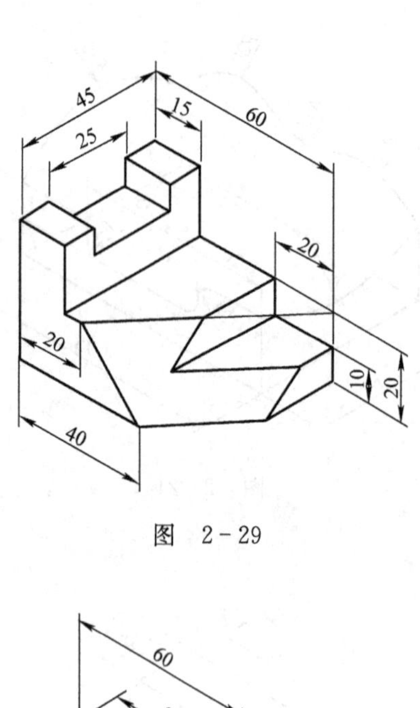

图 2-29

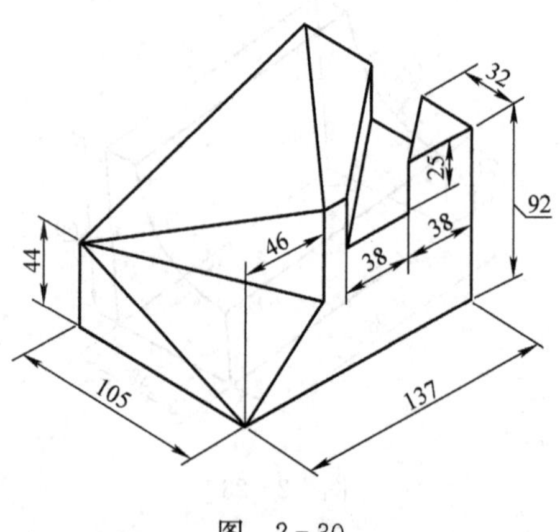

图 2-30

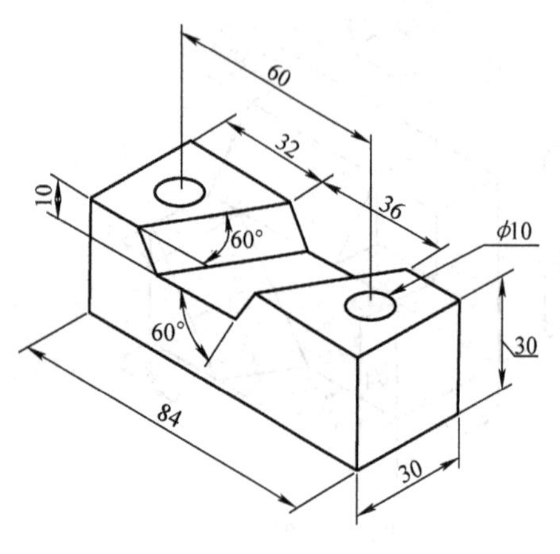

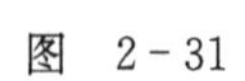
图 2-31

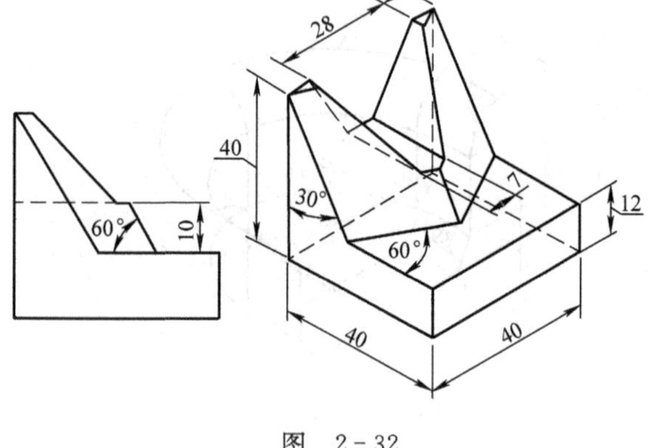

图 2-32

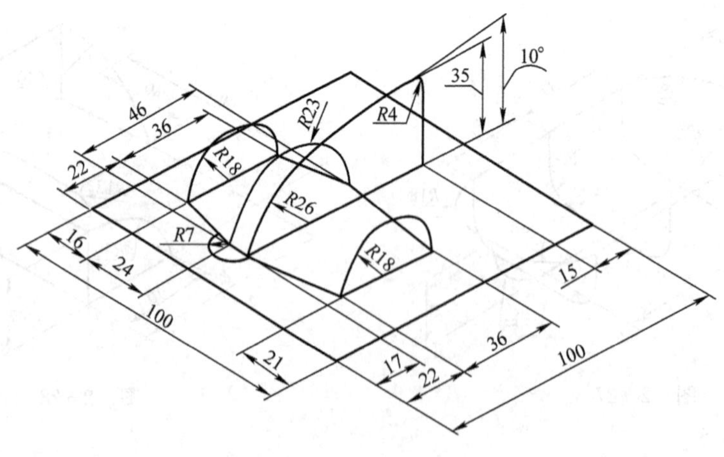

图 2-33

第三章　实体造型实训图库 1

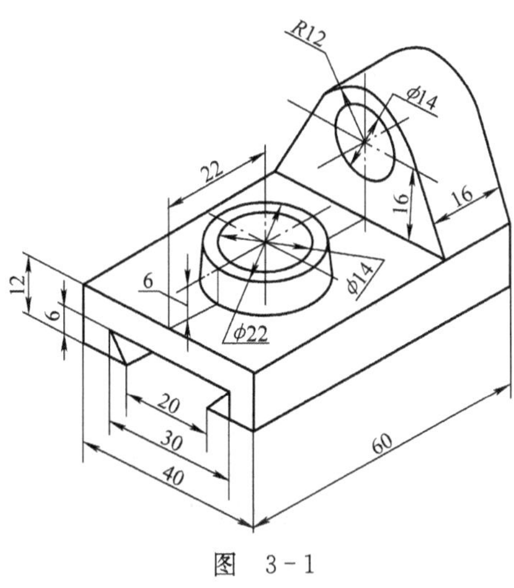

图　3-1

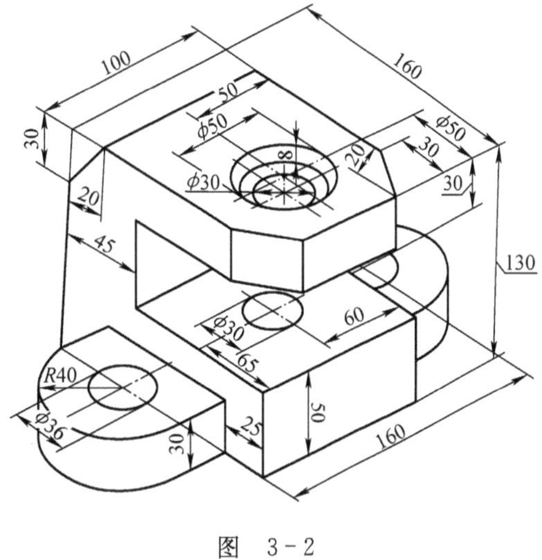

图　3-2

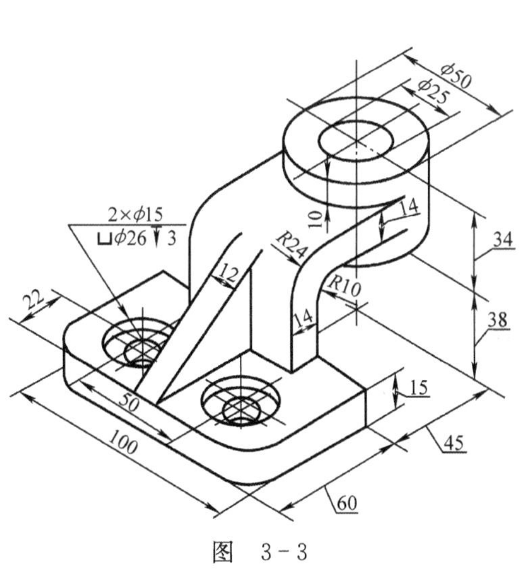

图　3-3

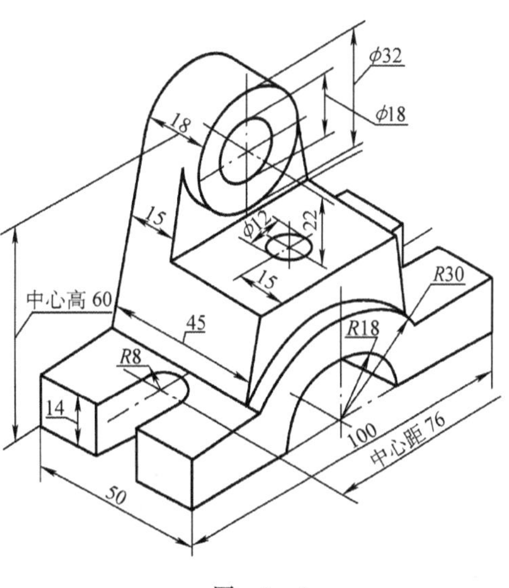

图　3-4

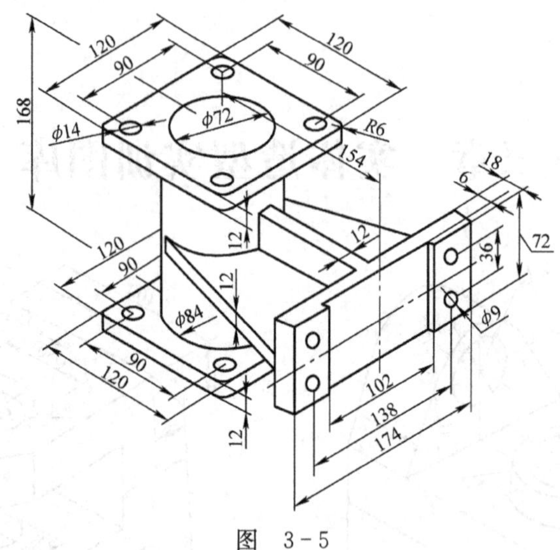

图 3-5

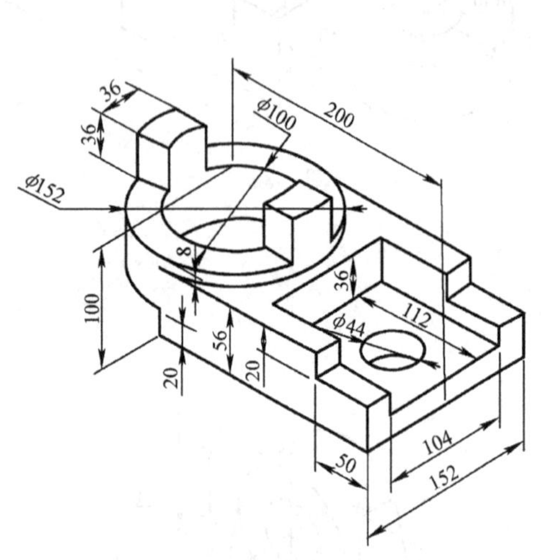

图 3-6

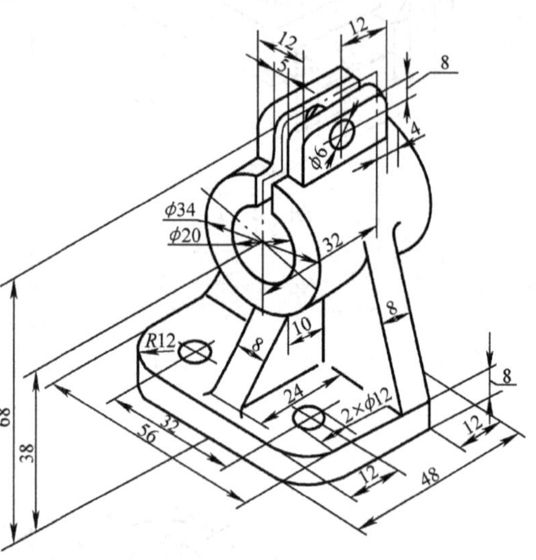

图 3-7

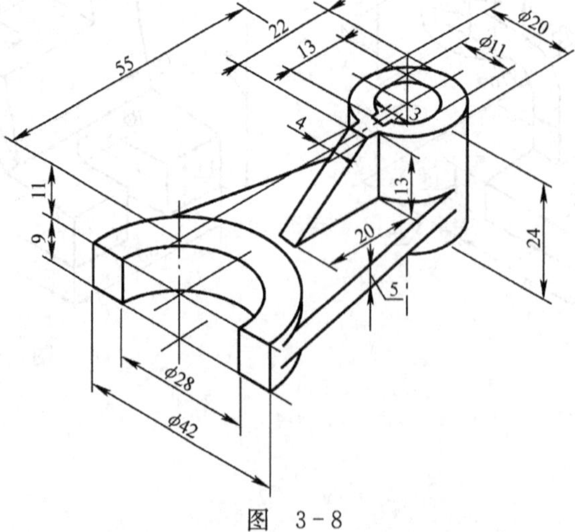

图 3-8

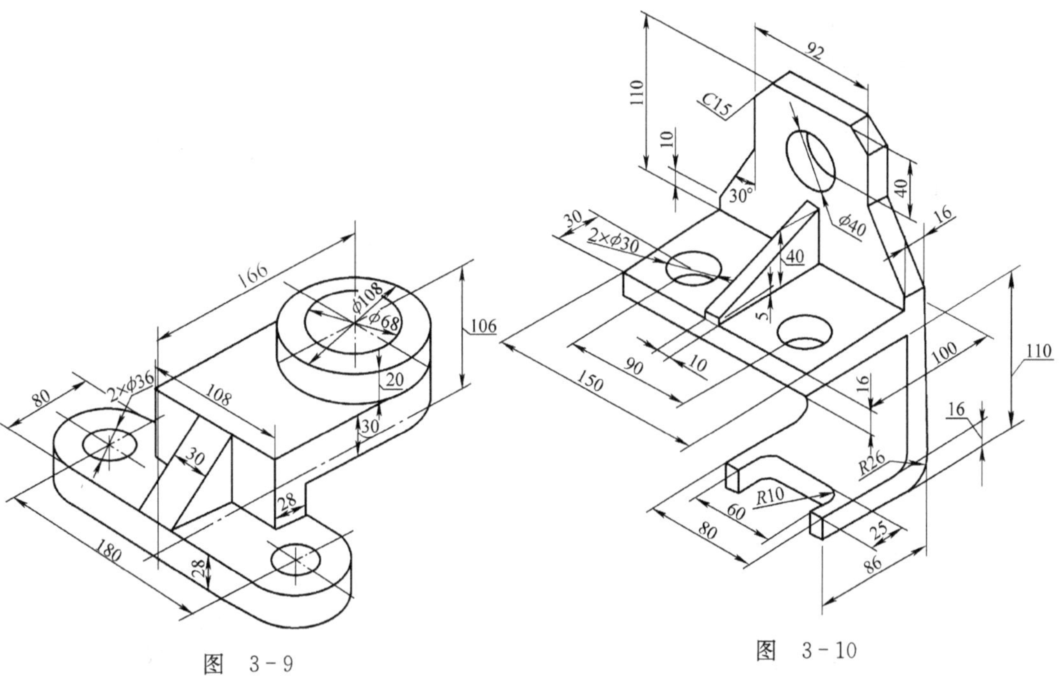

图　3－9

图　3－10

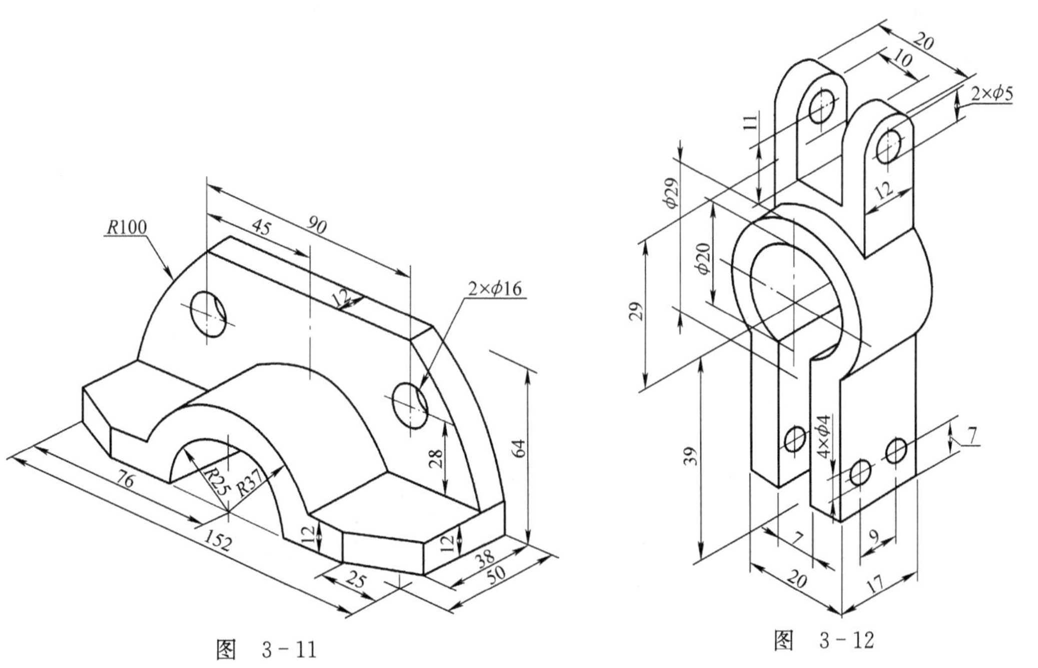

图　3－11

图　3－12

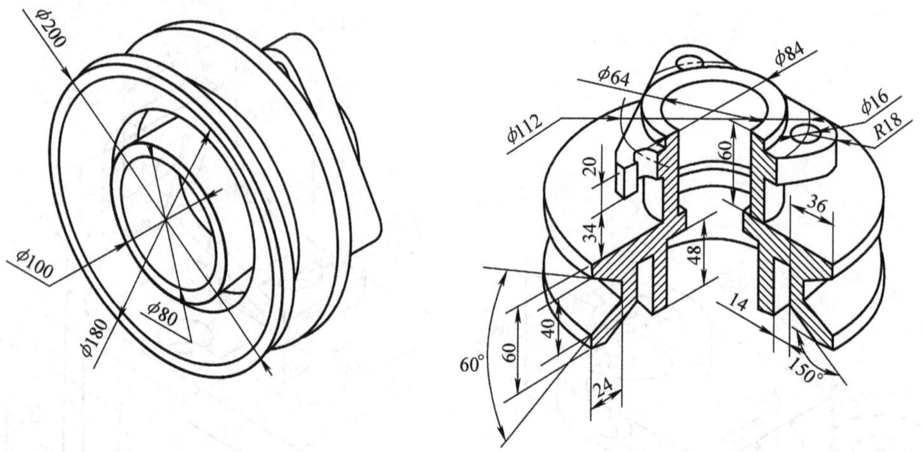

图 3-13

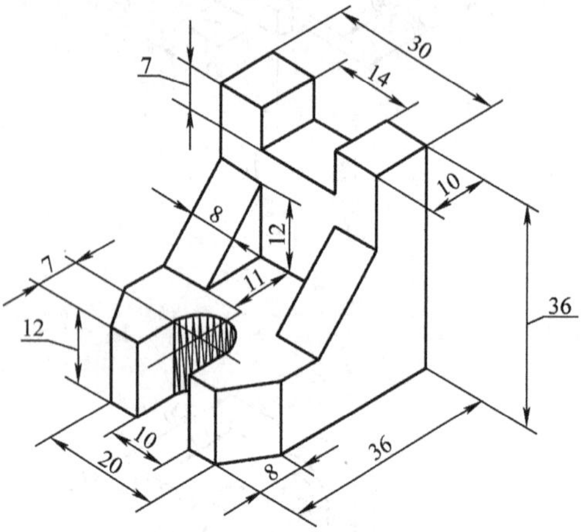

图 3-14

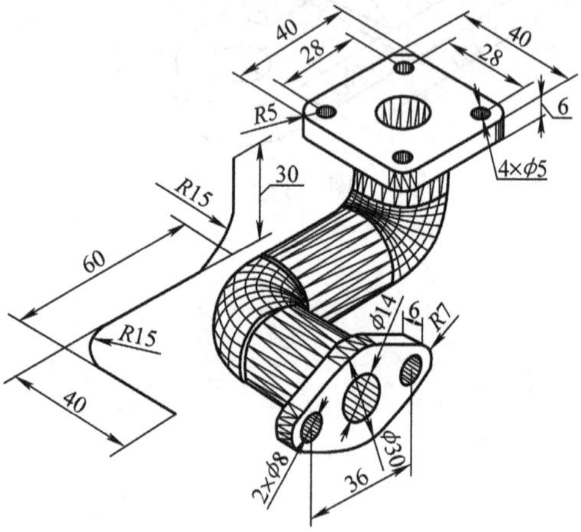

图 3-15

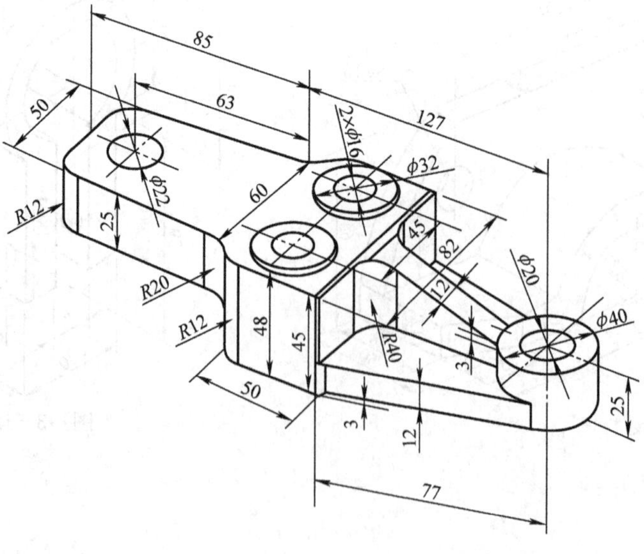

图 3-16

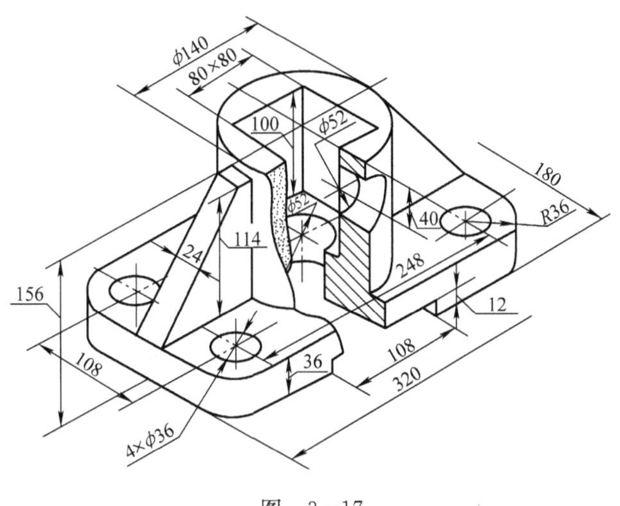

图　3-17

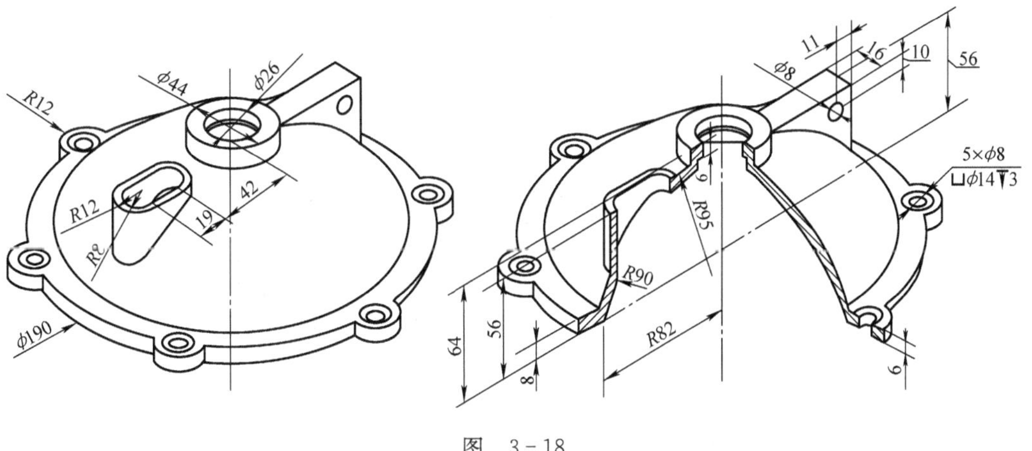

图　3-18

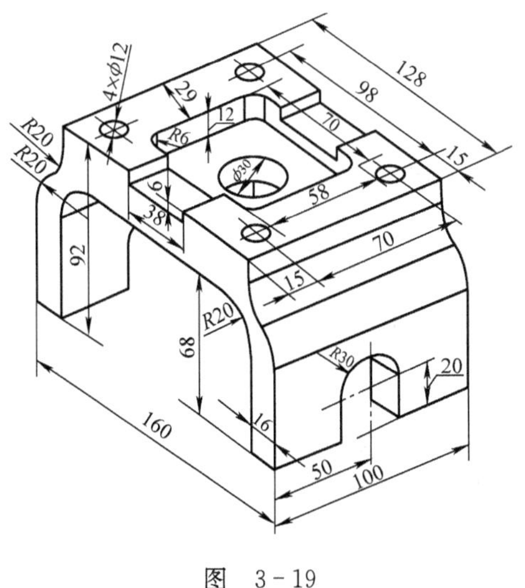

图　3-19

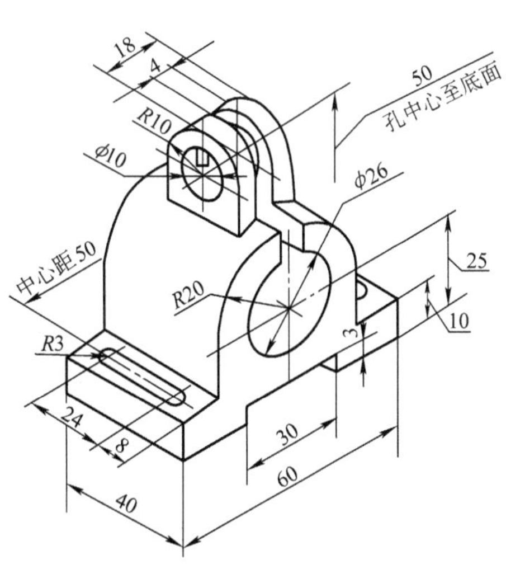

图　3-20

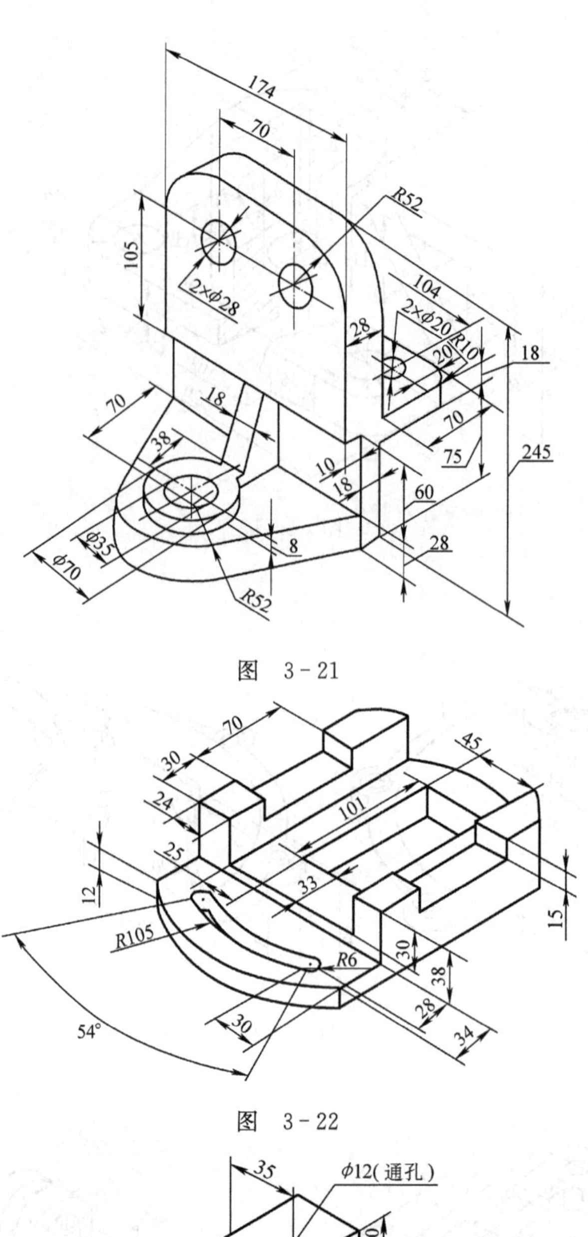

图 3-21

图 3-22

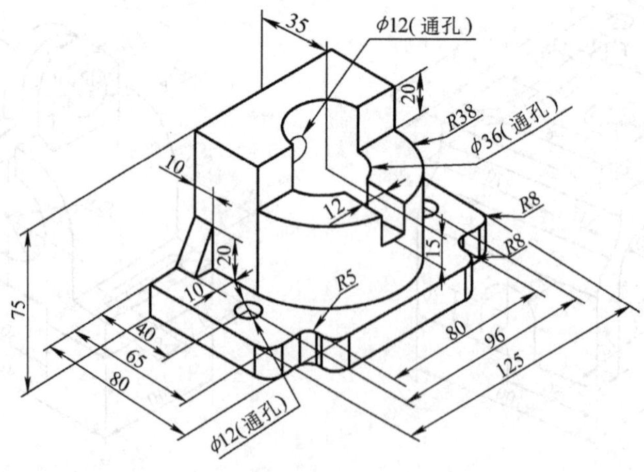

图 3-23

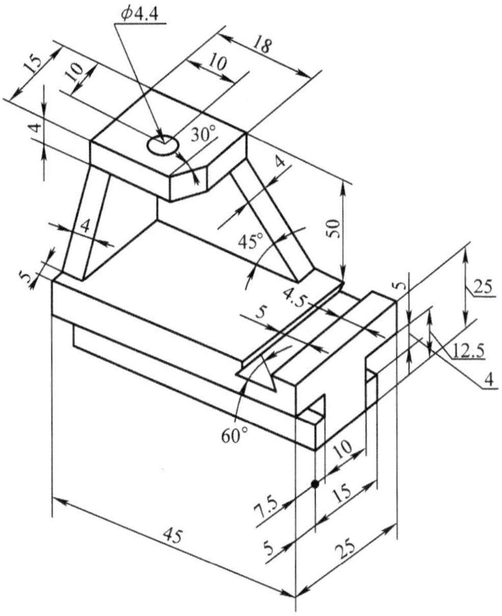

图　3－24

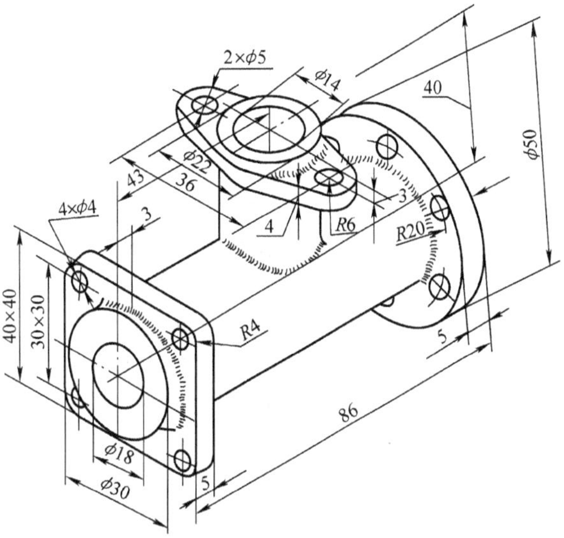

图　3－25

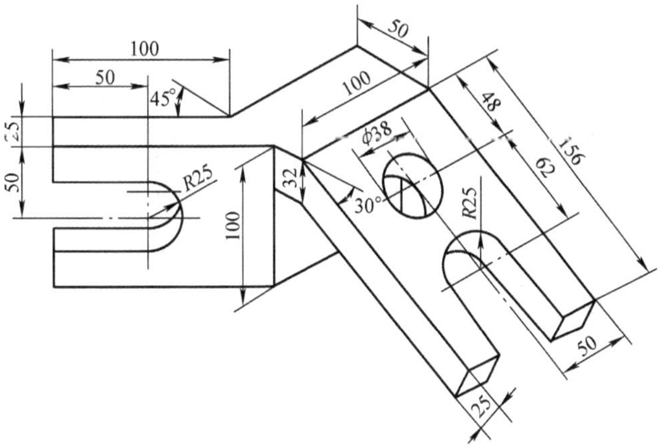

图　3－26

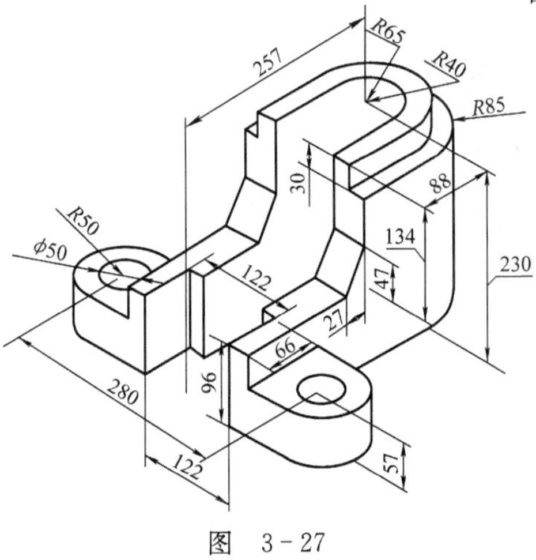

图　3－27

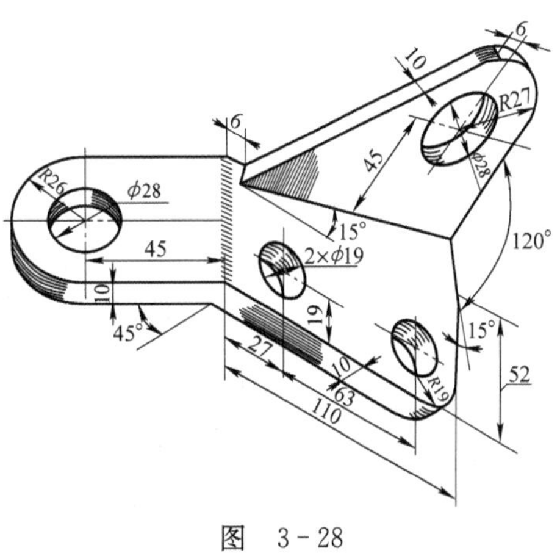

图　3－28

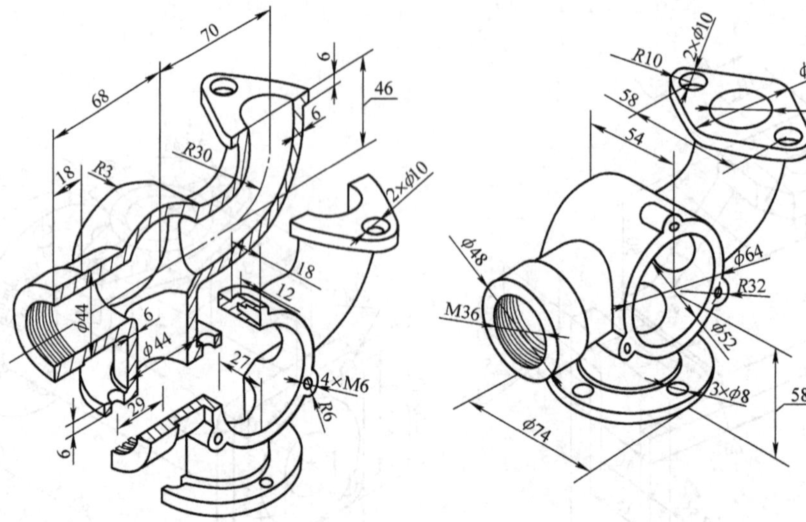

图 3-29

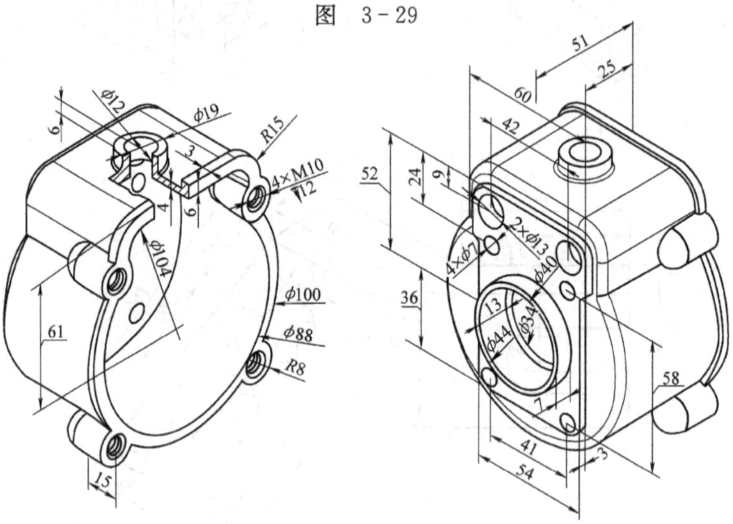

图 3-30

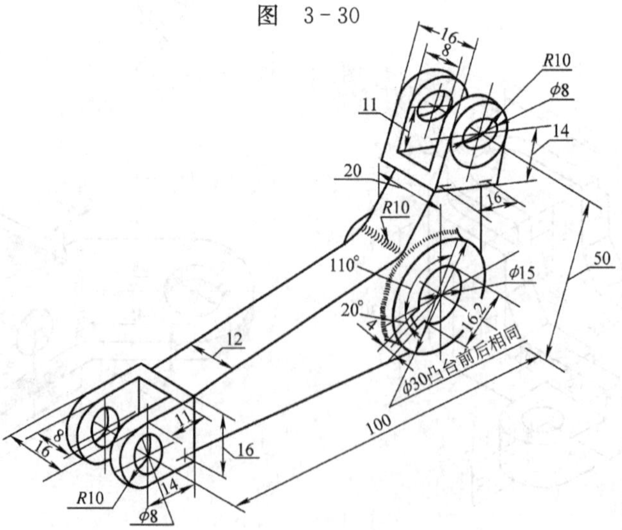

图 3-31

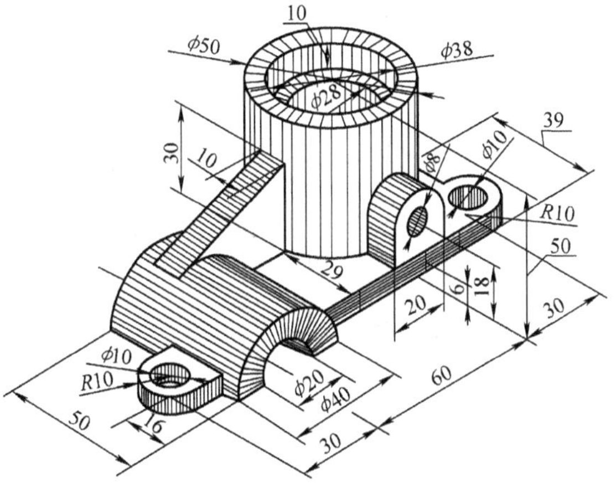

图　3 - 32

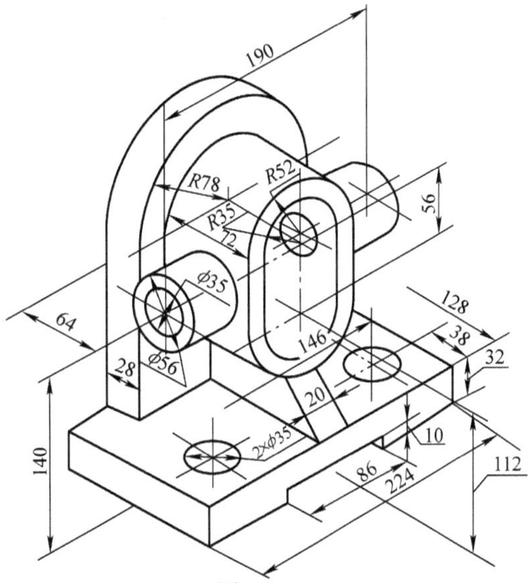

图　3 - 33

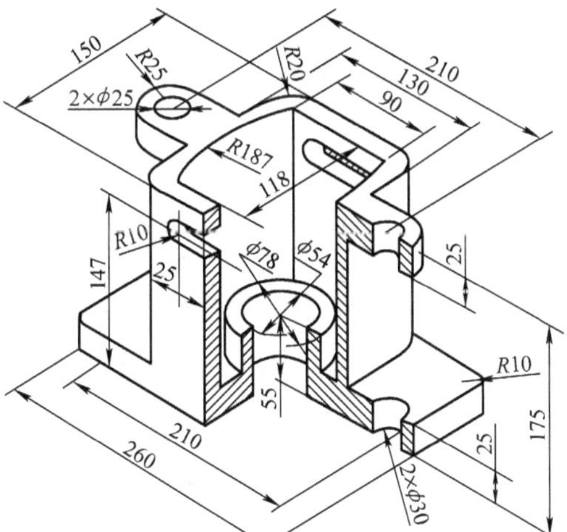

图　3 - 34

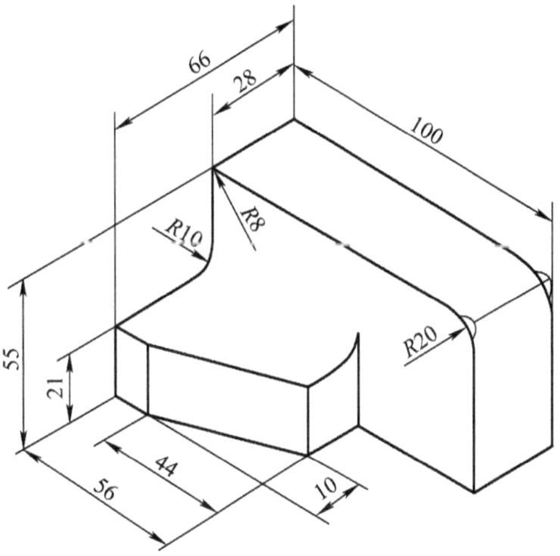

图　3 - 35

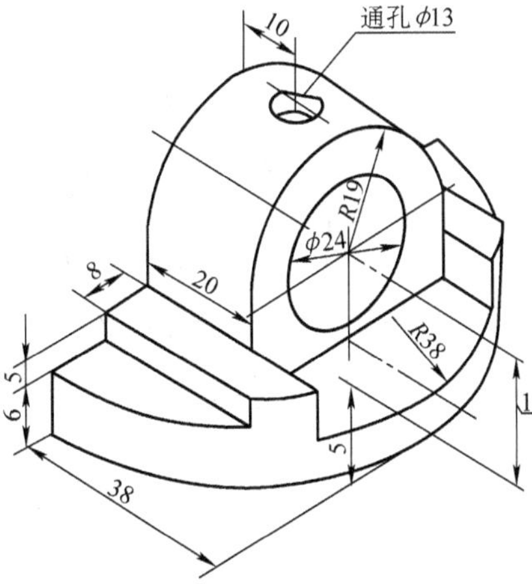

图　3 - 36

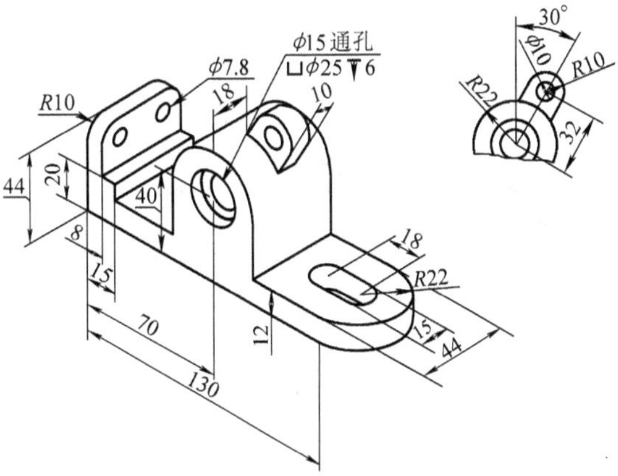

图　3 - 37

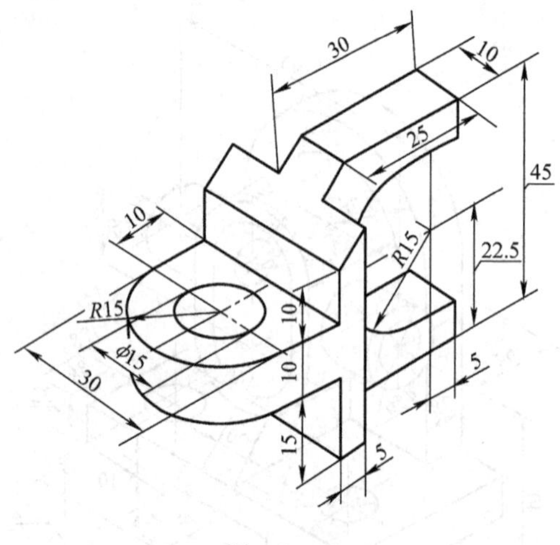

图 3-38

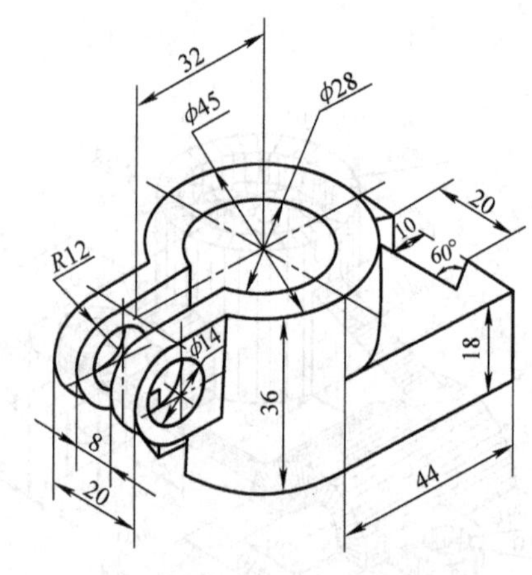

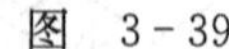
图 3-39

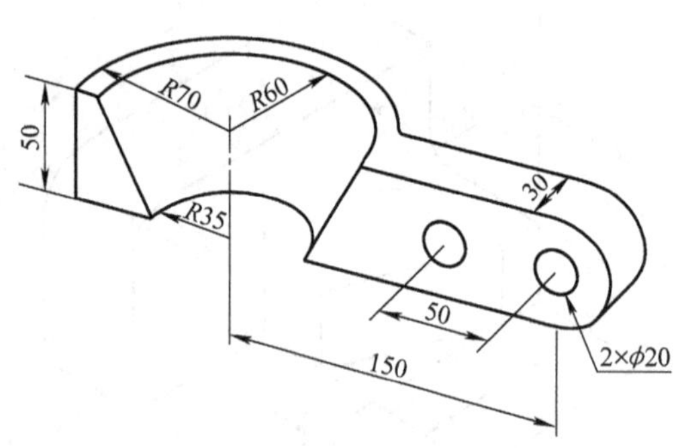

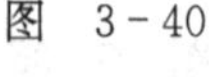
图 3-40

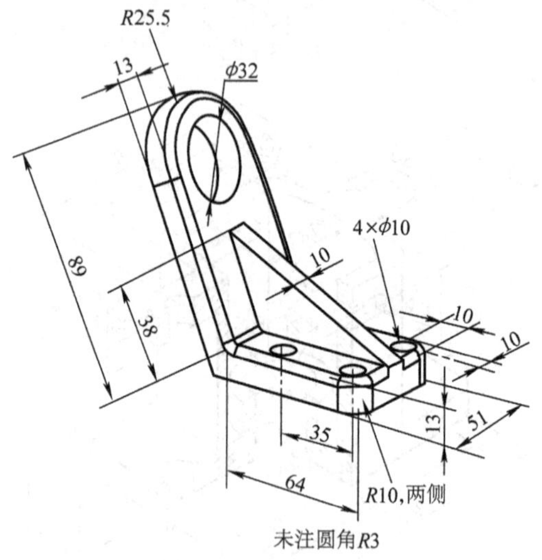

图 3-41

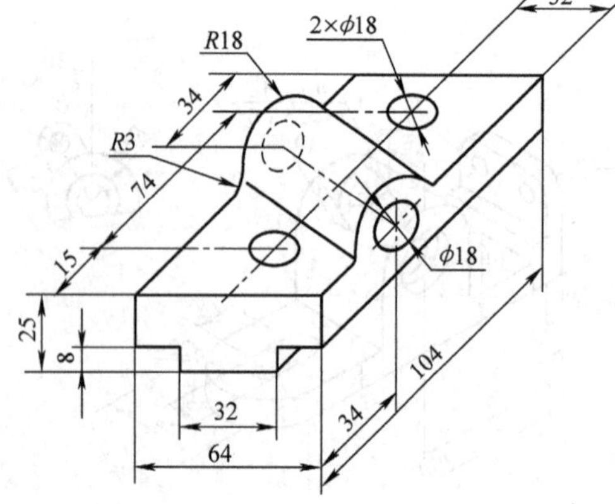

图 3-42

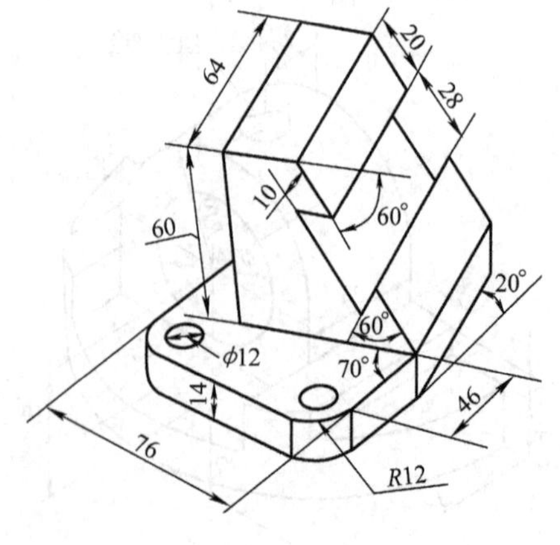

图 3-43

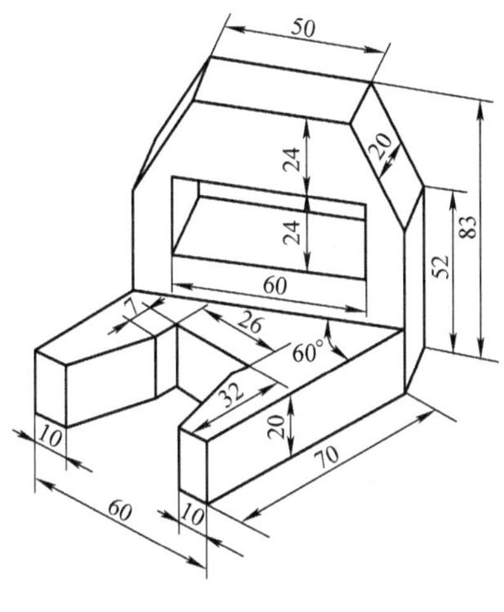

图　3－44

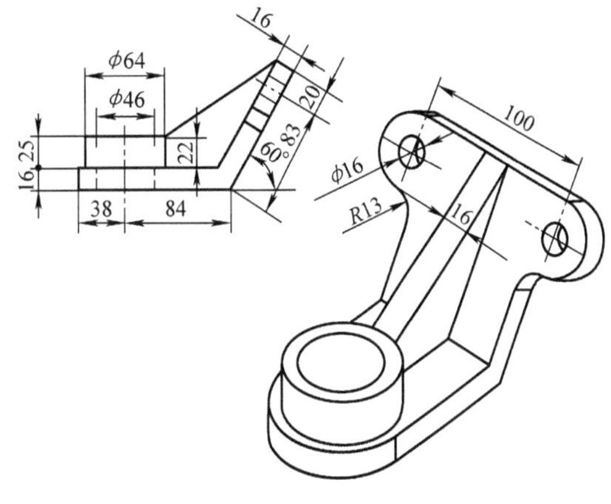

图　3－45

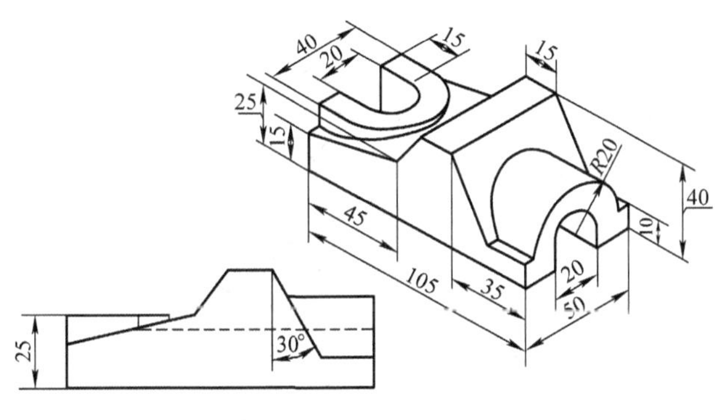

图　3－46

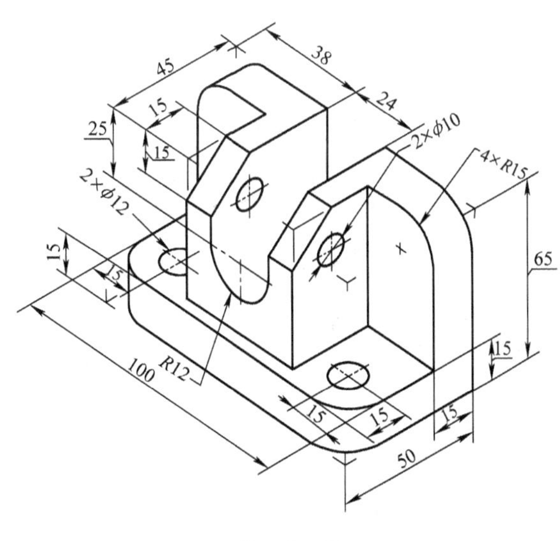

图　3－47

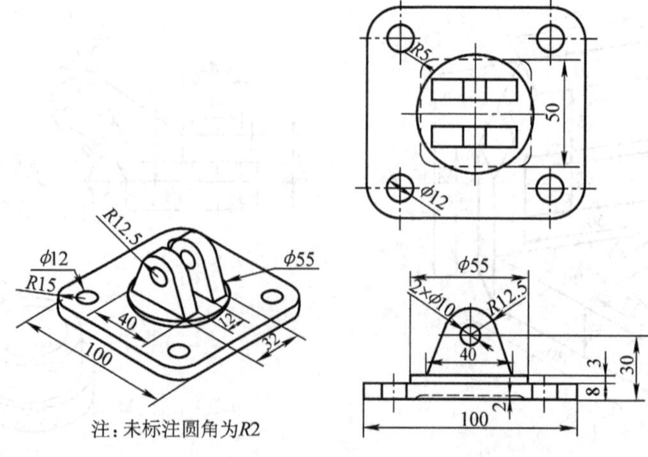

图 3-48

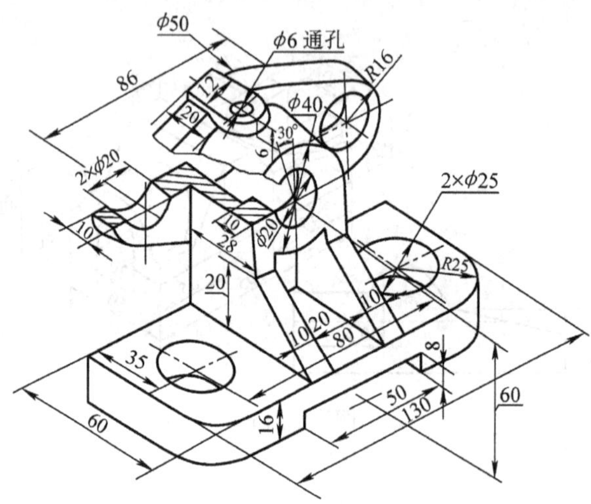

图 3-49

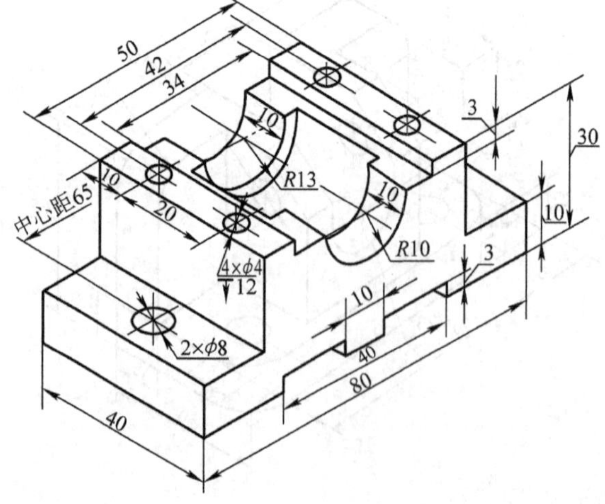

图 3-50

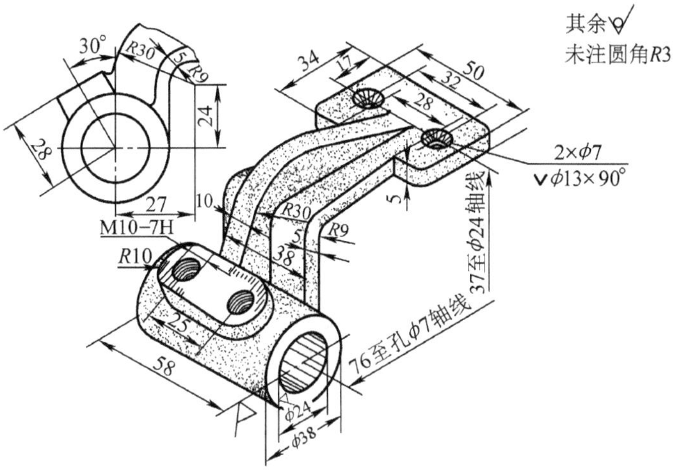

其余
未注圆角$R3$

图　3－51

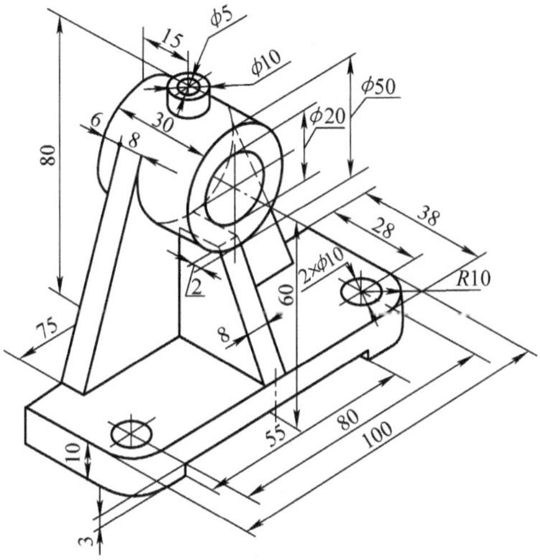

图　3－52

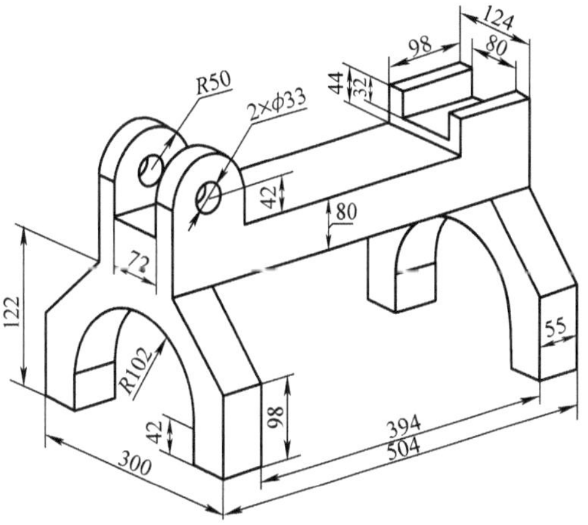

图　3－53

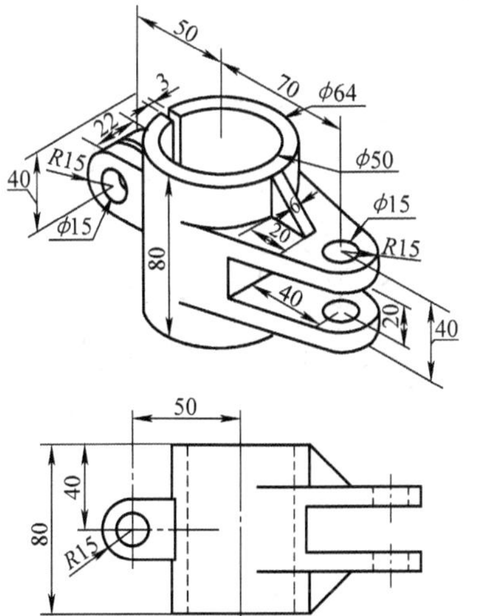

图　3－54

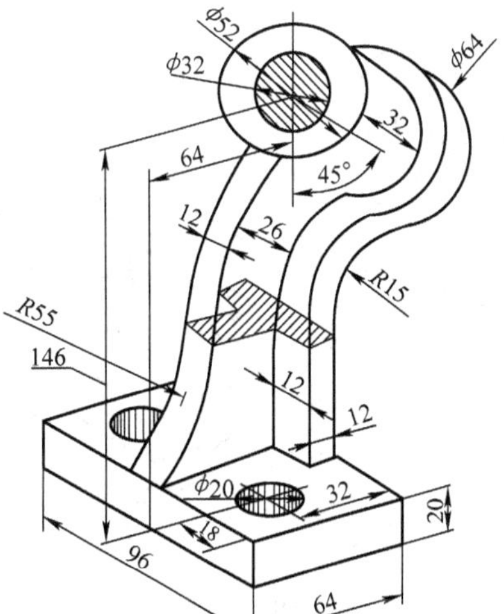

图　3－55

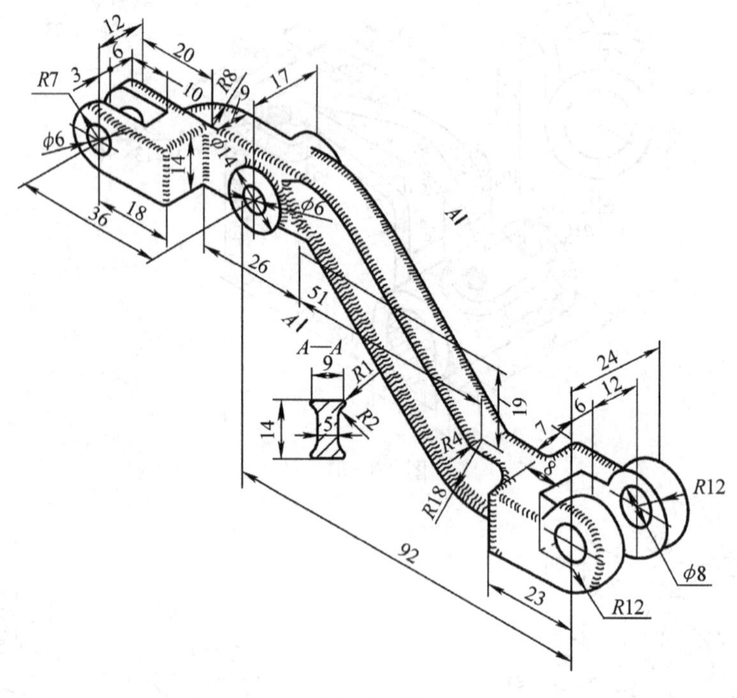

图 3-56

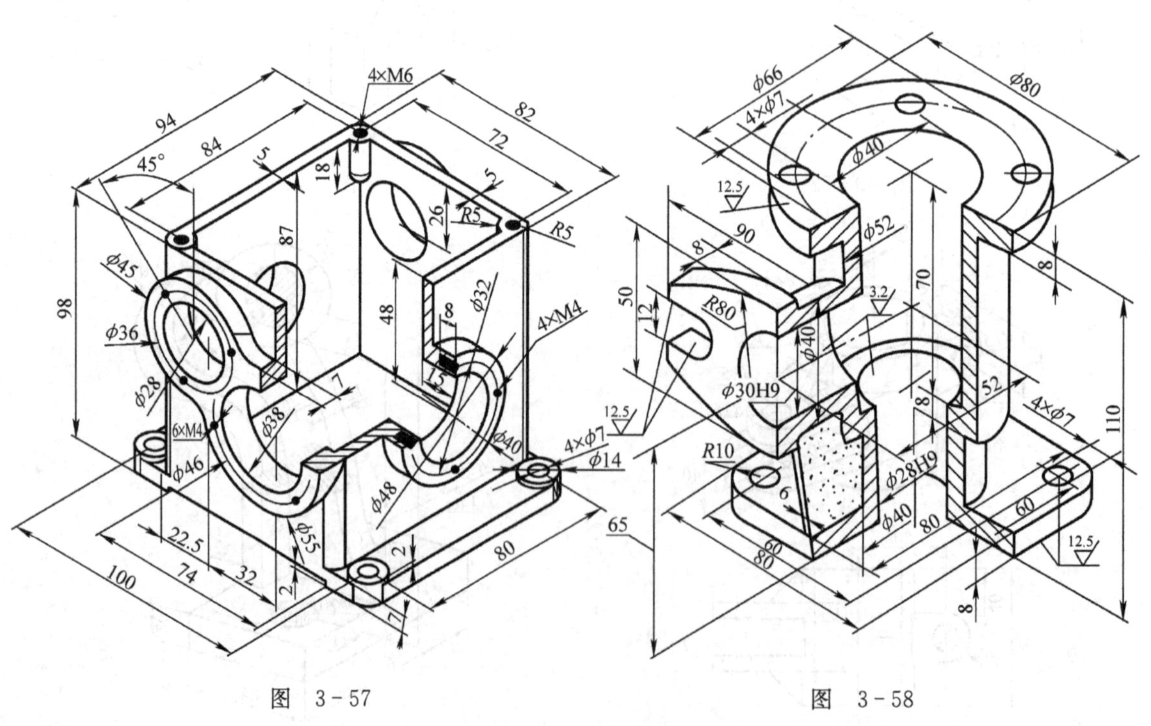

图 3-57　　　　图 3-58

φ50
M36×2
15
48
80
φ40
φ35
50
3
φ30
28
R20
4
φ25
φ35
14
70
4×φ12
50
70
50

图　3-59

总高 75
35
R18
20
φ12
20
R33
2×φ12
12
10
R8
20
15
15
15
40
65
80
R5
80
96
125
R8

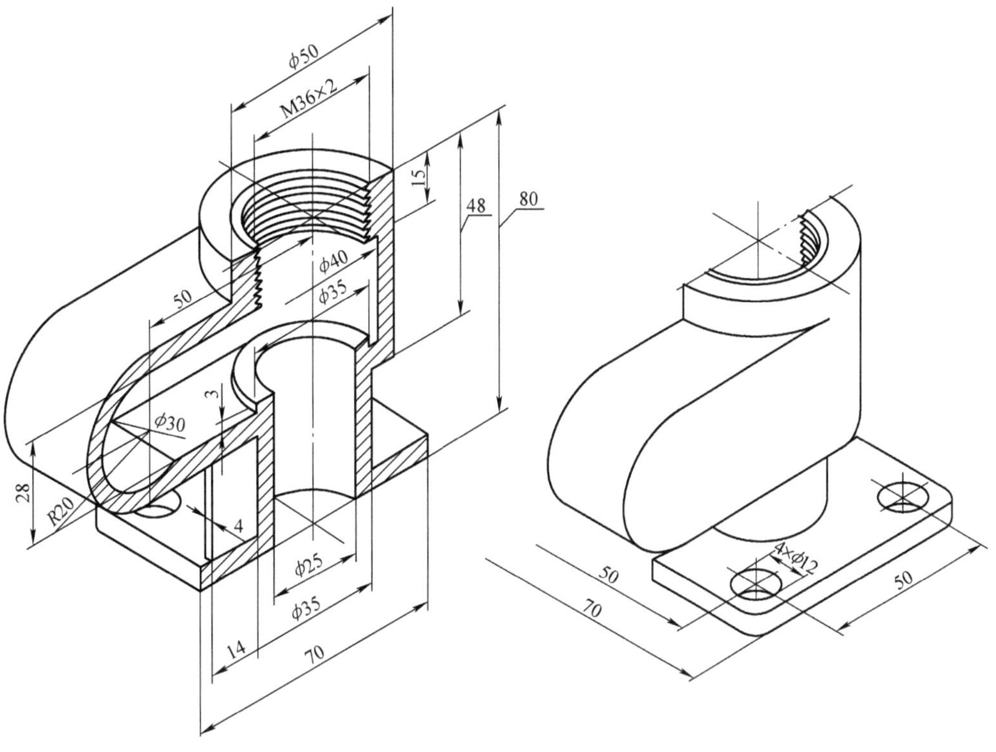

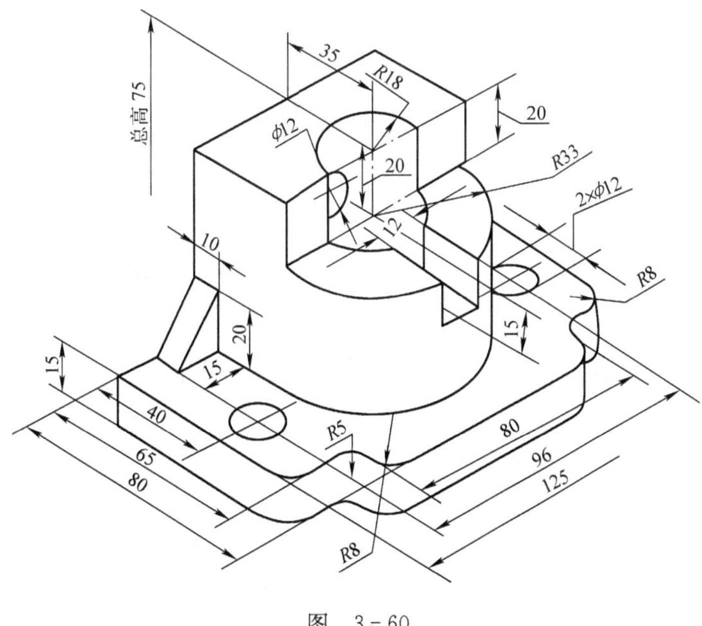

图　3-60

R9
25
12
槽宽4
φ10
φ38
φ24H7
50
6
8
A
A
40
R30
38
R18
6
R12
6
16
8
24
70
42
φ18H7
φ28

图 3-61

78
74
66
45
40
60
50
43
φ40
34
φ24H8
4×φ5通孔
50
φ52
38
3.2
16
4×M3▼5
孔▼7
φ21
φ28
19
4
5
4×φ5通孔
4×φ6 通孔
φ48
R3
R7
1:20
26
10
10
3.2
φ30H8
φ34
φ40
φ50
50
56
70
42
56
6
4×M5▼8
孔▼10

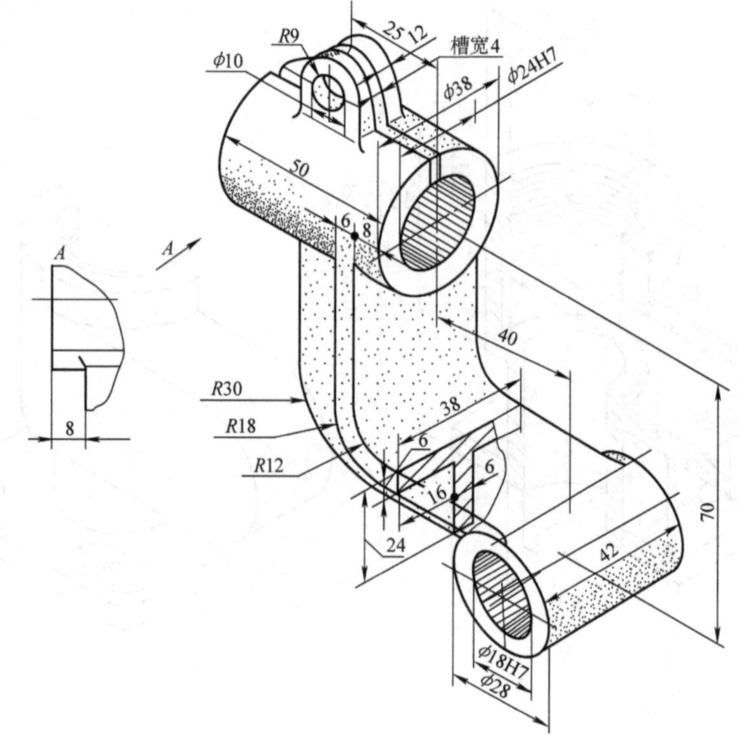

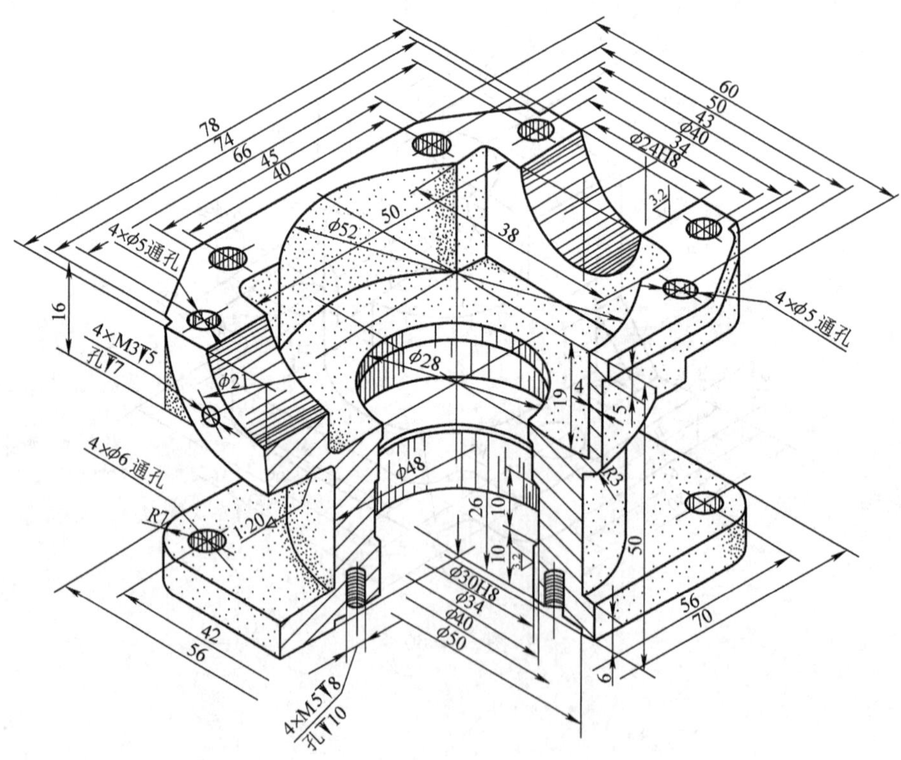

图 3-62

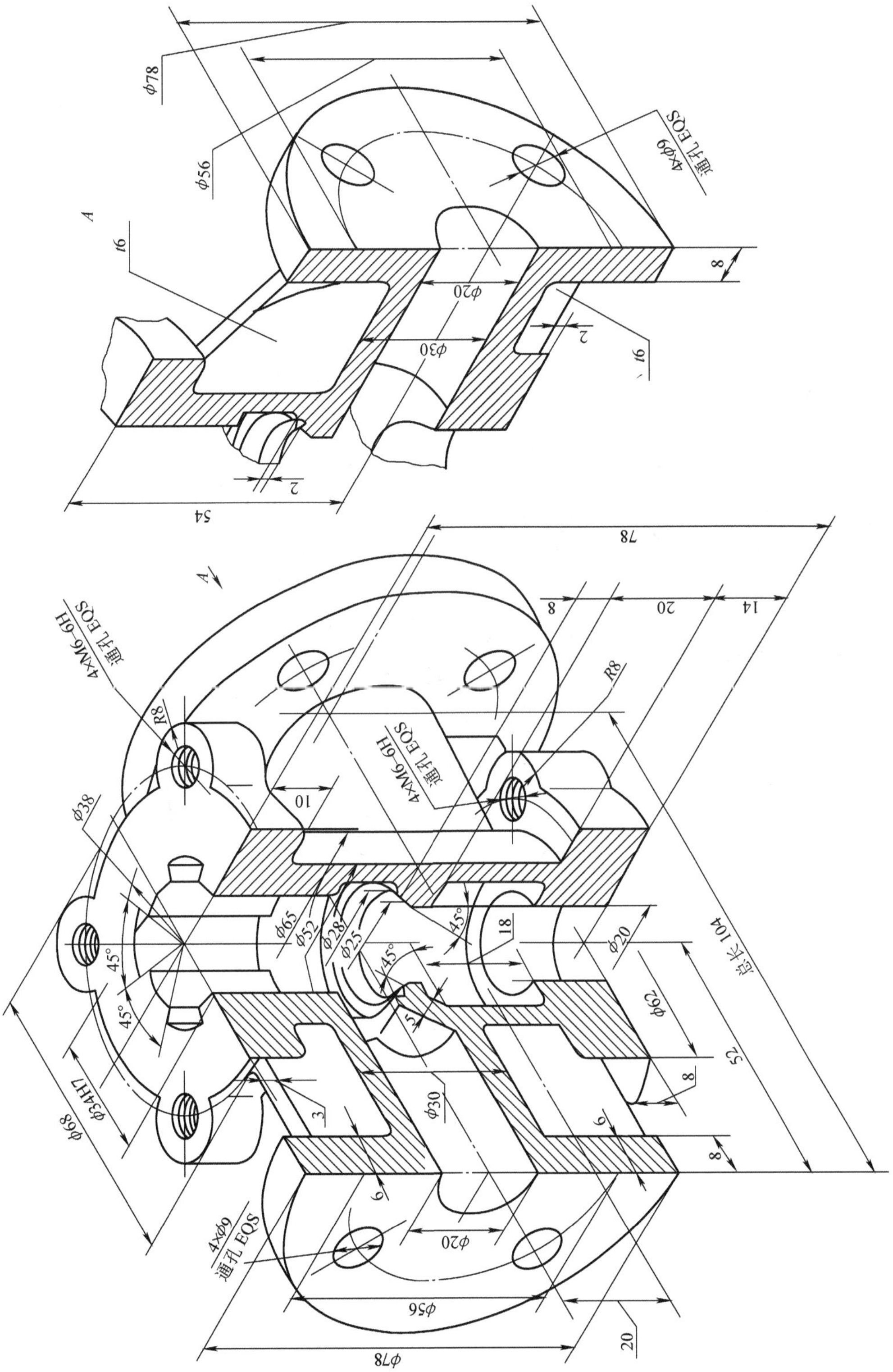
φ78
φ56
4×φ9
通孔 EQS
A
8
φ20
φ30
2
54
78
20
14
R8
4×M6-6H
通孔 EQS
10
φ38
φ65
φ52
φ28
φ25
45°
5
18
φ20
φ62
总长 104
52
φ68
φ34H7
3
6
φ30
φ56
φ78
20

图 3-63

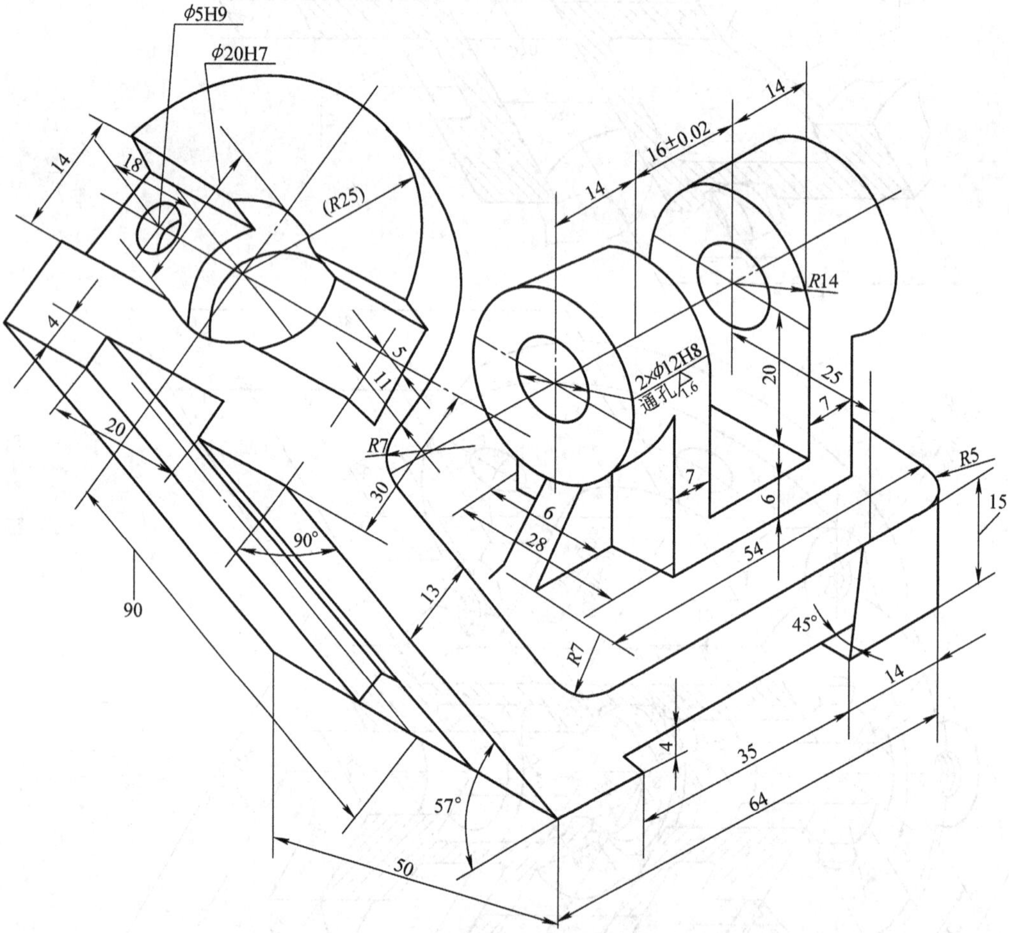

图 3-64

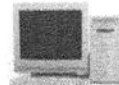

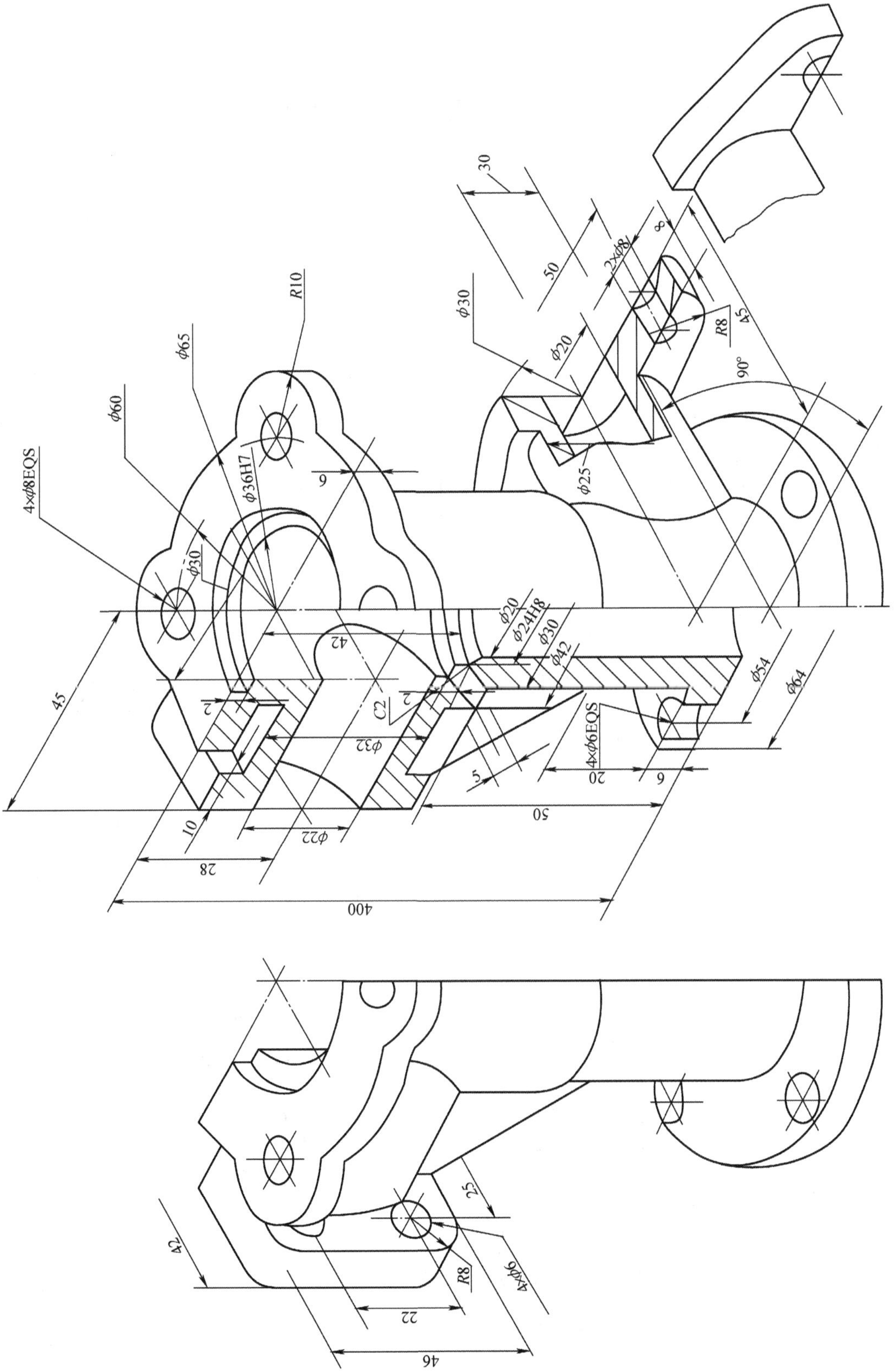
4×φ8EQS
φ60
φ65
R10
φ36H7
φ30
9
30
50
2×φ8
8
R8
45
φ30
φ20
90°
φ25
φ20
φ24H8
φ30
φ42
42
C2
2
2
φ32
5
20
6
4×φ6EQS
φ54
φ64
45
10
28
φ22
50
400
42
25
R8
4×φ6
22
46

图 3-65

第四章 实体造型实训图库 2

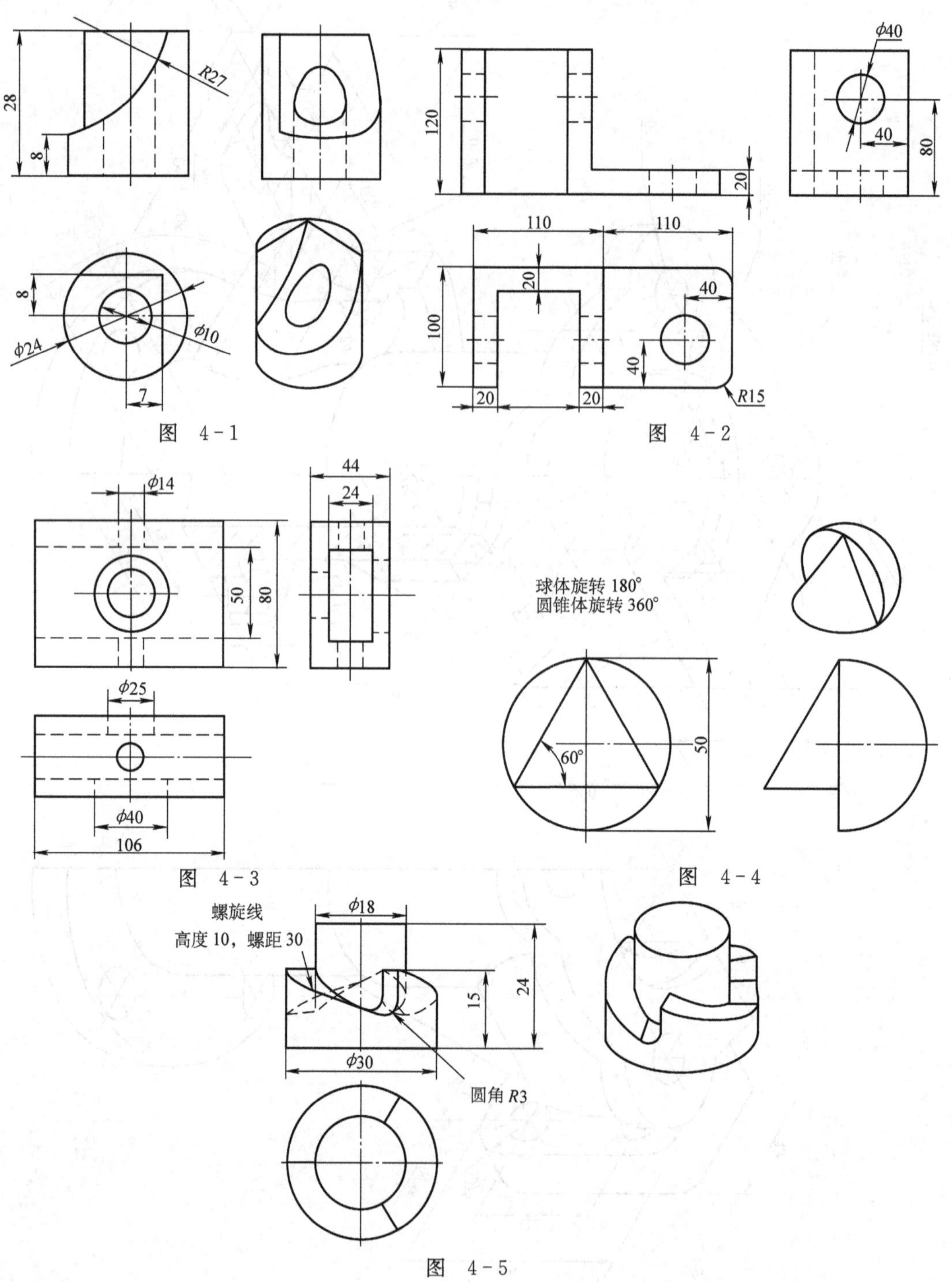

图 4-1

图 4-2

图 4-3

图 4-4

图 4-5

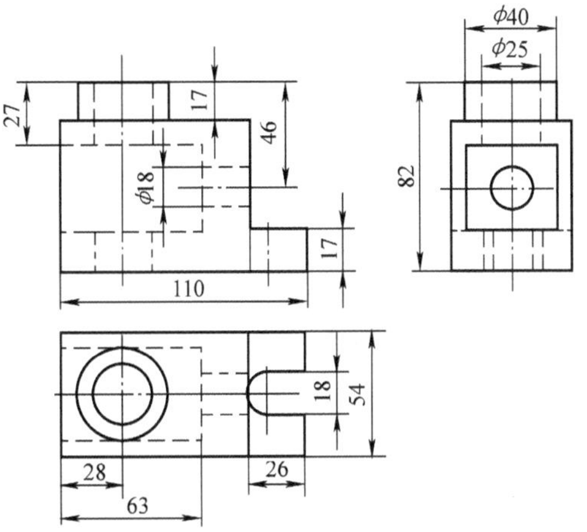

图　4－6

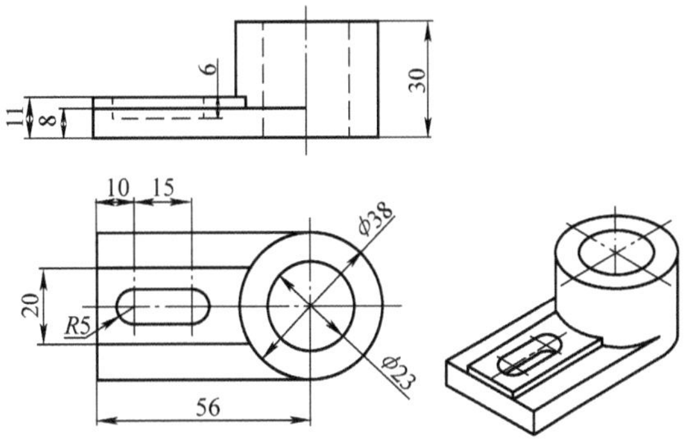

图　4－7

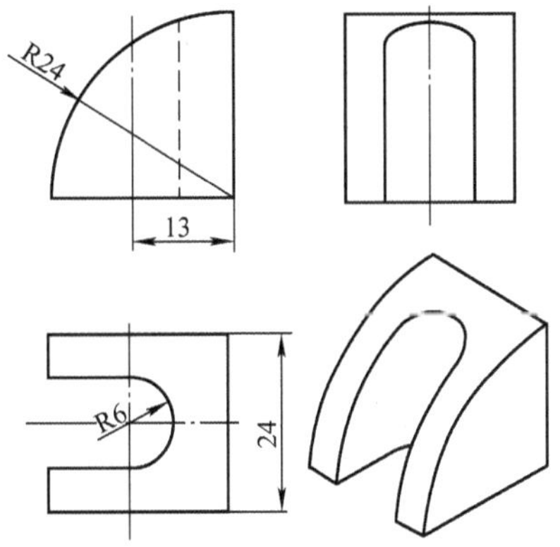

图　4－8

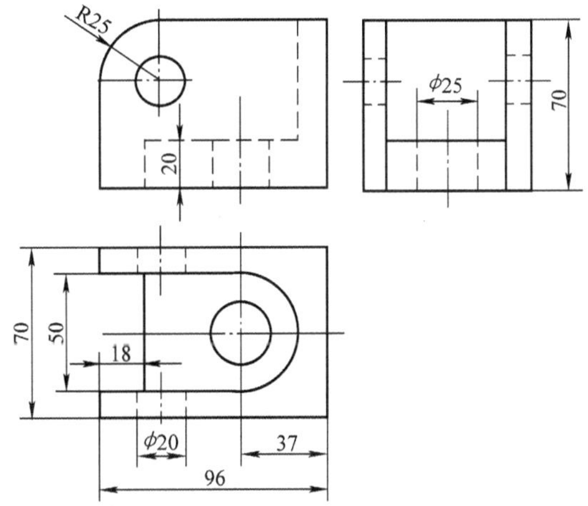

图　4－9

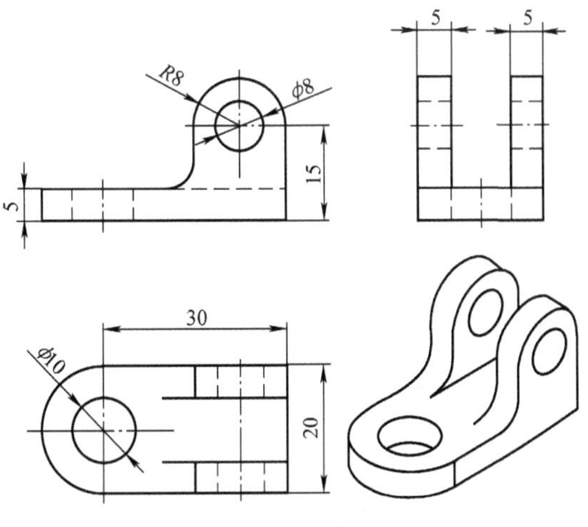

图　4－10

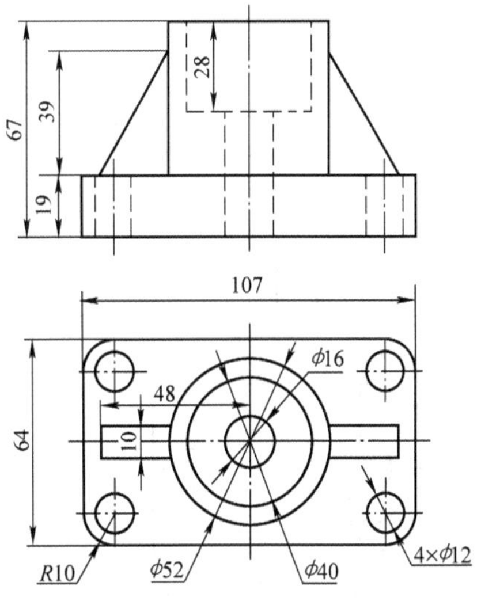

图　4－11

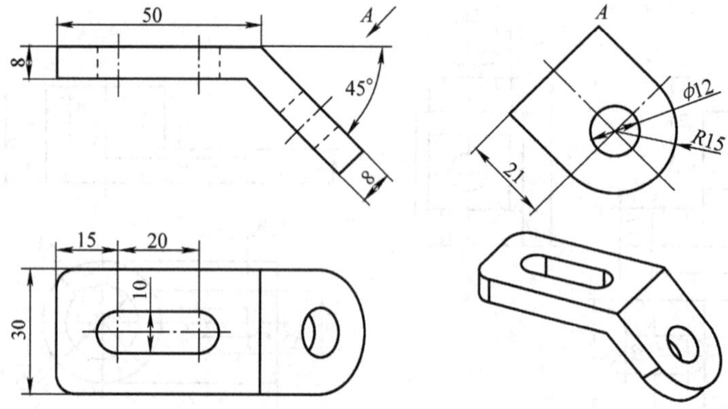

图 4-12

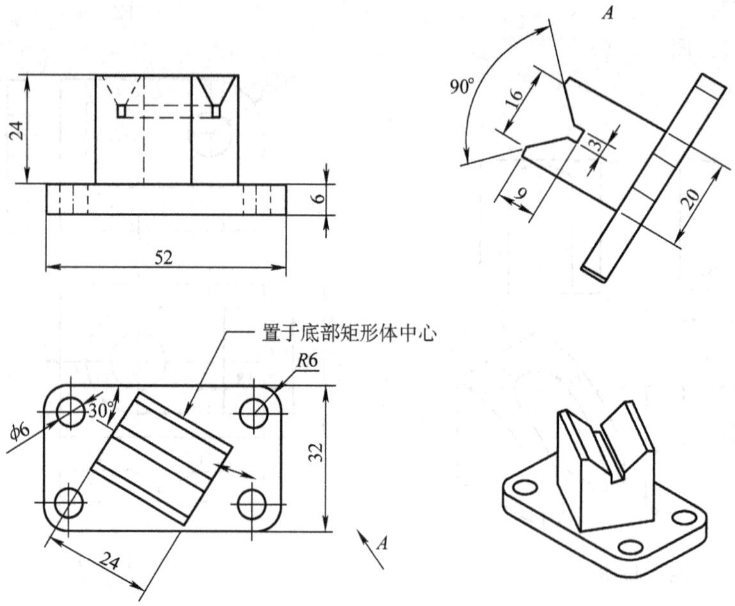

图 4-13

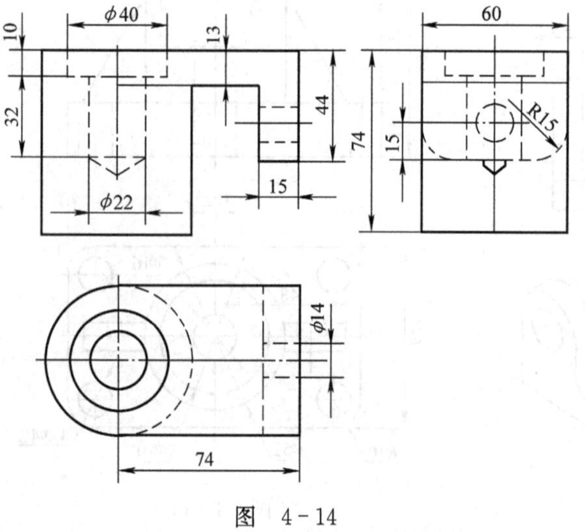

图 4-14

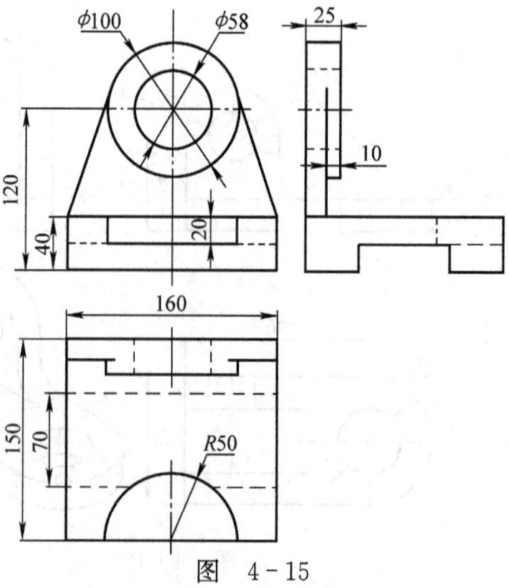

图 4-15

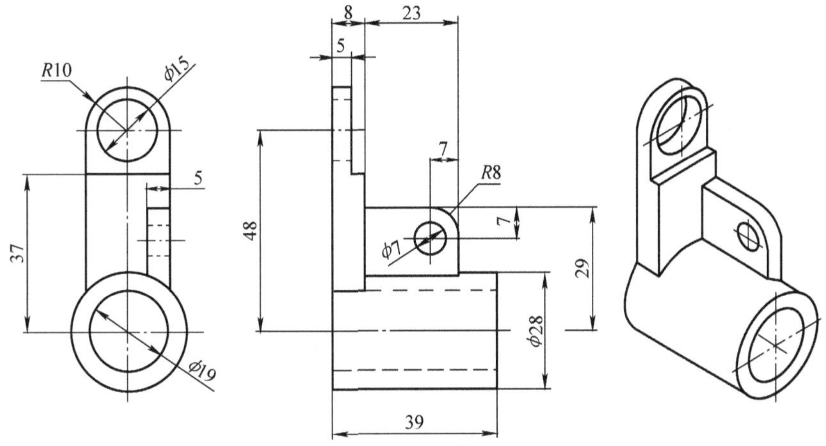

图　4-16

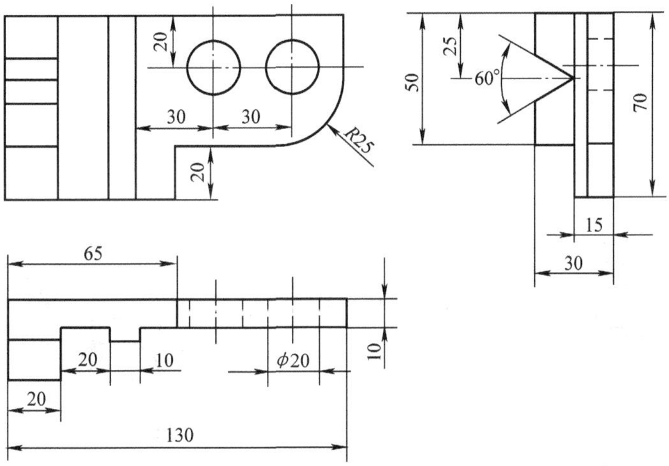

图　4-17

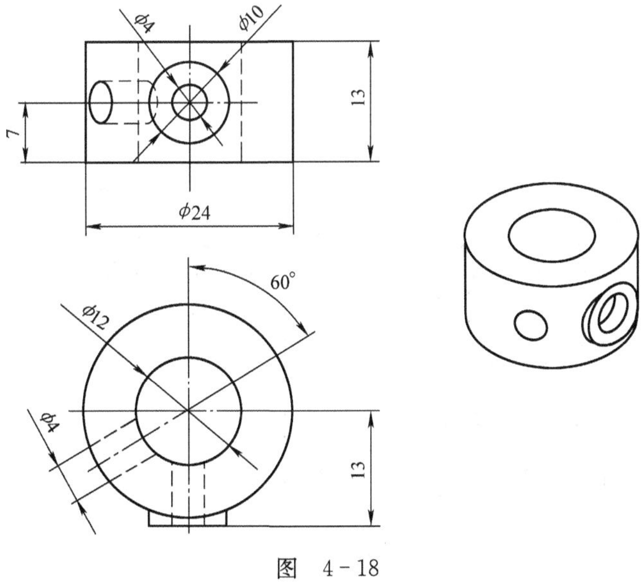

图　4-18

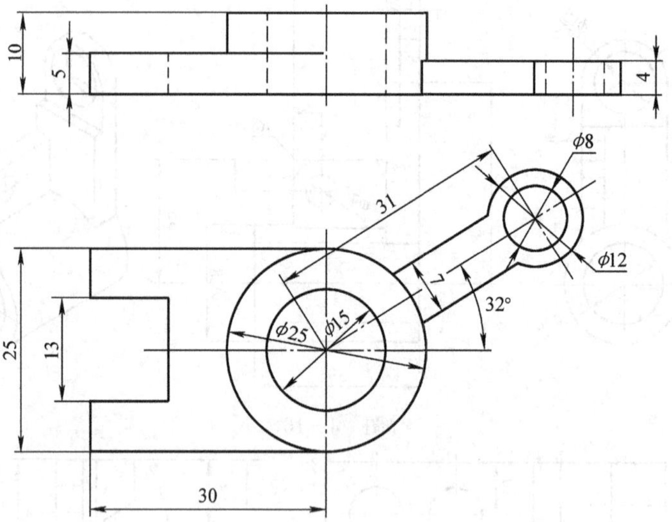

图 4-19

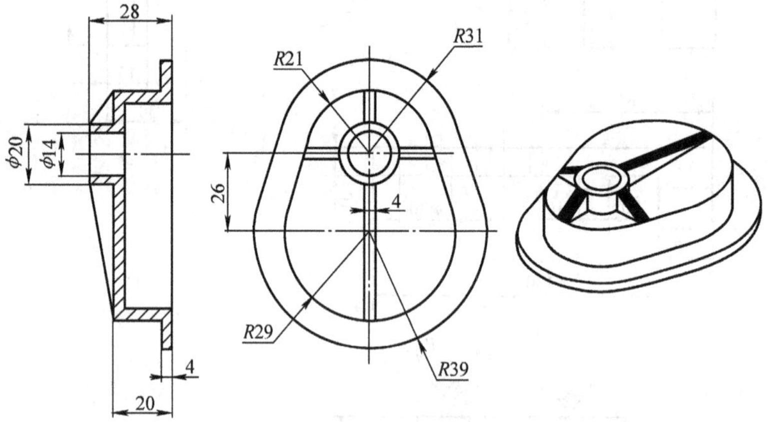

图 4-20

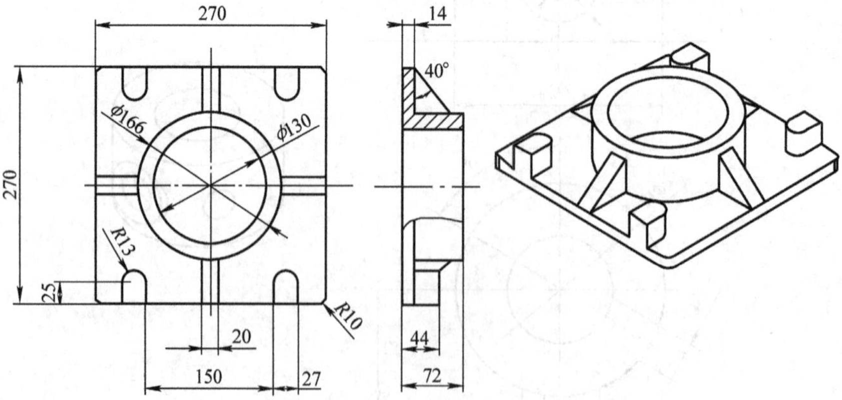

图 4-21

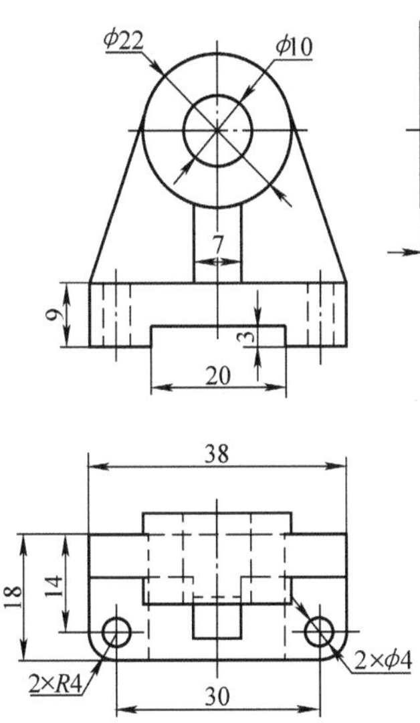

图　4-22

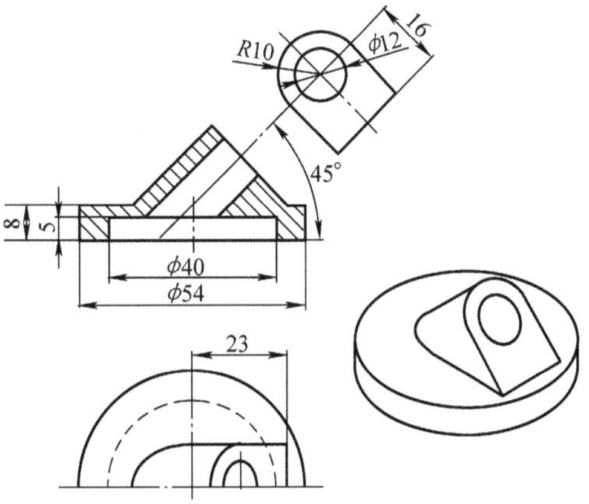

图　4-23

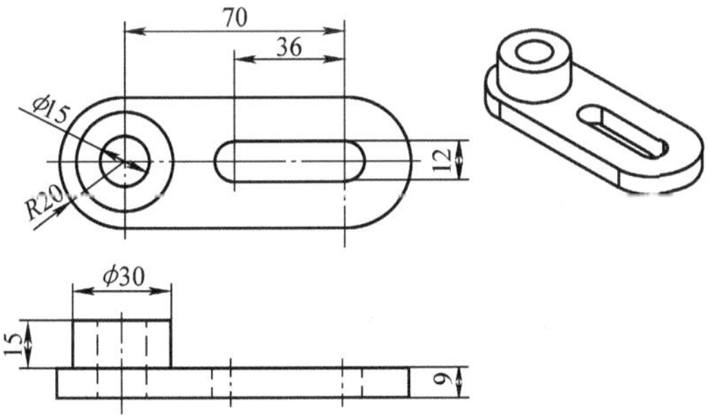

图　4-24

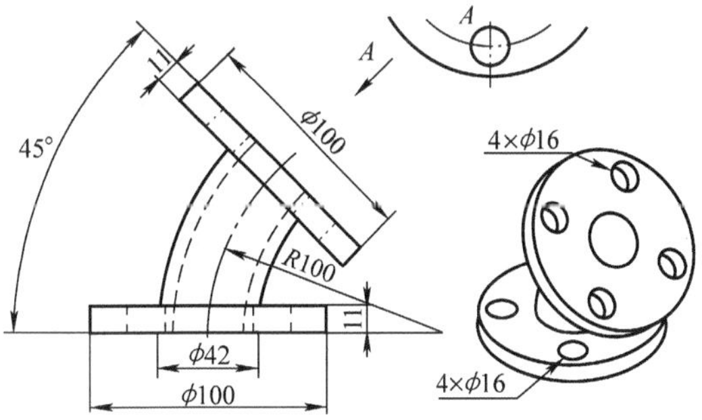

图　4-25

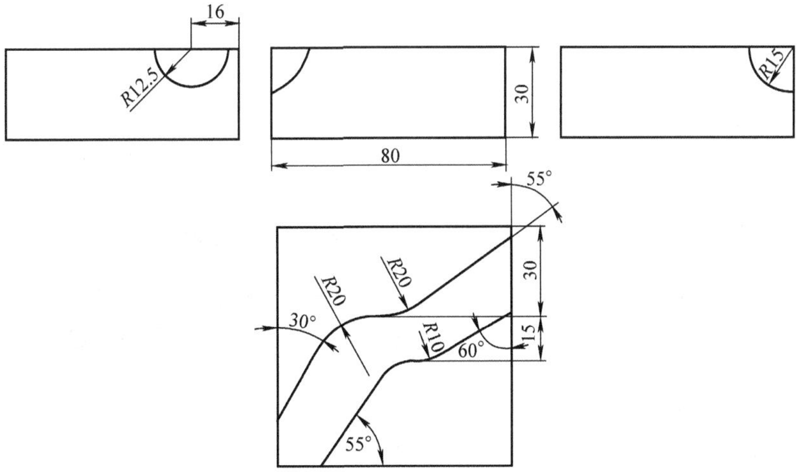

图　4-26

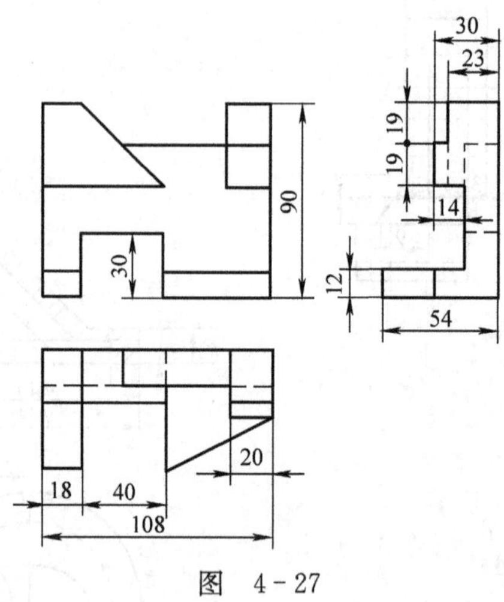

图 4-27

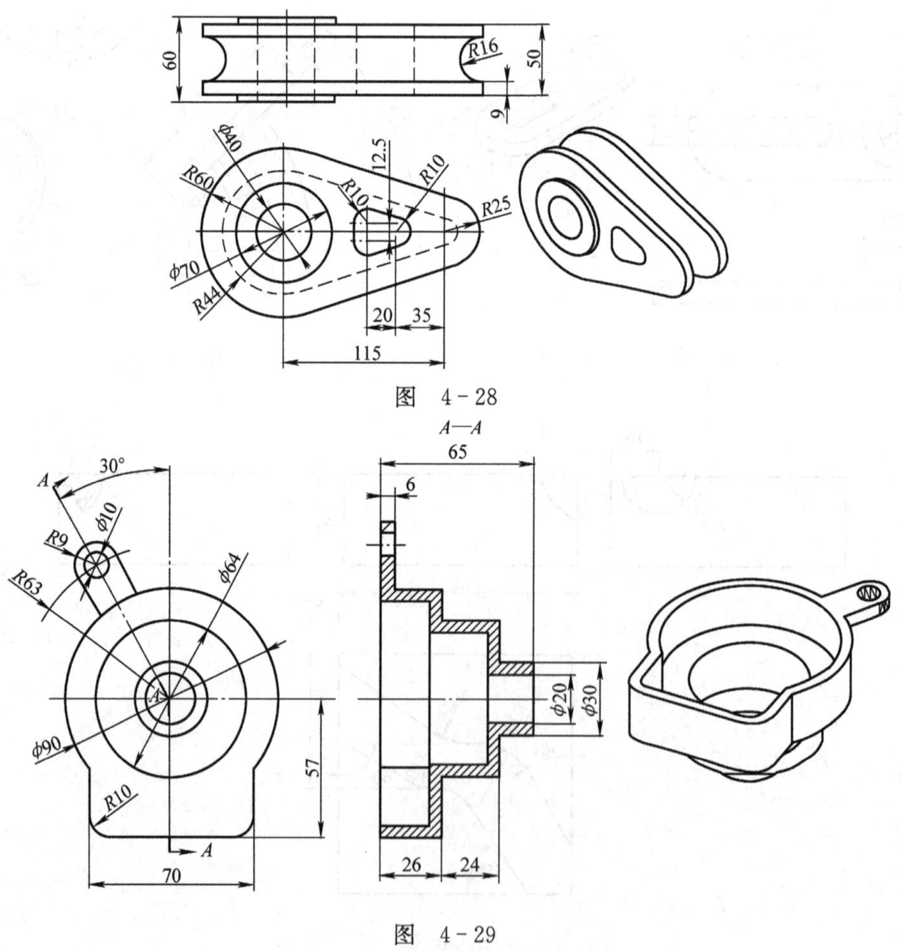

图 4-28

图 4-29

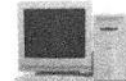

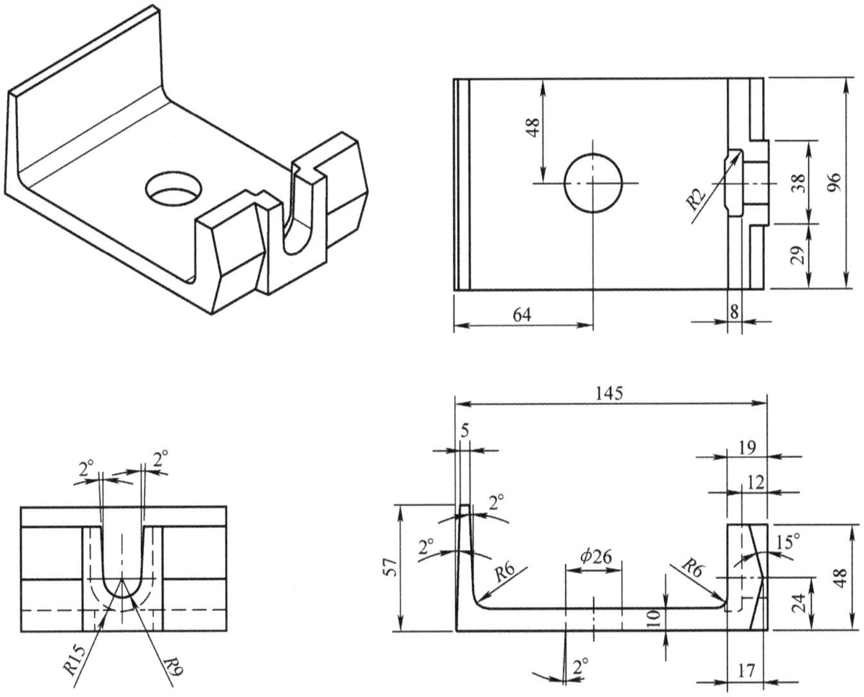
48
R2
38
96
29
64
8
145
5
19
12
2°
2°
2°
2°
57
15°
φ26
R6
R6
48
24
10
R15
R9
2°
17

图　4－30

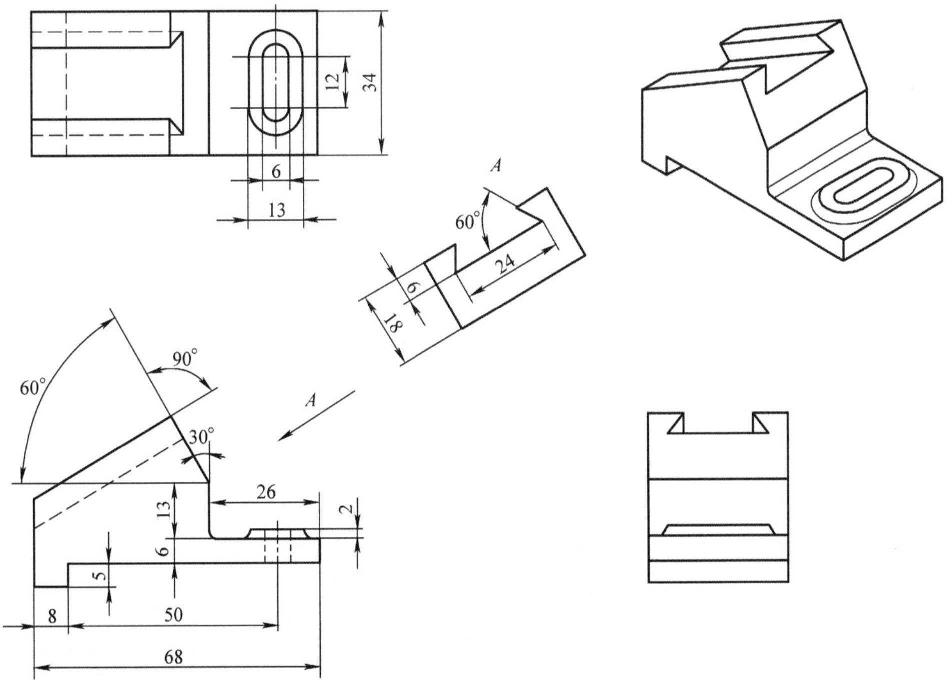
12
34
6
13
A
60°
24
9
18
60°
90°
A
30°
26
13
2
6
5
8
50
68

图　4－31

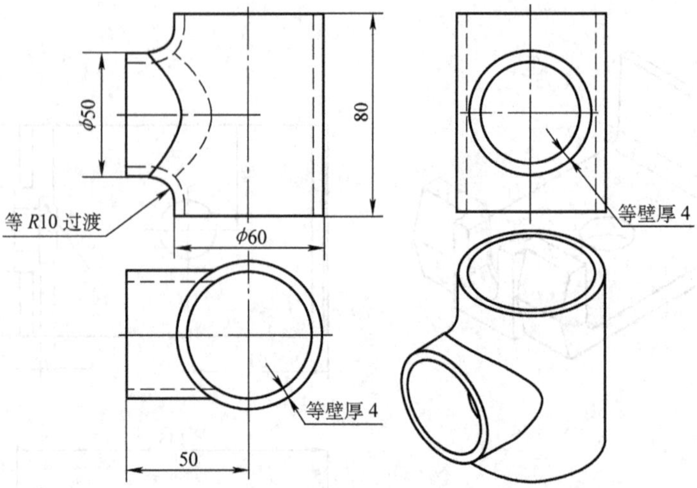

图 4-32

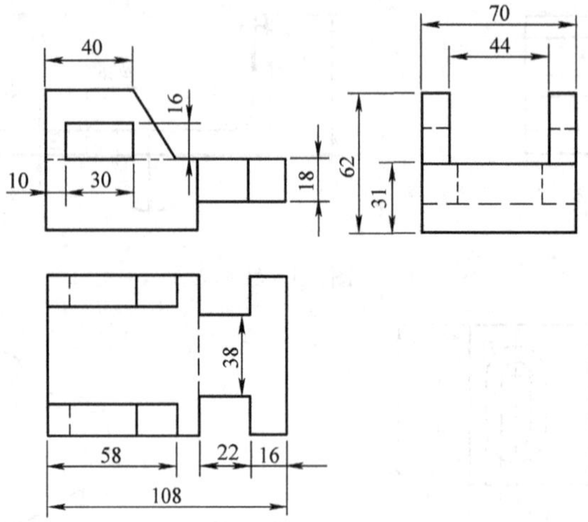

图 4-33

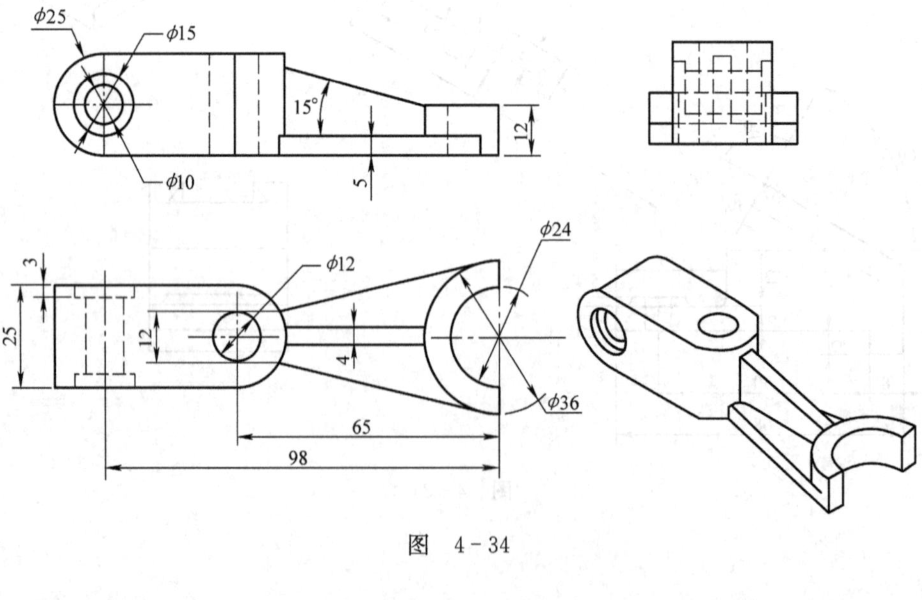

图 4-34

115
76
R20
5
5
20
R11
R5
5
22
37
25
16
12
49
8
41

36
13
8
R10
3
57
12

φ20
68
42
φ22
5
6
12

图　4-35

φ50
30
10
24

35
R6
6
8
40
2×φ12
φ30
20
12
76

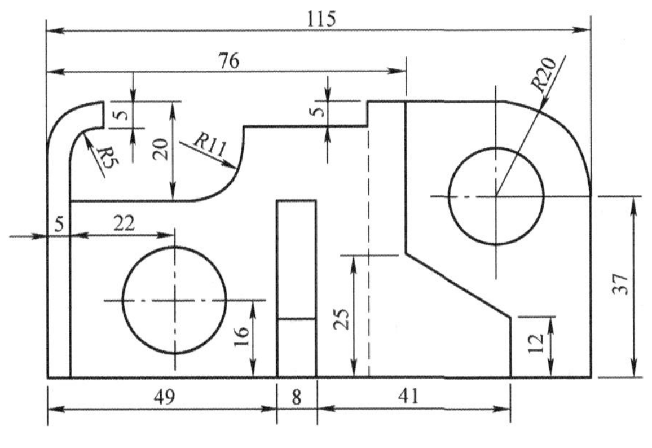

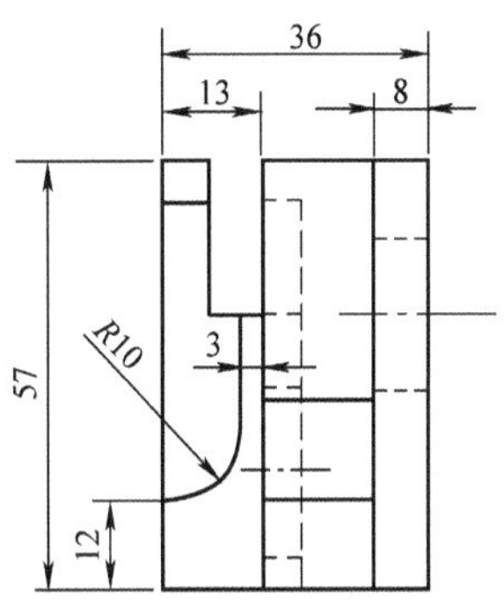

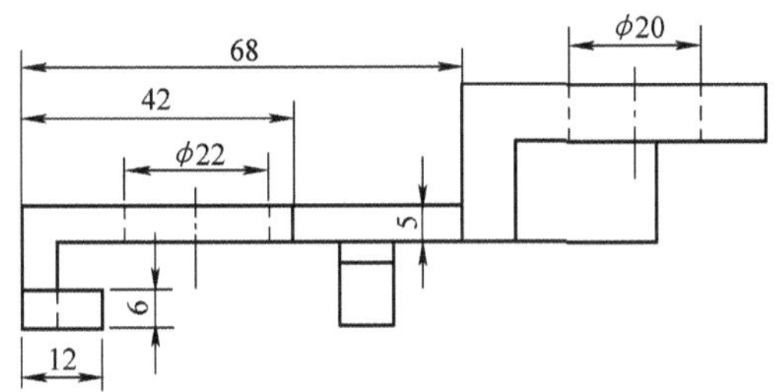

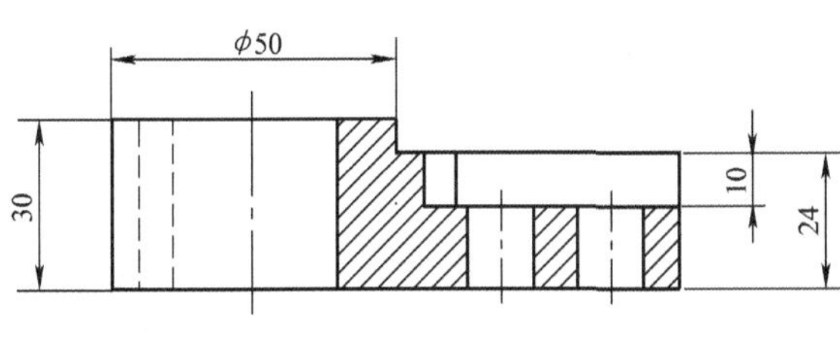

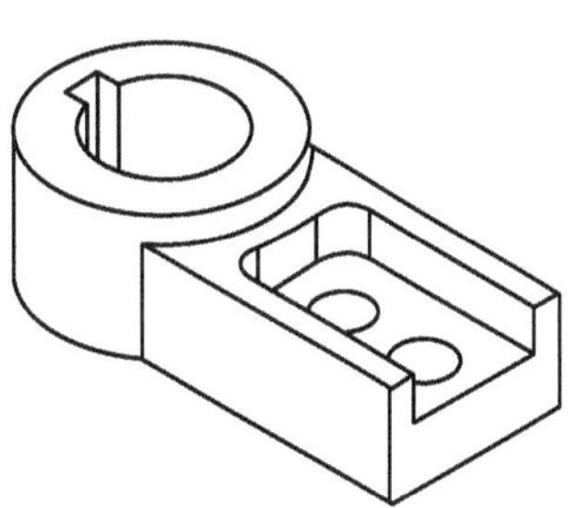

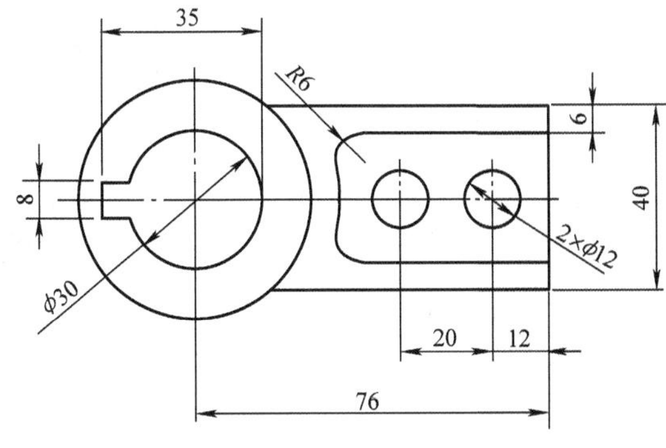

图　4-36

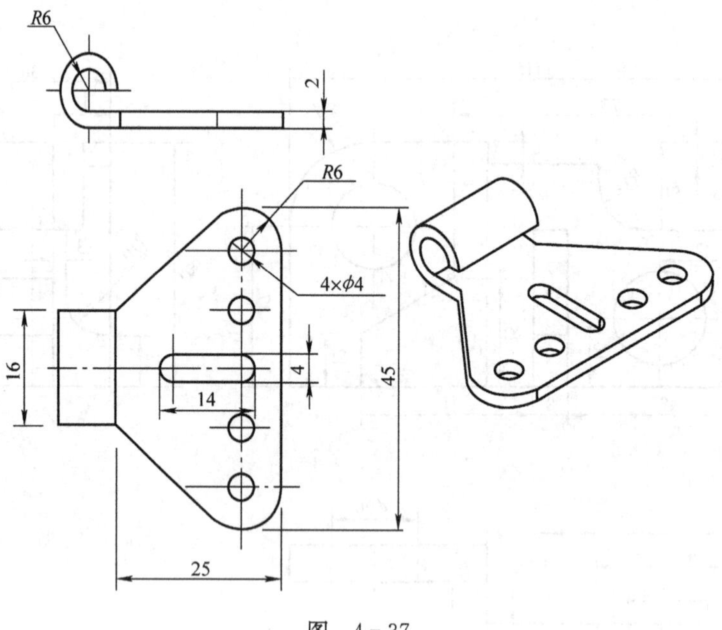

图 4-37

图 4-38

26
5
A
12
7
60°
30
13
11
4
10
3
46
58
R6
φ26
φ16
φ6
34
5
26
R4
26
R7

图　4－39

R25
30
R25
10
54
31
9
26
72
20
65
12
R30
90
44
30
18
37
φ30
14
40
22
100
13
60
74
186

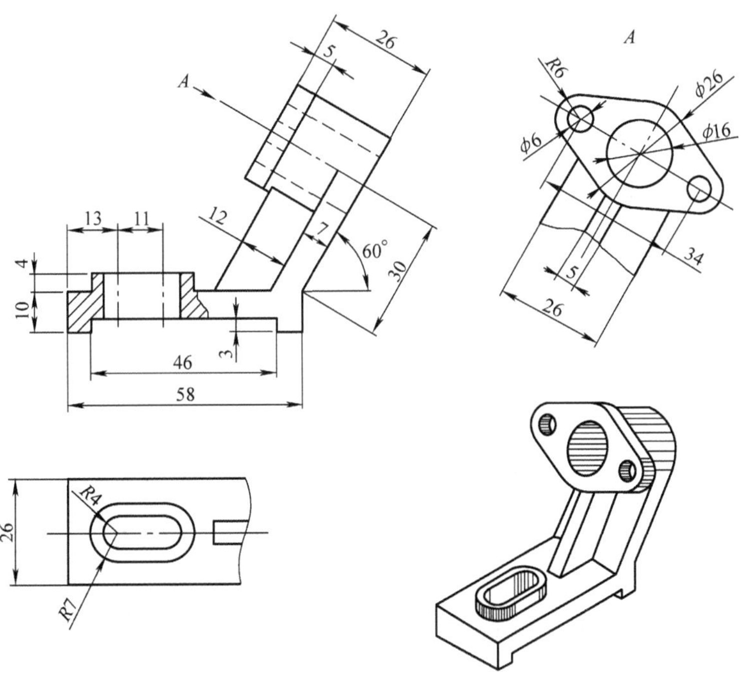

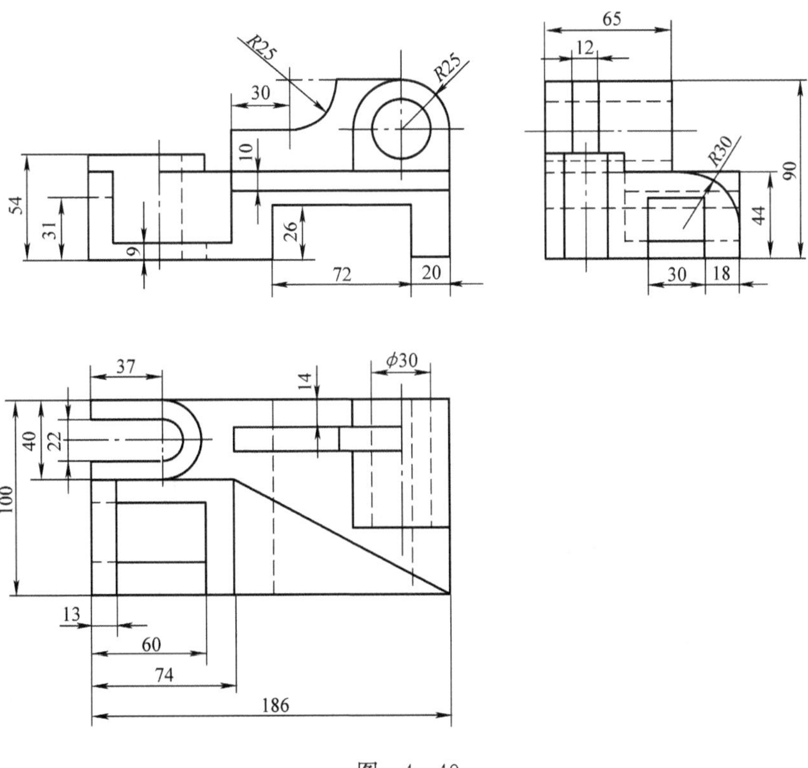

图　4－40

A—A
15
10
4
6
24
R4
70
6
4
28
36
20
12.5
φ6
10
φ6
A
A
A
A
18
A
A

图 4-41

A—A
28
4
φ4
φ4
φ7
25
12.5
4
50
40
4
4
4
10
R4
A
R6
A
5
5
A
A
A
A
A
φ12

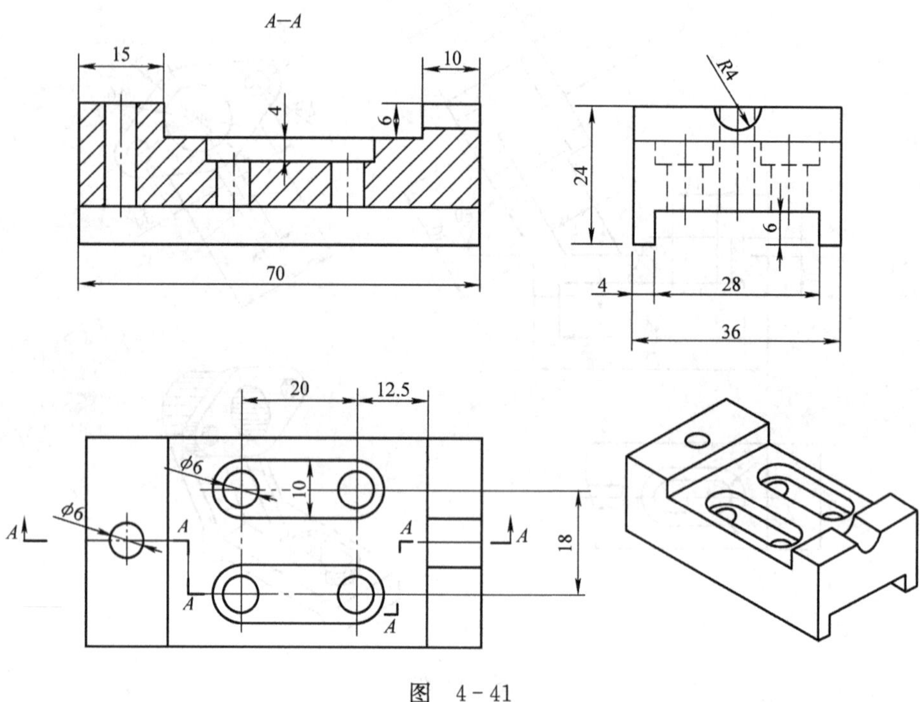

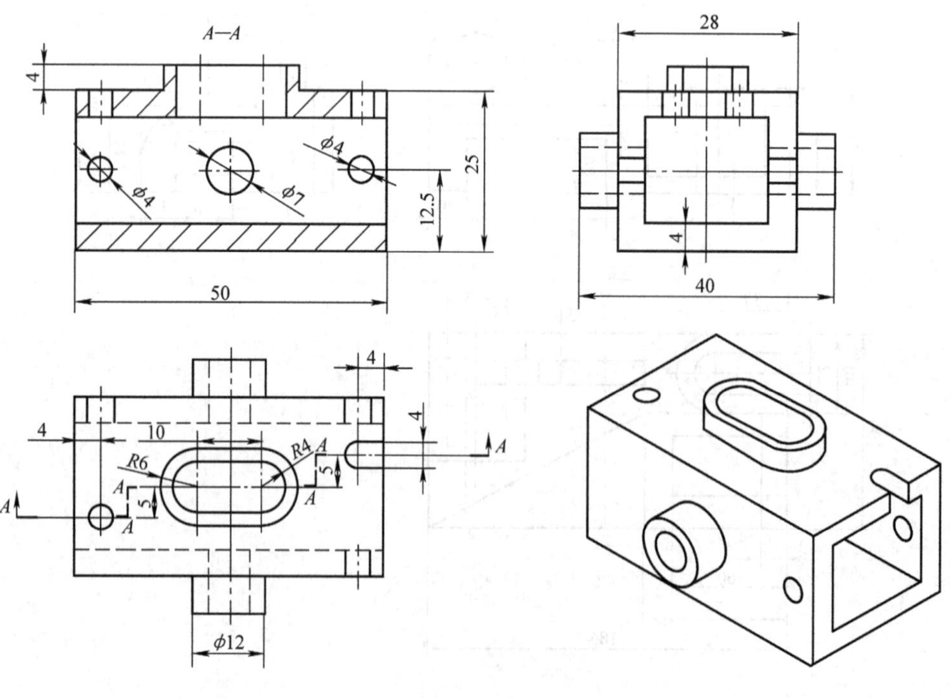

图 4-42

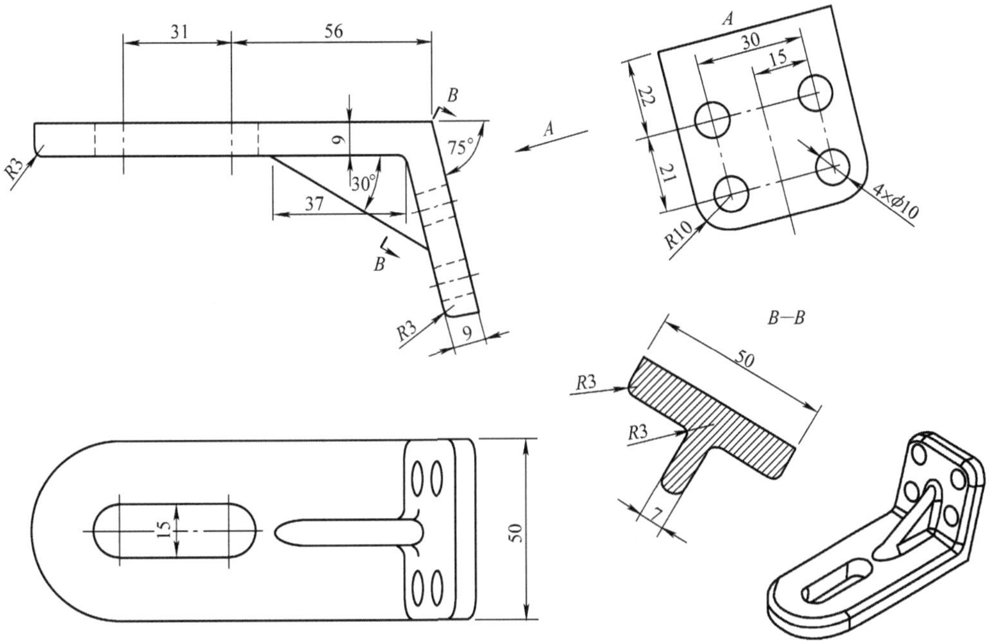

图　4-43

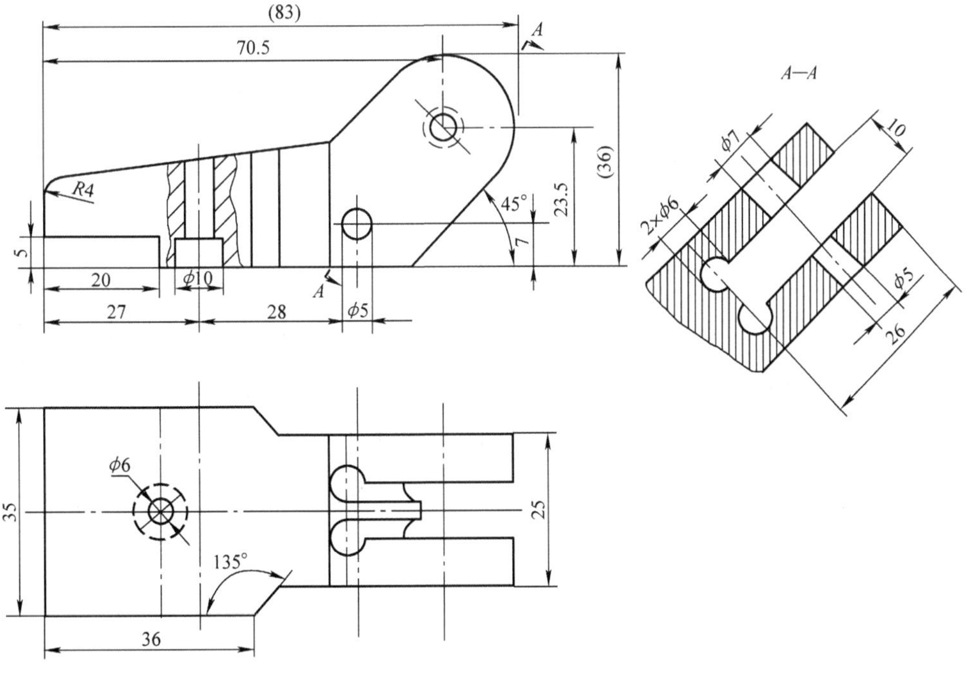

图　4-44

30°
R150
A
4
A—A
R80
A
65
8
180
43
5
70

35
φ45
φ20
25
22
35
φ80
φ40
44
φ18
R20
25
120

图 4-45

A—A
44
4
25
12.5
C1.5
M36×2
28.5
φ20
φ32
φ36
φ41
φ50
φ53
7
5
16
R5
5
12
6
4×φ14
通孔
A
R12.5
75
φ70
45°
75
A

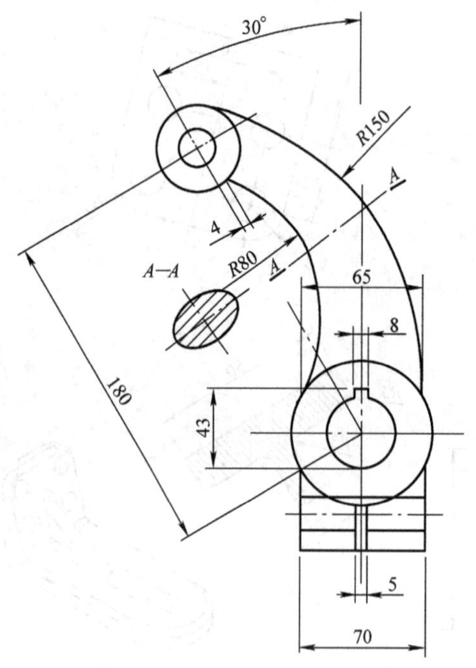

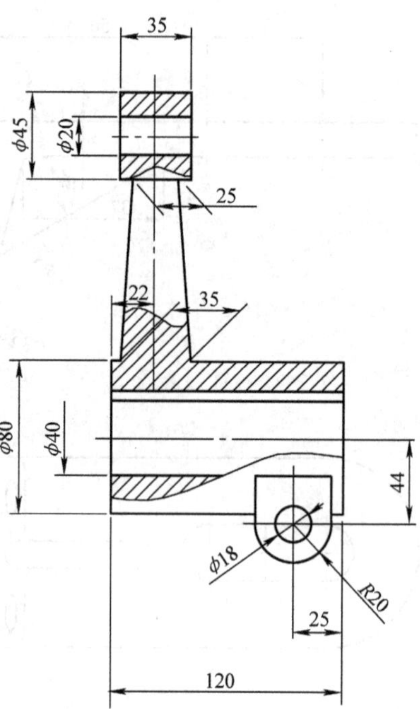

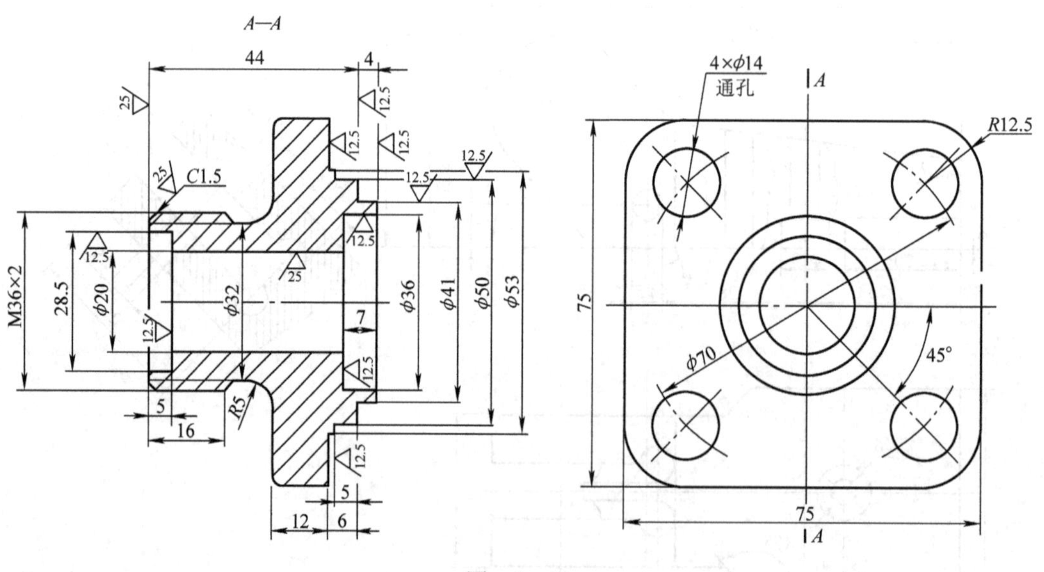

图 4-46

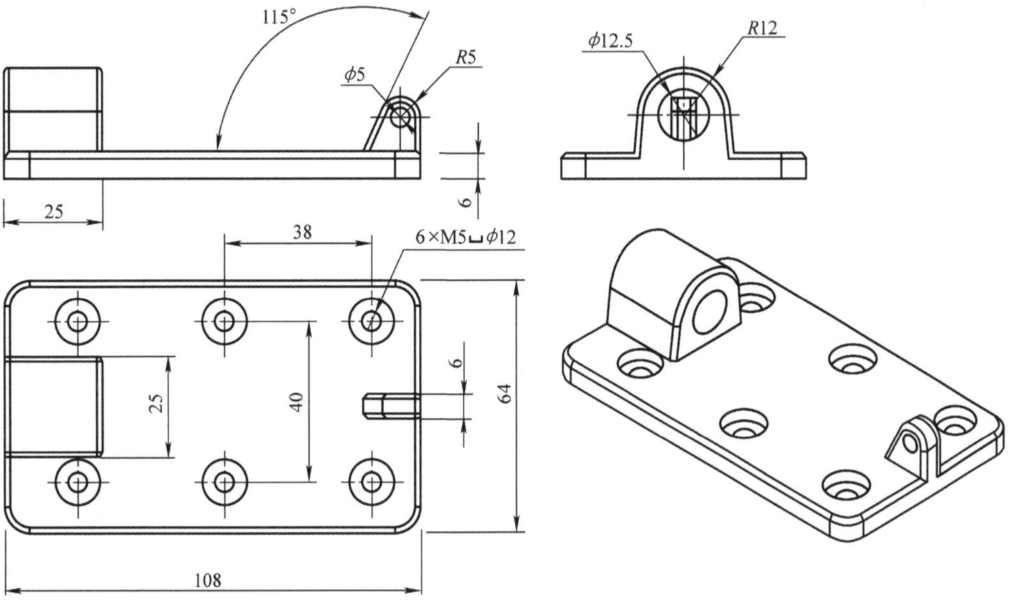

图　4-47

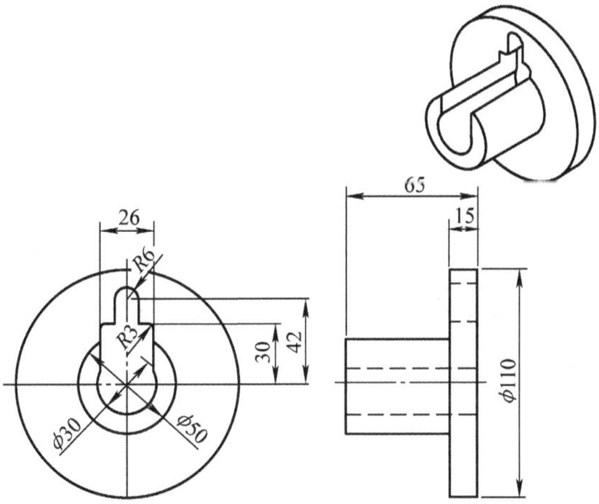

图　4-48

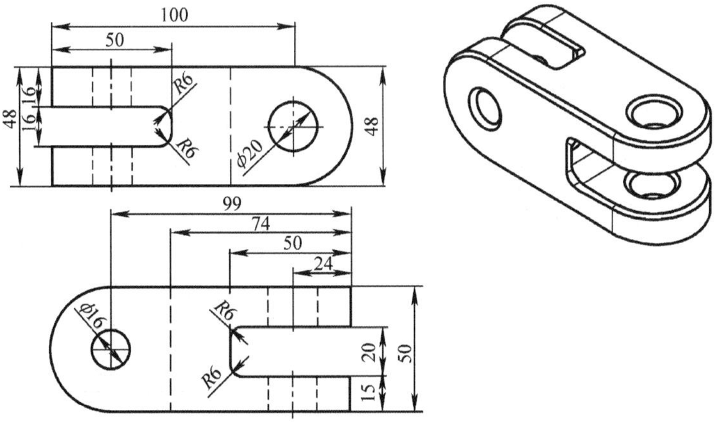

图　4-49

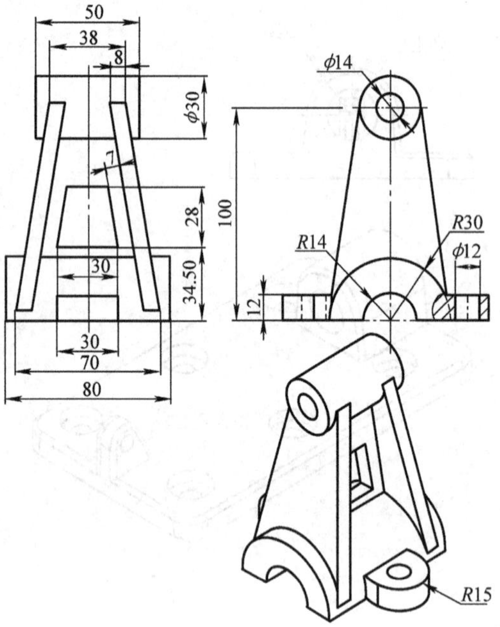

图 4-50

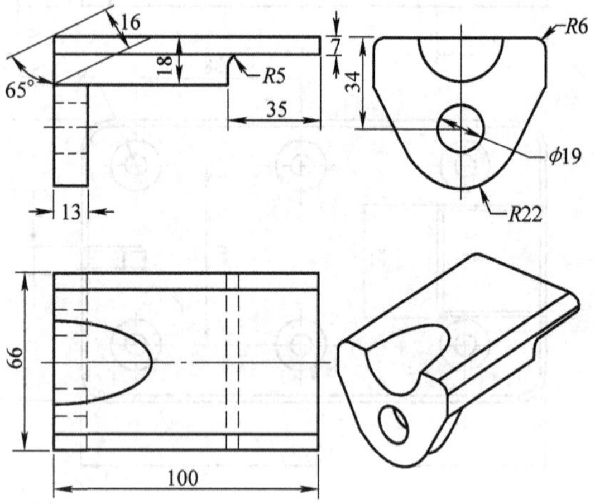

图 4-51

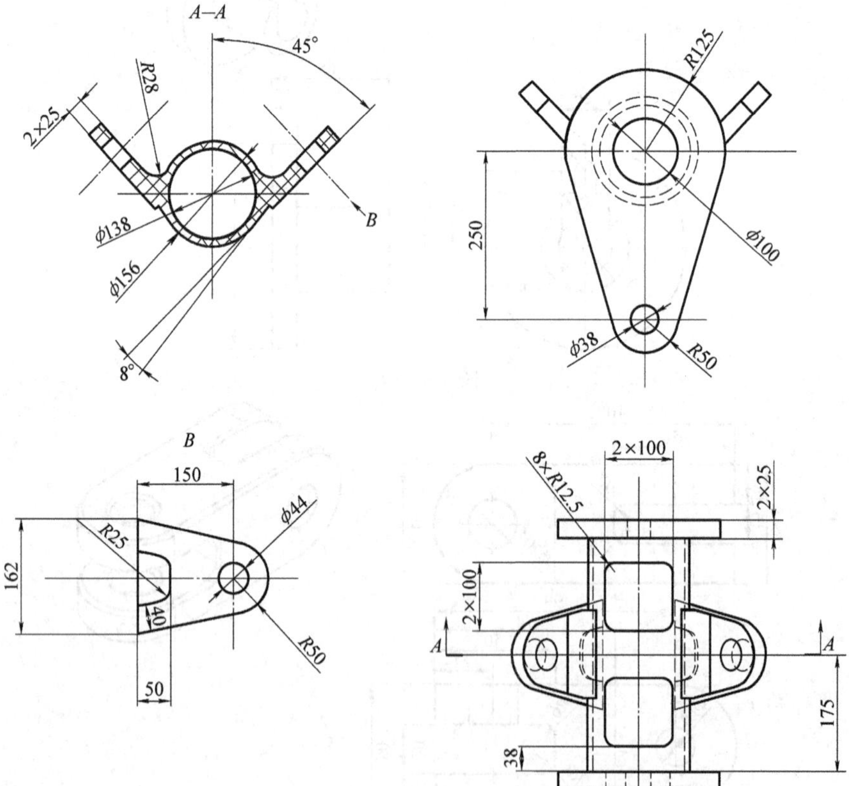

图 4-52

40
27.6
40
φ20
φ14.2
21.2
5
5
20

60
7.5
2
3.2
5
18.5
φ6.8
R7.6
注：所有未注圆角R2

图 4-53

85±0.027
φ25
2.5
R38
R55
φ60
R32
46
57
10
3.2
C1
C1
2
90+0.024 −0.183
A—A
未注圆角R3
55
M14×1.5−7H
15
C2
两端
10+0.022 0
30
65−0.032 −0.104
A
R20
2×φ13
R22.5
A

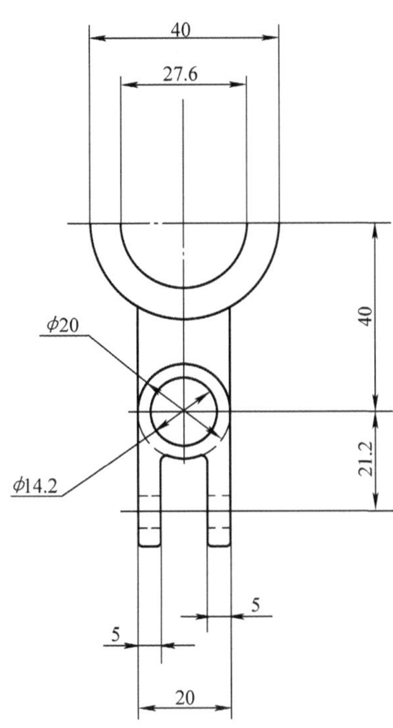

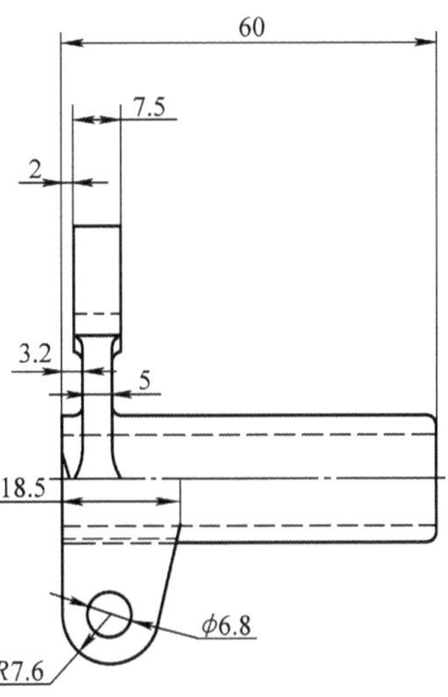

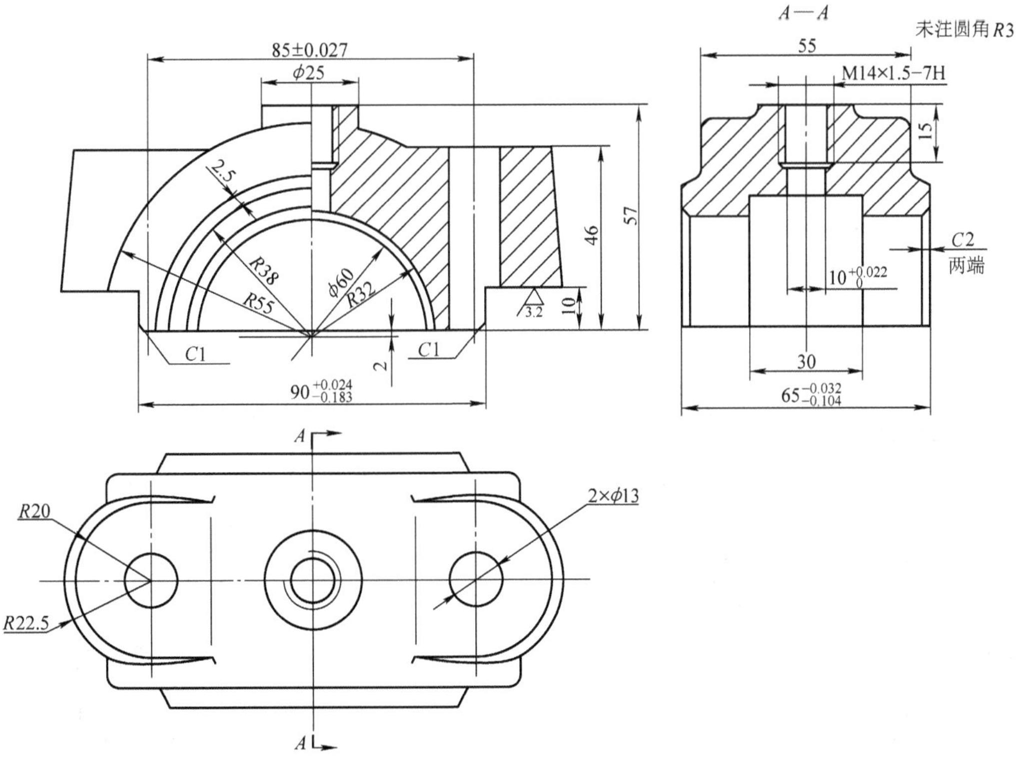

图 4-54

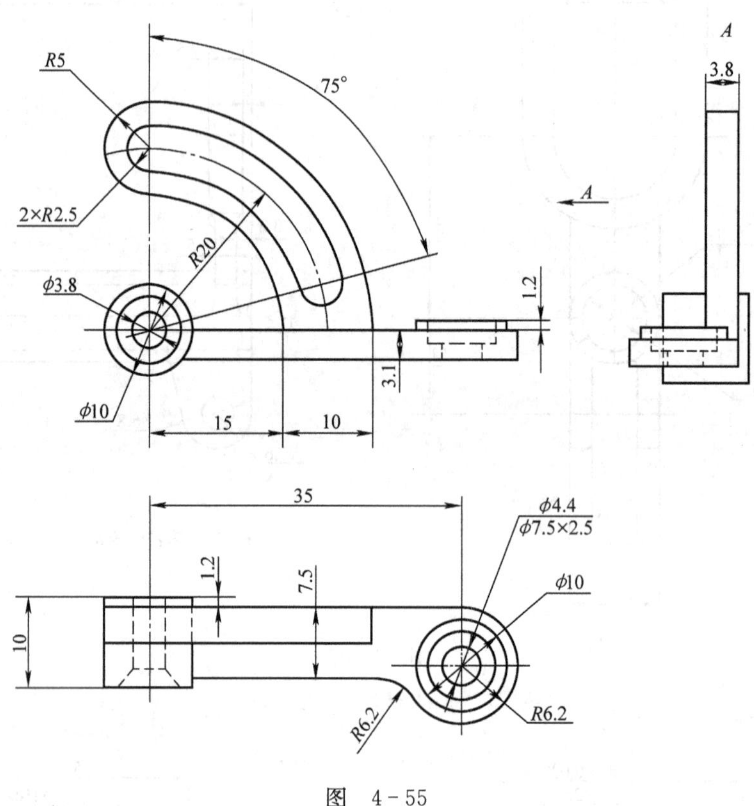

图 4-55

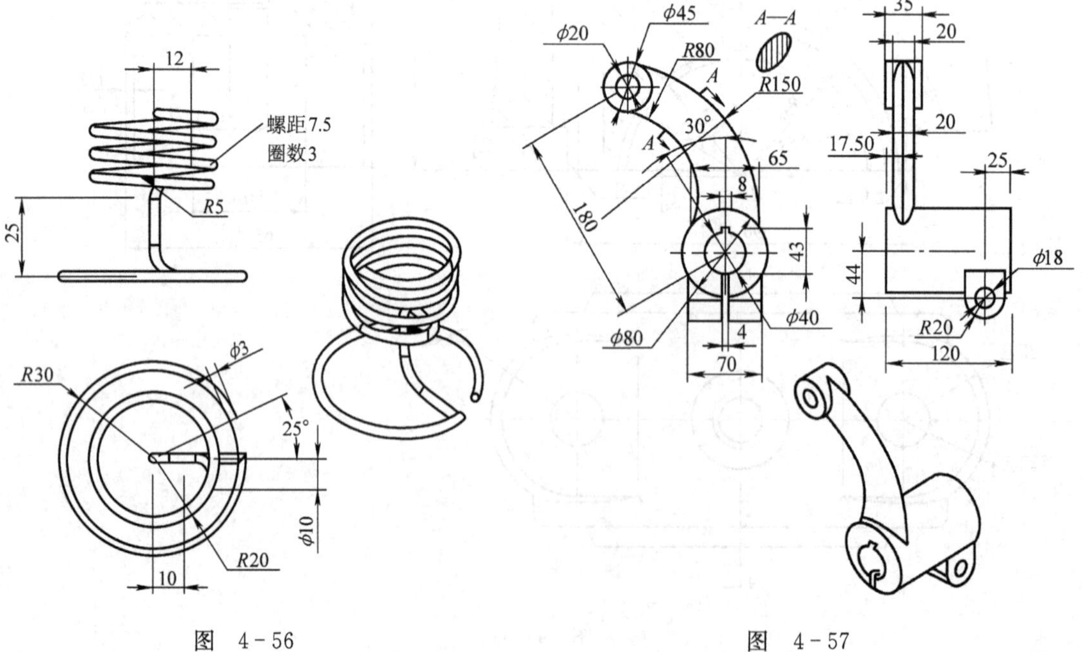

图 4-56

图 4-57

A—A
64
54.6
85
52.8
60°
36
39
40
127
102
50.8
60
A
A
B 放大
φ7
φ25.4
1.2
B
未注圆角R6
均匀壁厚 t=4

图　4-58

A
3
18
3
21
32°
R3
φ11
40
8
6
90
24
4
10
20
60
3
5
16
60
A
φ18
R13
50
φ26
φ16
2×φ28
2×φ15
40
82

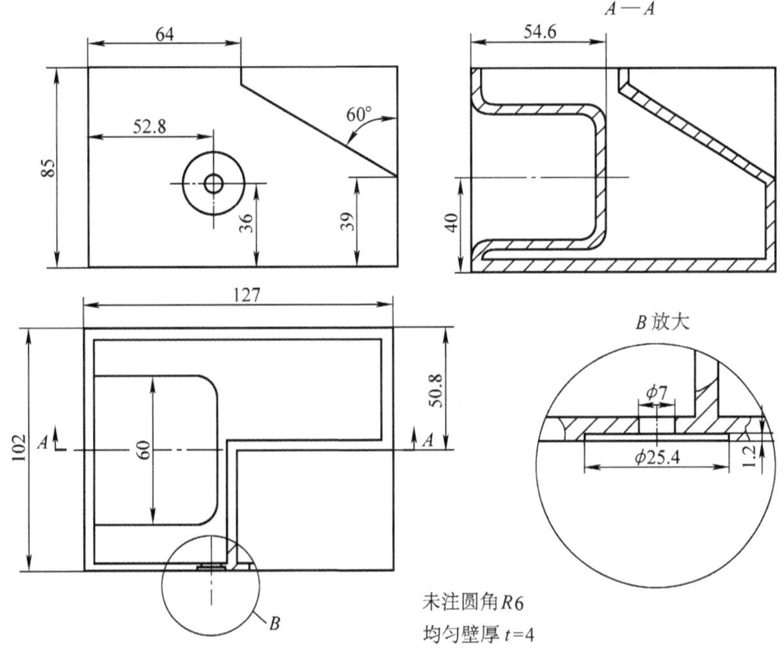

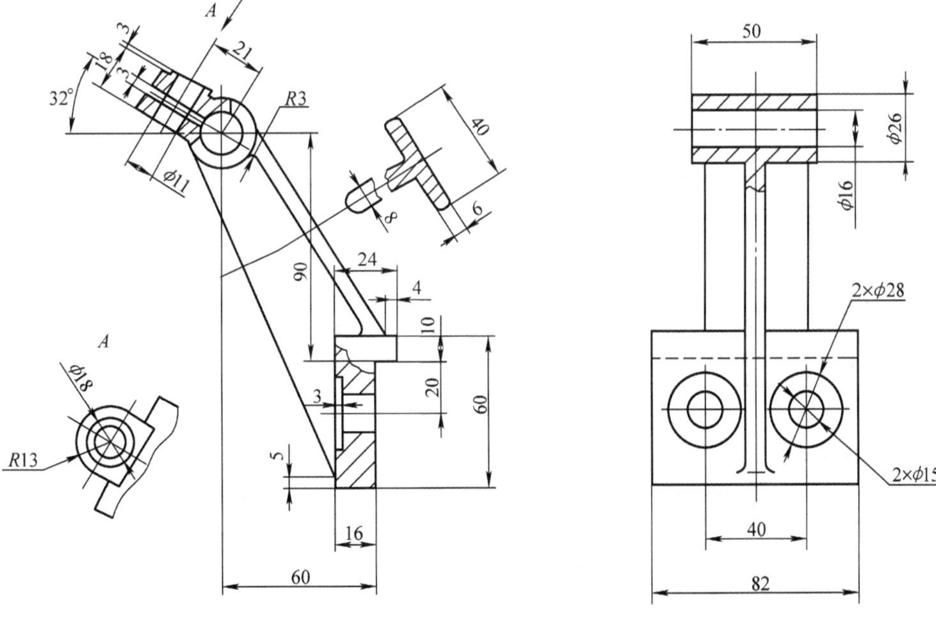

图　4-59

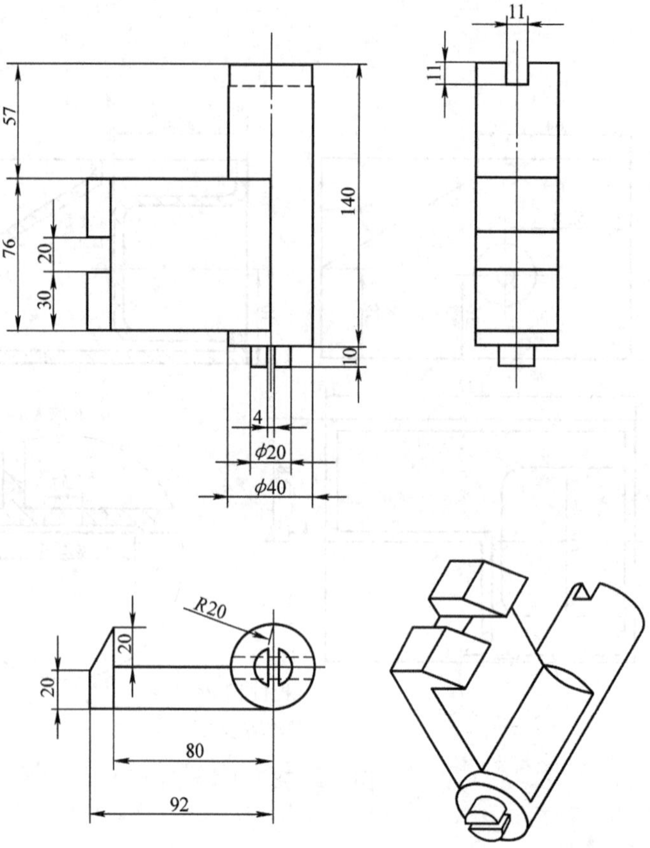
11
11
57
76
20
30
140
10
4
ϕ20
ϕ40
R20
20
20
80
92

图 4-60

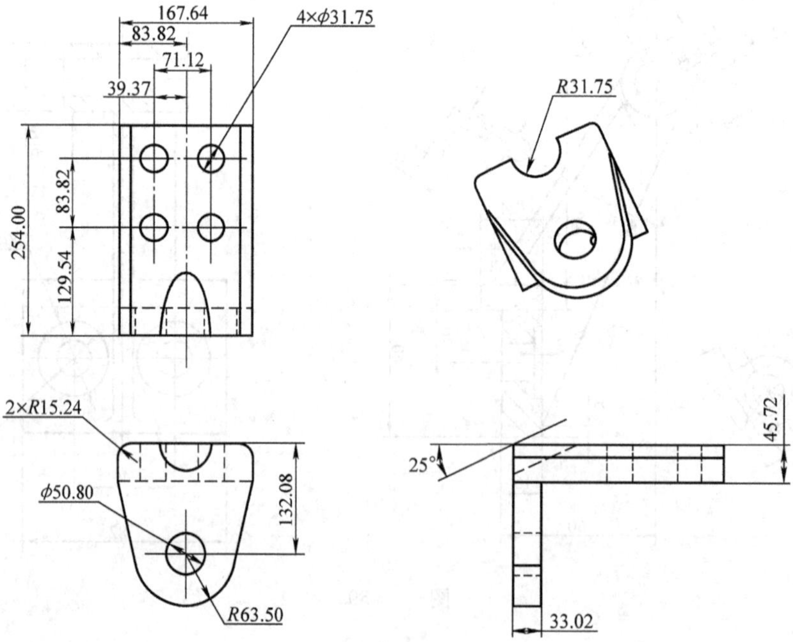
167.64
83.82
71.12
39.37
4×ϕ31.75
254.00
83.82
129.54
R31.75
2×R15.24
ϕ50.80
132.08
R63.50
25°
45.72
33.02

图 4-61

15
40
24
21.1
30.7
37.8
33.3
R10
R9.6
R5
R3.2
11.6
9.6
41.7
57
2.5°
A
A
R105.6
R51.2
R5.1
R105.6
R5
21.1
29.4
R27.2
R51.2
10
115.9
R25.6
R9.6
23
ϕ38.4
A—A
12.3
R12.8
14.1
未注圆角为R2

图 4-62

30°
R12
15°
15
A
B
R20
2×ϕ10
B
23.4
R6
15
40
40
66
100
A
10°
30
R6
周围R2
R6
B—B

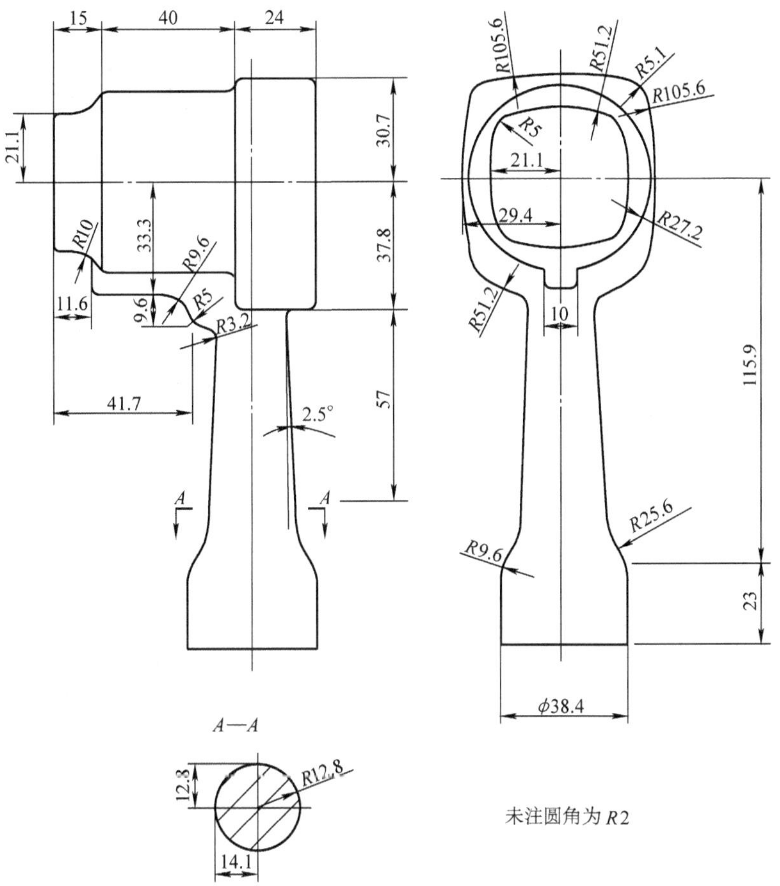

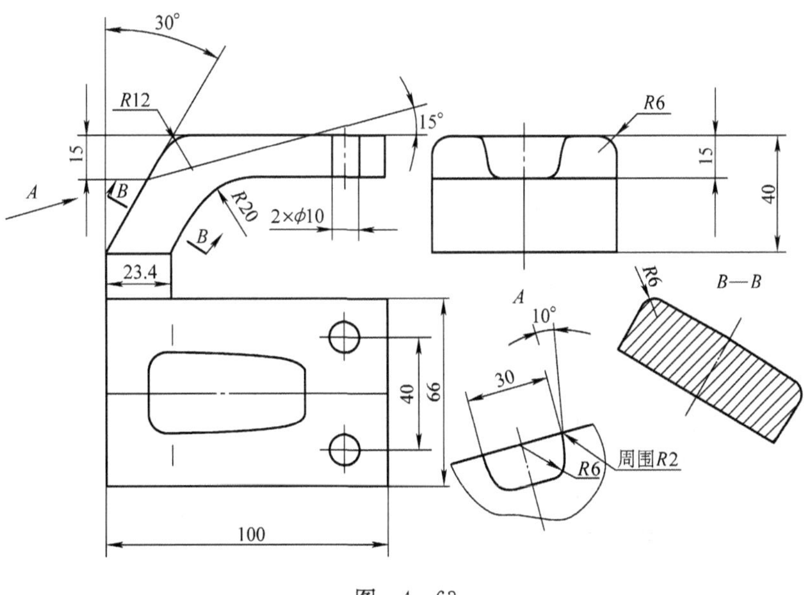

图 4-63

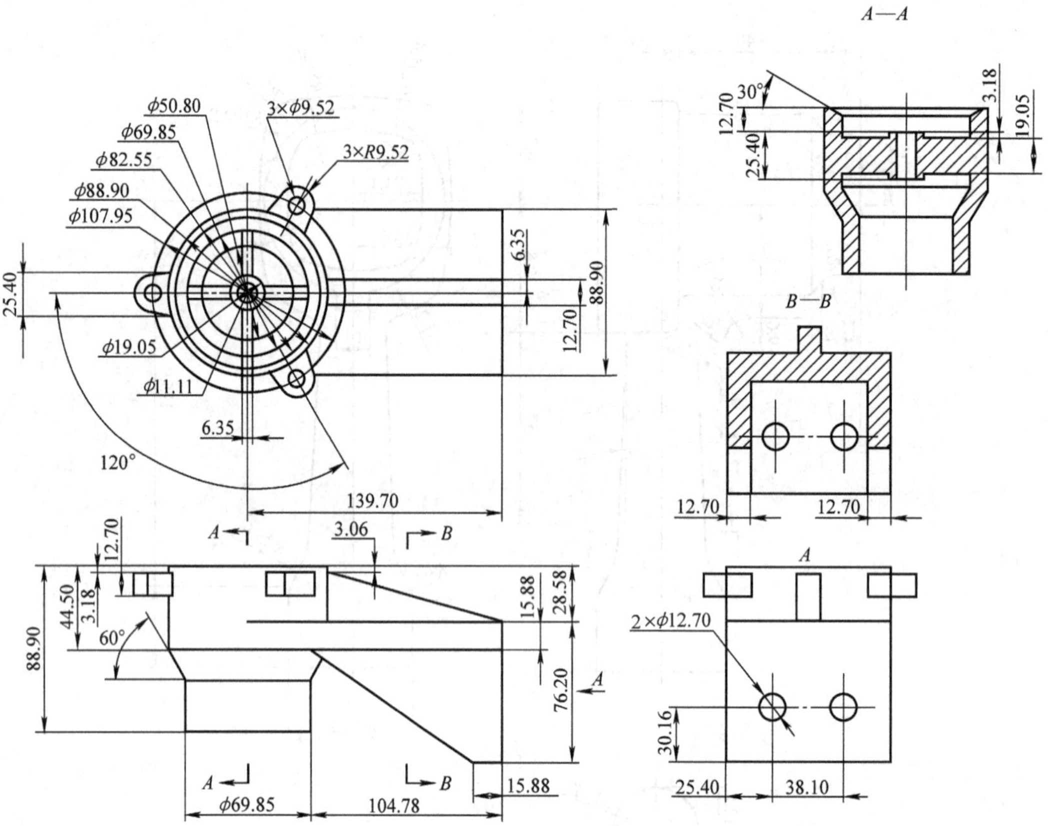

图 4-64

图 4-65

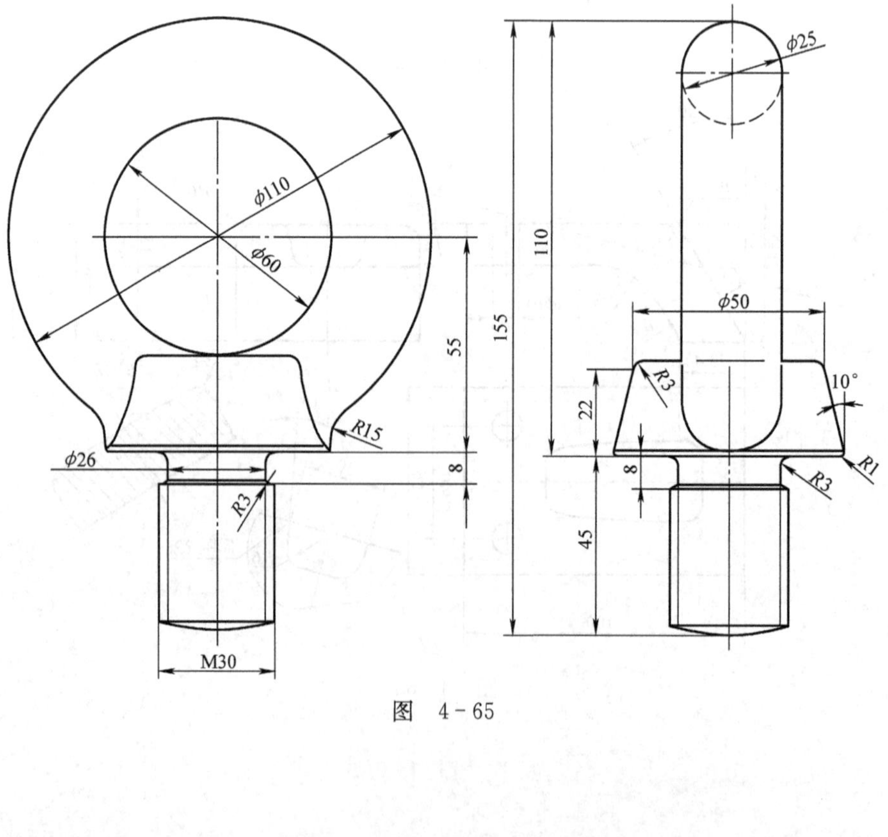

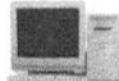

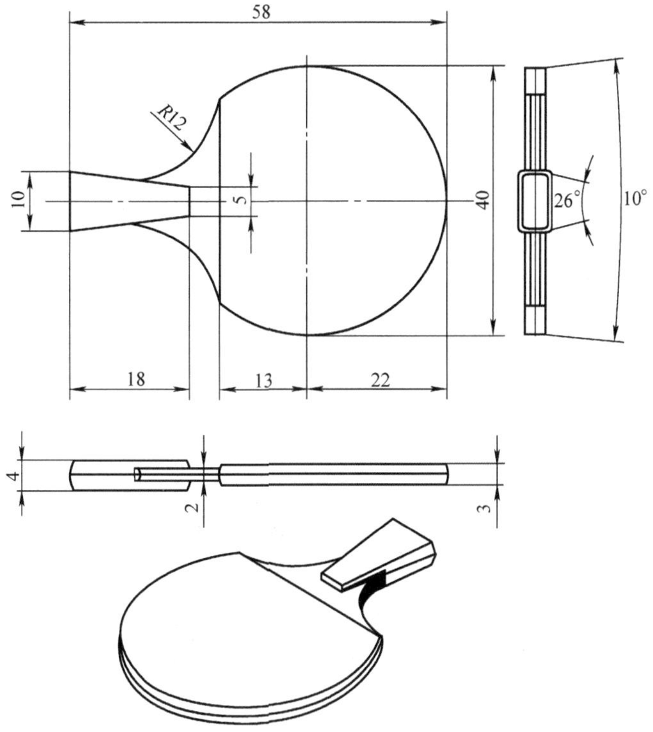
58
R12
10
5
40
26°
10°
18
13
22
4
2
3

图　4-66

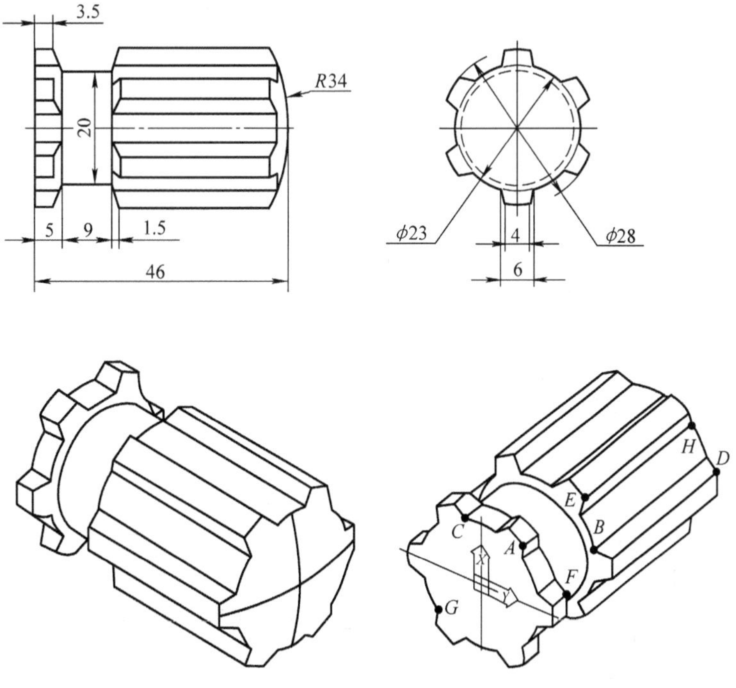
3.5
R34
20
5
9
1.5
46
φ23
4
φ28
6
H
D
E
B
C
A
F
G
X
Y

图　4-67

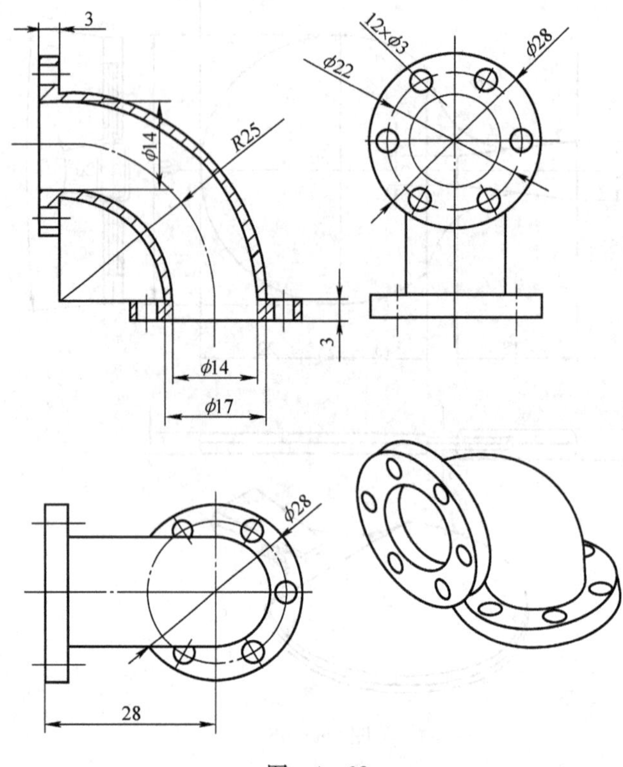

图 4-68

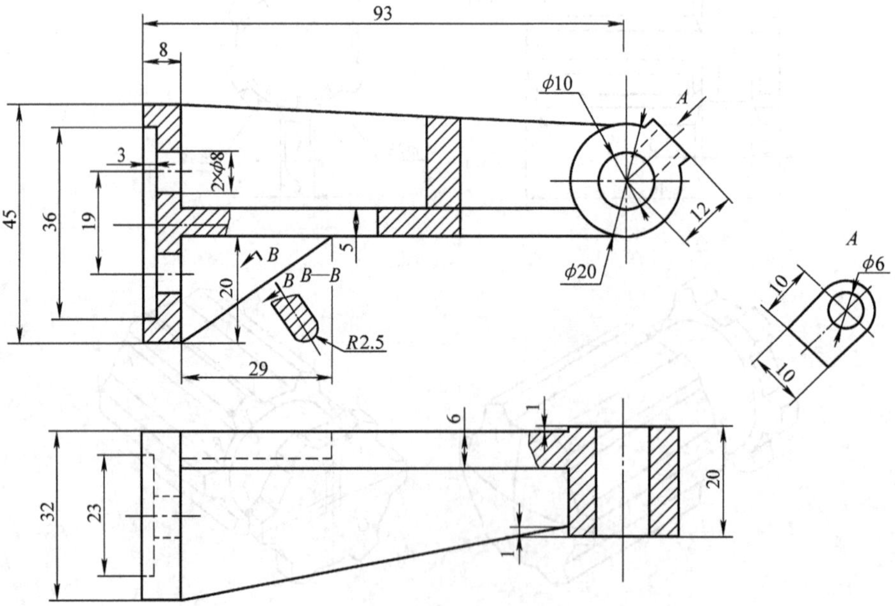

93
8
ϕ10
A
3
2×ϕ8
45
36
19
12
5
B
20
B B—B
ϕ20
A
ϕ6
10
R2.5
29
10
6
1
32
23
20
1

图 4-69

20
A
R7
30
120°
A
7
R2
A
7
14
37
注:未标注圆角R2
A—A
φ7
φ40
φ32
φ24
10
10
30

图　4-70

10
A
2
R16
φ18
32
4.5
φ15
A
R12
90°
A
注:未标注圆角R1.5
A—A
18
6
R4
φ4
17
φ24
6
R2
2
12
φ3
8
6
φ8
3
φ11
φ3
φ5.5
3
6
18

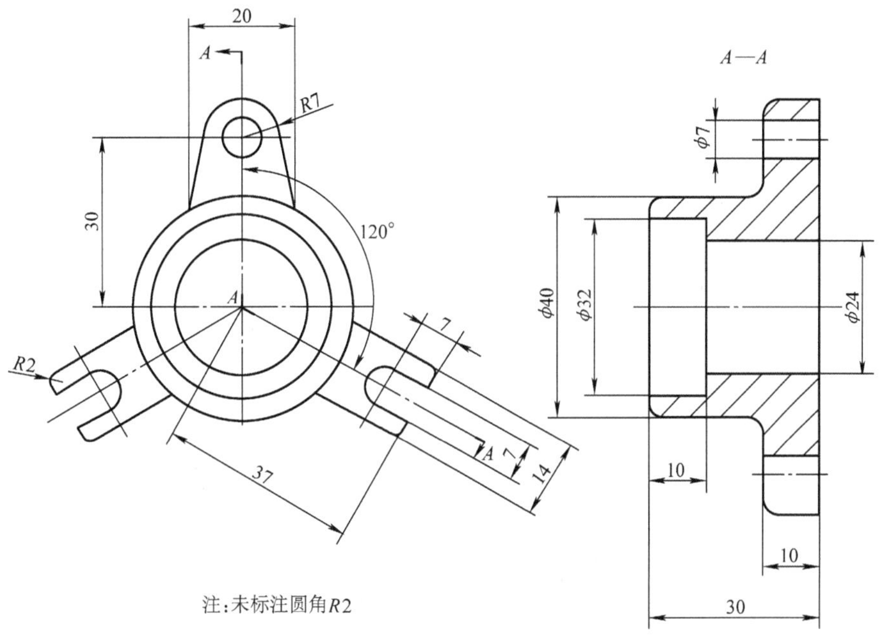

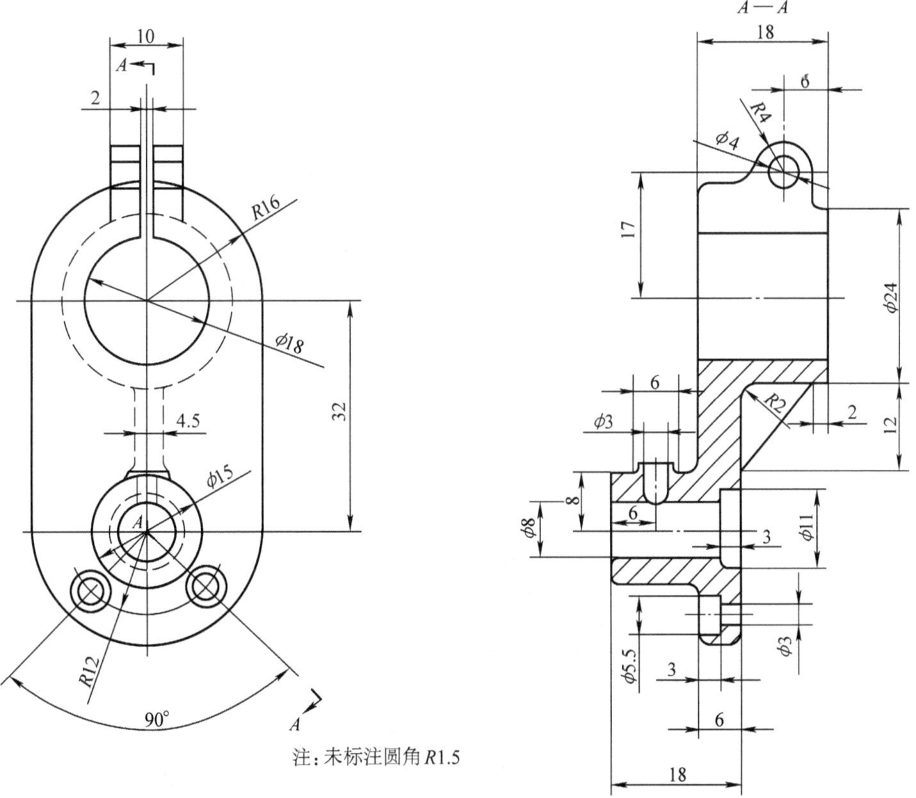

图　4-71

17
30°
15
30°
5
18
8
66°
65°
R15
φ24
R15
12
10

图 4-72

φ30
φ22.5
4×φ5
4×R5
φ25
φ15
40
40
20
20
18.8
27.5
φ25
φ15
4×3.75
7.5
35
1.25
1.25
17.5
7.5
R10

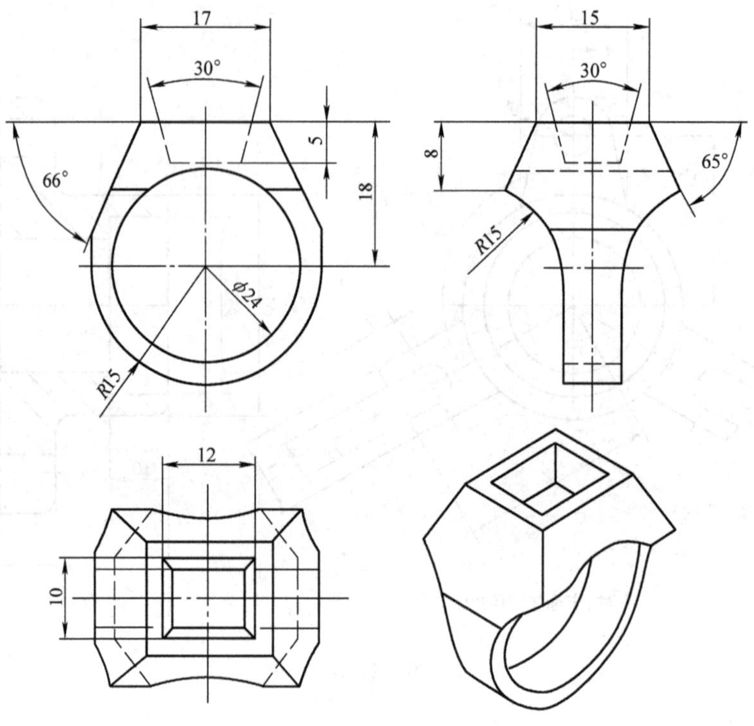

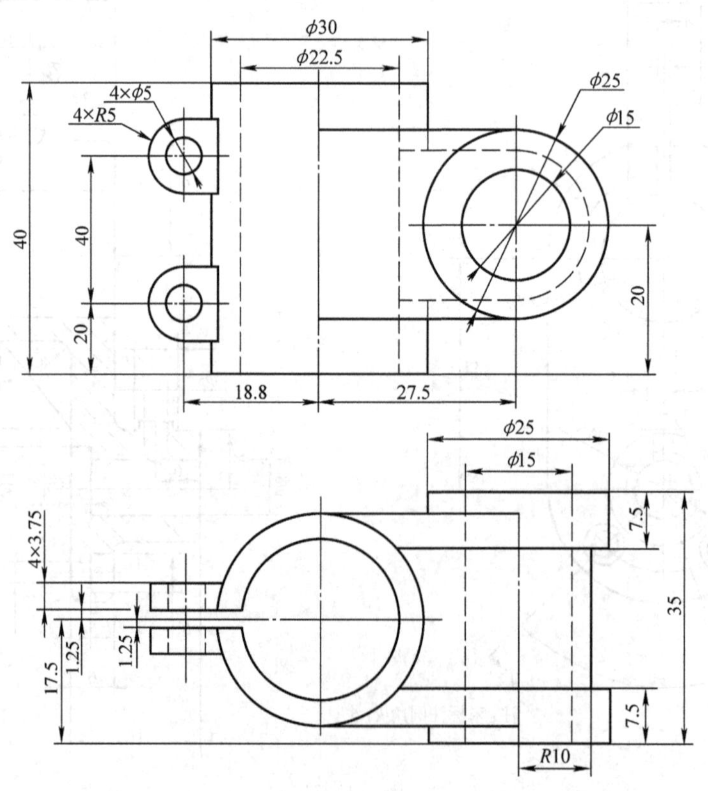

图 4-73

123
17
68
53
12
2×M7
R27
φ9
7
φ39
4×φ13
11
3
43
128
30
13
20
60°
75
101
48
φ34
φ54
φ43
φ27
17
5
42

图　4 - 74

33
16
9
25
65
103
35.5
60°
R19
φ15
R3

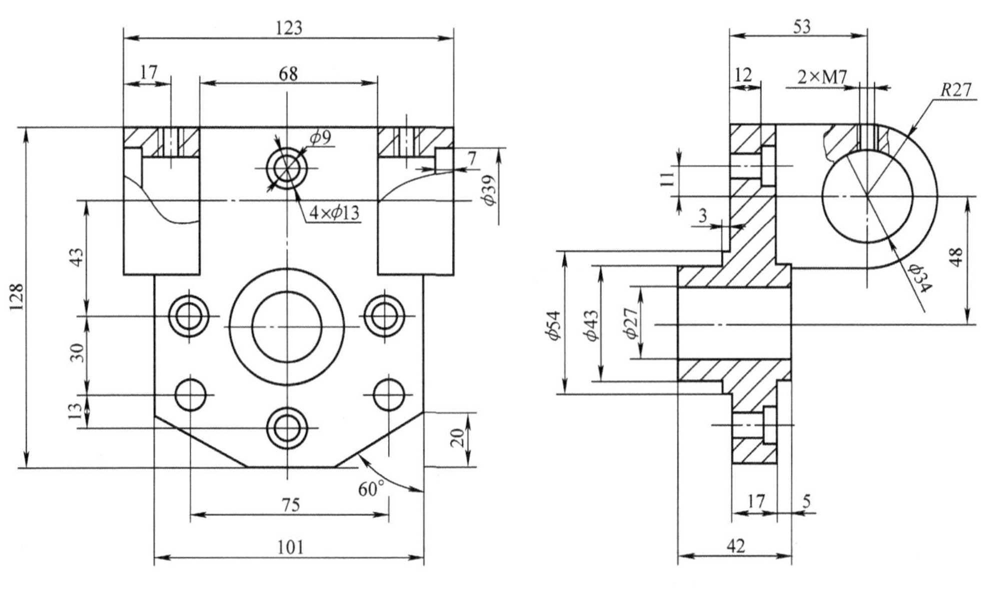

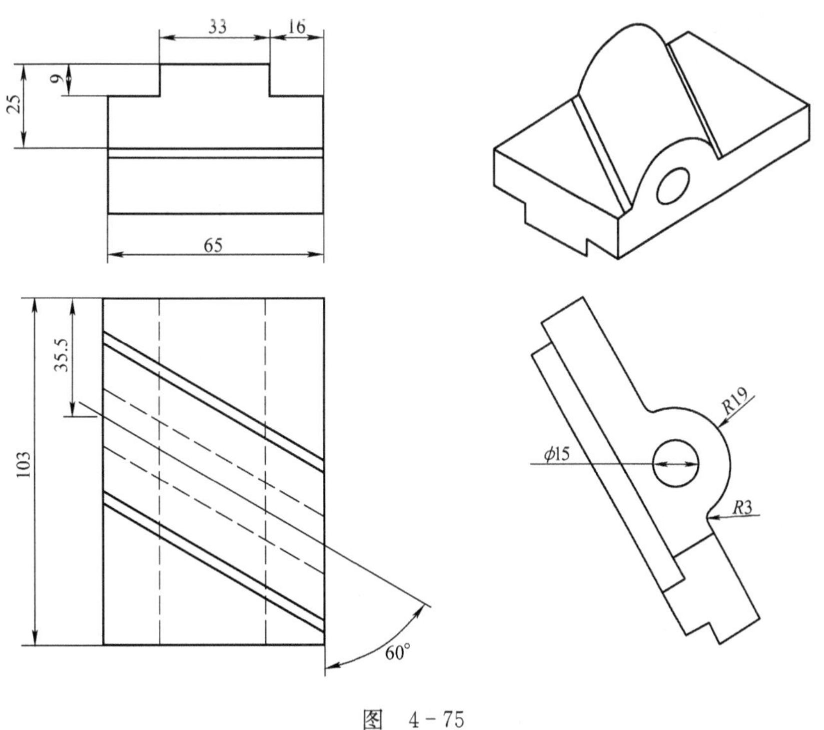

图　4 - 75

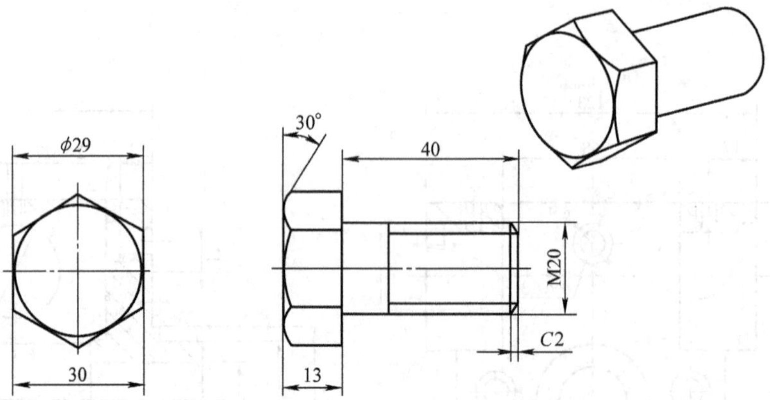

图 4-76

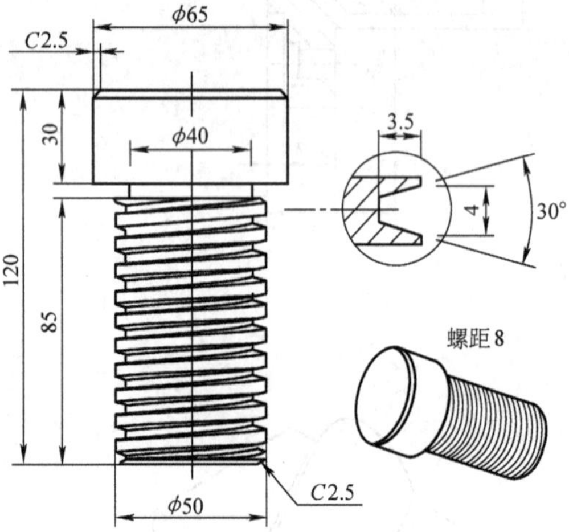

螺距 8

图 4-77

A—A

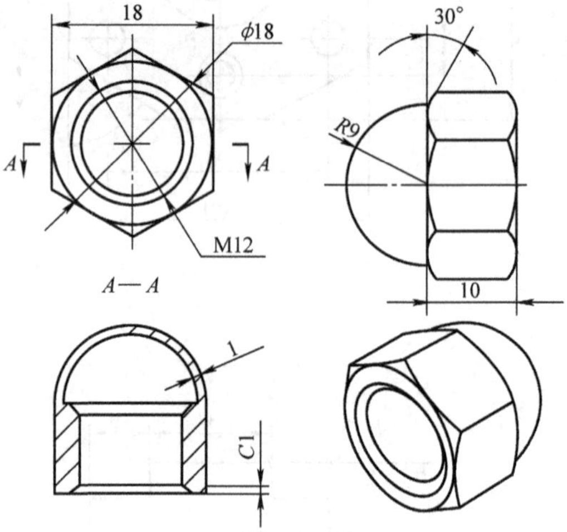

图 4-78

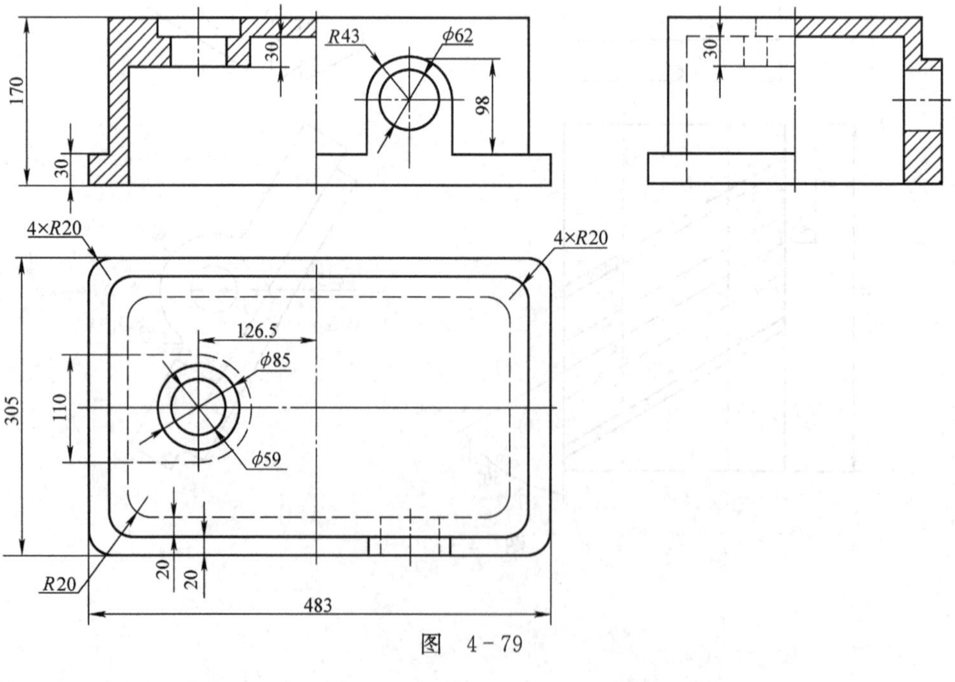

图 4-79

I
3:1
C2
28
12
20
15
ϕ3.5
ϕ10
M6
ϕ35
16
ϕ28
ϕ32
ϕ58
ϕ64
ϕ128
I
52
95
R26
R10
R10
3.5
13
54.5

图　4-80

R14
ϕ15
I
放大
2.0
2.0
1.5
ϕ80
15
R3
t5
40
20
I
66
R2
16
R2
R25

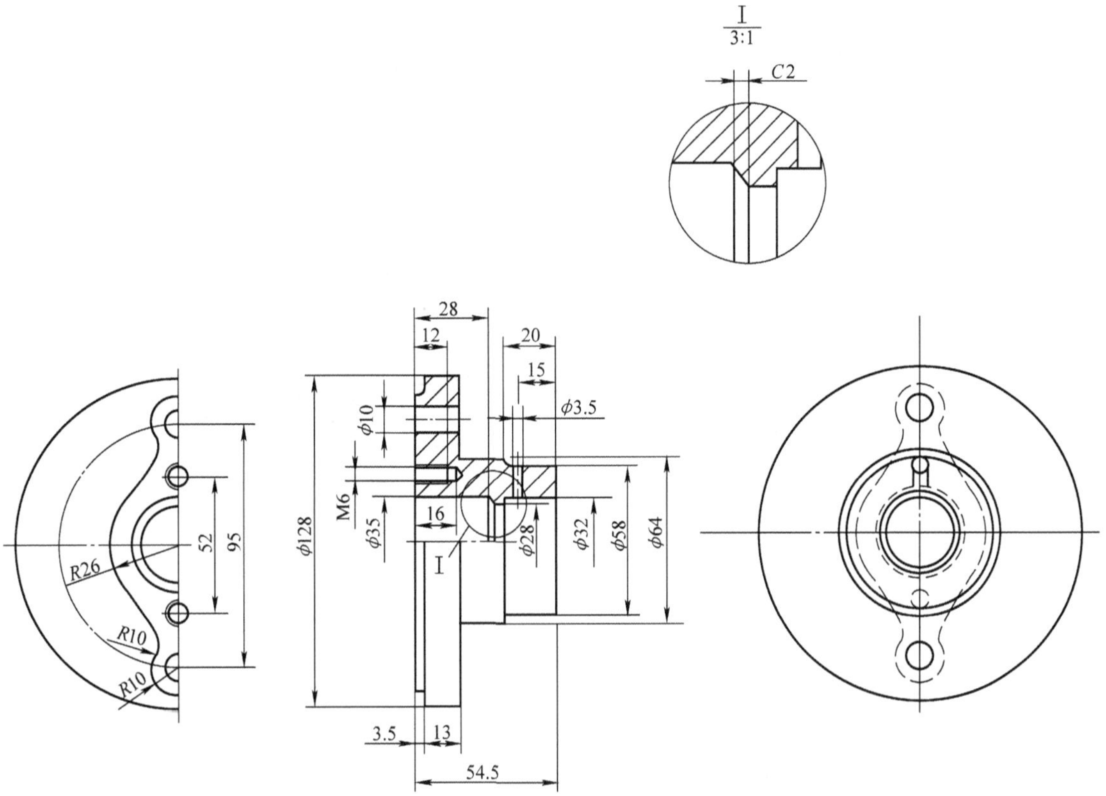

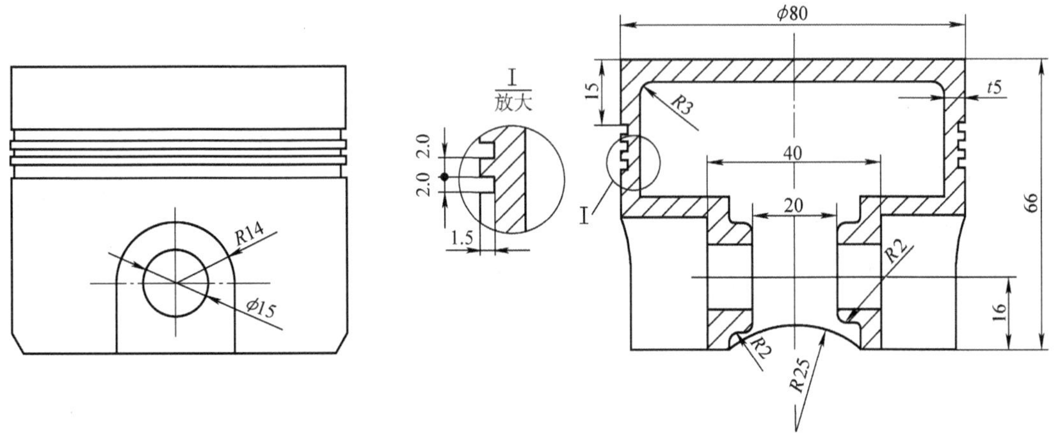

图　4-81

A—A
A
A
12
34°± 20′
其余 6.3
$\phi16^{+0.035}_{0}$
R10
R48
R35
R10
R46±0.1
R20.5
$\phi18^{+0.018}_{0}$
6±0.015
3.2
1.6
$20.8^{+0.1}_{0}$
φ122
φ15
1.6
15
20

图 4-82

5
R5
55
57
15
105
130
200
4×R20
4×φ16
2×R12
φ60
R20
2×φ10
φ50
14
80
120
4×R5
80
160
未注圆角为R3

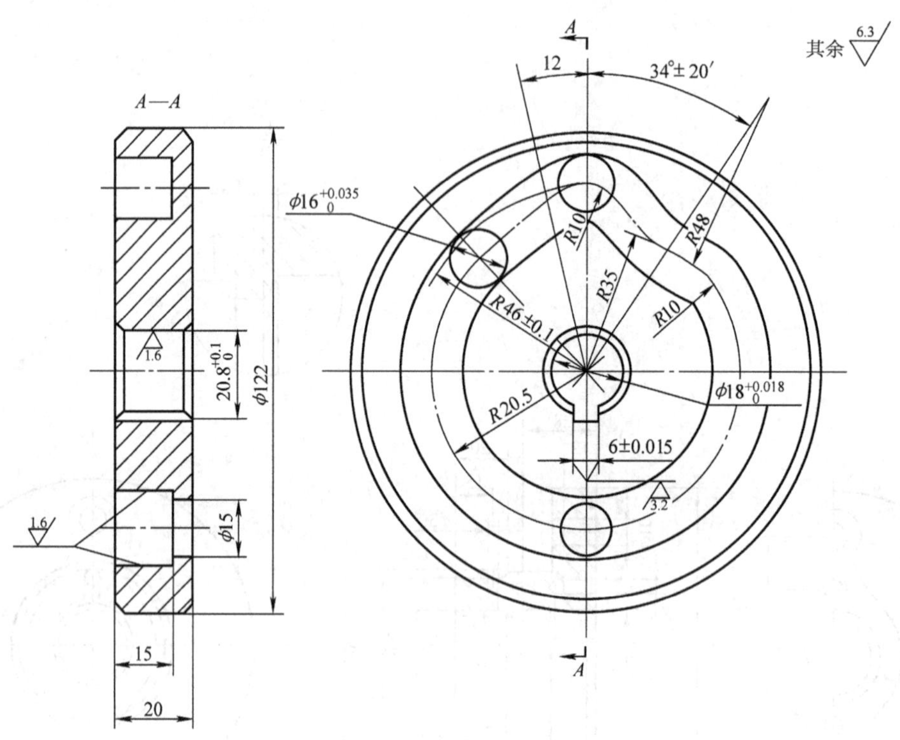

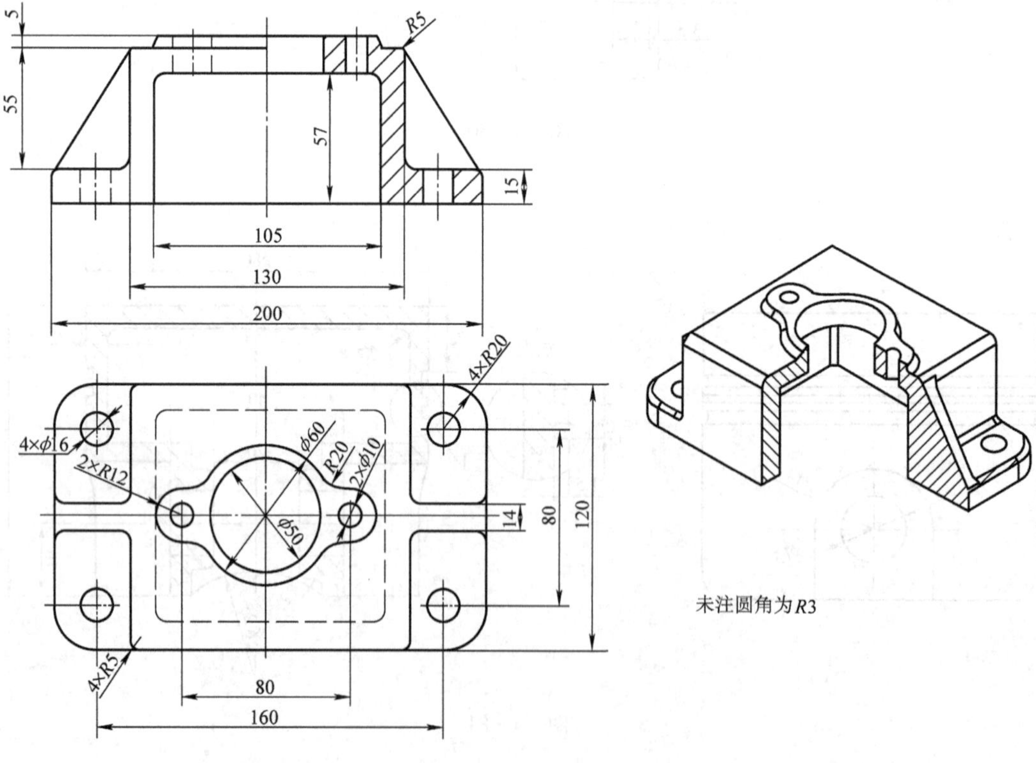

图 4-83

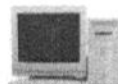

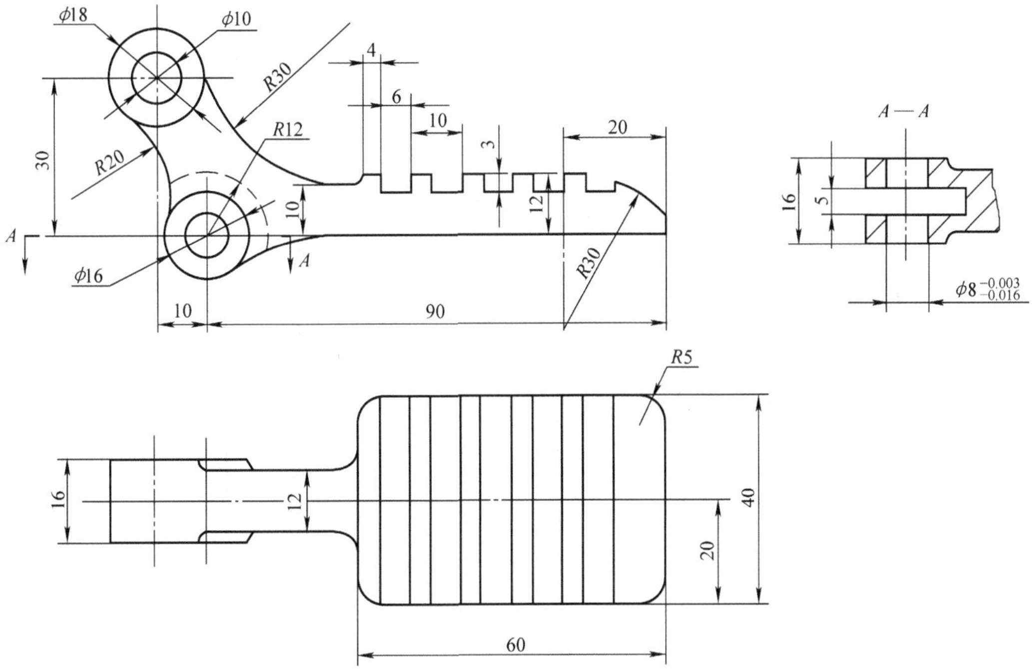

ϕ18
ϕ10
R30
4
6
10
3
20
R12
30
R20
10
12
A
A
ϕ16
R30
10
90
A—A
16
5
ϕ8 $^{-0.003}_{-0.016}$
R5
16
12
40
20
60

图　4-84

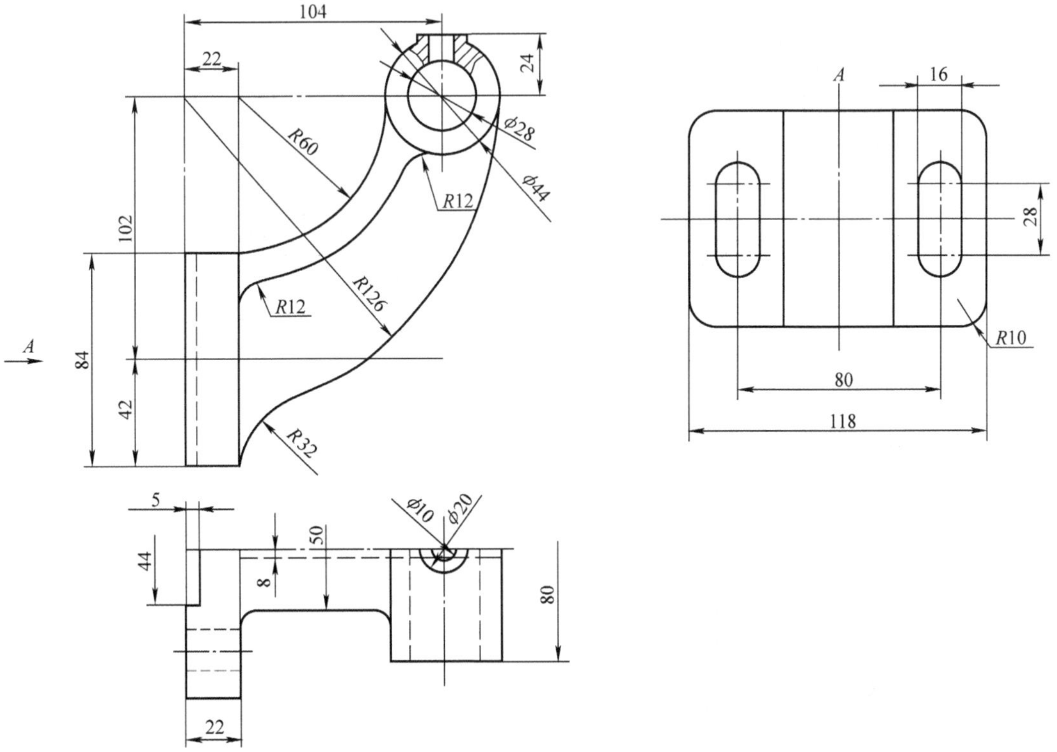

104
22
24
R60
ϕ28
R12
ϕ44
102
R12
R126
A
84
42
R32
A
16
28
R10
80
118
5
ϕ10
ϕ20
50
44
8
80
22

图　4-85

A—A
31
25
20
R2
4×ϕ12
ϕ124
ϕ102
ϕ29
ϕ65
3
20
ϕ90
ϕ120
R1.5
A
A

图 4-86

其余
ϕ36
ϕ26
21
M24×1.5
12.5
ϕ18$^{+0.11}_{0}$
ϕ24.3
6.3
ϕ50$^{+0.62}_{0}$
ϕ43
ϕ35
ϕ20
ϕ28.5
M36×2
5
7
41
15
75
R12.5
2
9
3
27
56
ϕ20
R8
45°
75
ϕ70
ϕ56
4×M12
12
R5
8
45°
R27.5

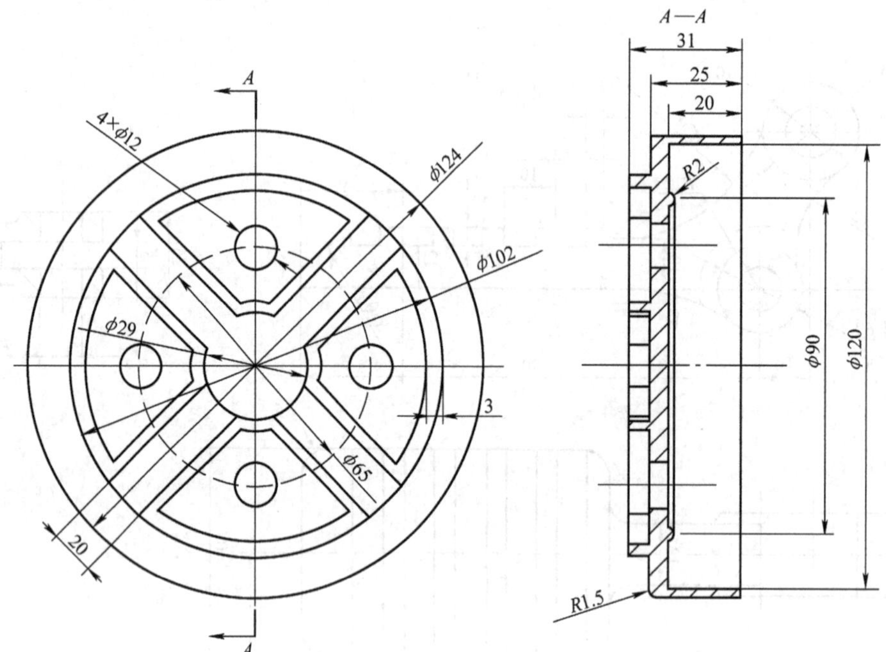

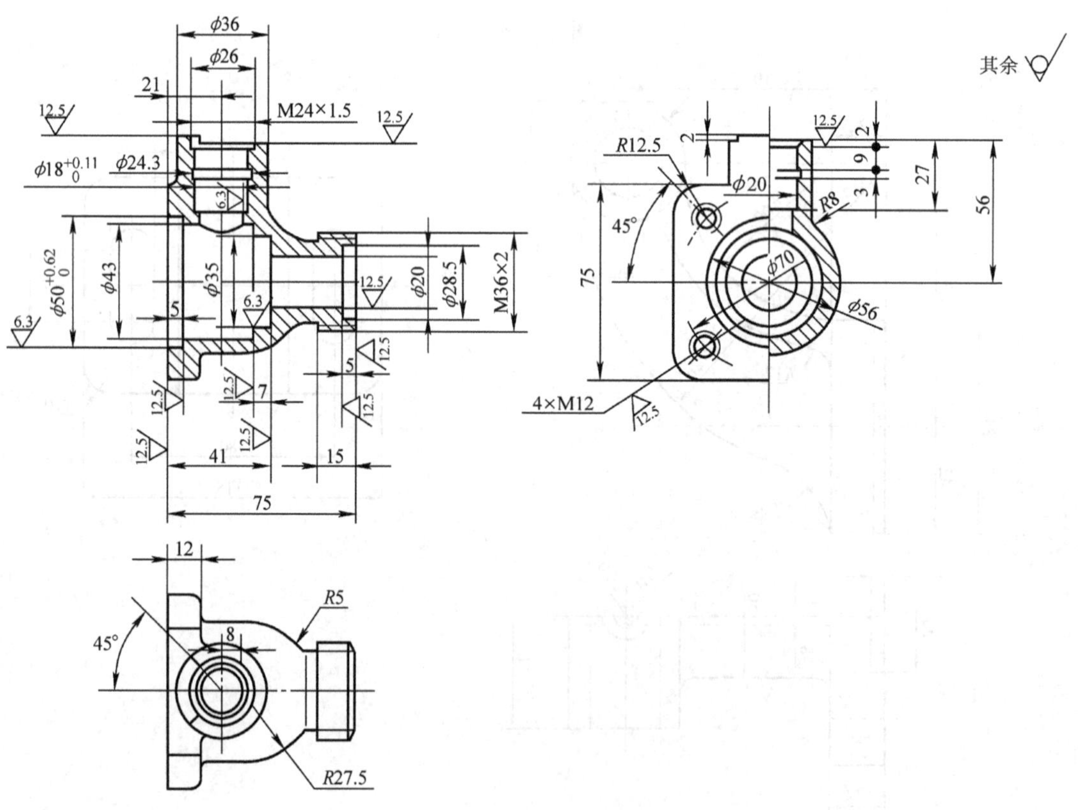

图 4-87

A—A
其余
A
2
78 0 -0.2
28
A
SR9
24
5
90°
R27
R35
62°51′
A
ϕ3 锥销孔
配作
10
1
1
C1
ϕ10
ϕ40
15±0.05
34
ϕ20

图　4-88

22
95
R140
R10
75
ϕ22
R70
R30
R10
R20
15
6
ϕ10
R5
30
5
80
ϕ35
12.5
60
ϕ16
16
60
90
R5
C2
20
R10

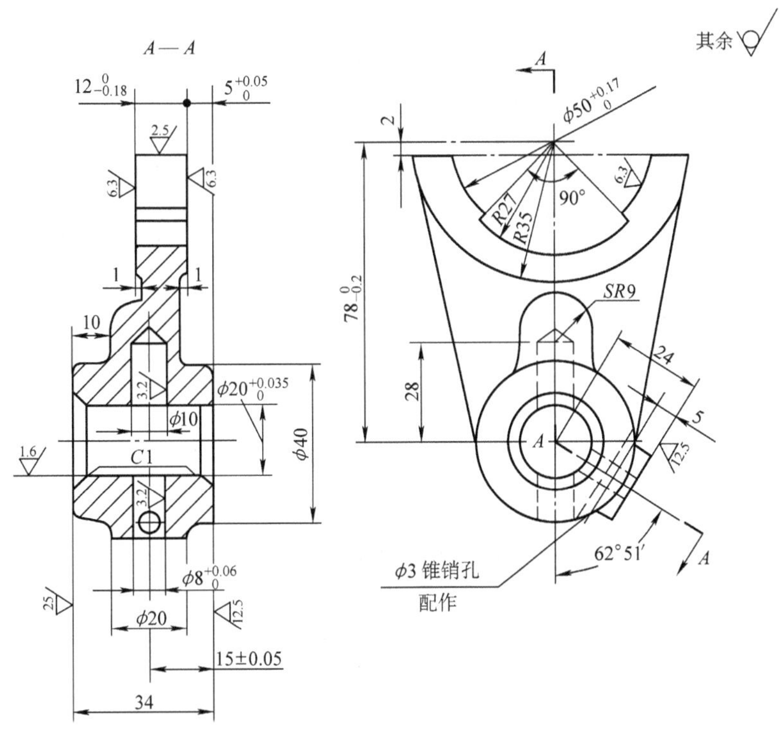

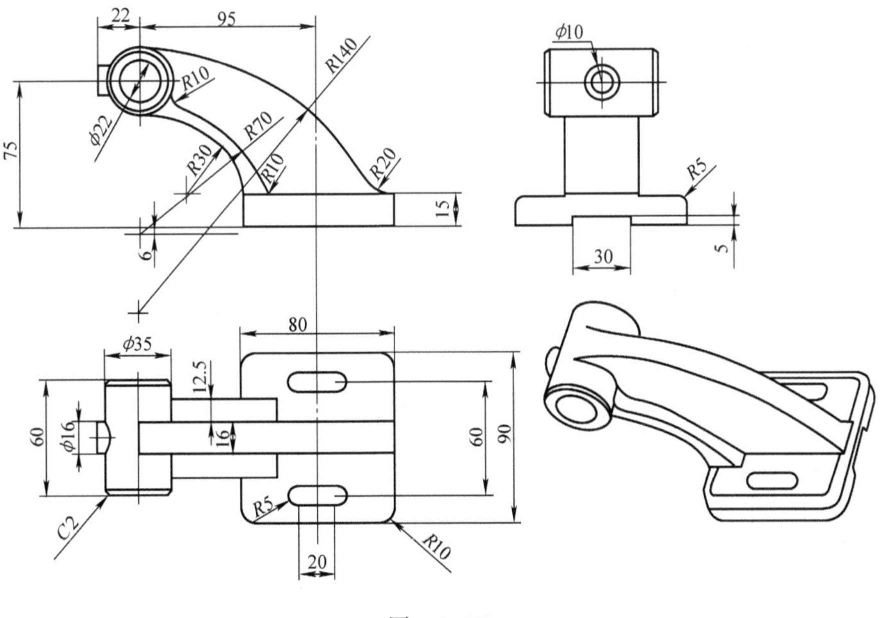

图　4-89

六角柱的拉伸深度
ϕ47
16
5
R5
R5
R54
36
27
90
ϕ42
ϕ39
23
C1.5
R27
ϕ25
R23
ϕ45
M36
NPT3/4-LH
R8
R5
R9
R3
R50
R5
6
3.5
3.5
24
24

图 4-90

A
R4
R6
30
20
40
R6
R4
50
A
120
A—A
R2
R20
ϕ10
R12
R8
R8
R120
ϕ16
ϕ30
25
R120
R20
25
R14
55
25
16
R84

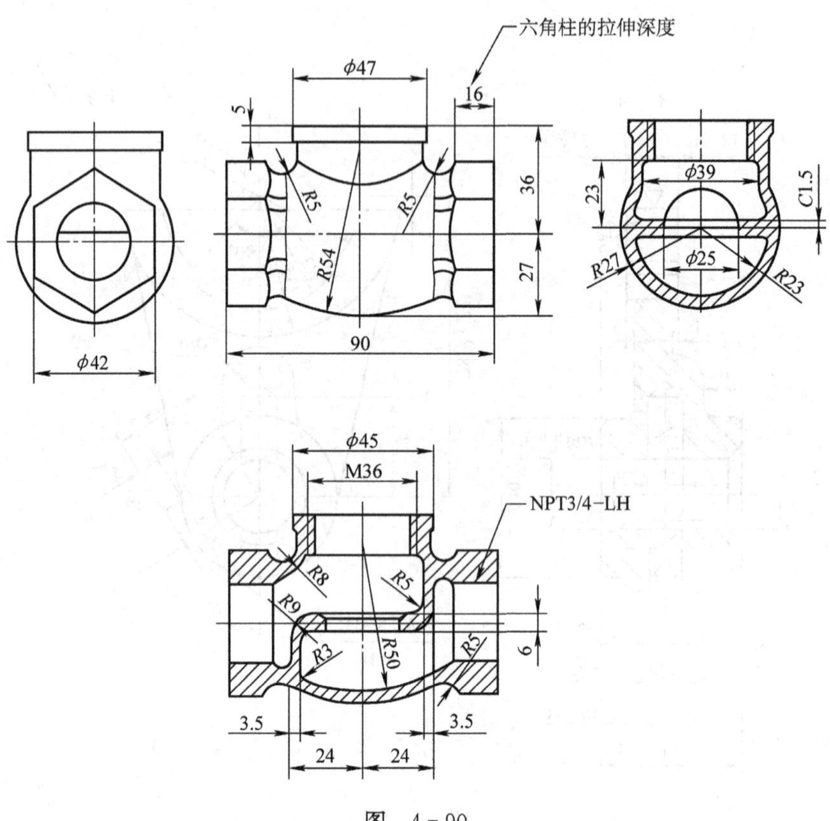

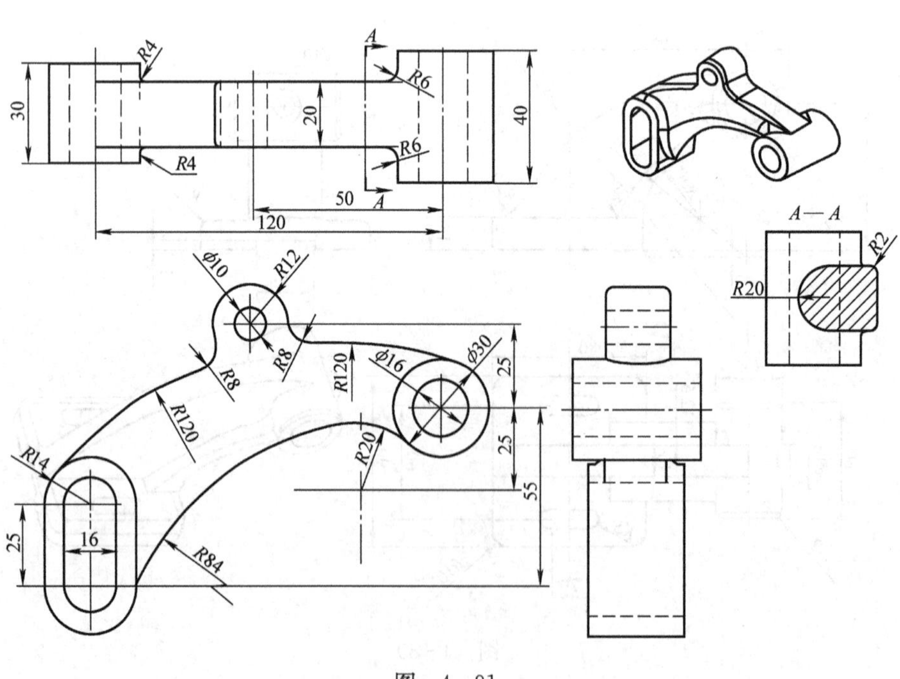

图 4-91

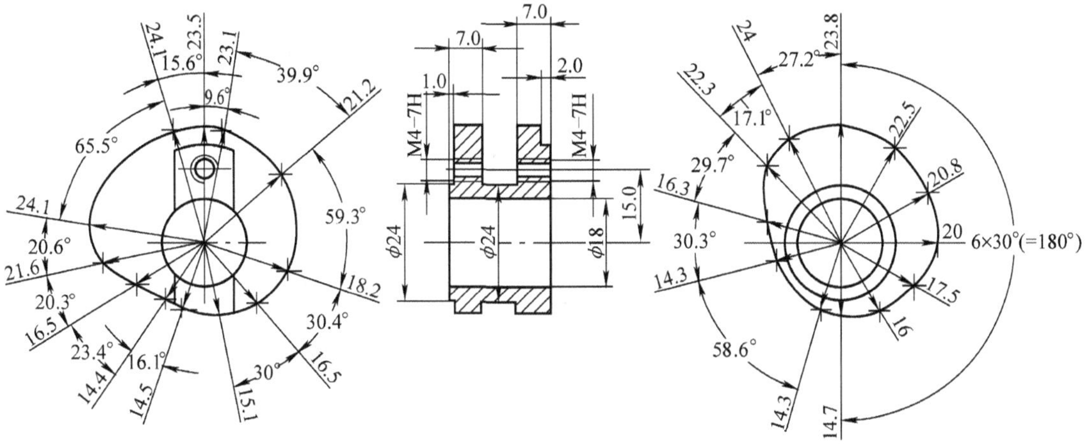

图　4-92

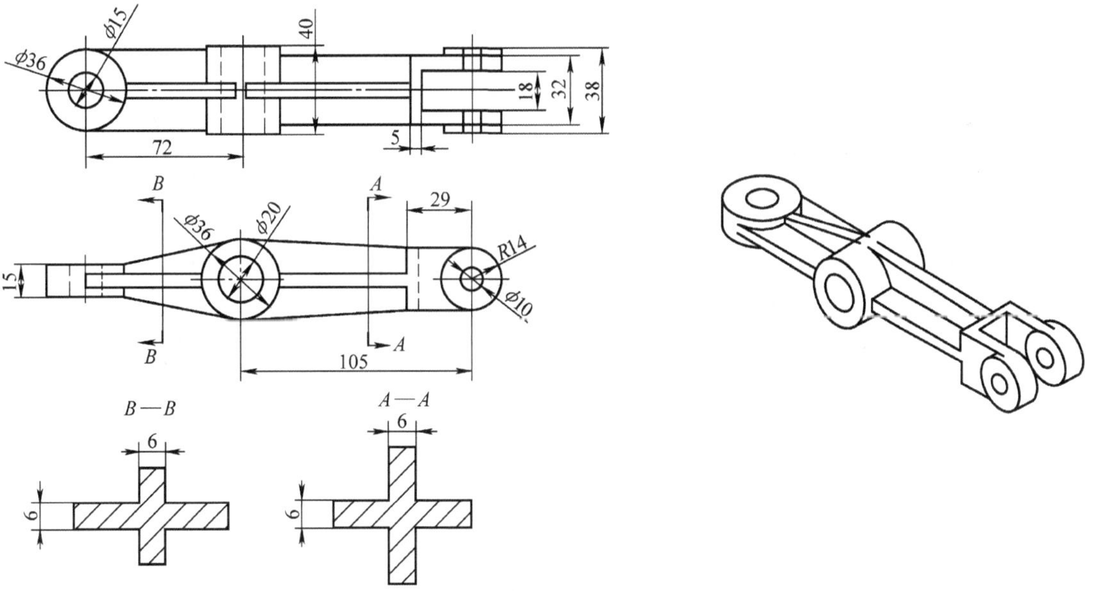

图　4-93

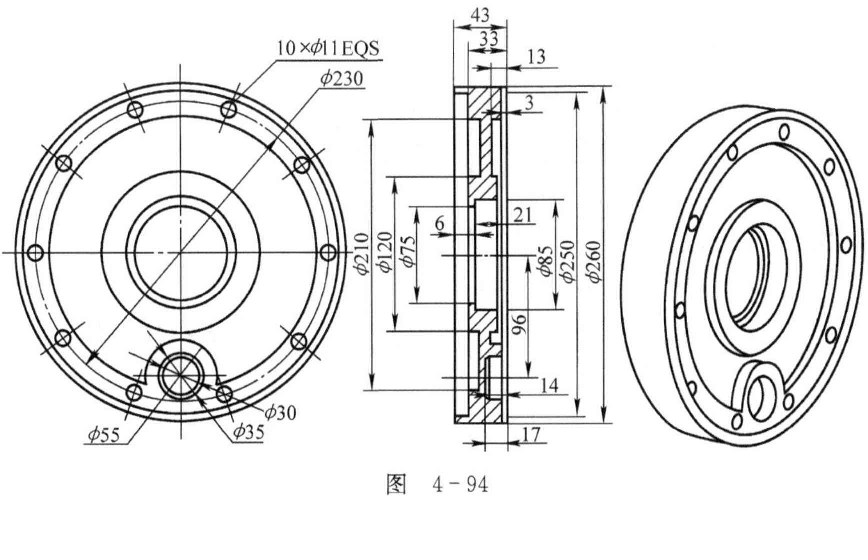

图　4-94

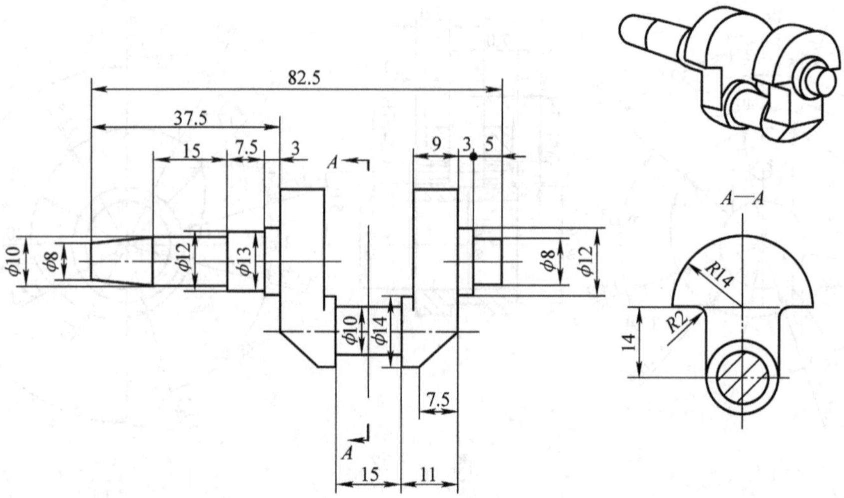

图　4-95

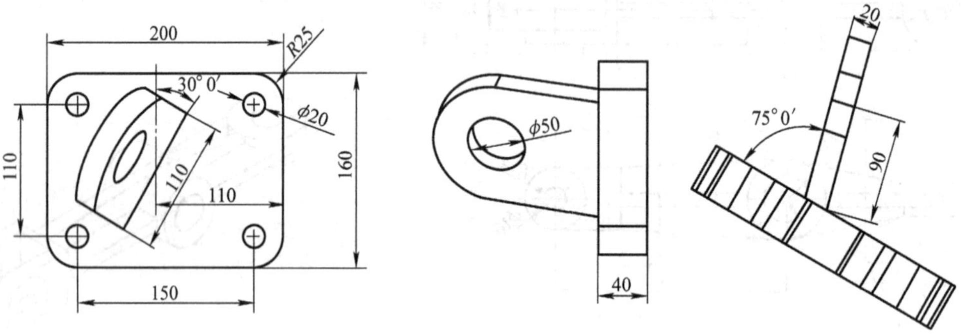

图　4-96

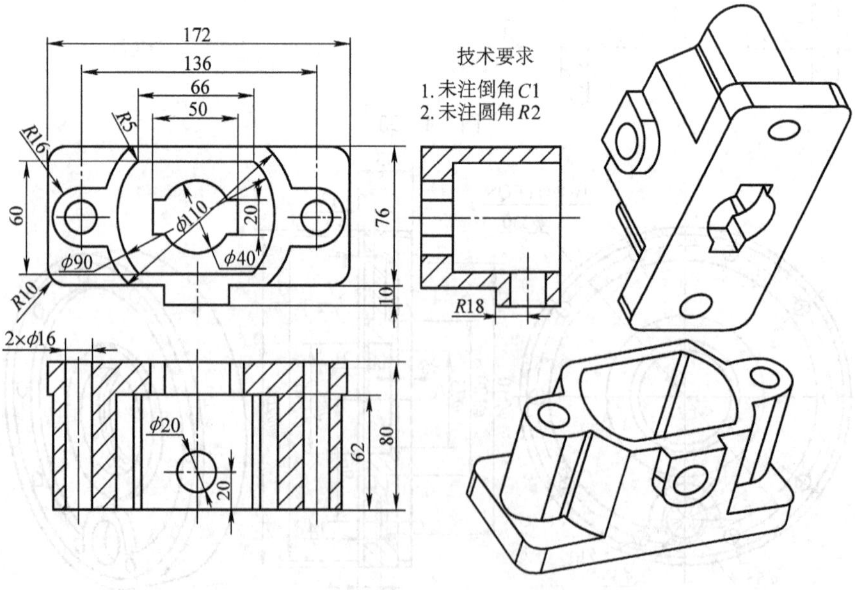

技术要求

1. 未注倒角C1
2. 未注圆角R2

图　4-97

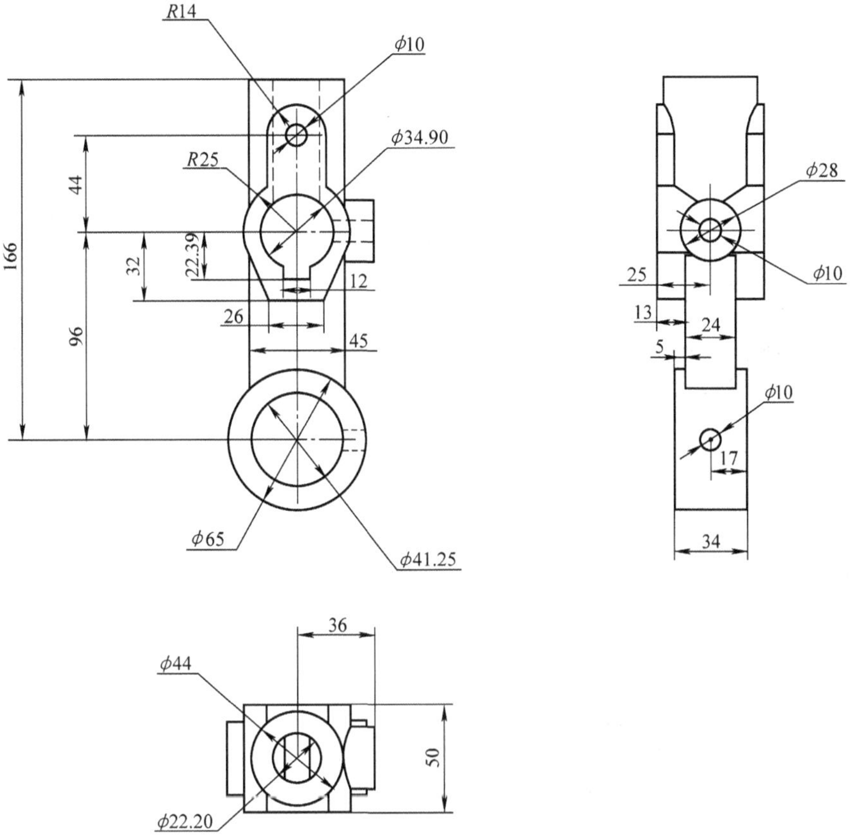

图　4-98

技术要求

未注圆角$R2 \sim R3$

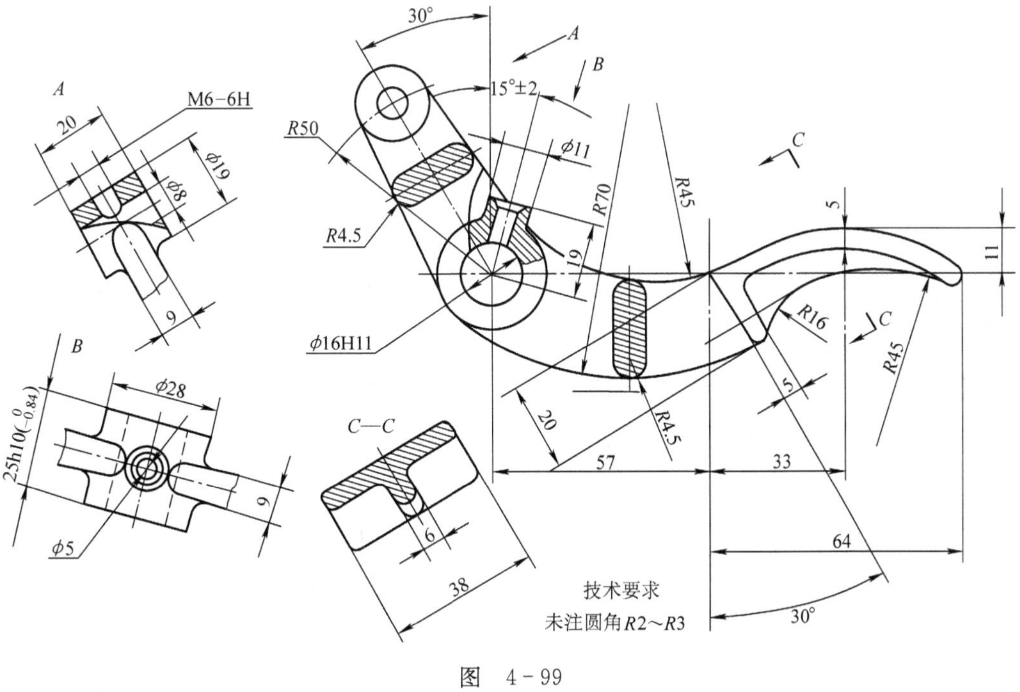

图　4-99

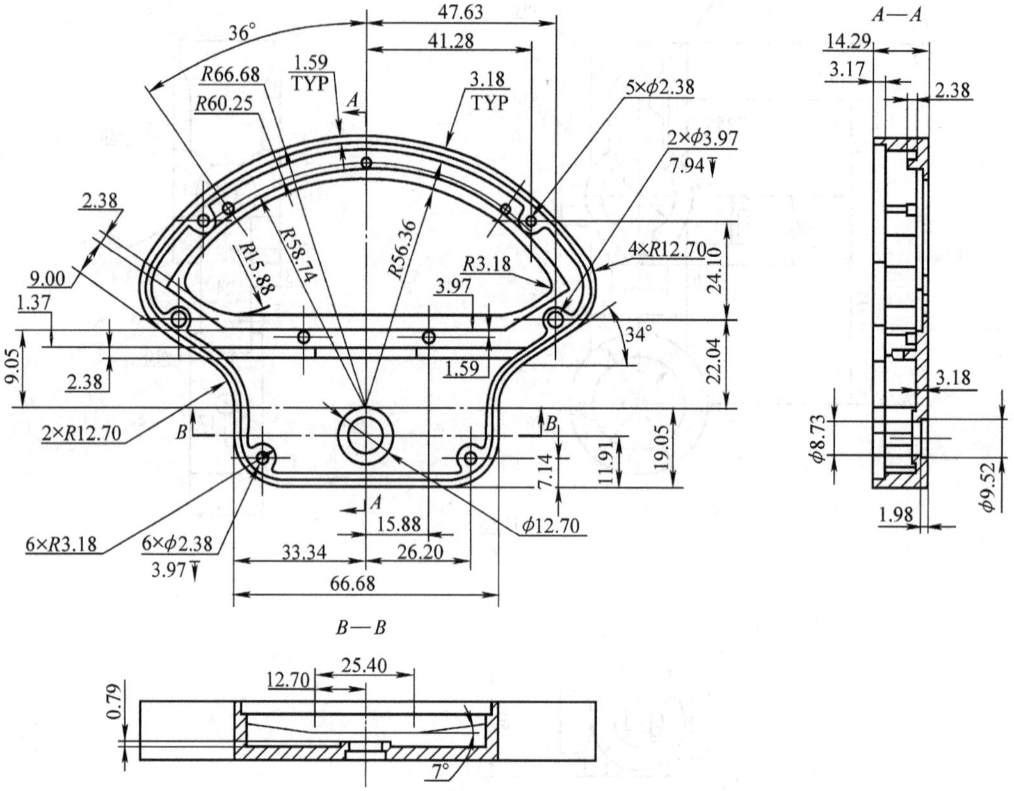

图 4-100

图 4-101

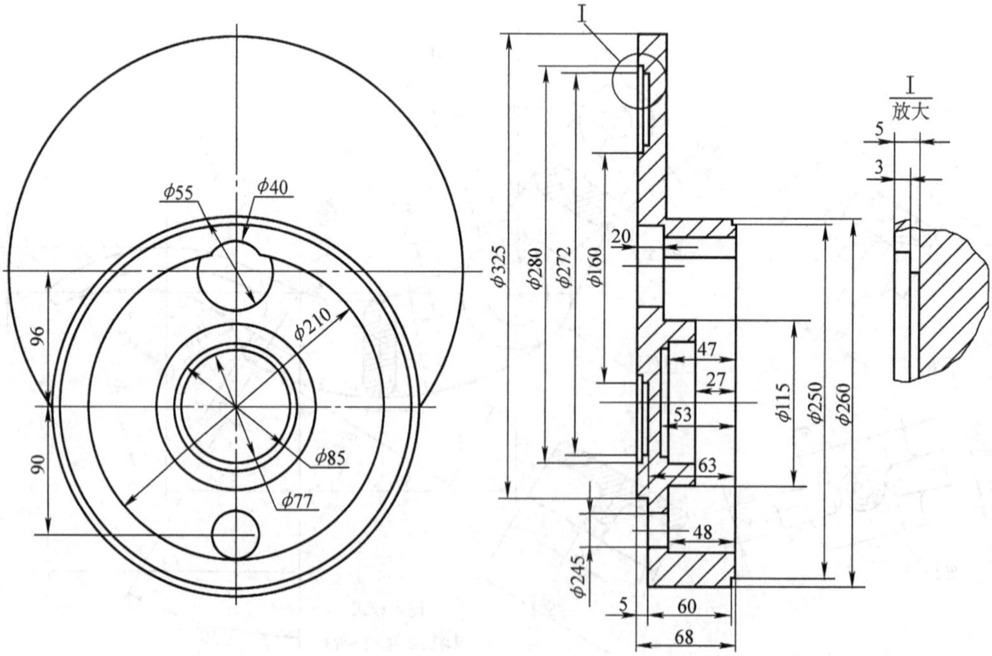

A—A
A
28
C1
C1
2
50
φ165
φ330
φ302
φ275
φ140
φ205
φ301
φ259
4×φ11.5
R20
R15
C1
12
R17
C1
38
41
R22
R15
φ160
φ240
4×φ16
A

图　4-102

35
8
8
17
37
35
R5
33
55
5
φ32
φ18
φ32
70
96
8
8
58
R10
12
25
50
38
φ15
R5
10
φ5通孔
4×φ8
⌴φ16↧2

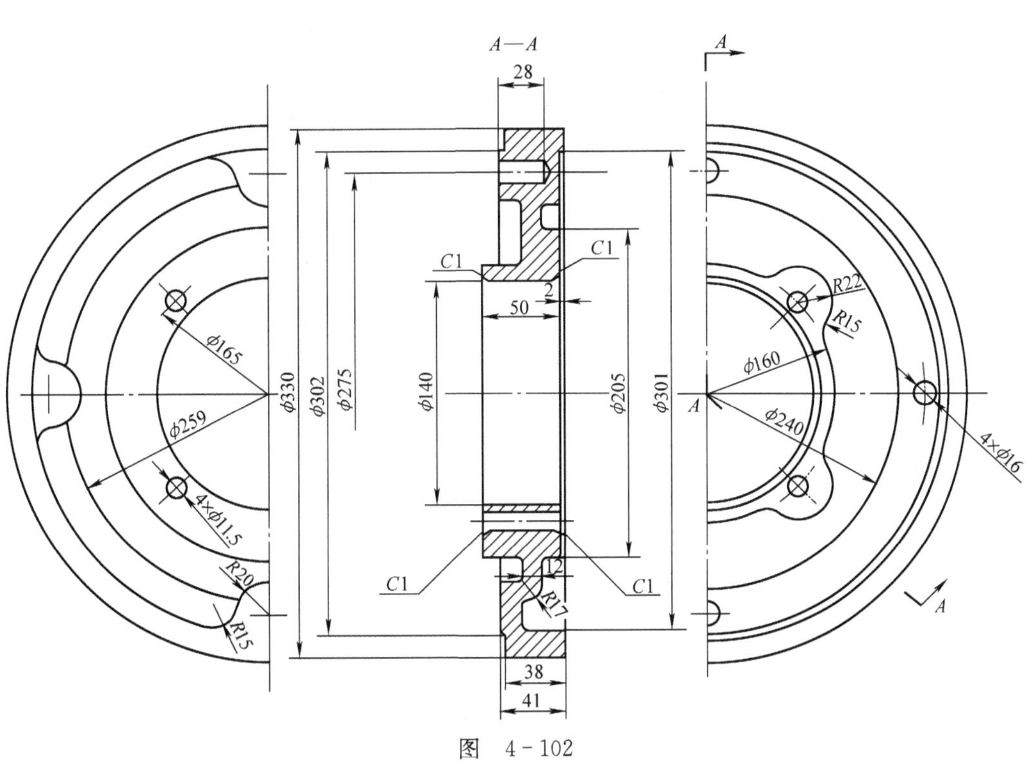

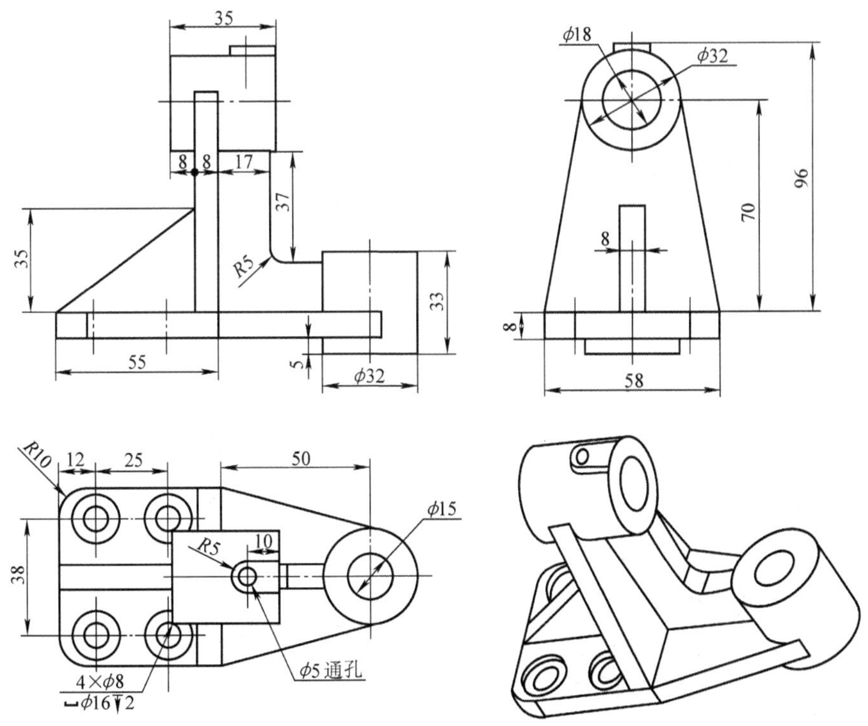

图　4-103

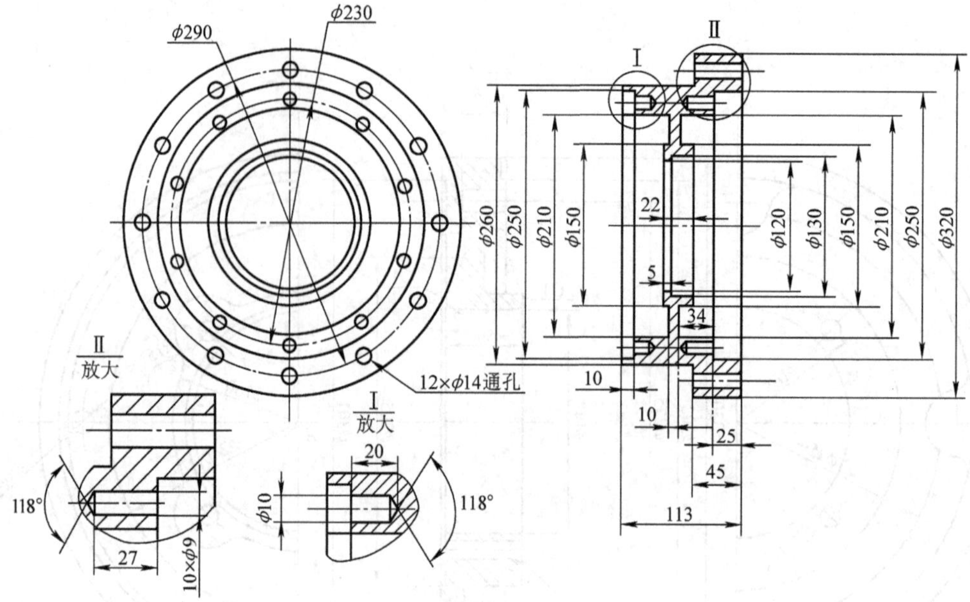

图 4-104

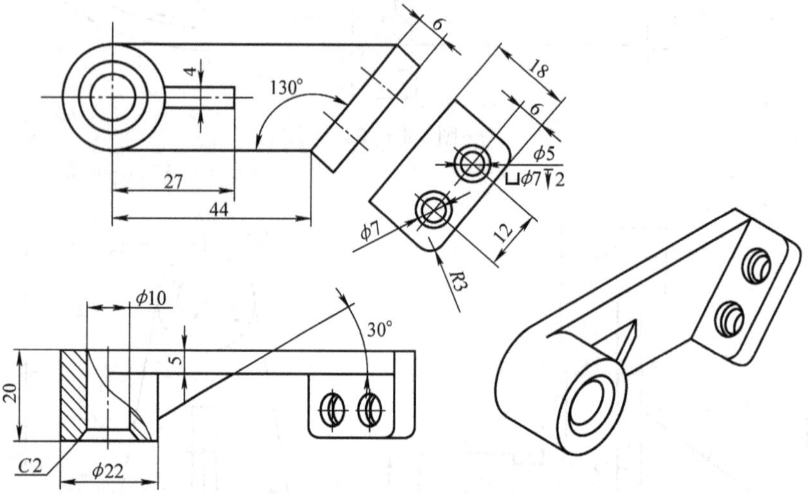

图 4-105

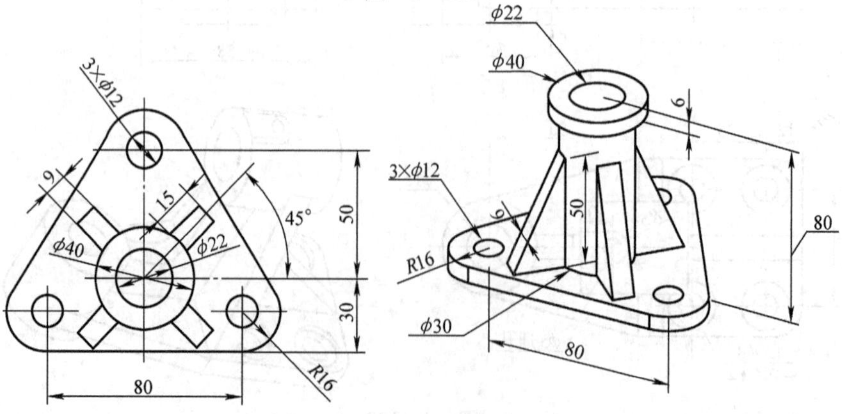

图 4-106

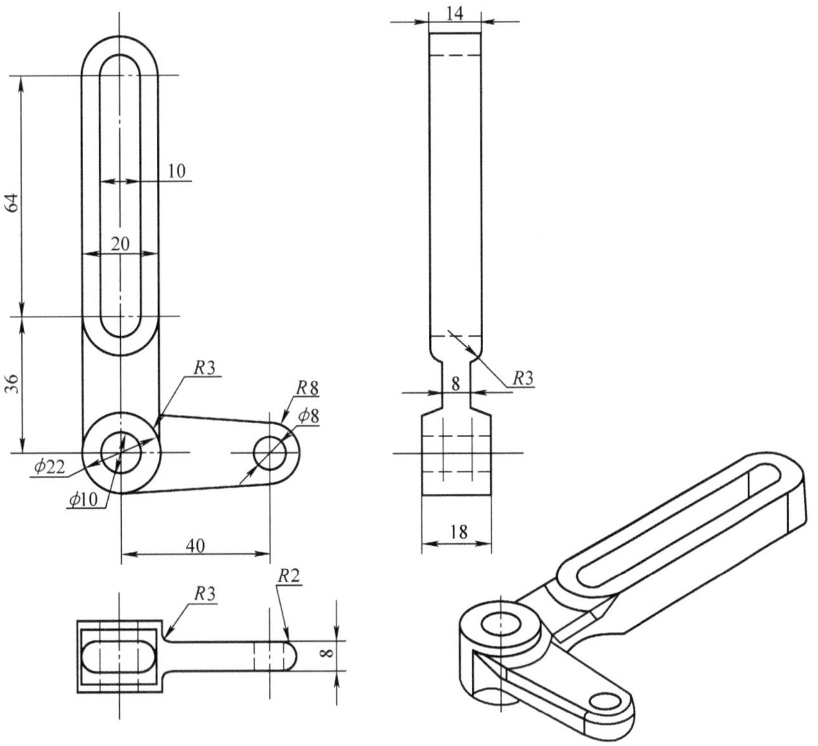

图　4-107

未注圆角R2

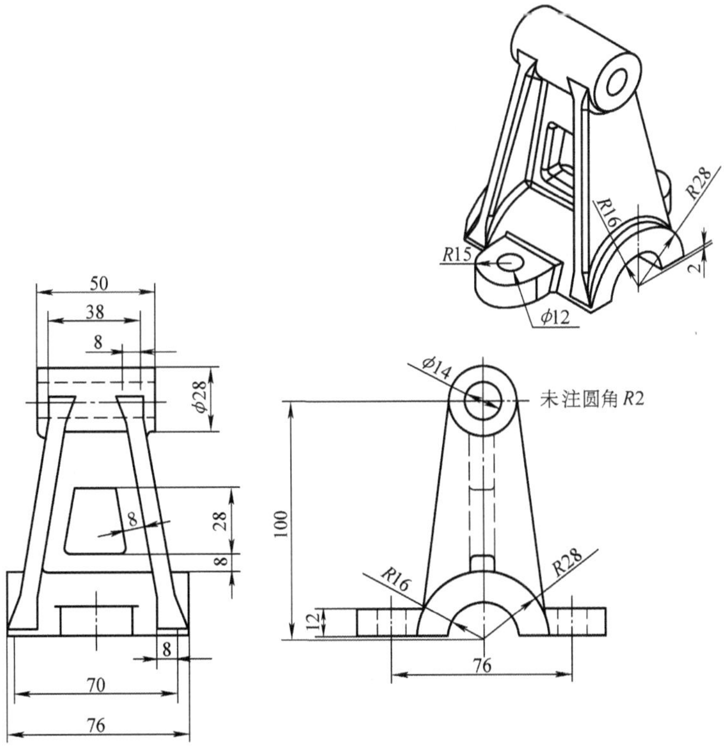

图　4-108

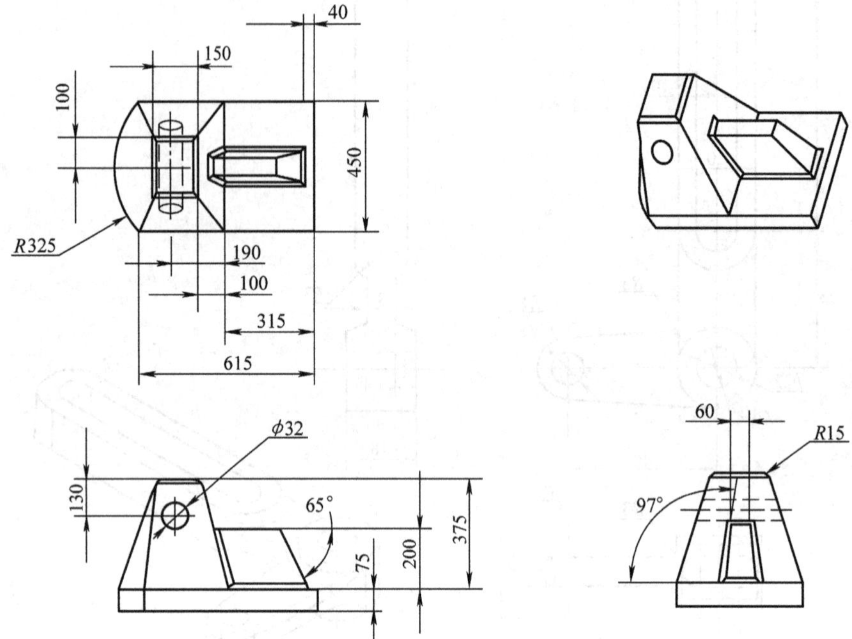
40
150
100
450
R325
190
100
315
615
ϕ32
130
65°
75
200
375
60
R15
97°

图 4-109

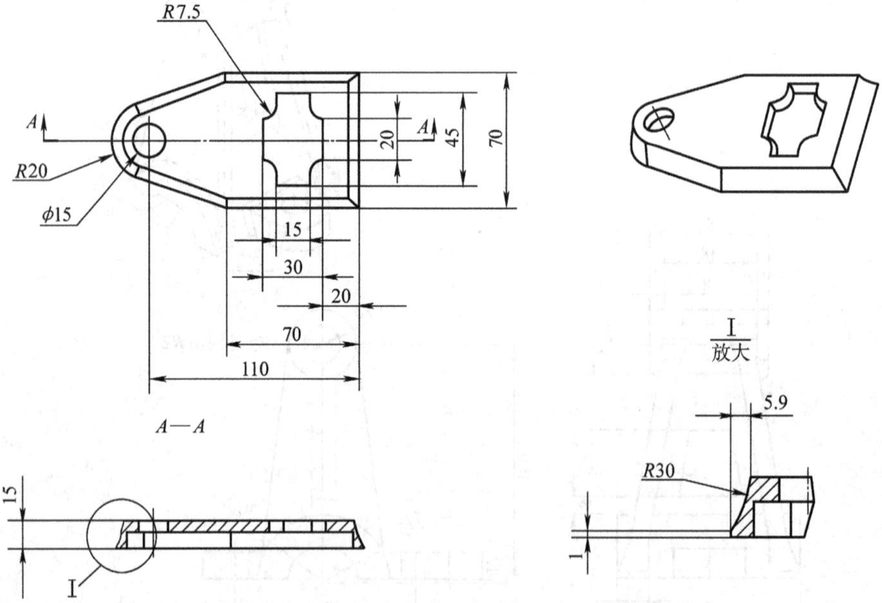
R7.5
A
A
R20
ϕ15
20
45
70
15
30
20
70
110
A—A
15
I
I
放大
5.9
R30
1

图 4-110

4
16
1
ϕ20
ϕ16
17
ϕ20
4
20
28
R30
R20
1
26
R25
R40
R30
技术要求
1. 未注圆角R1
2.未注起模斜度10°

图　4－111

A—A
7
50
35
7
R12.5
R28
R65
ϕ40
ϕ60
22
A
48
100
144
156
A
R82.5
69
100
117

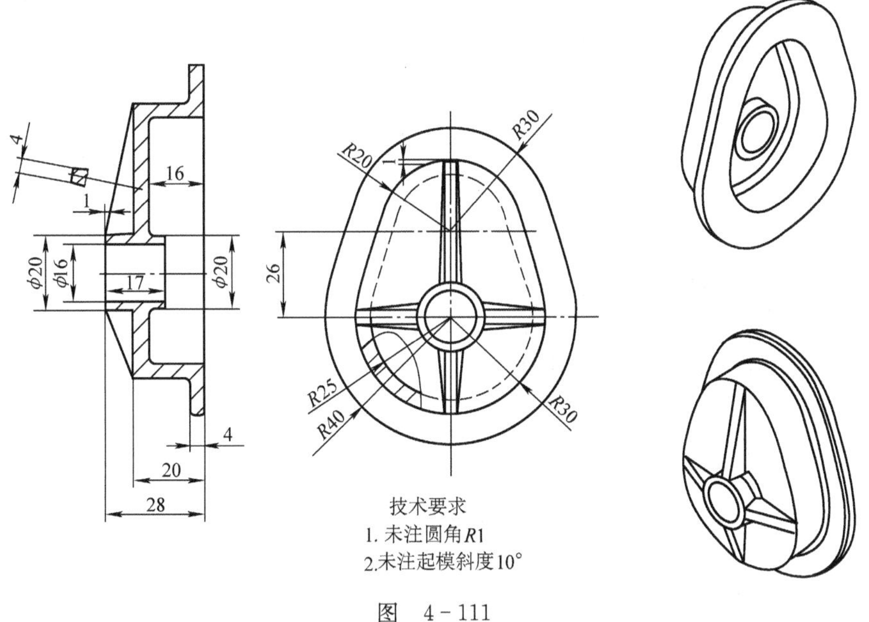

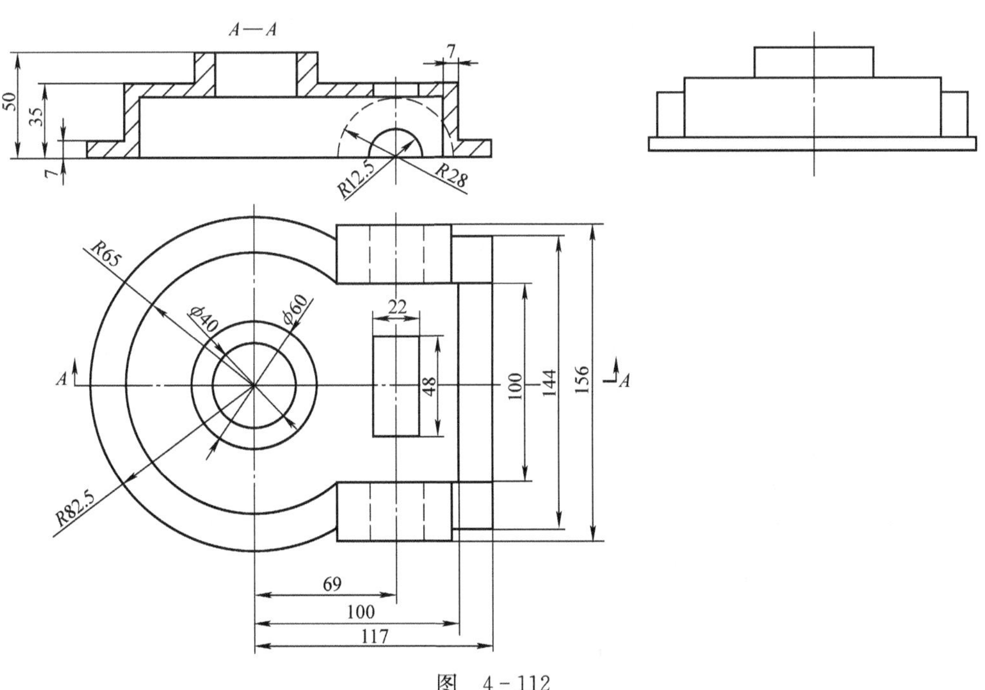

图　4－112

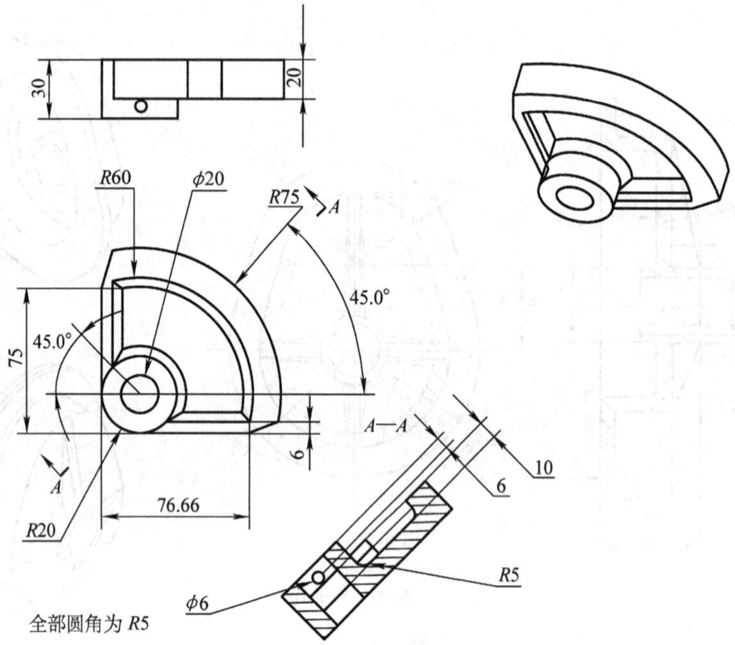
30
20
R60
ϕ20
R75
A
45.0°
45.0°
75
6
A—A
10
6
A
R20
76.66
R5
ϕ6
全部圆角为 R5

图 4-113

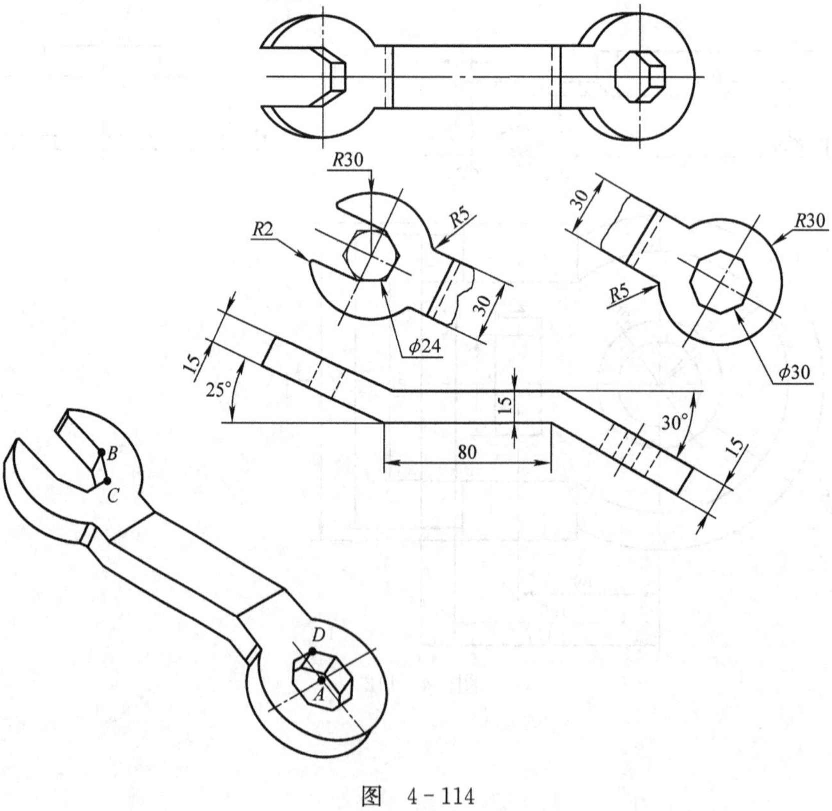
R30
R5
R2
30
ϕ24
30
R30
R5
ϕ30
15
25°
15
30°
80
15
B
C
D
A

图 4-114

2×φ8
160°
62
74
20
13
R1
R4
R1
R4
2×φ8
4
22
R4
C0.5
R2
R25
R28
R31

图　4－115

200
80
φ112
φ80
φ60
60°
36
48
64
C
B
A
Y
X

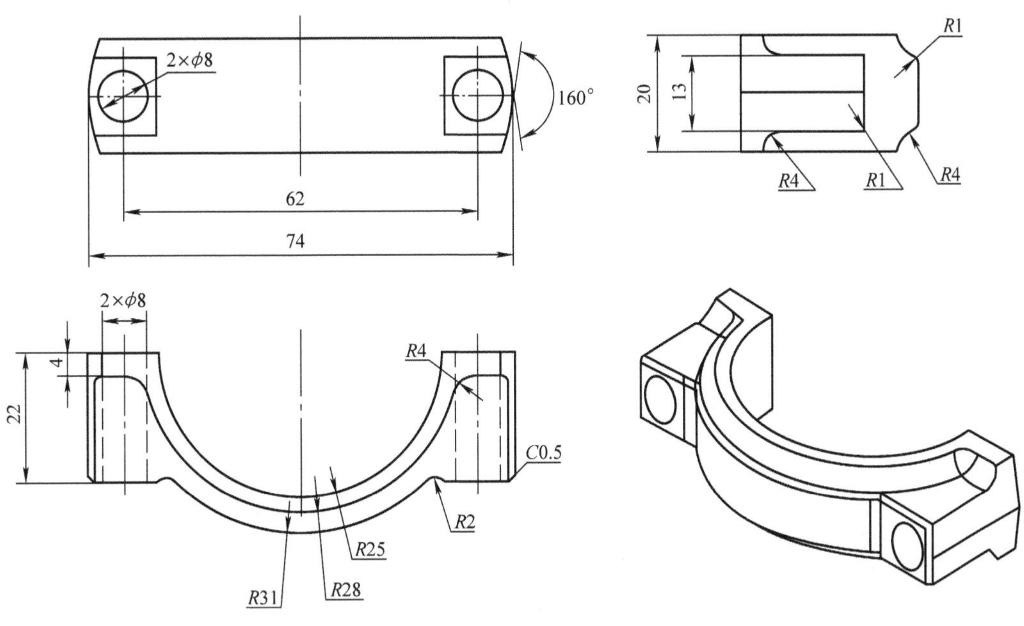

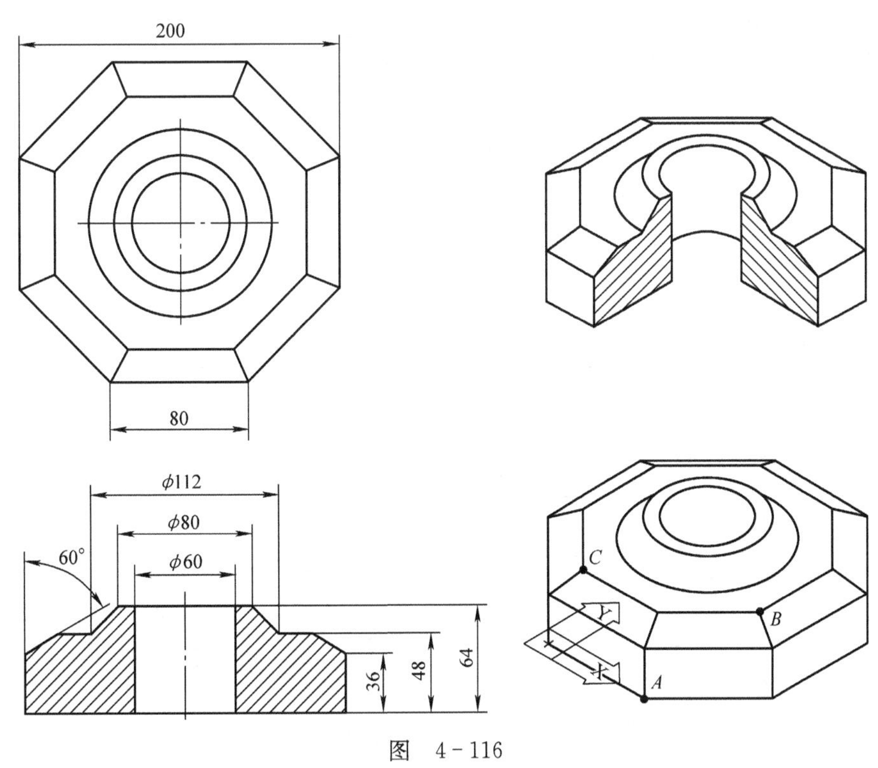

图　4－116

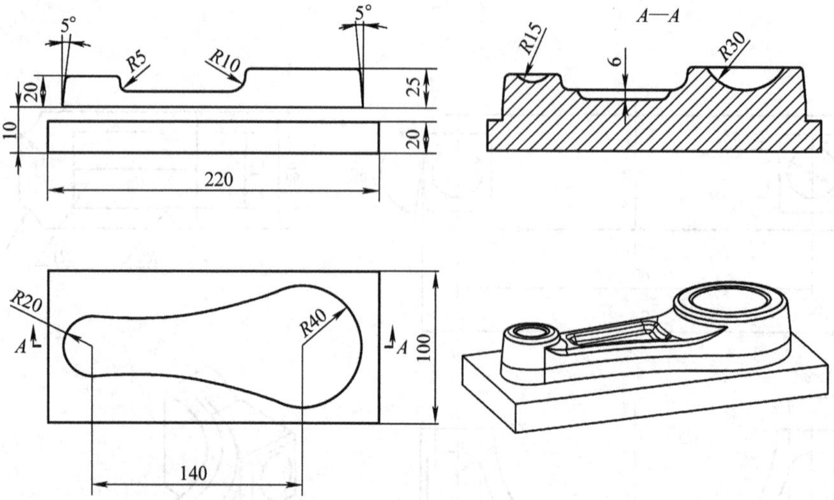

A—A

图 4-117

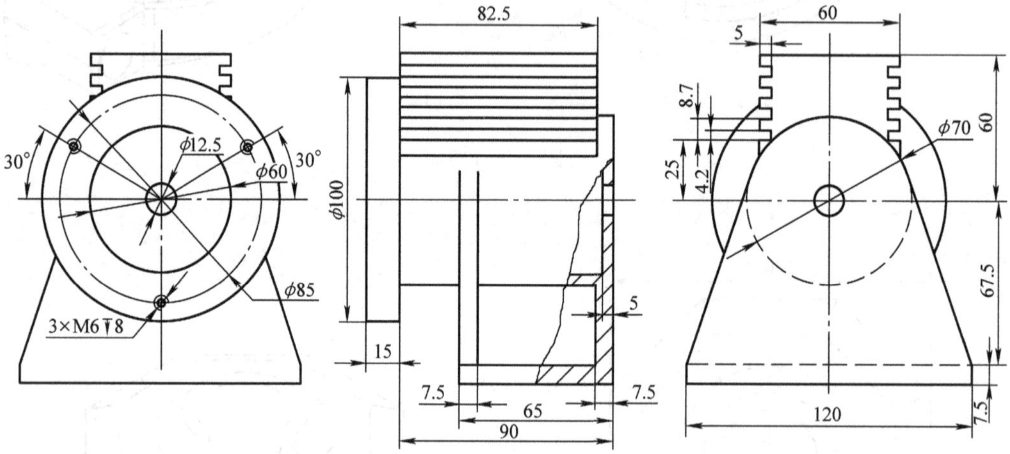

图 4-118

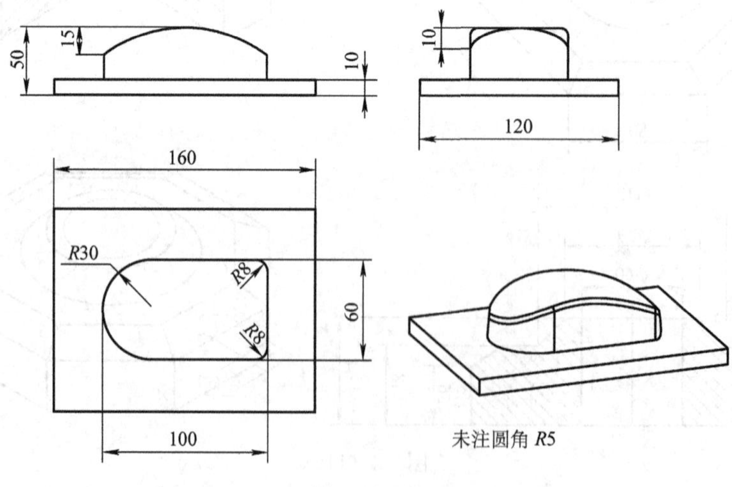

未注圆角 *R*5

图 4-119

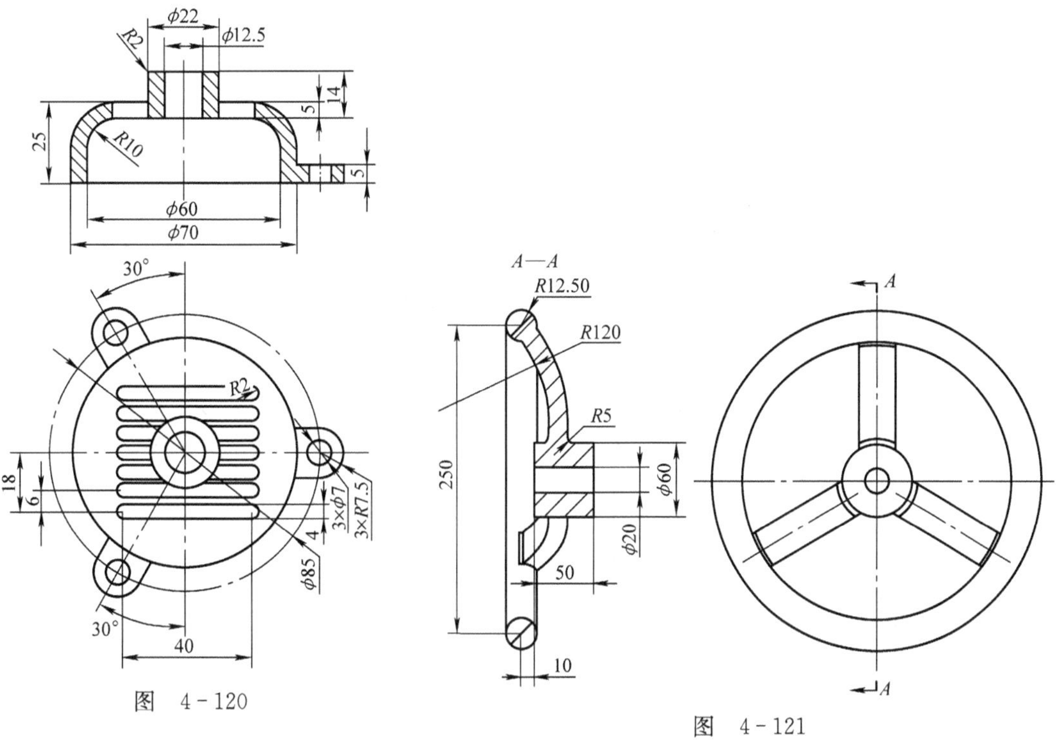

图 4-120

图 4-121

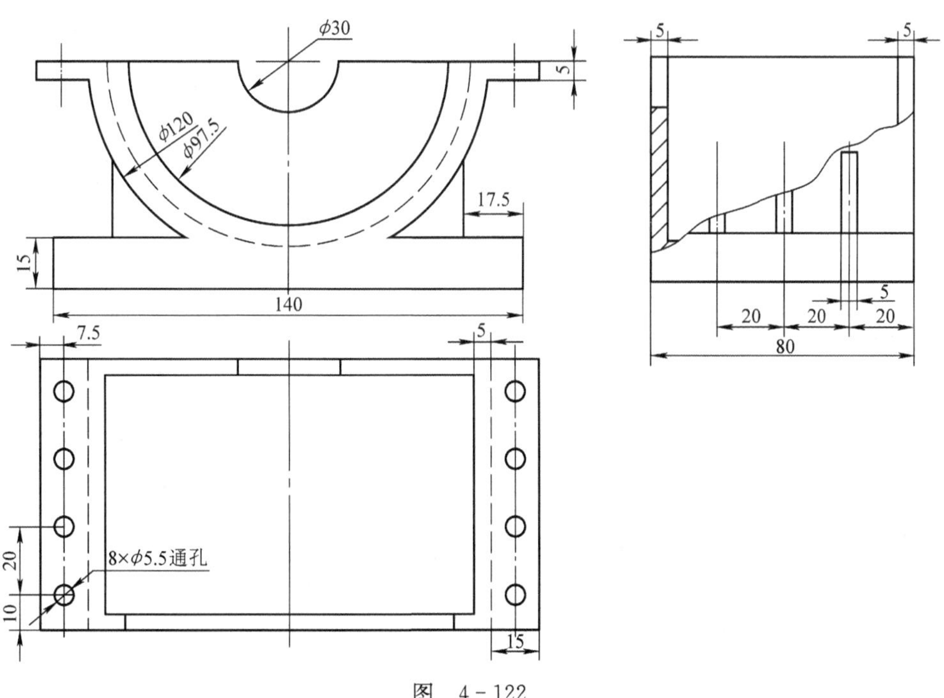

图 4-122

其余 3.2
C2
◎ ϕ0.02 C
1.6
9
5
C
6.3
1.6
6.3
ϕ40
ϕ25
ϕ6H7
ϕ10
ϕ18f6
B
ϕ4H7($^{+0.012}_{0}$)
2
17
8
15
28
⊥ 0.04 B
6×R10
ϕ28

图 4-123

57.5
B
81.5
A
R100
ϕ97.5
R5
B
ϕ120
5
ϕ30
4×R15
A
52.5
5
72.5
R140
5
7.5
80
20
10
5
5
150
8×ϕ5.5
4×R15
B—B
42
57.5
5

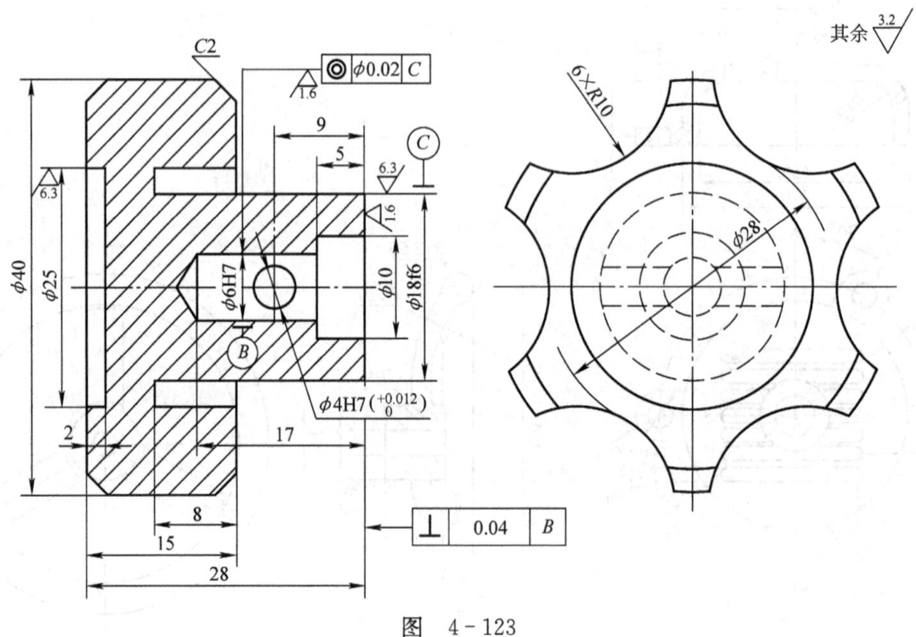

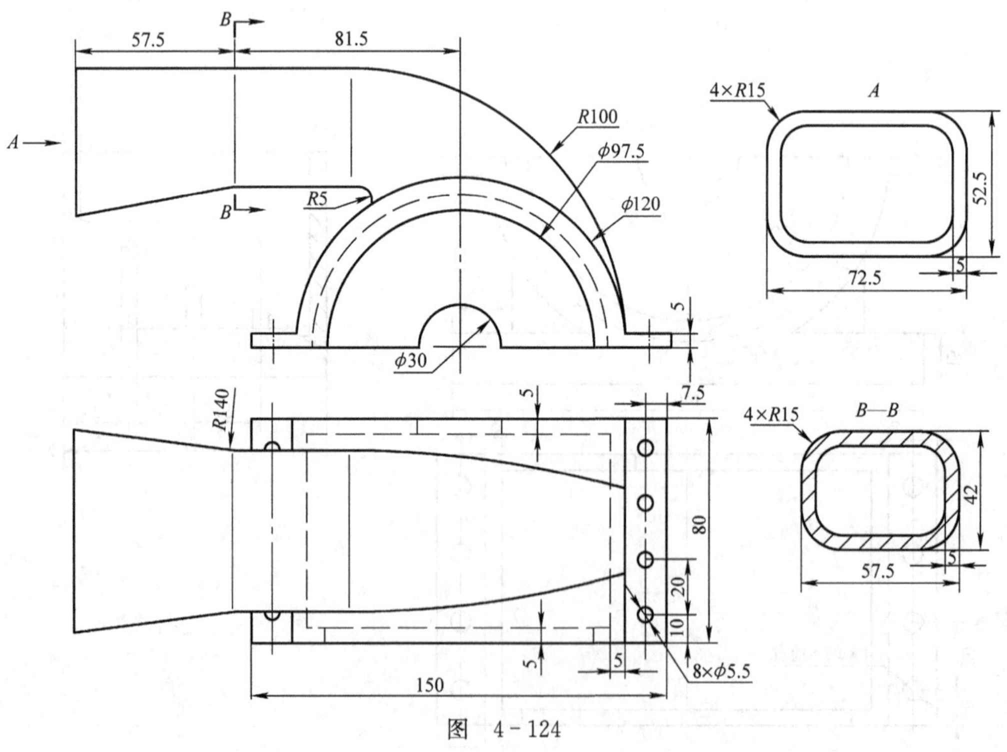

图 4-124

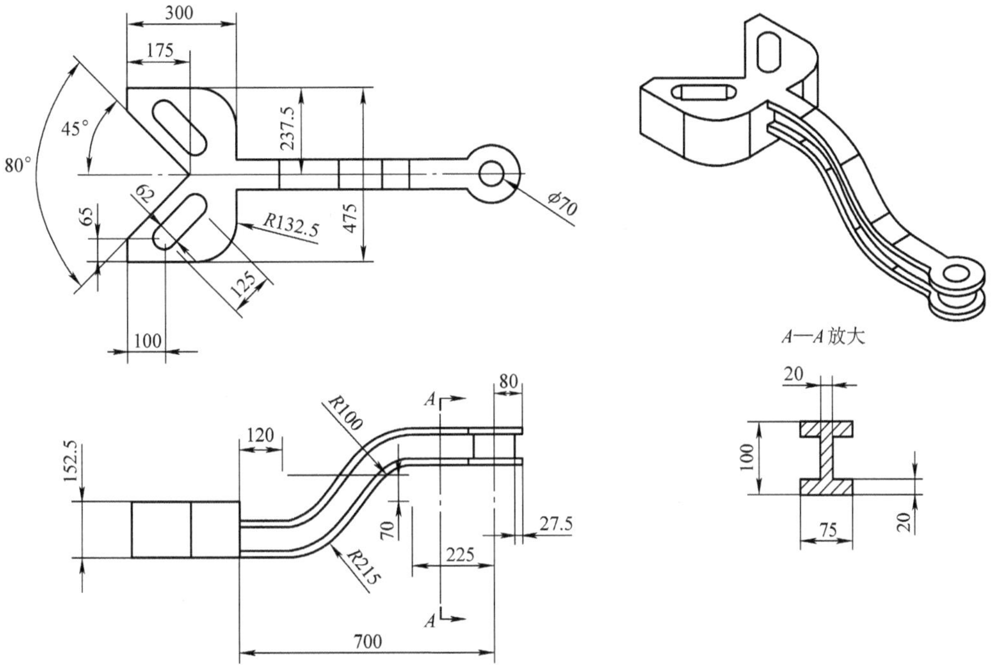

A—A放大

图　4－125

图　4－126

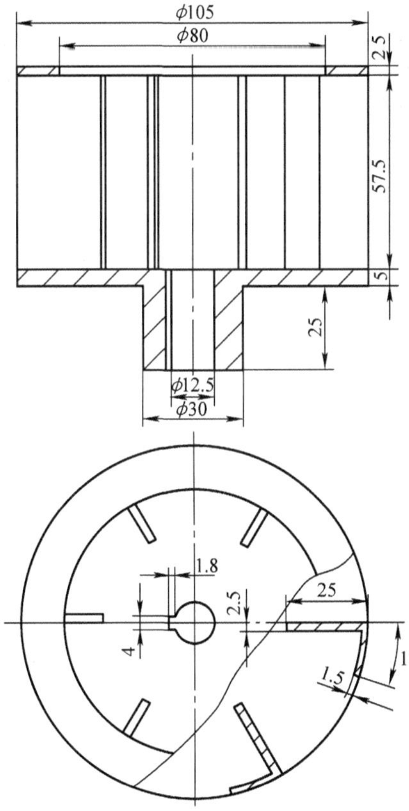

φ27
25
φ30
φ22
R30
R7
24
R15
φ19
40
R20
R6
R33
15
R15
19
24
8
φ23
22
15
10
50
3.50

图 4-127

44
5
φ15
φ12
48
A—A
φ20
4
40
20
10°
5
5
3
20°
32
A
28
φ5
4×φ6
20°
18
A
10°
64

图 4-128

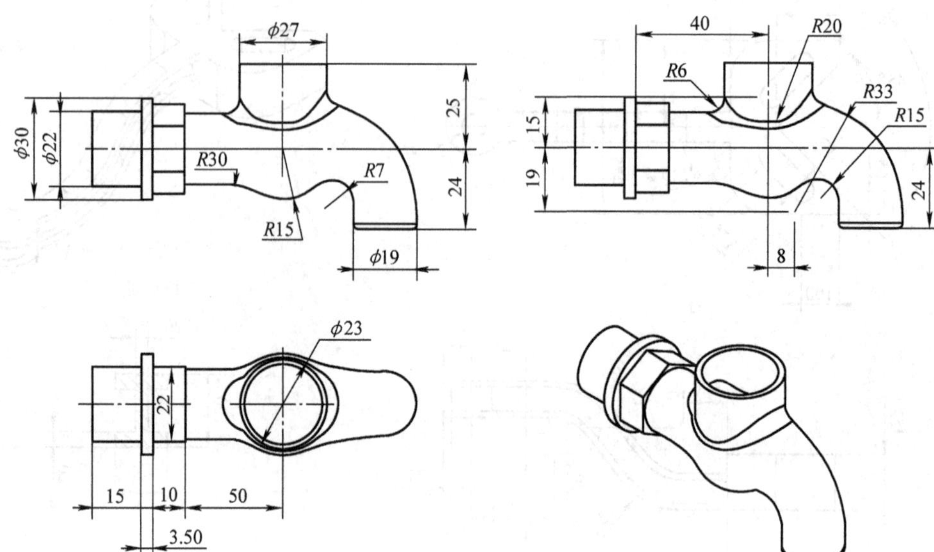

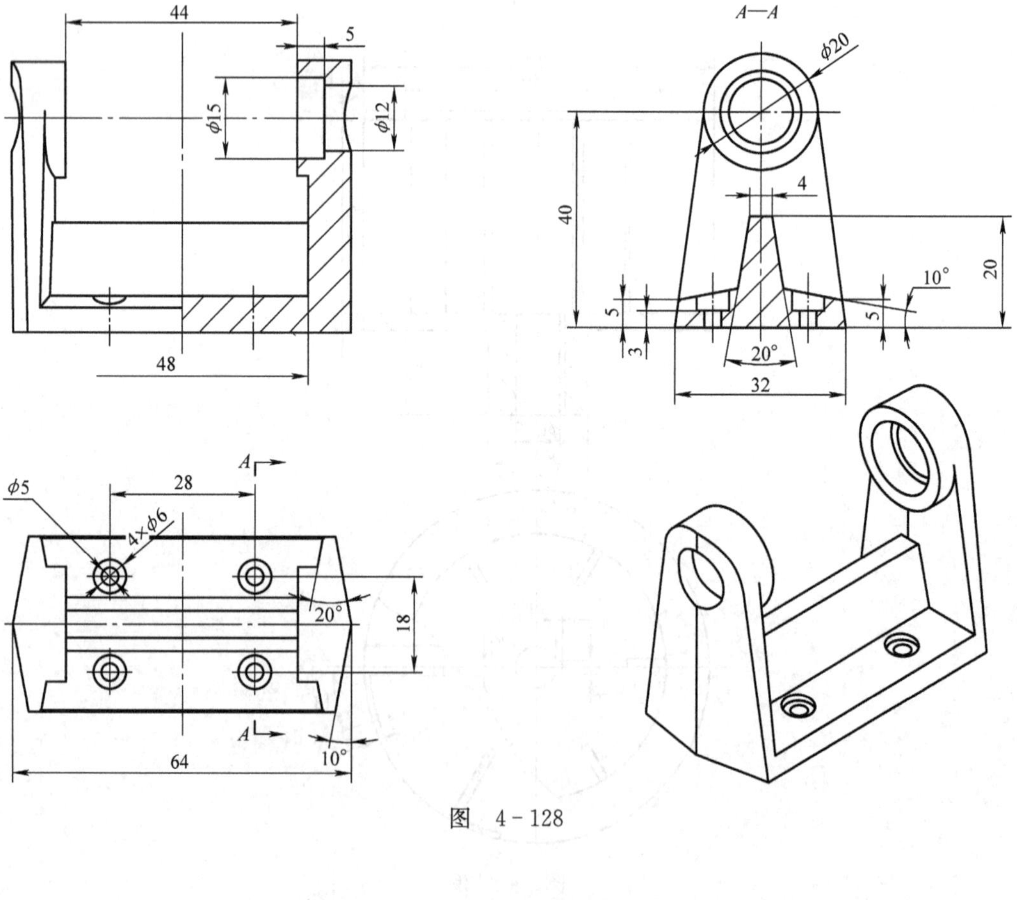

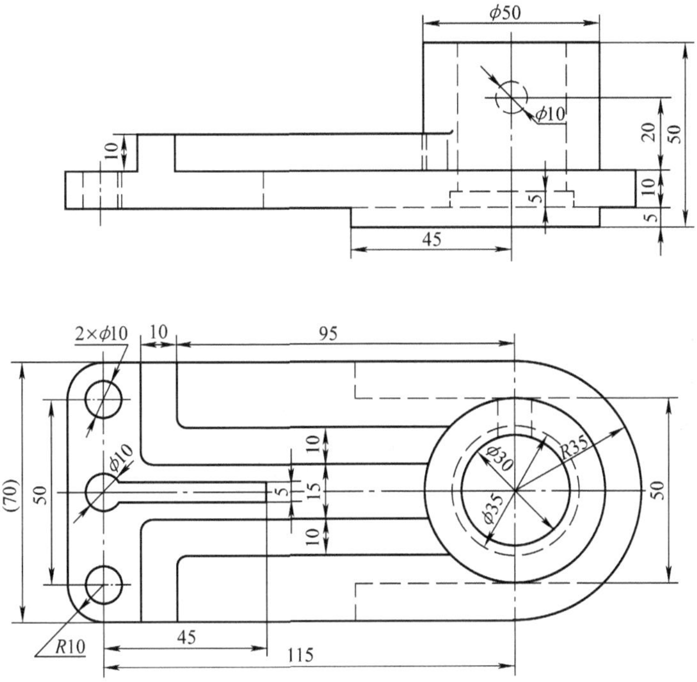

图　4-129

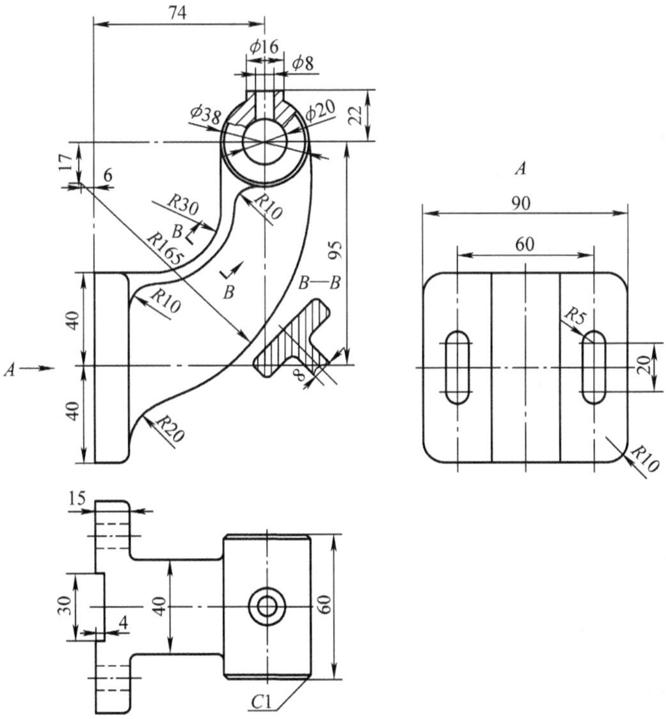

图　4-130

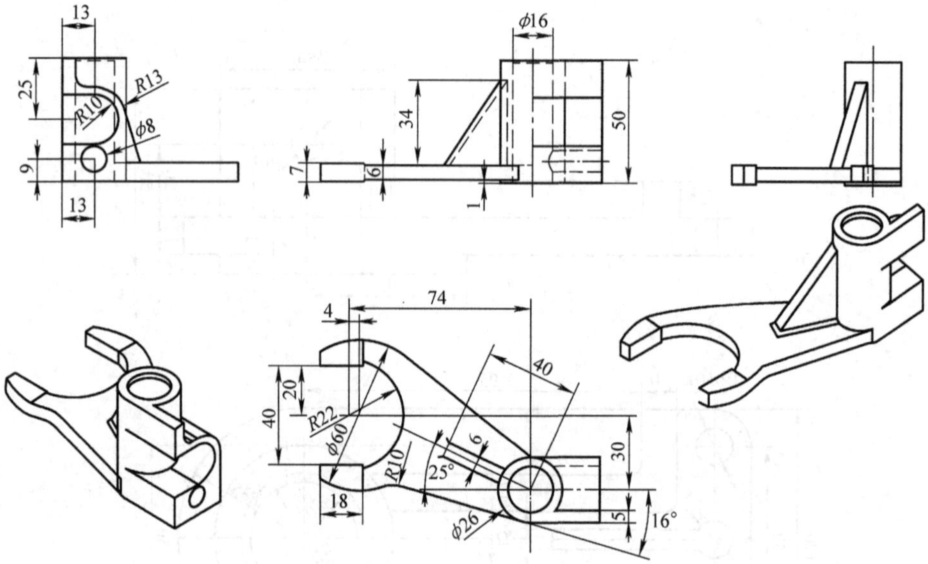

图 4-131

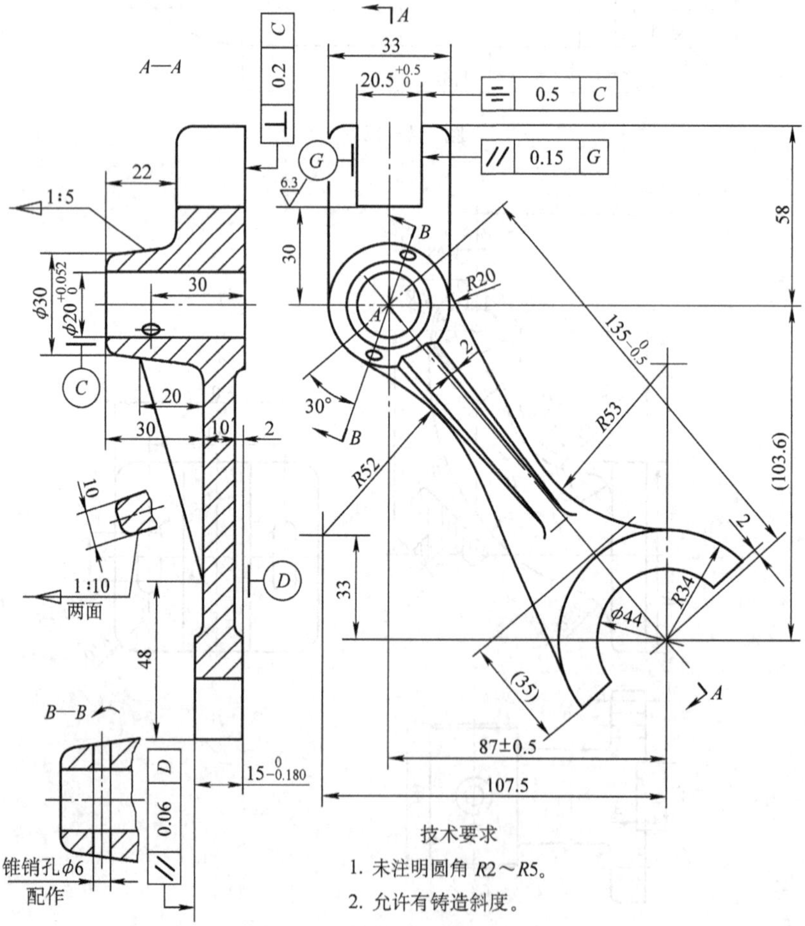

技术要求

1. 未注明圆角 R2～R5。
2. 允许有铸造斜度。

图 4-132

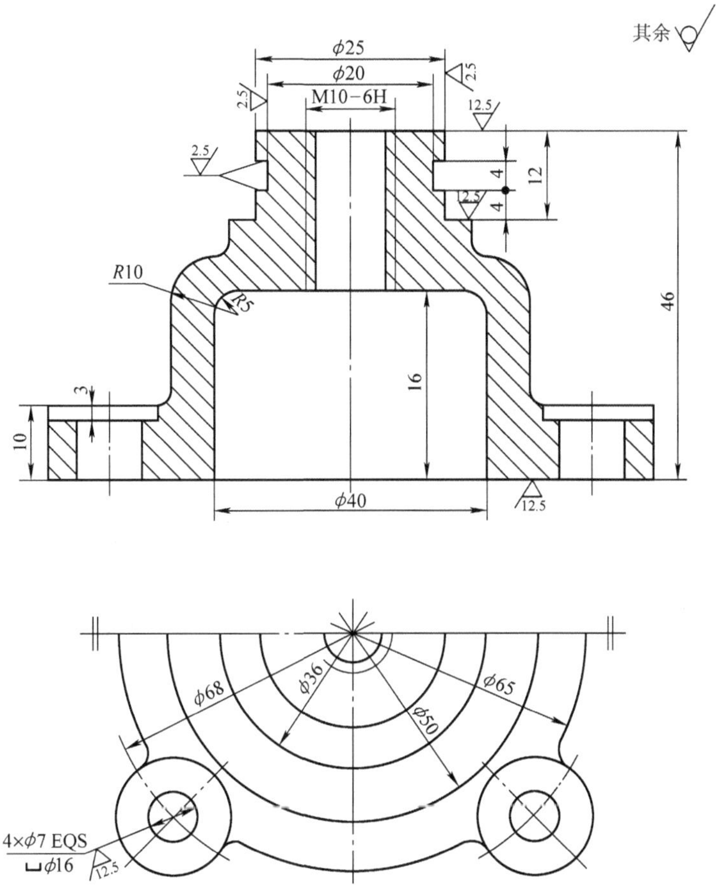

其余
φ25
φ20
M10-6H
2.5
12.5
4
4
12
46
R10
R5
16
3
10
φ40
12.5
φ68
φ36
φ65
φ50
4×φ7 EQS
⌴φ16
12.5

图　4-133

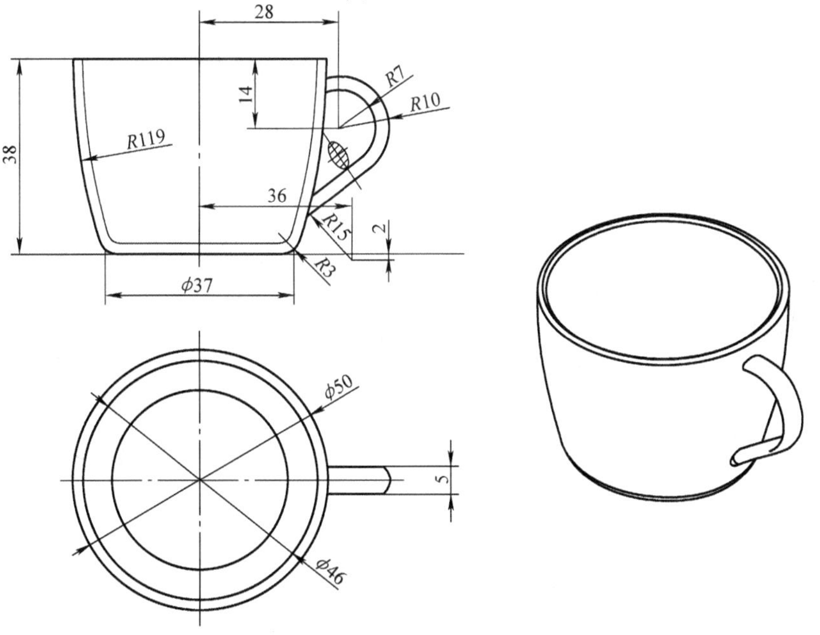

28
14
R7
R10
38
R119
36
R15
2
R3
φ37
φ50
5
φ46

图　4-134

ϕ16
R18
12
15
15°
8
4
ϕ10
16
22
26
16
4×ϕ3
R3
32

图 4-135

80
R8
4
2×ϕ8
14
40
79
86
7
R16
R22
38
ϕ40
ϕ20
36
62
36
19
3
10
ϕ20
R7

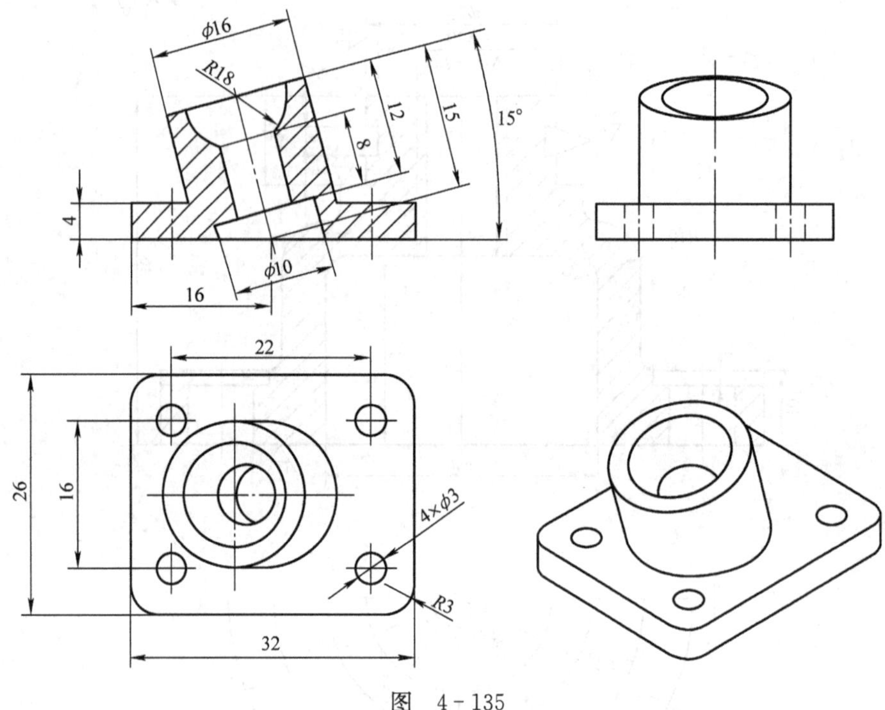

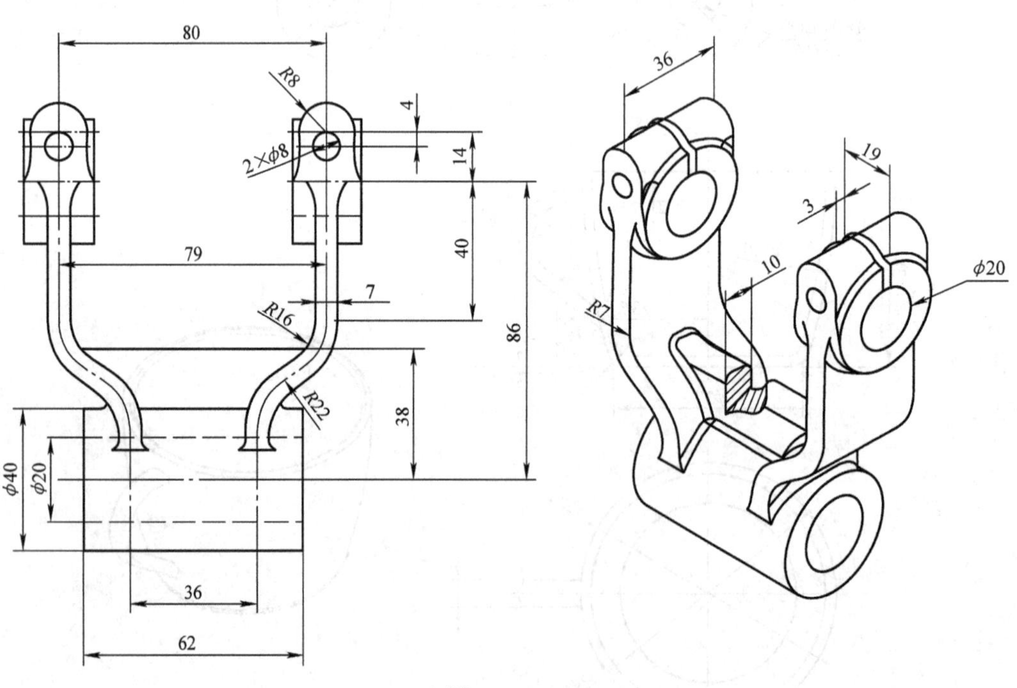

图 4-136

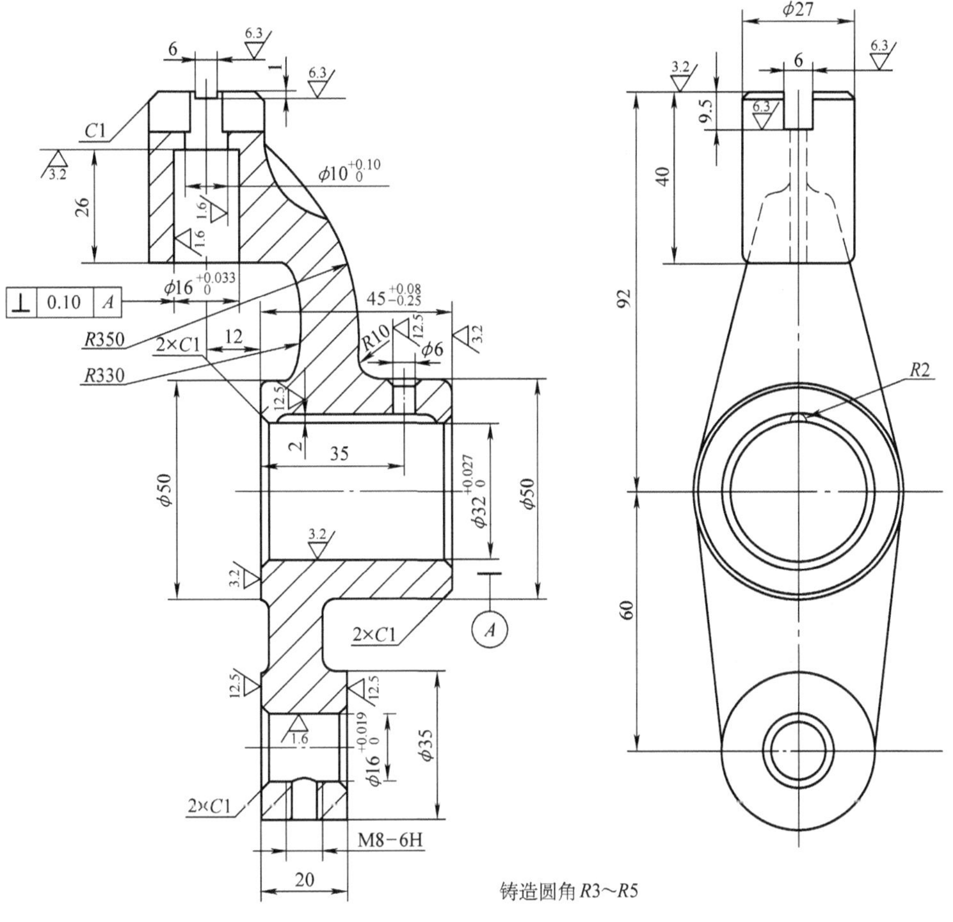

图　4－137

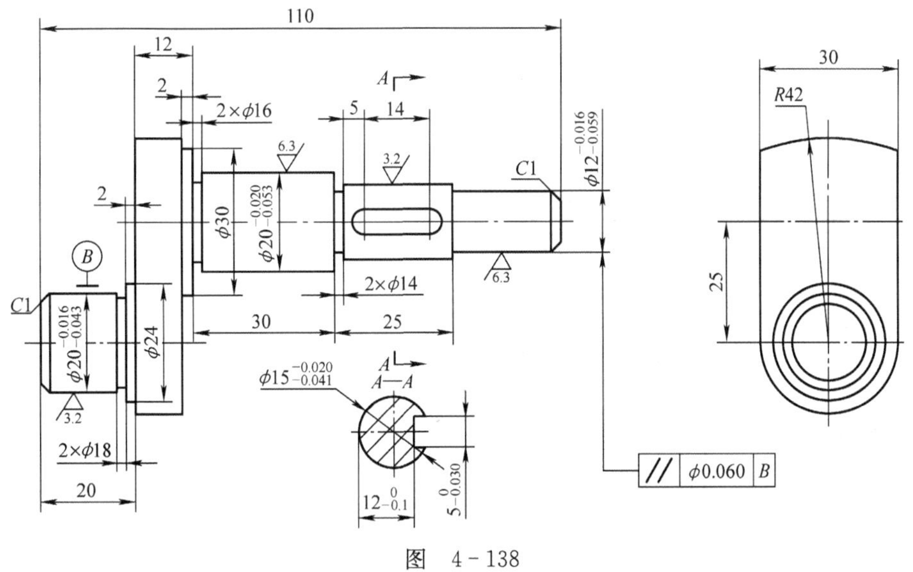

图　4－138

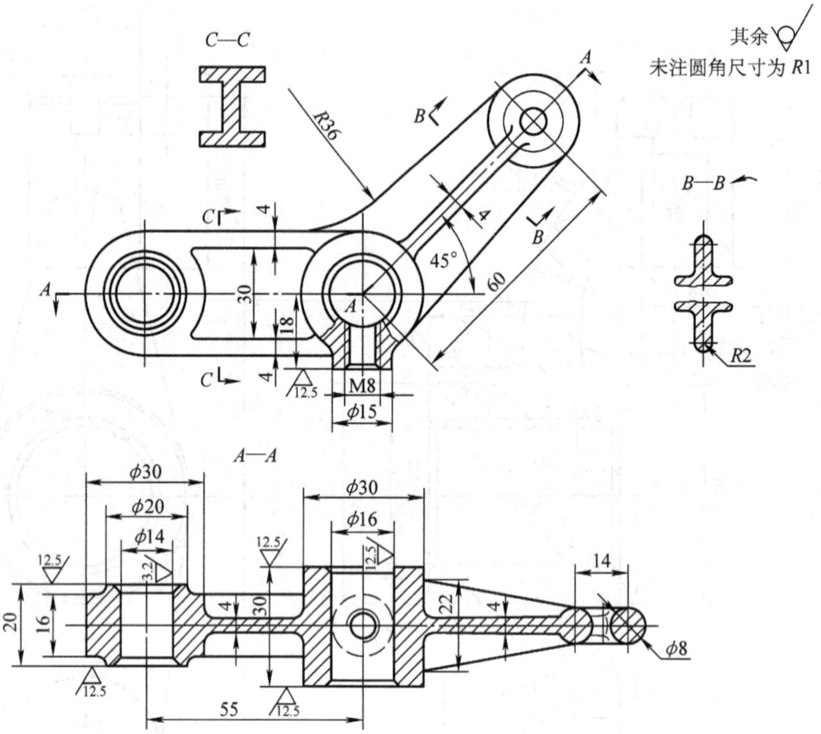

其余

未注圆角尺寸为 $R1$

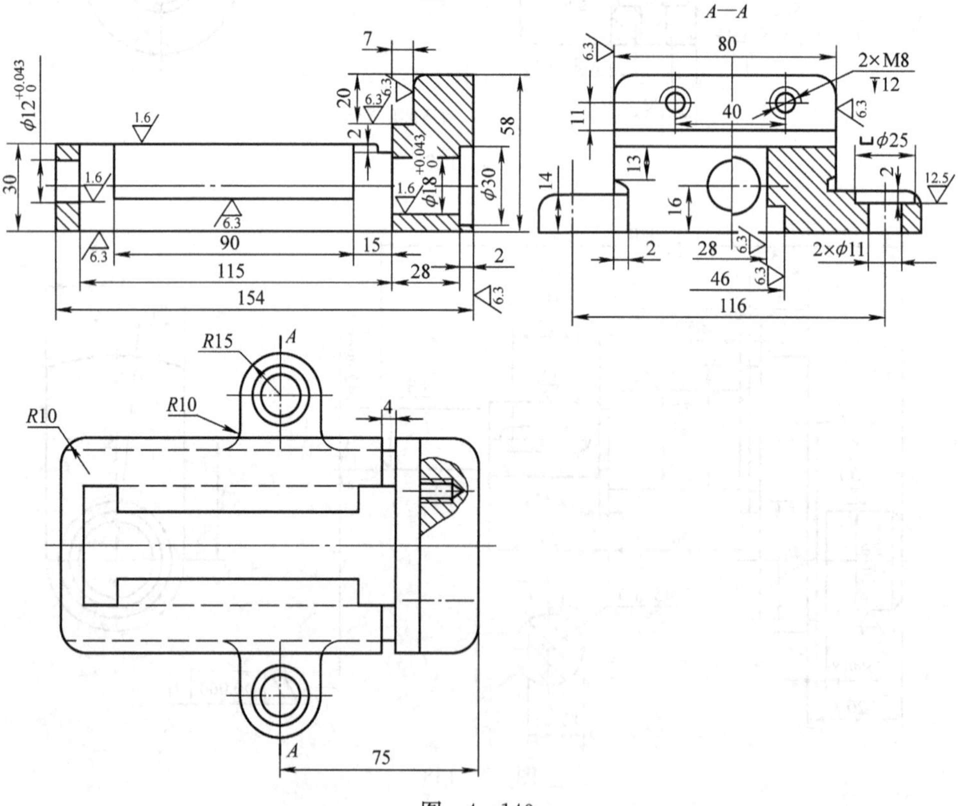

图 4-139

图 4-140

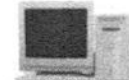

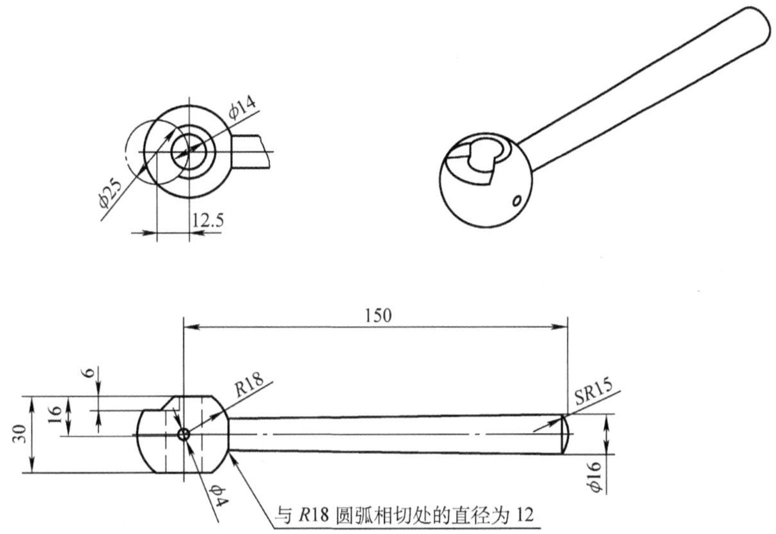

ϕ14
ϕ25
12.5
150
6
R18
SR15
16
30
ϕ4
ϕ16
与 R18 圆弧相切处的直径为 12

图　4－141

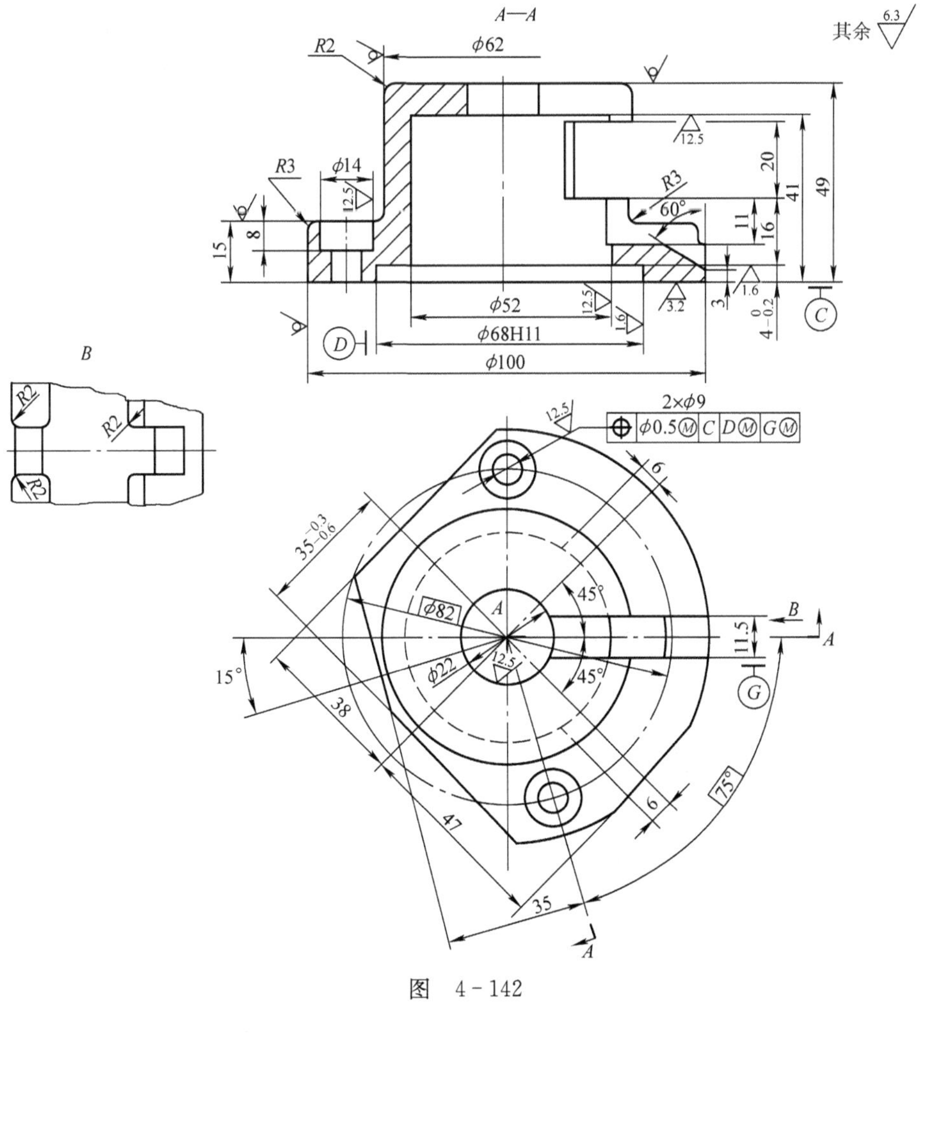

A—A
其余 6.3
R2
ϕ62
12.5
20
41
49
R3
ϕ14
12.5
R3
60°
11
16
8
15
1.6
3.2
3
ϕ52
12.5
1.6
C
D
ϕ68H11
ϕ100
B
R2
R2
R2
2×ϕ9
ϕ0.5Ⓜ C DⓂ GⓂ
6
35−0.3−0.6
45°
ϕ82
A
B
11.5
A
15°
ϕ22
45°
G
38
6
75°
47
35
A

图　4－142

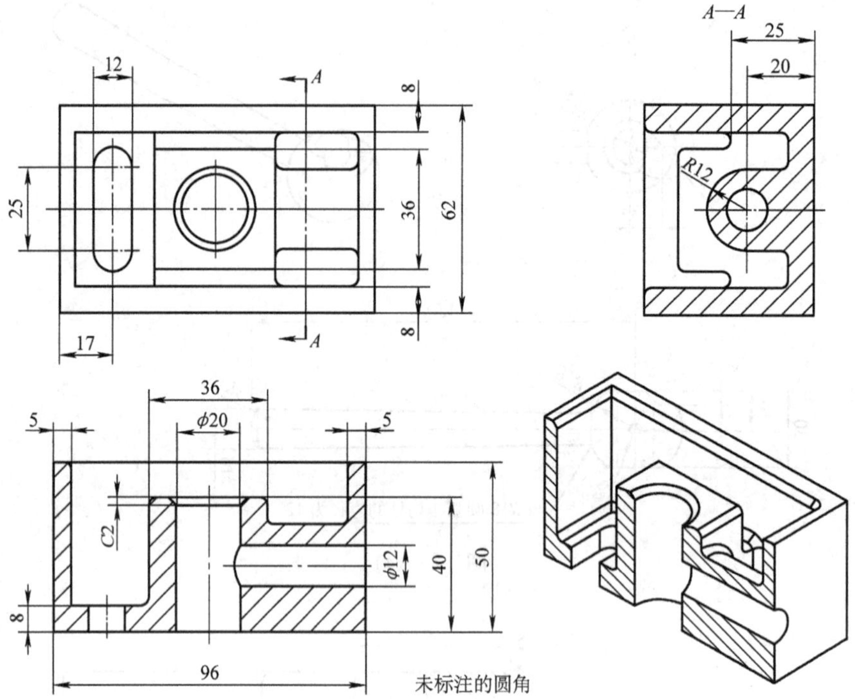

A—A

未标注的圆角

图 4-143

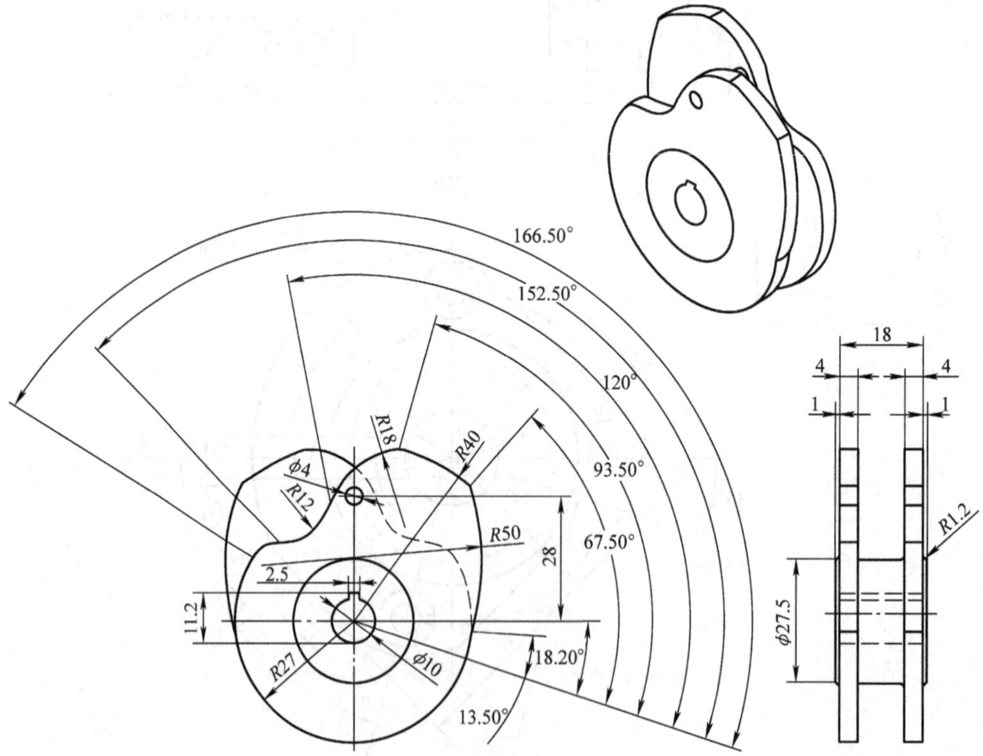

图 4-144

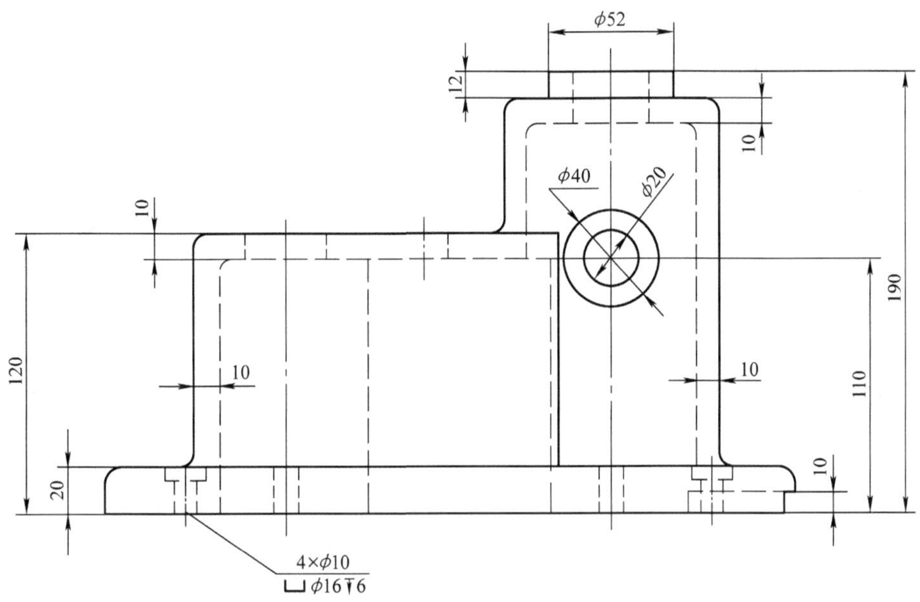

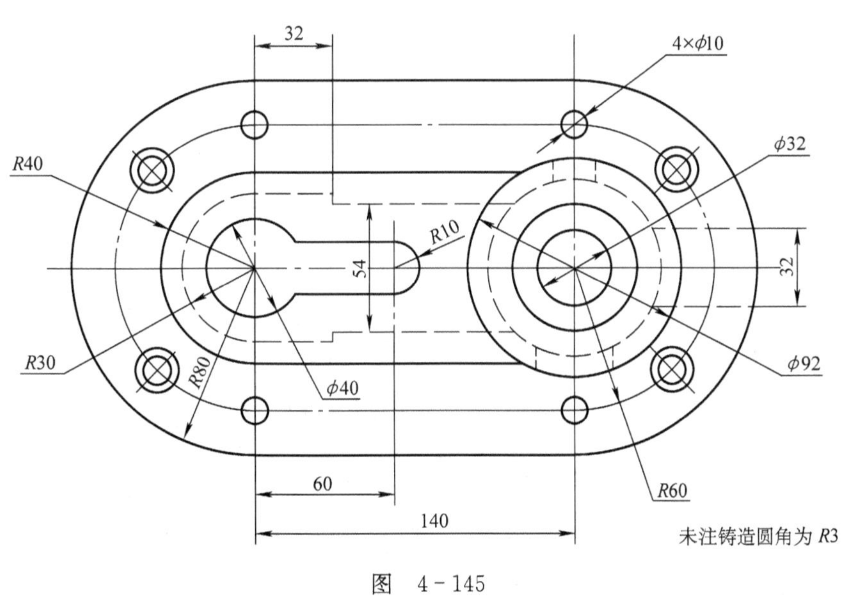

未注铸造圆角为 $R3$

图 4-145

A
A—A
1
30
R5
8.5
5
6
6°
8
15
12
15°
R500
R5
R20
25
24
40
75
R1
R1
R1
R1
R1

图 4-146

53
10
25
A
R20
45
40
10
30°
30
10
60
R8
36
R8
10
R15
15
R8
R80
R25
12
14
A
ϕ246.6
4×ϕ70
222
ϕ280
ϕ264
ϕ60
ϕ55
ϕ32
ϕ65
ϕ160
95
C1
C1
R13
8
50
36°
36°

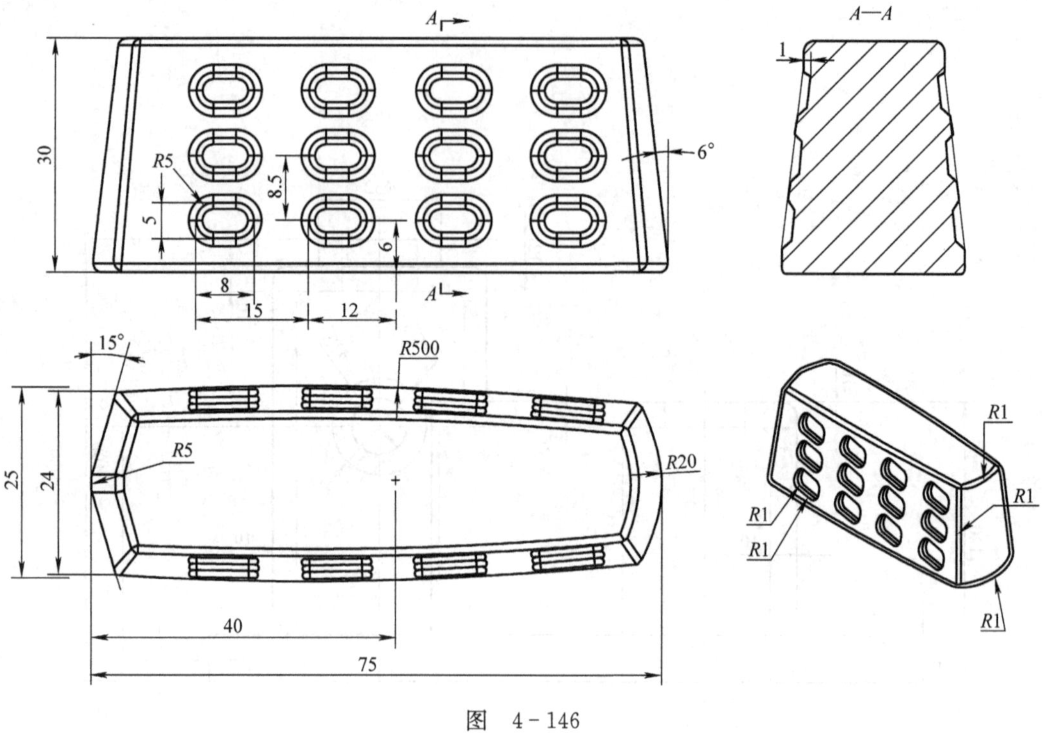

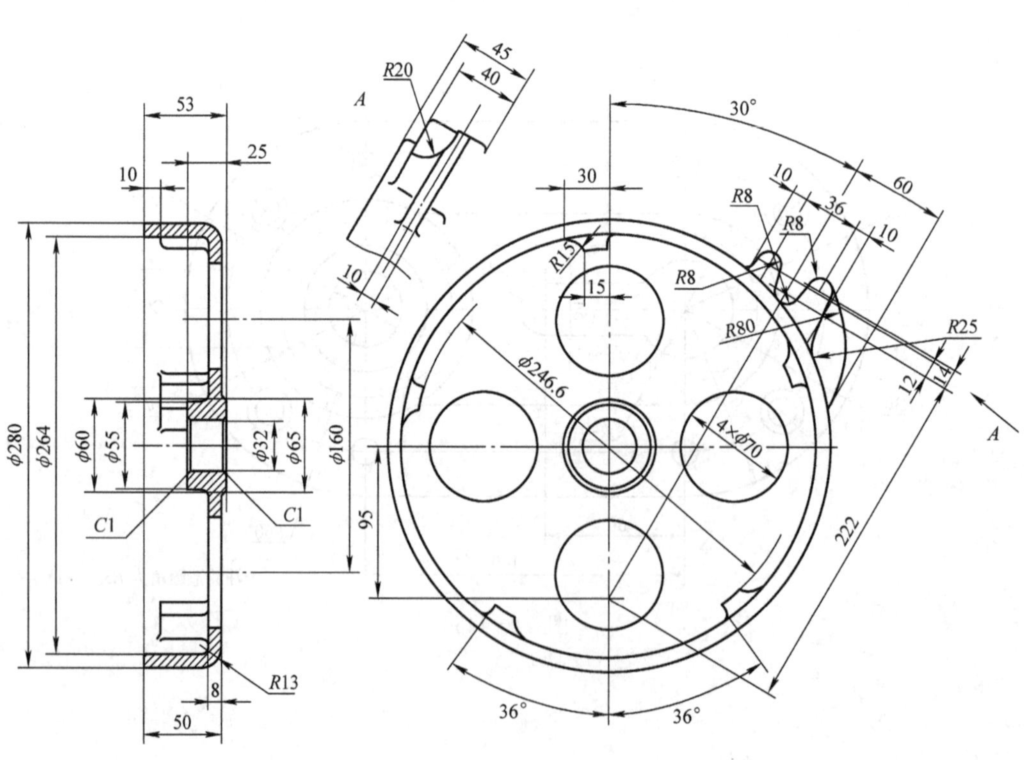

图 4-147

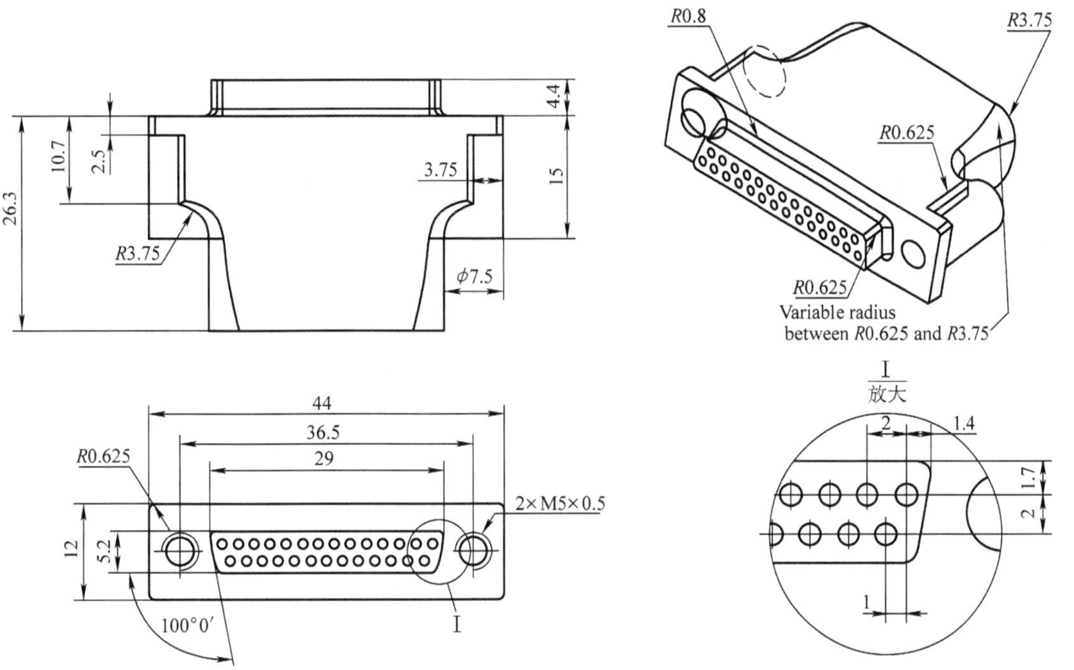

图　4－148

图　4－149

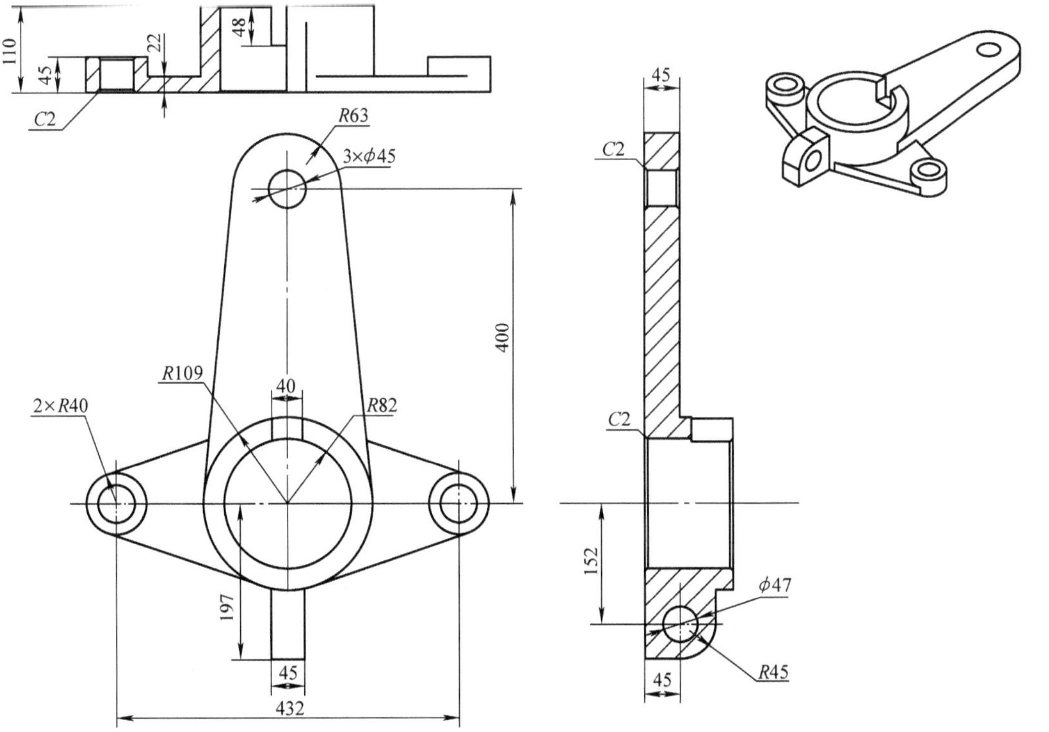

A—A
26
8
8
1.5
4
φ11
φ9
φ102
φ98
69.7
φ58
6
φ50
98
30°
C
12.5 +0.1 0
15°
15°
A
B
B
B
R40
R8
3×φ3 ↧8
10°
B
B
10 0 -0.1
120°
R36
8
8
8
A
φ5
27
120°
3×φ4
配作
A
37
B—B
2×φ6
10
8.5
2×φ12
φ18
3
C
φ3
配作
4
放大
2×1
45°

图　4－150

17.5
40
R75
R62.5
15.5
12.5
90
72
R10
R280
R300
R33
20
50
R60
R70
13.5

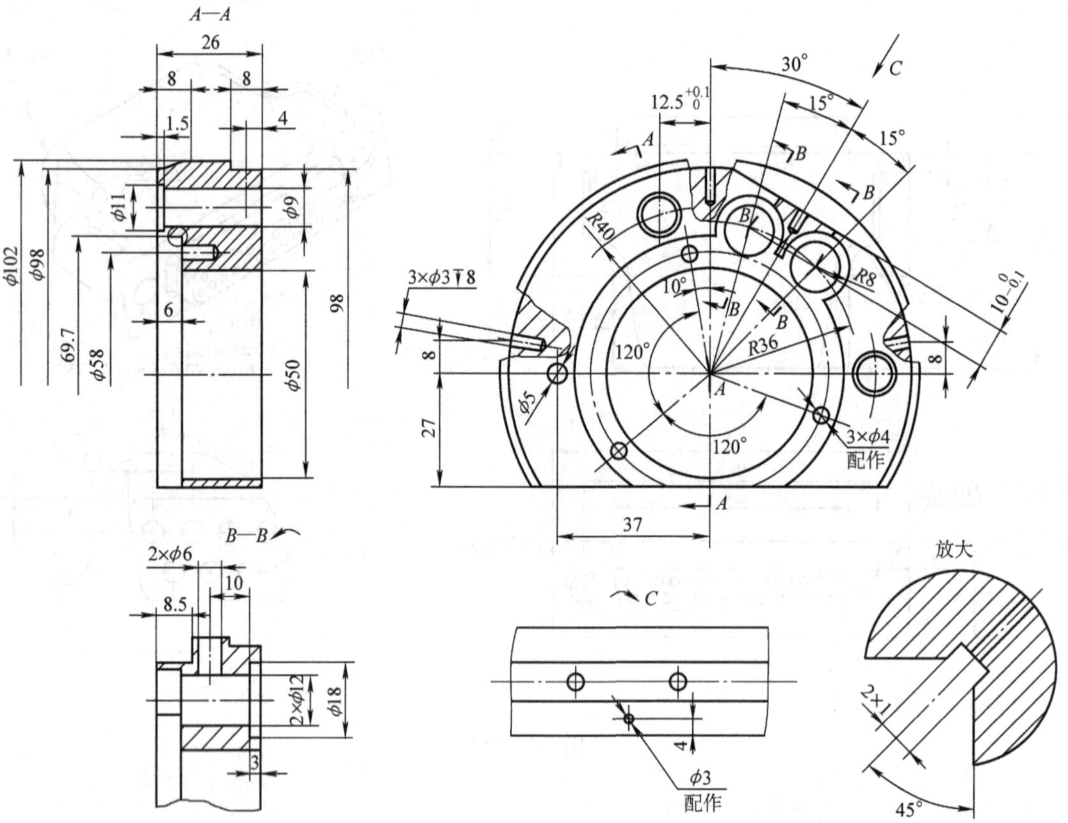

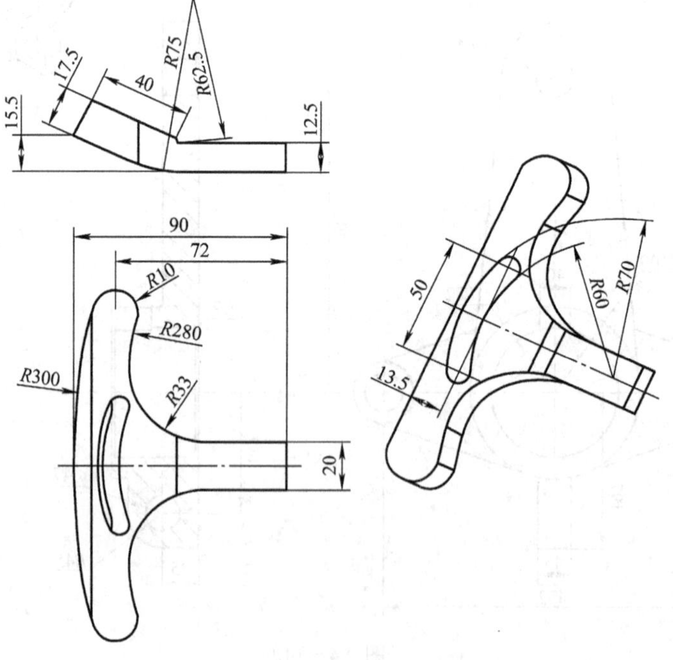

图　4－151

SR30
ϕ50
R3
R8
10
25
10
R3
R5
ϕ20
SR15
5°
5
20
A—A
R2
5°
5°
ϕ80
ϕ40
R8
R250
R5
140
所有起模斜度均为5°

图　4-152

R2
R200
A—A
12
28
9
1
0.7
1.5
I
放大
24
18.5
R200
R3
R100
40
28
6
11
36
R100
R2
R3
15
7.5
28
28
22.5
90
5
3
R1.5
R7.5
10
4.5
R20
12
R3
9
R20
R1.5
7

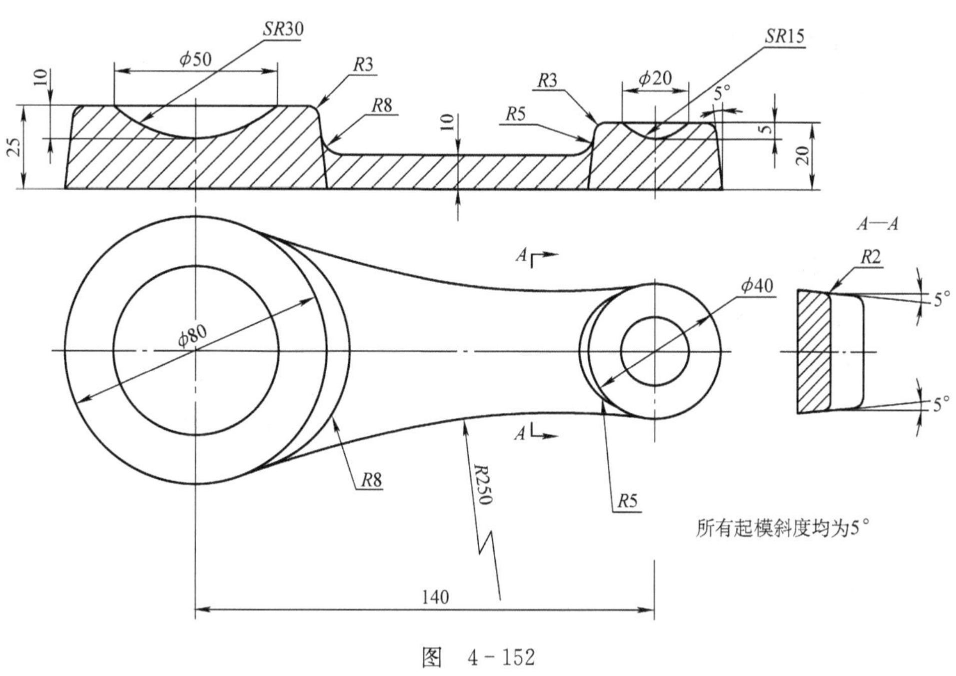

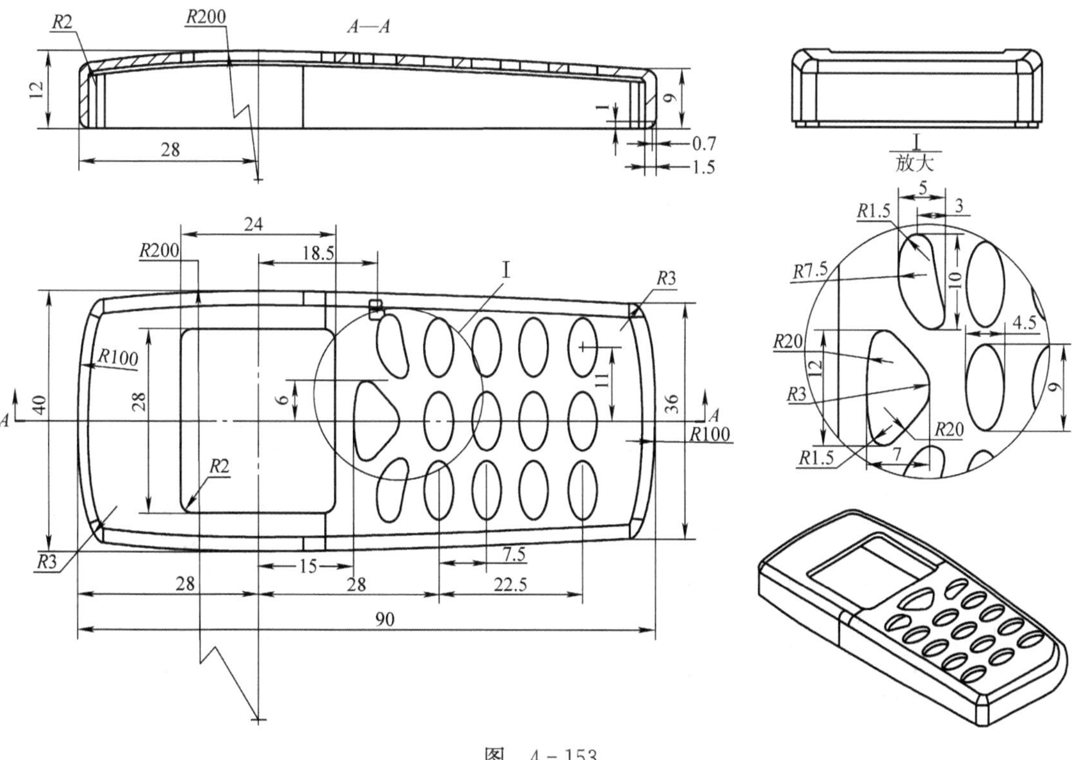

图　4-153

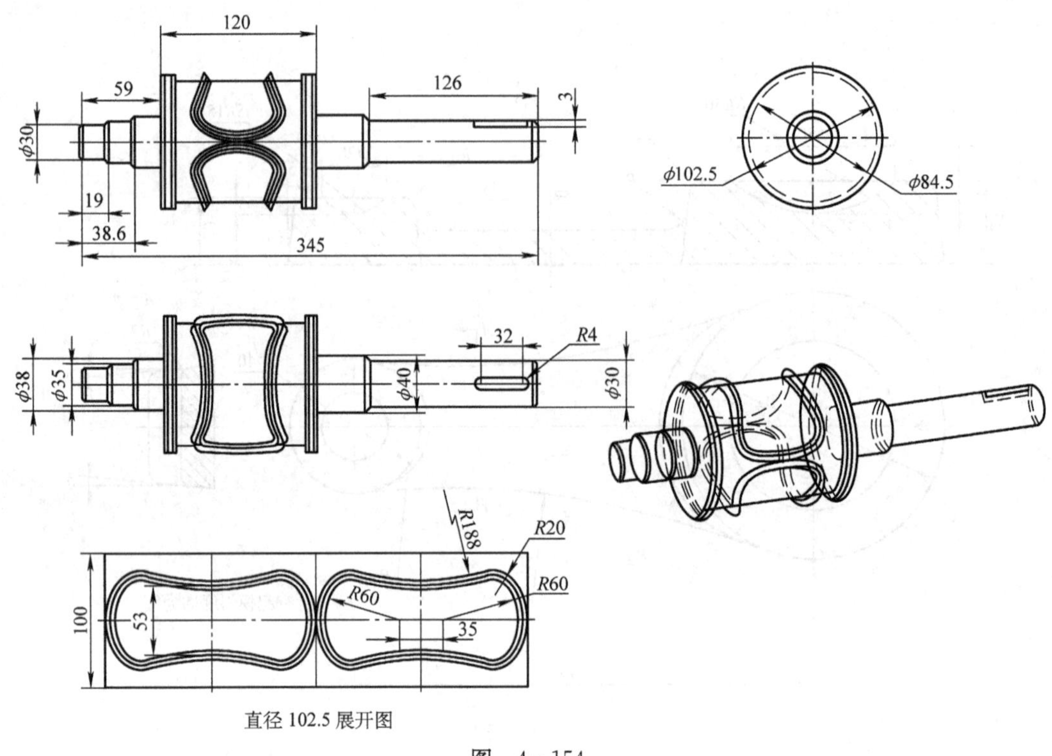

直径 102.5 展开图

图 4-154

图 4-155

138
28
60
96
80
R8
φ45
φ32
φ50
φ64
52
5
12
R8
6
84°
6
82
R10
30°
2×φ10
R10
70
94
110
R10
∠1:10
4×φ6
30

图　4-156

8
12
R5
19
7
15
67
22
φ10
R5
R37
R11
φ6
R8
R15
43
33
38
4
18
22
2
11
45°
13
22
φ11
R8
R8
R3
32
5

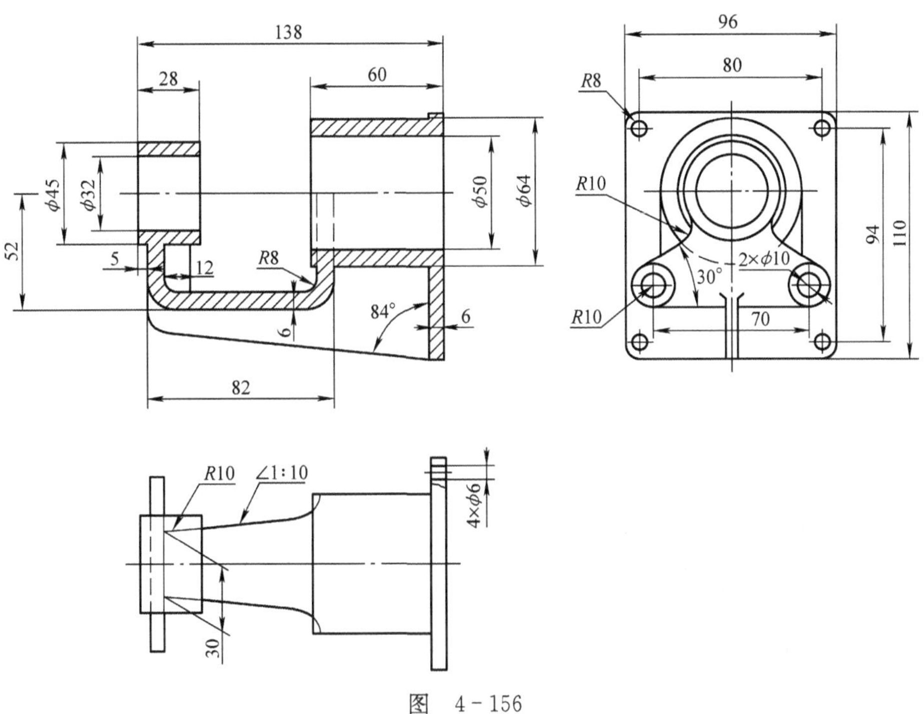

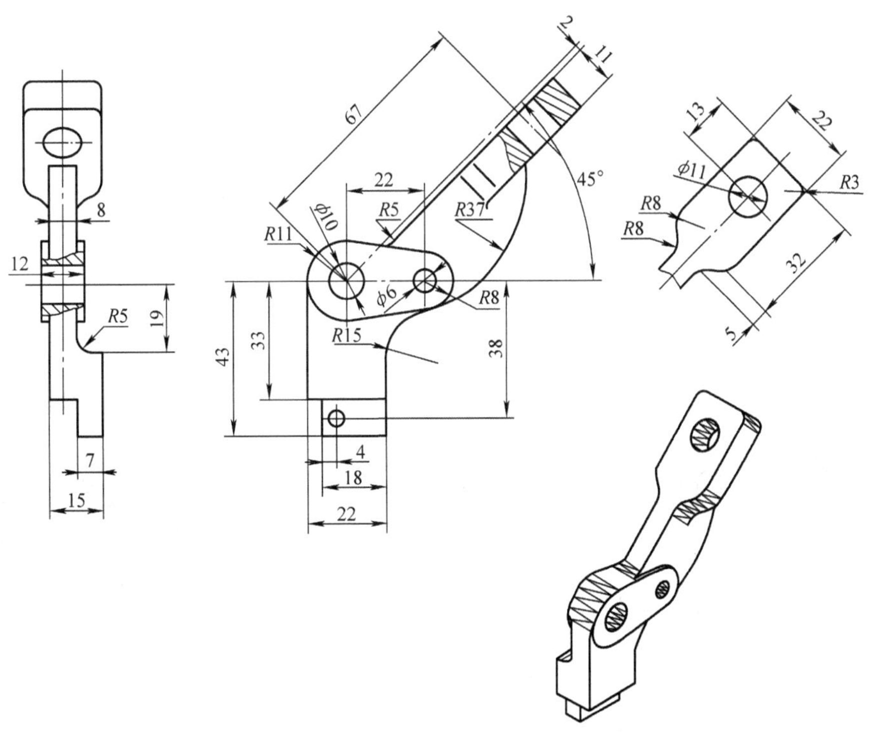

图　4-157

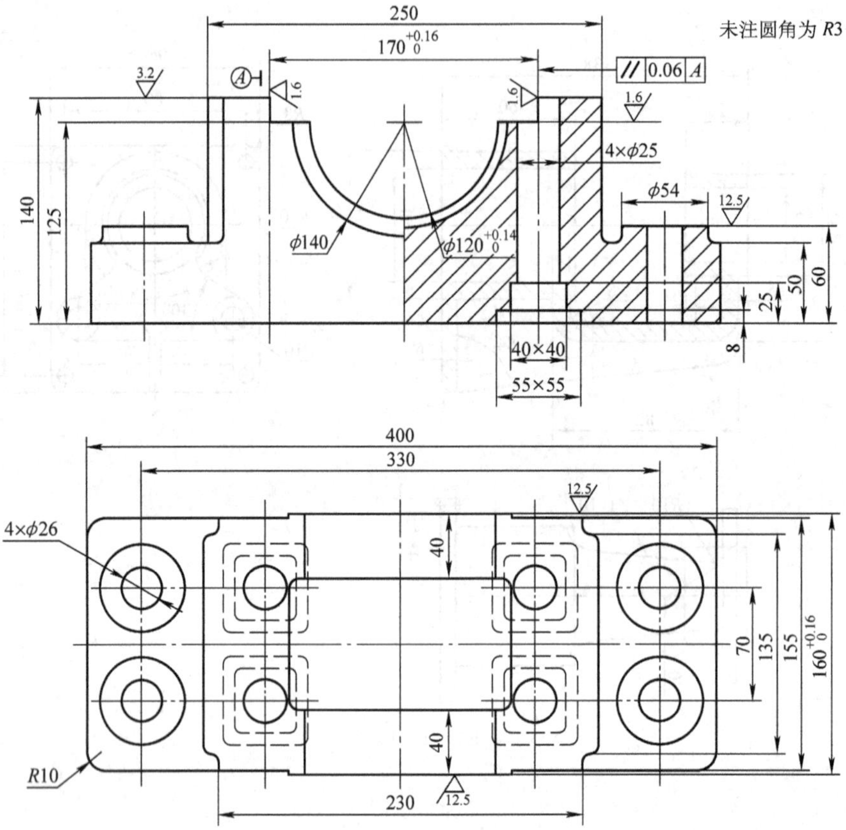

未注圆角为 $R3$

图 4-158

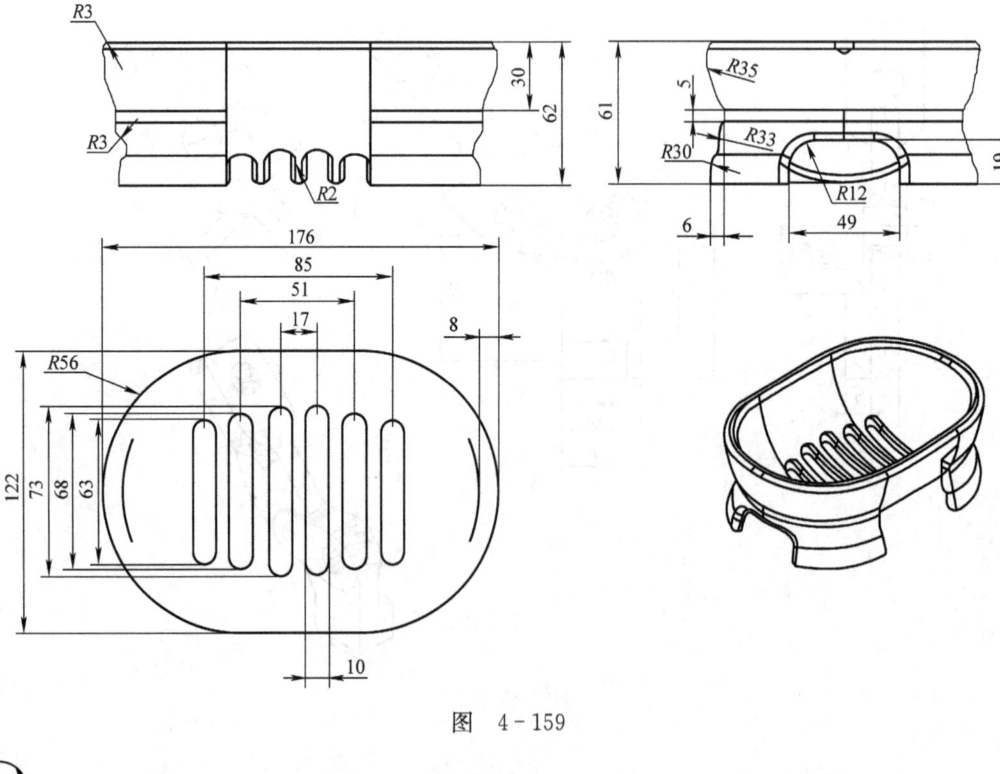

图 4-159

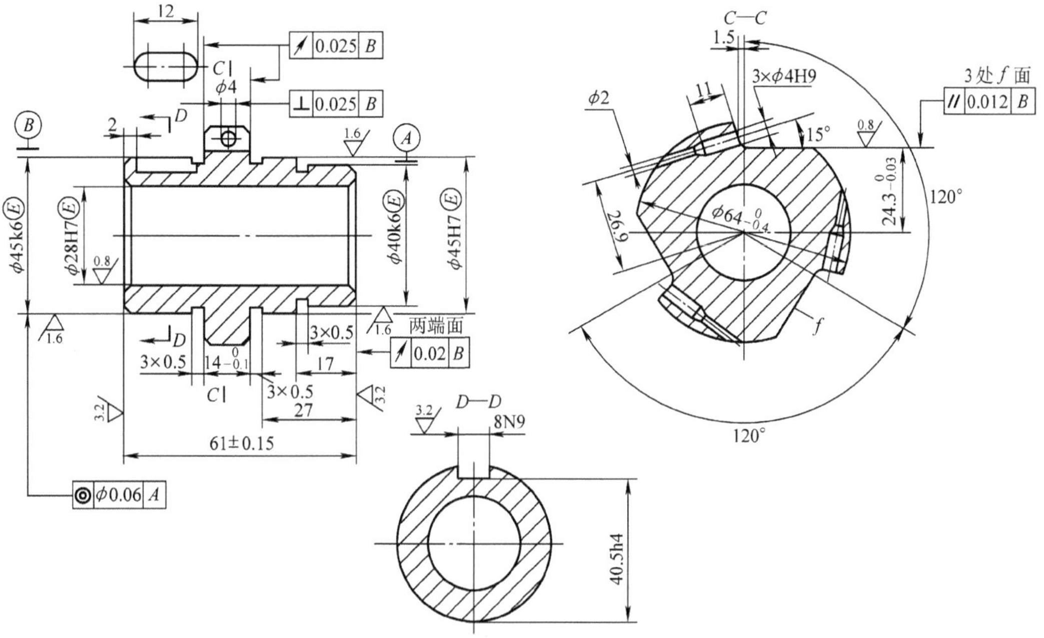
12
0.025 B
C
ϕ4
0.025 B
B
2
D
1.6
A
ϕ45k6(E)
ϕ28H7(E)
0.8
ϕ40k6(E)
ϕ45H7(E)
1.6
D
3×0.5
1.6
两端面
0.02 B
3×0.5
14 0 -0.1
17
C
3×0.5
3.2
27
3.2
61±0.15
ϕ0.06 A
C—C
1.5
3×ϕ4H9
3处 f 面
0.012 B
ϕ2
11
15°
0.8
24.3 0 -0.03
120°
ϕ64 0 -0.4
26.9
f
120°
D—D
3.2
8N9
40.5h4

图 4-160

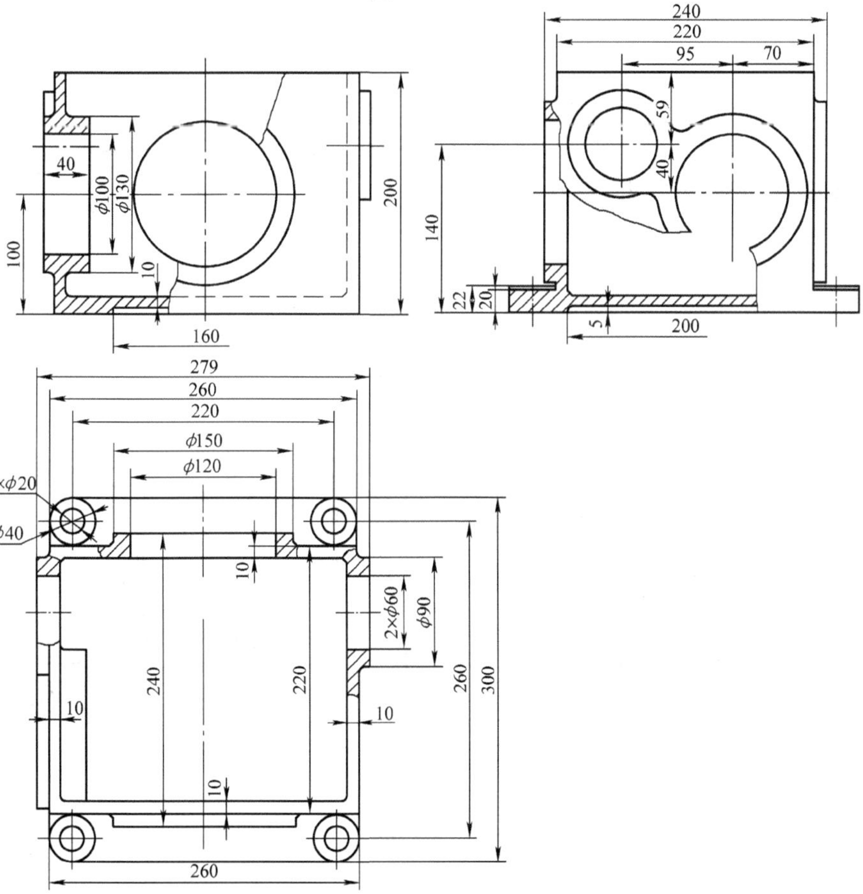
240
220
95
70
59
40
200
ϕ100
ϕ130
100
10
160
140
22
20
5
200
279
260
220
ϕ150
ϕ120
4×ϕ20
ϕ40
10
2×ϕ60
ϕ90
240
220
260
300
10
10
10
260

图 4-161

5°
22
5
125°
R500
R120
90°
20
R13
10
15
78
190
φ25
R4
R6
R8
R4
40
拔模斜度:10°

图　4-162

A—A
R3
R41
35
R5
R3
A
30°
25
35
13
A
R5
R300
R148
R5
6
R100
R10
60°
R50
R50
R3
5
2
R18
10
R18
18
6
120
20
60
3
15
R5
20
25
R6
150

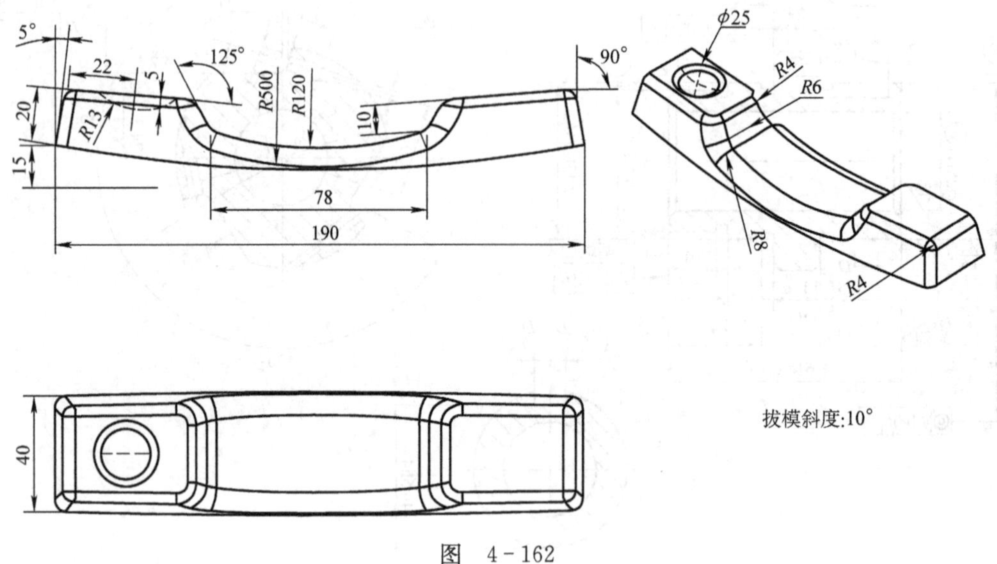

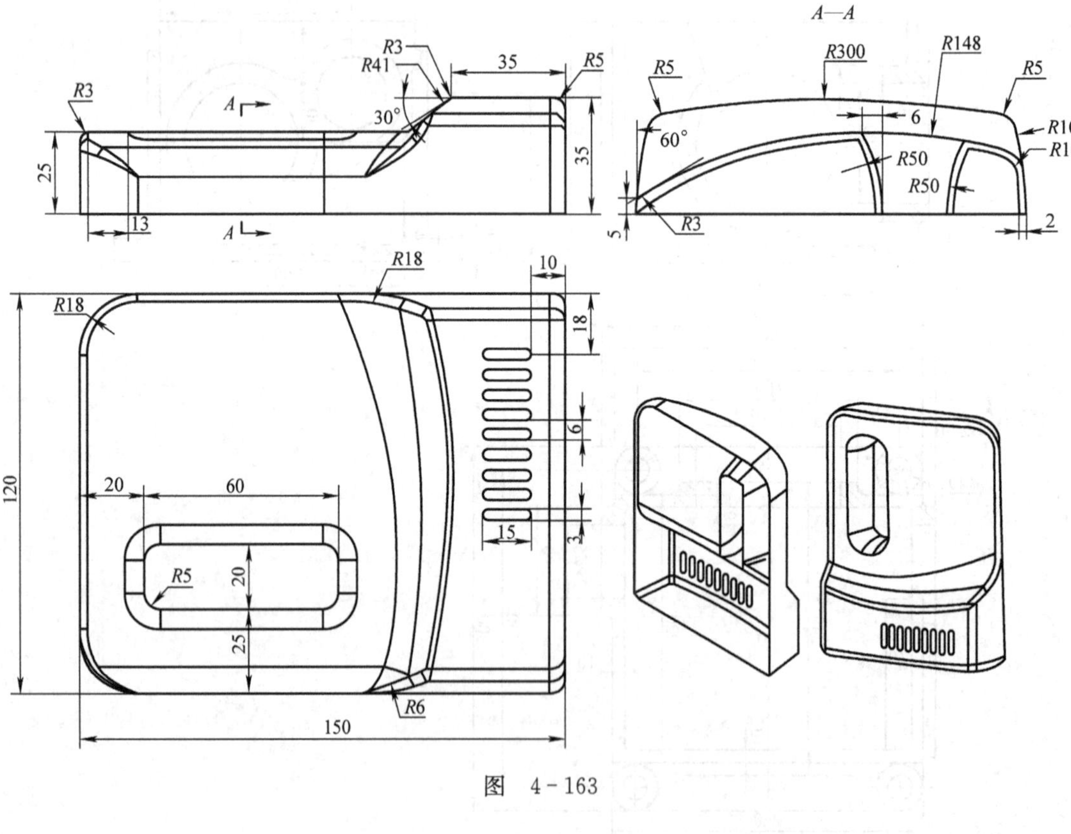

图　4-163

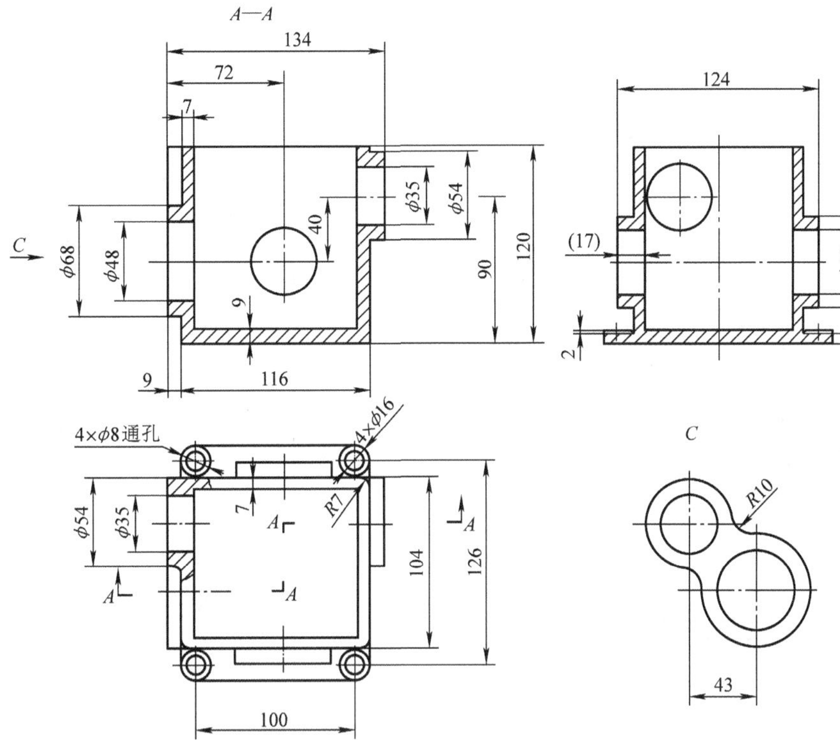

图　4-164

图　4-165

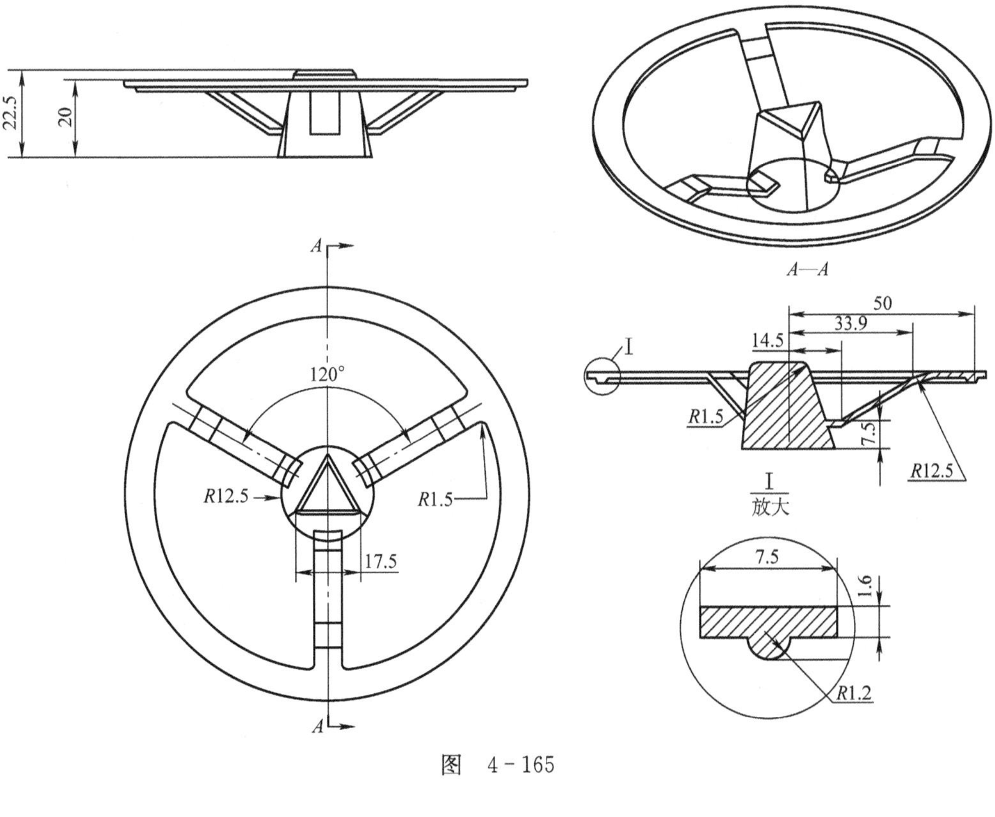

φ11
R9
R46
R40
60
55
φ55
70
$\phi15^{+0.012}_{-0.006}$
32
26
6
// 0.02 A
5
5
3.2
A
φ18H8
φ30
28
3.2
6.3
R16
R11
50

图 4-166

21
29
2
M8
R4
R4
φ80
φ63
41
3
105
6
6
R140
55
R4
6
9
15
26
R11
φ9
7
3
3
20
17
2×M6
18
R4
34
未注圆角半径 R2

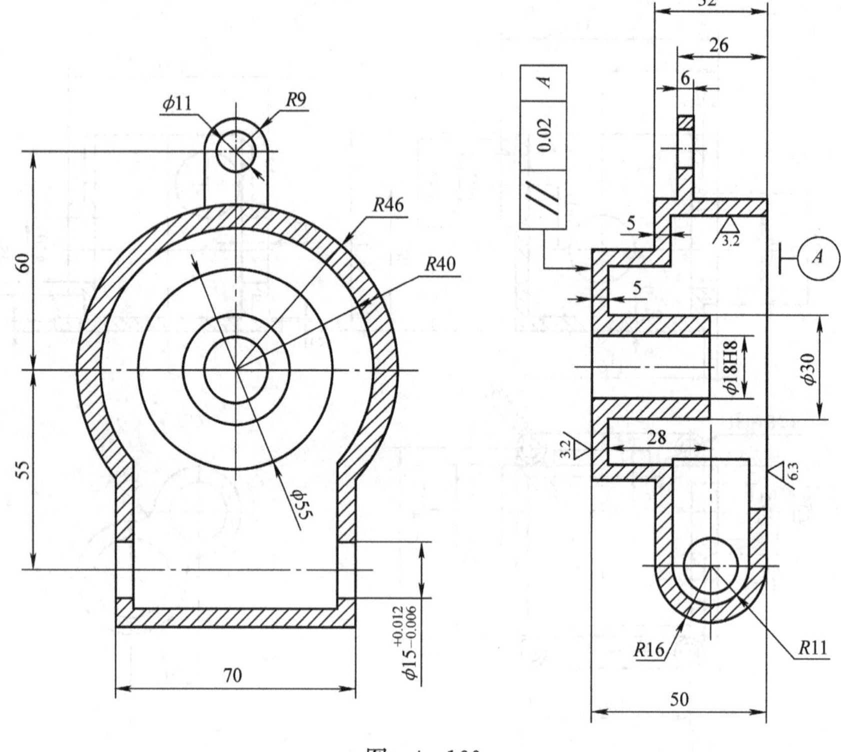

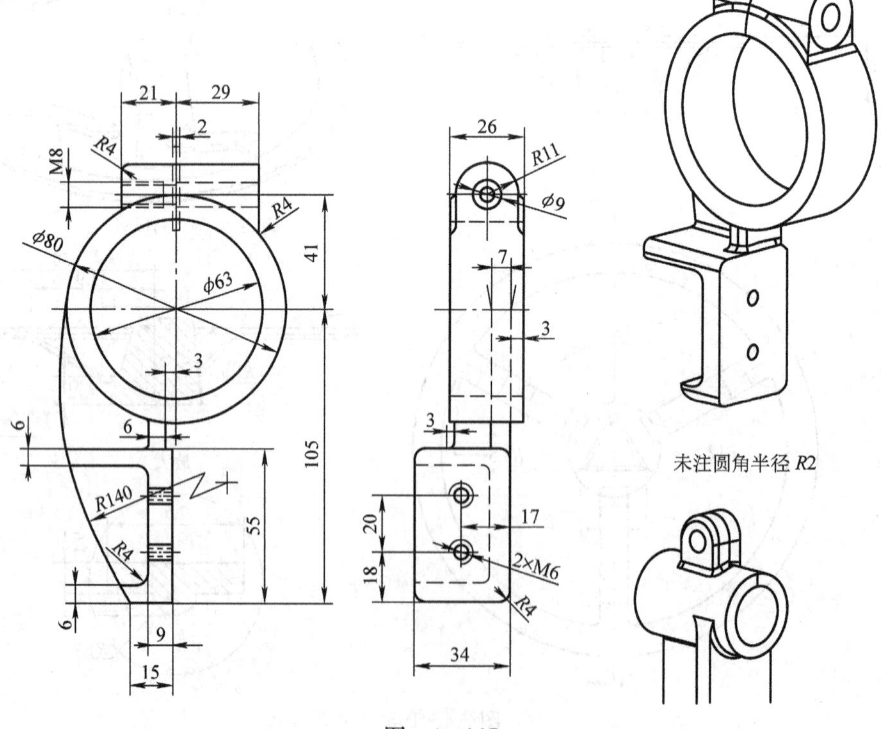

图 4-167

R1.6
I
ϕ3.2
1.8
1.8
R0.8
ϕ6.5
R1.6
R1.6
7.0
6.0
11.8
91°0′
6°0′
80.0
73.5
25.5
R42.0
R35.5
6.5
97.0
50.0
36.6
R3.0
R3.0
13.0
R3.0
R3.0
R3.0
R3.0
I
放大
10°
R0.1
0.8
9.0
R3.3
R1.6
R0.65

图　4-168

3-0.1
3.5
3
6
8
ϕ128
ϕ108
ϕ100
ϕ40
ϕ30
4
ϕ74
ϕ80
ϕ90
60°
Y
X
4
20

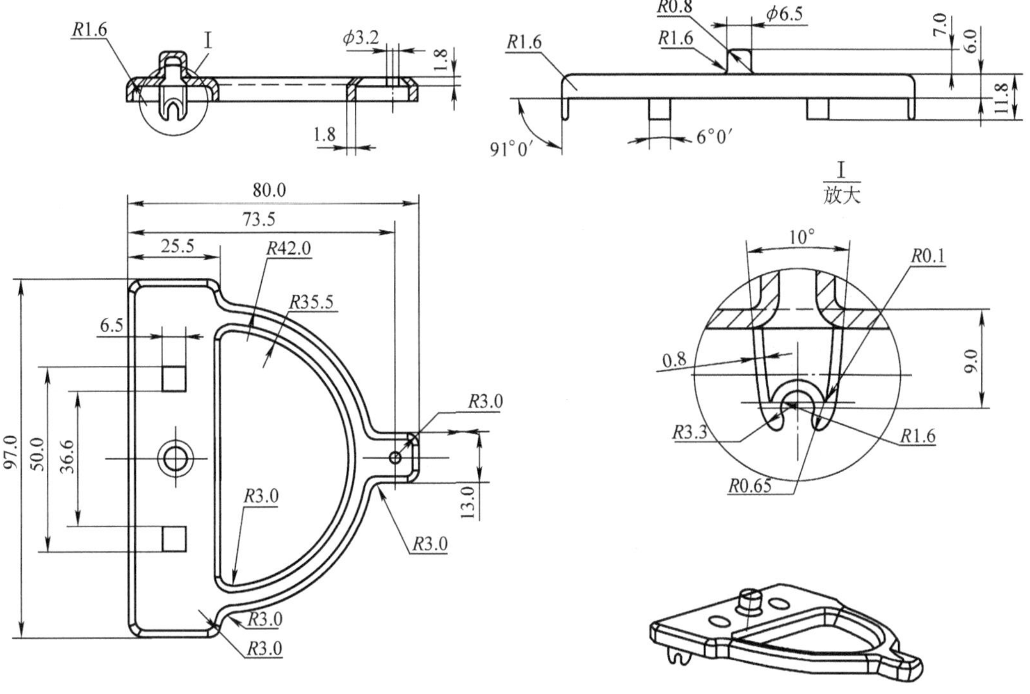

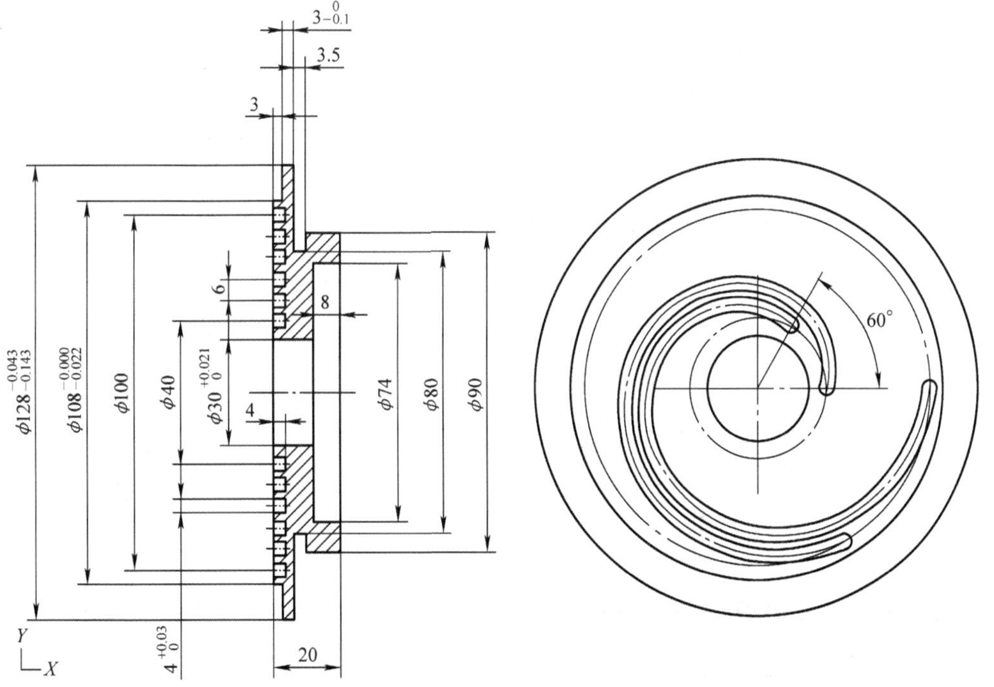

图　4-169

两端孔口
倒圆R0.5
抛光
GB/T 4459.2—
2×A6.3/13.2
A—A
B—B
I
放大
303
21
40.5
100
71
48
38
31
40
19
18
40
4
R37.5
φ28
R40
R60
R117
R15
R95
57.5
12
φ5
120°
R5
φ65
C1
C2
R6
M45×2
φ70
φ90
φ50
1:10
R4
φ30
8
26
20
29
1
29
5.75
φ41
R1
图 4-170

10
20
φ20
φ40
R25
103
160
108
38
φ37.50
R25
φ20
76
20
30
6
20
102
57
内外圆角 R3
30
30°
图 4-171

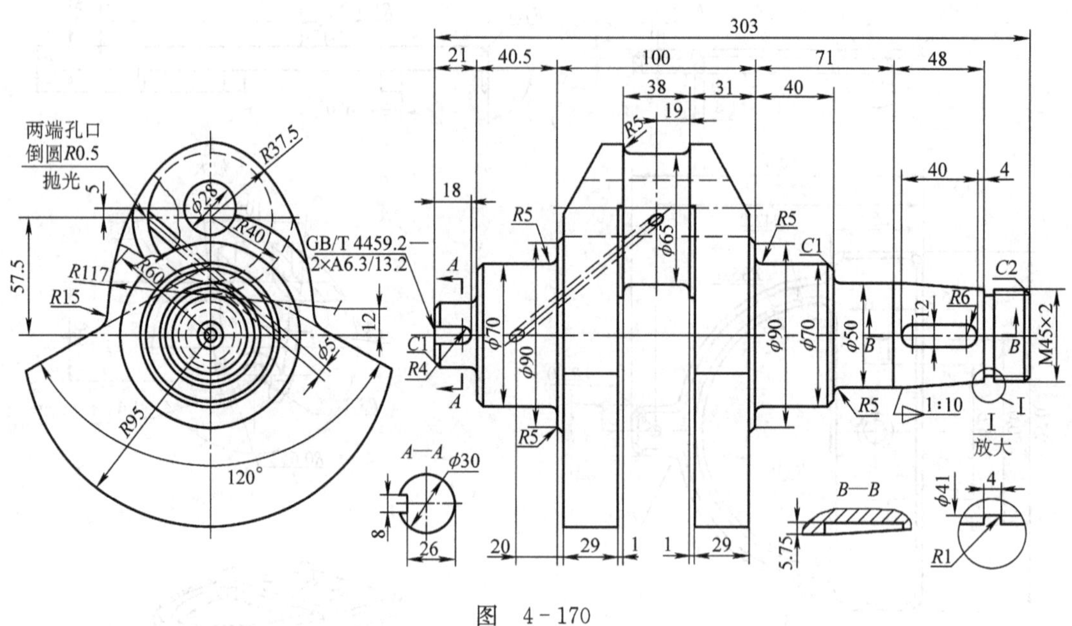

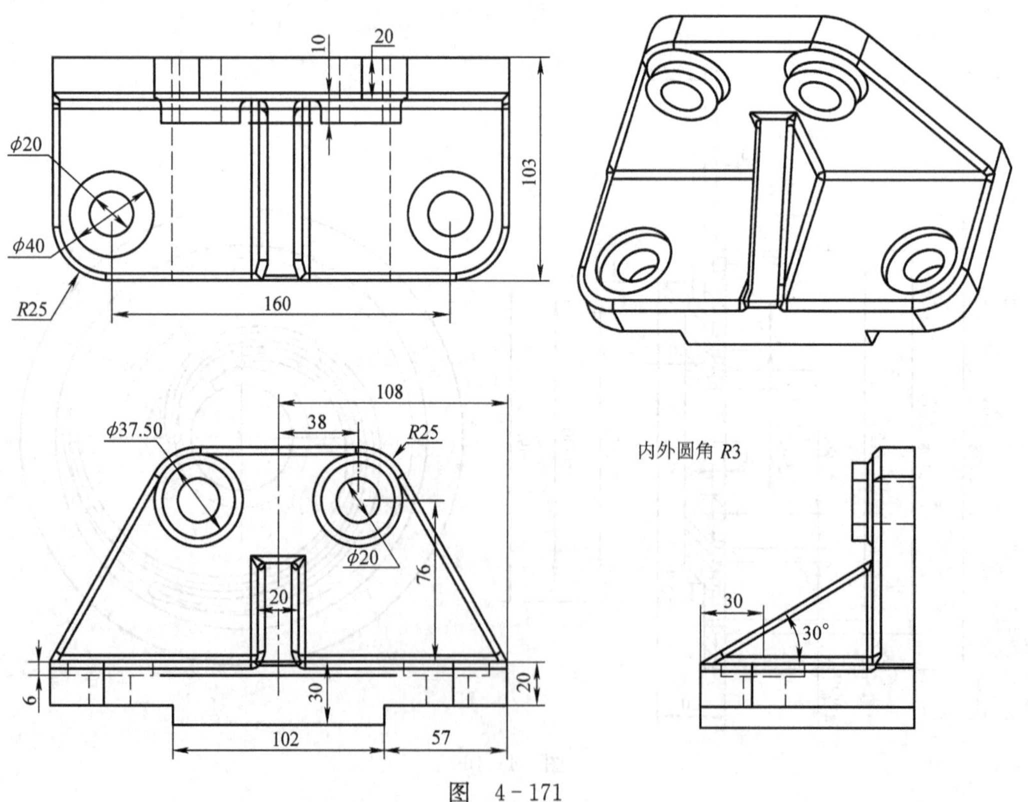

C—C
B—B
A—A
435
260
230
200
75
42
30
23
2×R1000
4×R10
2×R20
2×R10
2×R7
φ70±0.1
φ80
23.50°
18.92°
R240
R290
R10
R1.5

图　4-172

φ39
φ29
R3
4×M4
4×M6
65
59
34
55
40
28
4×φ7
φ10
φ49
φ70
φ58
φ20
15
30
R2

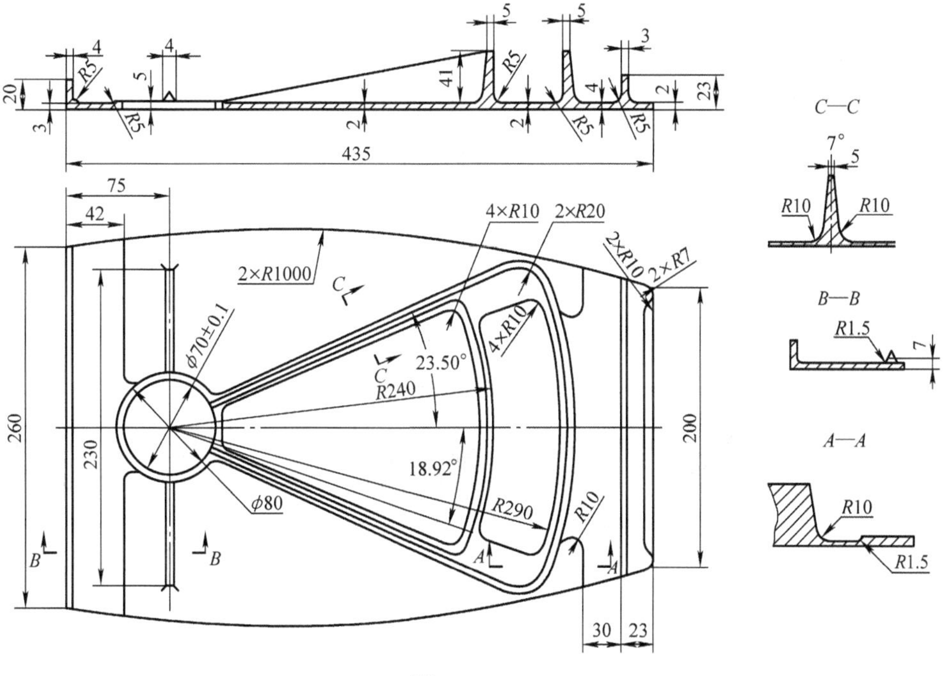

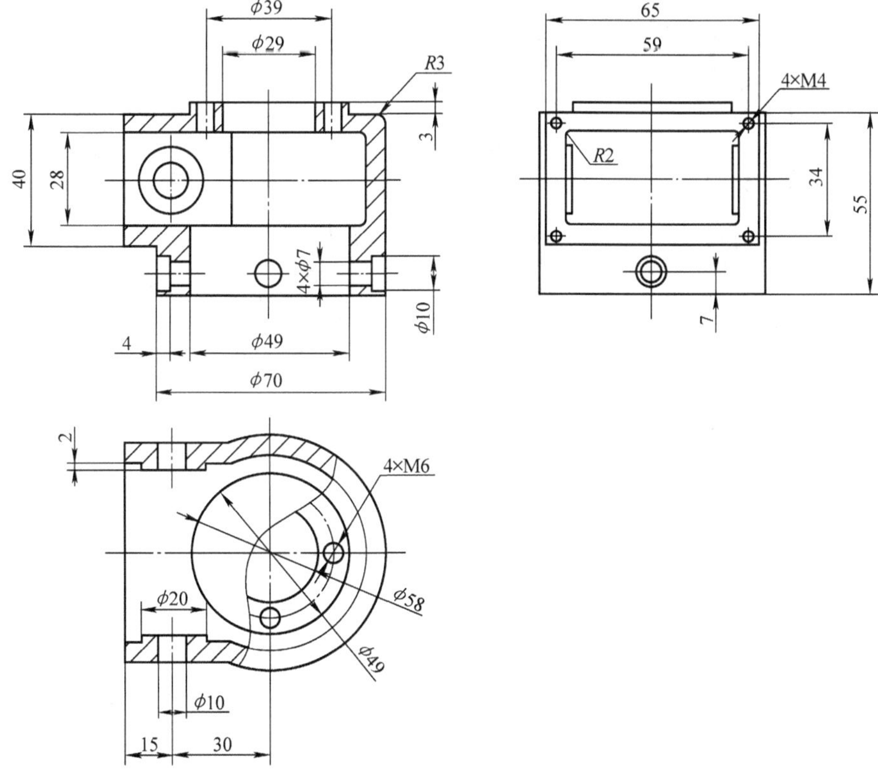

图　4-173

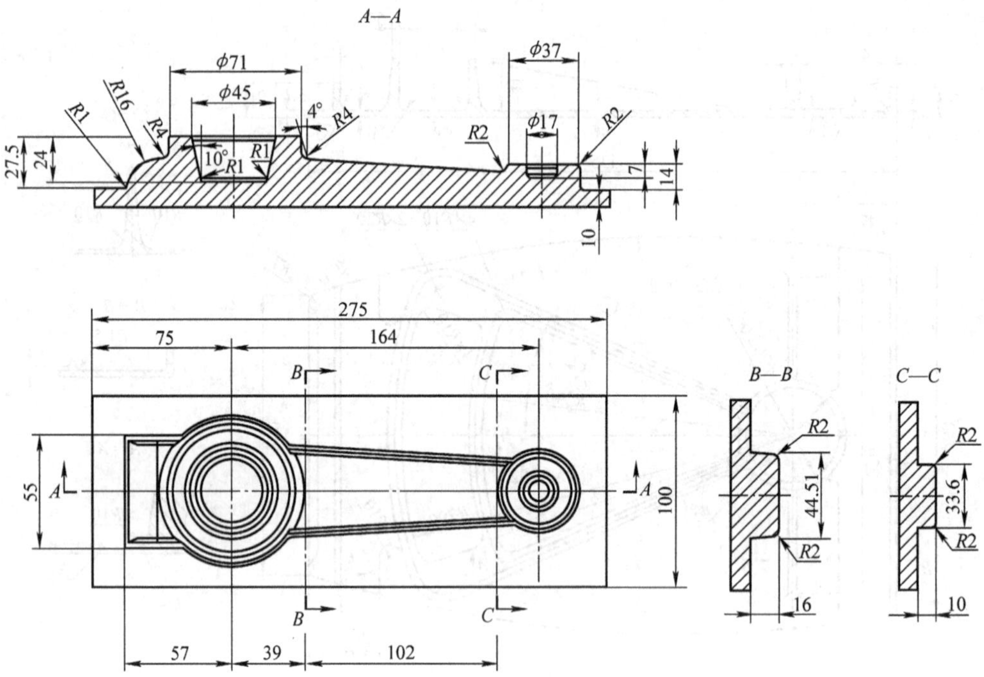
A—A
ϕ71
ϕ45
ϕ37
ϕ17
R16
R1
R4
R4
4°
10°
R1
R1
R2
R2
27.5
24
7
14
10
275
75
164
B—B
C—C
55
A
A
100
R2
44.51
R2
16
R2
33.6
R2
10
57
39
102

图 4-174

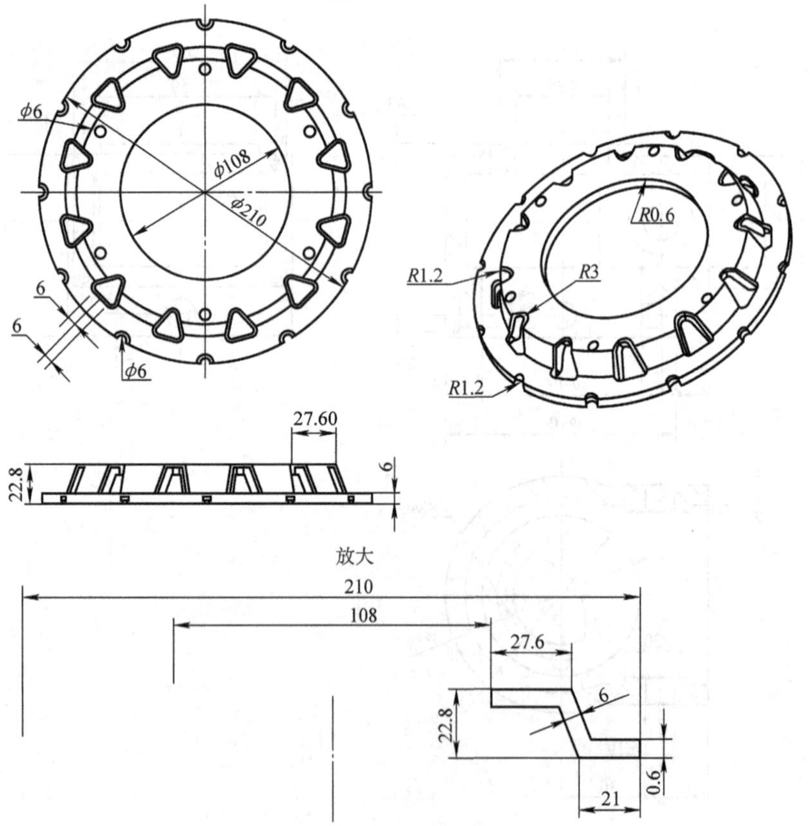
ϕ6
ϕ108
ϕ210
6
6
ϕ6
R0.6
R1.2
R3
R1.2
27.60
22.8
6
放大
210
108
27.6
6
22.8
0.6
21

图 4-175

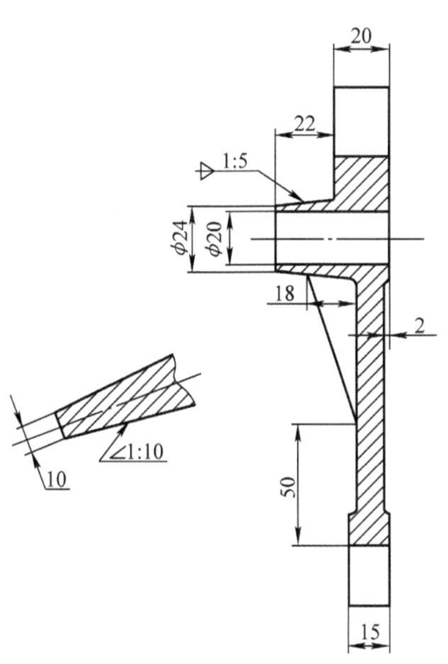

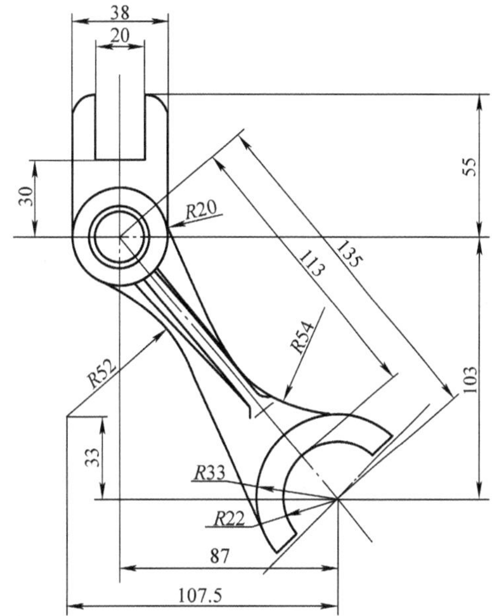

图　4－176

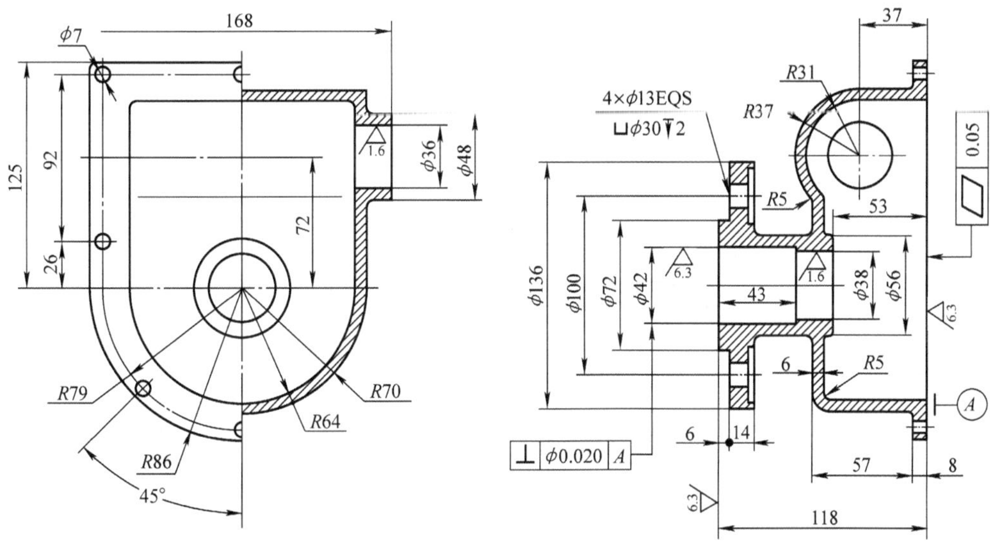

技术要求

1. 铸件不允许有砂眼、缩孔等缺陷。
2. 铸件要经人工时效处理。
3. 未注铸造圆角 *R*2～*R*3。

图　4－177

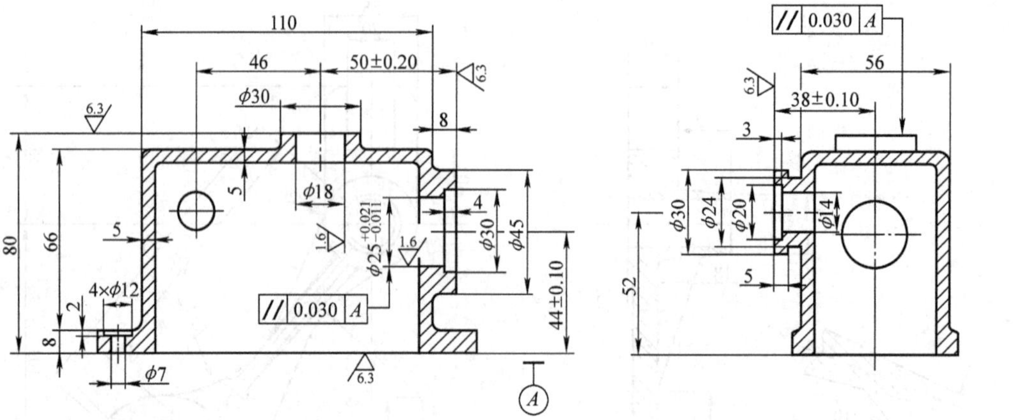

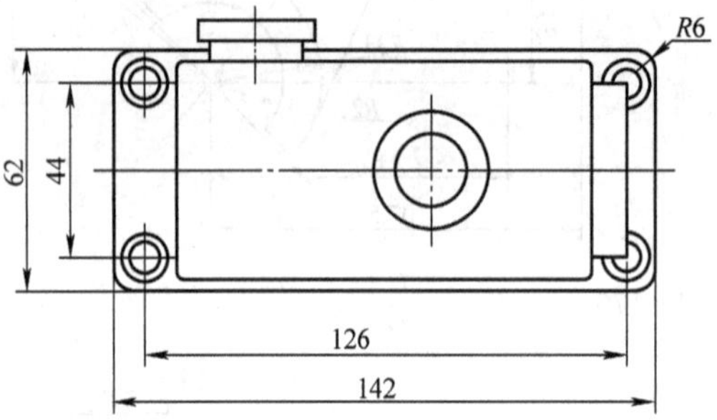

技术要求

1. 铸件要经清砂及人工时效处理。
2. 未注铸造圆角 $R2\sim R3$。

图 4-178

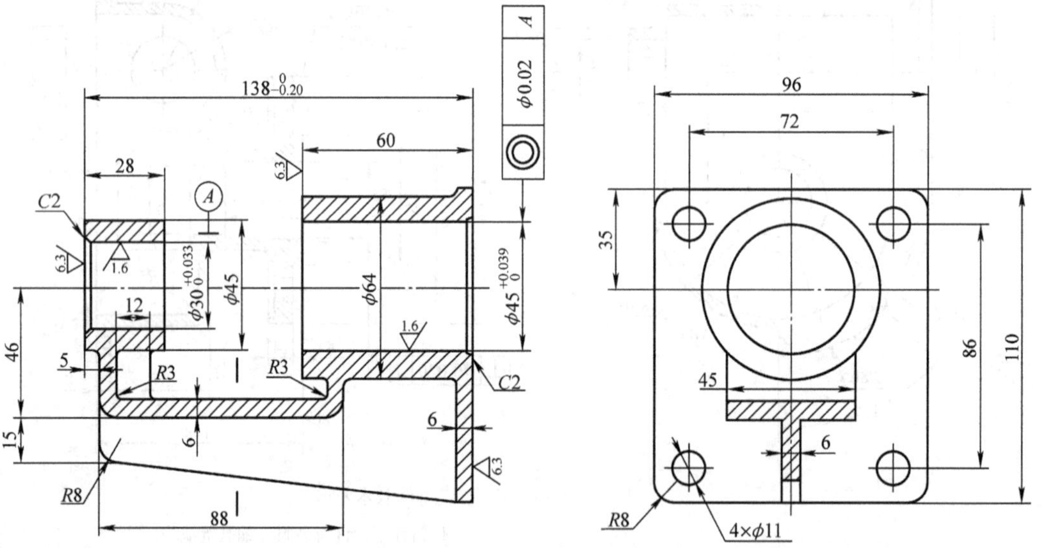

技术要求

1. 不加工表面清理涂漆。
2. 未注铸造圆角 $R2\sim R3$。

图 4-179

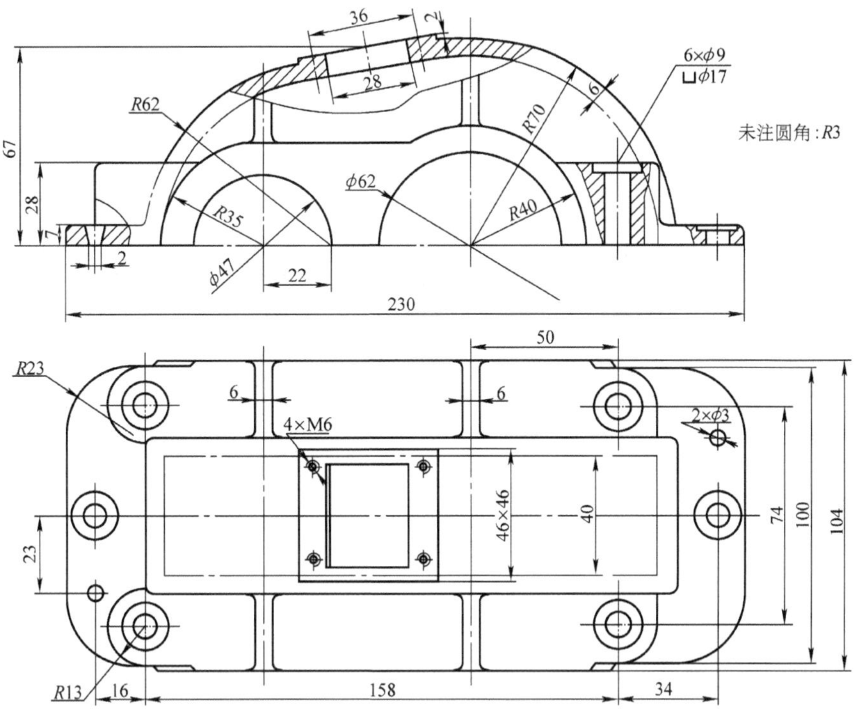

未注圆角:$R3$

图　4-180

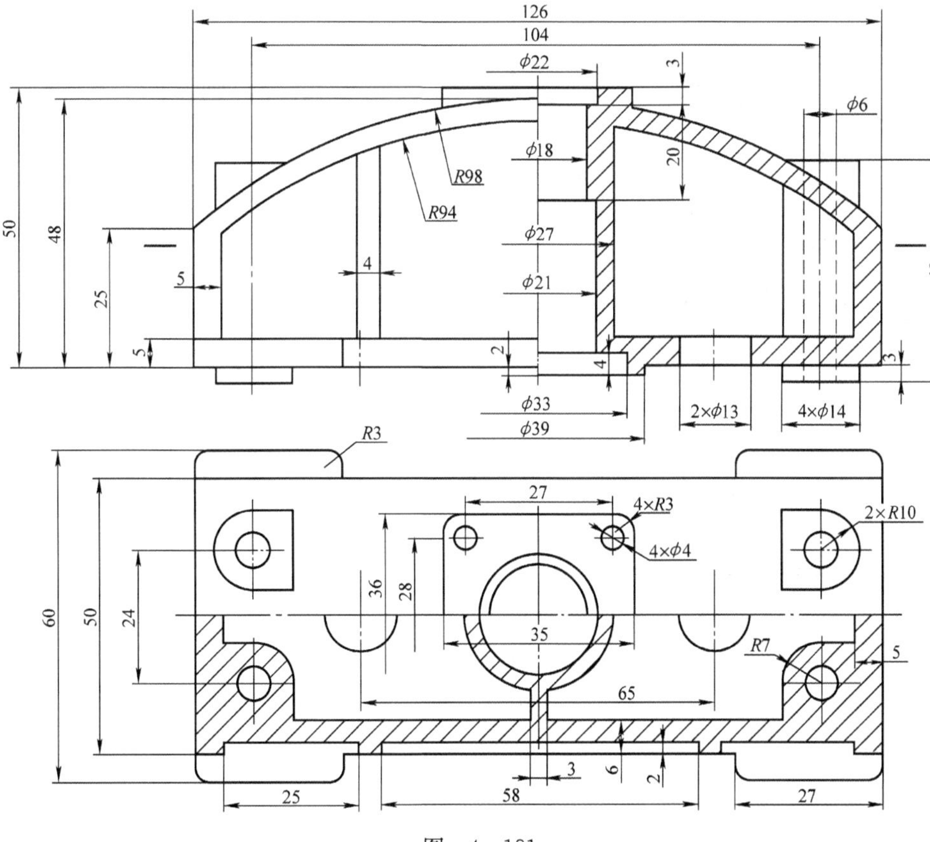

图　4-181

6.25
φ7.5
φ5
10
5
5°
2×R1.25
4×φ5
7.5
22.5
2.5
2×R3.75
φ34
φ45

图 4-182

A
360
310
140h11
48
0.12 A
12.5
6.3
A
R15
R20
58
148
75
R15
φ220
φ250
140h11
48
310
360
6×φ13 +0.4 0
φ0.6Ⓜ B CⓂ
R15
75
58
148
2槽
0.4 B
2×φ25
90
50H11
90
100h11
其余
A—A
B
100h11
0.1 C
50H11
6.3
2 槽
0.12 B
1.6
φ180H7Ⓔ
0.008
C2
C

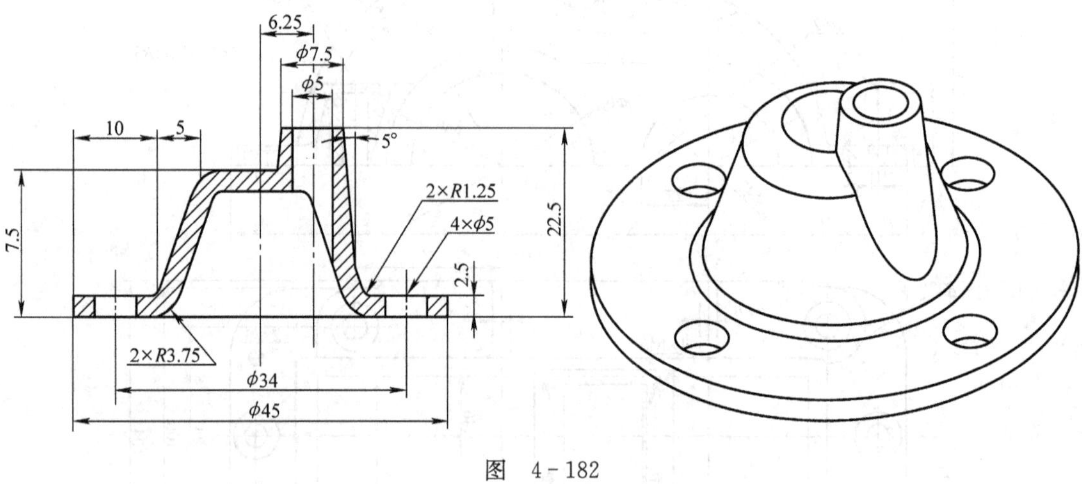

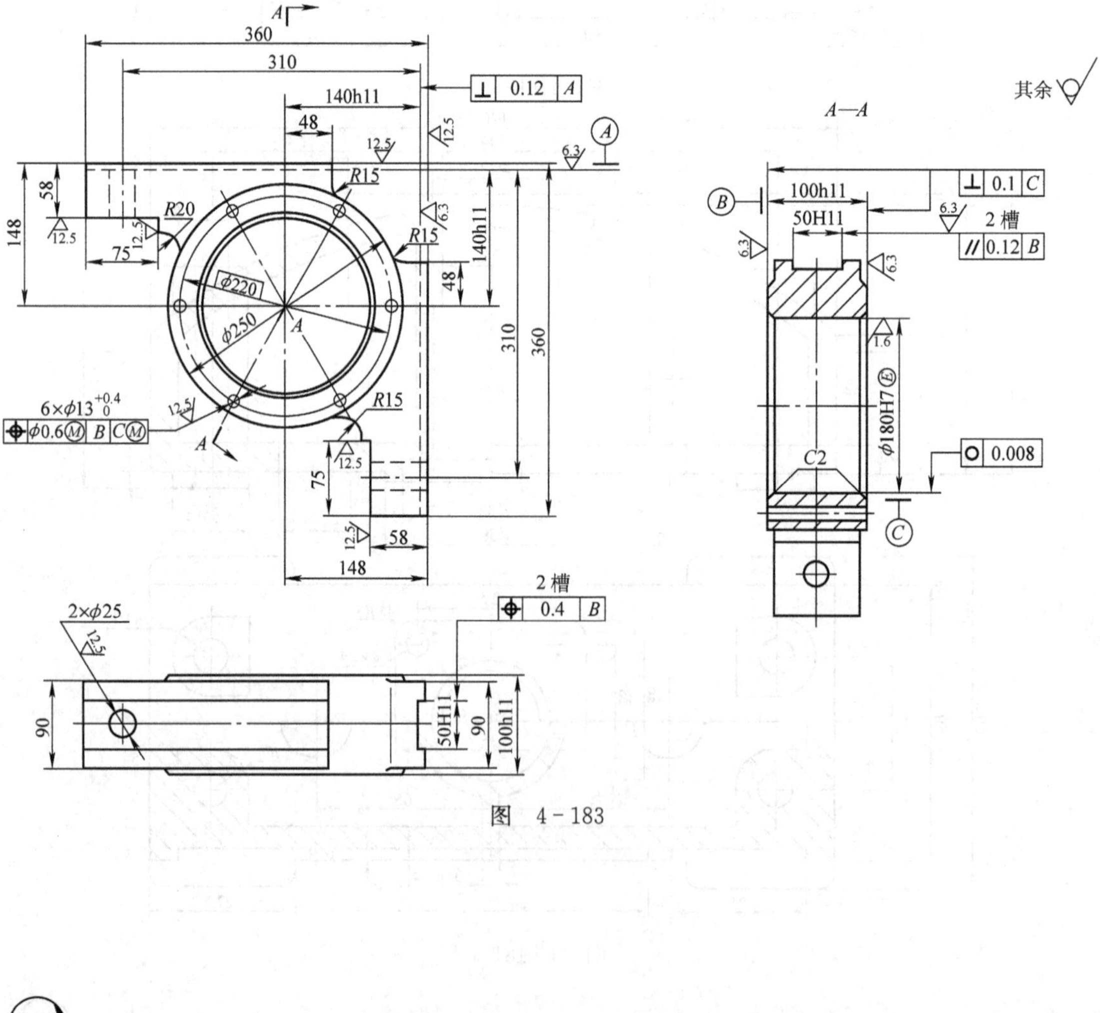

图 4-183

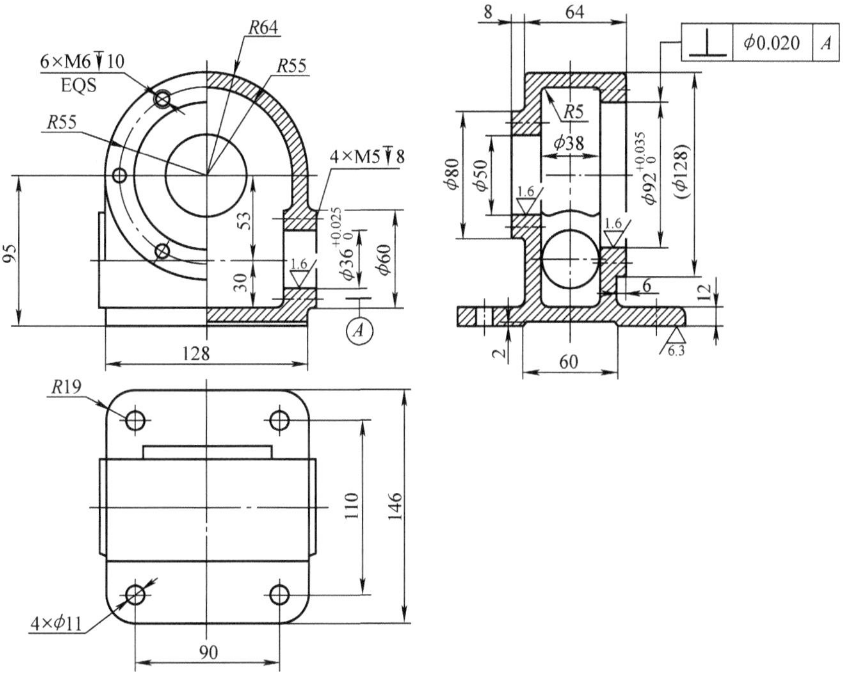

图　4-184

图　4-185

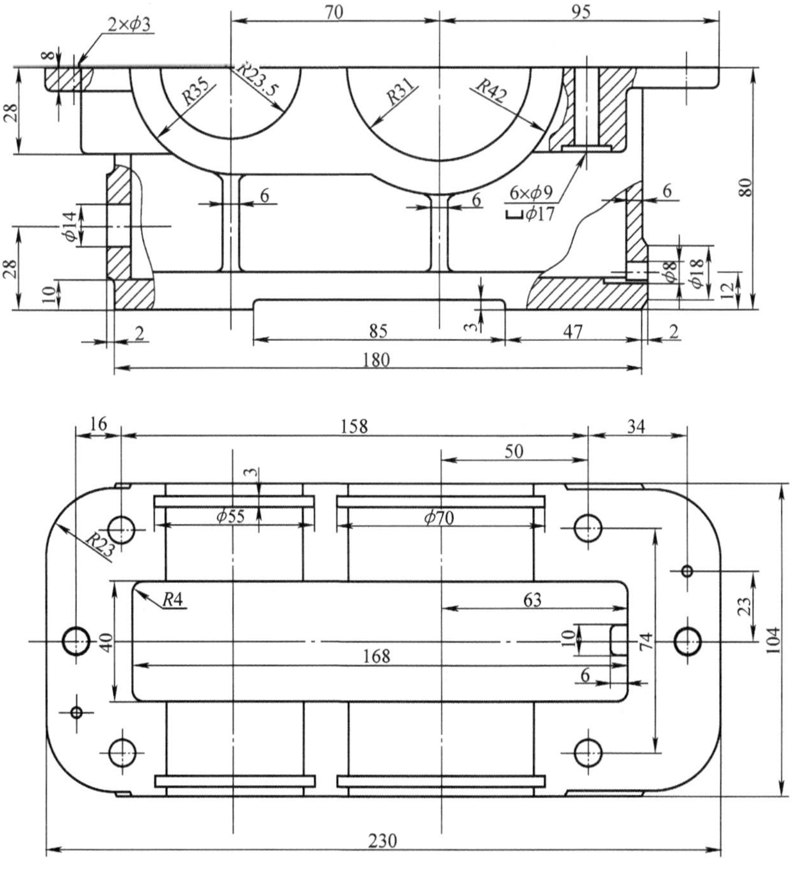

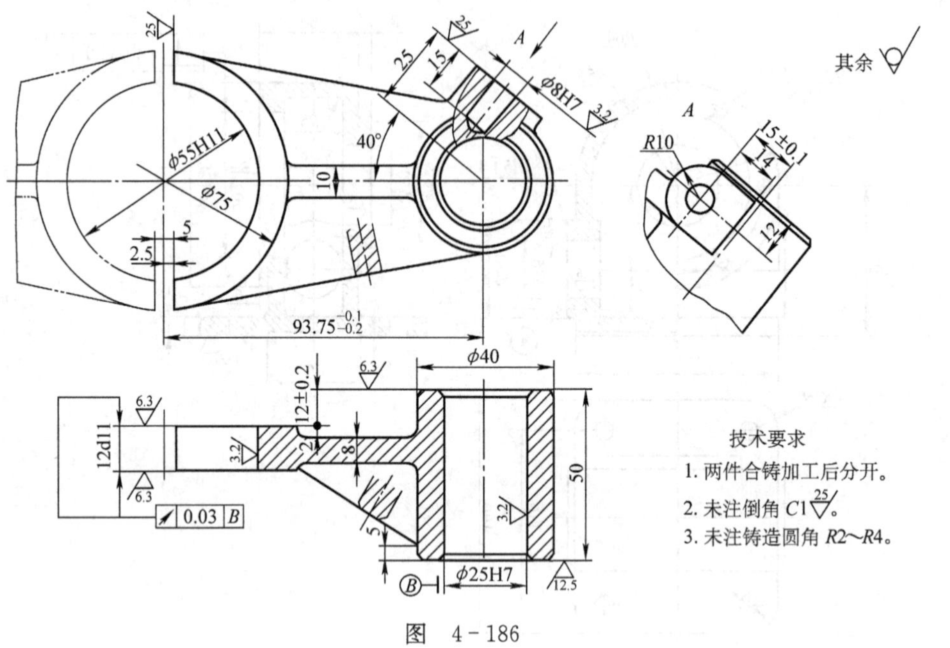

其余
A
R10
15±0.1
14
12
25
15
ϕ8H7
3.2
40°
ϕ55H11
ϕ75
10
5
2.5
93.75$^{-0.1}_{-0.2}$
ϕ40
6.3
12±0.2
12d11
3.2
2
8
50
0.03 B
5
B
ϕ25H7
12.5
技术要求
1. 两件合铸加工后分开。
2. 未注倒角 C1 25。
3. 未注铸造圆角 R2～R4。

图 4-186

A—A
18
21.5
1.6
C1
R0.5
ϕ25h8~h9
ϕ16H7
37
B
12.5
0.04 B
ϕ10H7
9±0.3
0.1 B
其余
30
34
60°
14
23
16
M8
R18
M6
22
18
23
74±0.3
12.5
12
M8
45°
18
B
R65
12
16
42
R14
M6
46
A
22°47′±15′
B—B
10
未注明铸造半径 R5
ϕ36
锥销孔ϕ6 装配作
6
26
6.3
3.2
0.5 B
130°

图 4-187

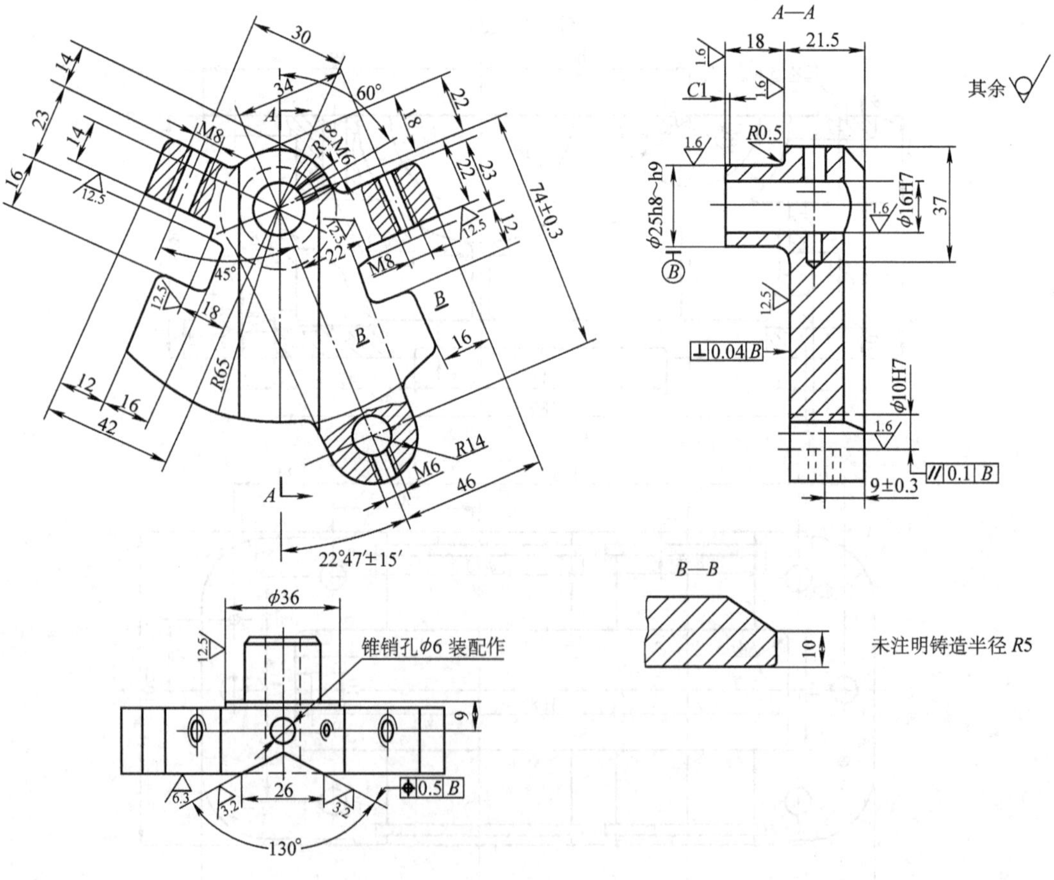

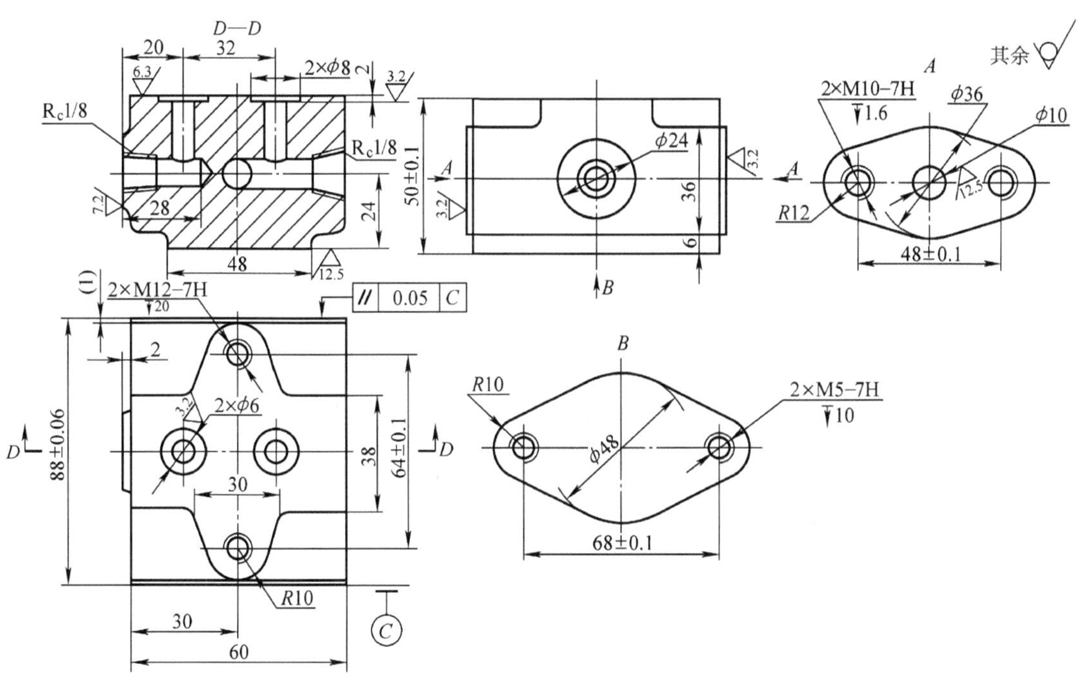

图　4 - 188

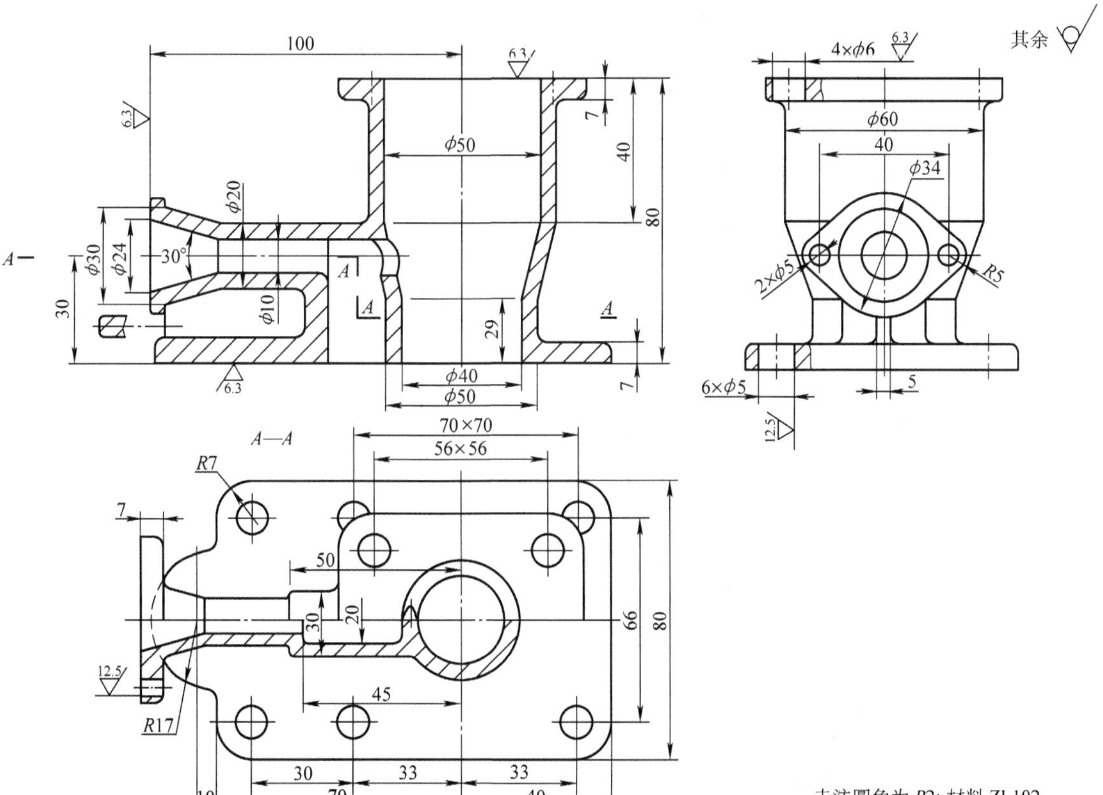

未注圆角为 R2; 材料 ZL102

图　4 - 189

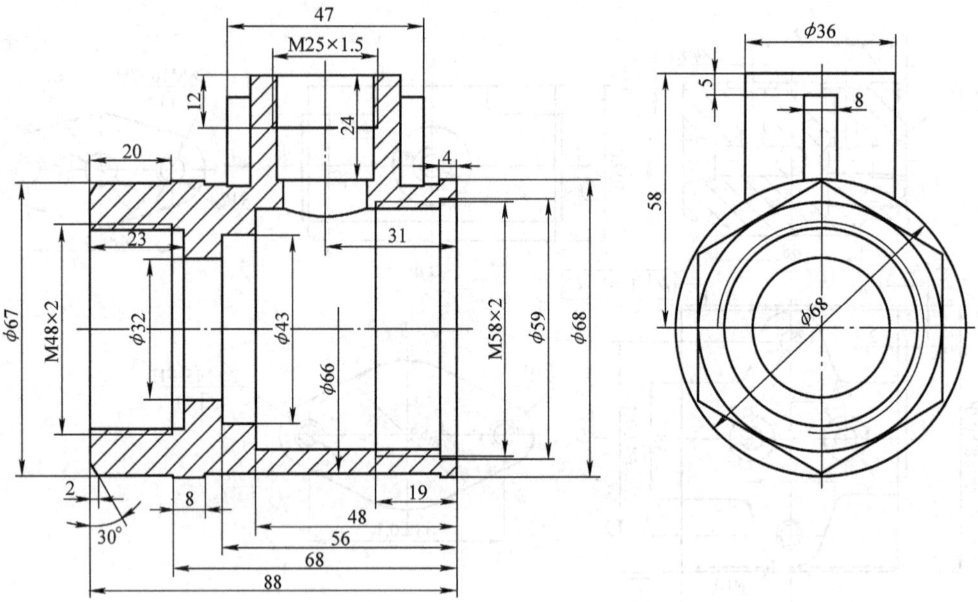

图 4-190

A—A

其余

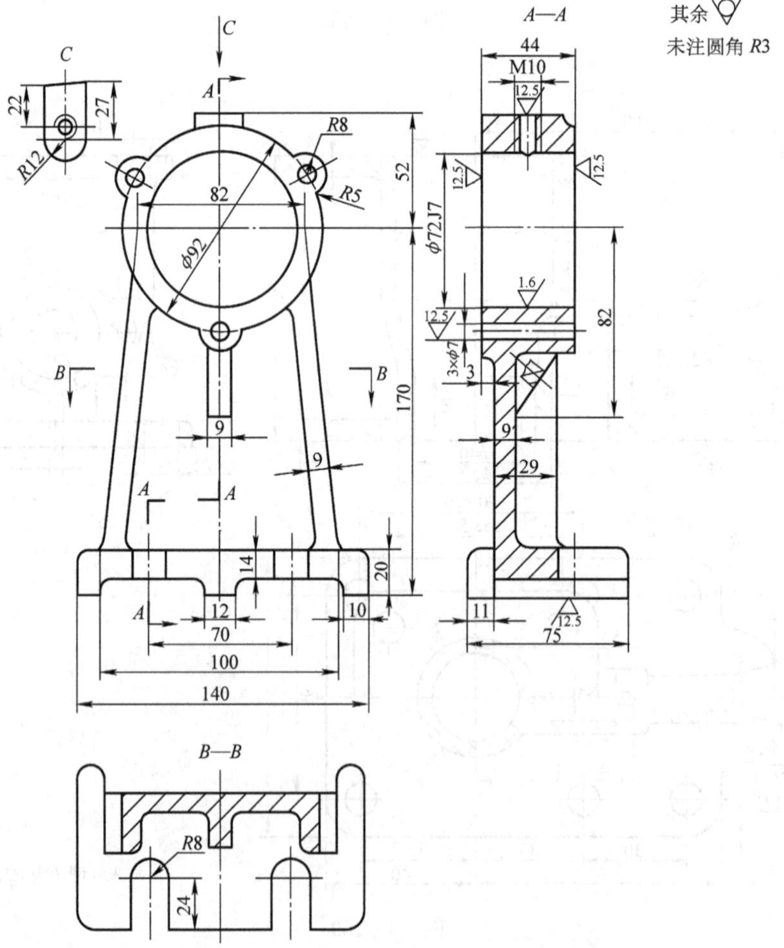

未注圆角 $R3$

B—B

图 4-191

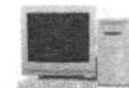

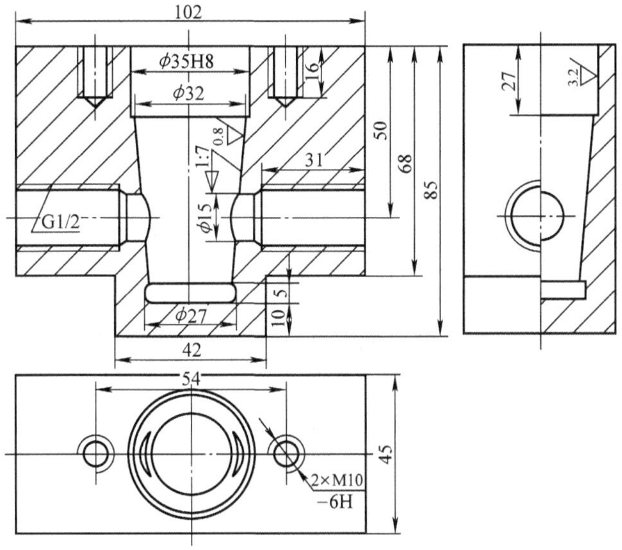
102
ϕ35H8
ϕ32
16
50
68
85
0.8
1:7
31
G1/2
ϕ15
5
10
ϕ27
42
27
3.2
54
45
2×M10
-6H

图　4-192

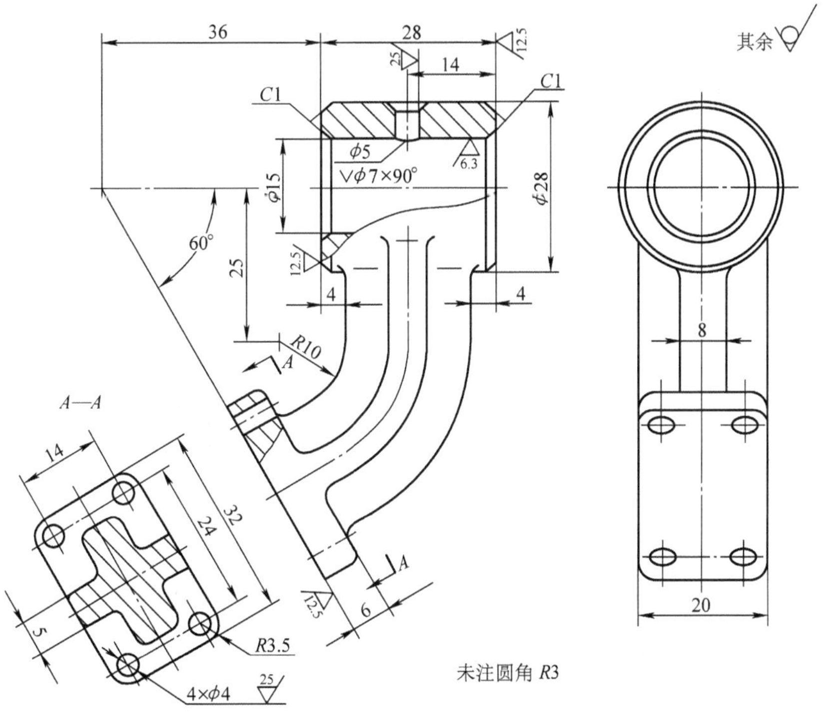
36
28
12.5
其余
25
14
C1
C1
ϕ5
⌵ϕ7×90°
6.3
ϕ15
ϕ28
60°
25
12.5
4
4
R10
A
8
A—A
14
32
24
5
R3.5
4×ϕ4
25
A
12.5
6
20
未注圆角 R3

图　4-193

92
R13
R8
25
30
85
144
3
47
4
22
29
R10
6.3
55
176
0.02
A
25
$40_{-0.10}^{0}$
1.6
3
5
R5
R30
30°
R18
5
22
30
78
115
18
38
R10
140

图 4-194

其余
45
30
50
6.3
φ16H9
10
φ25
φ12H7
R4
R25
φ16
R20
8
58
70
38
35
10
R2.5
2
6.3
38
16
28
60
12.5
R11
R128
5
48
6×φ5
25
30

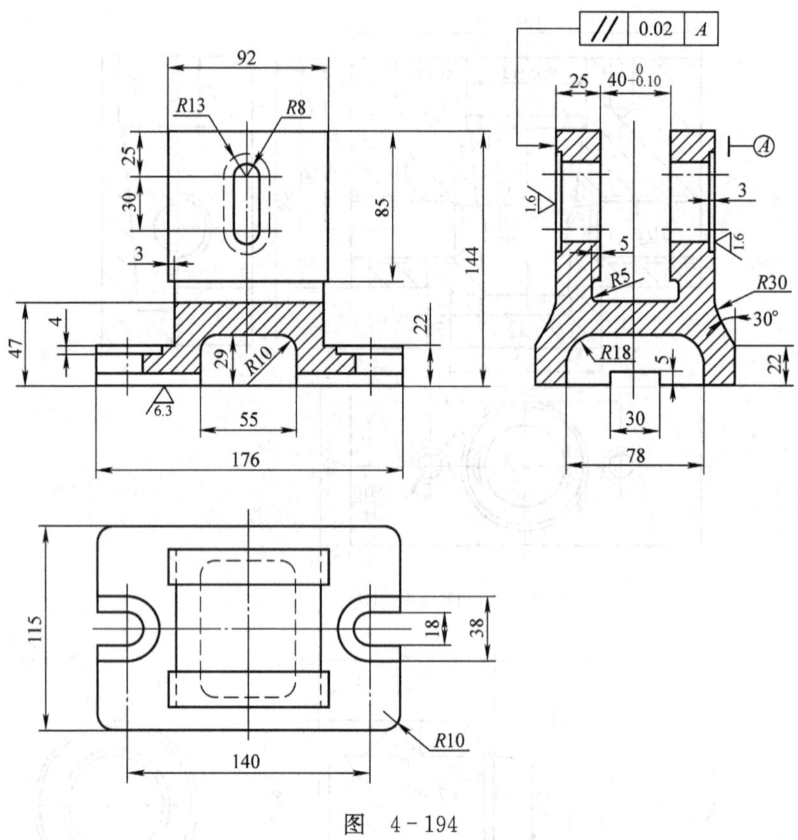

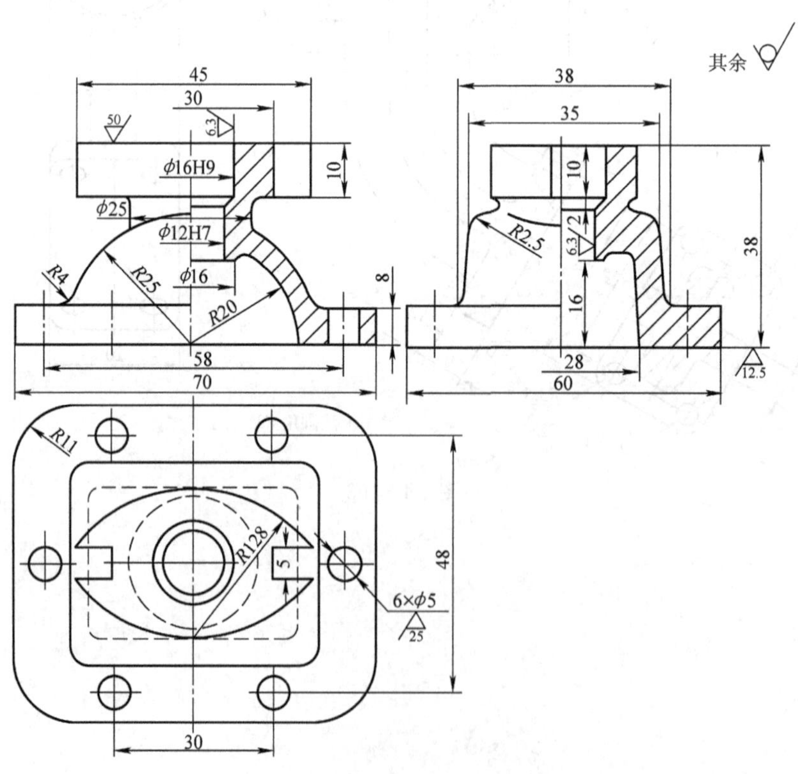

图 4-195

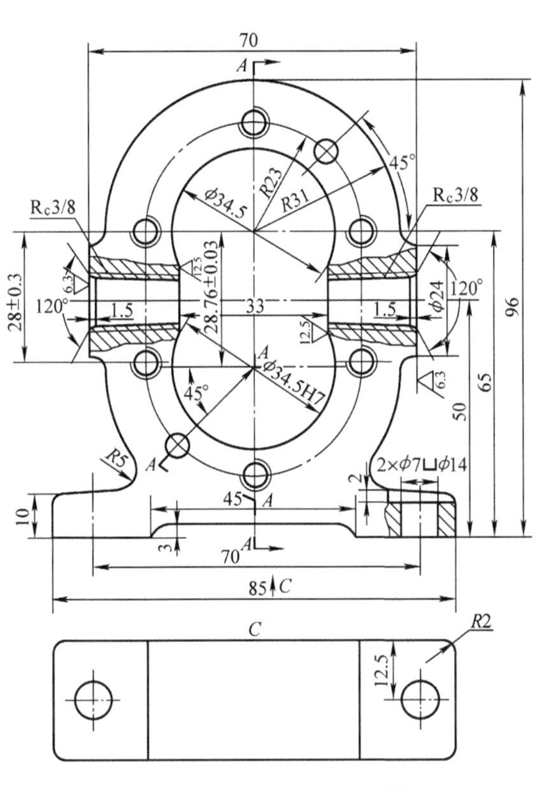

技术要求

1. 孔ϕ34.5H7 对 B 面垂直度 0.01。

2. 未注圆角 R1。

图　4 - 196

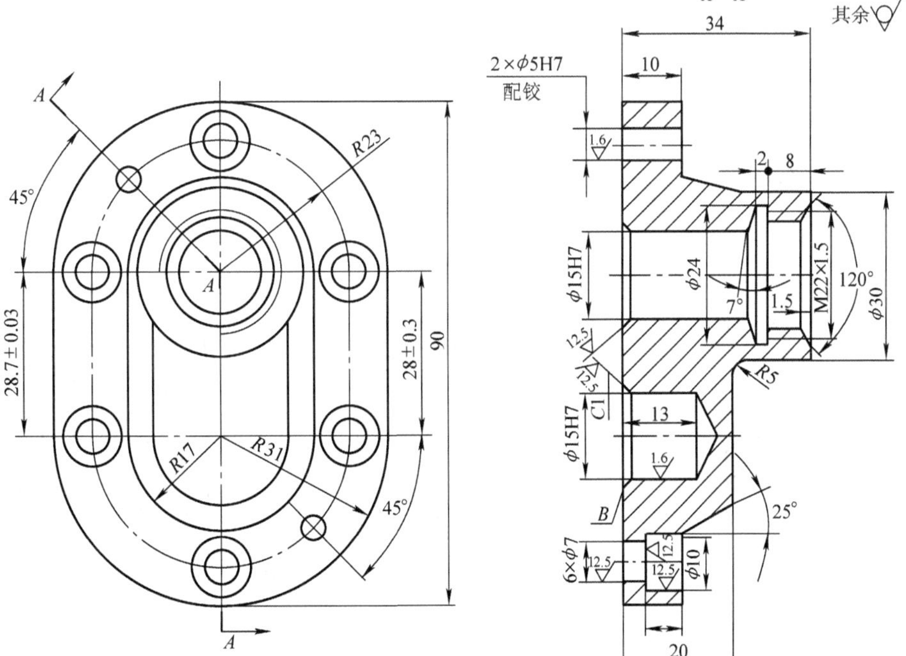

图　4 - 197

22.5
φ10
14.5
11.25
3.13
φ5.62 ▼28.13
⊔φ10 ▼2.5
6×R5
6×φ4.7 EQS
φ19.38
φ20
φ28.12
φ15
φ35
15.94
3×M10▼3.75EQS

图 4-198

8×φ3.5EQS
φ31.25
45°
R27.5
φ40
φ25
0.625
15
φ25
φ30
0.625
3.5
3.5
7.5
φ17.5
5
30
40
R5
4×φ5
5
30
40
未注倒角为C2

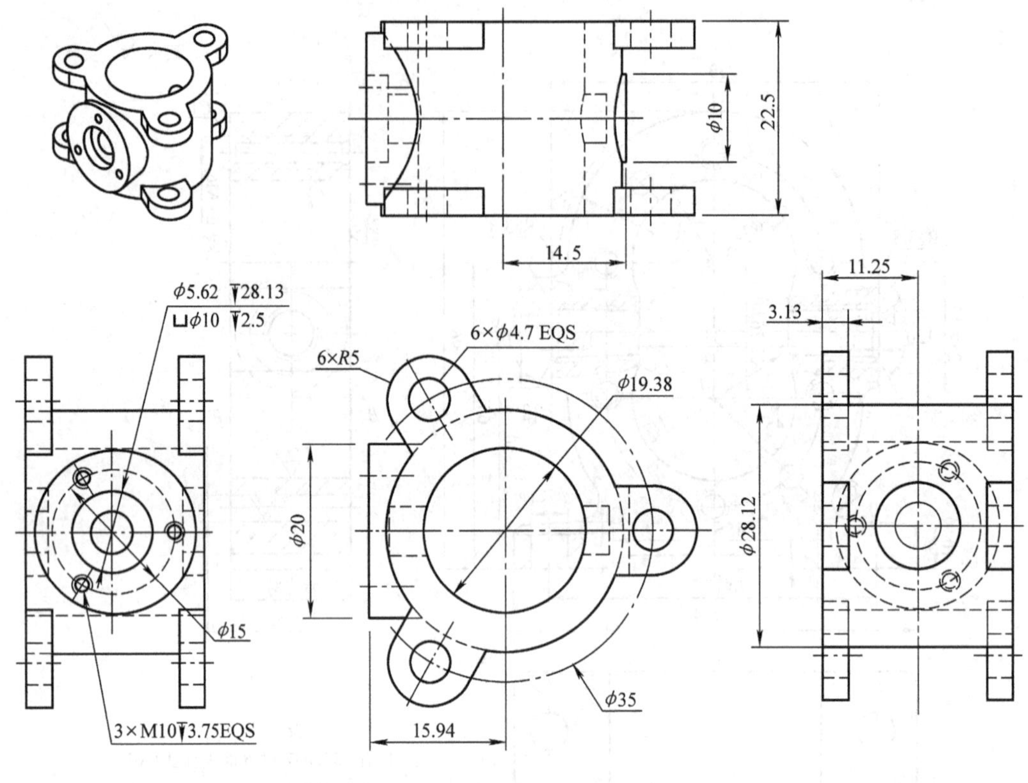

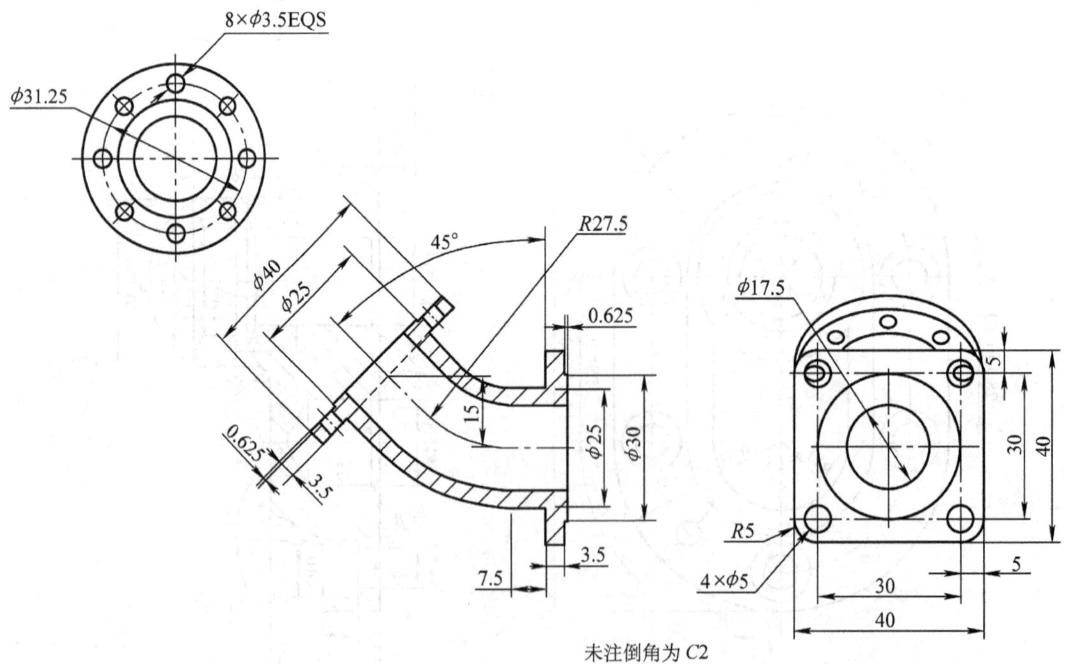

图 4-199

2处
⊥ 0.03/100 D
ϕ0.1 C
B
2处
// 0.02 G
45H8
G
其余 12.5
A—A
3.2
2×ϕ14
20
65
2×M12-7H
30
110°
110°
45°
45°
A
90°
ϕ180±0.2
30
38
25
ϕ330
ϕ120
ϕ90H7
15
1.6
C
23
20
D
1.6
15
1.6
0.05 C

图　4-200

40
60
44
R8
R21
2×ϕ8
ϕ30
ϕ18
50
30
48
ϕ78
ϕ82
R8
4×ϕ8
R8
ϕ8
90
21
35
25
8
8
R5
ϕ18
56
ϕ46
ϕ60
ϕ42
ϕ30
15
20
44
R5
18
ϕ15
ϕ30

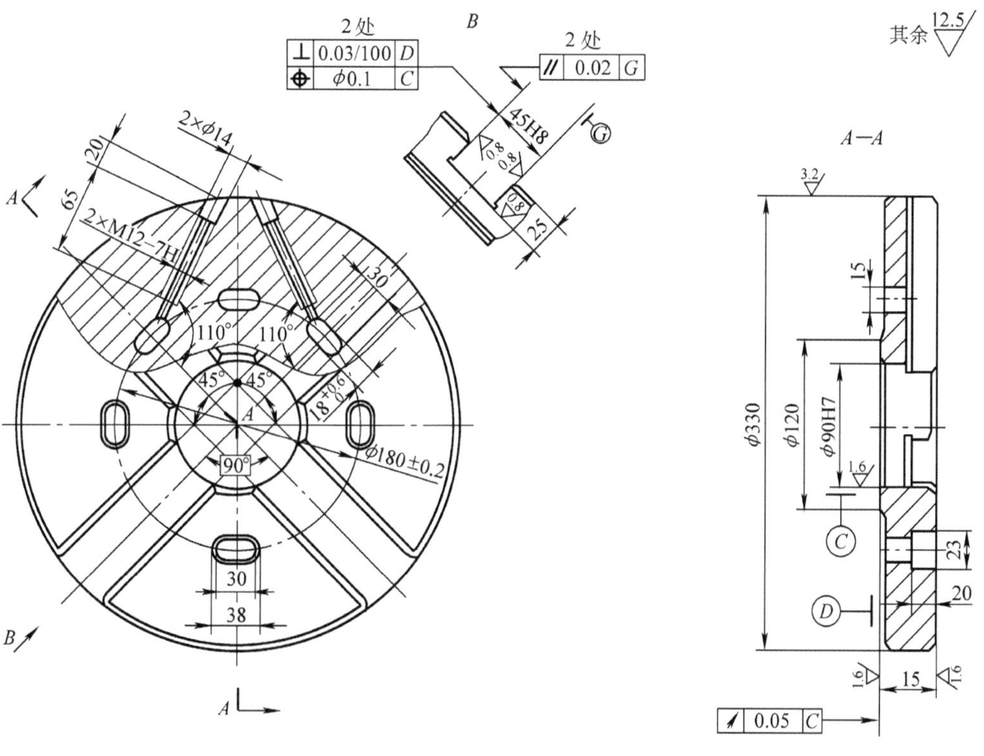

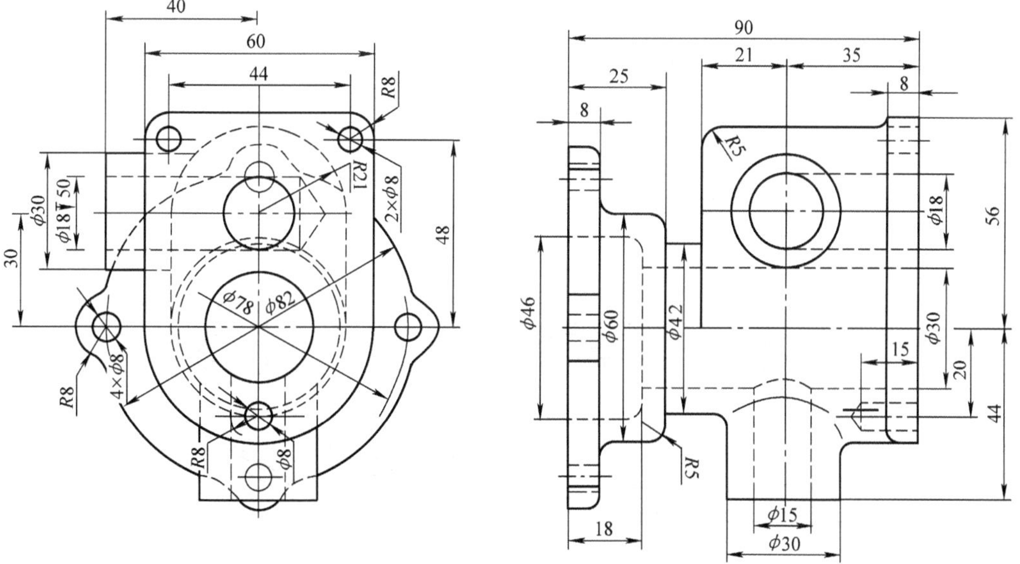

图　4-201

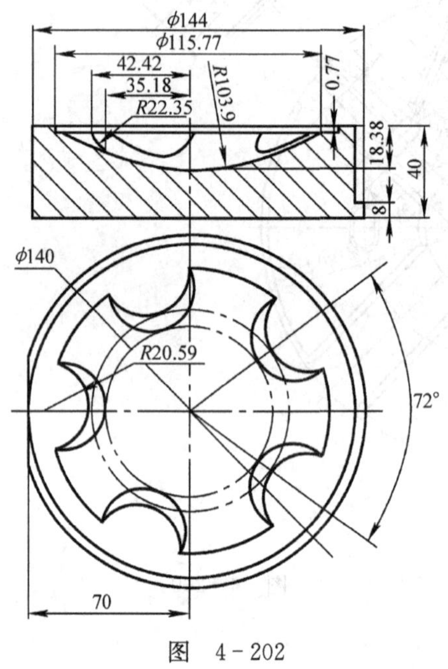

图 4-202

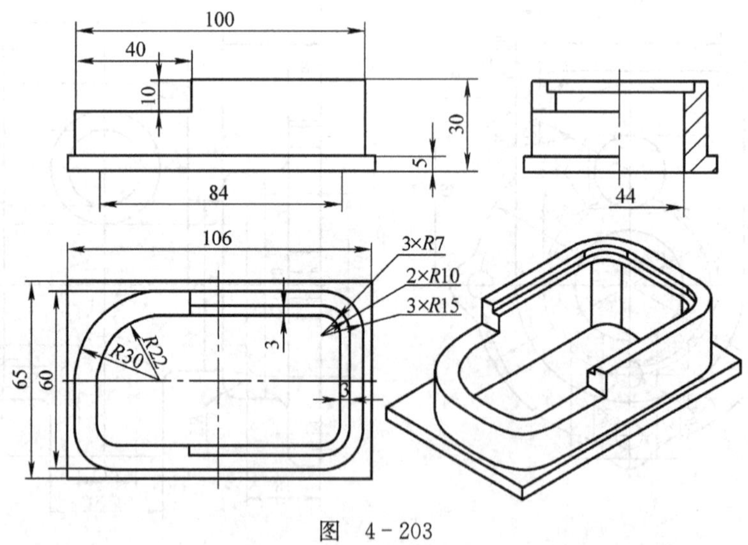

图 4-203

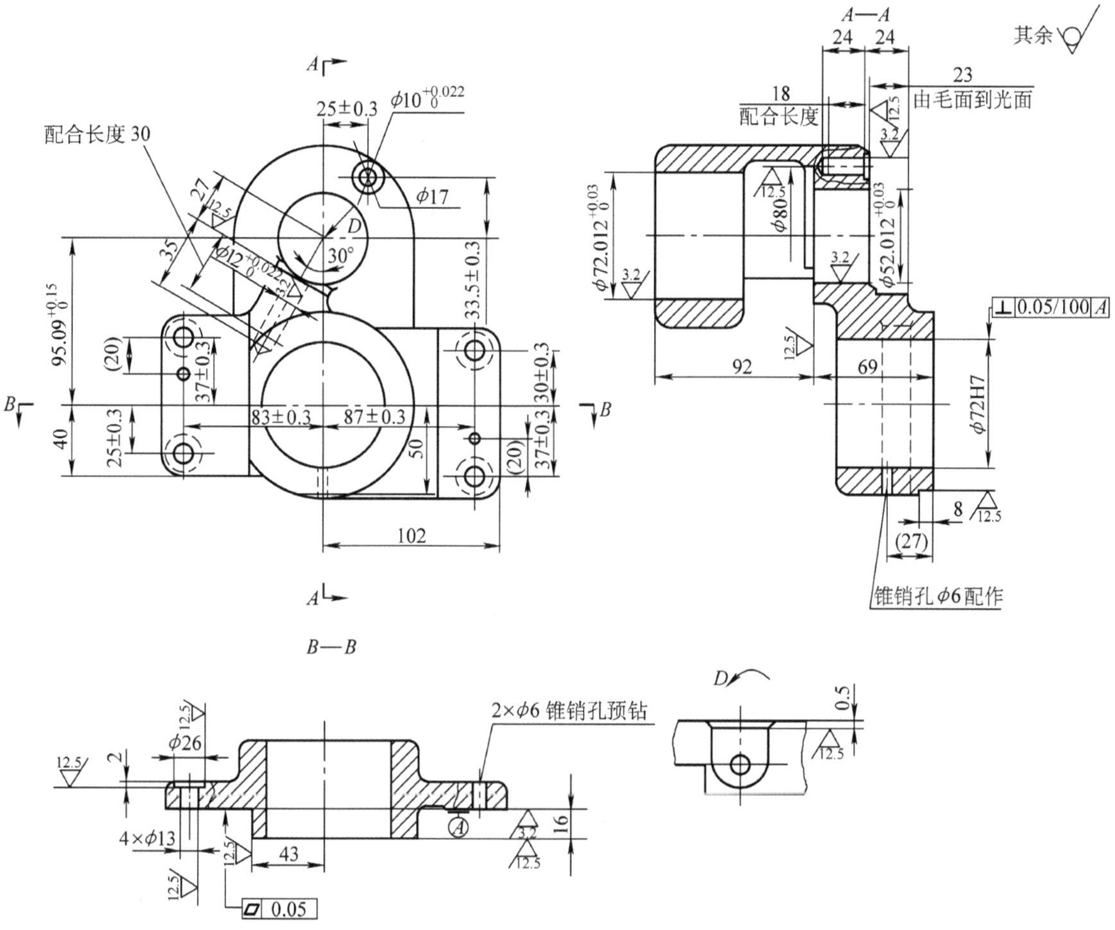
A—A
其余
配合长度 30
25±0.3
φ10 +0.022 0
φ17
30°
D
33.5±0.3
95.09 +0.15 0
(20)
37±0.3
83±0.3
87±0.3
30±0.3
25±0.3
40
50
(20)
37±0.3
102
18
配合长度
23
由毛面到光面
24
24
φ72.012 +0.03 0
φ80
φ52.012 +0.03 0
0.05/100 A
92
69
φ72H7
8
(27)
锥销孔φ6配作
B—B
2×φ6 锥销孔预钻
φ26
2
4×φ13
43
16
0.05
0.5

图 4-204

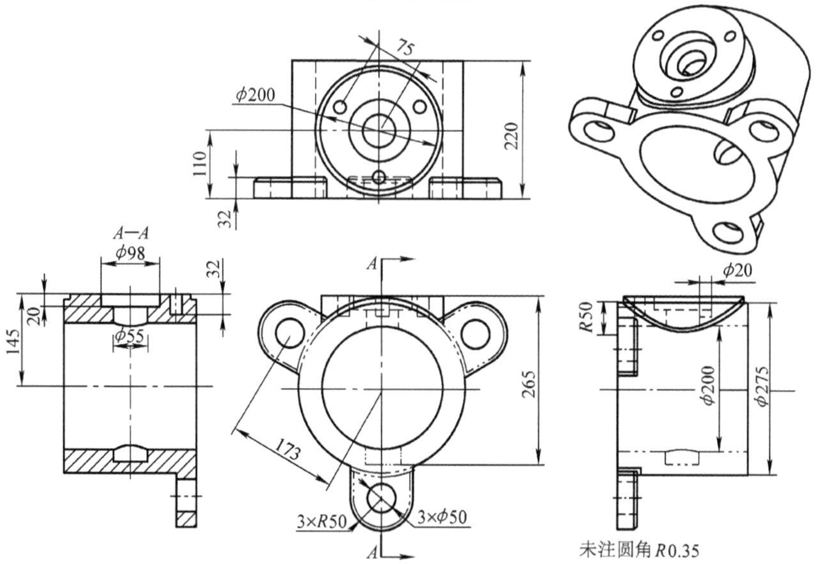
75
φ200
110
220
32
A—A
φ98
32
20
145
φ55
265
173
3×R50
3×φ50
φ20
R50
φ200
φ275
未注圆角R0.35

图 4-205

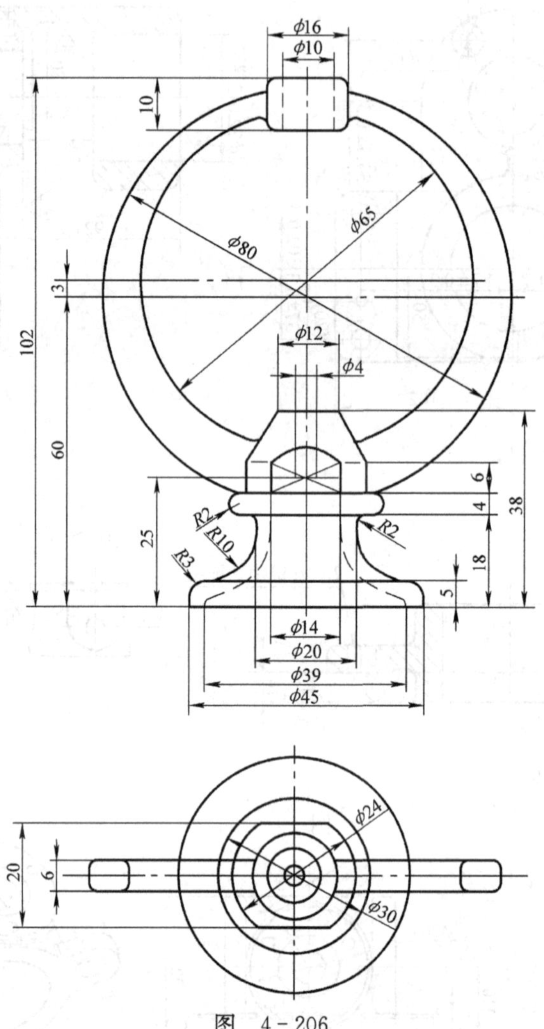

φ16
φ10
10
φ80
φ65
3
102
φ12
φ4
60
6
4
38
R2
R10
R2
25
R3
18
5
φ14
φ20
φ39
φ45
φ24
20
6
φ30

图 4-206

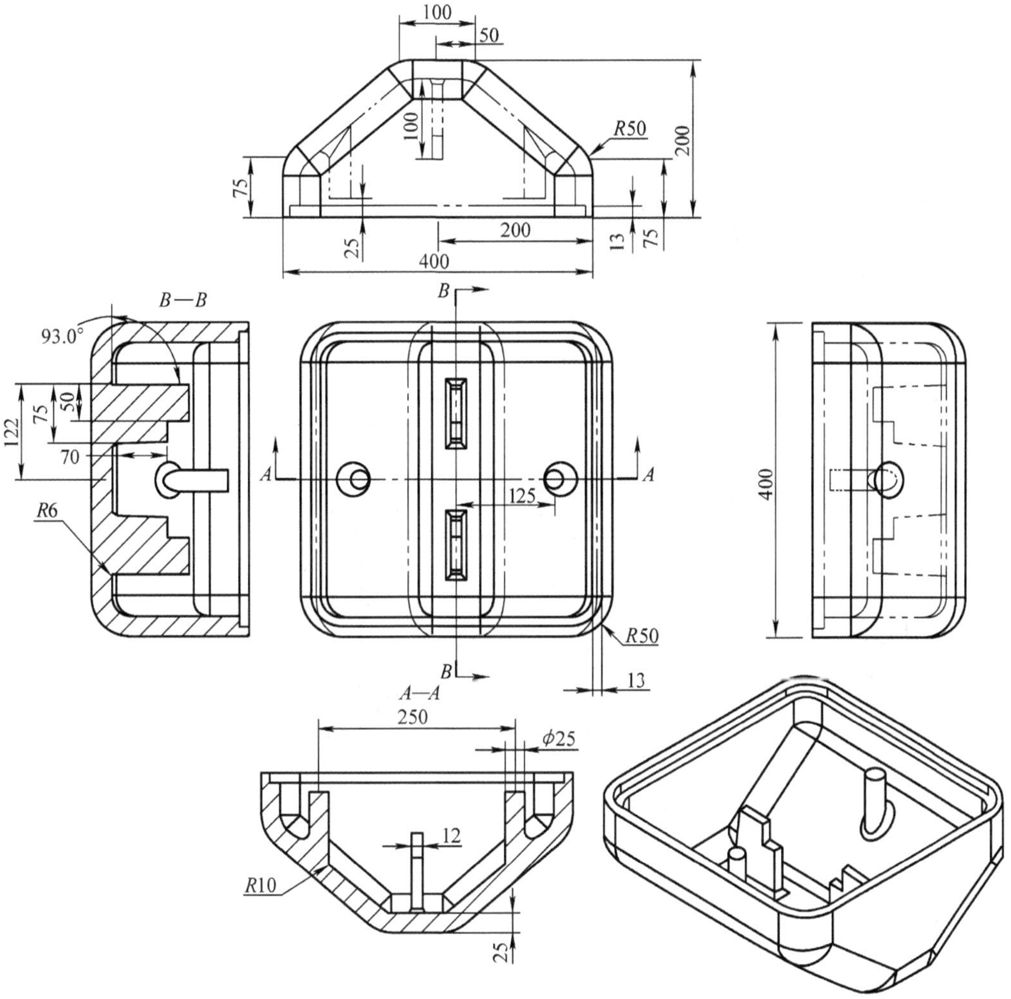

图　4-207

140
130
A
R140
8
5
R5
R98
R18
ϕ18
12×M8 EQS
▼15 孔 ▼20
R18
25
ϕ18
90
60
12
120°
45
105°
2
60
ϕ120
ϕ100
ϕ100
ϕ80
ϕ140
150
ϕ120
340
428
102
8
R14
2×ϕ10 锥形孔
与机座配作
45
7
100
M10
4×R15
70
12
2×ϕ11
⌴24 ▼2
6×ϕ13
⌴30 ▼2
100
182
R40
R20
155
7
160
295
未注圆角 R3
A
4×M6
50
5
R10
R5
35
65
80
100
未注圆角 R3

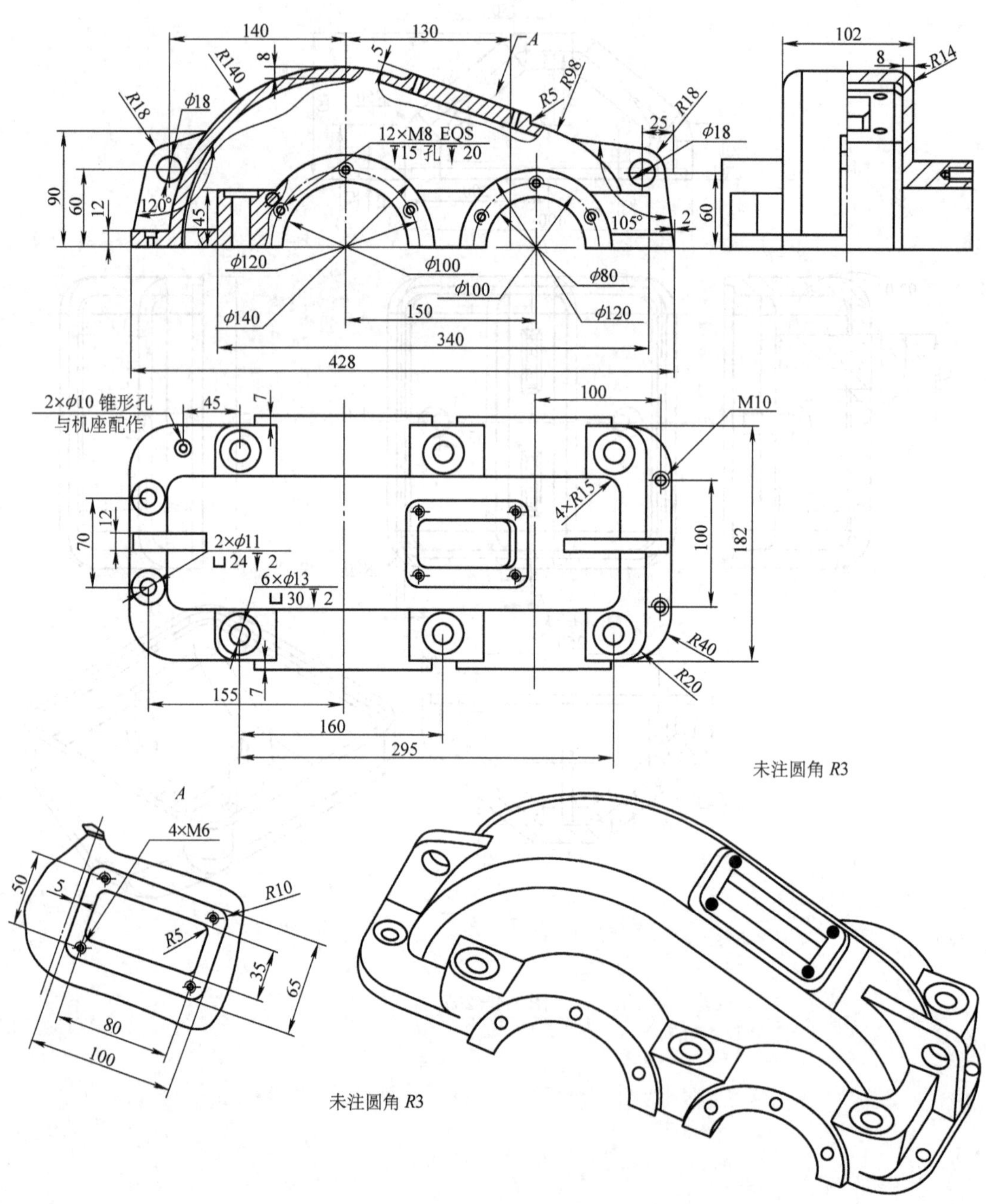

图 4-208

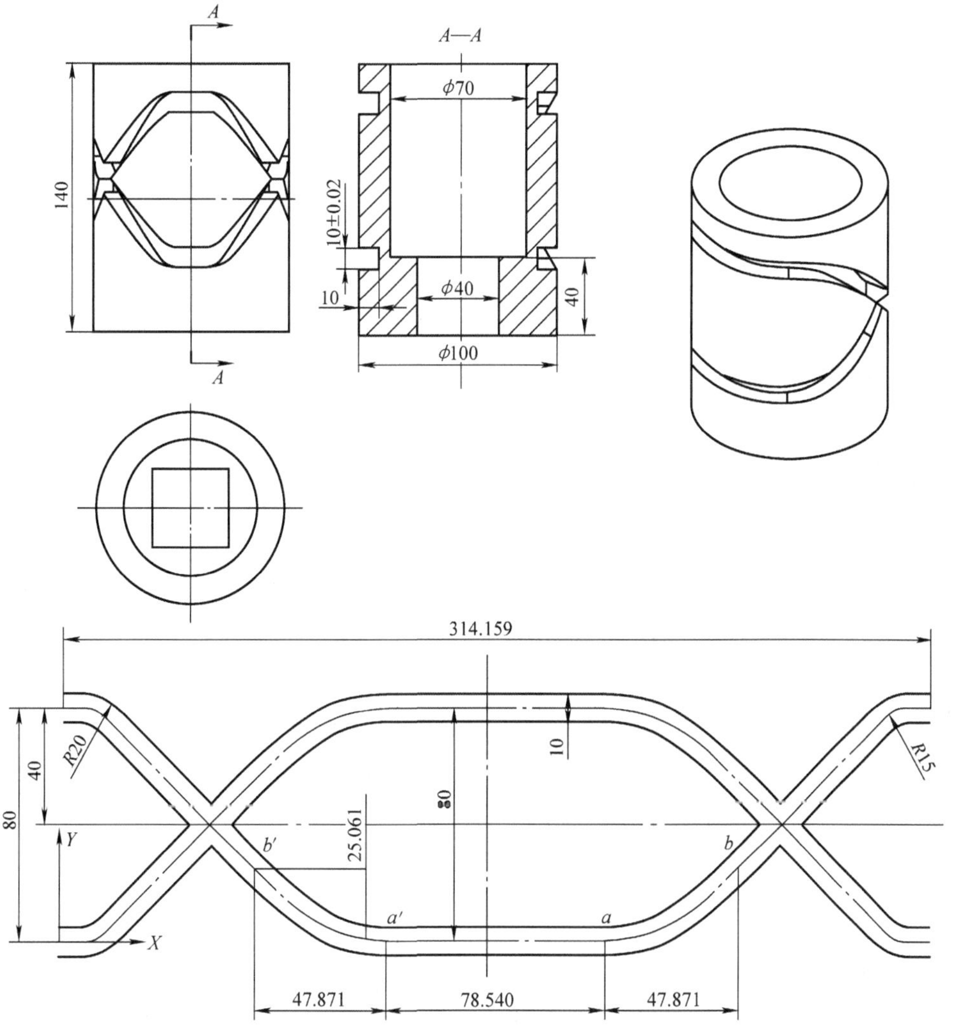

圆柱凸轮槽在 ϕ100 圆上的展开图

图 4-209

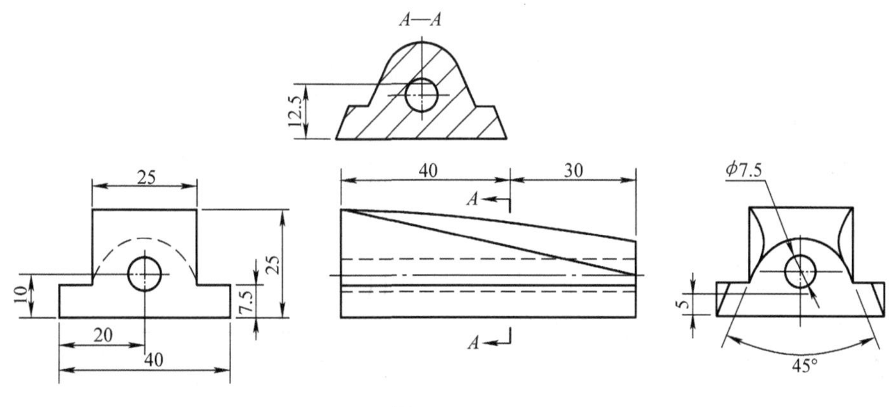

图 4-210

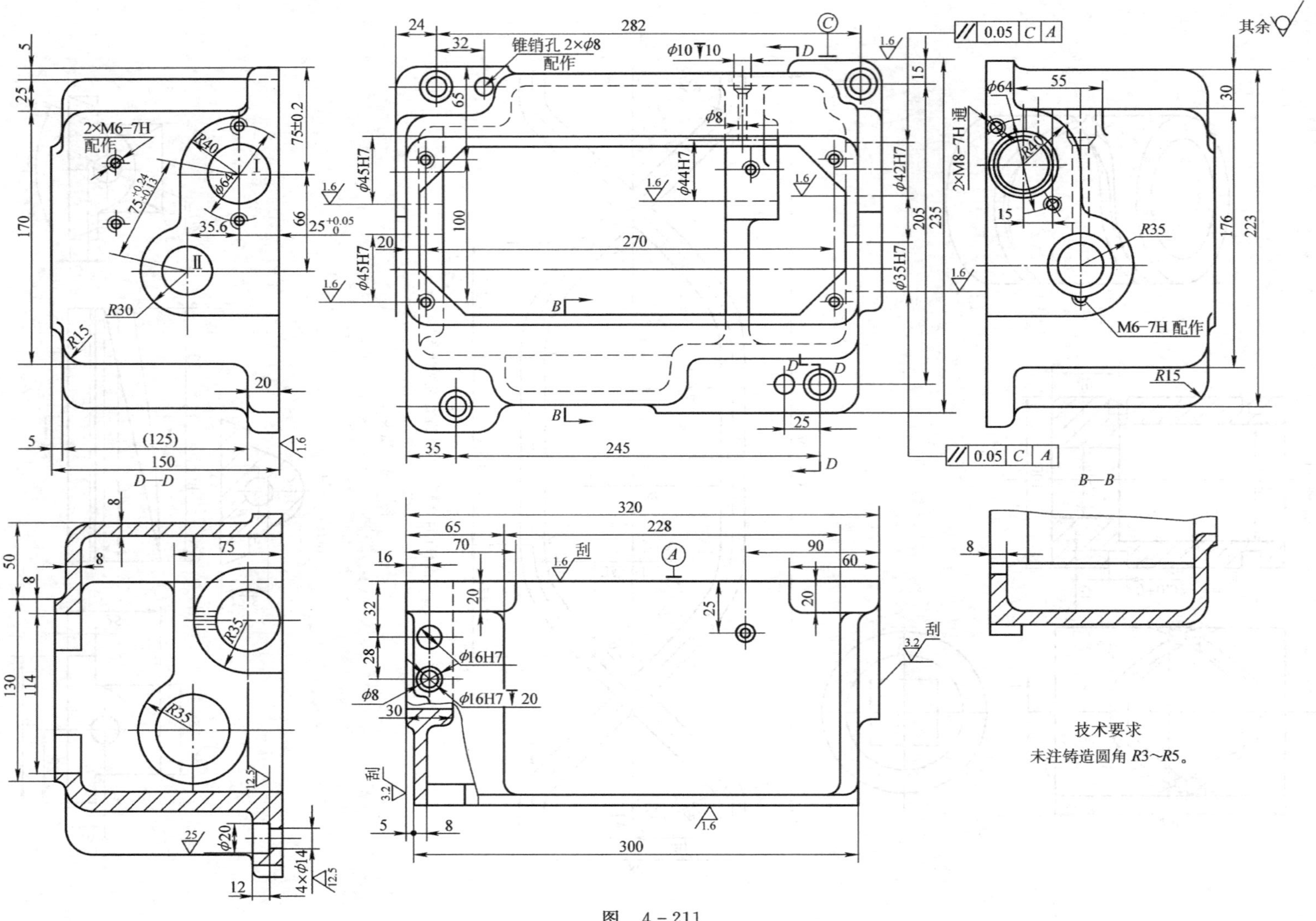

图 4-211

12
20
40
20
ϕ20
M16
24
R20
R16
R20
30°
24
6
20

ϕ40
M20
32
56
12
20
20
20
R8
2
2
40
ϕ20
M16
62
40

90
R40
R26
17
32
16
160

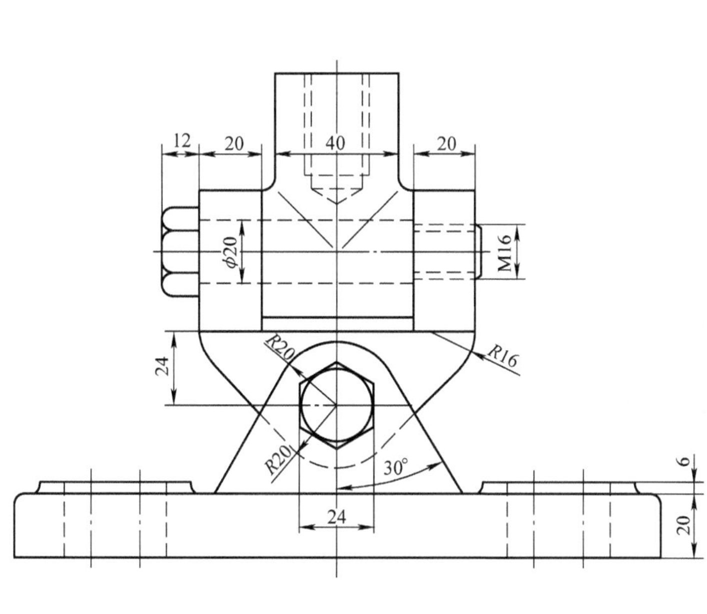

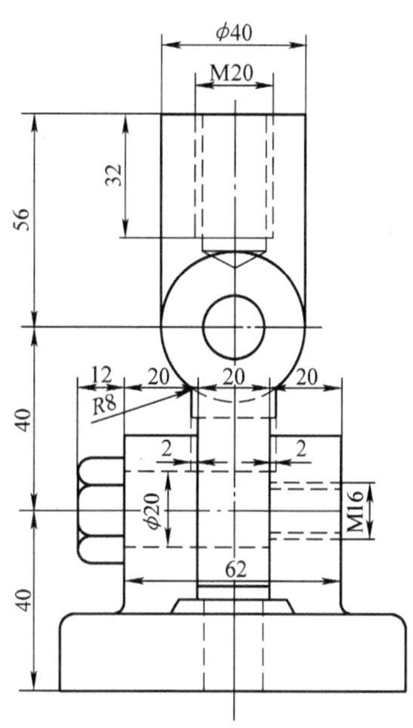

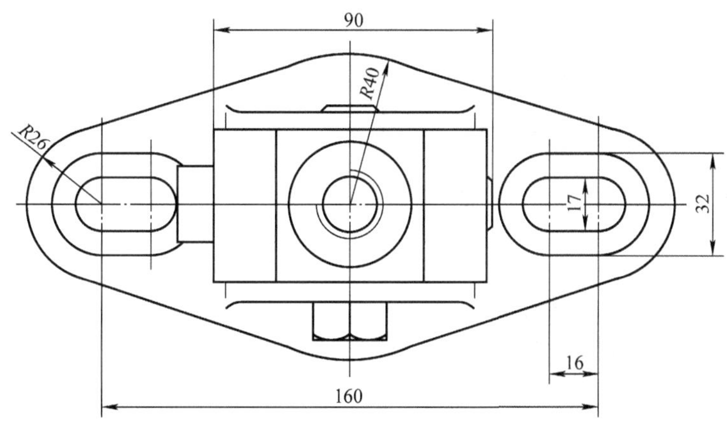

图　4-212

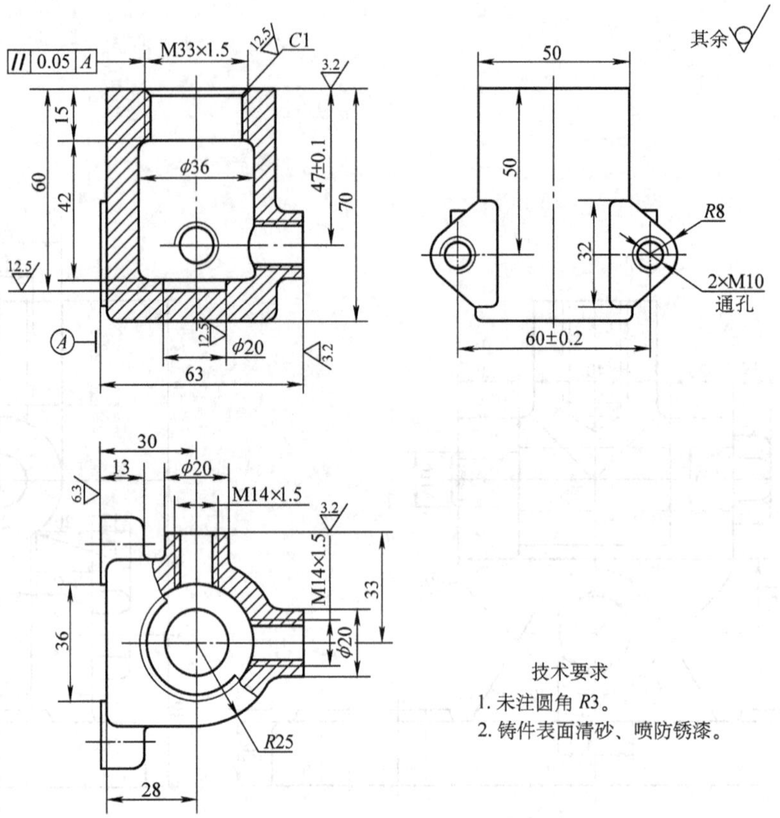

技术要求

1. 未注圆角 R3。
2. 铸件表面清砂、喷防锈漆。

图 4-213

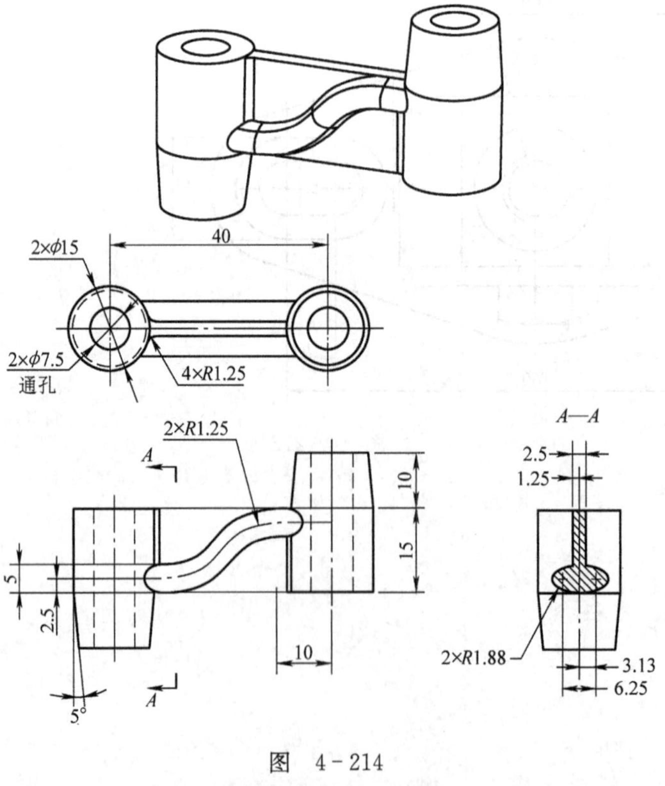

图 4-214

A—A
106
24
φ10
D
3.2
48
φ36H8
φ36
28
62H8
110
78
φ0.02
D
B—B
其余
128±0.05
2×φ17
R18
55
B
A
2×M24×1.5-7H
φ80
φ55
φ40
R28
44
168
技术要求
1. 未注铸造圆角R3~R5。
2. 铸件不得有裂纹、砂眼等缺陷。
3. 铸造后应去毛刺和锐角倒角。

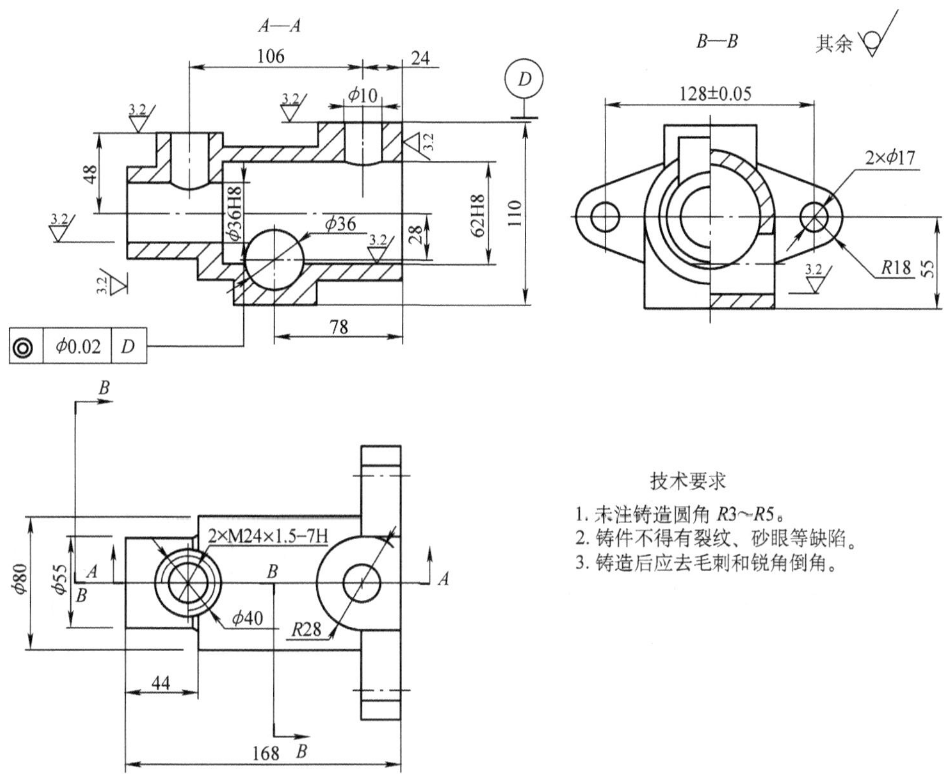

图　4-215

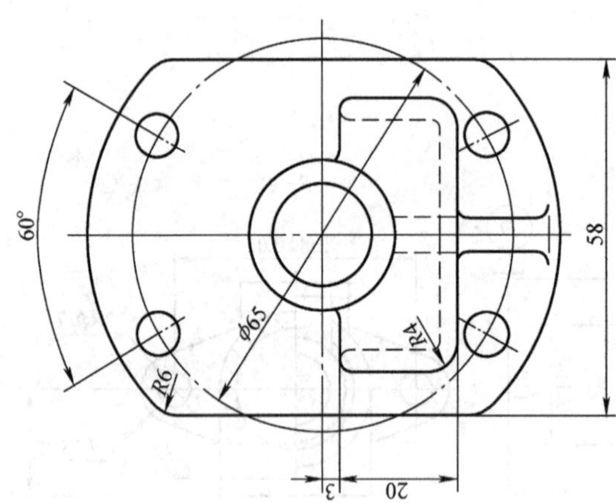

1. 未标注圆角为 $R1$。
2. 未标注倒角为 $C1$。

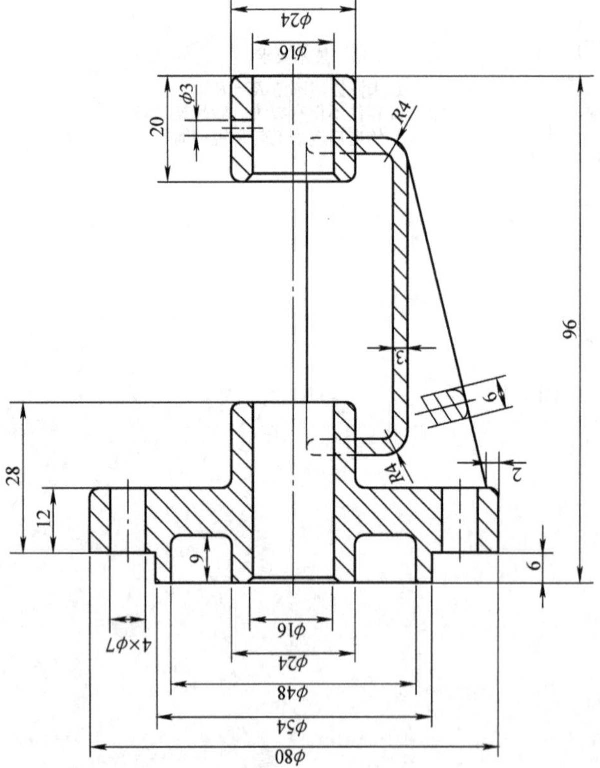

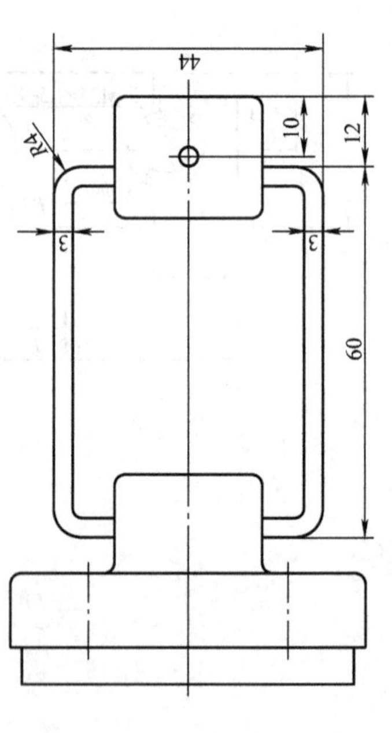

图 4-216

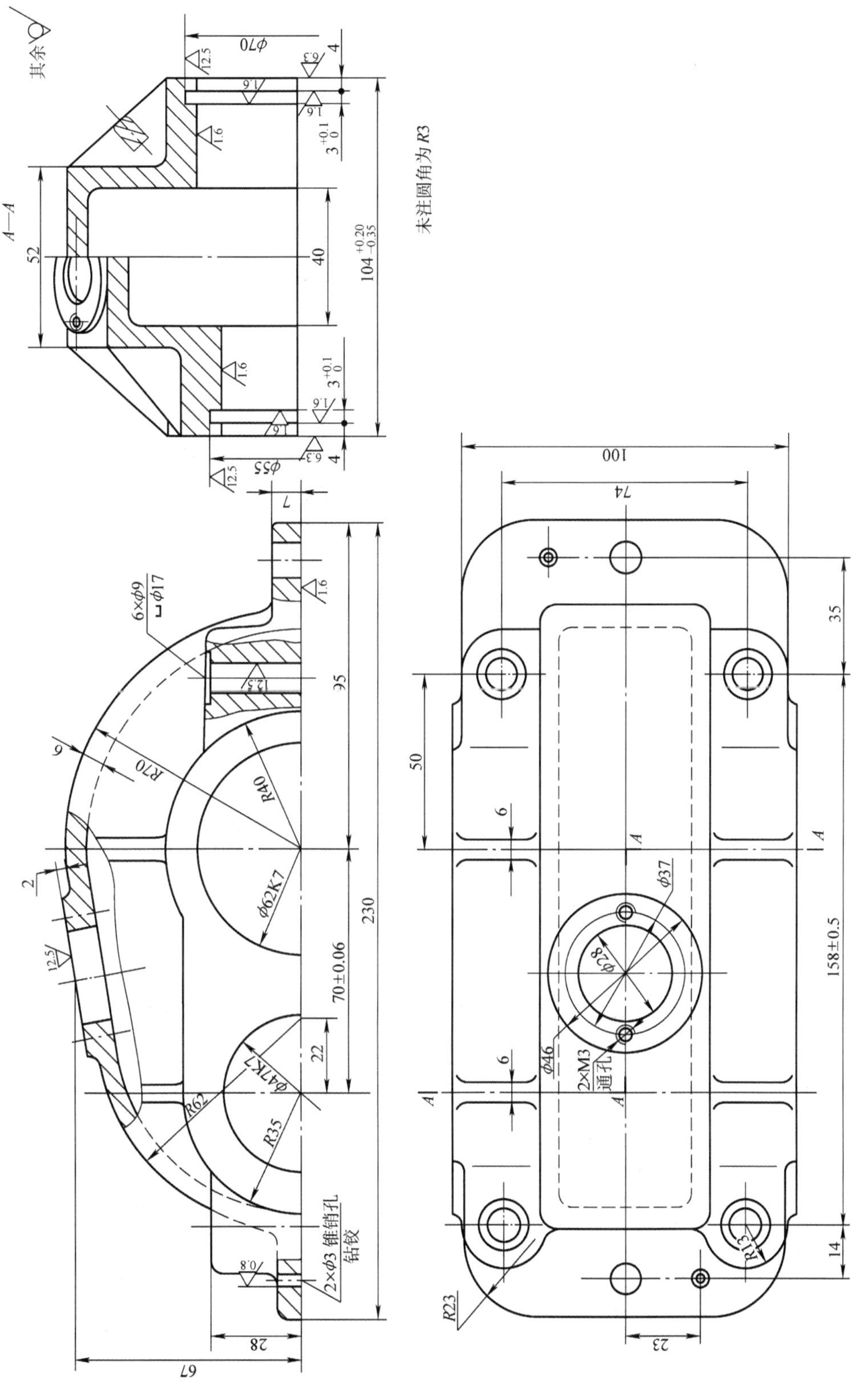
A—A
其余
未注圆角为R3
6×φ9
⌴φ17
2×φ3 锥销孔
钻铰
2×M3
通孔
φ70
φ55
104 +0.20 −0.35
158±0.5
70±0.06
230
φ62K7
φ47K7
φ46
φ37
φ28
R70
R40
R62
R35
R23
R13
100
74
67
52
50
40
35
28
23
22
14
7
6
4
2
3 +0.1 0
12.5
6.3
1.6
0.8

图 4-217

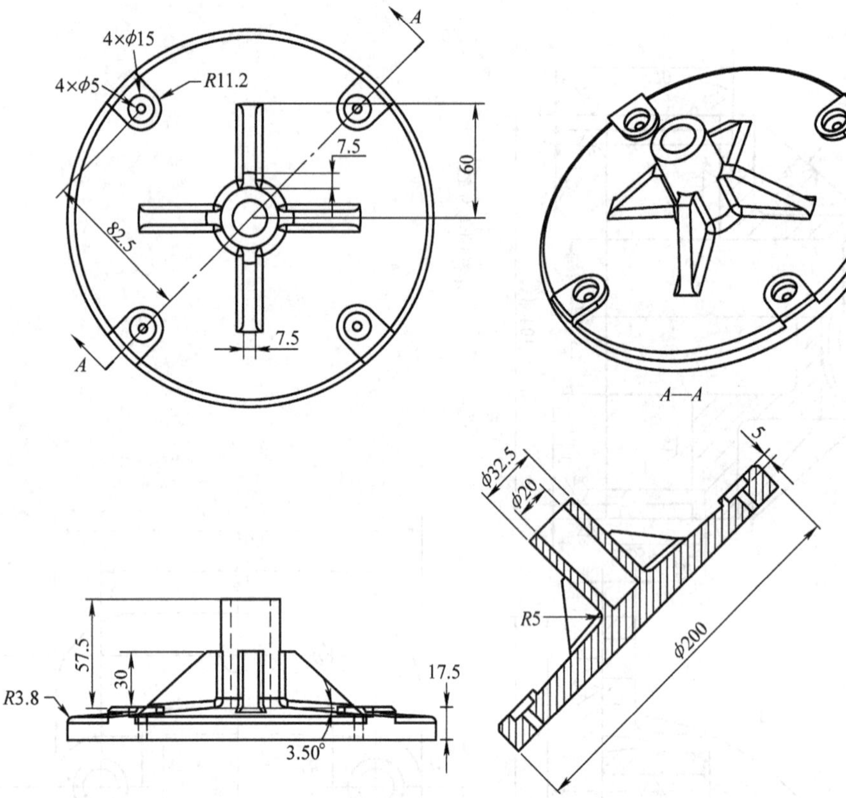
4×ϕ15
4×ϕ5
R11.2
A
7.5
60
82.5
7.5
A
A—A
ϕ32.5
ϕ20
5
R5
ϕ200
57.5
30
R3.8
17.5
3.50°

图 4-218

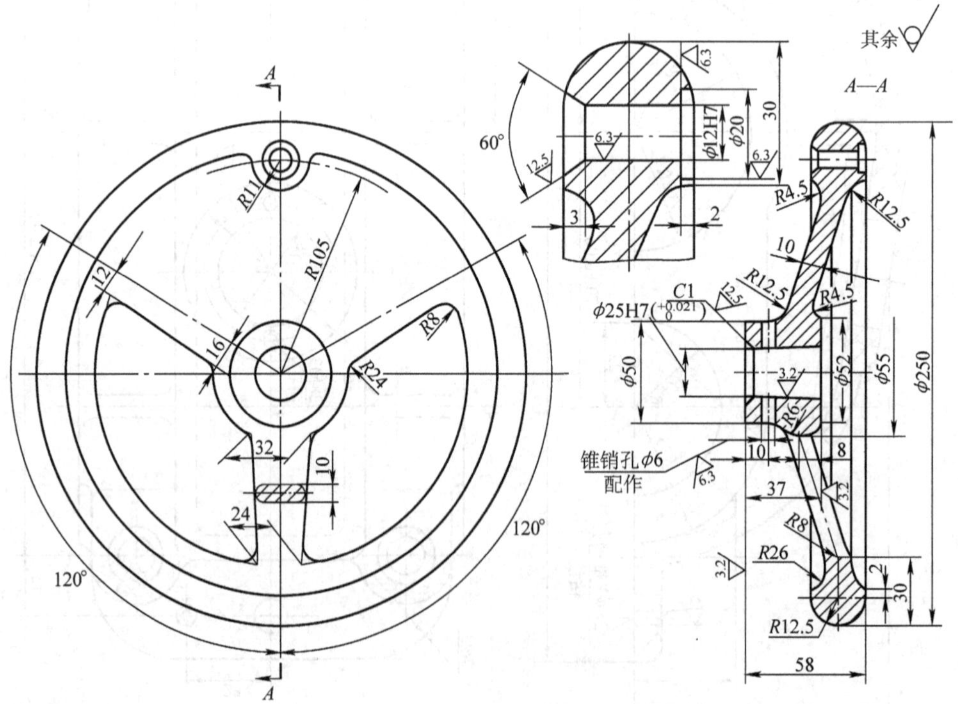
其余
A—A
A
60°
12.5
6.3
ϕ12H7
ϕ20
30
6.3
3
2
R11
R105
12
16
R8
R24
32
10
24
120°
120°
A
R4.5
R12.5
10
C1
R12.5
R4.5
ϕ25H7($^{+0.021}_{0}$)
ϕ50
3.2
ϕ52
ϕ55
ϕ250
R6
10
8
锥销孔ϕ6
配作
6.3
37
3.2
R8
R26
3.2
2
30
R12.5
58

图 4-219

25

15
7.5
4.2
20
5
R6.3
42.5
22°
R7.5
5
R3.8
40
1.5
5
R2.5
12
R5
400
265
25
220
65
25

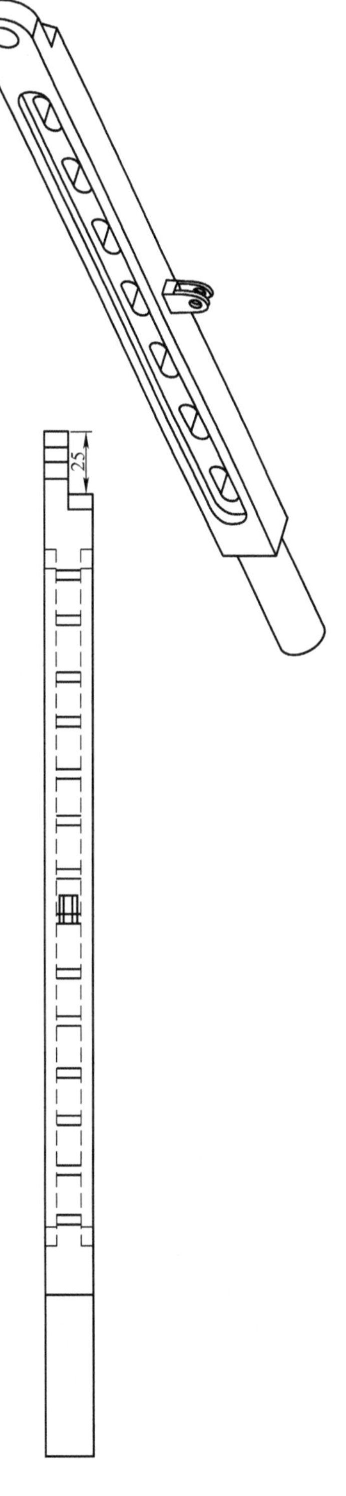

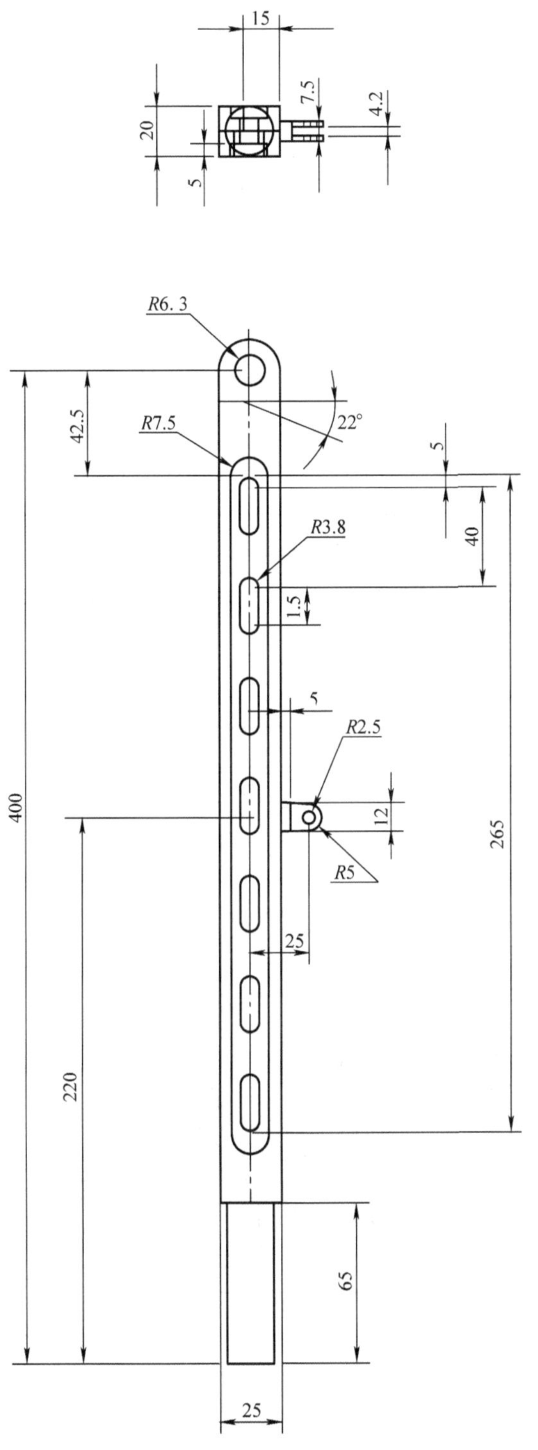

图　4-220

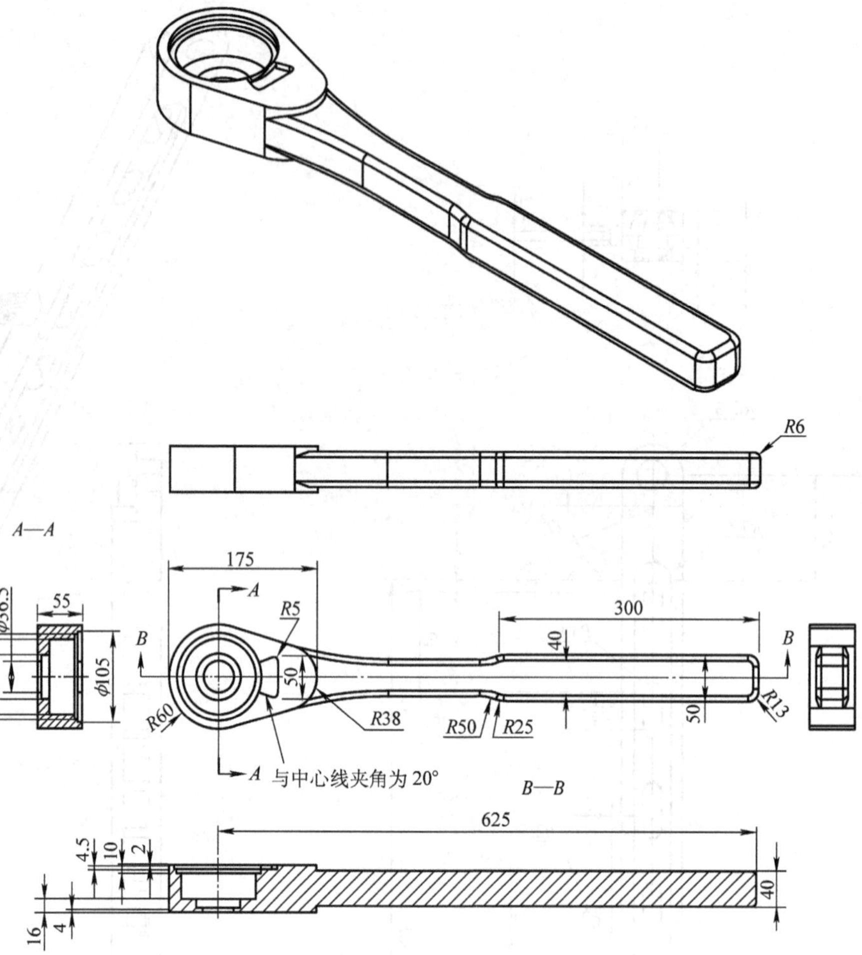

图 4-221

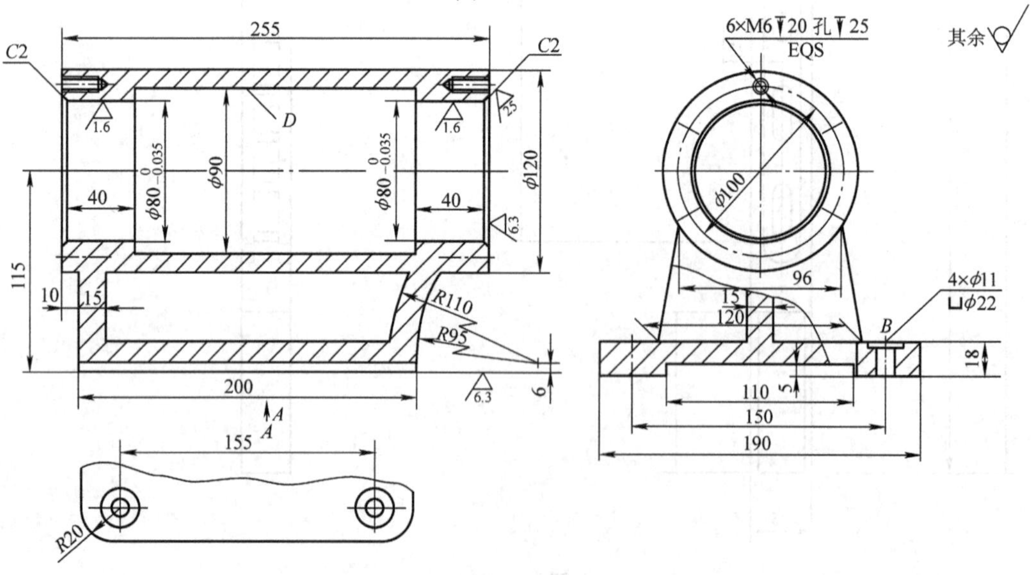

图 4-222

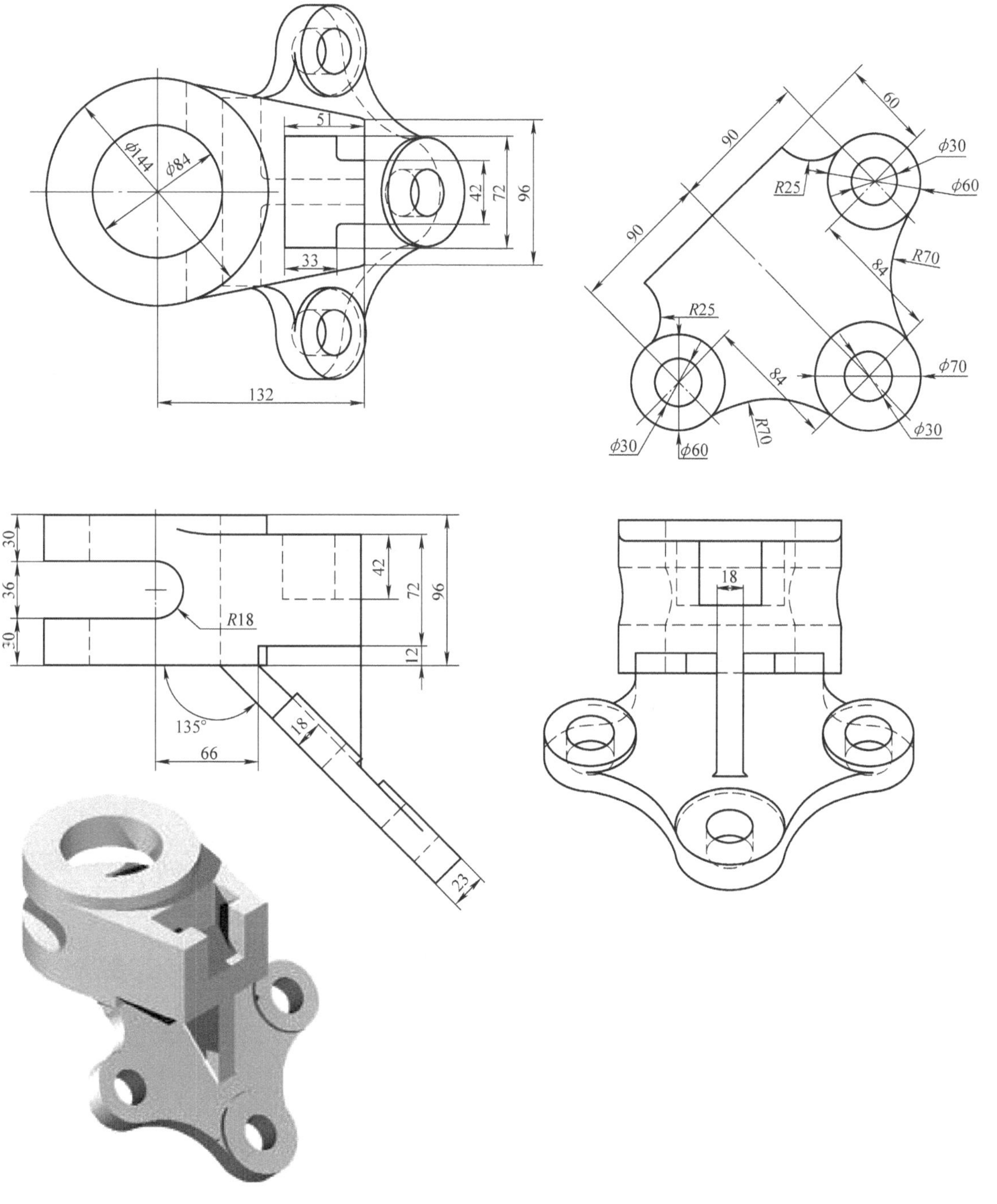
51
φ144
φ84
42
72
96
33
132
60
90
90
φ30
R25
φ60
R70
84
R25
84
φ70
R70
φ30
φ30
φ60
30
36
30
R18
42
72
96
12
135°
18
66
23
18

图　4 - 223

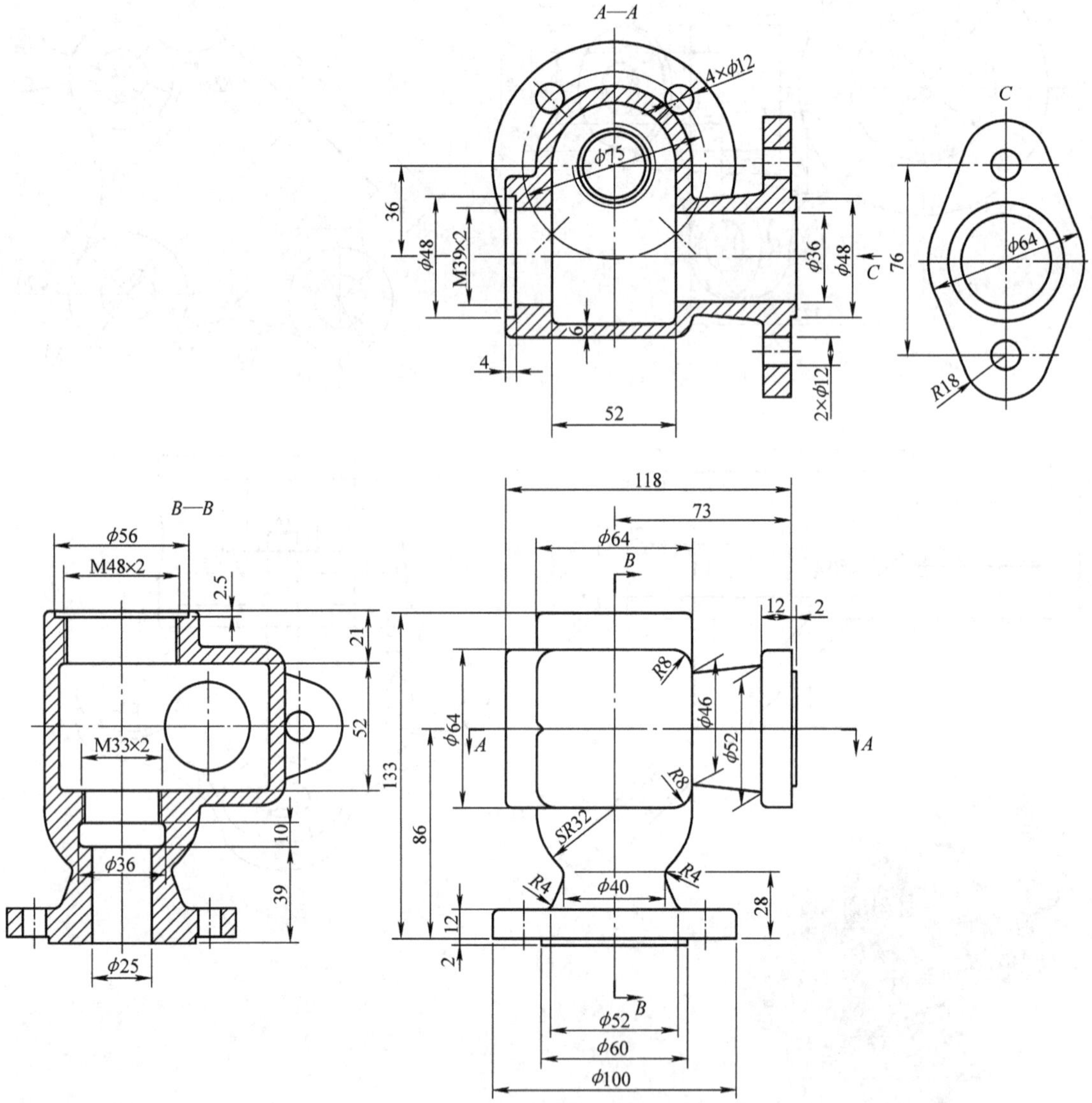

图 4-224

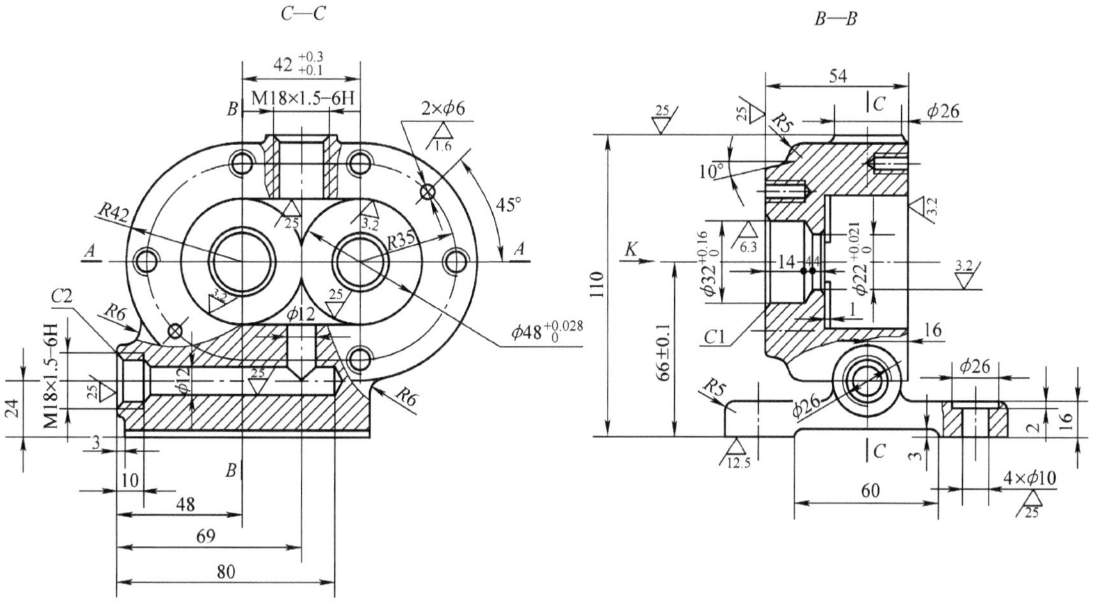

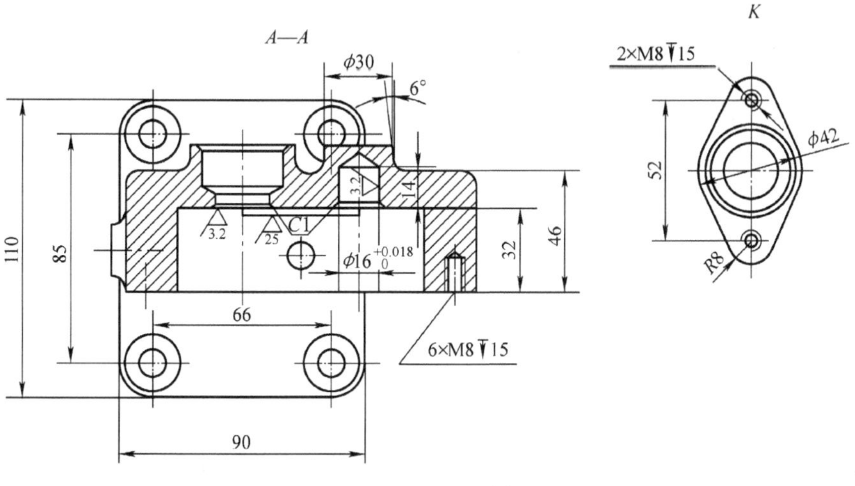

C—C

B—B

A—A

K

技术要求

1. 未注圆角 R1。

2. 去除毛刺。

图　4-225

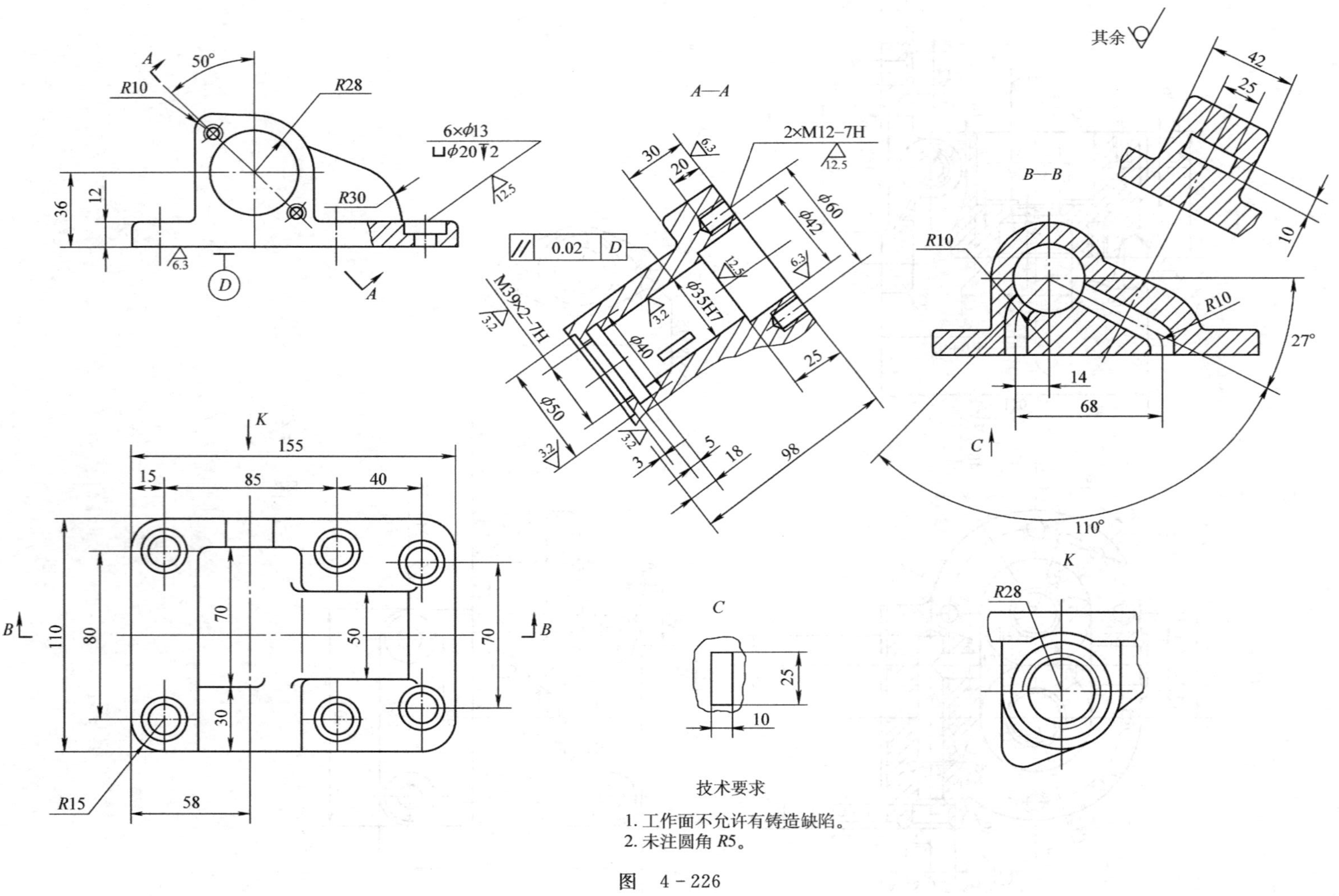

技术要求

1. 工作面不允许有铸造缺陷。
2. 未注圆角 $R5$。

图 4-226

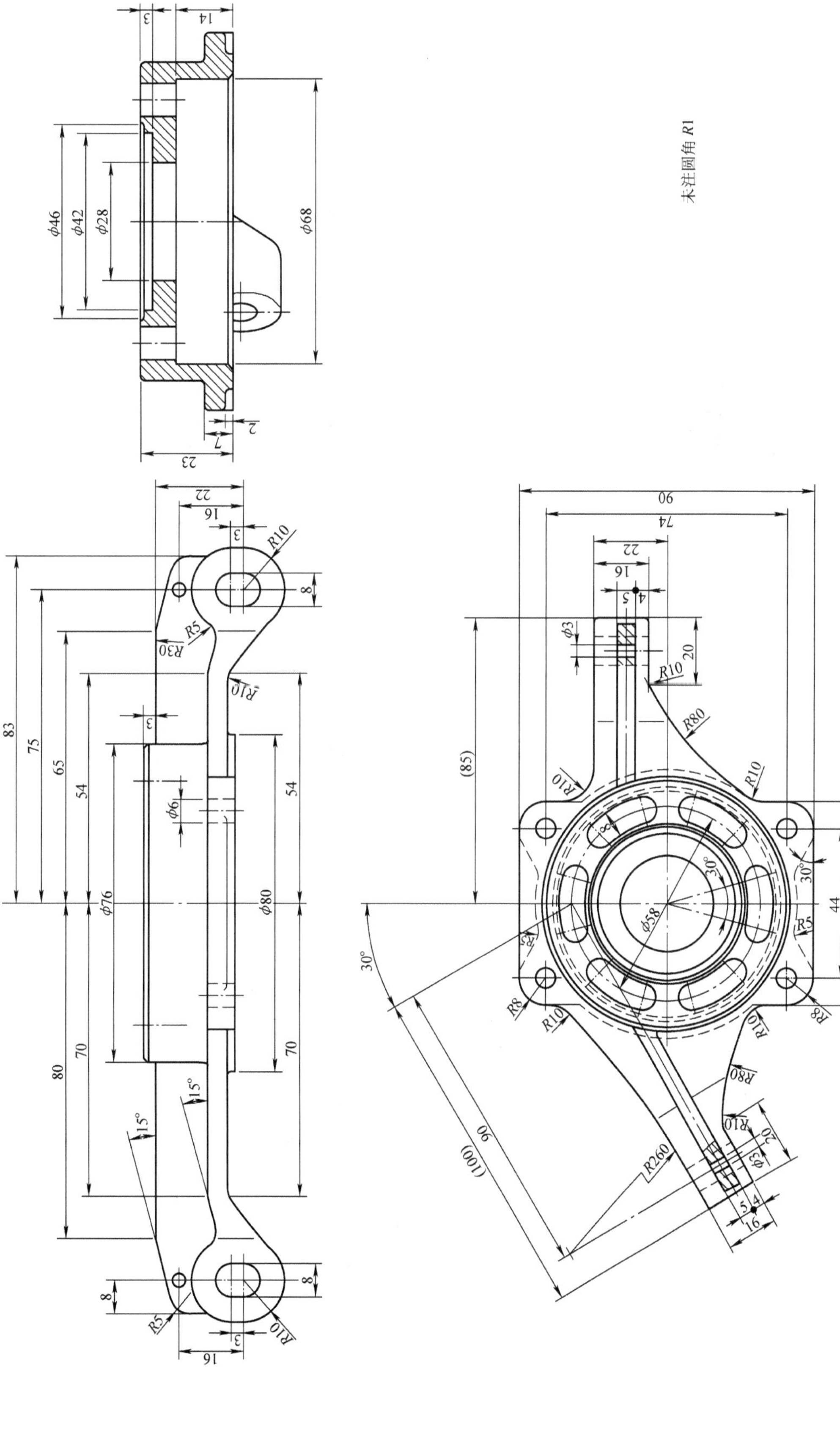

未注圆角 R1

图 4-227

0.75
1.5
1
风扇叶片
Section: ϕ5 circle
Thickness:0.05
60°
I
3
风扇叶片的位置尺寸
70°
风扇叶片绘制平面
的角度
I
放大
C
C
0.25
Rib
Thickness:0.25
C—C
75°
ϕ0.75
ϕ1.25
ϕ2.5
ϕ3

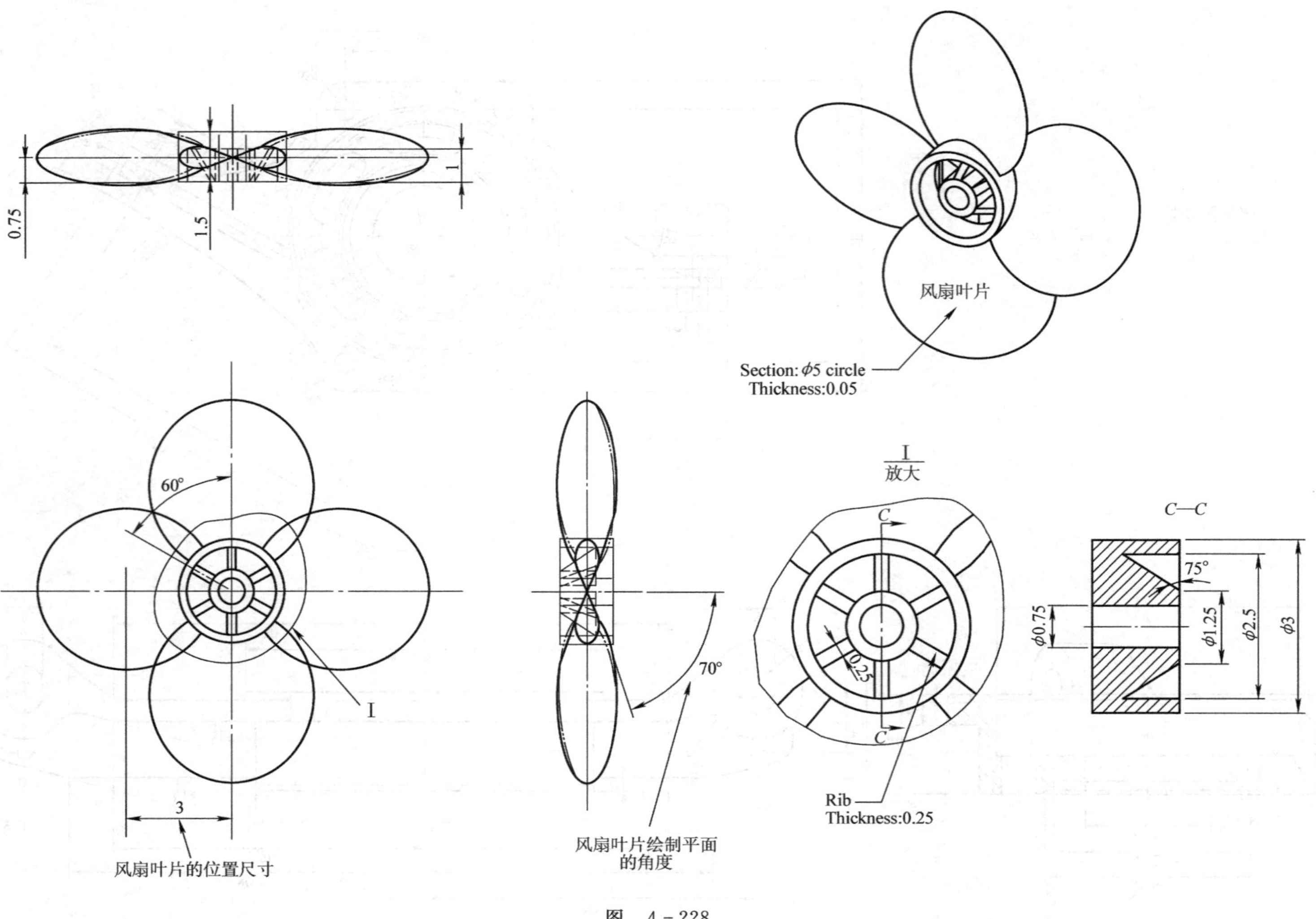

图 4-228

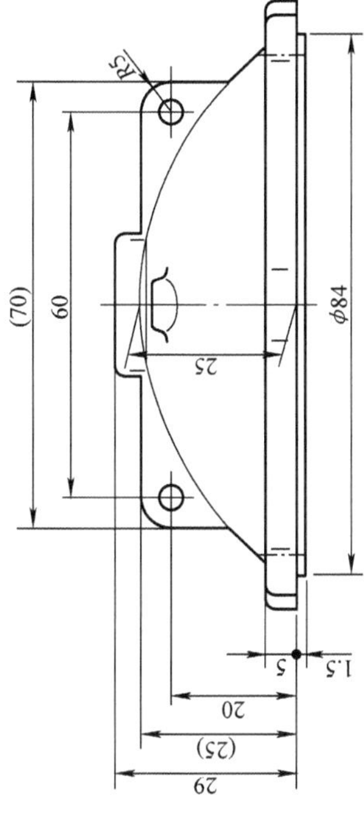

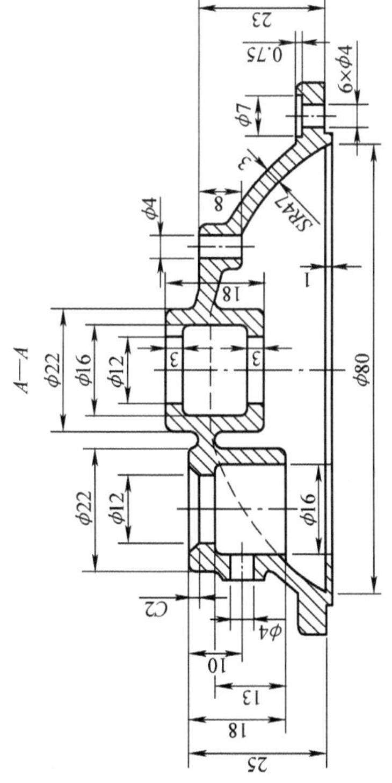

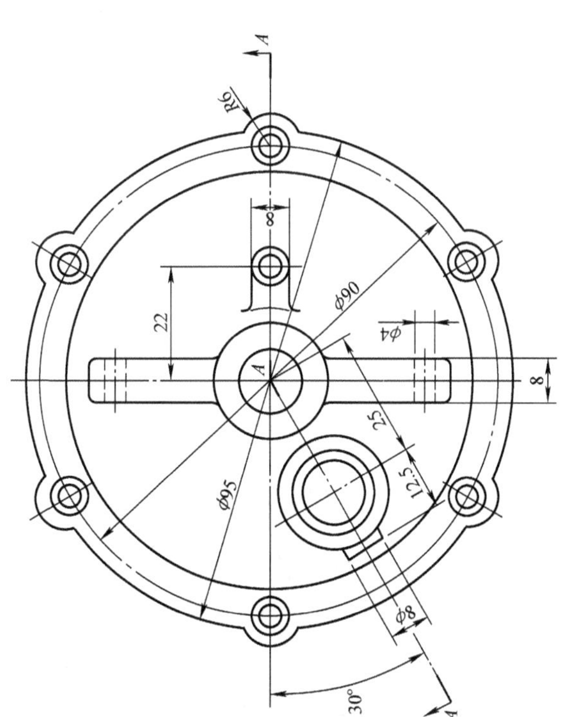

未标注圆角为R1

图 4-229

12.5/ 其余
I 放大
R0.5
C1
4
φ42
M45×2-6g
GB/T4459.5-2×B6.3/13.2
1:10
A—A
(21.38)
12N9($^{0}_{-0.043}$)
40H12
124
76
40
24
4
304±1
φ59h9
φ70h6
R4.5
R1
R6
88±0.05
38H9
25
19
R4.5
φ6
φ65h6
R1
N
25°
抛光
圆锥面
21
25$^{+0.5}_{0}$
C1
12.5±0.5
4×M12×1.25-7H
20
41±0.3
68±0.2
2
1.5
φ90
φ70h6
R4
φ28.5
φ50
C2
18H12
1.4$^{+0.1}_{0}$
21.5$^{+0.05}_{+0.10}$
B—B
26h10
φ30m6
8N9($^{0}_{-0.036}$)
19
50±0.1
18.5
50
R41
R40
R102
R67
62±0.1
C2
60±0.15
30±0.075
90m7

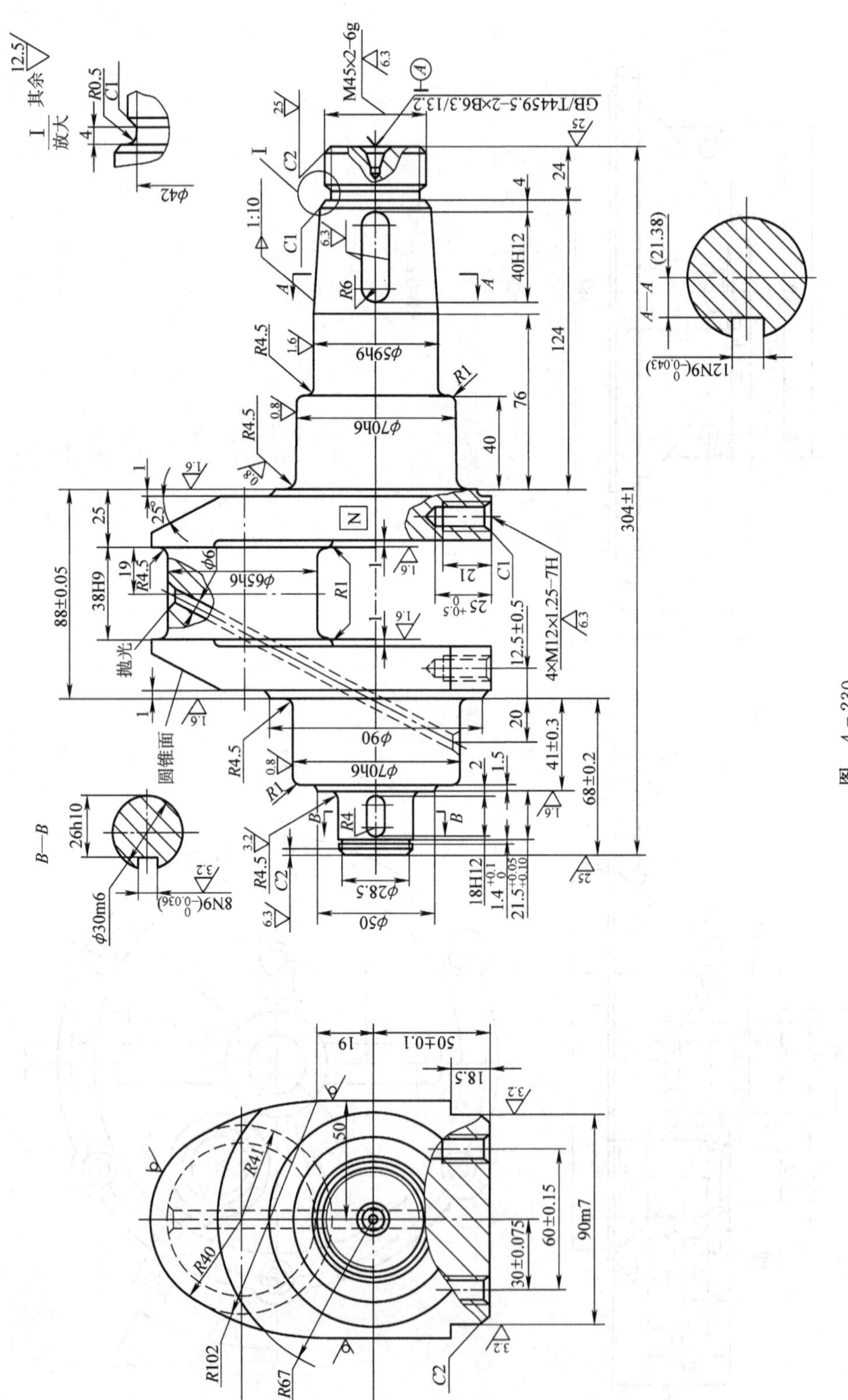

图 4-230

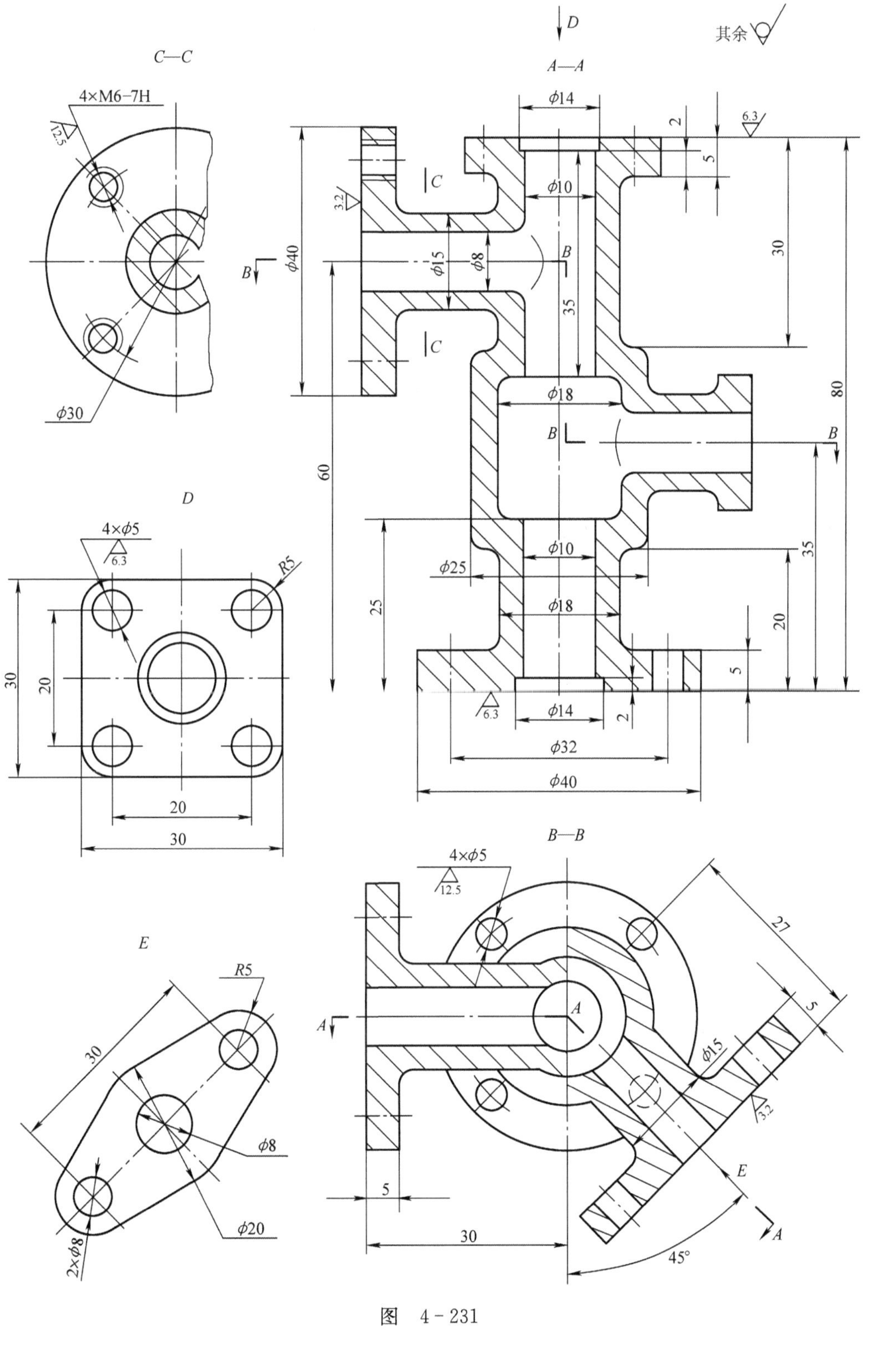
D
其余
C—C
A—A
4×M6-7H
12.5
φ14
2
6.3
5
C
φ10
3.2
B
φ40
φ15
φ8
30
35
80
φ18
60
D
4×φ5
6.3
R5
25
φ25
20
30
20
5
φ14
φ32
φ40
20
30
B—B
4×φ5
12.5
27
E
R5
A
φ15
φ8
φ20
2×φ8
E
45°

图　4-231

未标注圆角为 R3

A—A
φ84
4×φ12
φ114
φ36
φ54
(75)
9
9
4
R8
φ55
93
φ36
φ70
16
16

268
94
114
9
R24
9
R48
A
A
38
38
R10
A
A
172
9

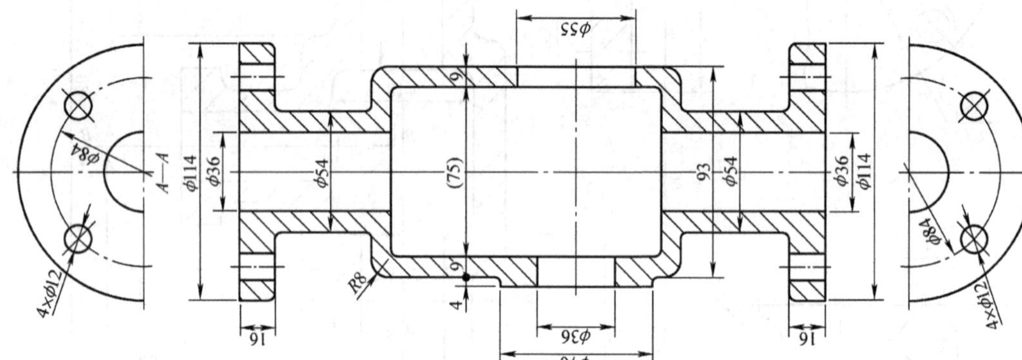

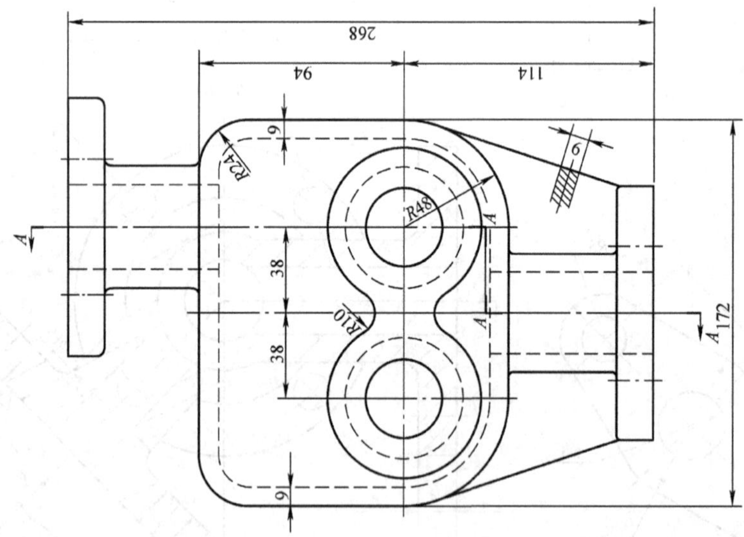

图 4-232

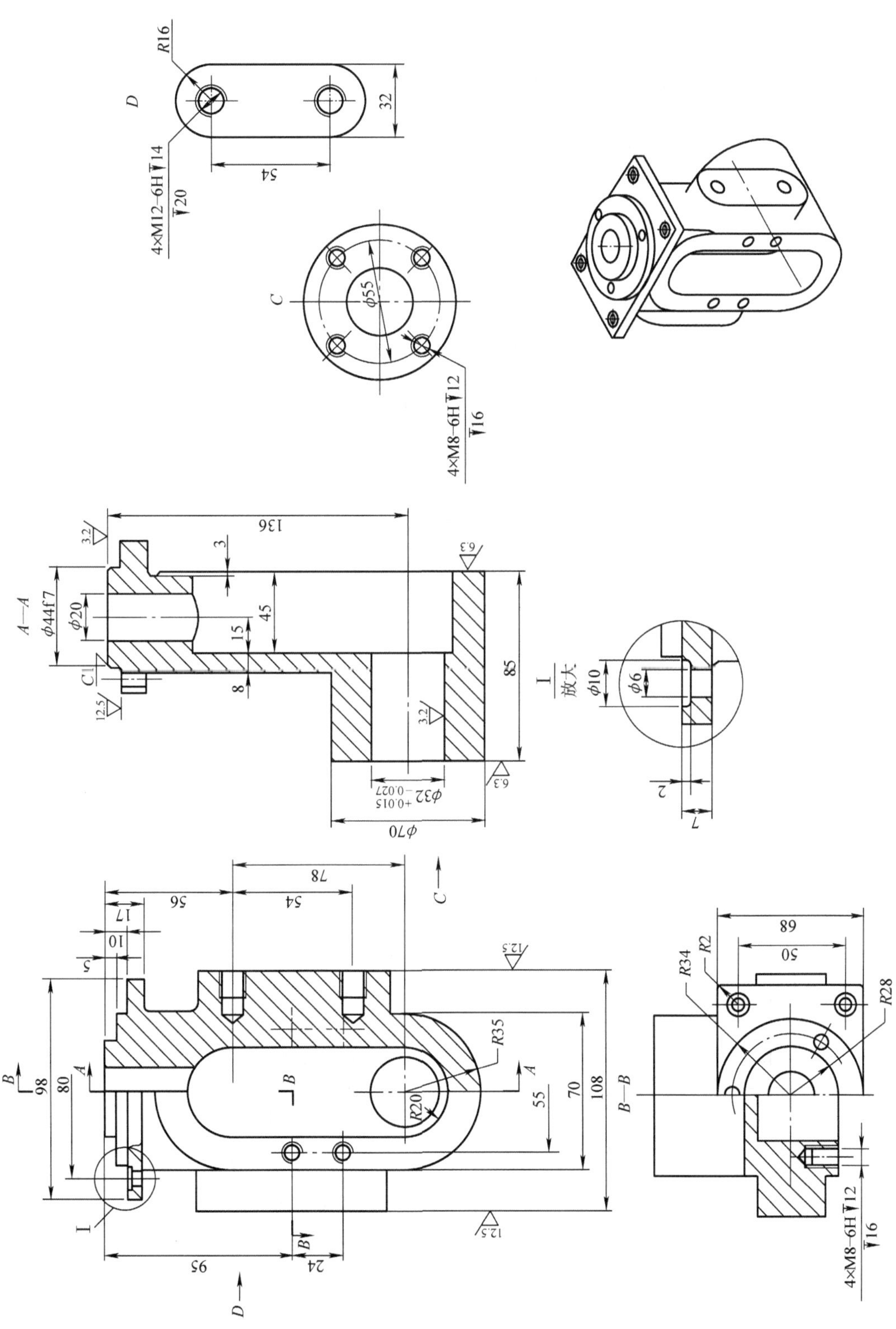

图 4-233

φ50
φ35
30
4
50
64
70
R3
25
80
R15
φ25
φ38
φ15
15
38
10
R15
40
5
R40
φ15
φ22

图 4-235

95
φ50
φ42
30
φ58
45°
14
9
8
28
14
26
10

90
φ70
φ20
φ38
R15
2×φ16
75
8
R12
φ12

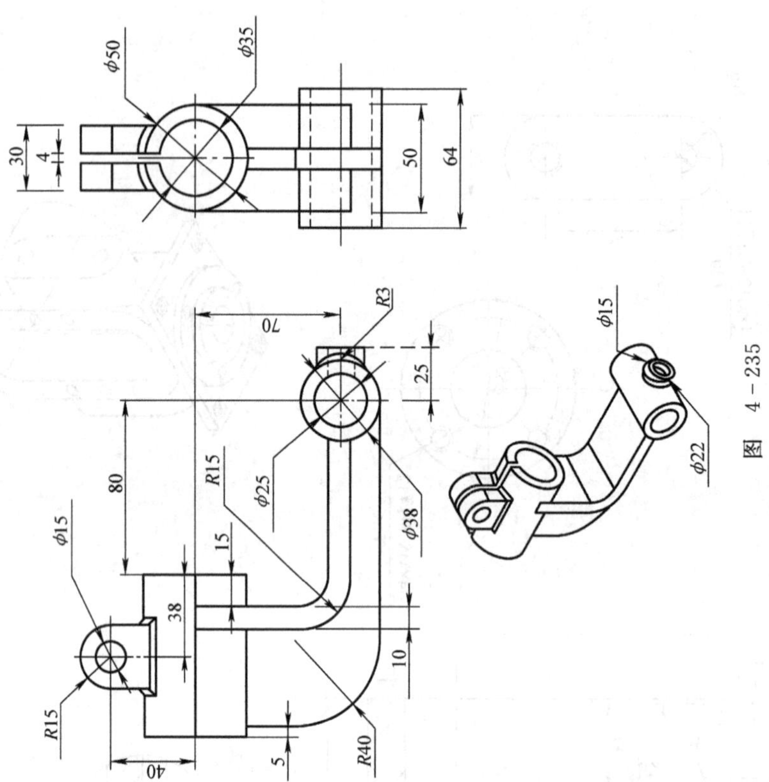

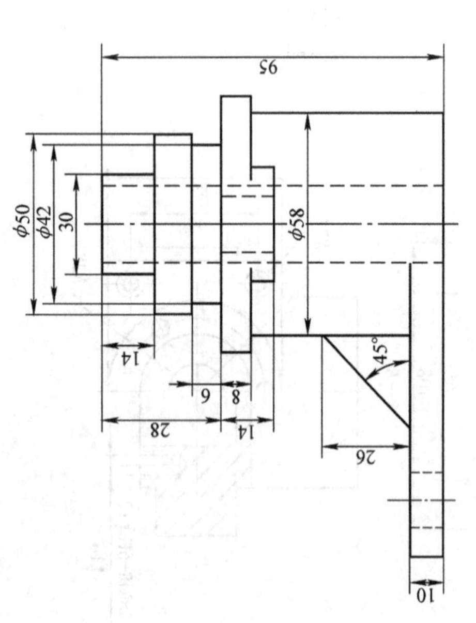

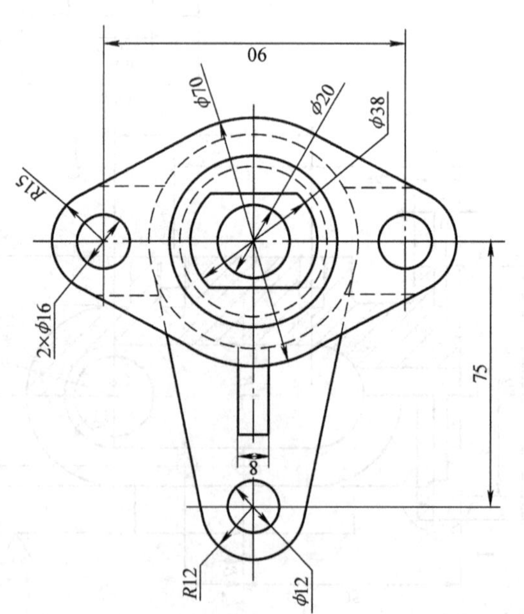

图 4-234

未注圆角为 R1

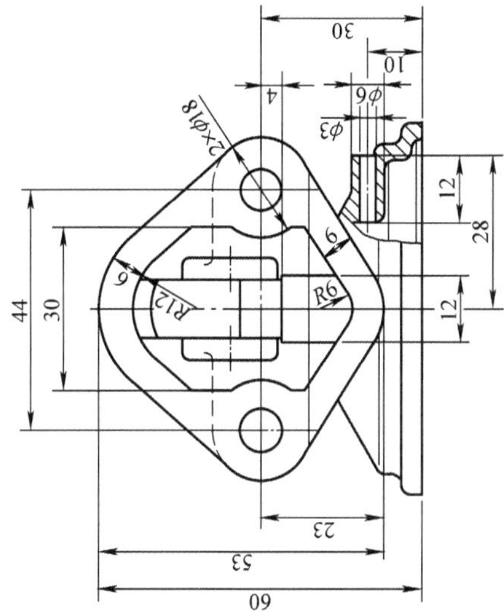

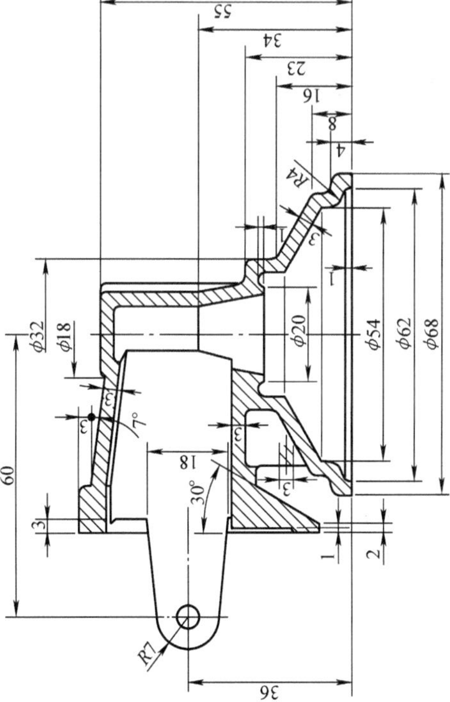

图 4-236

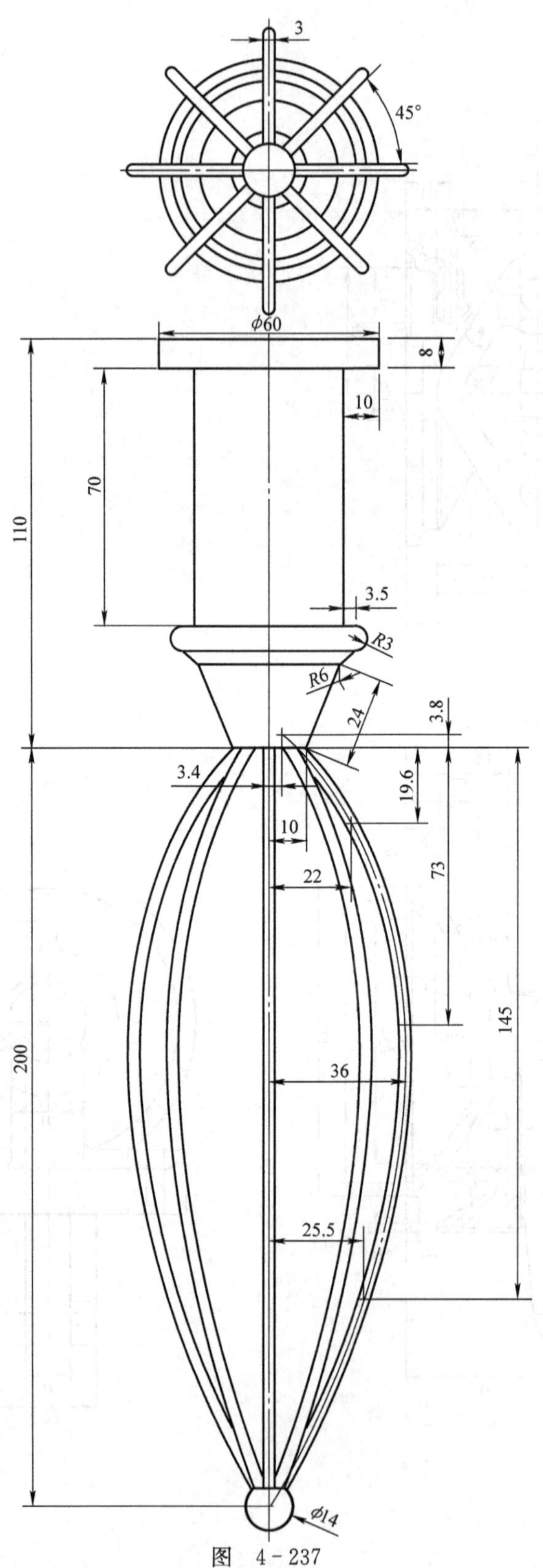

图 4-237

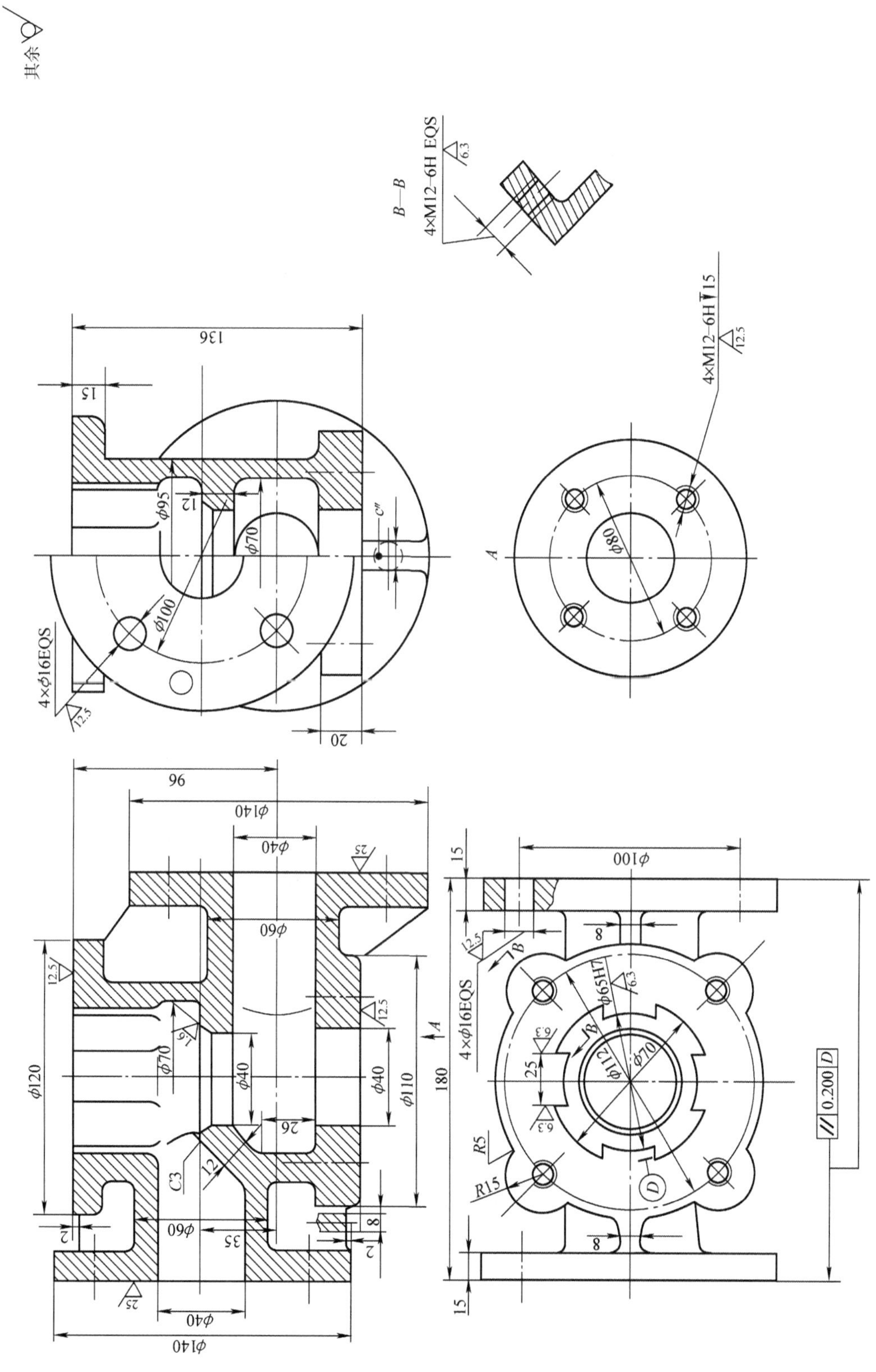

图 4-238

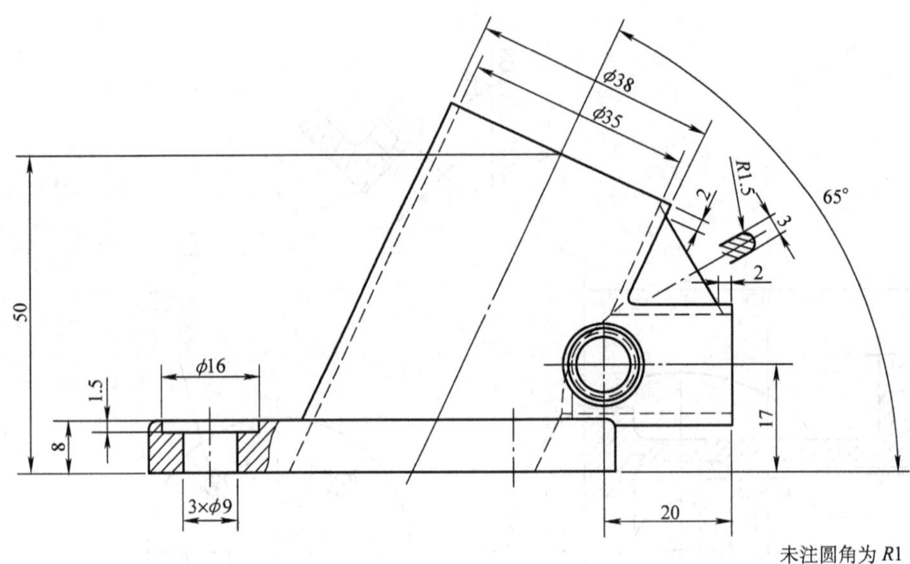

未注圆角为 $R1$

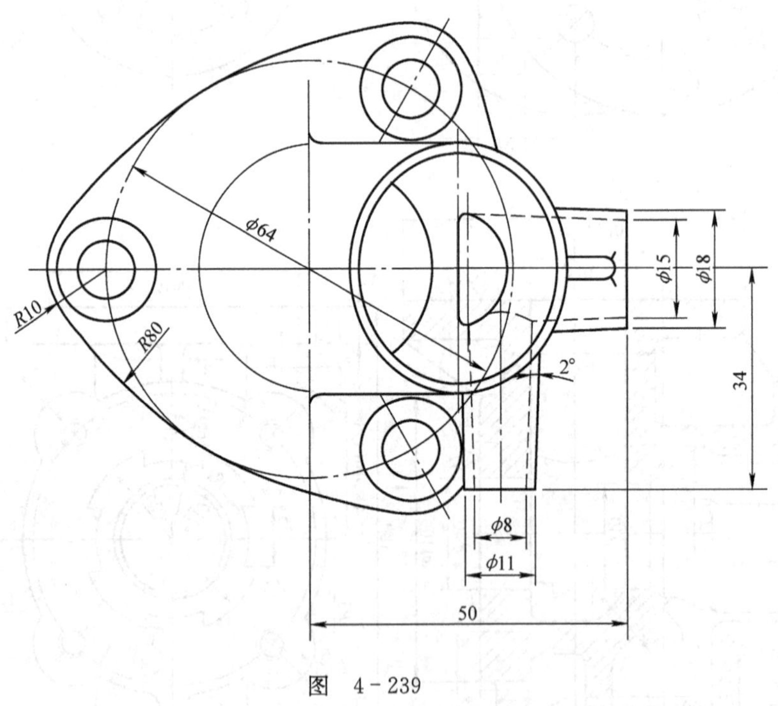

图 4-239

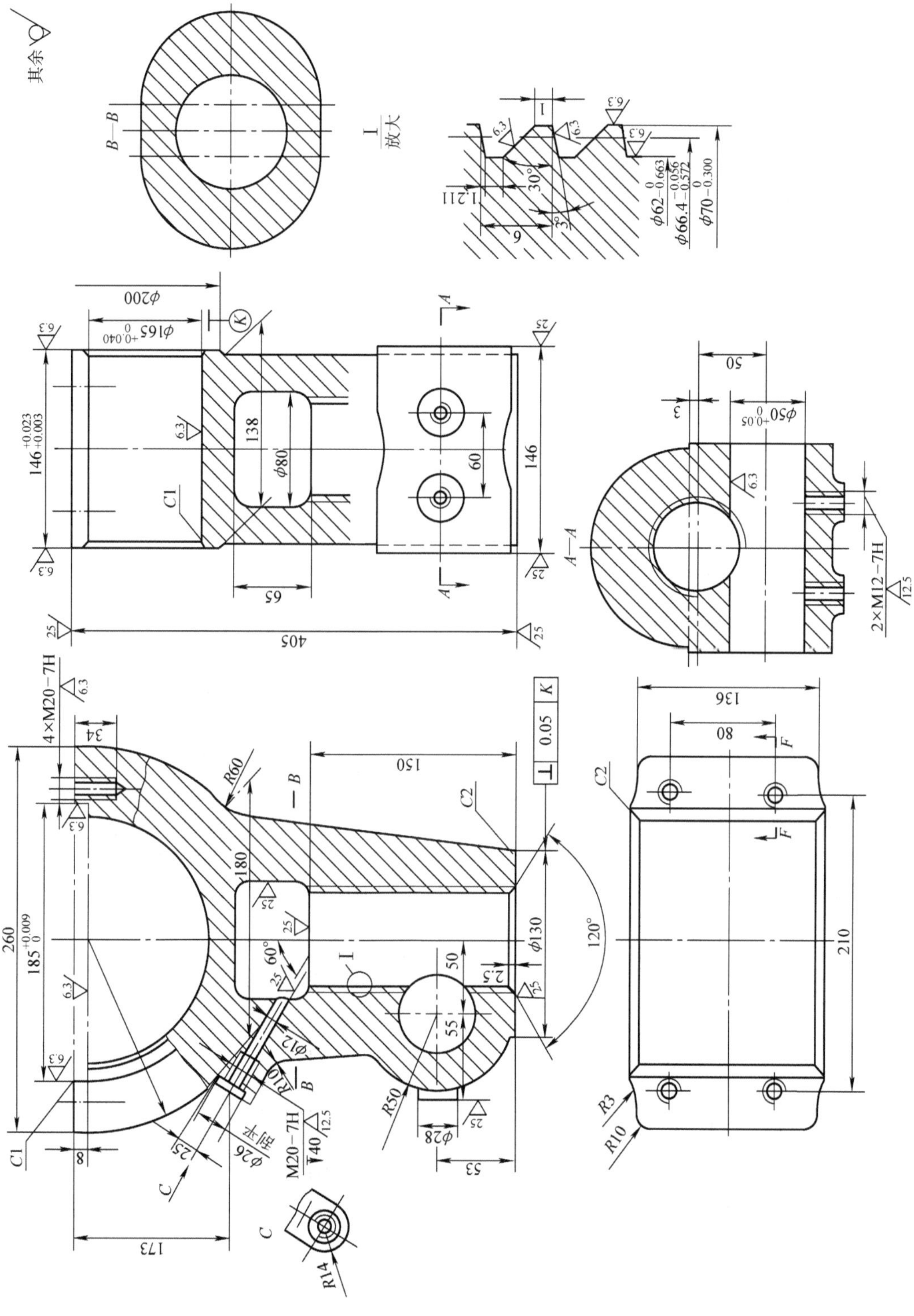

图 4-240

技术要求
1. 未注圆角为$R1$。
2. 未注倒角为$C1$。

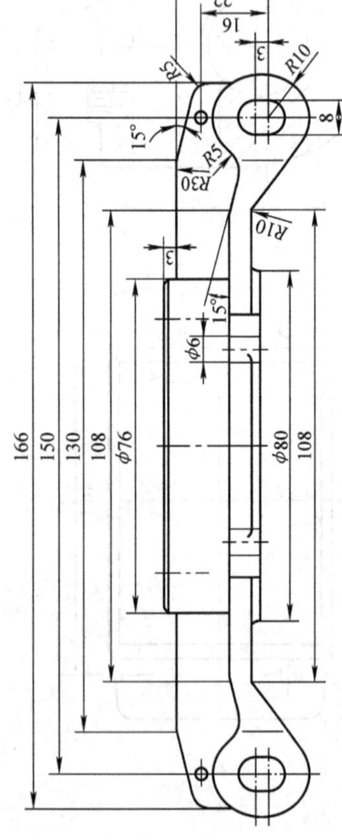

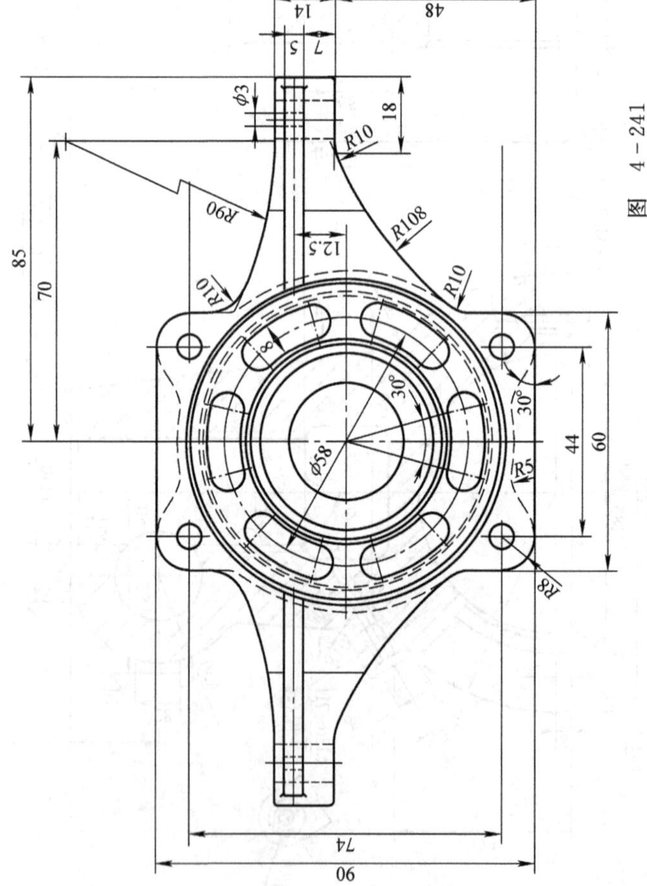

图 4-241

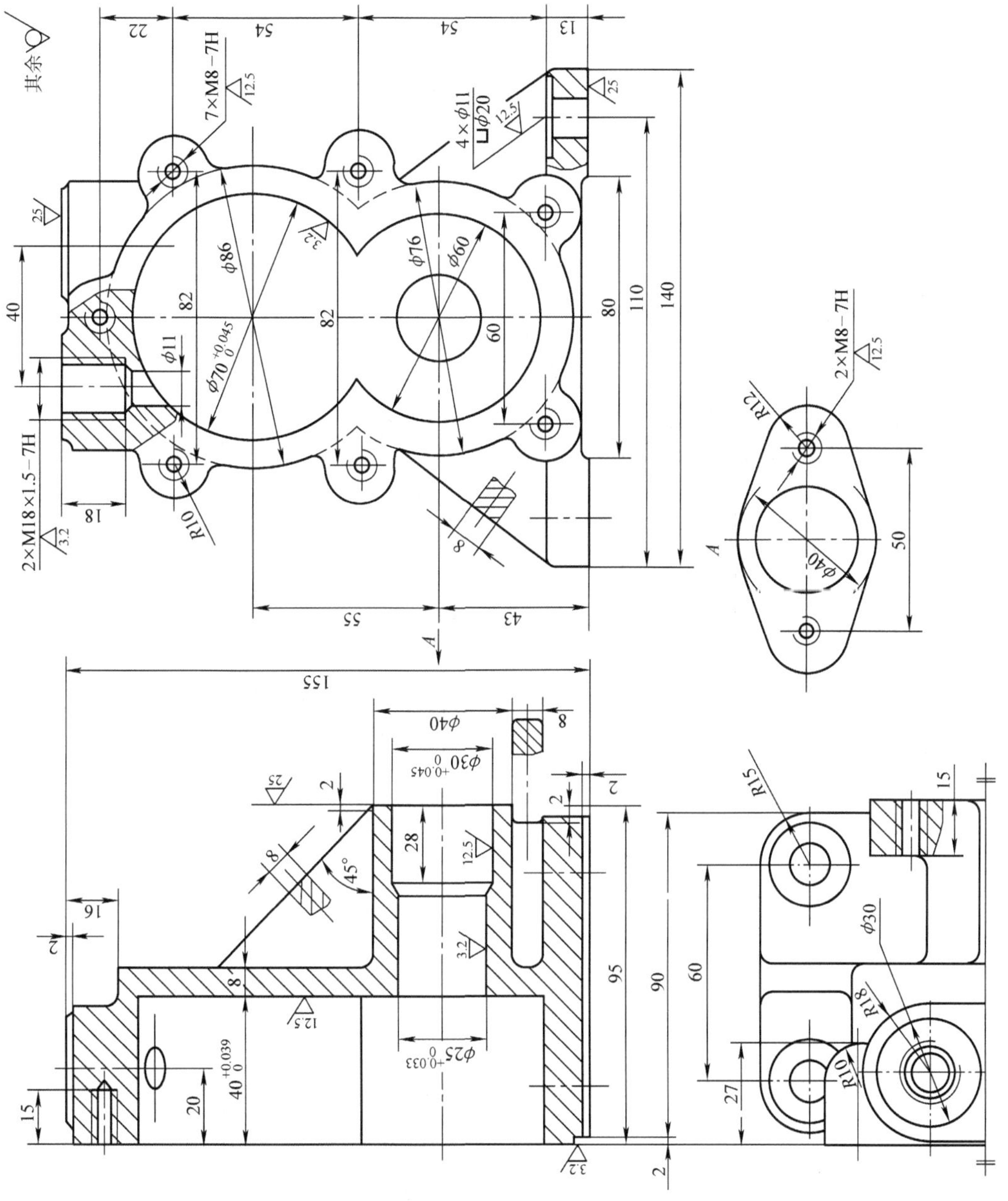

图 4-242

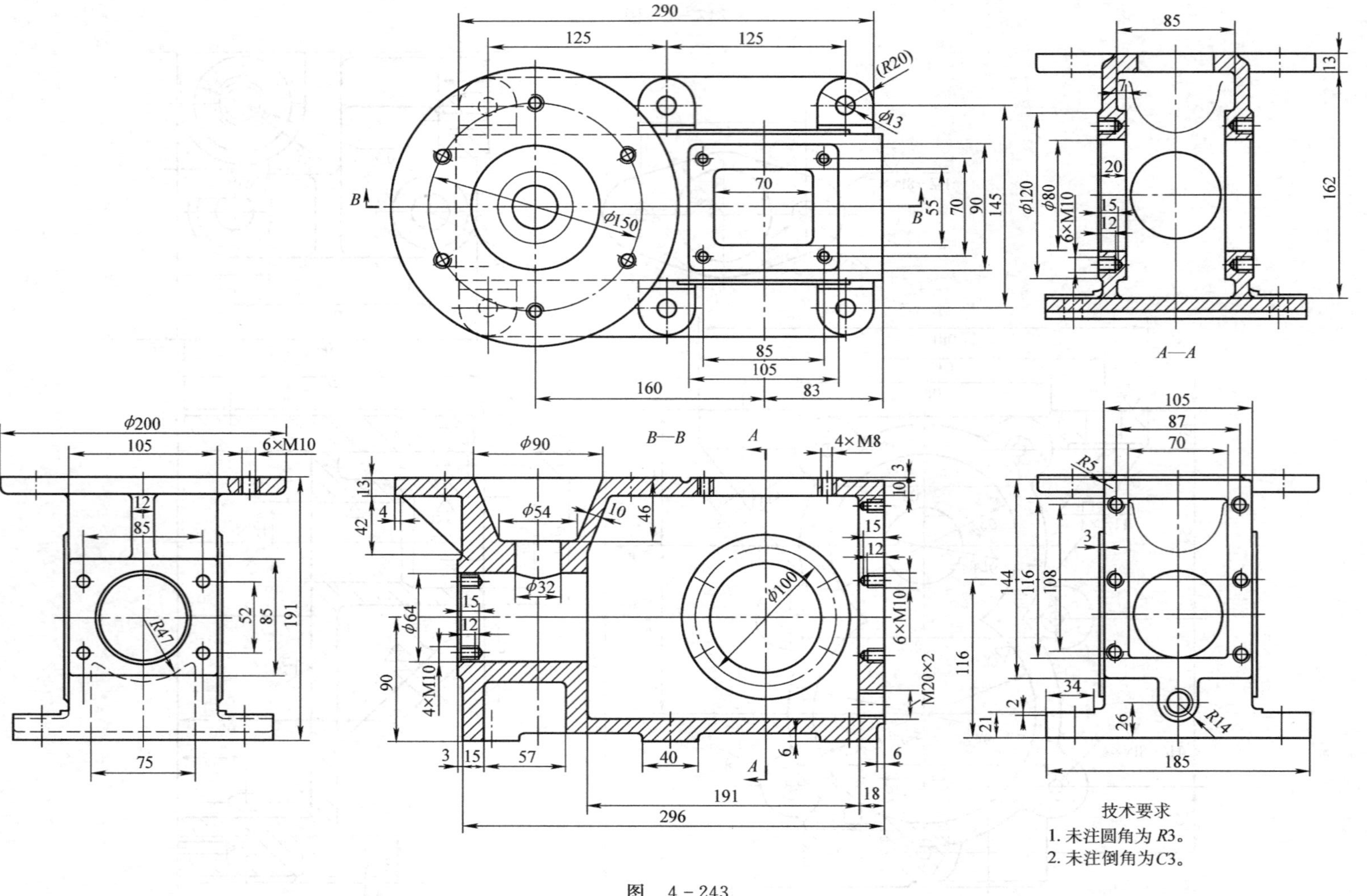

图 4-243

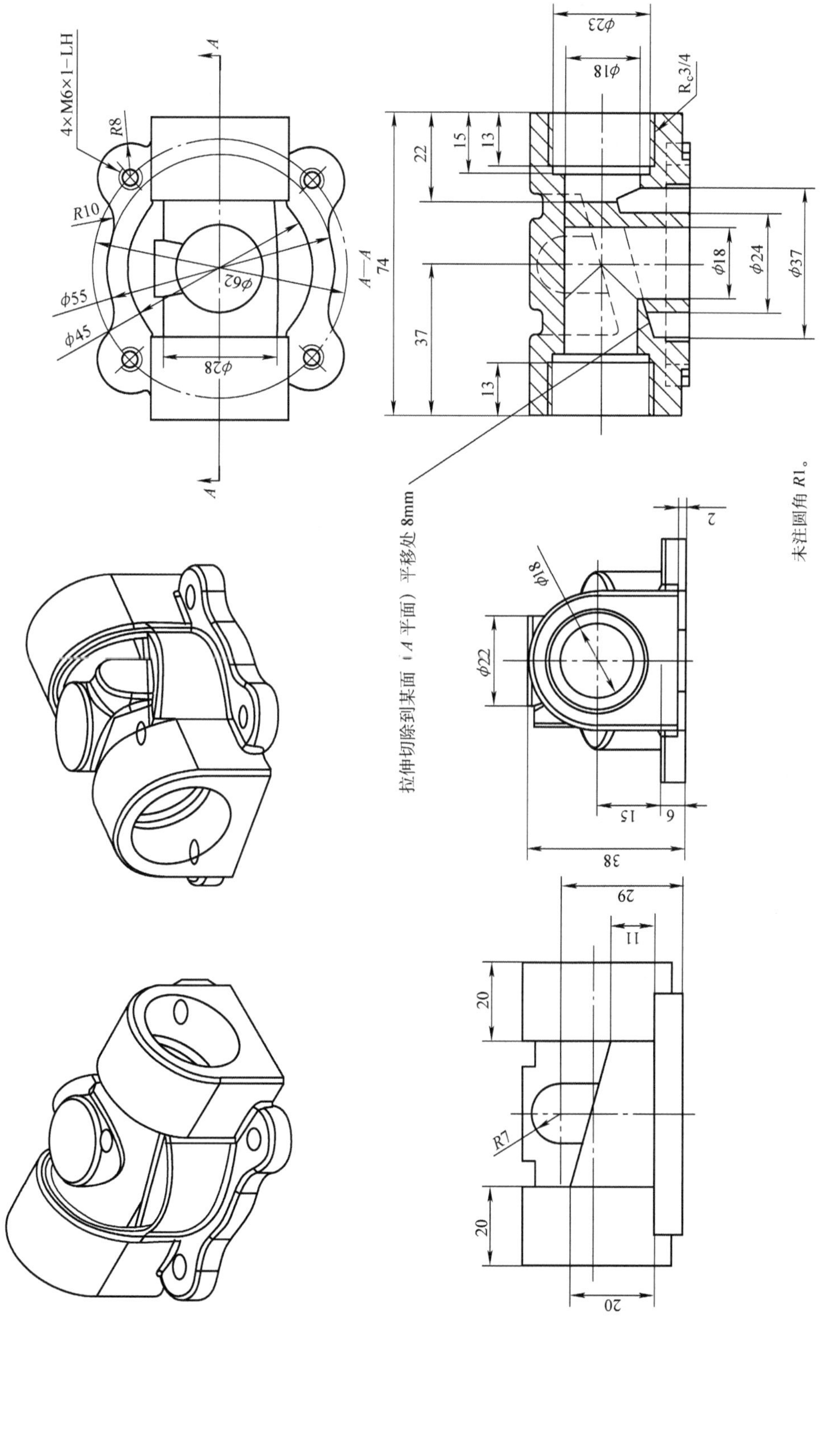
4×M6×1-LH
R8
R10
φ55
φ45
φ62
φ28
A
A
A—A
74
22
15
13
37
13
φ23
φ18
$R_c3/4$
φ18
φ24
φ37
拉伸切除到某面（A平面）平移处 8mm
φ18
φ22
2
15
6
38
29
11
20
20
R7
20
未注圆角R1。

图　4-244

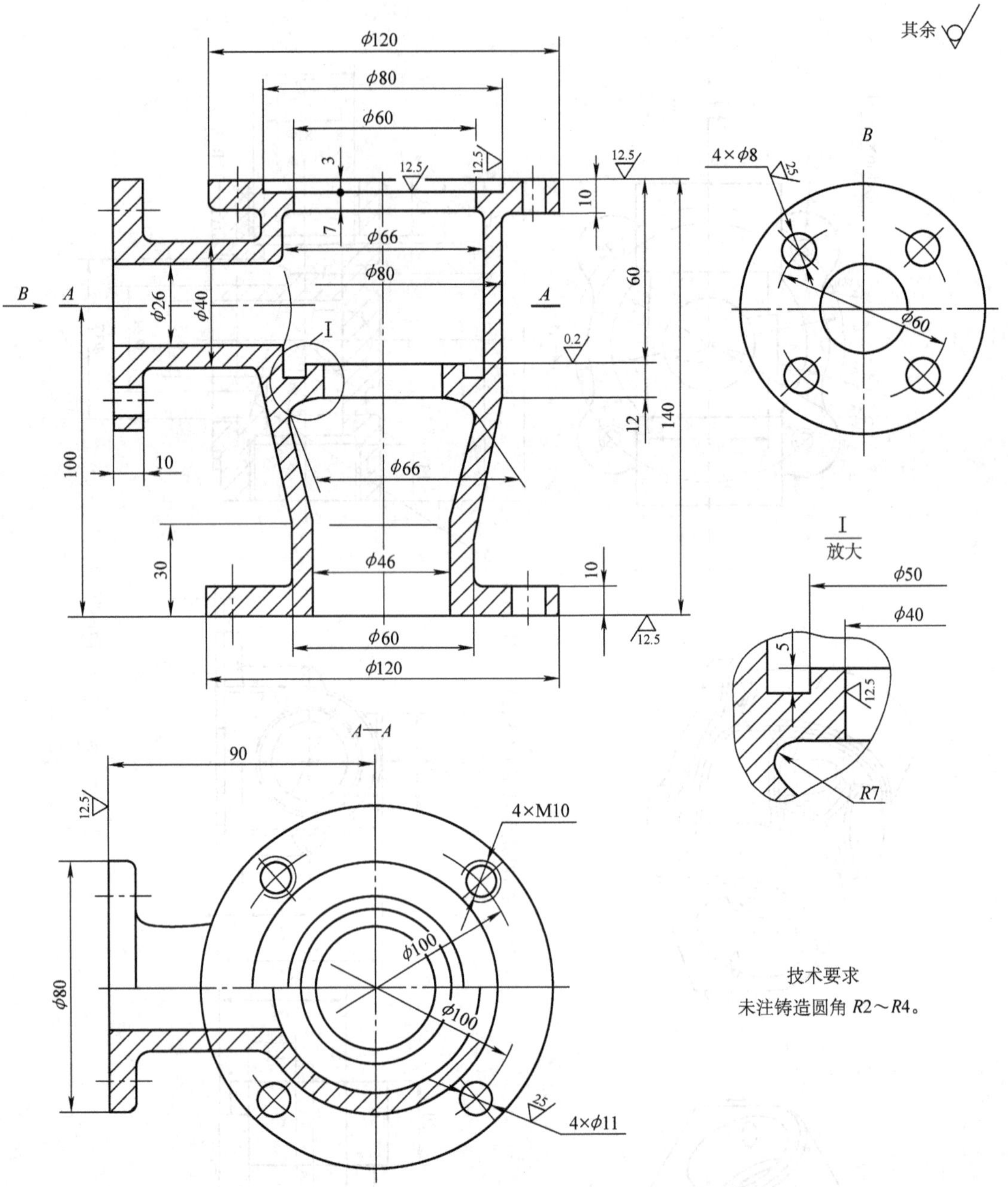

其余

技术要求

未注铸造圆角 $R2 \sim R4$。

图 4-245

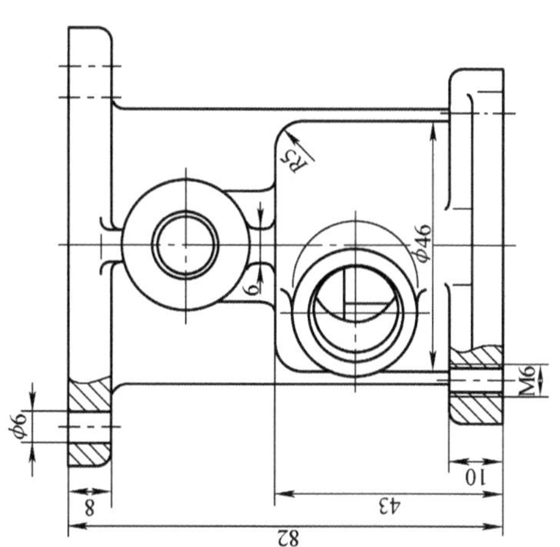

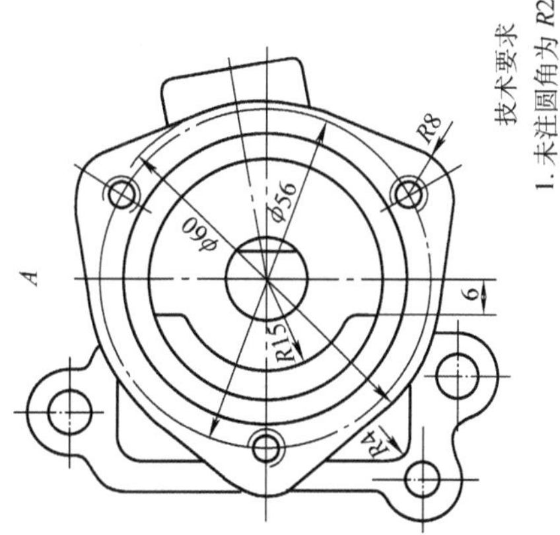

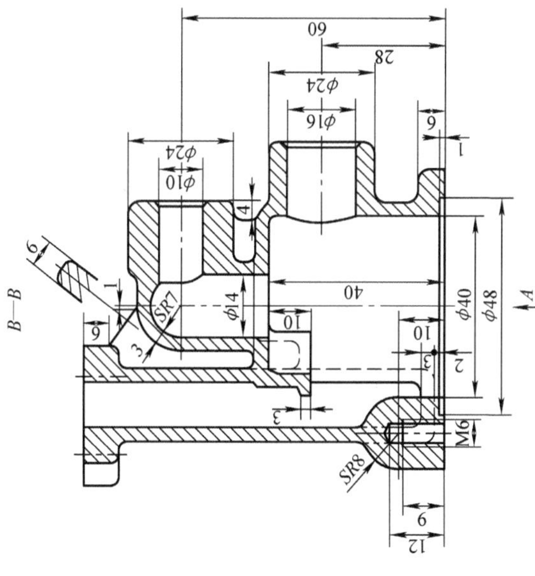

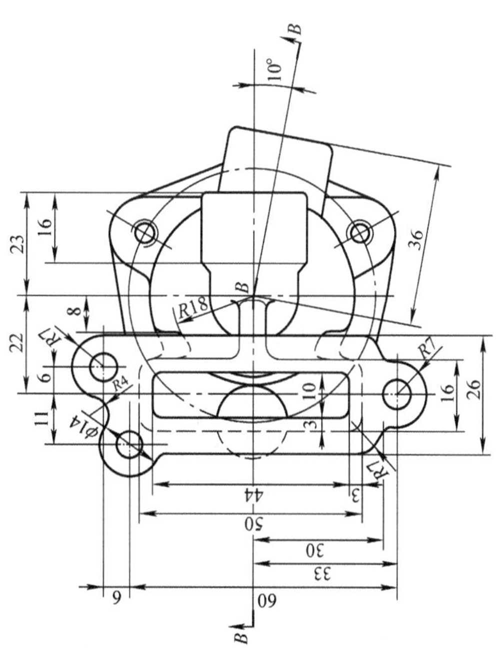

技术要求

1. 未注圆角为R2。
2. 未注倒角为C1。

图　4-246

其余
φ8 锥销孔
2×M8
R5
R10
R35
55
20
35
10
85
R72
140
$114_{-0.5}^{0}$
27
R10
2
12.5
6.3
1.6
R68
50°±3′
50°±3′
50°±3′
φ113±0.05
15°
4×φ6.2 配作
A
A—A
φ20H8
2×R3
C3
42
16
37
2×M20×1.5
74
16
8
8
20
R5
35
14H8
4

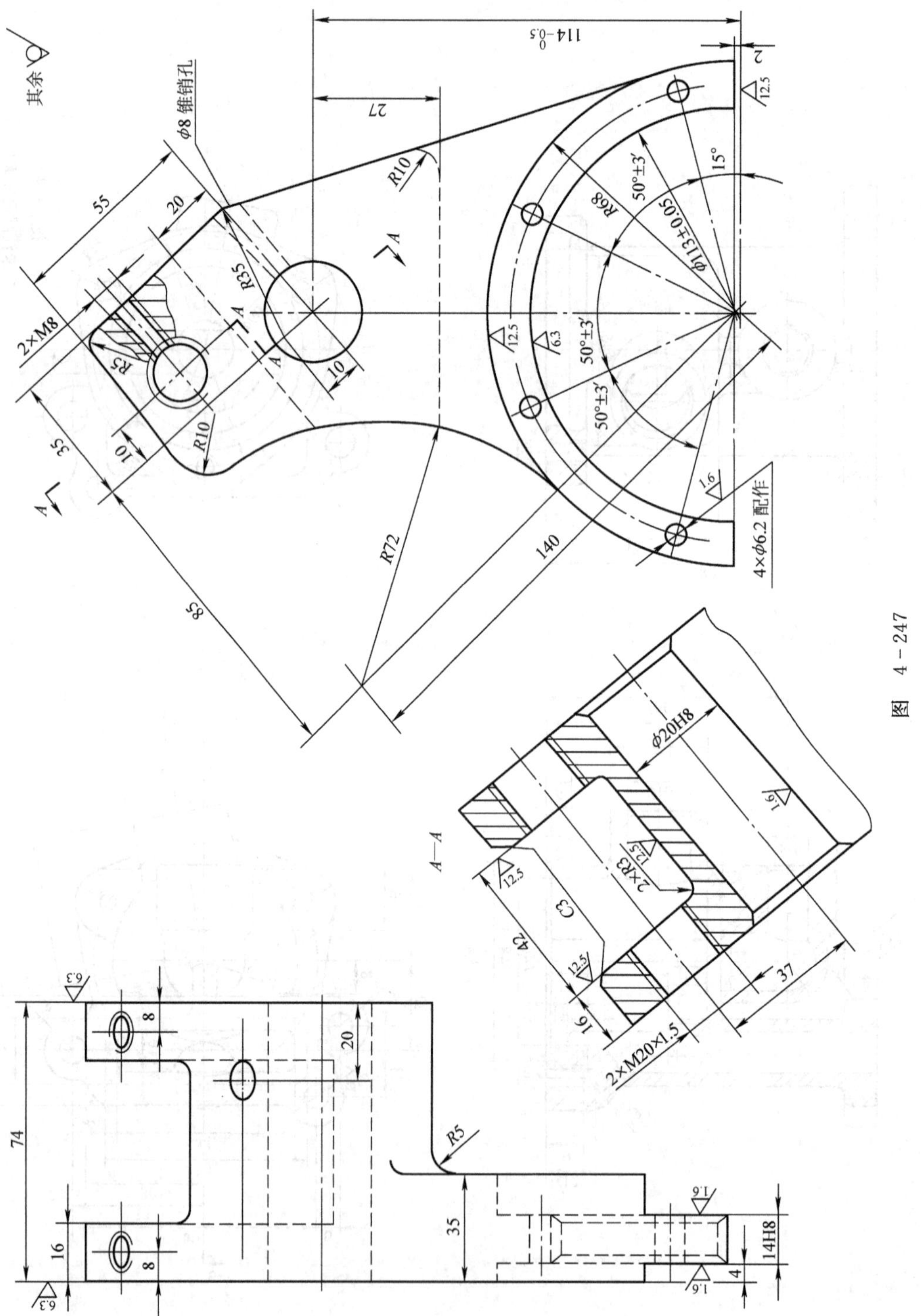

图 4-247

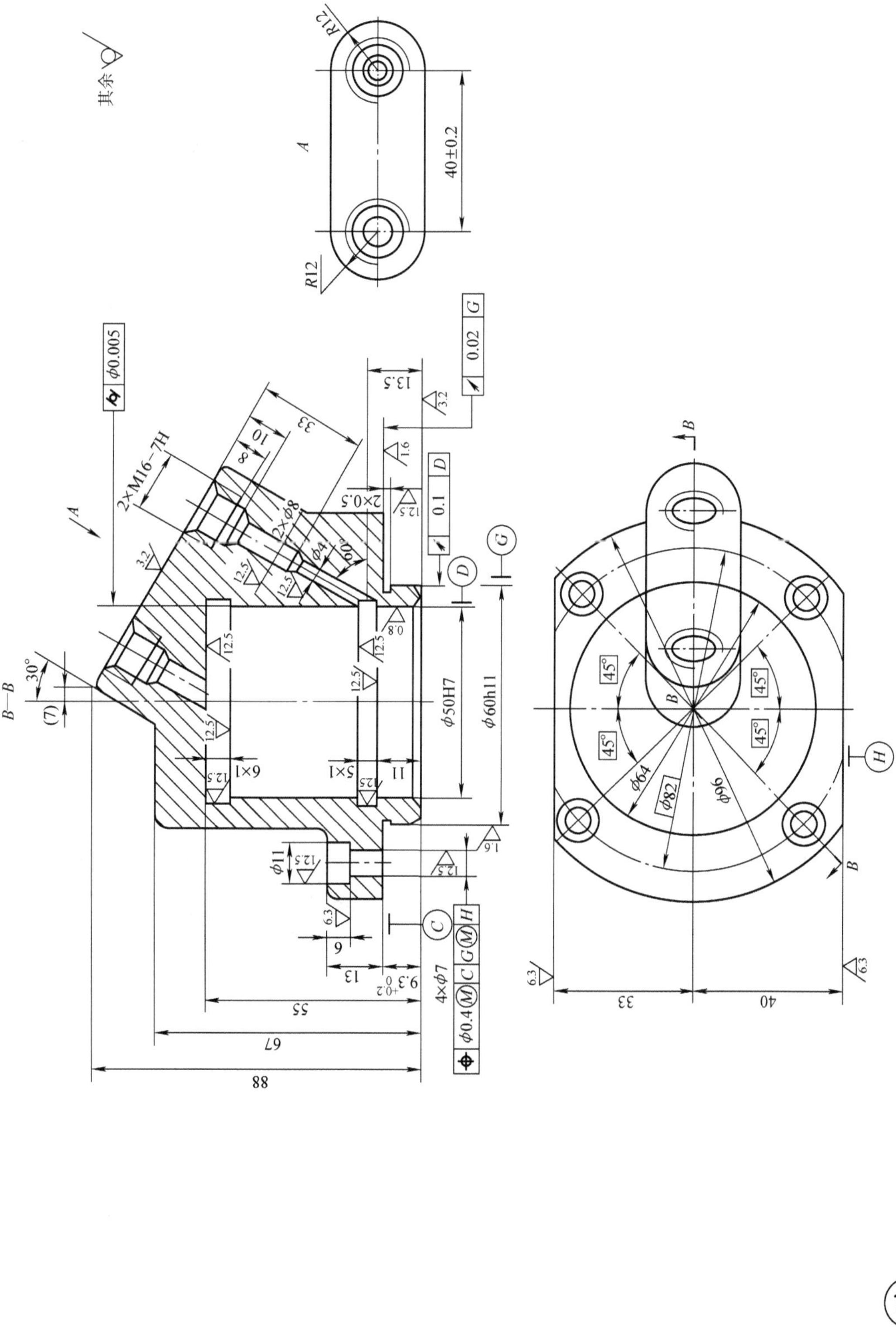

图　4－248

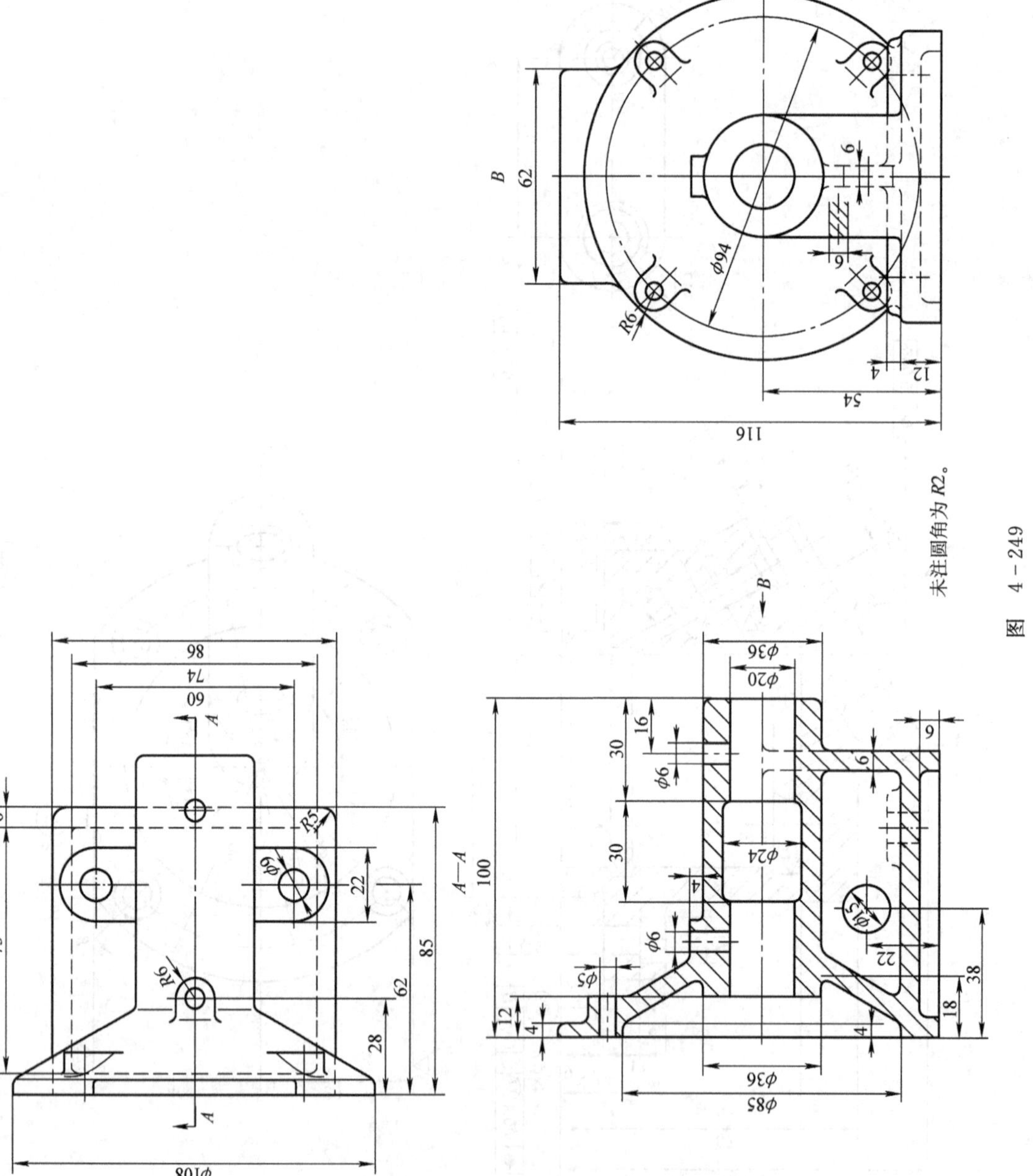

未注圆角为 $R2$。

图 4-249

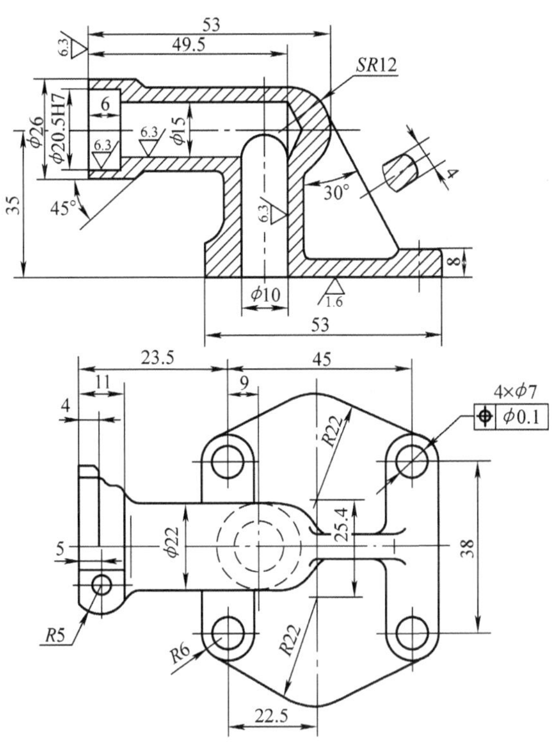

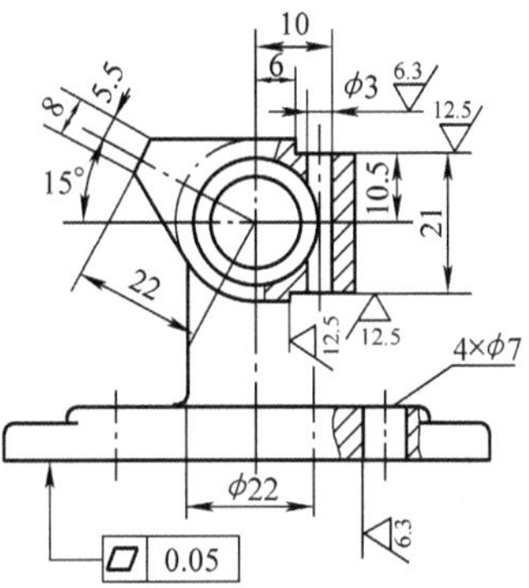

技术要求

未注圆角为 *R*3；材料 ZG230-450。

图　4-250

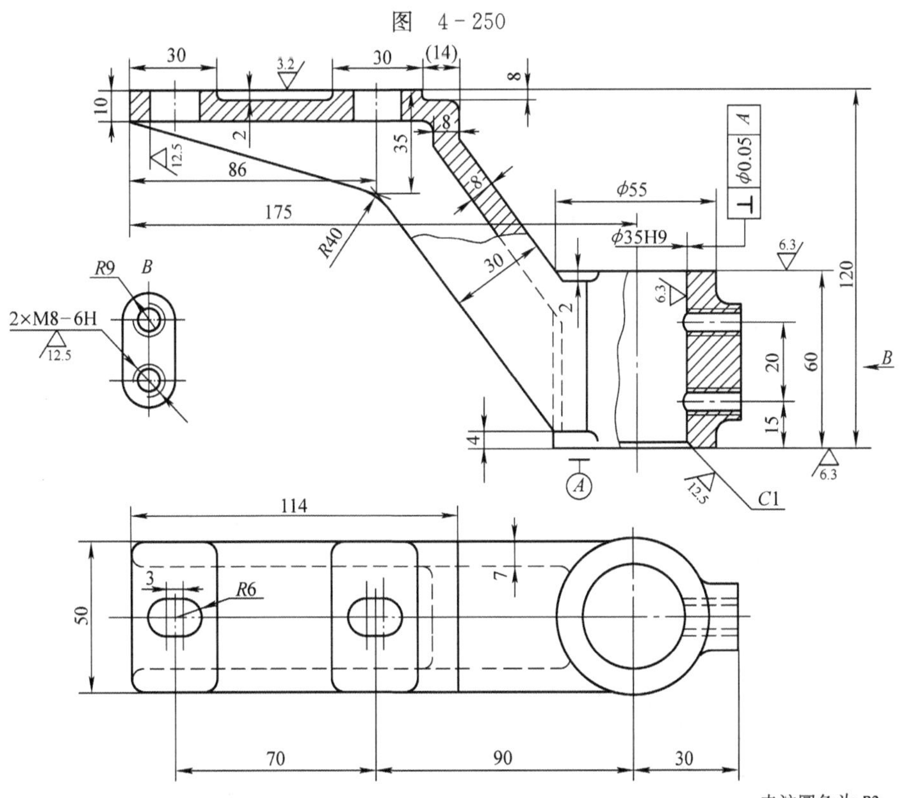

未注圆角为 *R*3

图　4-251

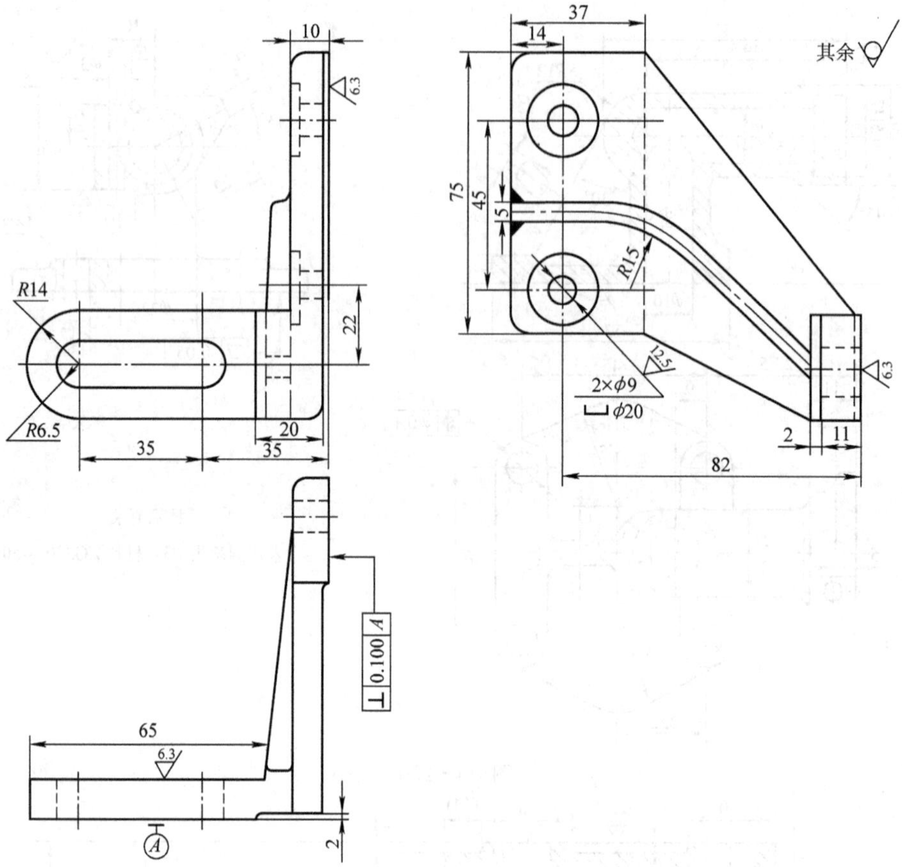

图 4-252

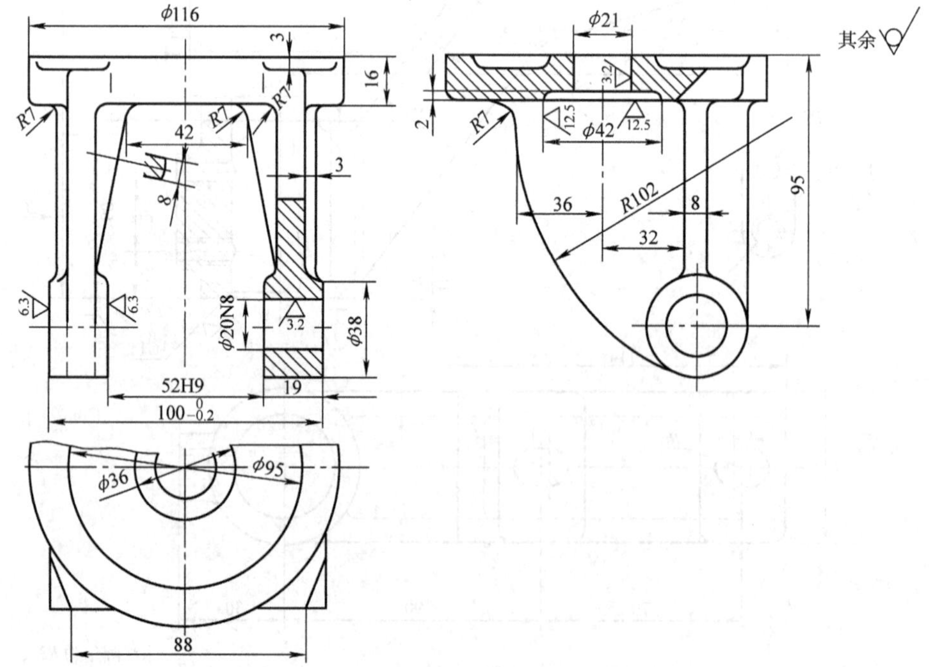

图 4-253

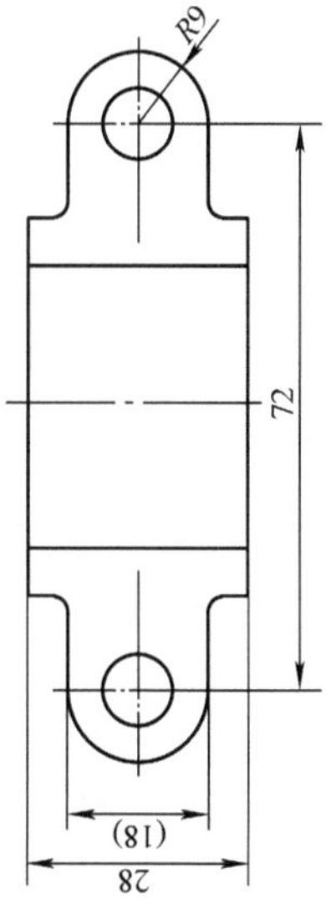

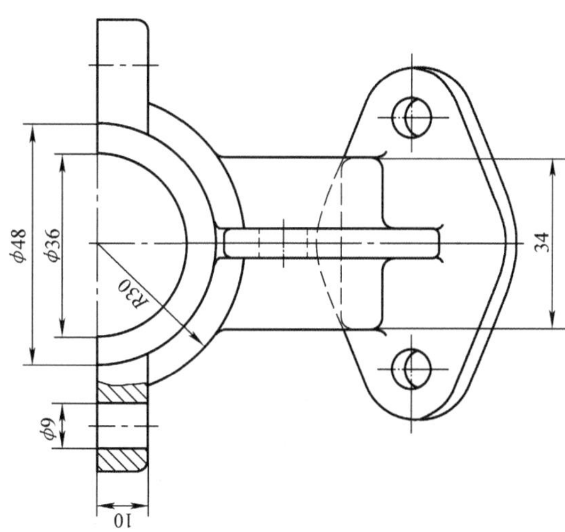

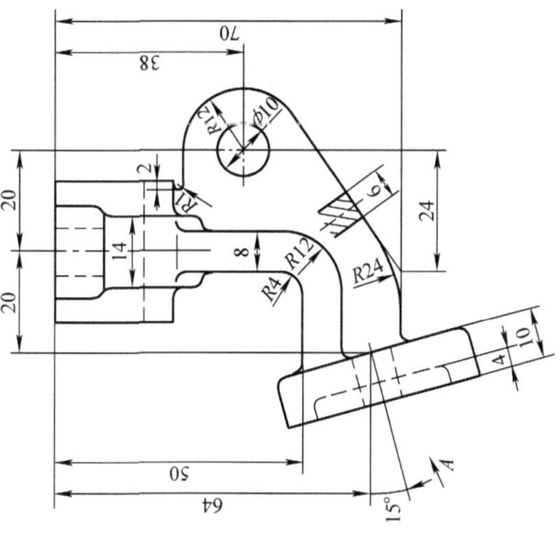

未注圆角为 *R*2。

图　4 - 254

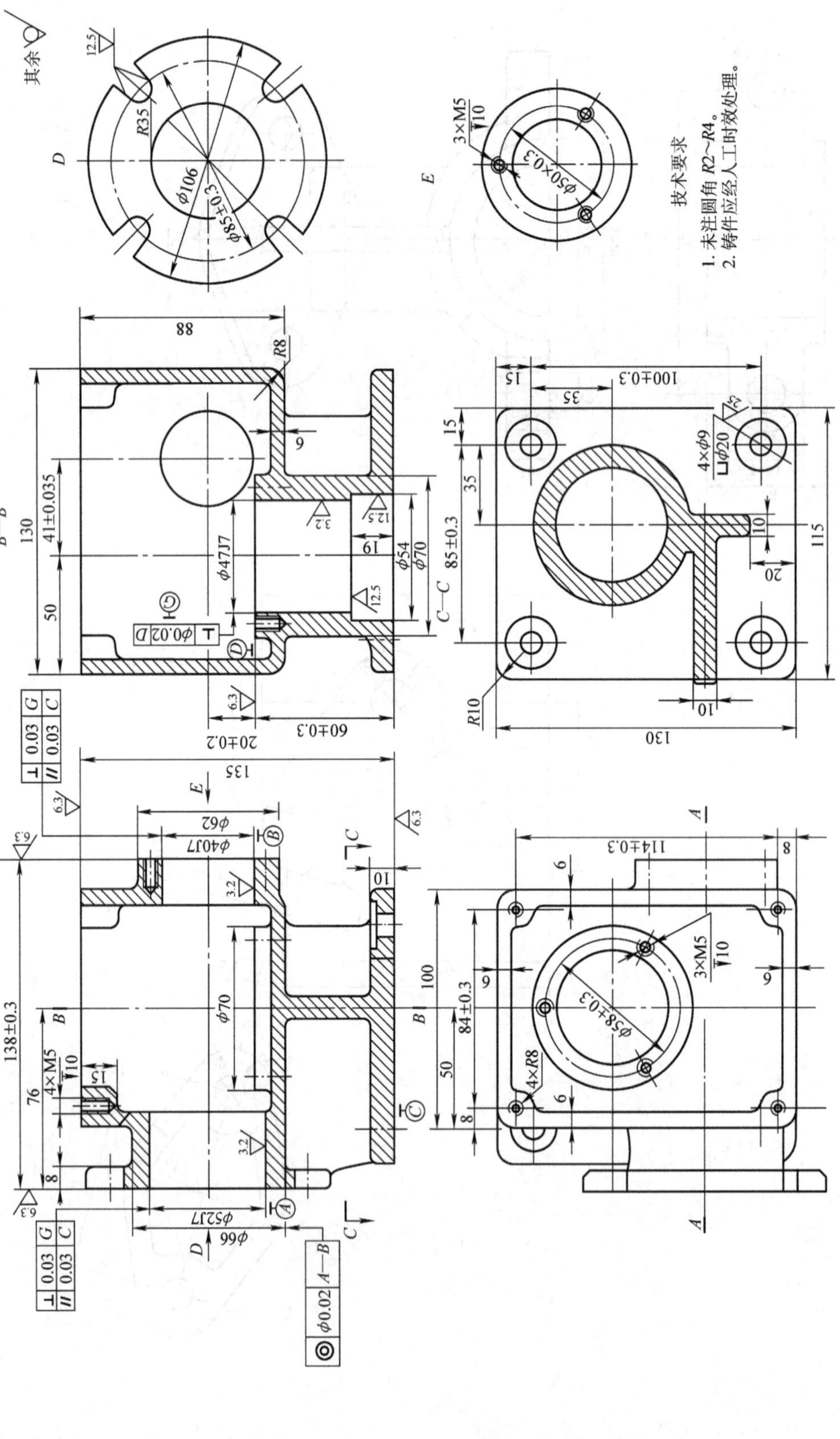

A—A

B—B

其余

D

E

C—C

技术要求

1. 未注圆角 $R2 \sim R4$。
2. 铸件应经人工时效处理。

图 4-255

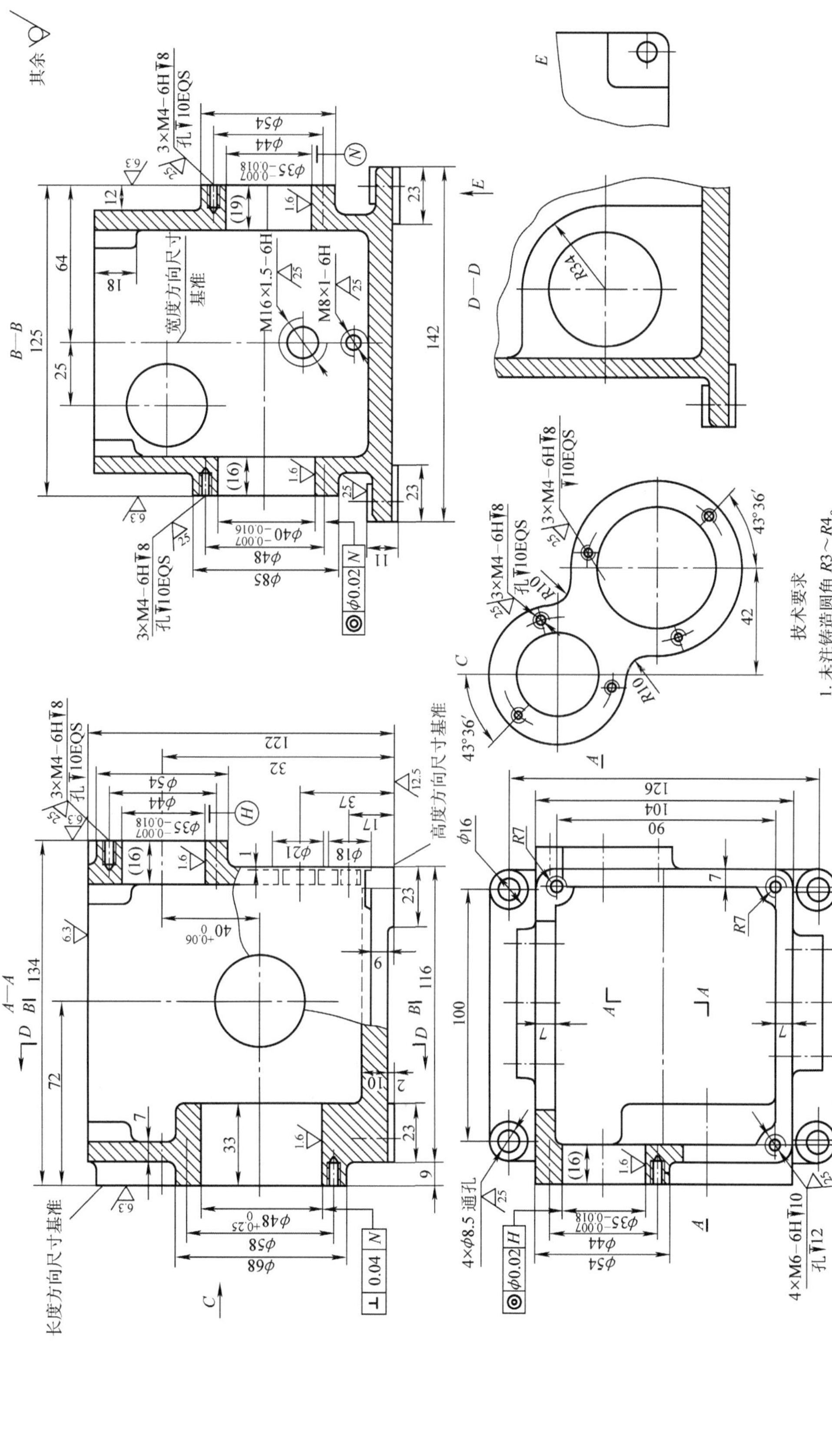

技术要求

1. 未注铸造圆角 $R3 \sim R4$。
2. 人工时效处理。

图 4-256

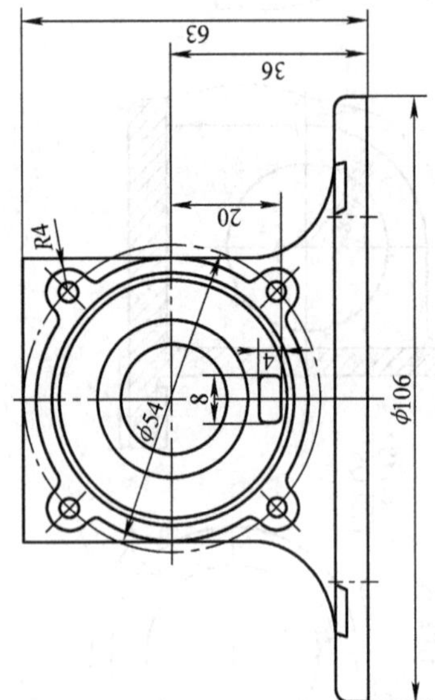

技术要求

1. 未注圆角为*R*2。
2. 未注倒角为*C*1。

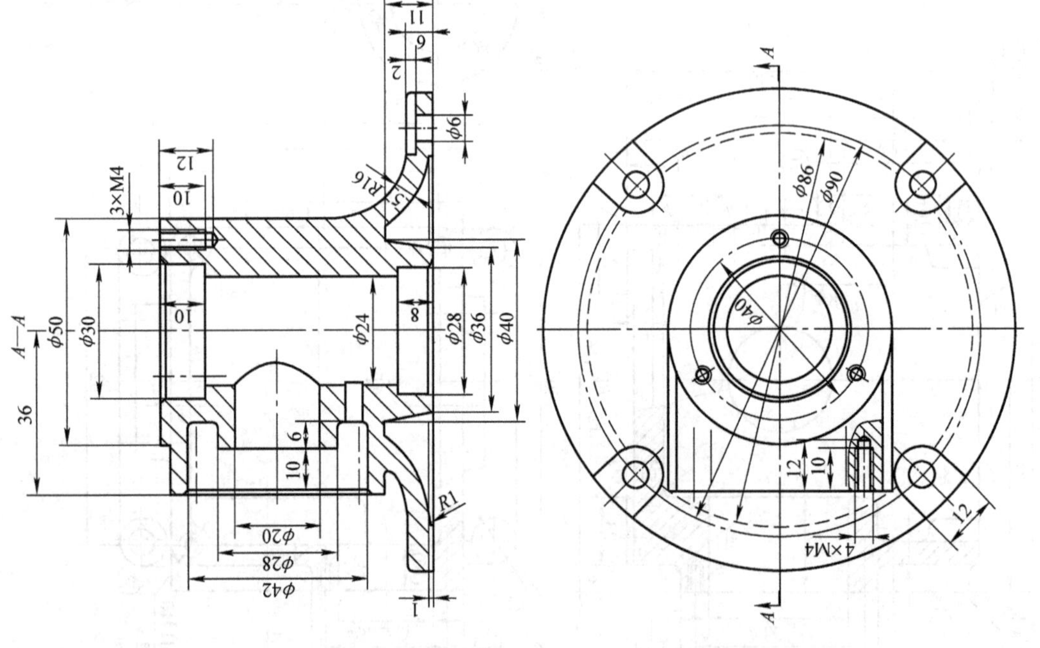

图 4-257

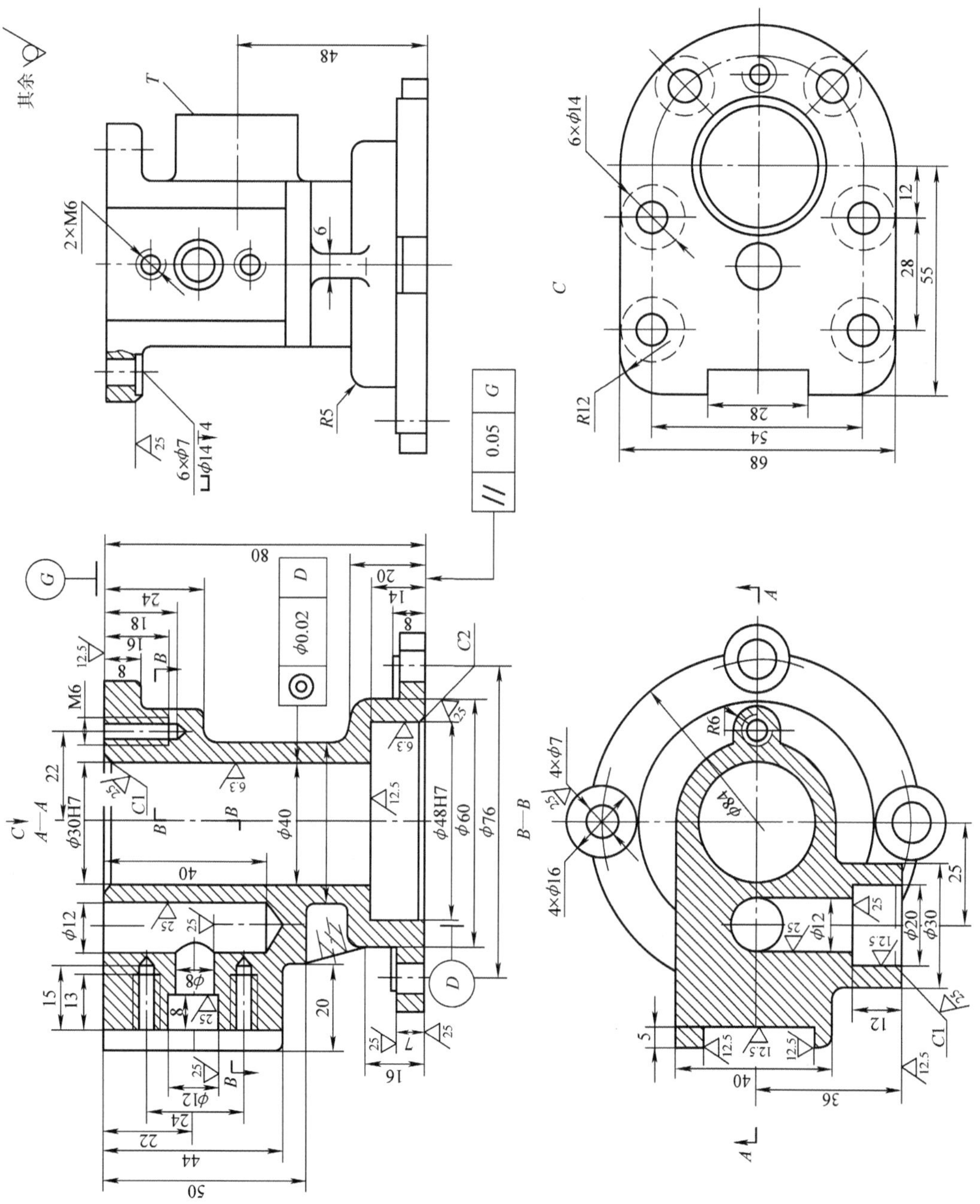
其余
A—A
B—B
C
T
2×M6
6×φ7
φ14↧4
R5
R12
6×φ14
4×φ7
4×φ16
R6
φ84
φ30H7
φ48H7
φ60
φ76
φ40
φ0.02
D
0.05
G

图　4-258

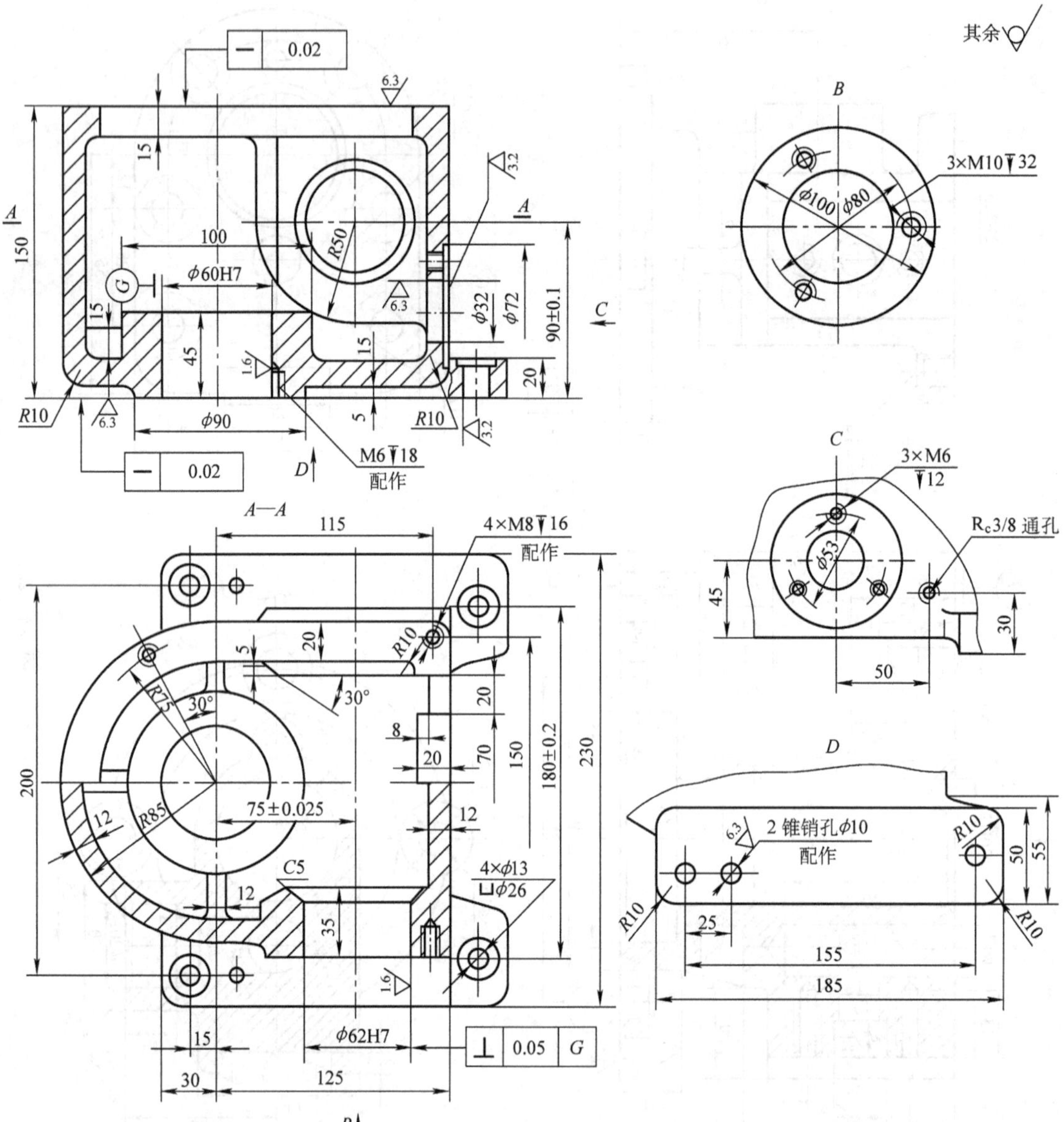

其余

图 4-259

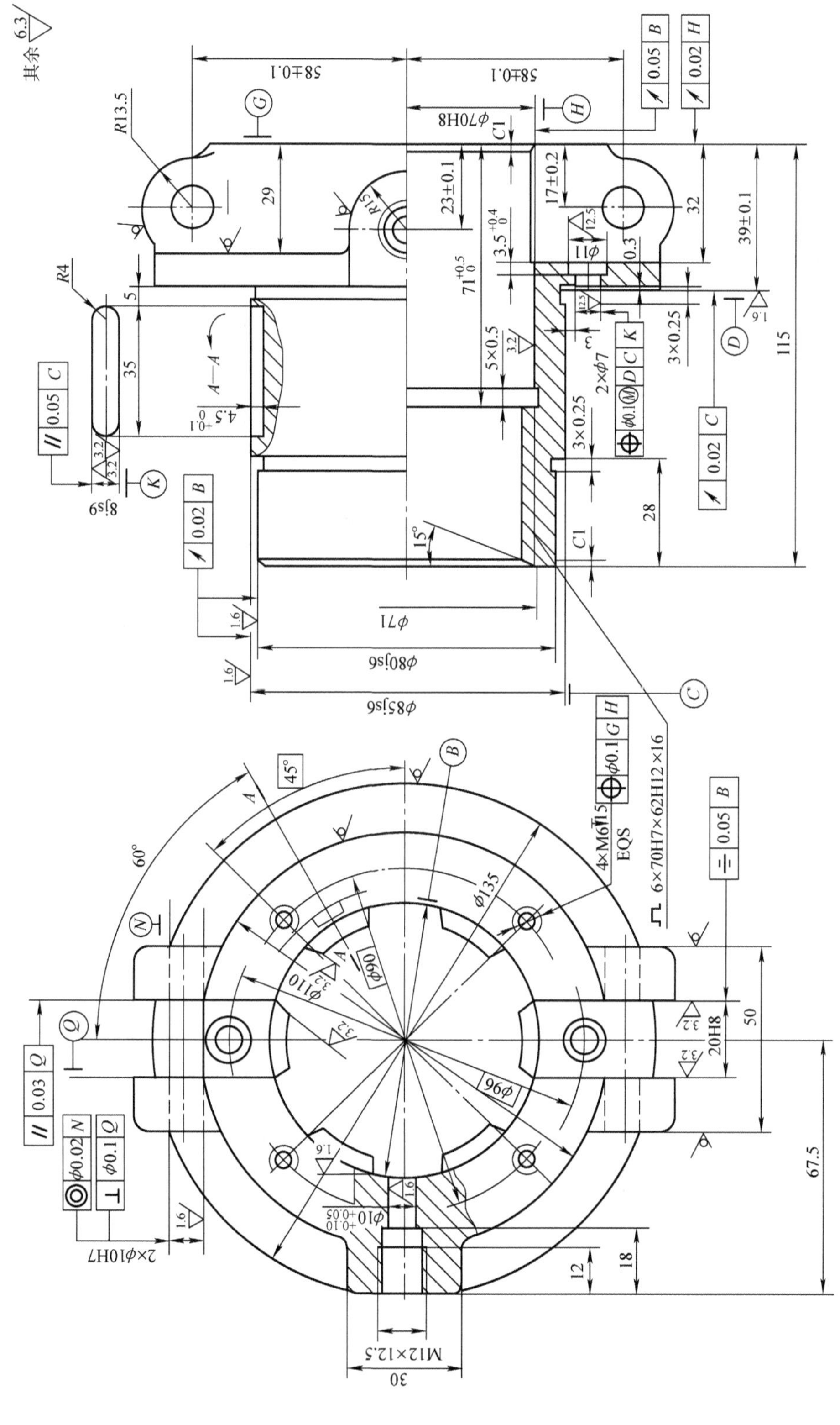

图　4-260

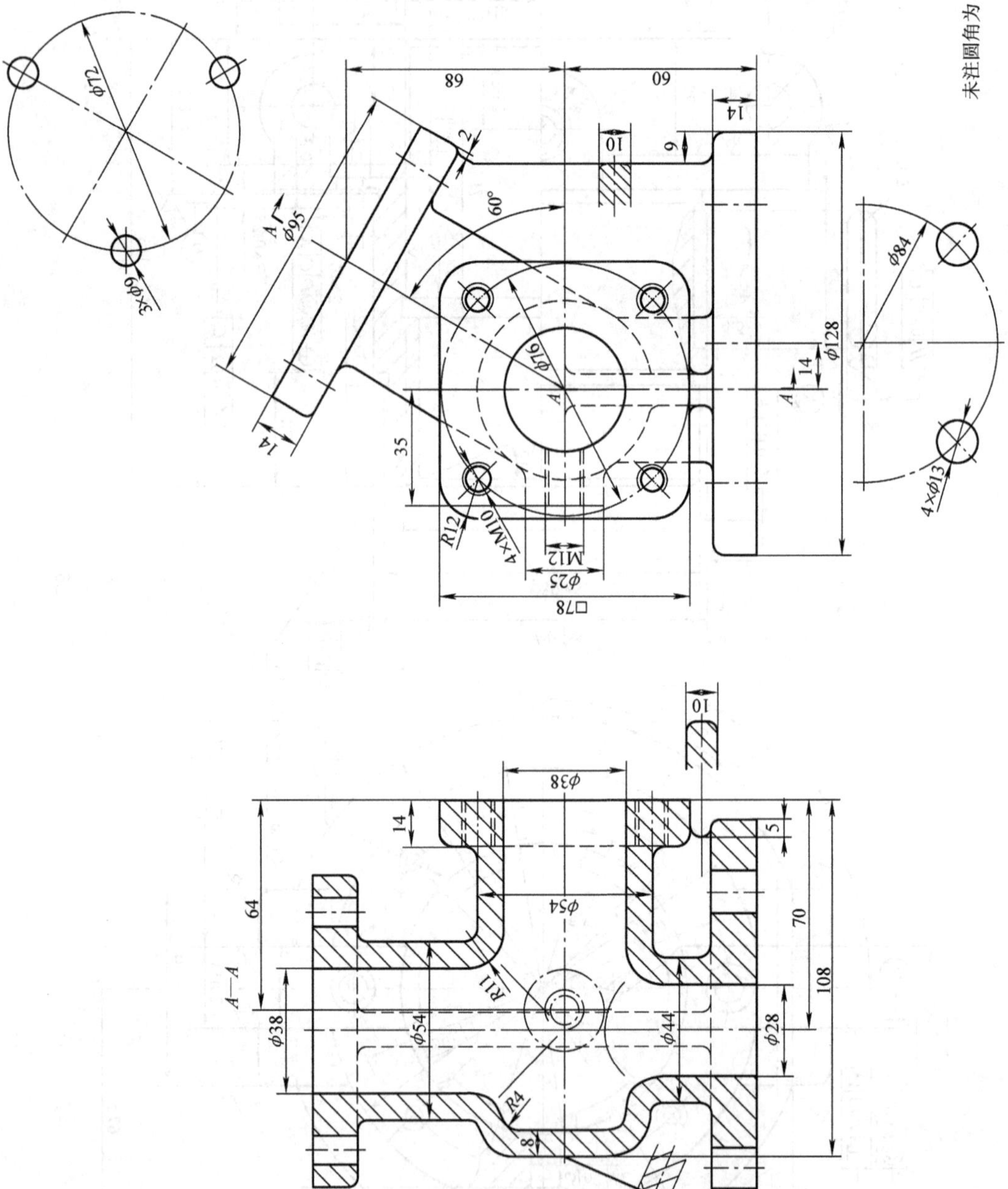

未注圆角为R3。

图 4-261

A—A
其余
2×ϕ6H7
配作
2×M8 钻 25 攻 20
配作
M10 钻 30 攻 25
ϕ30H7 +0.025 0
ϕ40
ϕ60
未注圆角 R10。

ϕ20
ϕ16H7 +0.021 0
ϕ18
2×ϕ6H7
配作
80±0.01
2×M8 钻 25 攻 20
配作
175

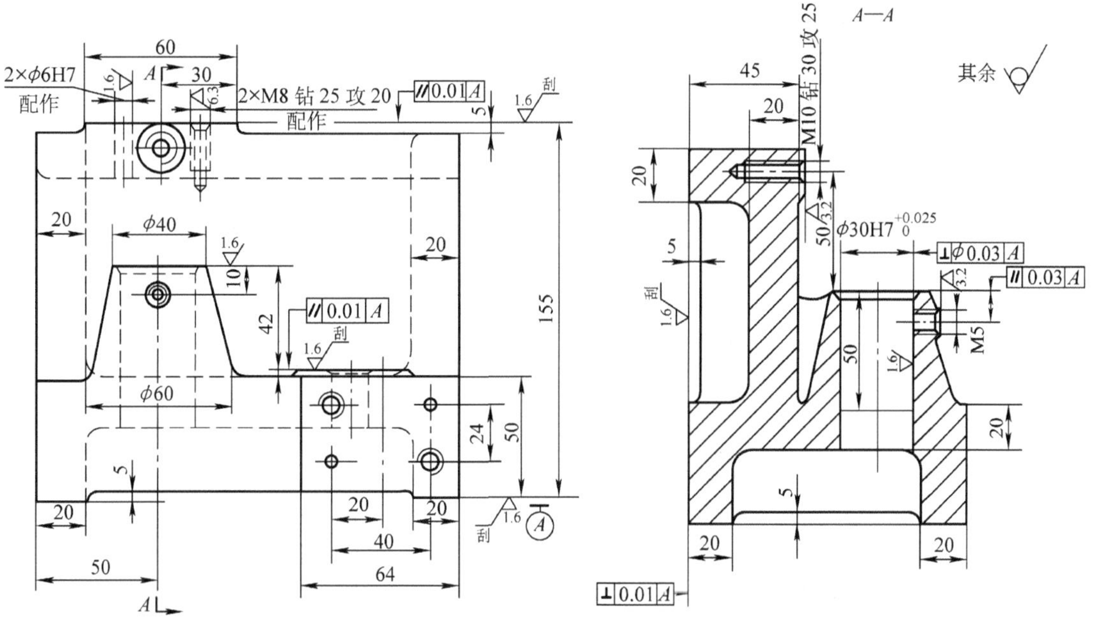

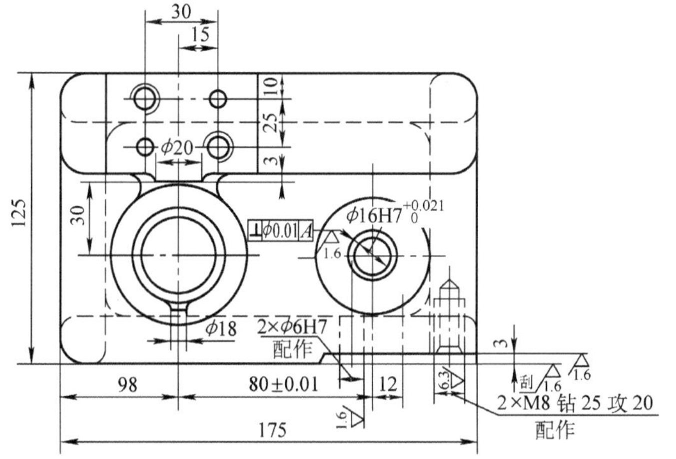

图 4-262

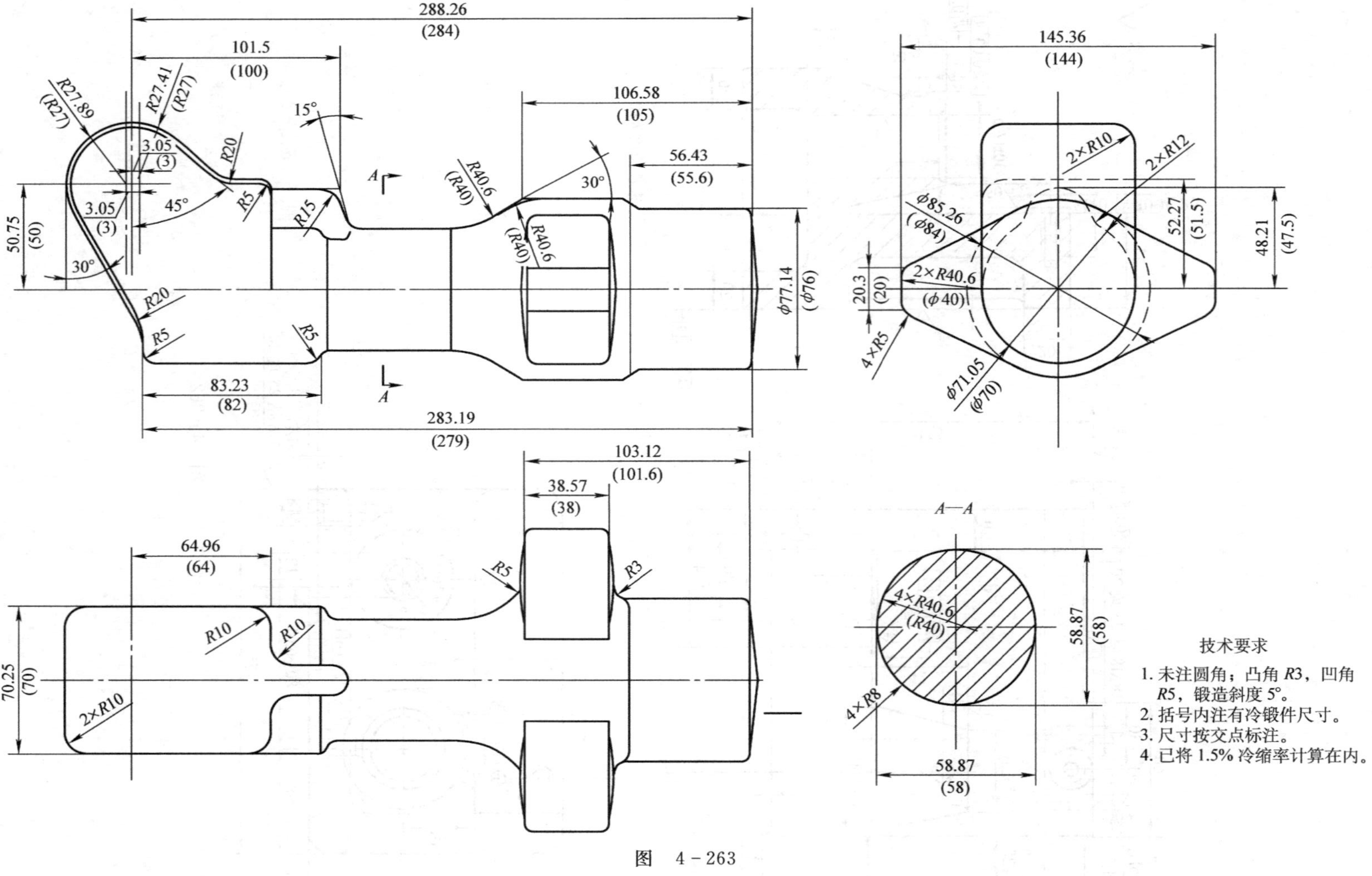
A—A
技术要求
1. 未注圆角，凸角 R3，凹角 R5，锻造斜度 5°。
2. 括号内注有冷锻件尺寸。
3. 尺寸按交点标注。
4. 已将 1.5% 冷缩率计算在内。

图 4-263

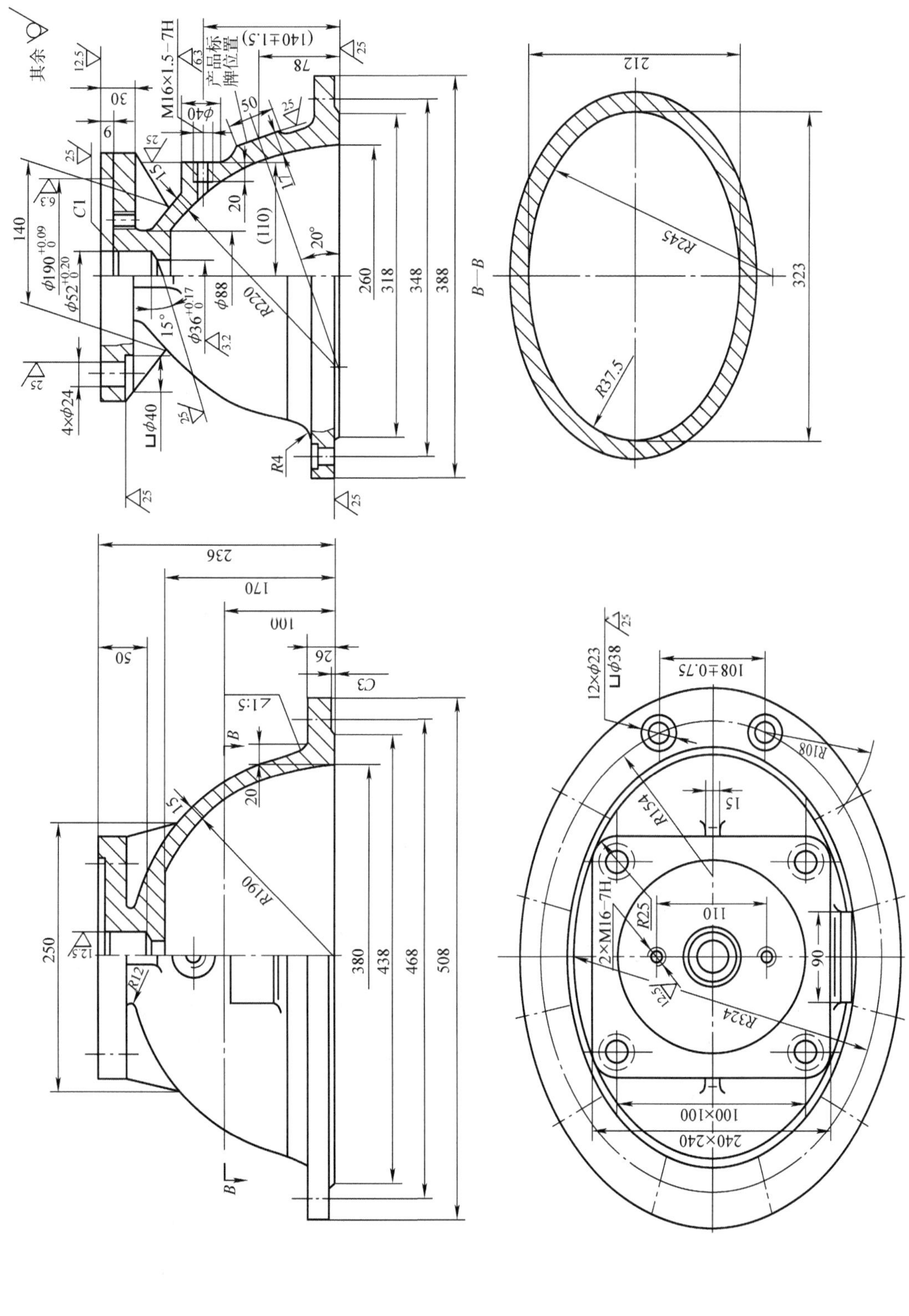
其余
12.5
30
6
M16×1.5-7H
6.3
产品标牌位置
(140±1.5)
78
25
ϕ40
50
15
C1
140
ϕ190$^{+0.09}_{0}$
ϕ52$^{+0.20}_{0}$
ϕ36$^{+0.17}_{0}$
ϕ88
R220
3.2
15°
20
(110)
17
20°
260
318
348
388
4×ϕ24
ϕ40
R4
B—B
212
R245
R37.5
323
236
170
100
50
26
C3
1:5
B
250
R190
380
438
468
508
R12
12×ϕ23
ϕ38
108±0.75
R108
R154
2×M16-7H
R25
110
90
R324
100×100
240×240

图 4-264

后视图
191.5
(95.75)
(91.1)
6×R21.1
3×R161.3
3×R203.2
6×R25.4
182.2
96.3
157.7
60°
60°
C
C
4×6.4
35.8
(63.1)
126.2
A
B
B
A
C—C
50.8
17.8
R3
1°
19.05
41.9
R3.3
(φ9.8)
B—B
R3.3
5°
10.2
18
A—A
φ63.2
φ24.5
28.4
2.8
19.1
8.9°
50.3
44.5
25.4
25°
R12.7
R3.3
φ16.3 +0.5 0
158.2
4×φ9.8
221.5
φ47.5
技术要求
1. 无缩孔、气孔等铸造缺陷。
2. 表面防锈处理。
3. 未注尺寸公差：±0.5。
4. 圈出尺寸为加工部位，重点检验。

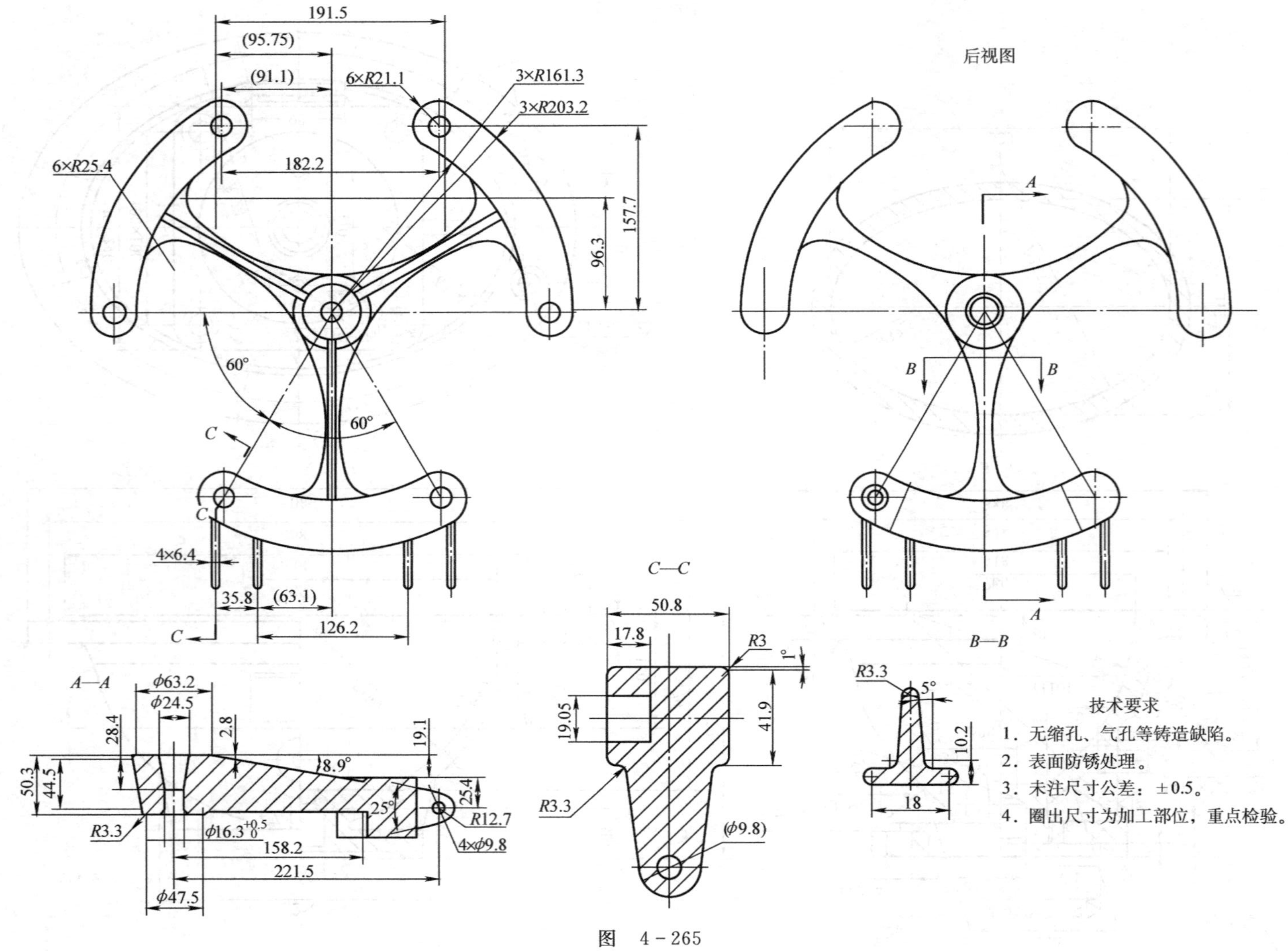

图 4-265

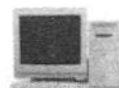

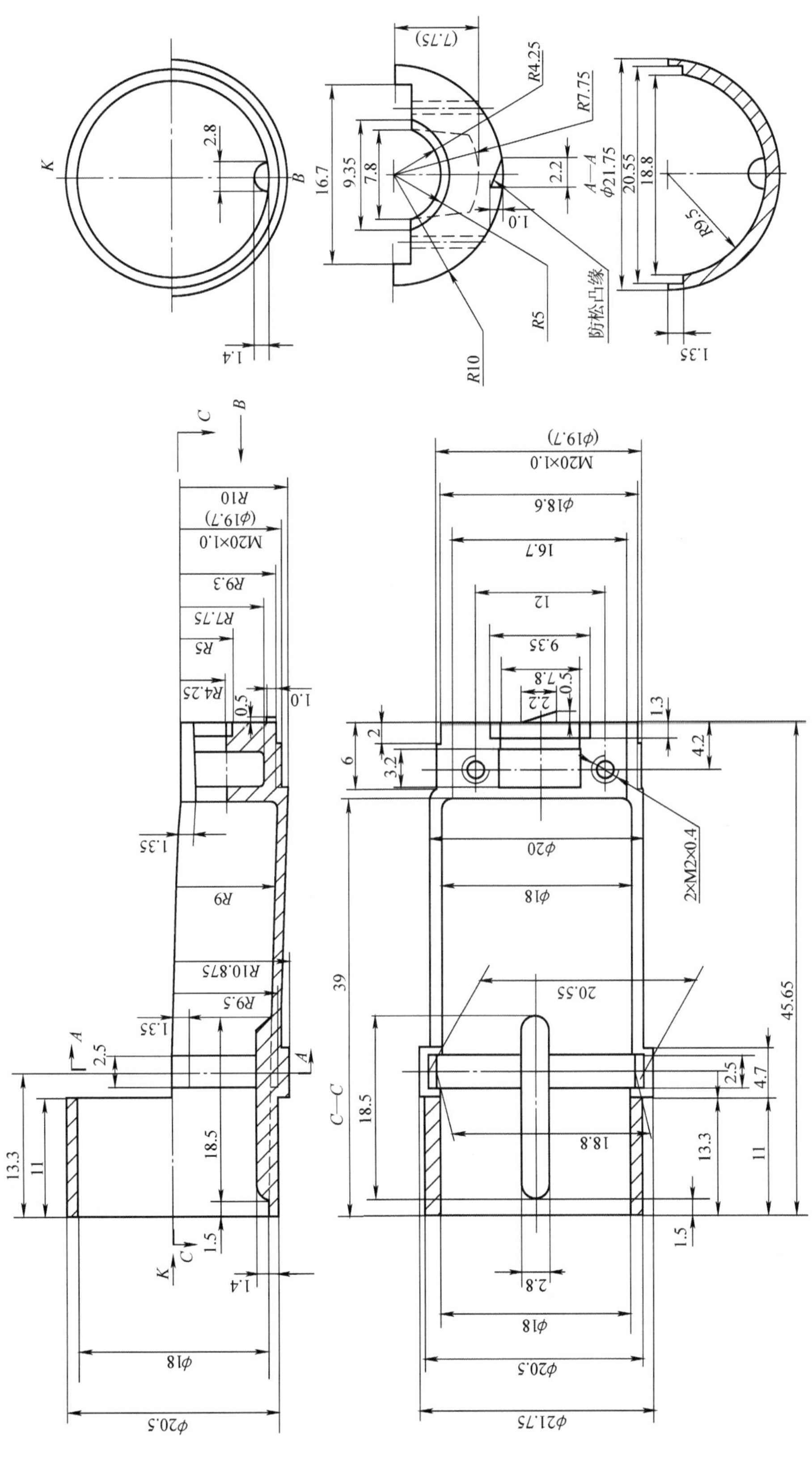

K
B
2.8
1.4
(7.75)
R4.25
R7.75
16.7
9.35
7.8
2.2
1.0
R5
R10
防松凸缘
A—A
ϕ21.75
20.55
18.8
R9.5
1.35
C
R10
(ϕ19.7)
M20×1.0
R9.3
R7.75
R5
R4.25
0.5
1.0
1.35
R9
R10.875
R9.5
A
2.5
13.3
11
18.5
1.5
ϕ18
ϕ20.5
(ϕ19.7)
M20×1.0
ϕ18.6
16.7
12
9.35
7.8
0.5
2.2
1.3
2
6
3.2
4.2
2×M2×0.4
ϕ20
ϕ18
39
20.55
C—C
18.5
2.5
4.7
18.8
13.3
11
45.65
2.8
ϕ21.75

图　4－266

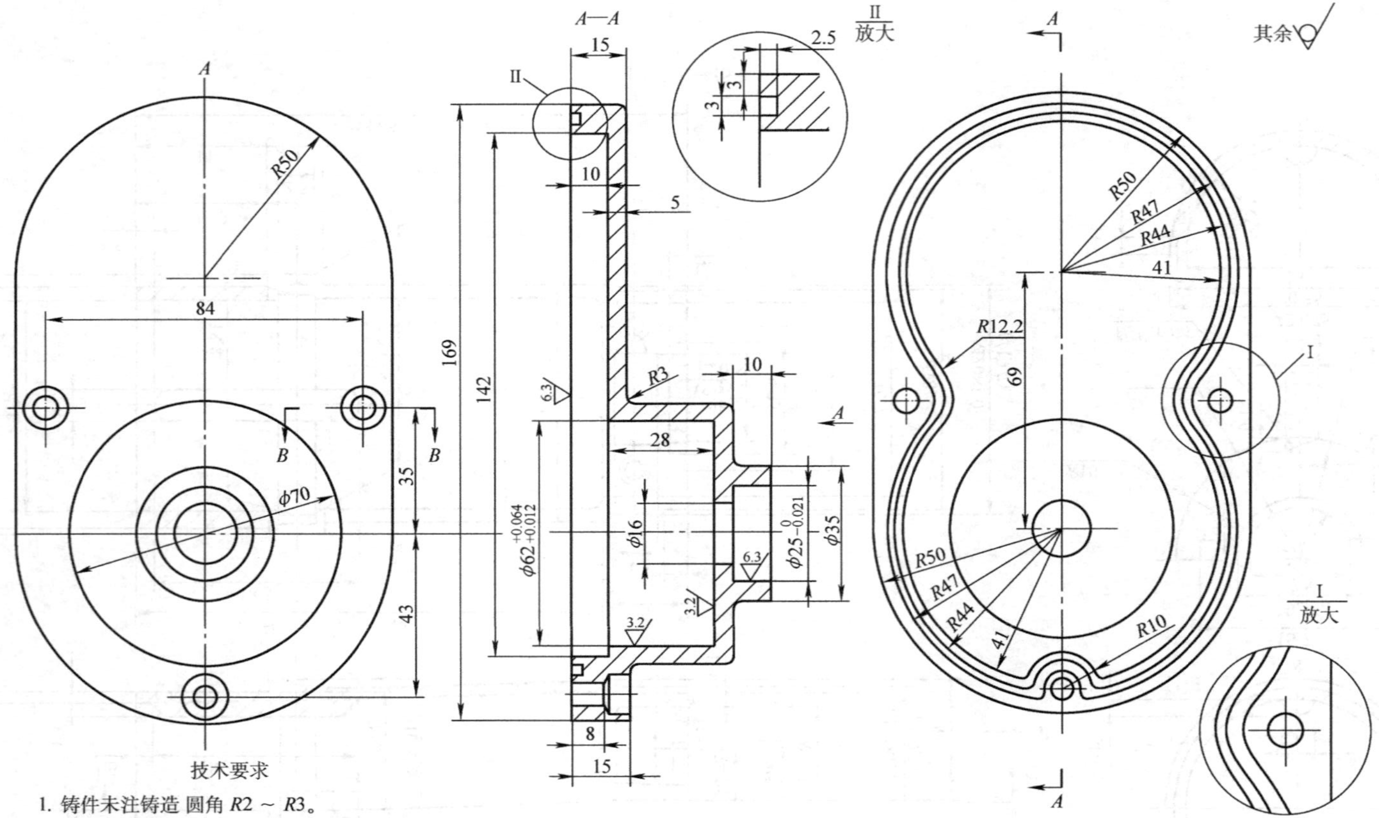

其余

技术要求

1. 铸件未注铸造 圆角 $R2$ ~ $R3$。
2. 铸件不得有砂眼、气孔、夹杂、裂缝等铸造缺陷。
3. 铸件所有加工面，加工余量为 0.8 ~ 1.5。
4. 铸件回火、表面喷砂处理。
5. 环形密封槽、铸造成型 3×2.5 深公差 ±0.1。
6. 所有加工面未注公差 ±0.05。
7. 加工面未注倒角 $C0.5$。
8. 所有加工面不得有撞伤、撞毛等缺陷。
9. 总装前工件表面喷塑处理，不得有撞伤。

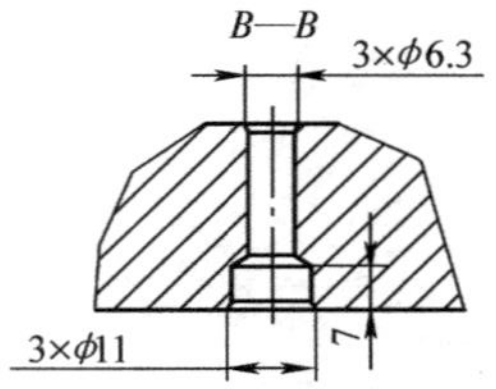

图 4-267

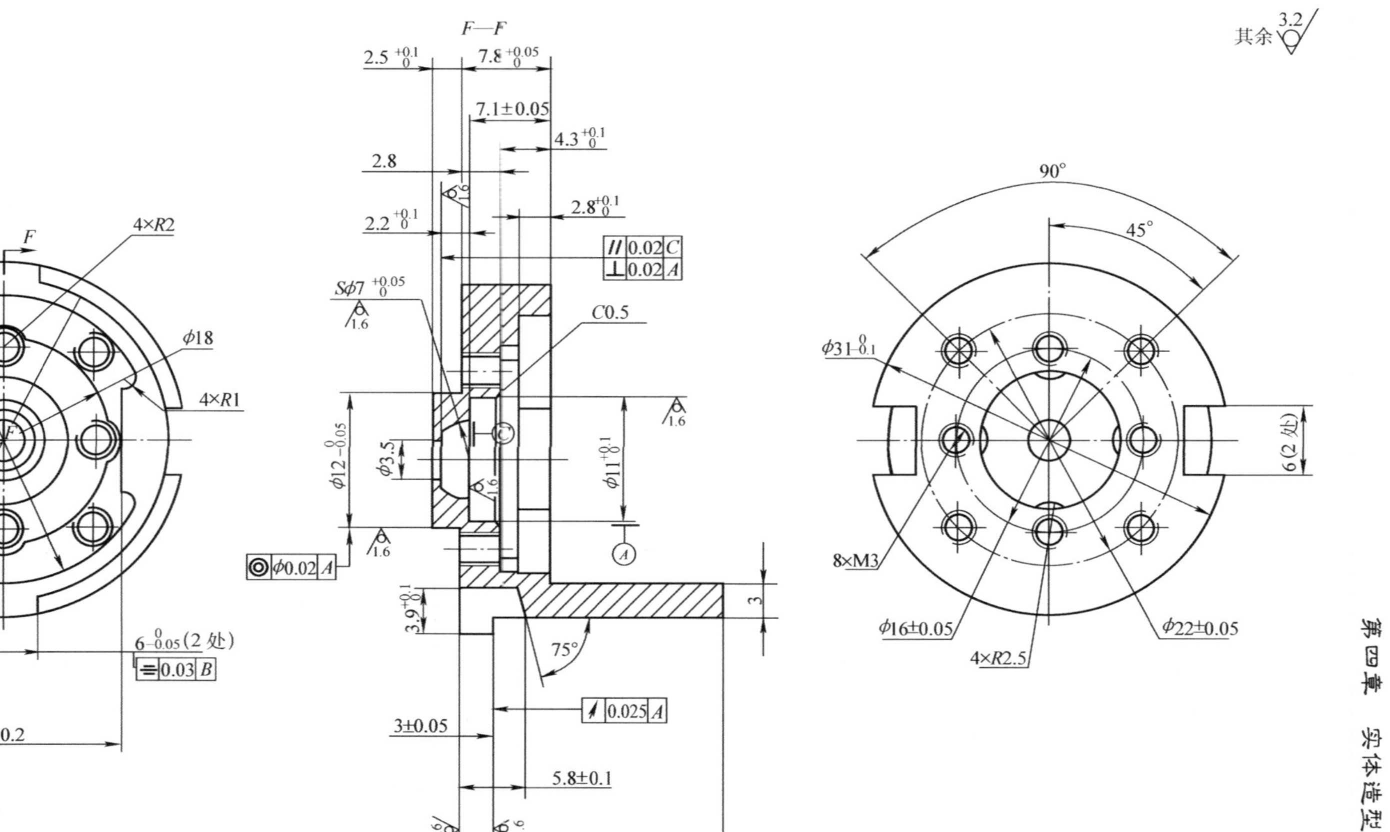

技术要求

1. 未注圆角R=0.5。
2. 毛刺不大于 0.05。
3. 未注公差尺寸按 GB/T1804—m 级。

图 4-268

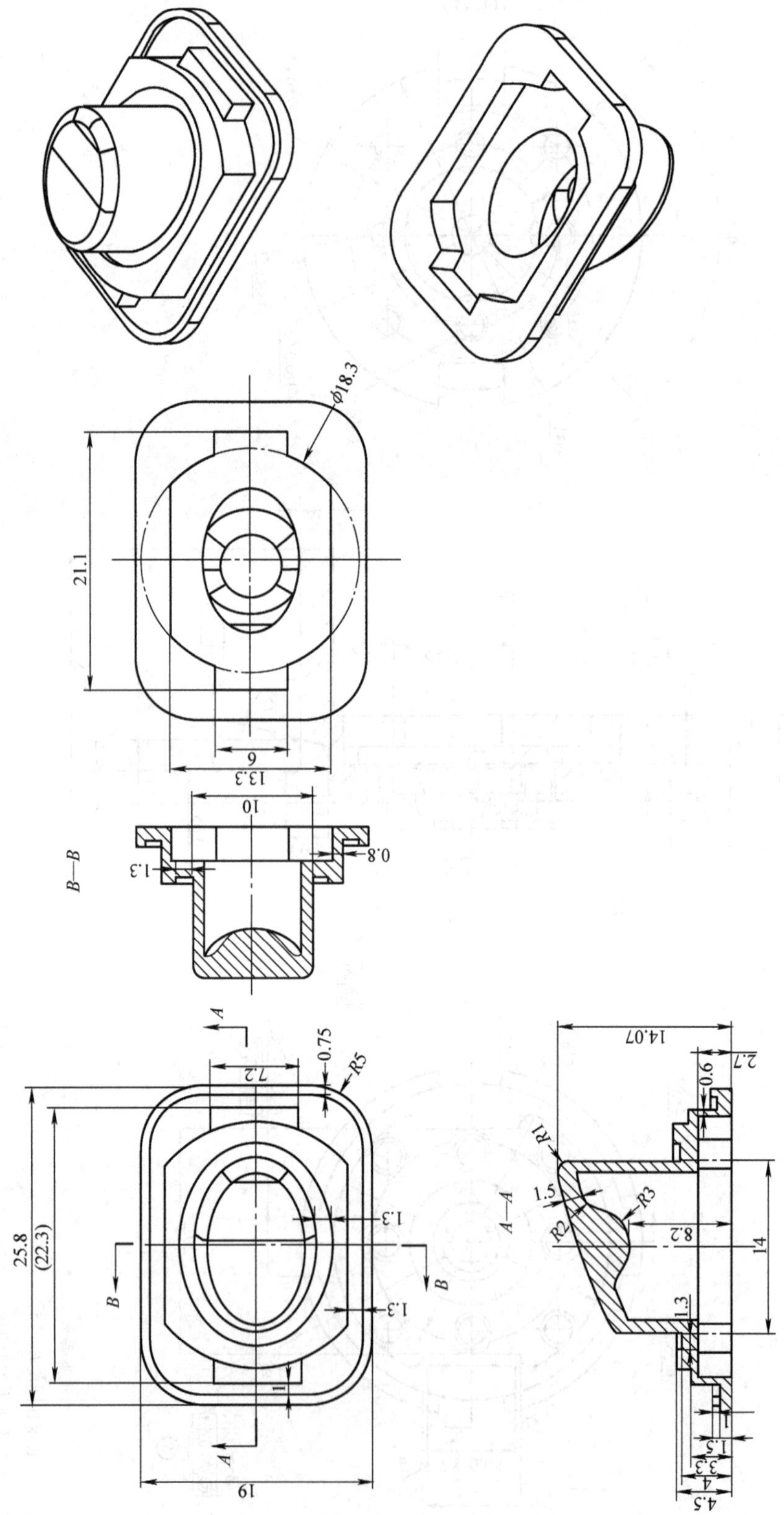

图 4－269

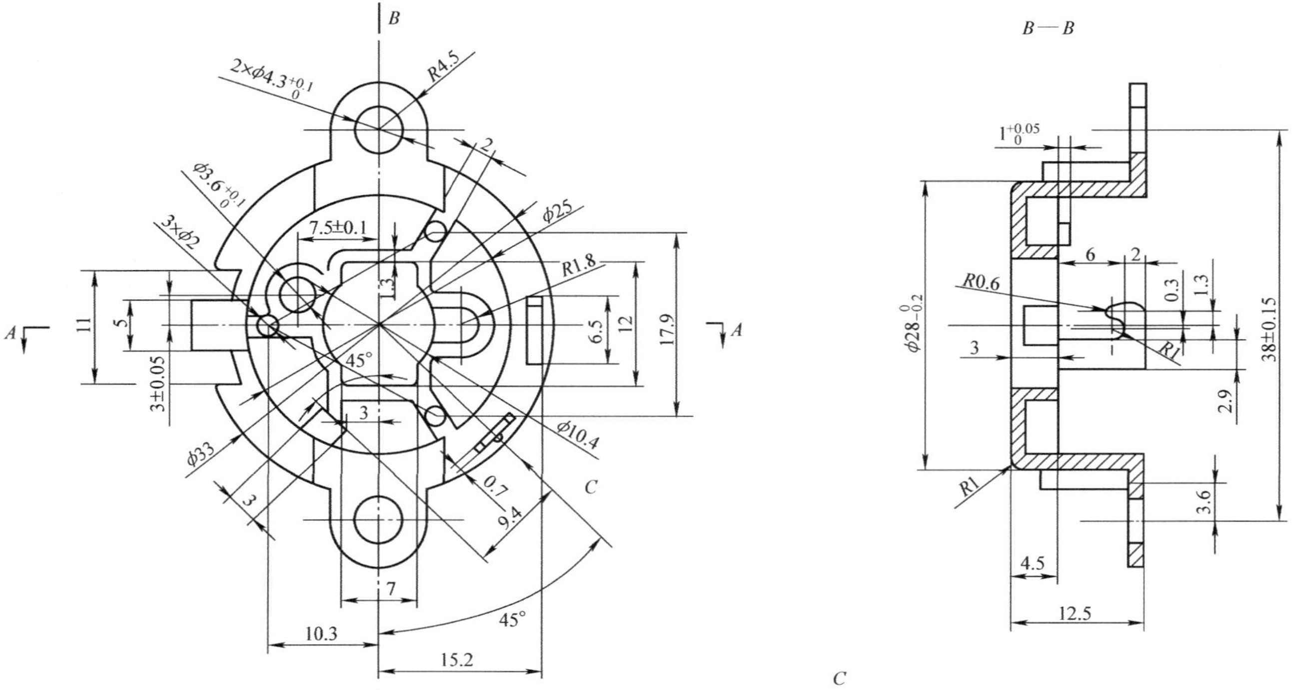

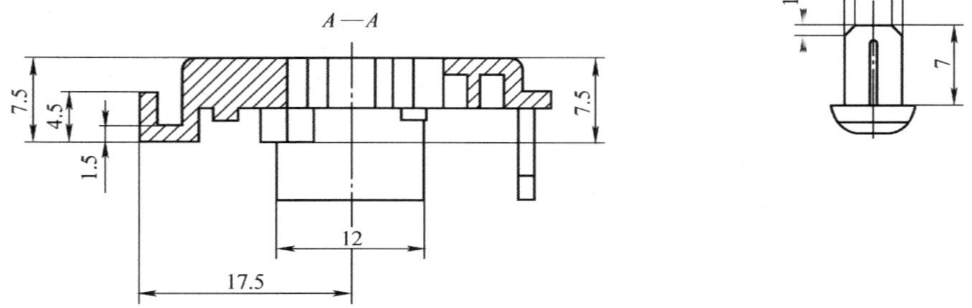

技术要求

1. 表面粗糙度为 1.6 ，不允许有裂痕、毛刺等缺陷存在。
2. 未注圆角处均为 $R0.5$。
3. 成形后消除内应力。
4. 材料基本厚度为1.5。
5. 未注公差按GB/T 1804–m 级规定。
6. 产品上表面镀铬处理。

图　4－270

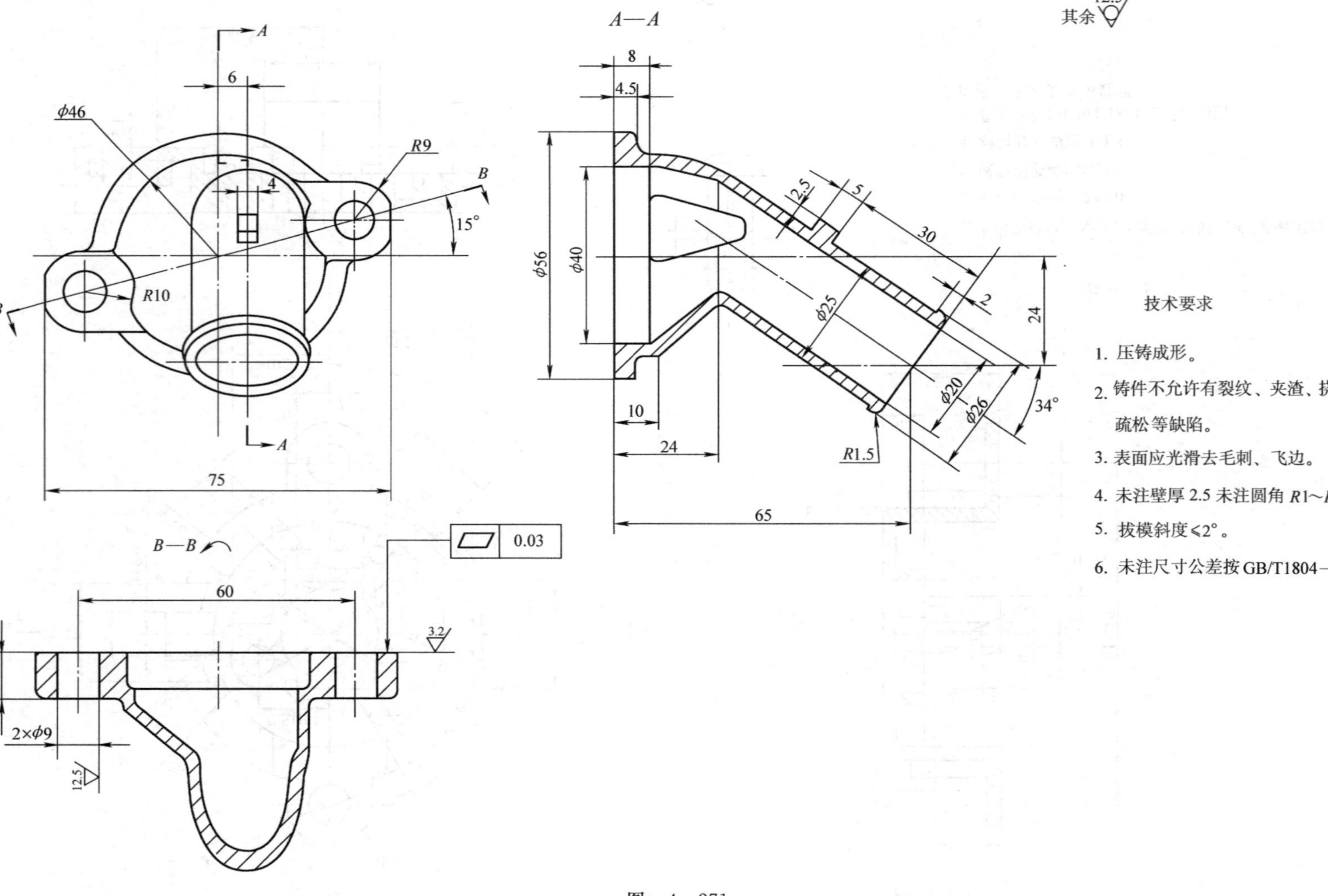

技术要求

1. 压铸成形。
2. 铸件不允许有裂纹、夹渣、挠不足、疏松等缺陷。
3. 表面应光滑去毛刺、飞边。
4. 未注壁厚 2.5 未注圆角 $R1\sim R2$。
5. 拔模斜度≤2°。
6. 未注尺寸公差按 GB/T1804—m。

图 4-271

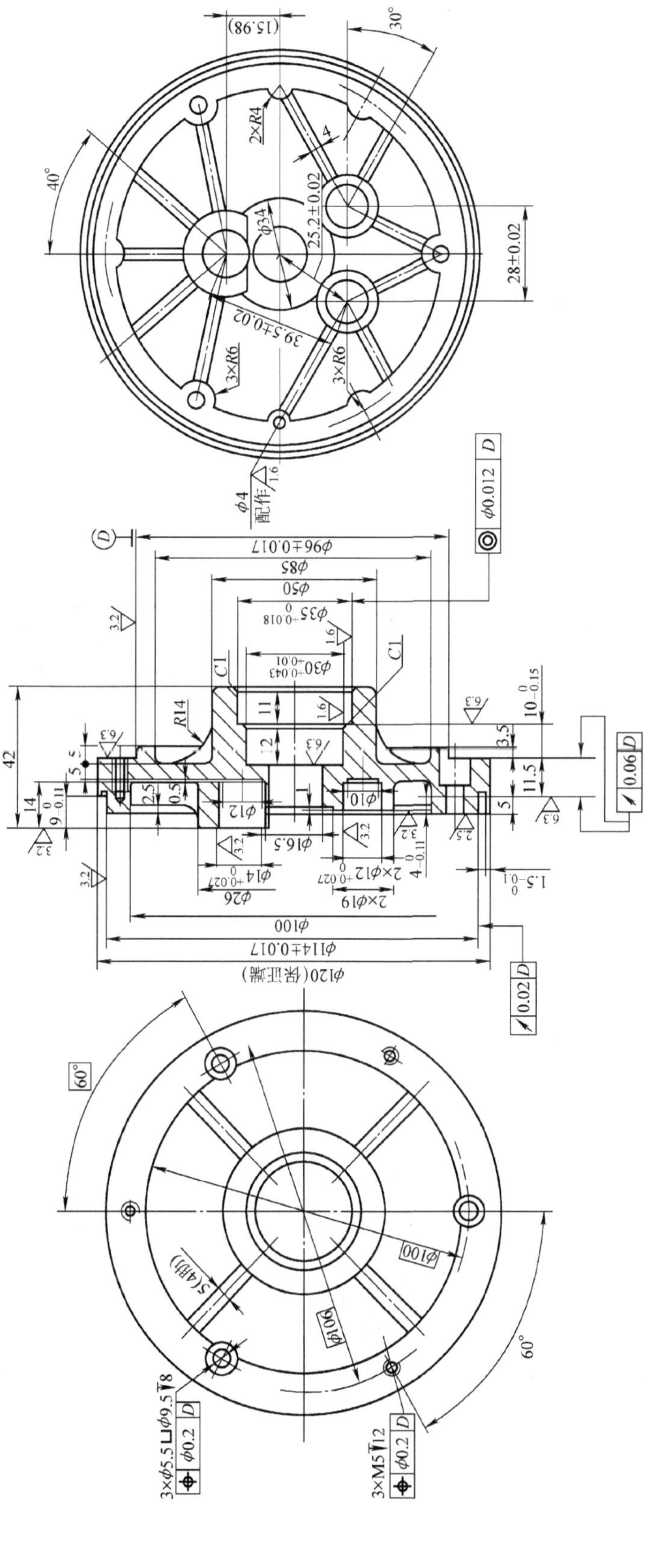

技术要求

1. 压铸件不允许有缩孔，气孔疏松，冷夹等缺陷。
2. 未注铸造圆角半径小于 $R3$。
3. 保证端尺寸必须与箱体尺寸一致。
4. 未注金加工倒角 $C0.5$。

图 4-272

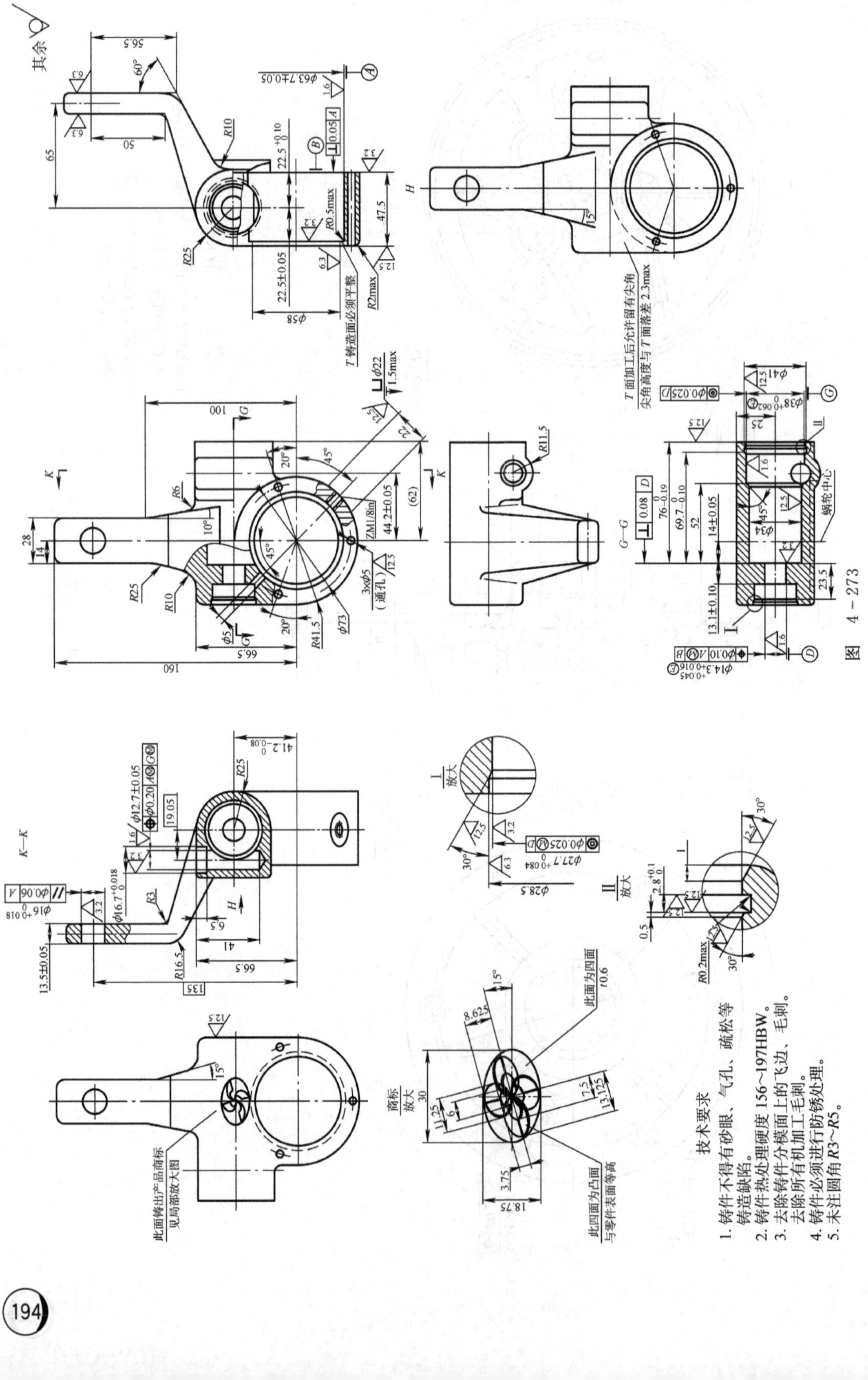
其余
K—K
G—G
蜗轮中心
T 铸造面必须平整
T 面加工后允许留有尖角
尖角高度与 T 面落差 2.3max
此面铸出产品商标
见局部放大图
此面为凹面
此四面为凸面
与零件表面等高
商标
放大
I
放大
II
放大
技术要求
1. 铸件不得有砂眼、气孔、疏松等铸造缺陷。
2. 铸件热处理硬度 156~197HBW。
3. 去除铸件分模面上的飞边、毛刺。去除所有机加工毛刺。
4. 铸件必须进行防锈处理。
5. 未注圆角 R3~R5。

图 4-273

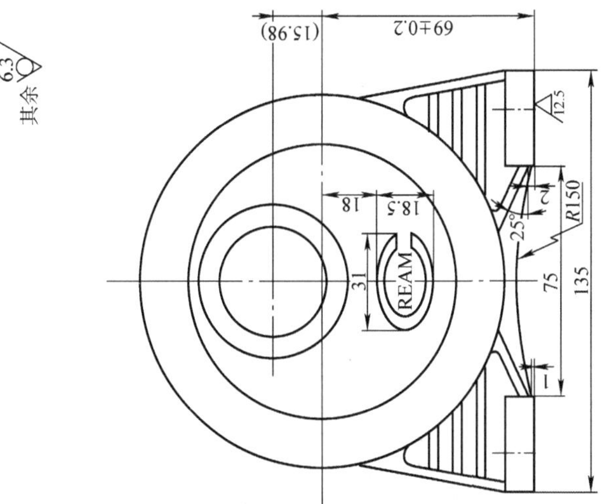

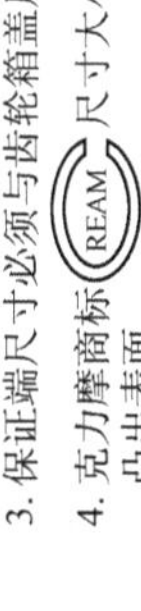
技术要求
1. 压铸件不允许有缩孔、气孔疏松、冷夹等缺陷。
2. 未注铸造圆角半径小于R3。
3. 保证端尺寸必须与齿轮箱盖尺寸一致。
4. 克力摩商标 REAM 尺寸大小按图样放样。
凸出表面。
5. 未注加工倒角C0.5。

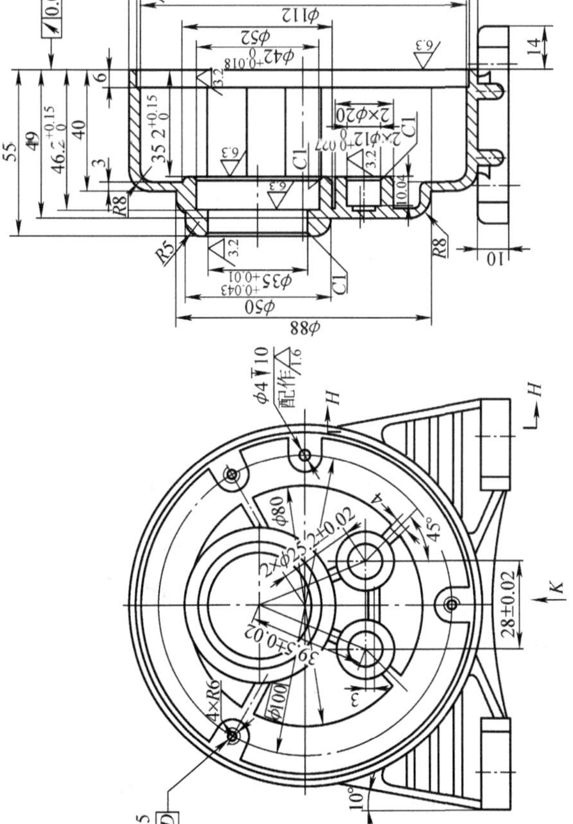

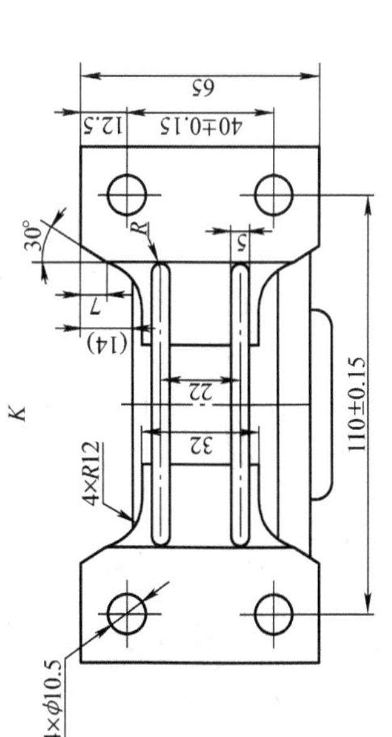

图 4-274

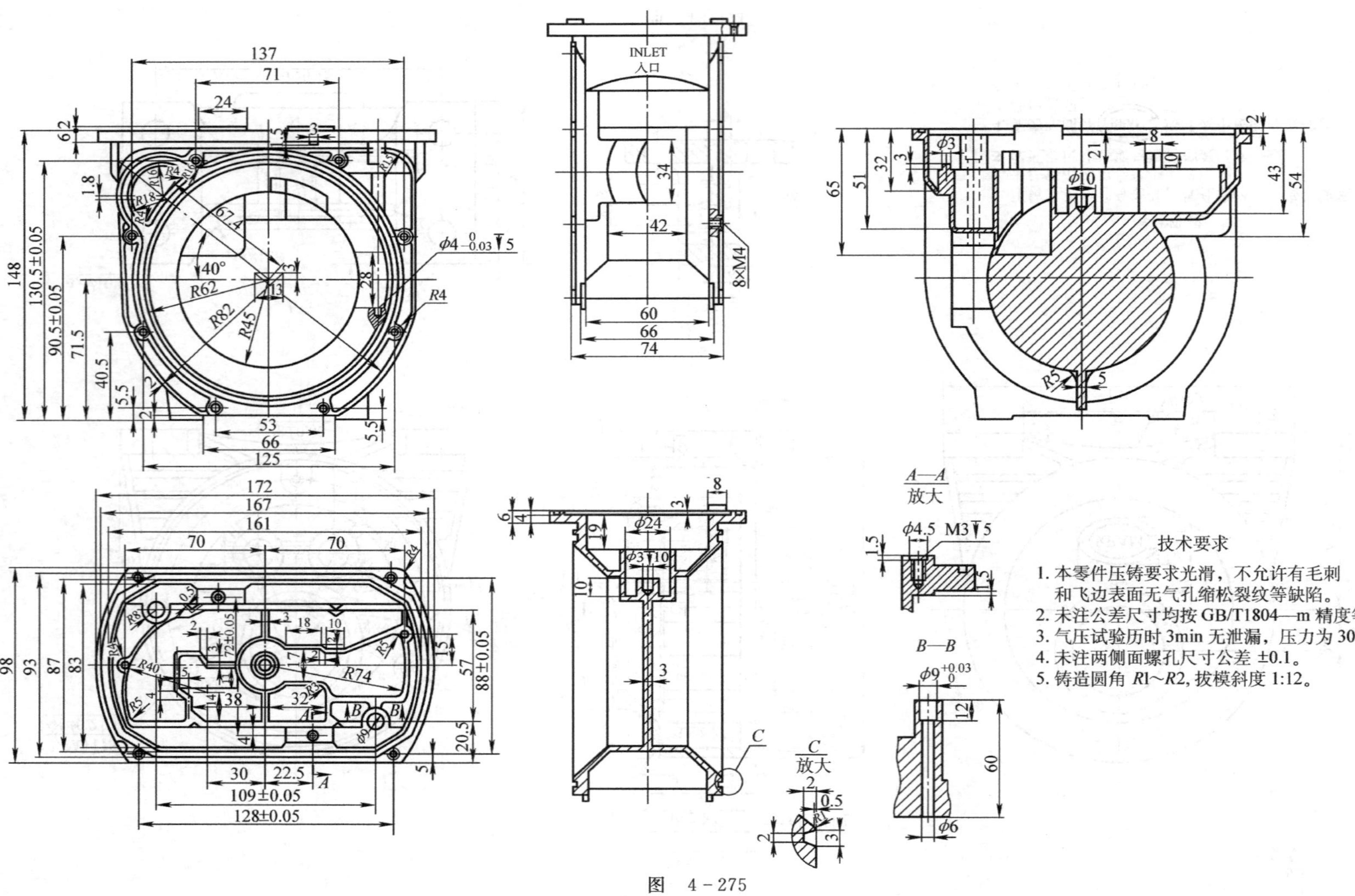
INLET
入口
8×M4
A—A
放大
B—B
C
放大
技术要求
1. 本零件压铸要求光滑，不允许有毛刺
和飞边表面无气孔缩松裂纹等缺陷。
2. 未注公差尺寸均按 GB/T1804—m 精度等级。
3. 气压试验历时 3min 无泄漏，压力为 30kPa。
4. 未注两侧面螺孔尺寸公差 ±0.1。
5. 铸造圆角 R1～R2, 拔模斜度 1:12。

图 4-275

第五章　曲面造型实训图库

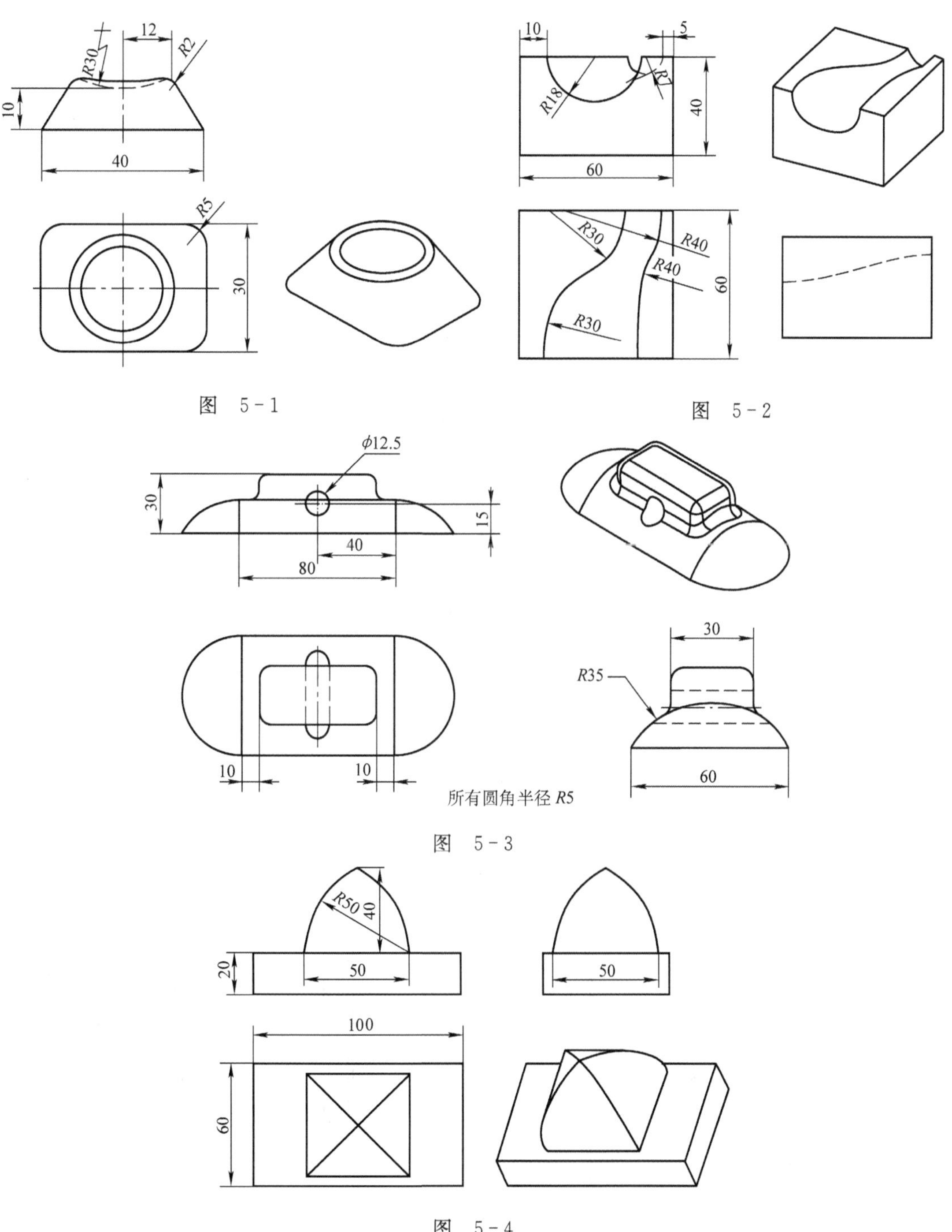

图　5-1

图　5-2

图　5-3

图　5-4

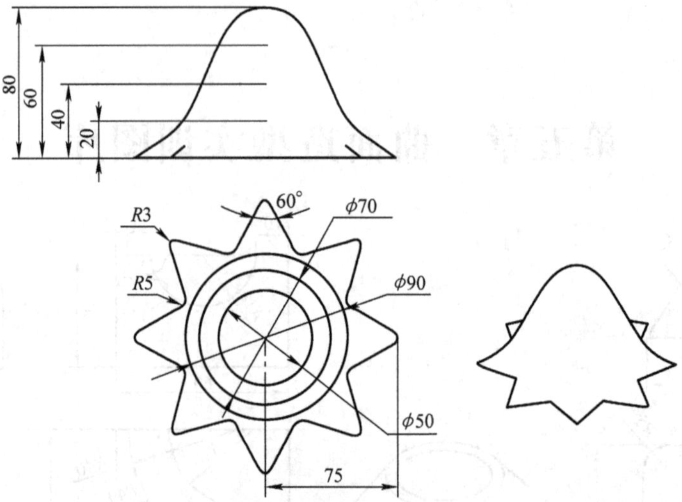

图 5－5

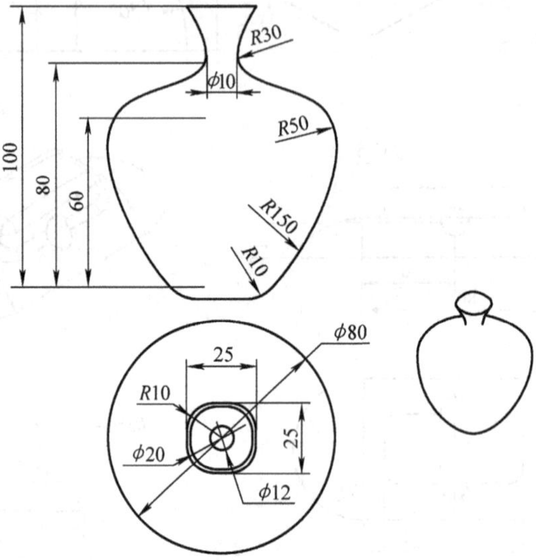

图 5－6

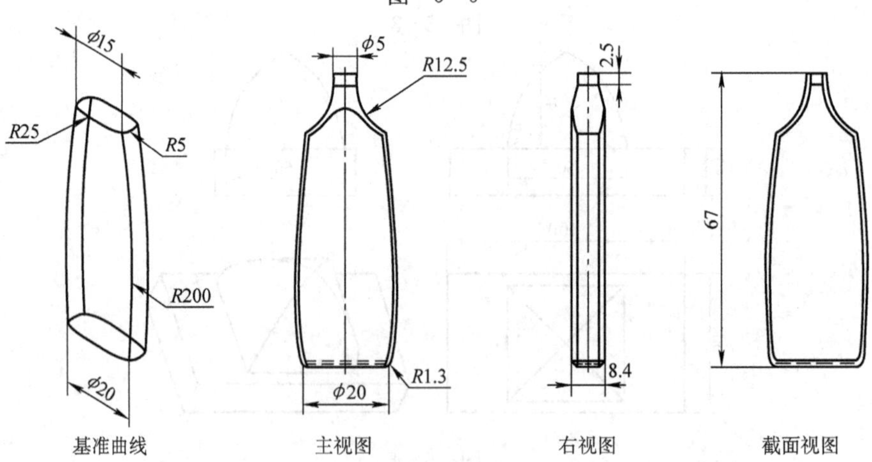

图 5－7

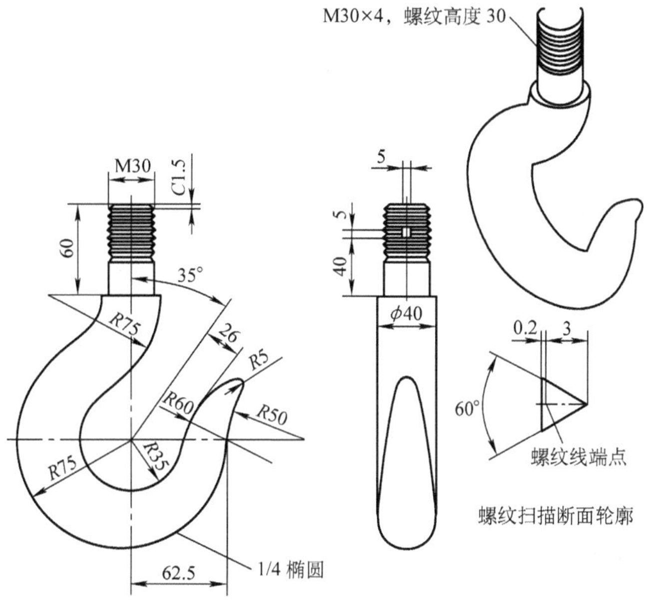

M30×4，螺纹高度 30

1/4 椭圆

螺纹线端点

螺纹扫描断面轮廓

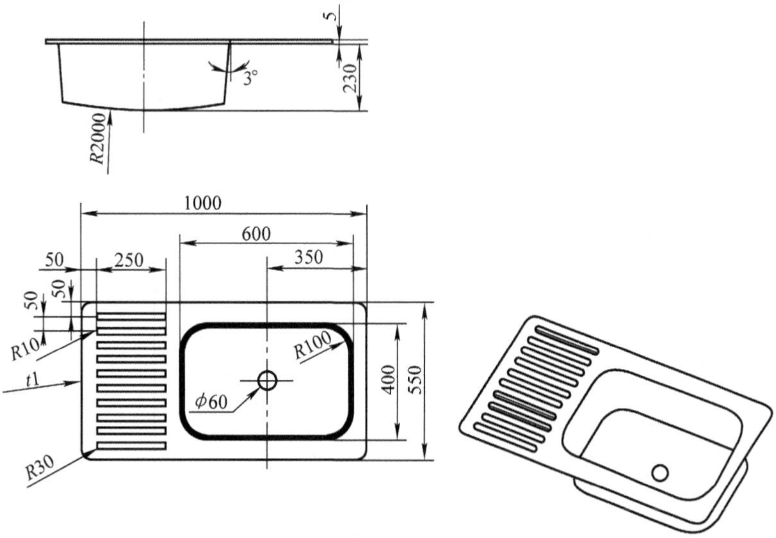

图　5-8

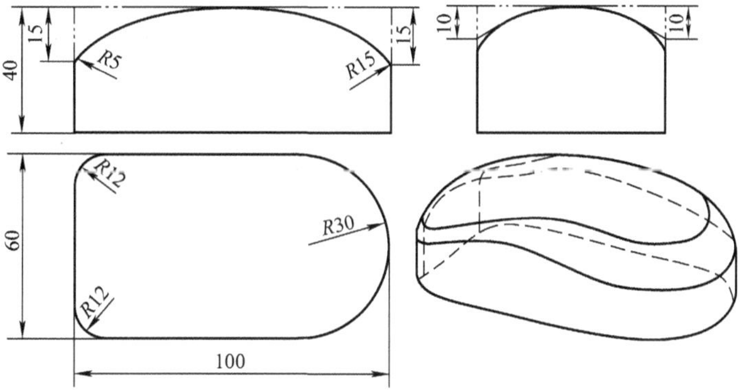

图　5-9

图　5-10

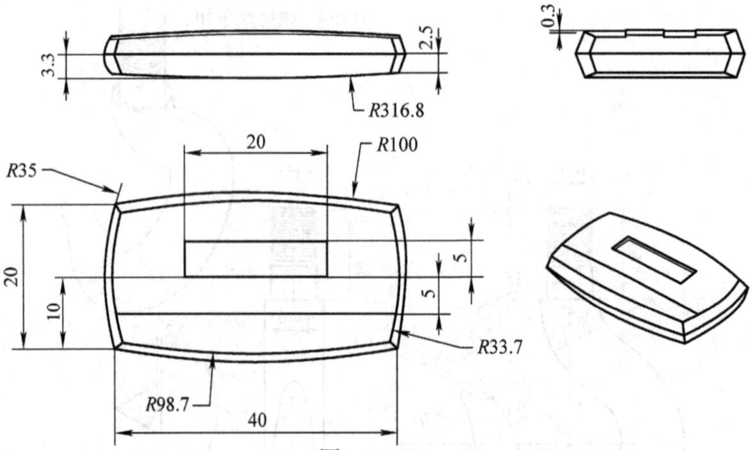

图 5-11

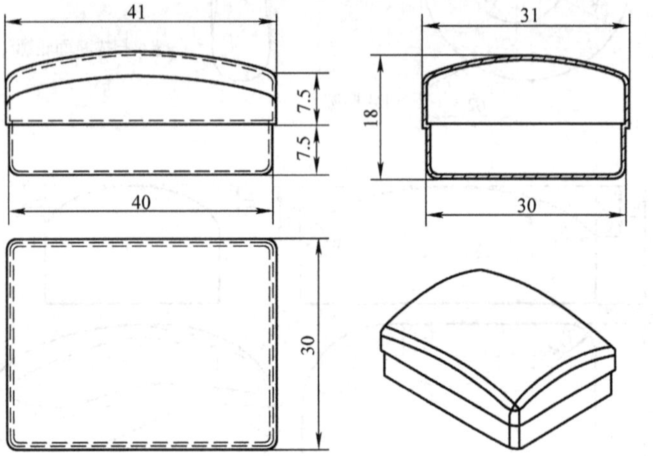

所有圆角 $R1.5$
零件壁厚 $t0.5$

图 5-12

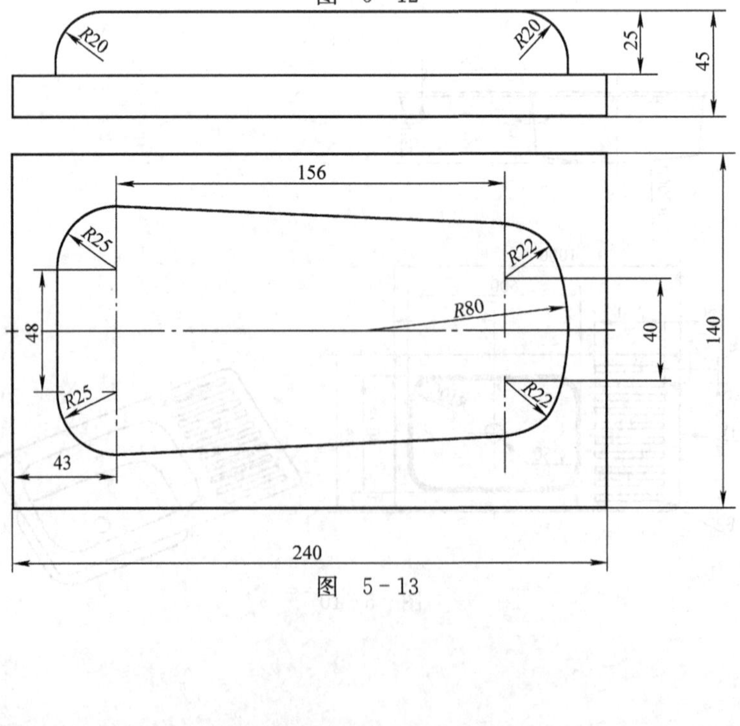

图 5-13

5°
5°
5°
23
5
46
R20
20
4×R5
35
10
15
R10
30
100
40
10
R10
40
30
160
140
200

图　5－14

4
SR15
R1
SR50
R2
10°
R1
6
R60
17
ϕ30

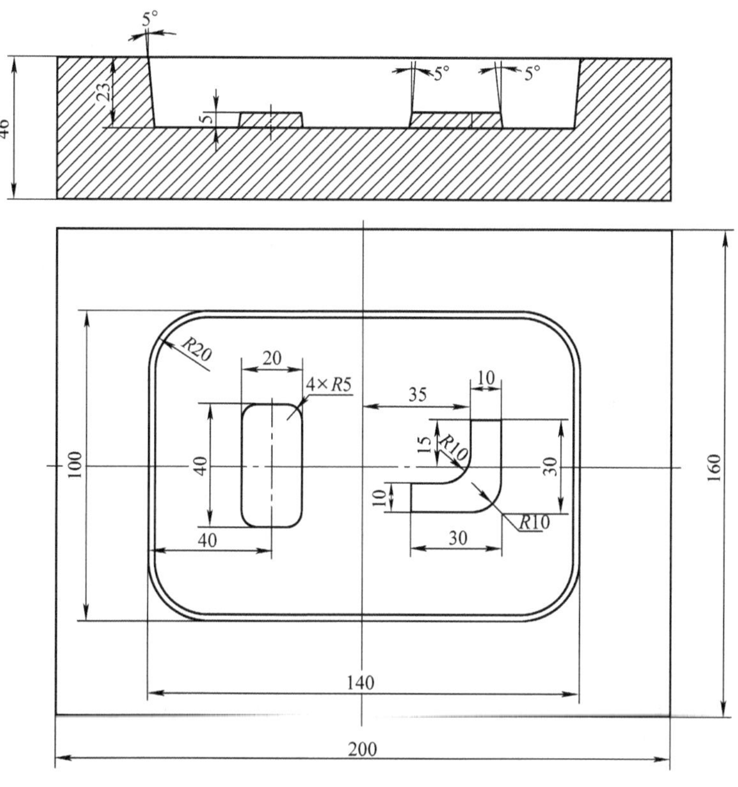

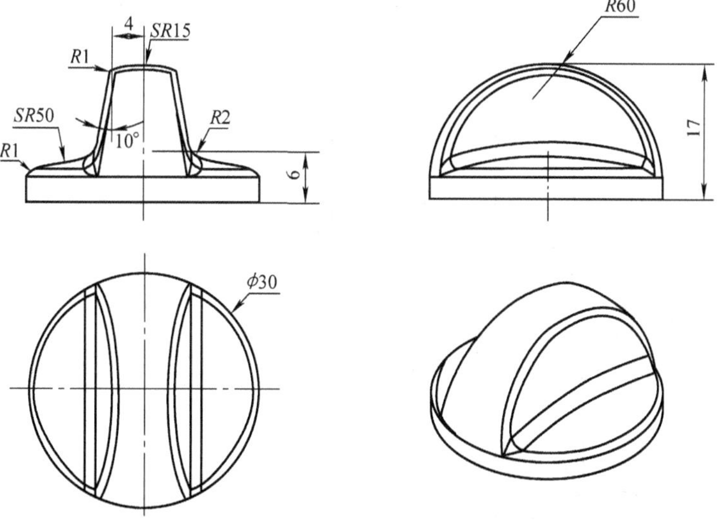

图　5－15

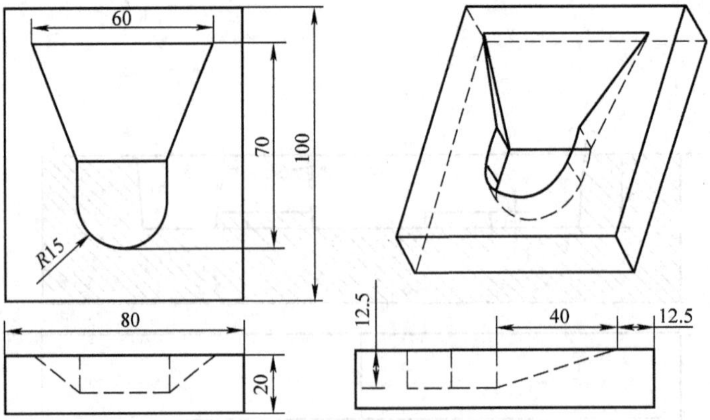

图 5-16

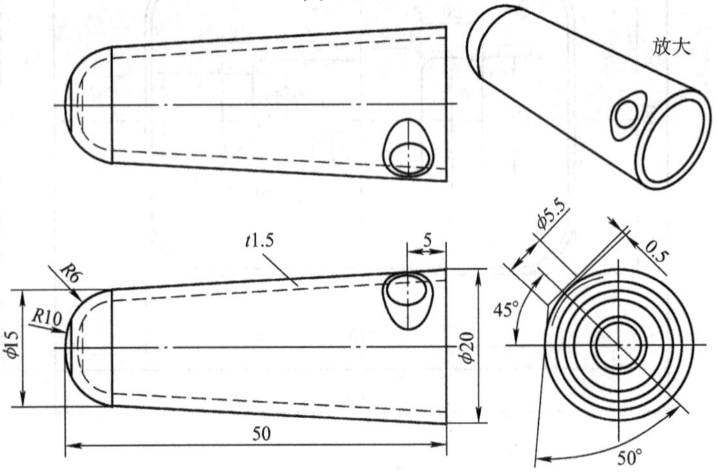

图 5-17

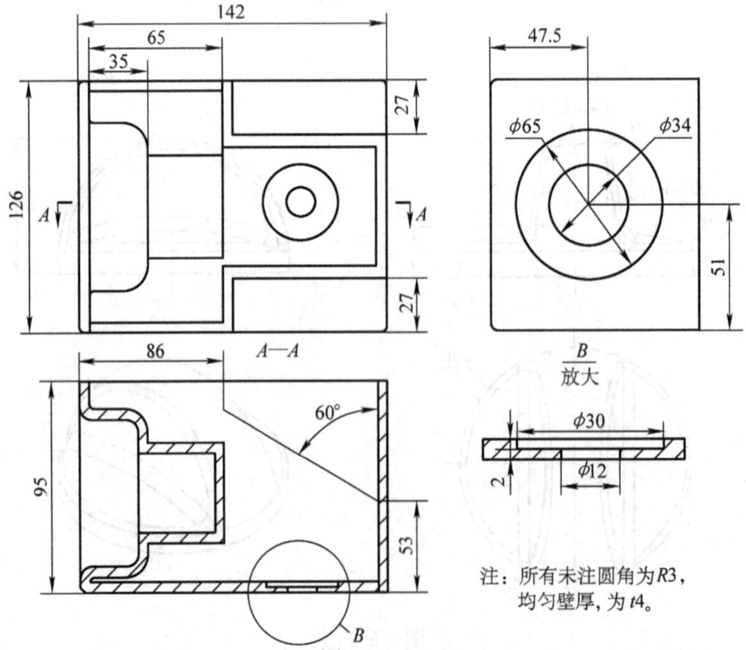

注：所有未注圆角为R3，均匀壁厚，为t4。

图 5-18

φ580
φ360
8
115
R490
3°
φ160
390
3°
φ510
4×M10

图　5－19

顶部形状为俯视轮廓向顶部曲面S拉伸得到。曲面S为母线L沿Y轴扫描形成扫描面后，再沿旋转轴K逆时针转15°得到
Z
5
Z
母线L
R230
旋转轴K
(−50, 0, 15.79)(50,0,15.79)
X
圆心：(−30, 0, −200)
Y
30°
6°
R10
曲面S
60
50
37.5
25.1
X
90
100

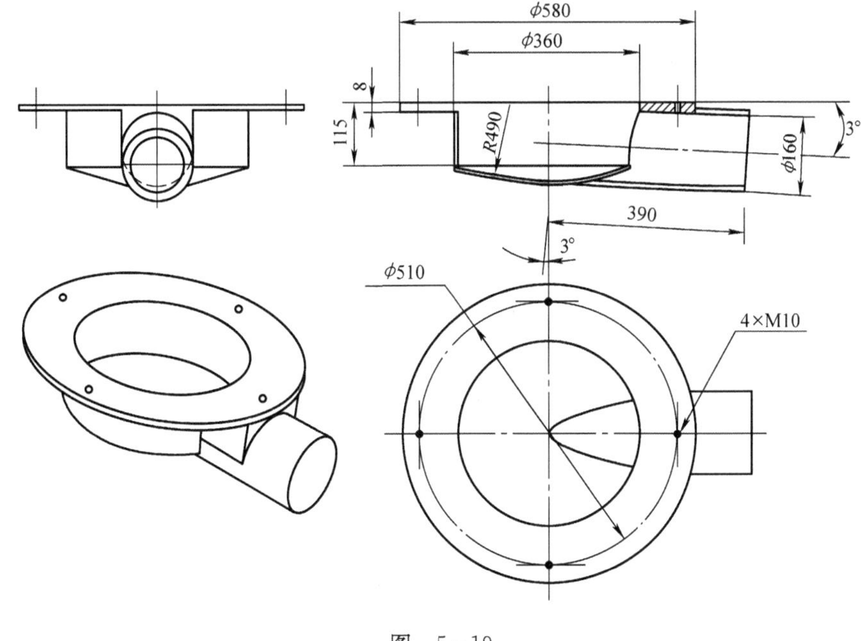

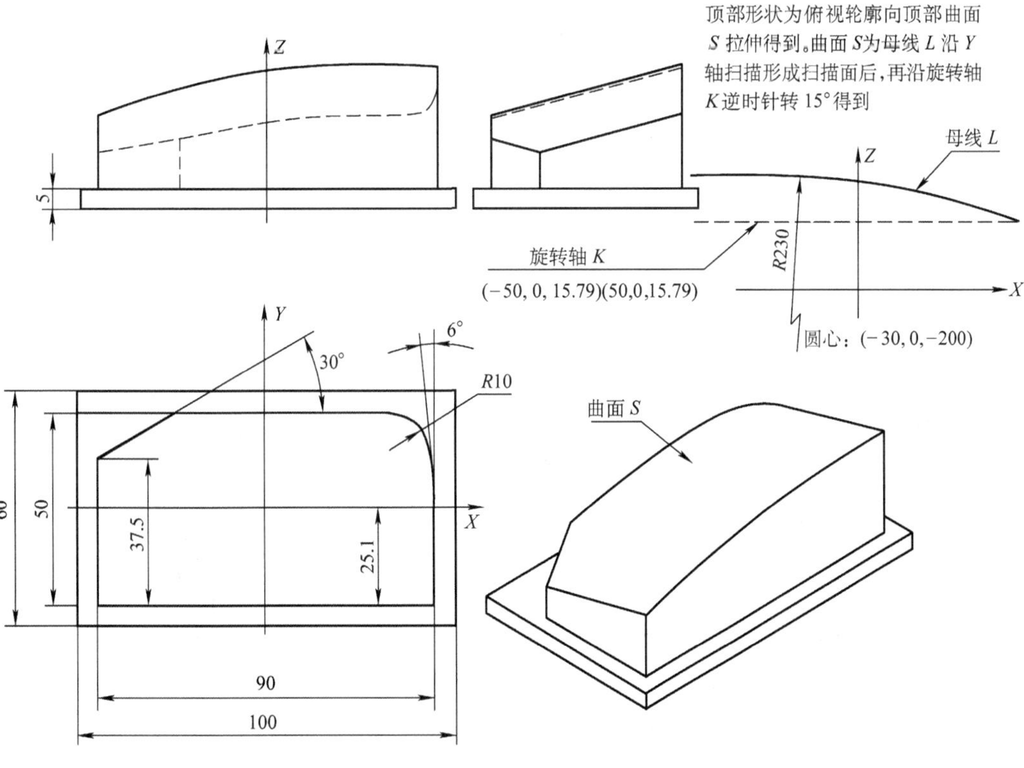

图　5－20

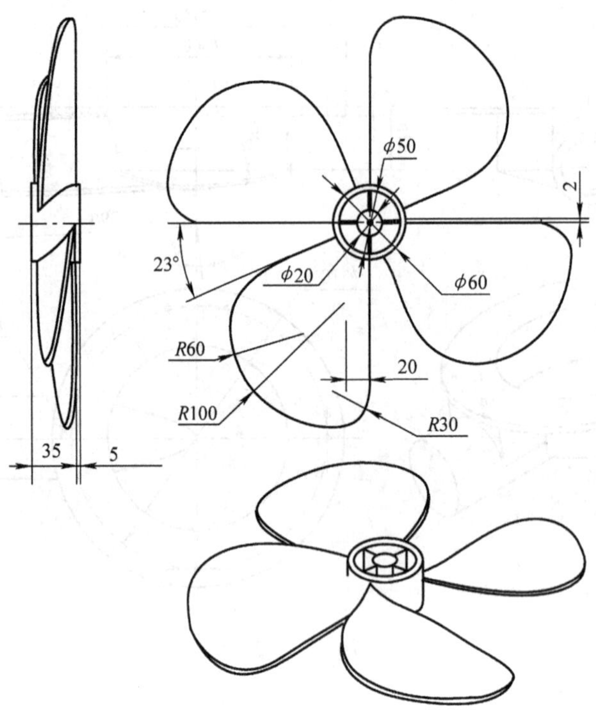

螺旋曲线，高度 30，圈数 0.2

图 5-21

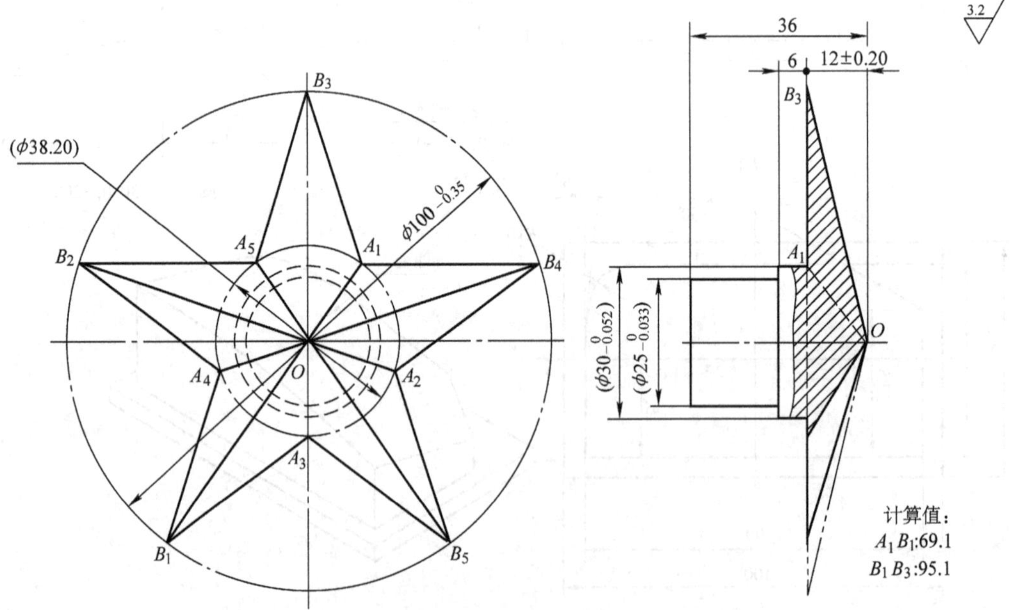

图 5-22

38±0.125
18
6
$\phi30_{-0.052}^{0}$
$\phi25_{-0.033}^{0}$
$\phi100_{-0.087}^{0}$
1.6
6.3
A
$\phi0.03$
A

图 5-22 （续）

R10
R20
R10
R10
126
135
145
166
R20
20
5
77
18
90
111
R12
R12
R12
103
112
126
166
46
57
71
111
10
55

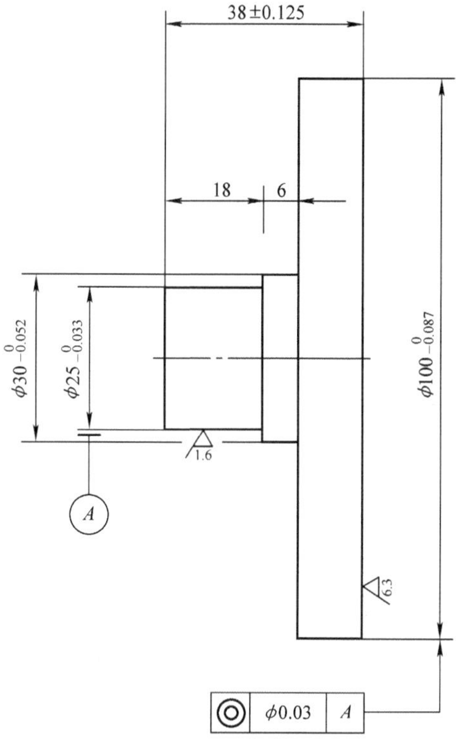

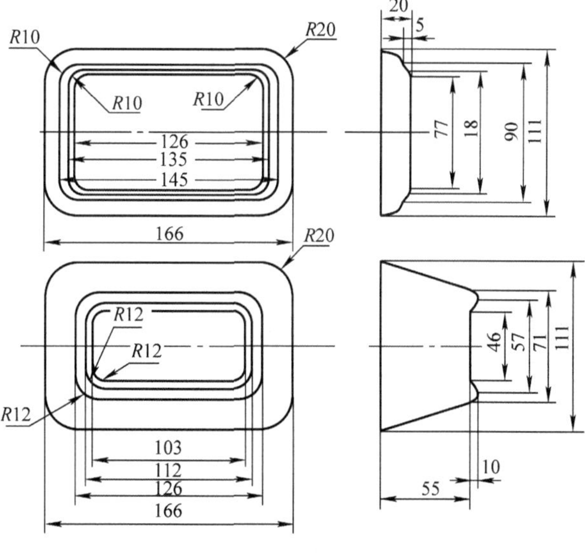

图 5-23

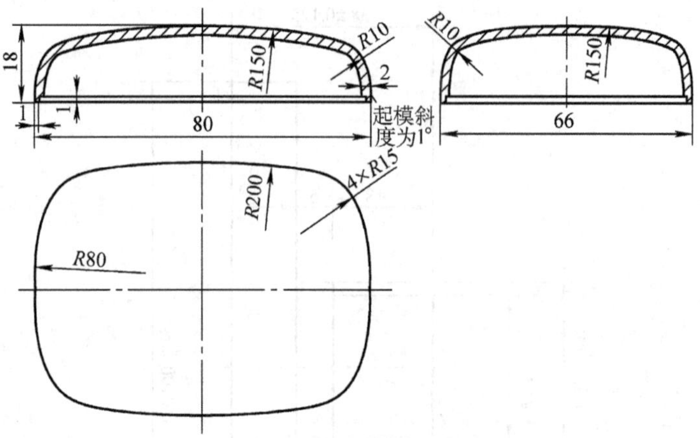

图 5-24

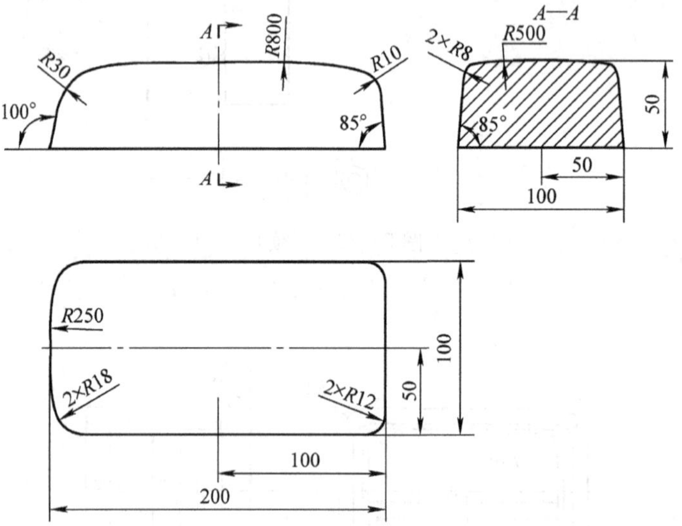

图 5-25

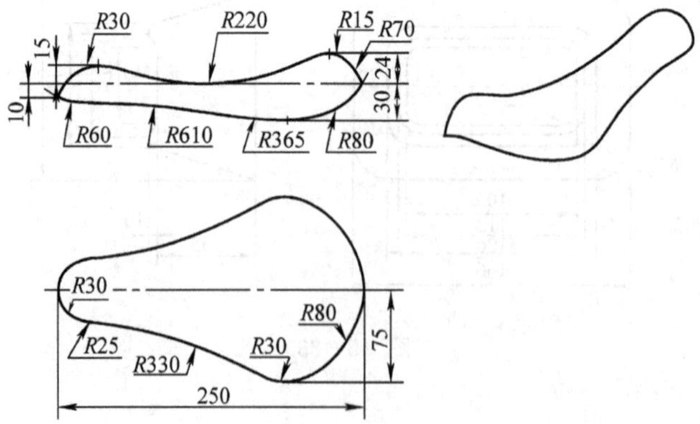

图 5-26

4°
R300
5°
R500
20
100
8
R150
50
8
7
20
R5
49
32
R120
59
R150
69
18
10
R16
120
20
59
79
28
63
R50
R8
38
26
13
4
R12
12
15
15
24
5
R30
R40
R3

图　5-27

30
30
15
15
R15
40
27.5
80
12.5
R15
32.5
15°
R12.5
R20
15°
67
78.5
100

A—A
A
A
10
R65
R75
R3
R3
85.3°
69.3°
R3
R3
R10
R26
R5
45
30
11
25
10

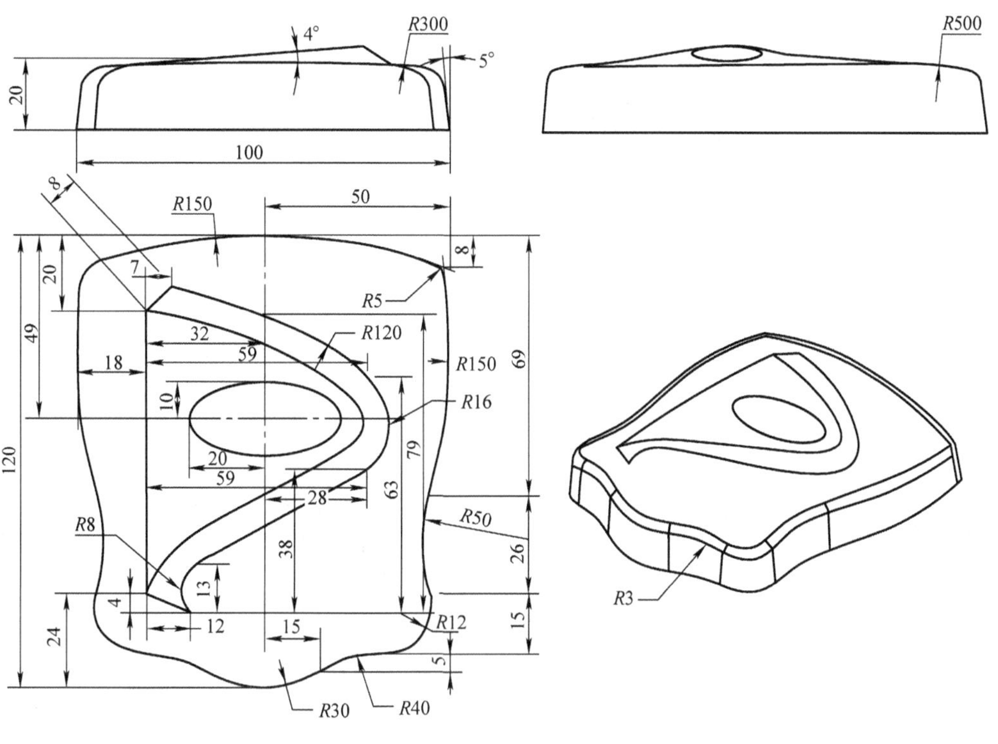

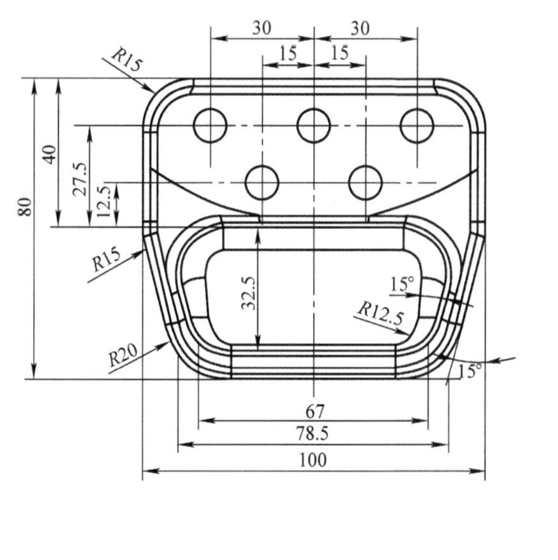

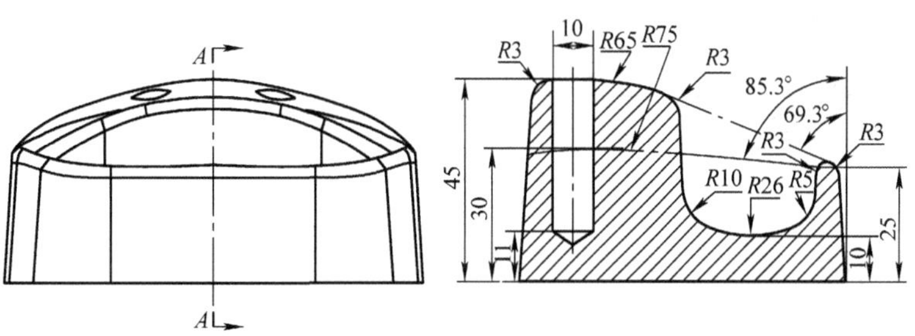

图　5-28

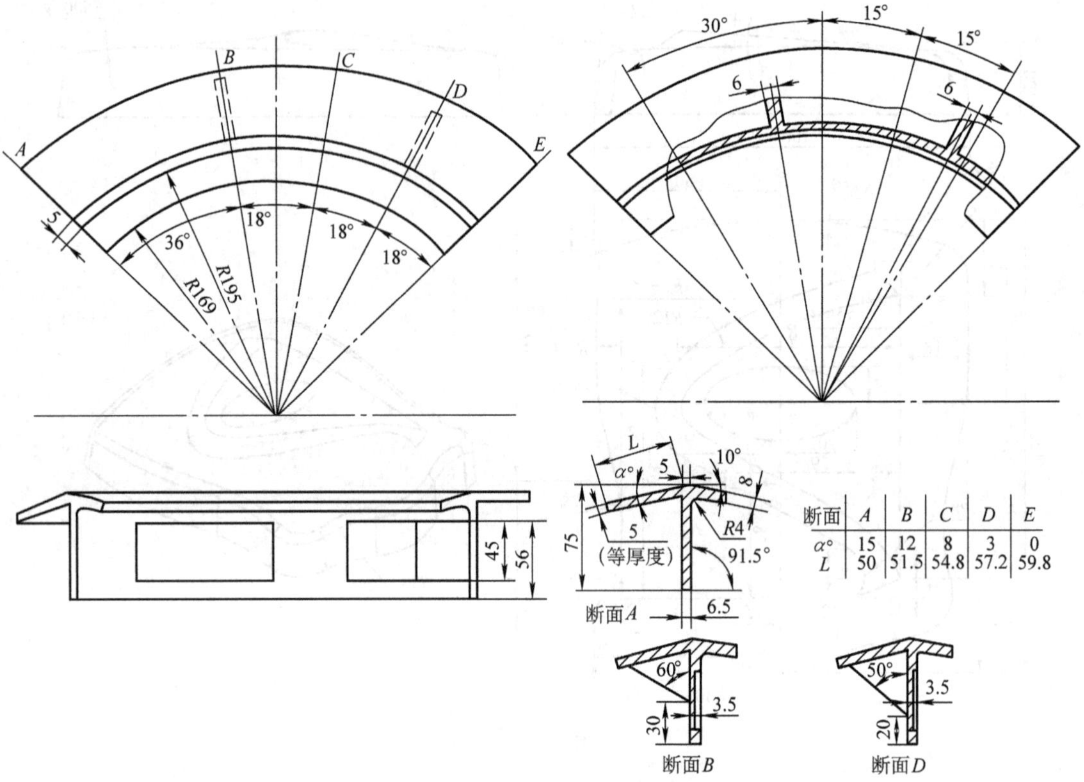

断面	A	B	C	D	E
$\alpha°$	15	12	8	3	0
L	50	51.5	54.8	57.2	59.8

图 5-29

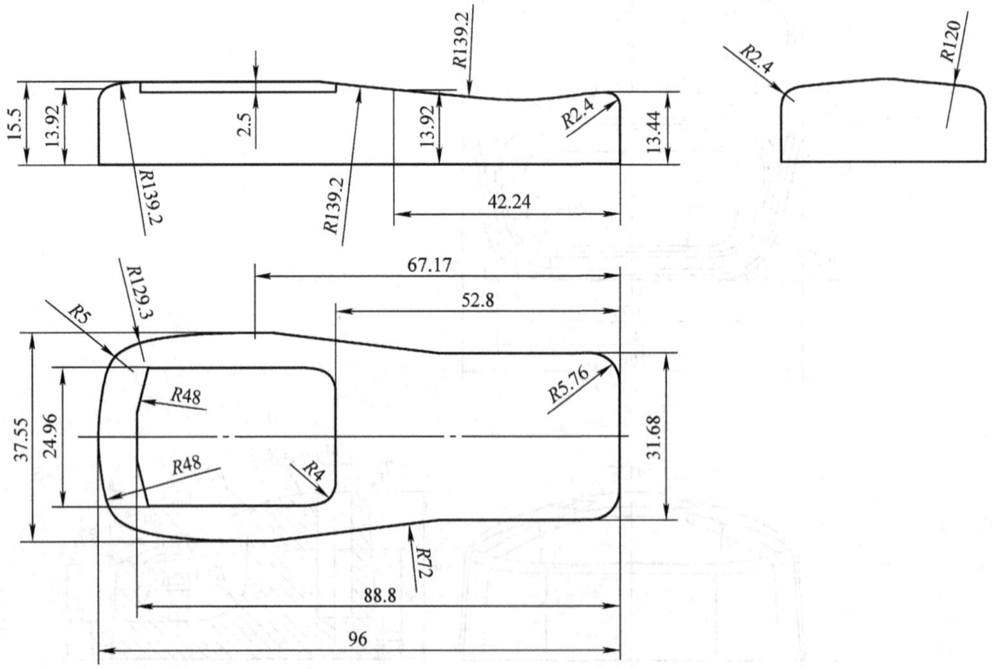

图 5-30

B—B
116
108
8
(151.7)
2
156
A—A
175
167
1142
B
R0.5
R0.5
R35
R19
R1500
R0.5
66
(159)
B
275
R300
R35
R1500
167
32
Φ34
R100
R20
R40
R200
4
A
A
R151.5

图　5-31

11°
B
A
2°
R10
R10
37°
110
56
65
44
B
A
A—A
120°
R46 端面轮廓
8.7
R44.6
R36
4×R15
4×R15
224
146.2
146.2
77
170
146.2
320
13
132
152
211
260
B—B
120°
R37.5 端面轮廓
6
R3
8.7
R31.5
R40
120°
未注过渡圆角 R3。

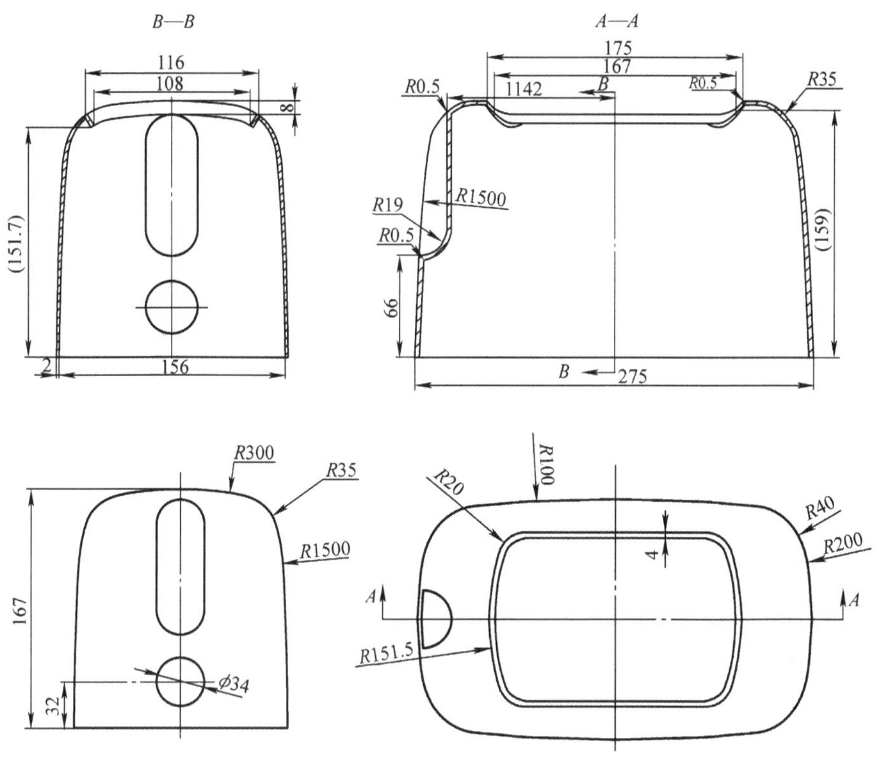

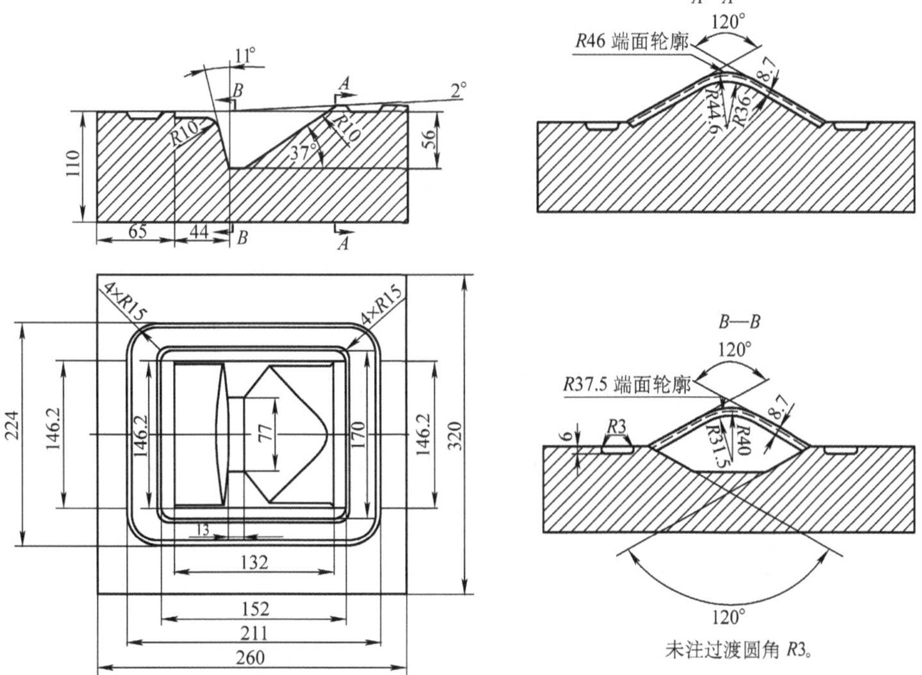

图　5-32

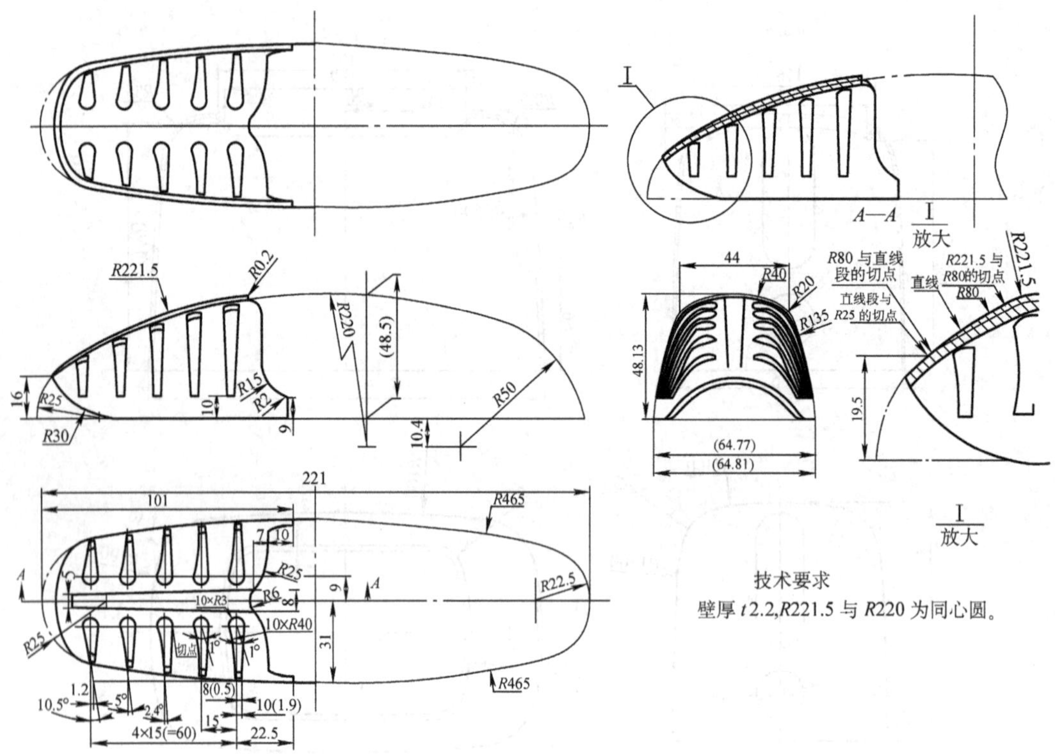

图 5-33

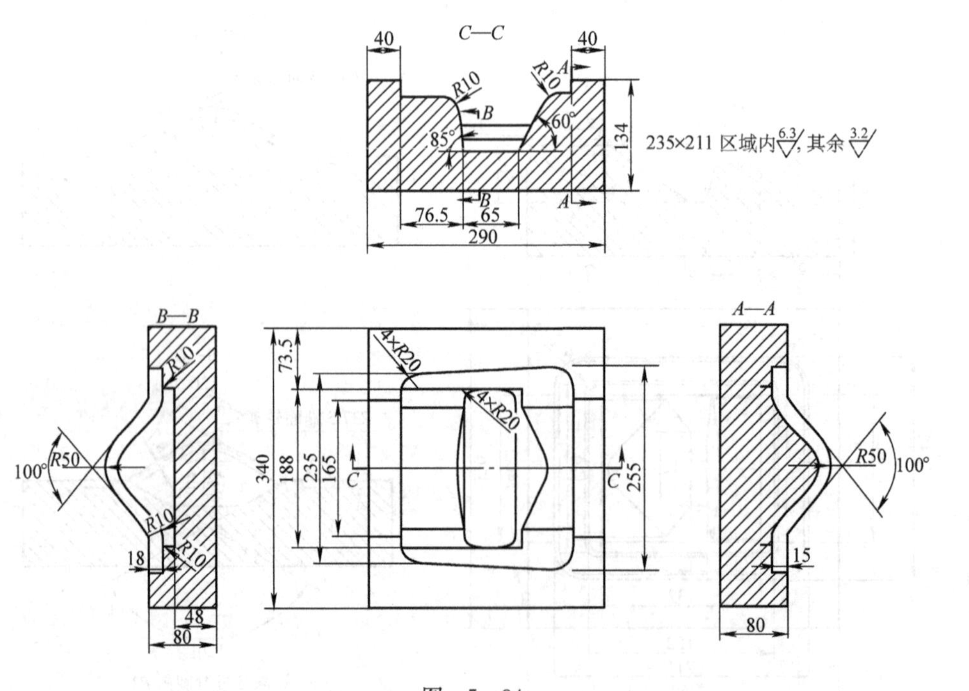

图 5-34

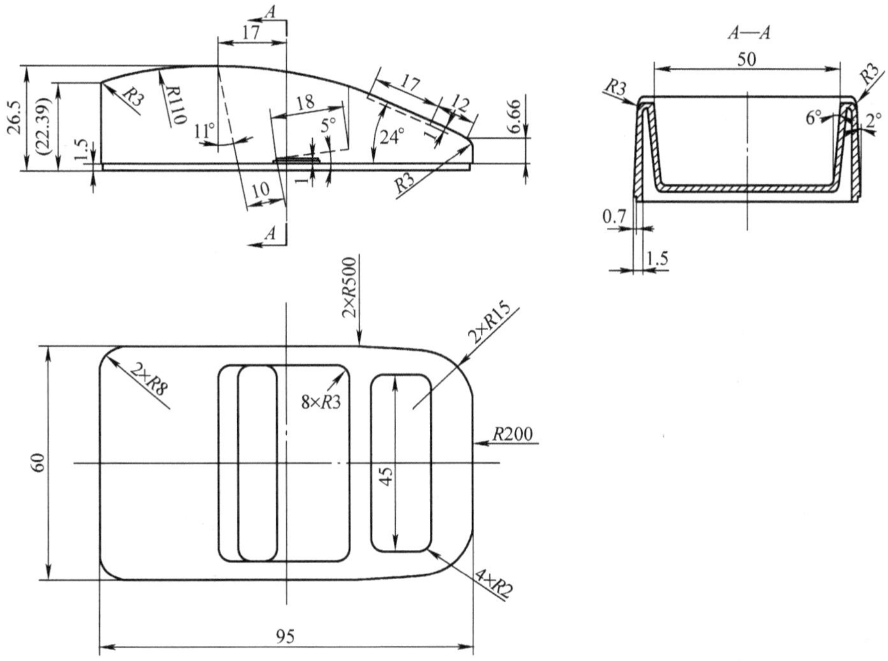

图　5-35

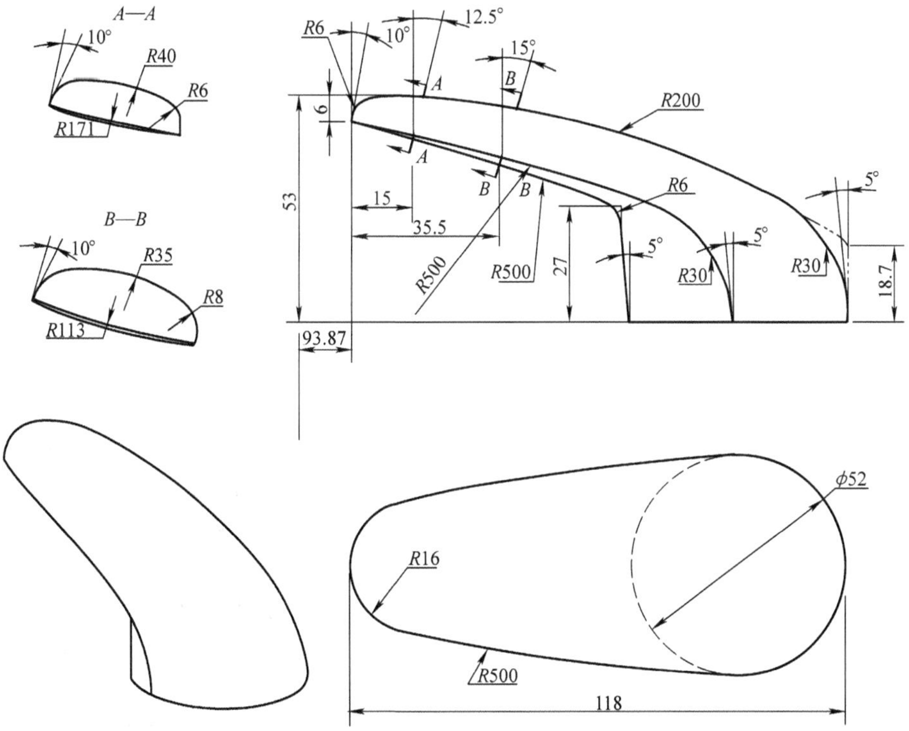

图　5-36

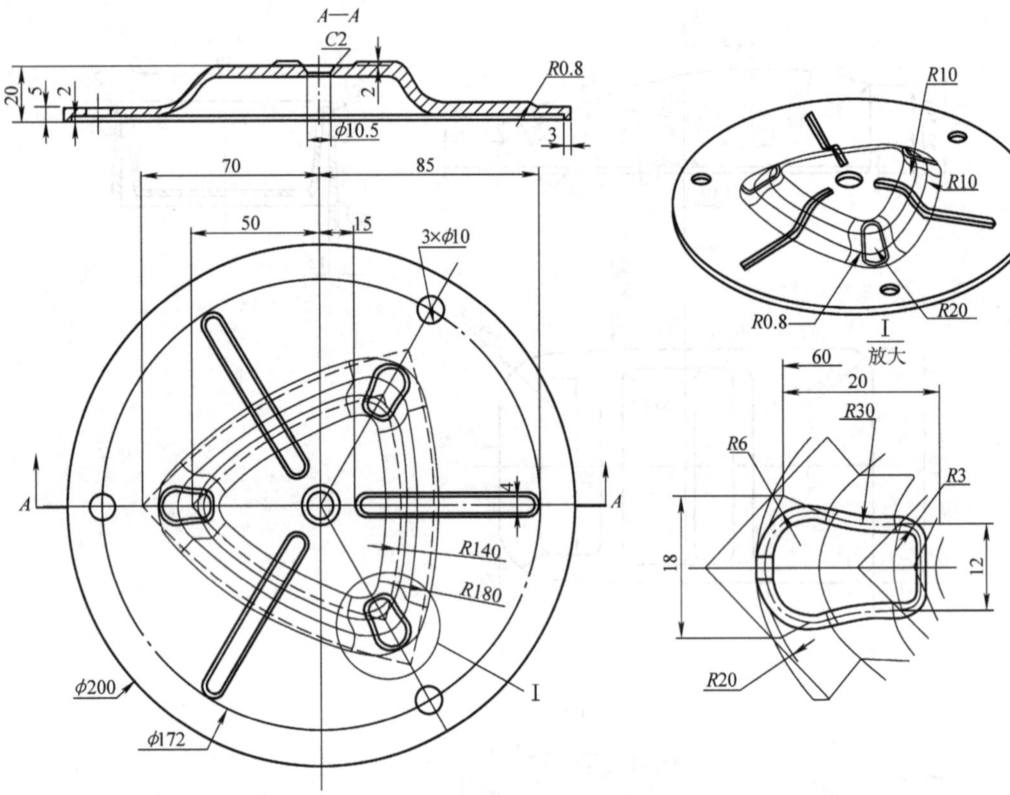

图 5-37

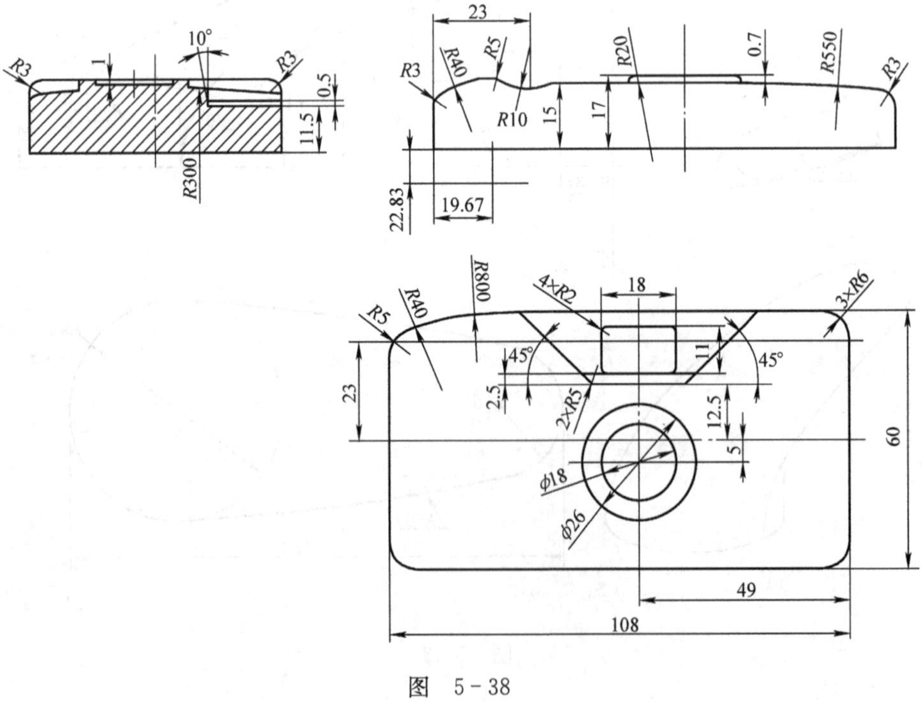

图 5-38

80
2×R10
A
R50
2×R75
B
B
60
15°
30
2×R15
A
30
A—A
7
2×φ2
2×φ4
10
3
1
2
C
16
16
3×R8
3
8
26
C
50
100
C—C
15°
R100
R6～R12 变化圆角
B—B
R12
R3
R200
R2
R5 全周
技术要求
1. 未标注的圆角半径为 1°。
2. 未标注的拔模角度为 2°。

图　5－39

椭圆半长轴为 42，
半短轴为 24
R12.5
70°12′
R1.8
R2
R2
30°0′
30°0′
5
5
55
23
42
22.5°
22.5°
22.5°
22.5°
φ66
8°0′
35
90
10
1

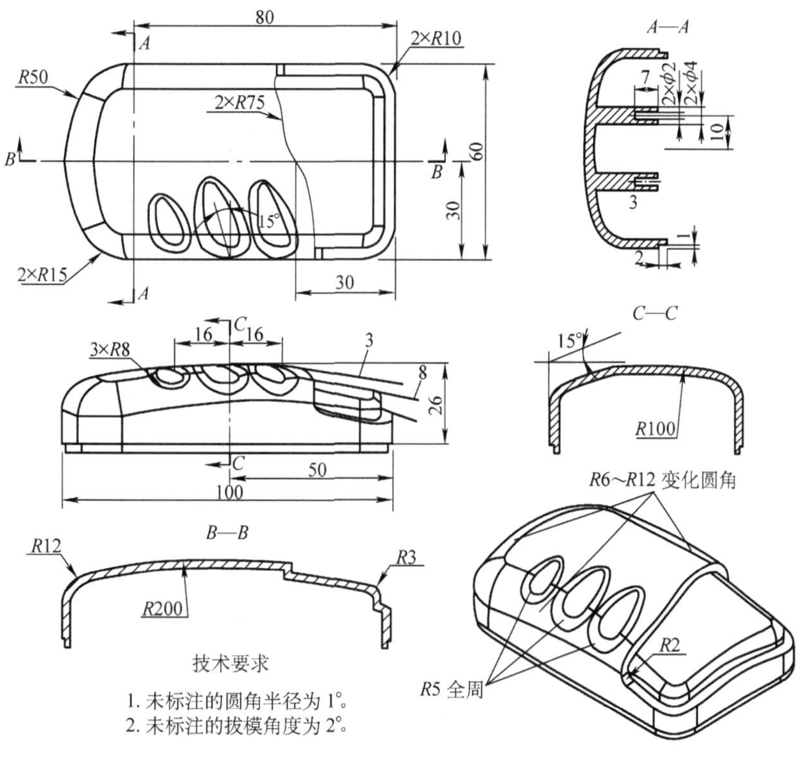

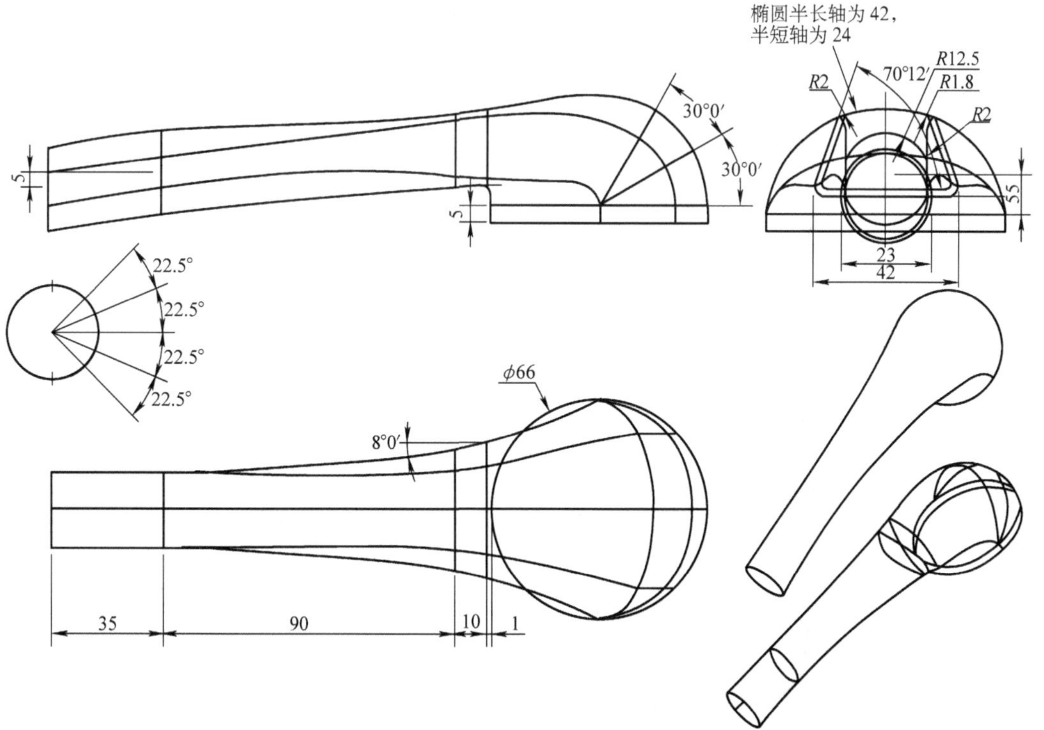

图　5－40

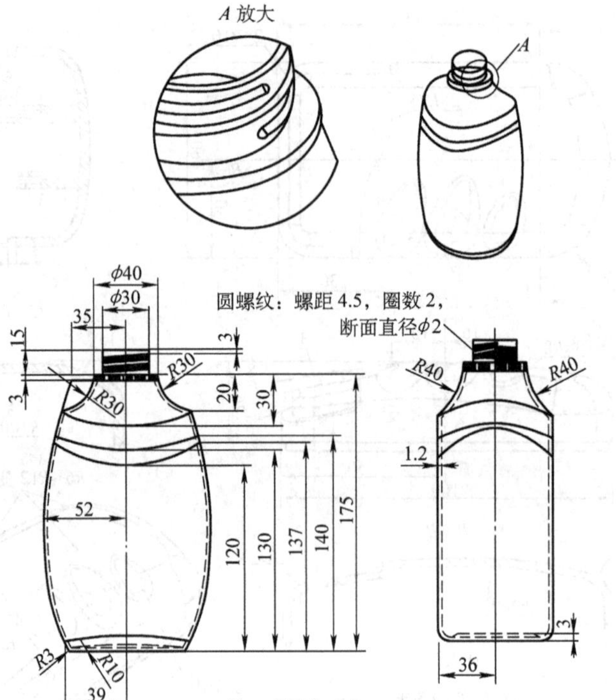

A 放大

圆螺纹：螺距 4.5，圈数 2，
断面直径$\phi 2$

注：壳厚为 $t1.5$。

图 5-41

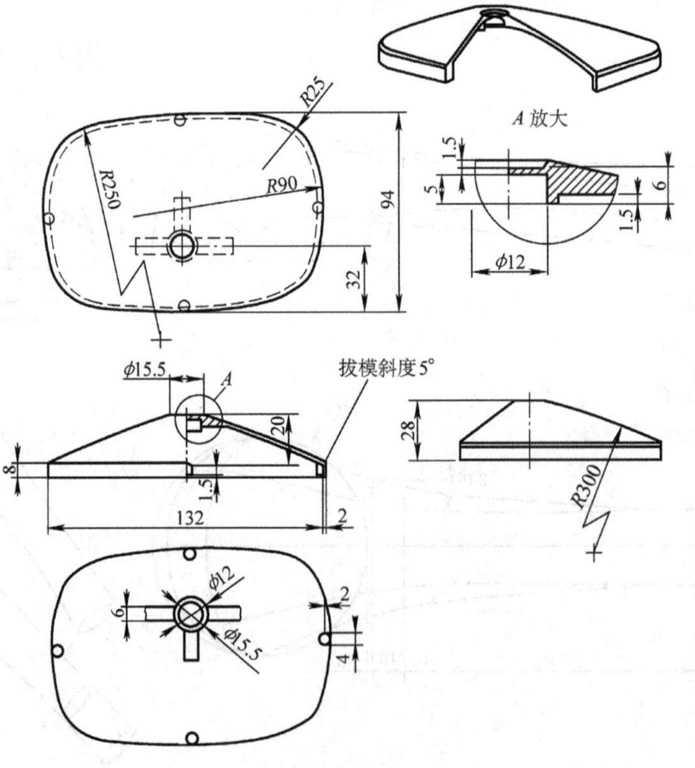

A 放大

拔模斜度5°

图 5-42

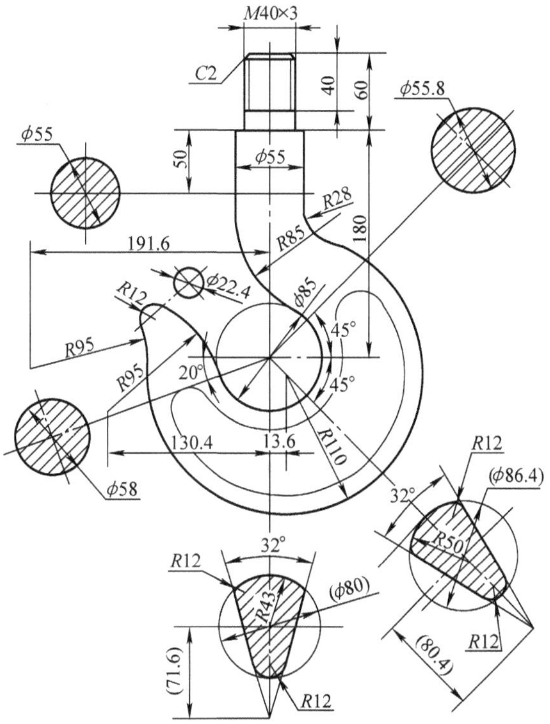

图　5 - 43

图　5 - 44

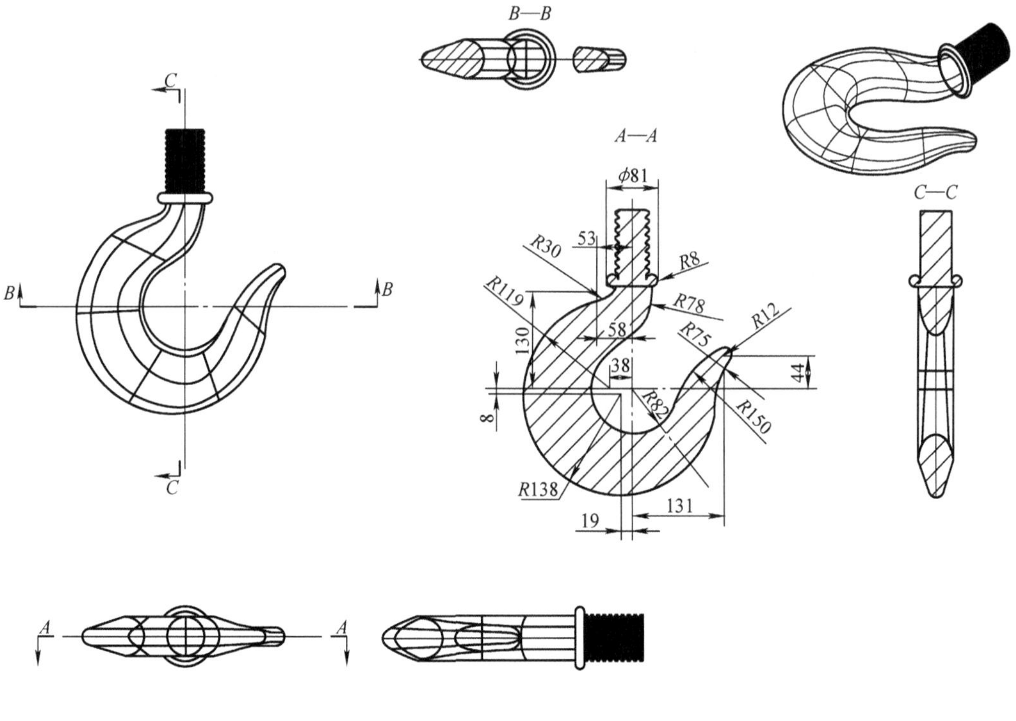

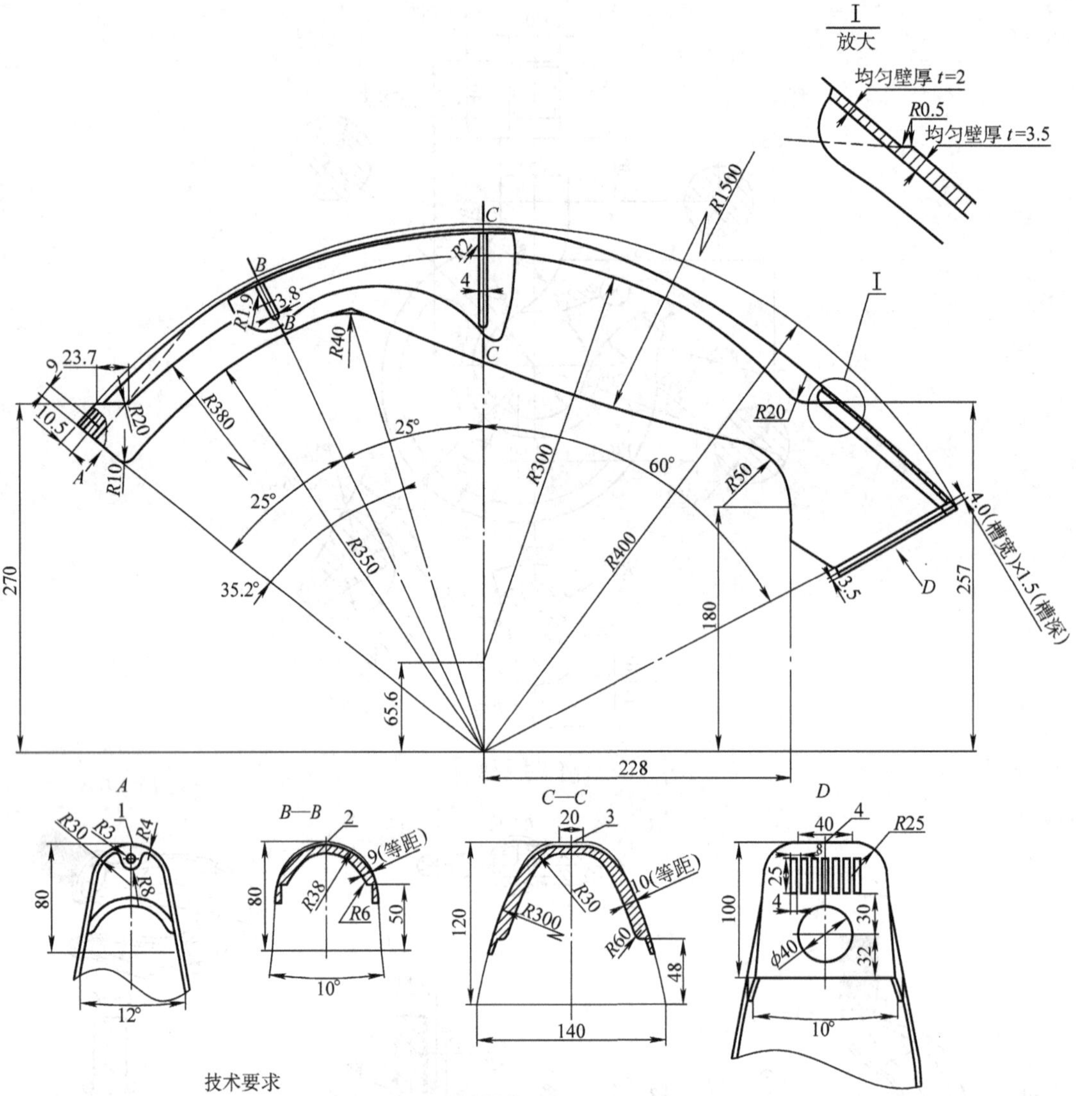

技术要求

1. 壳体外表曲面由 *A*，*B*，*C*，*D* 位置的截面轮廓线放样生成。
2. 点 1、2、3、4 均 *R*400 圆弧上。

图 5-45

第六章　全国数控大赛数控车床大赛图库

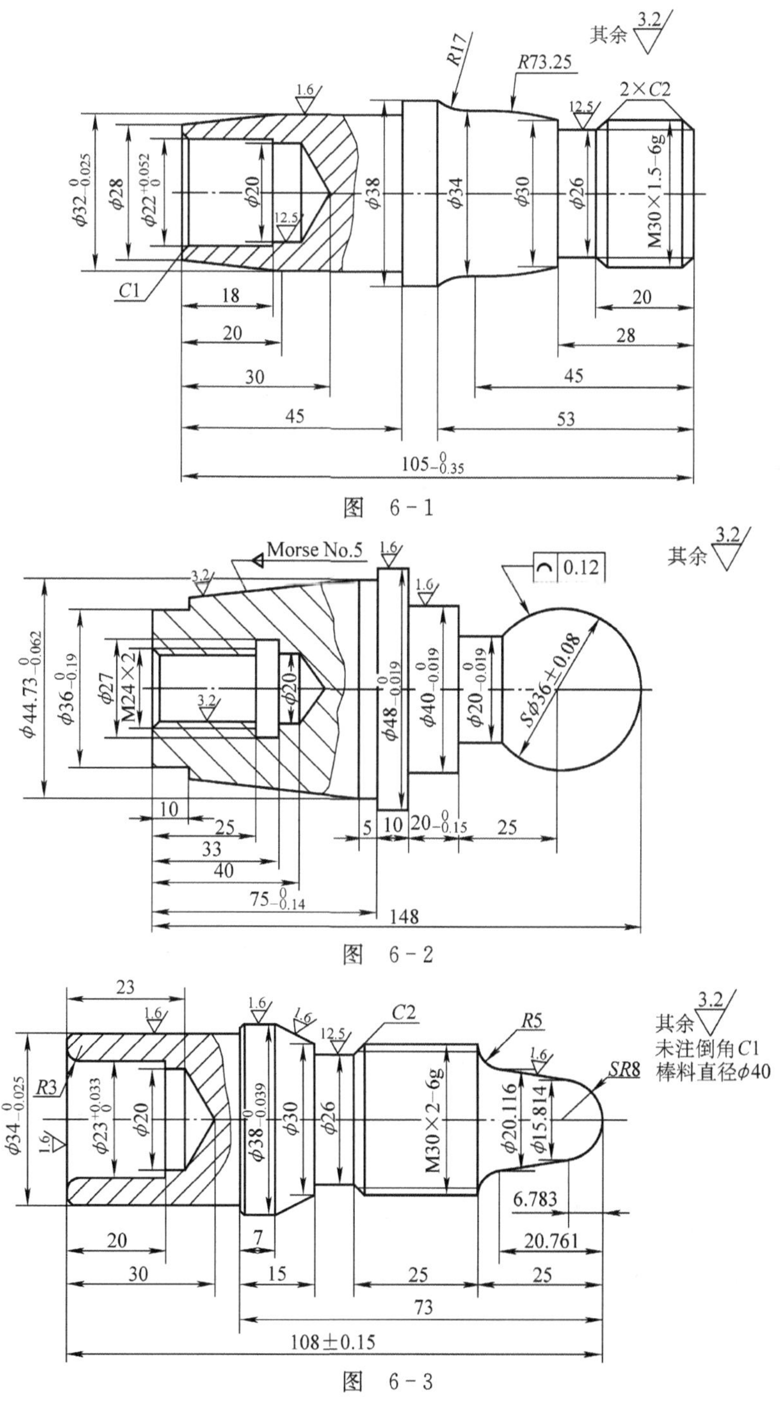

图　6-1

图　6-2

图　6-3

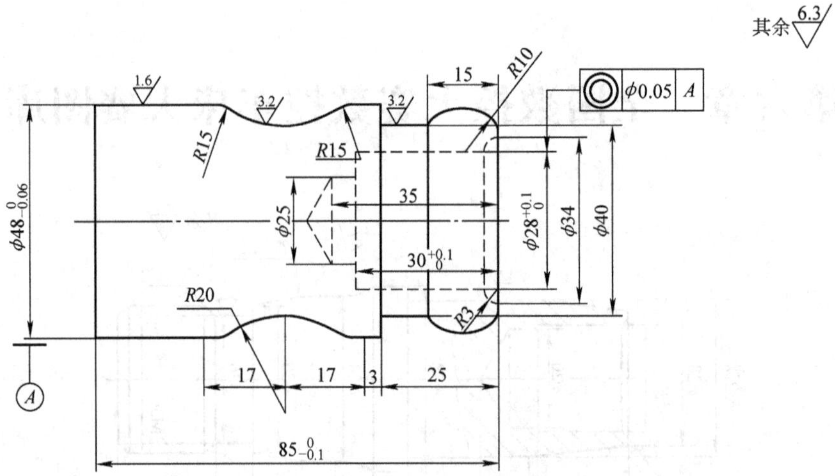

图 6-4

图 6-5

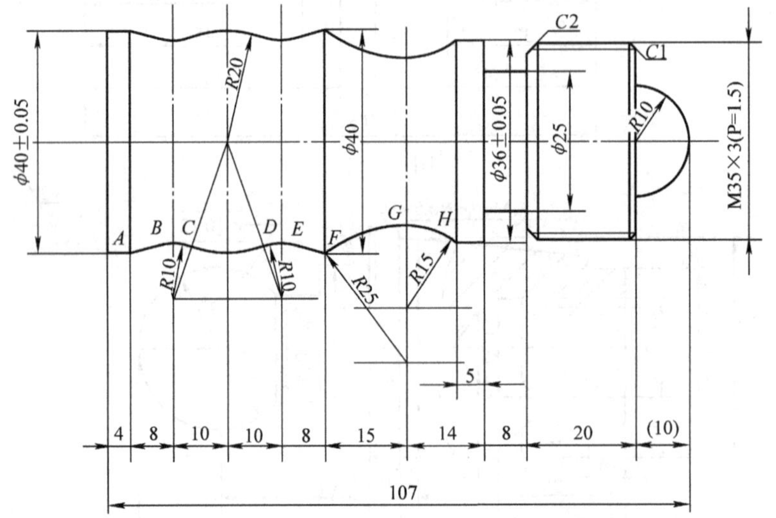

图 6-6

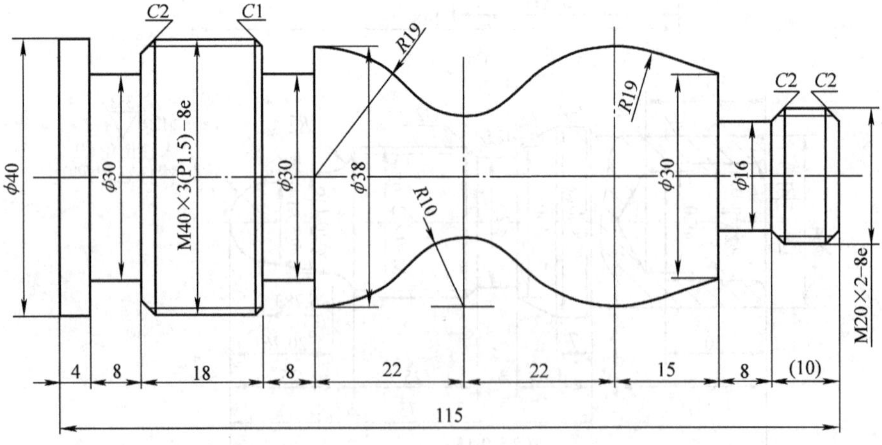

R6
C2
C1
R18
R14
φ28±0.05
φ20
φ16
A
B
C
D
E
16.02
4
8
15
25
20
8
(20)
100
M20×3(P1.5)−8e

图 6-7

其余 3.2
R5
R18
R5
1.6
5±0.04
φ20 0 −0.02
24°
φ28 0 −0.02
30°
φ23 0 −0.02
φ18
φ28 0 −0.02
φ30
5
10
25
27.5±0.04
30
100

图 6-8

φ0.025 A
1.6
2×4 +0.03 0
Sφ48±0.02
R9±0.02
其余 3.2
C2
M30×2−6g
φ52 0 −0.03
φ39
20°±2′
φ35 0 −0.03
φ42 0 −0.03
φ28 +0.04 0
A
25
33±0.02
C1
5
3×3 0 −0.03
8
R8
15
26±0.02
29
65
145±0.08

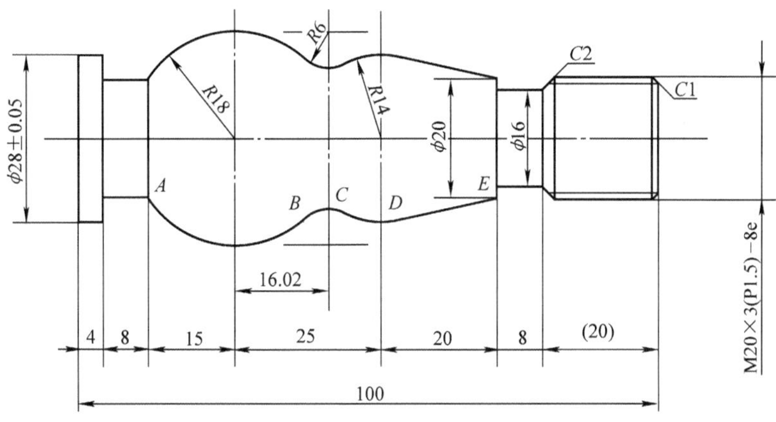

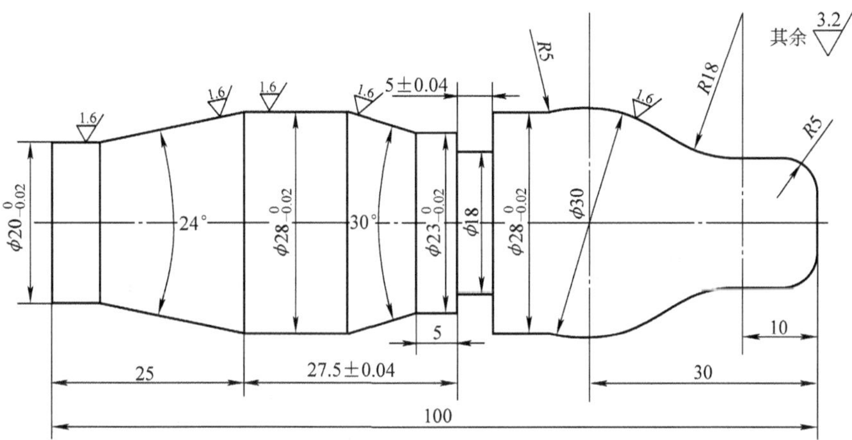

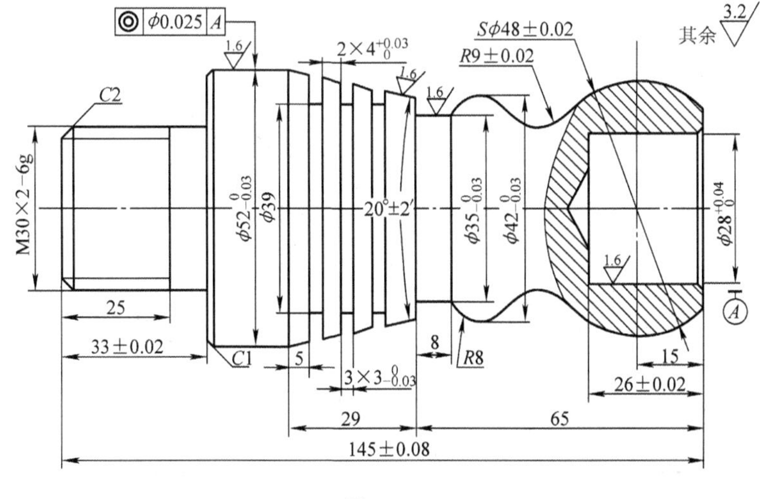

图 6-9

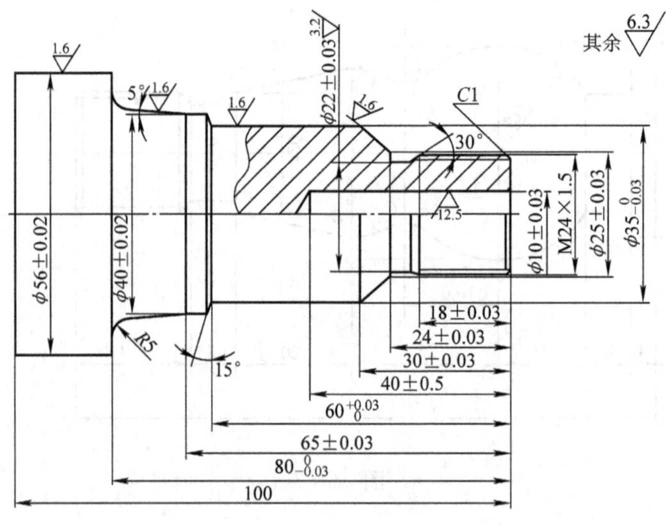

图 6-10

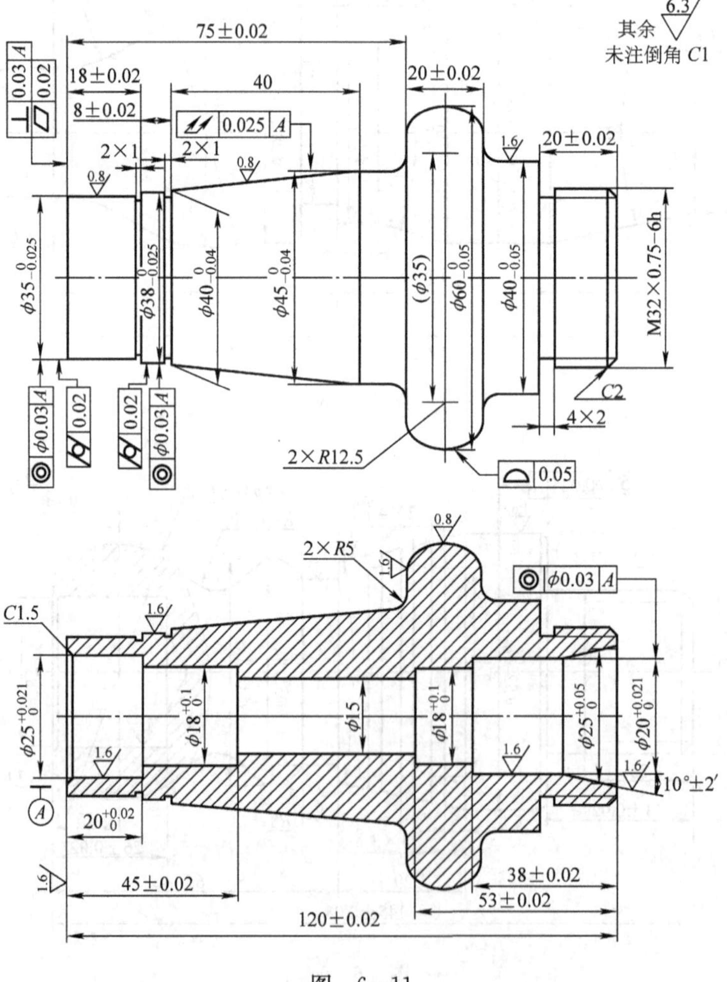

图 6-11

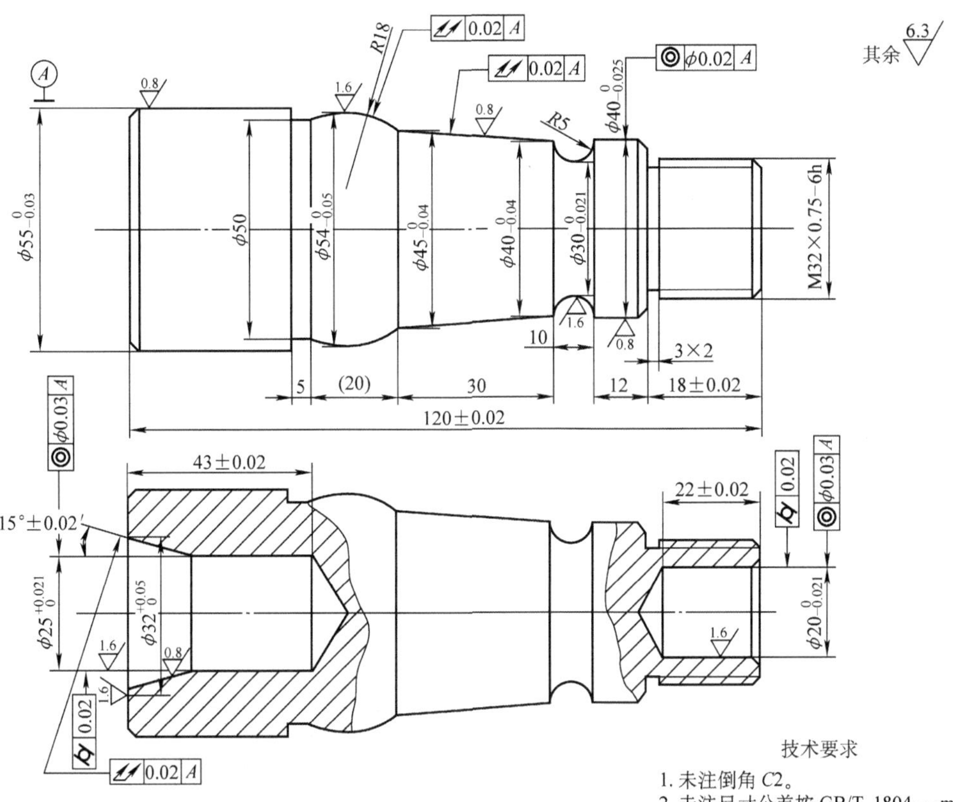

技术要求

1. 未注倒角 $C2$。
2. 未注尺寸公差按 GB/T 1804—m。
3. 不得用油石砂布等工具对表面进行修饰加工。

图　6－12

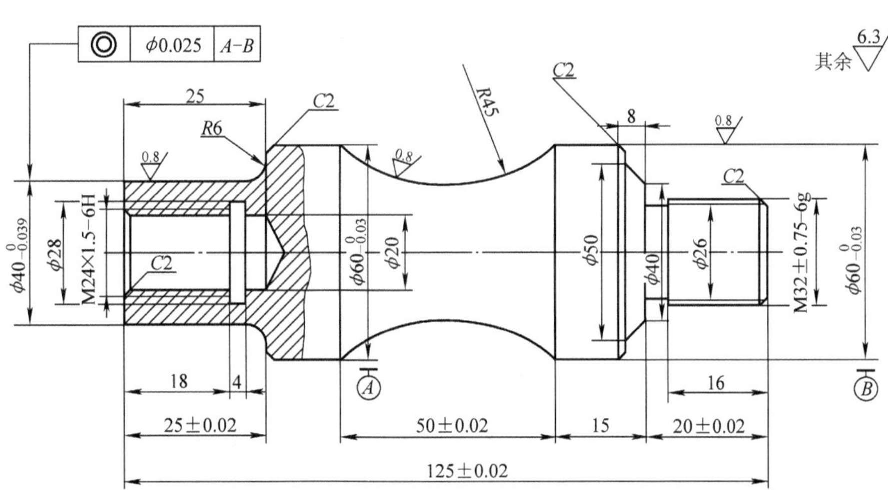

技术要求

1. 未注倒角 $C1$。
2. 未注尺寸公差按 GB/T 1804—m。
3. 不得用油石砂布等工具对表面进行修饰加工。

图　6－13

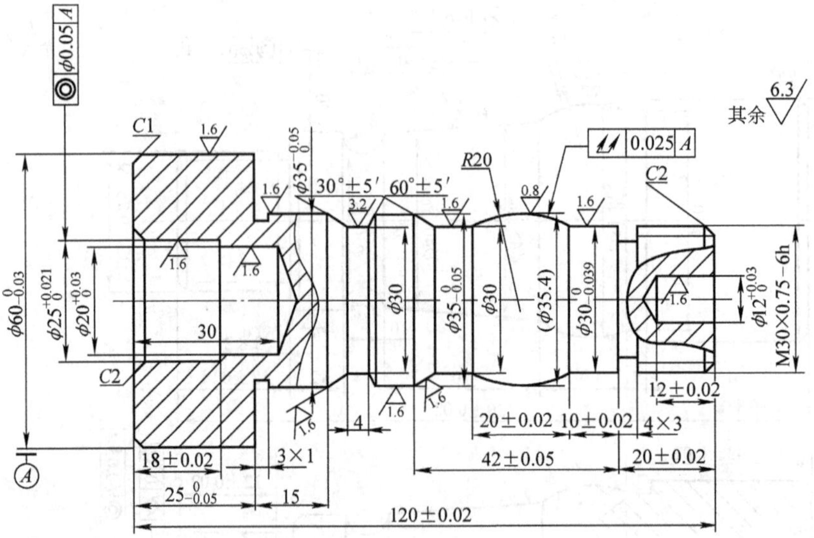

图 6-14

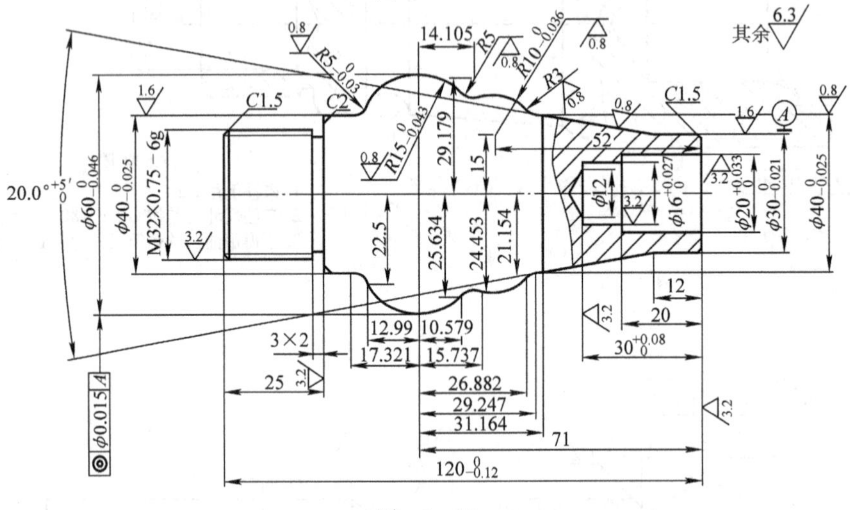

图 6-15

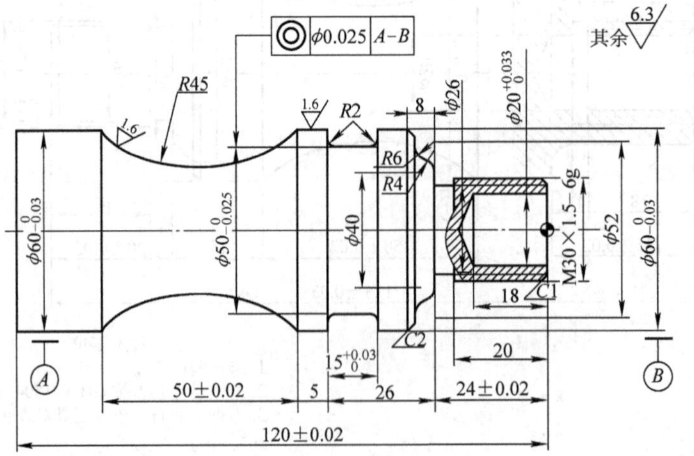

图 6-16

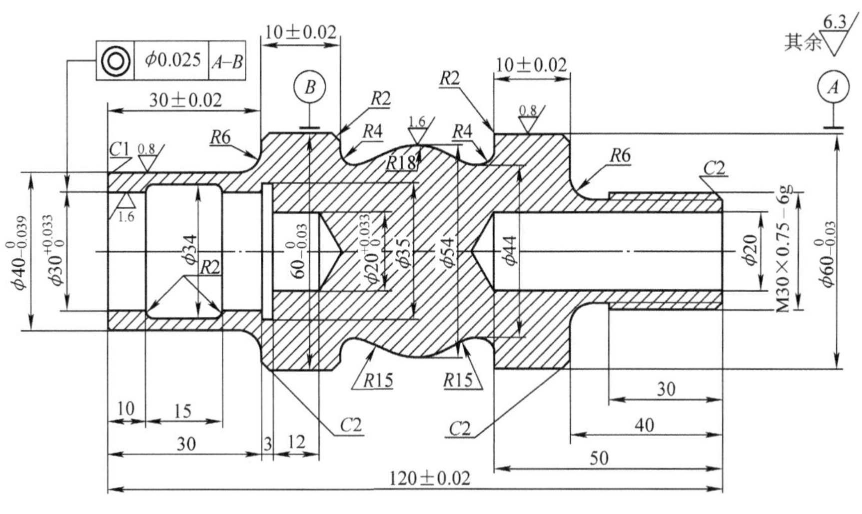

图　6-17

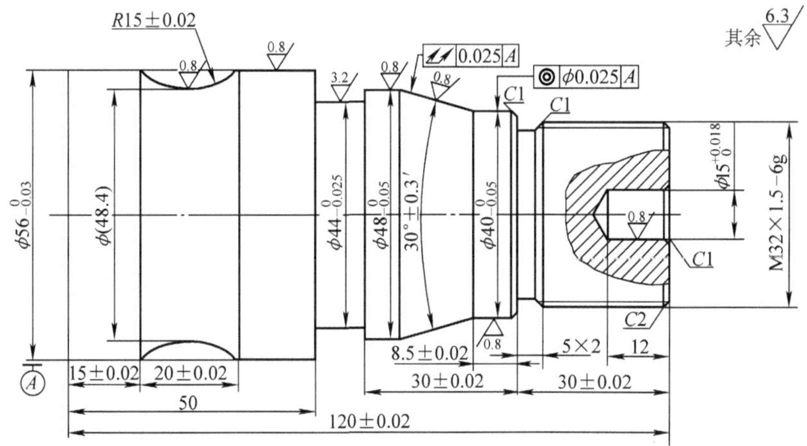

图　6-18

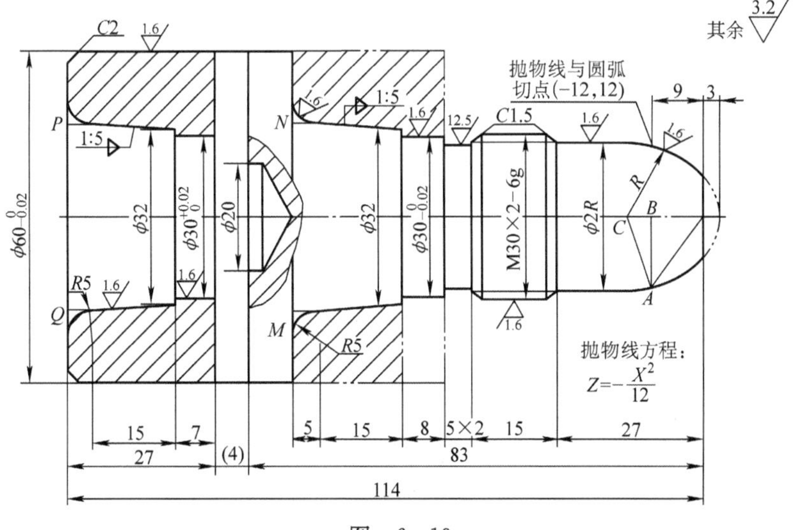

图　6-19

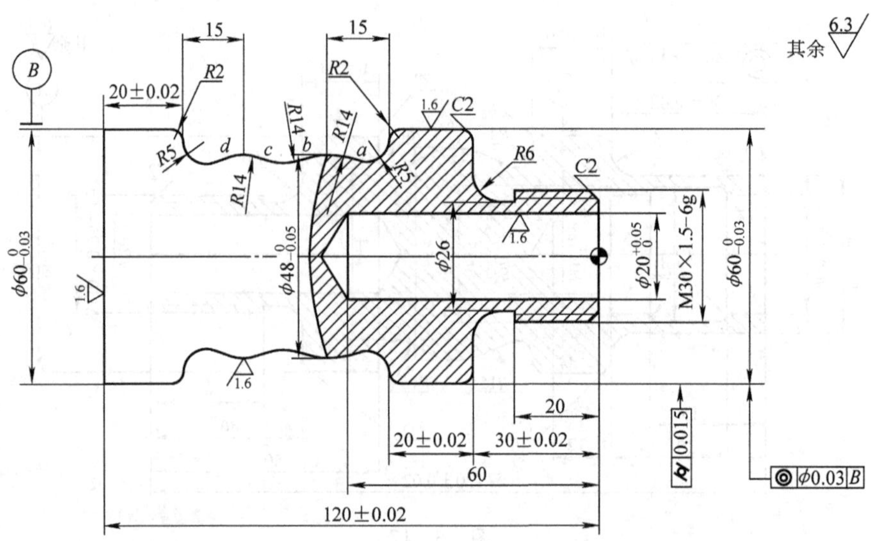

a 点坐标：*z*=−60.000 *x*=46.154
b 点坐标：*z*=−70.000 *x*=46.154
c 点坐标：*z*=−80.000 *x*=46.154
d 点坐标：*z*=−90.000 *x*=46.154

技术要求

1. 未注倒角 *C*1。
2. 未注尺寸公差按 GB/T 1804—m。
3. 不得用油石砂布等工具对表面进行修饰加工。

图 6-20

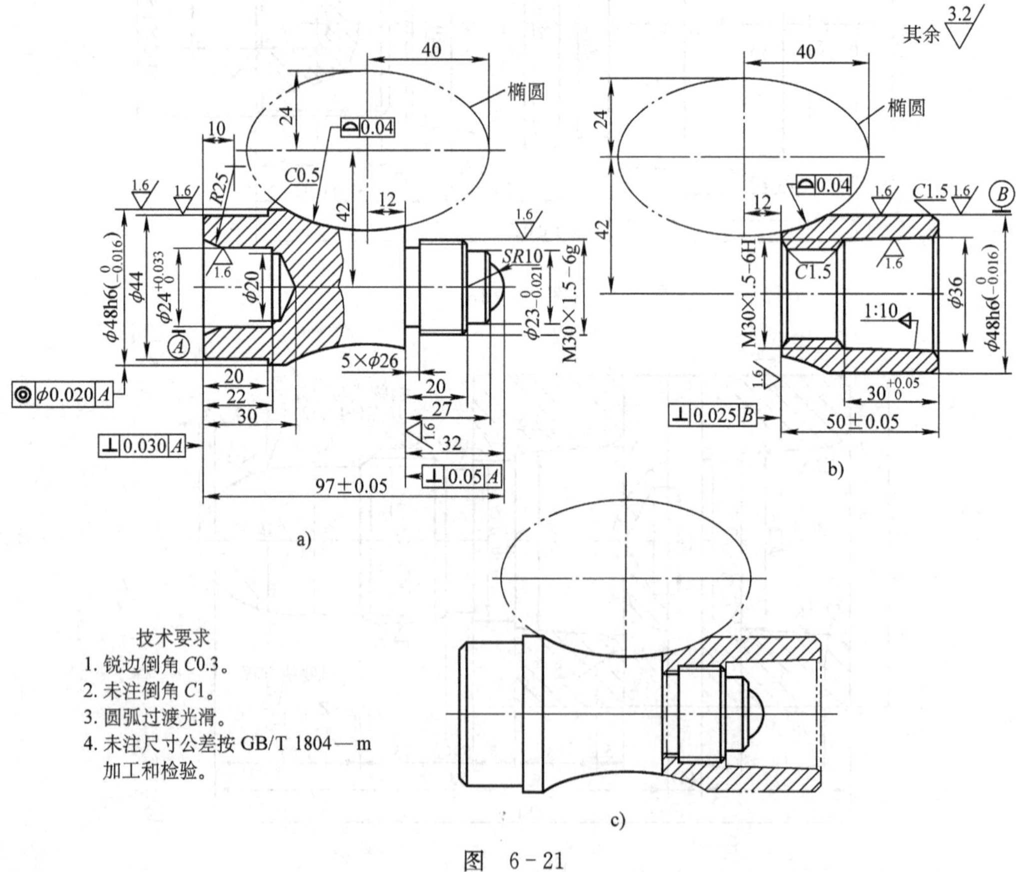

技术要求

1. 锐边倒角 *C*0.3。
2. 未注倒角 *C*1。
3. 圆弧过渡光滑。
4. 未注尺寸公差按 GB/T 1804—m 加工和检验。

图 6-21

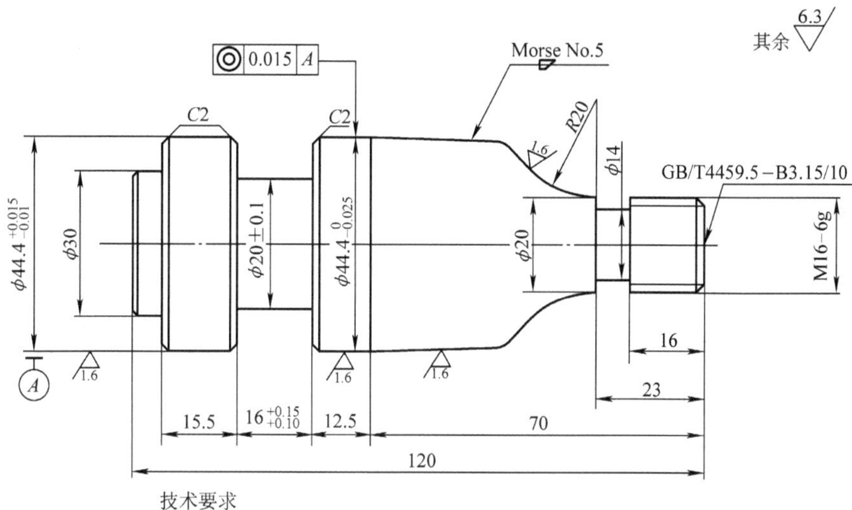

技术要求

1. 未注倒角均为 $C1$。
2. 莫氏锥度涂红检查接触 65% 以上。
3. 只标注字母处为指定尺寸。
4. 所有表面均为直接车加工后表面，不得用其他办法抛光。
5. 当加工完成后直接在机床上打表检有关径向圆跳动。
6. 用螺纹环规检 M16。

毛坯要求	ϕ50×150　45 钢
编程分析时间	100min
加工时间	140min

图　6－22

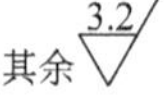

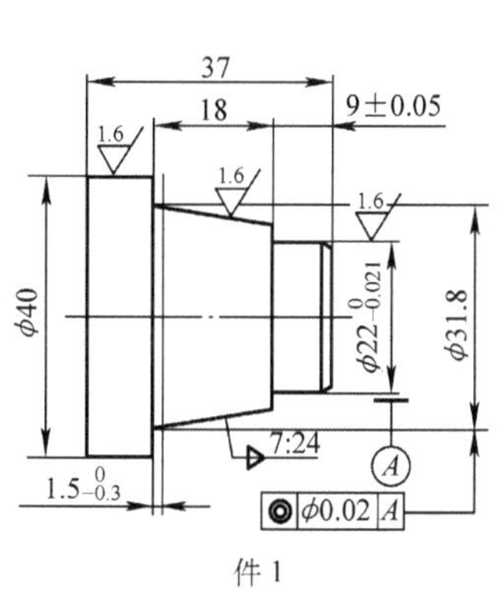

件 1

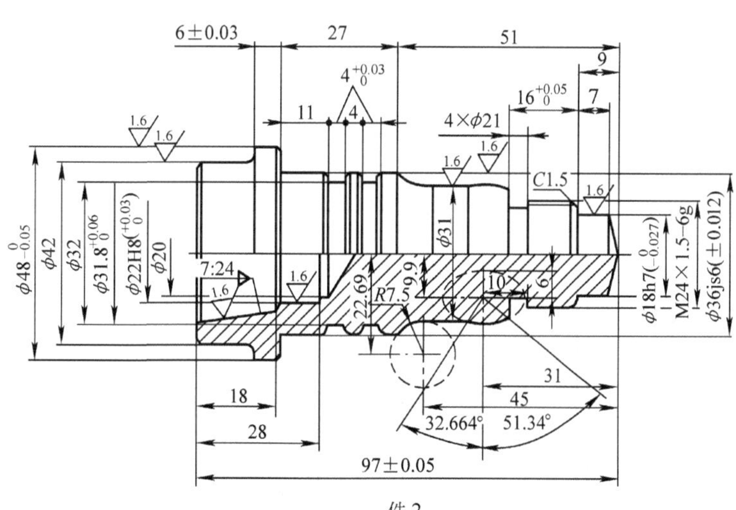

件 2

技术要求

1. 锐边倒角 $C0.3$。
2. 未注倒角 $C1$。
3. 未注圆角 $R2$。
4. 涂色锥面接触面不小于 60%。
5. 圆弧过渡光滑。
6. 未注尺寸公差按 GB/T 1804—m 加工和检验。

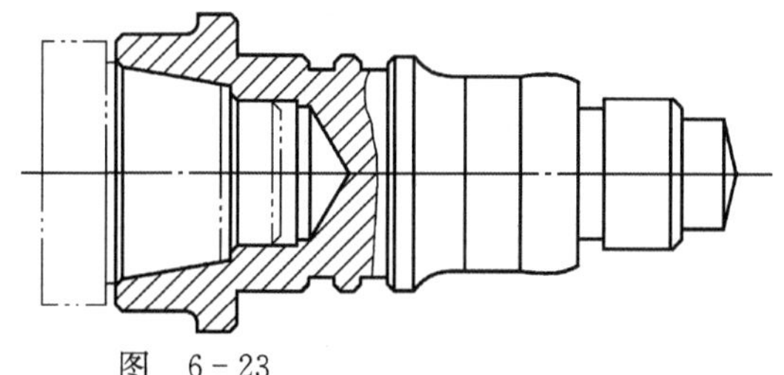

图　6－23

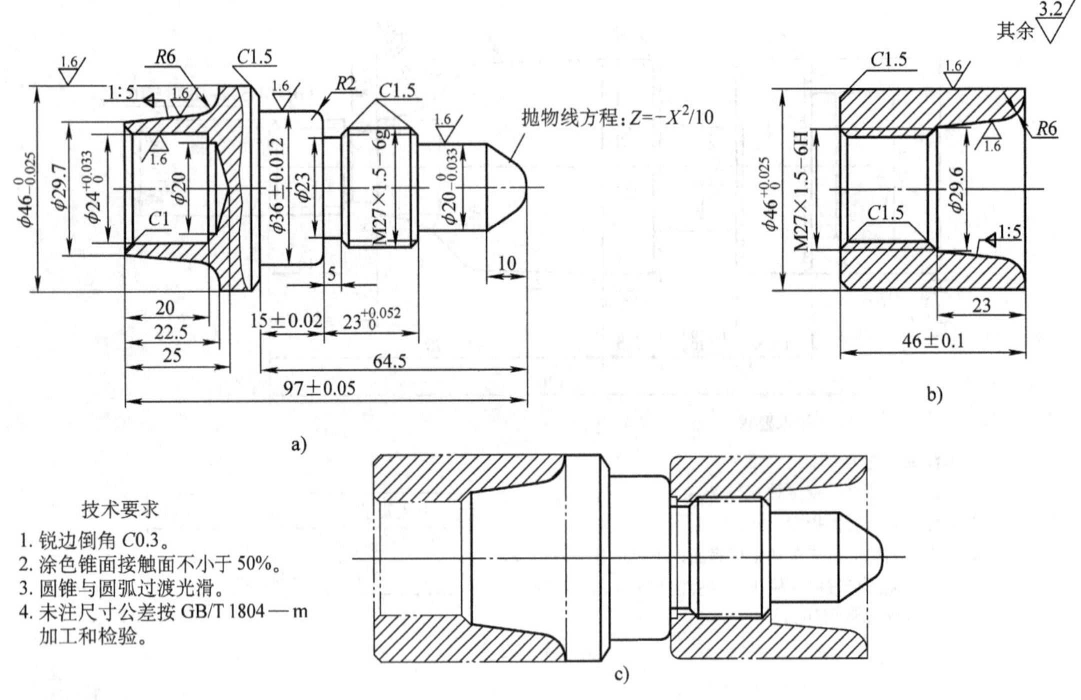

技术要求

1. 锐边倒角 C0.3。
2. 涂色锥面接触面不小于 50%。
3. 圆锥与圆弧过渡光滑。
4. 未注尺寸公差按 GB/T 1804—m 加工和检验。

图 6-24

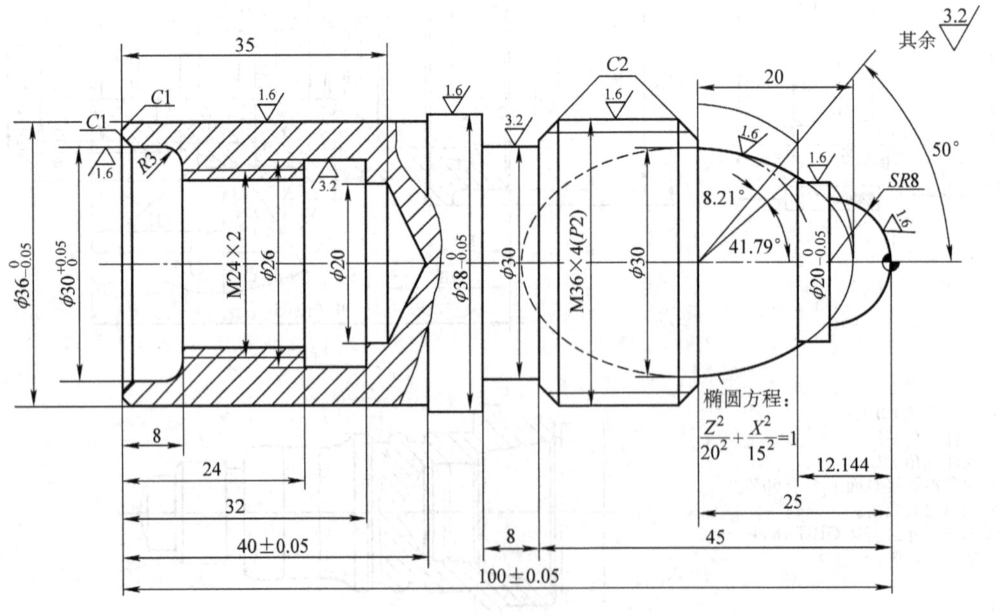

图 6-25

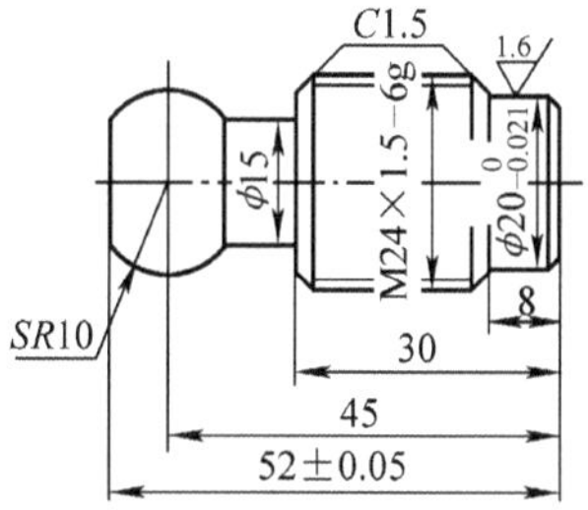

其余 3.2

件 1

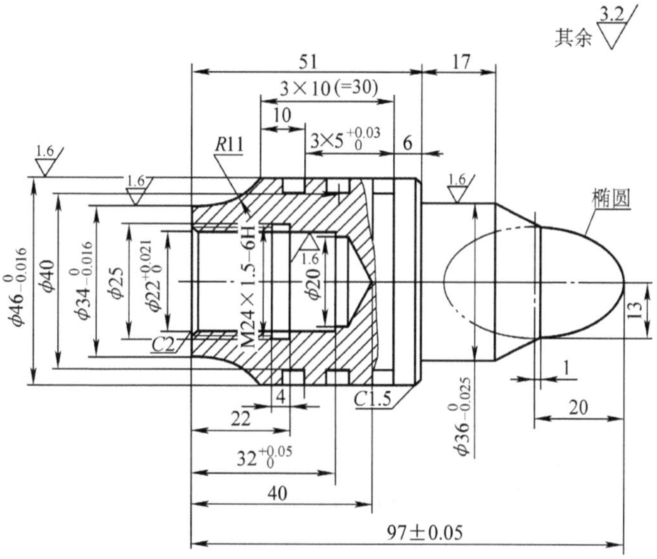

件 2

技术要求

1. 锐边倒角 C0.3。
2. 未注倒角 C1。
3. 圆弧过渡光滑。
4. 未注尺寸公差按 GB/T 1804—m 加工和检验。

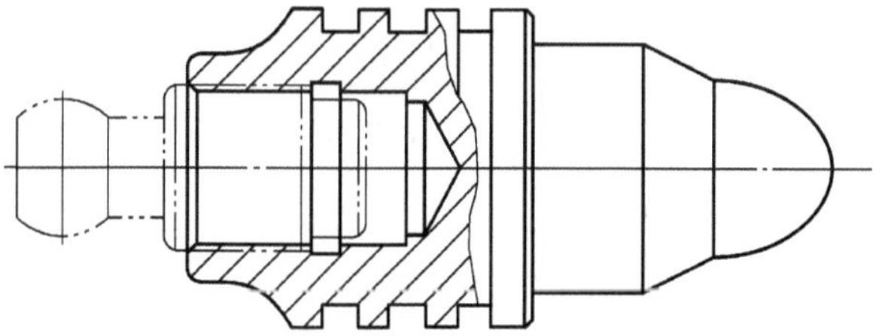

图　6 - 26

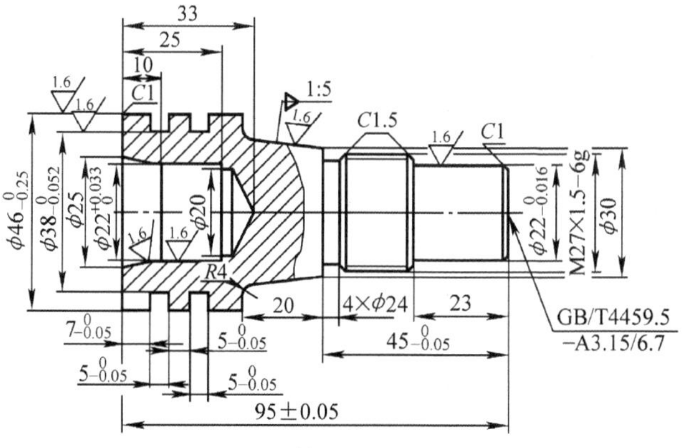

其余 3.2

件 1

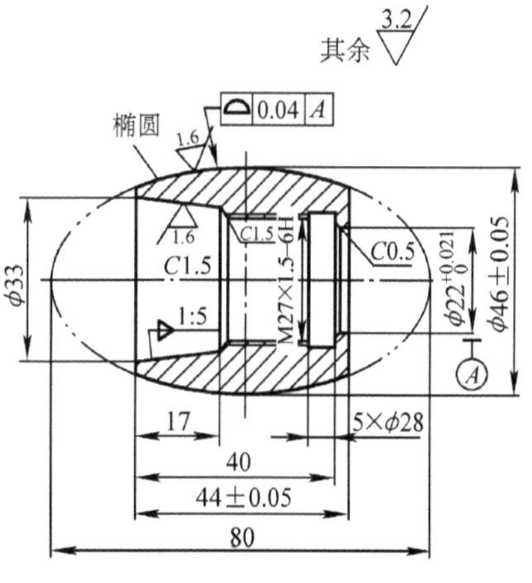

件 2

技术要求

1. 锐边倒角 C0.3。
2. 涂色锥面接触面不小于 50%。
3. 圆锥与圆弧过渡光滑。
4. 未注尺寸公差按 GB/T 1804—m 加工和检验。

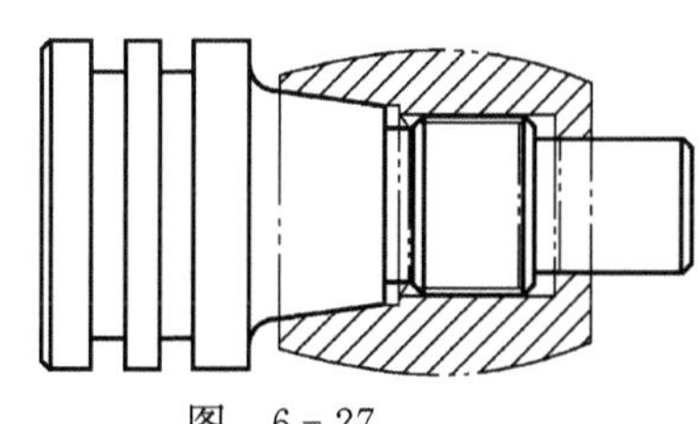

图　6 - 27

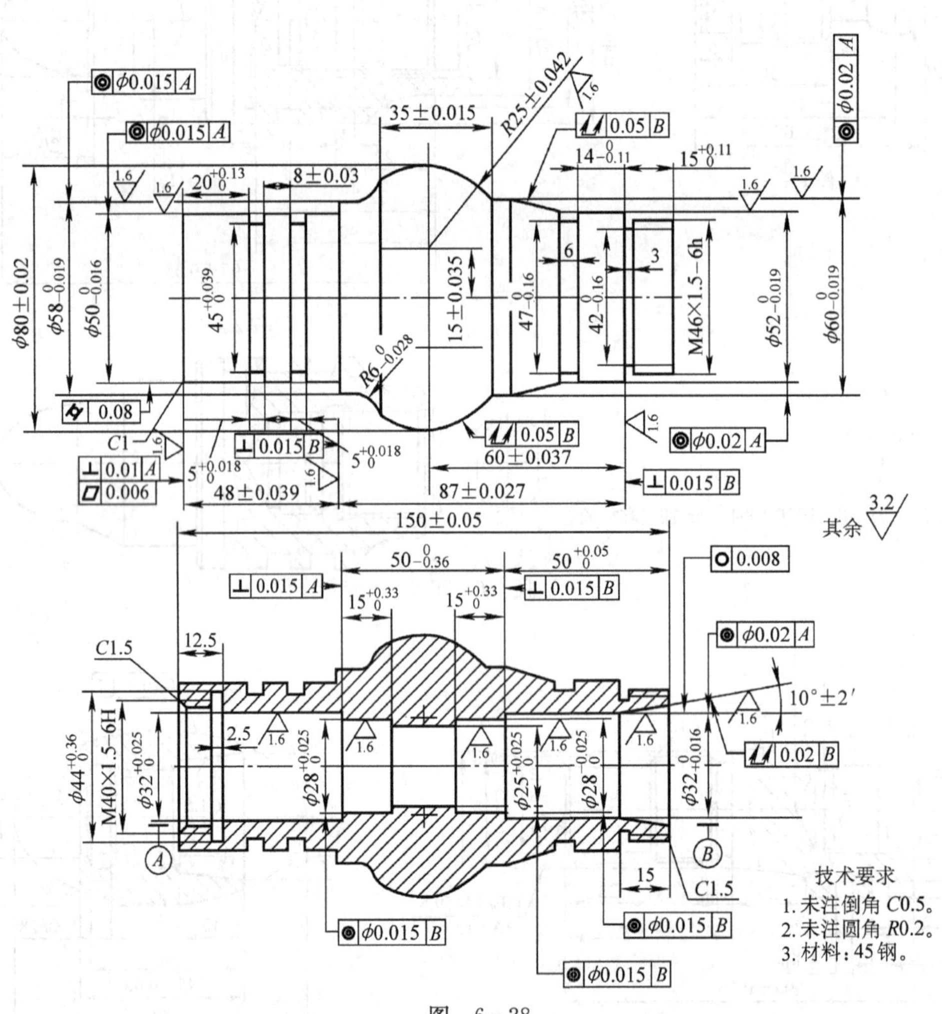

图 6-28

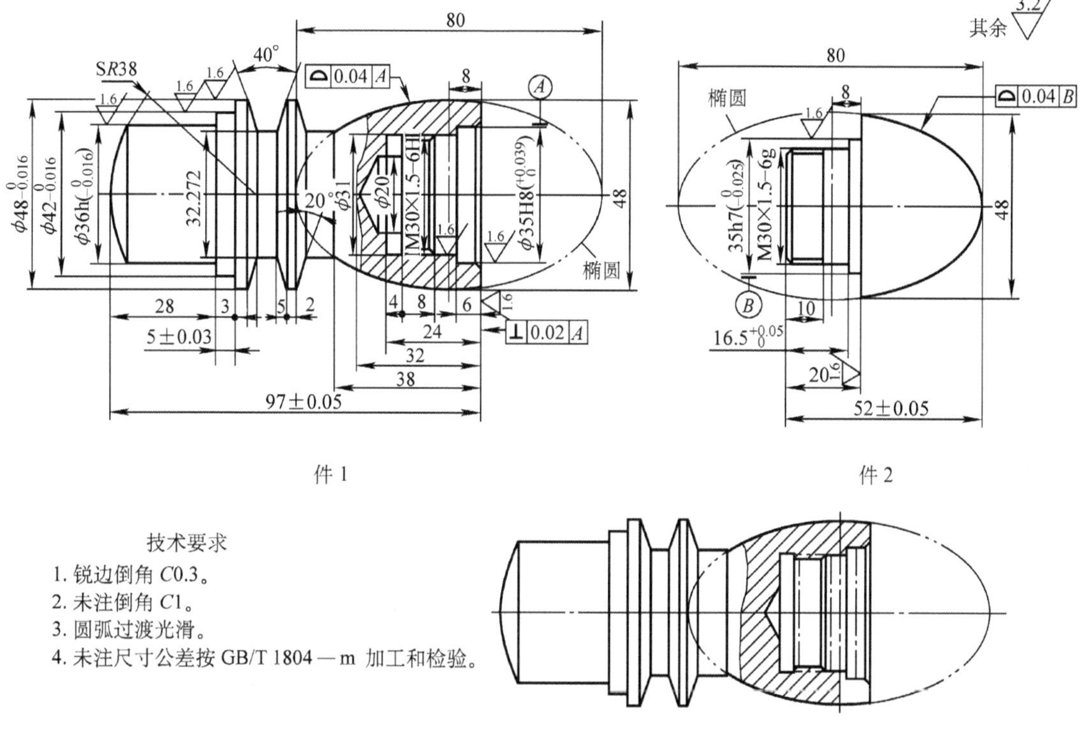

技术要求

1. 锐边倒角 C0.3。
2. 未注倒角 C1。
3. 圆弧过渡光滑。
4. 未注尺寸公差按 GB/T 1804—m 加工和检验。

图 6-29

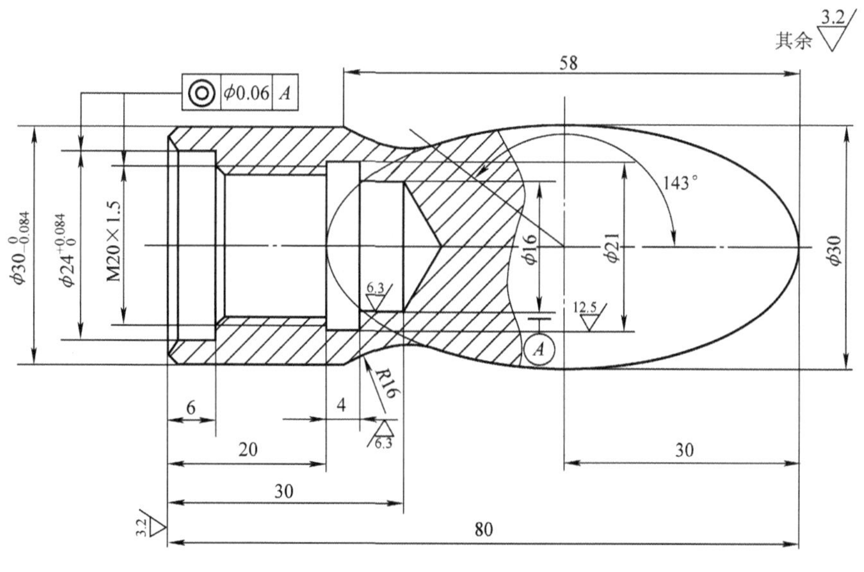

图 6-30

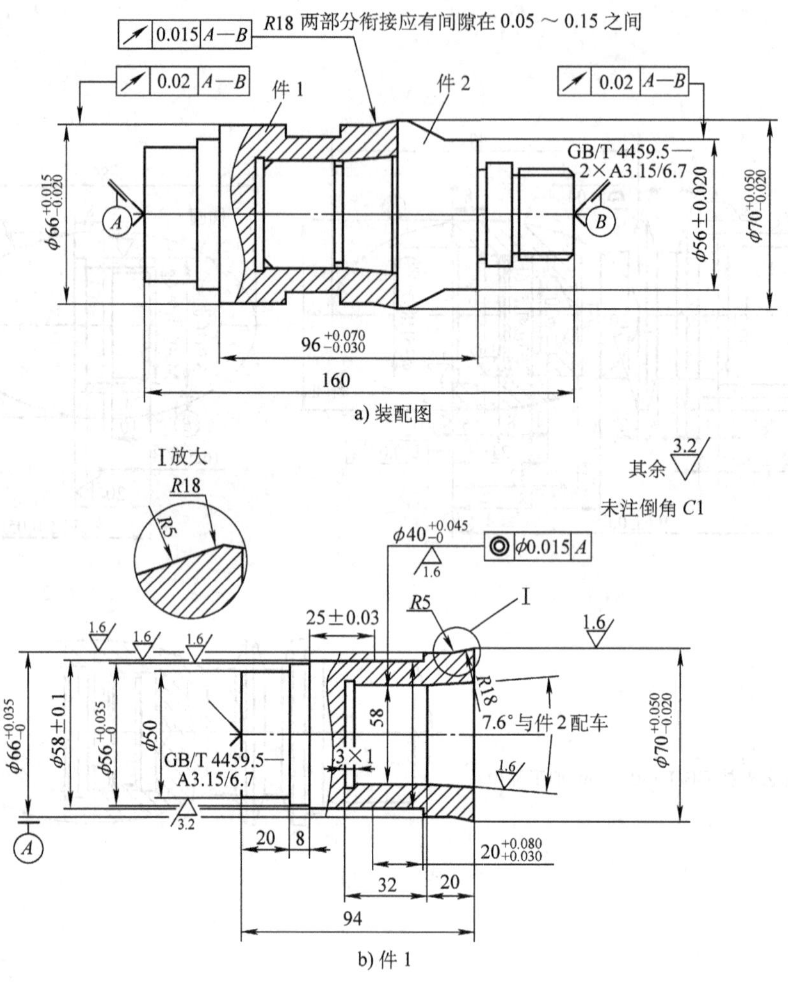

a) 装配图

b) 件 1

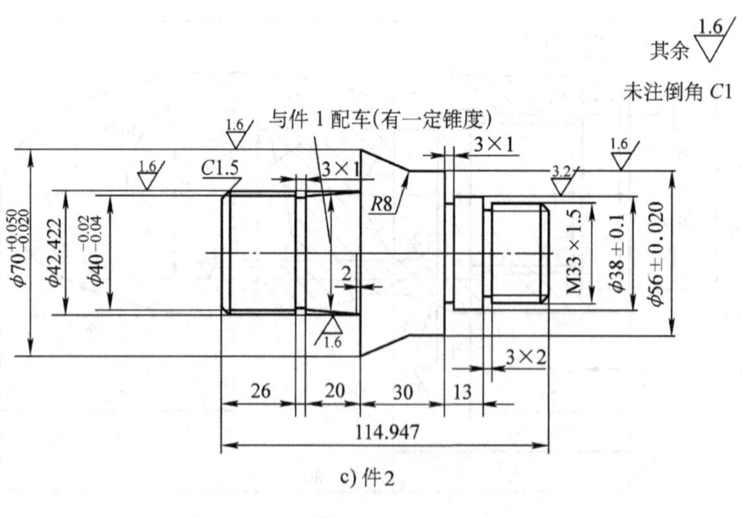

c) 件2

图　6－31

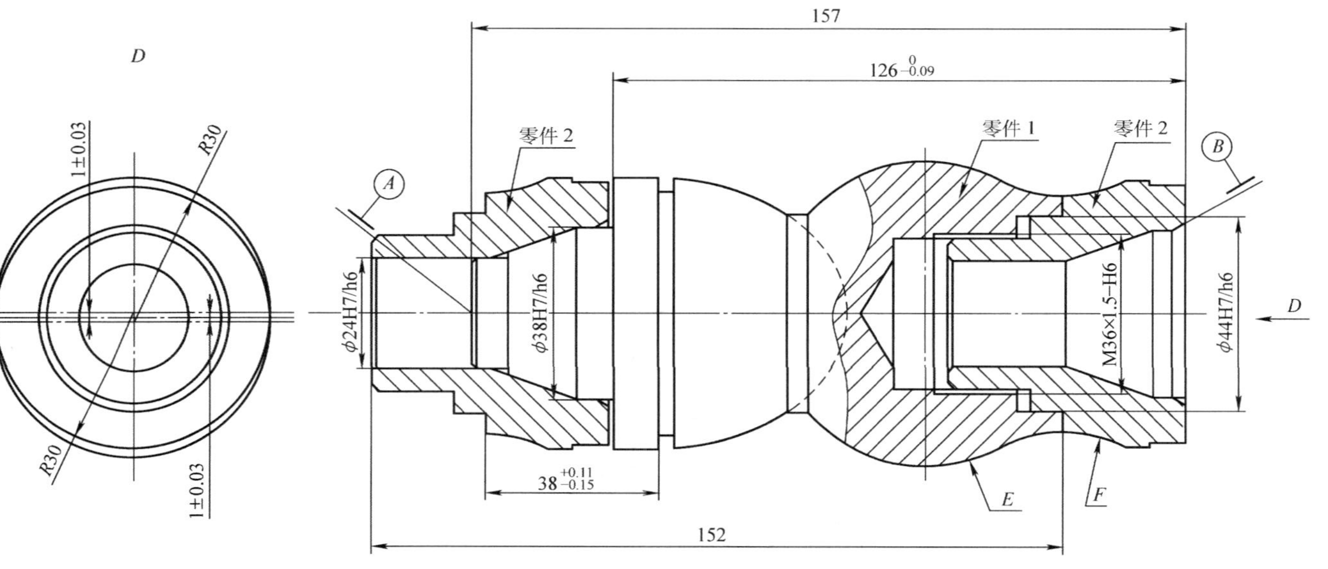

技术要求

装配后零件 1 的 E 处和零件 2 的 F 处轮廓按整体轮廓要求，要求与基准 A—B 的圆跳动不大于 0.05。

a) 装配图

图 6-32

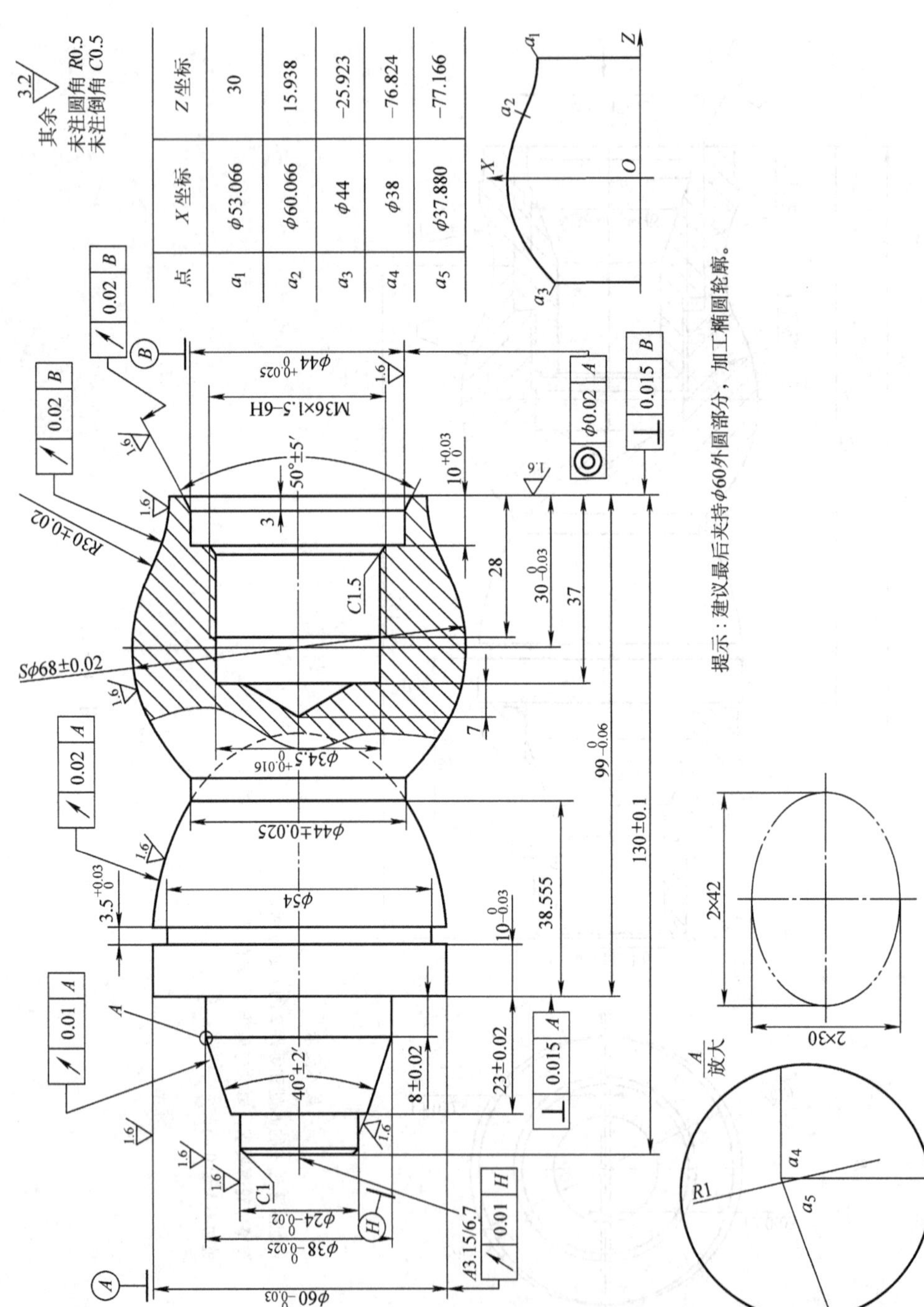

点	X坐标	Z坐标
a_1	φ53.066	30
a_2	φ60.066	15.938
a_3	φ44	-25.923
a_4	φ38	-76.824
a_5	φ37.880	-77.166

提示：建议最后夹持φ60外圆部分，加工椭圆轮廓。

b) 零件 1

图 6-32（续）

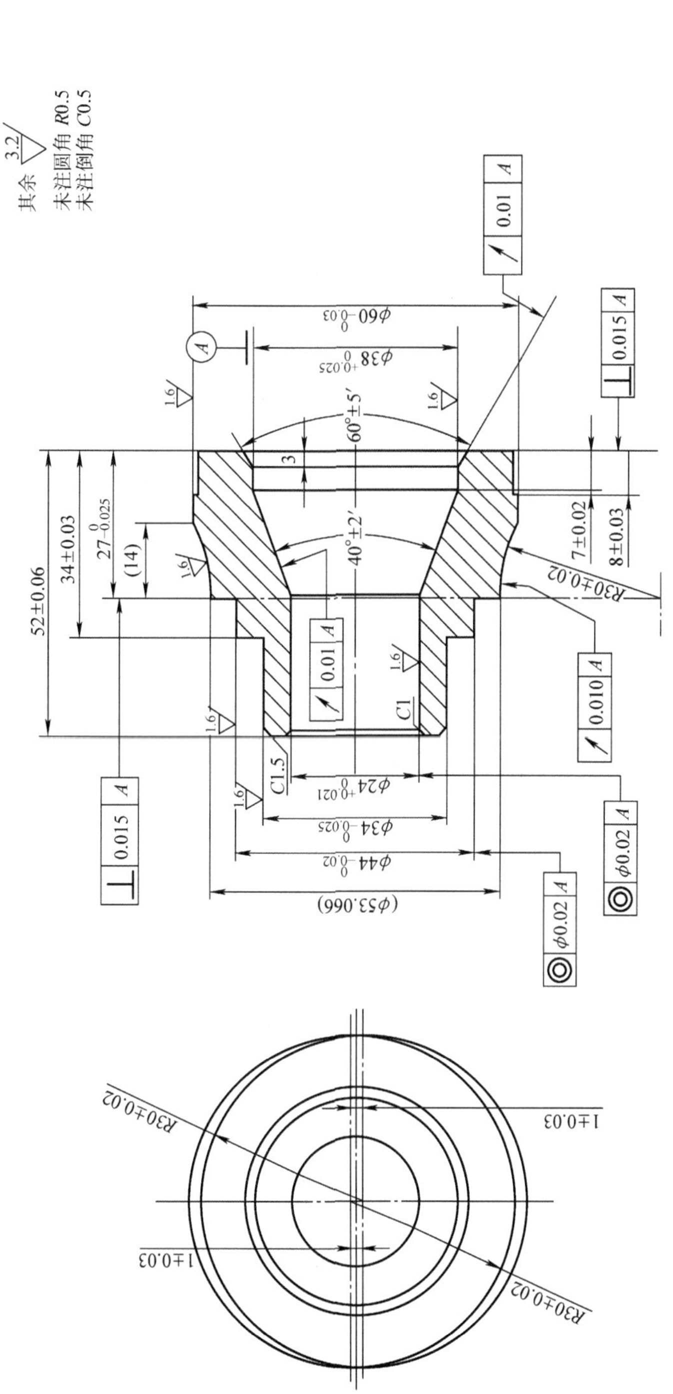

其余 $\sqrt{3.2}$

未注圆角 $R0.5$

未注倒角 $C0.5$

技术要求

两偏心轴线方向互成 180°±2°

c) 零件 2

图　6－32（续）

技术要求

1. 零件 1 与 3 装配后，长度尺寸要求 78±0.1。
2. 三件装配后要求零件 4 的 *E* 处，零件 1 的 *F* 处和零件 3 的 *H* 处，要求与基准 *A*—*B* 的圆跳动不大于 0.08。

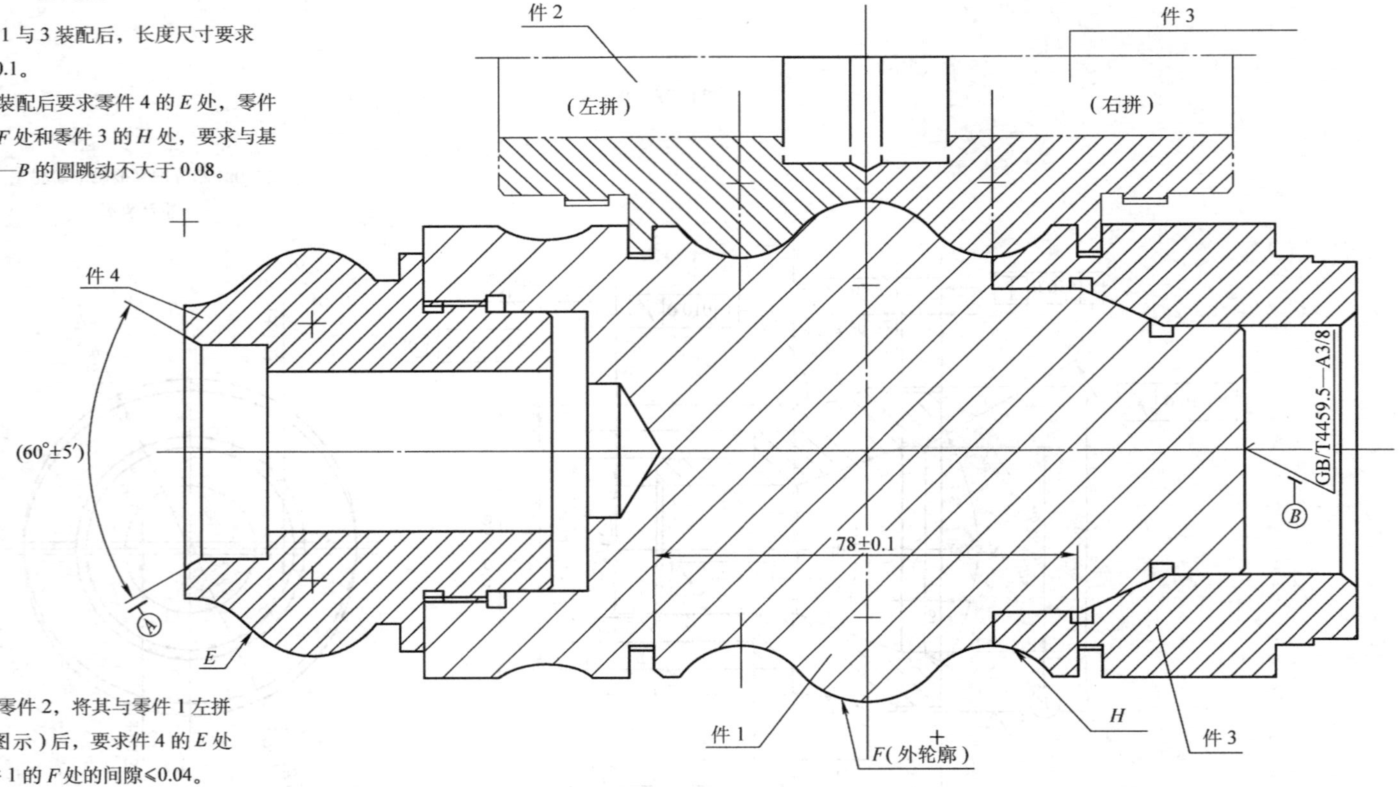

3. 拧出零件 2，将其与零件 1 左拼（如图示）后，要求件 4 的 *E* 处与件 1 的 *F* 处的间隙≤0.04。
4. 拆下件 2，将其与零件 1 与件 3 右拼装（如图示）后，要求件 4 的 *E* 处与件 1 的 *F* 处和零件 3 的 *H* 处间隙不大于 0.06。

a) 装配图

图　6－33

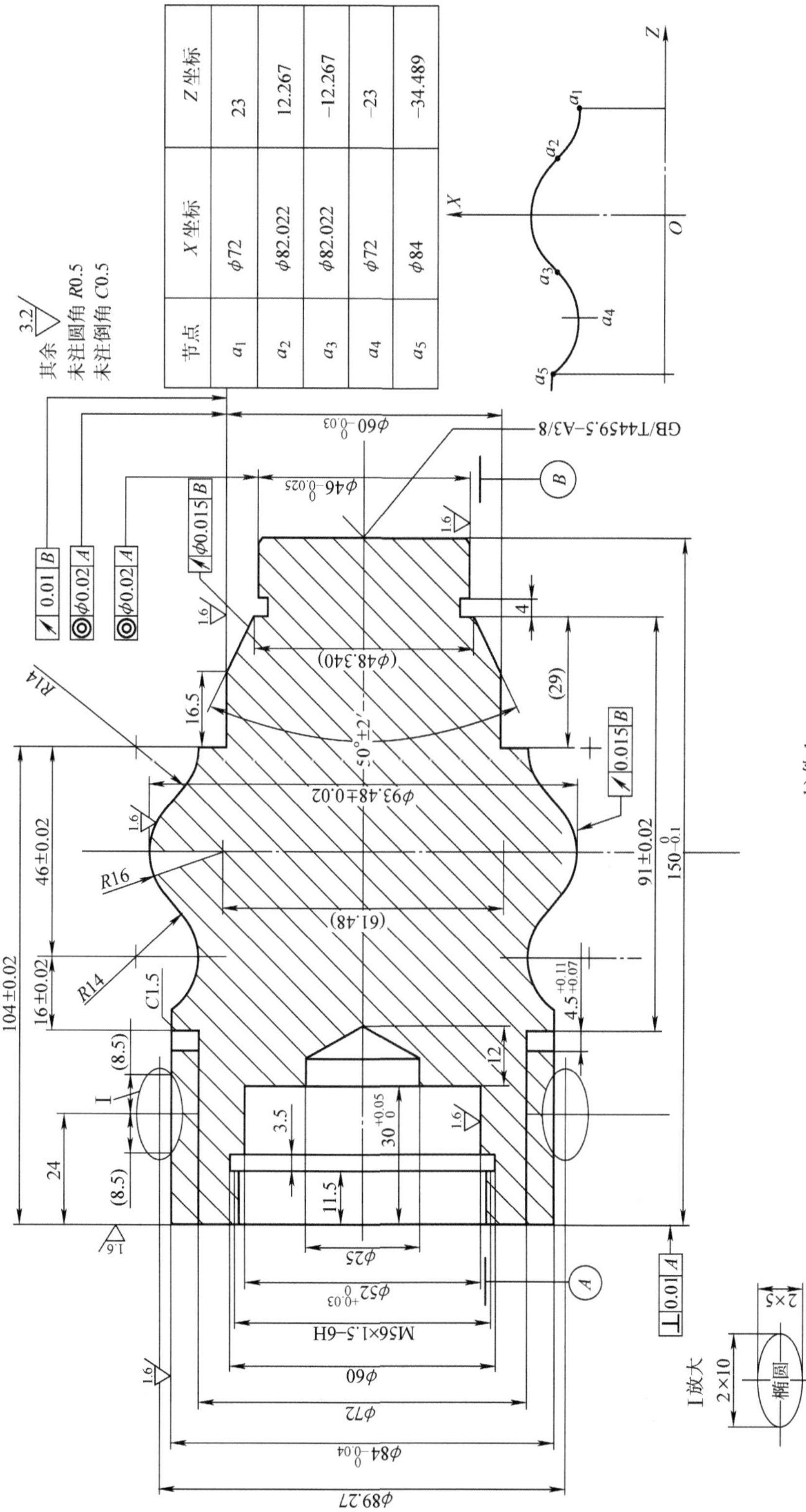

其余 3.2

未注圆角 R0.5

未注倒角 C0.5

节点	X 坐标	Z 坐标
a_1	ϕ72	23
a_2	ϕ82.022	12.267
a_3	ϕ82.022	−12.267
a_4	ϕ72	−23
a_5	ϕ84	−34.489

b) 件 1

图 6－33（续）

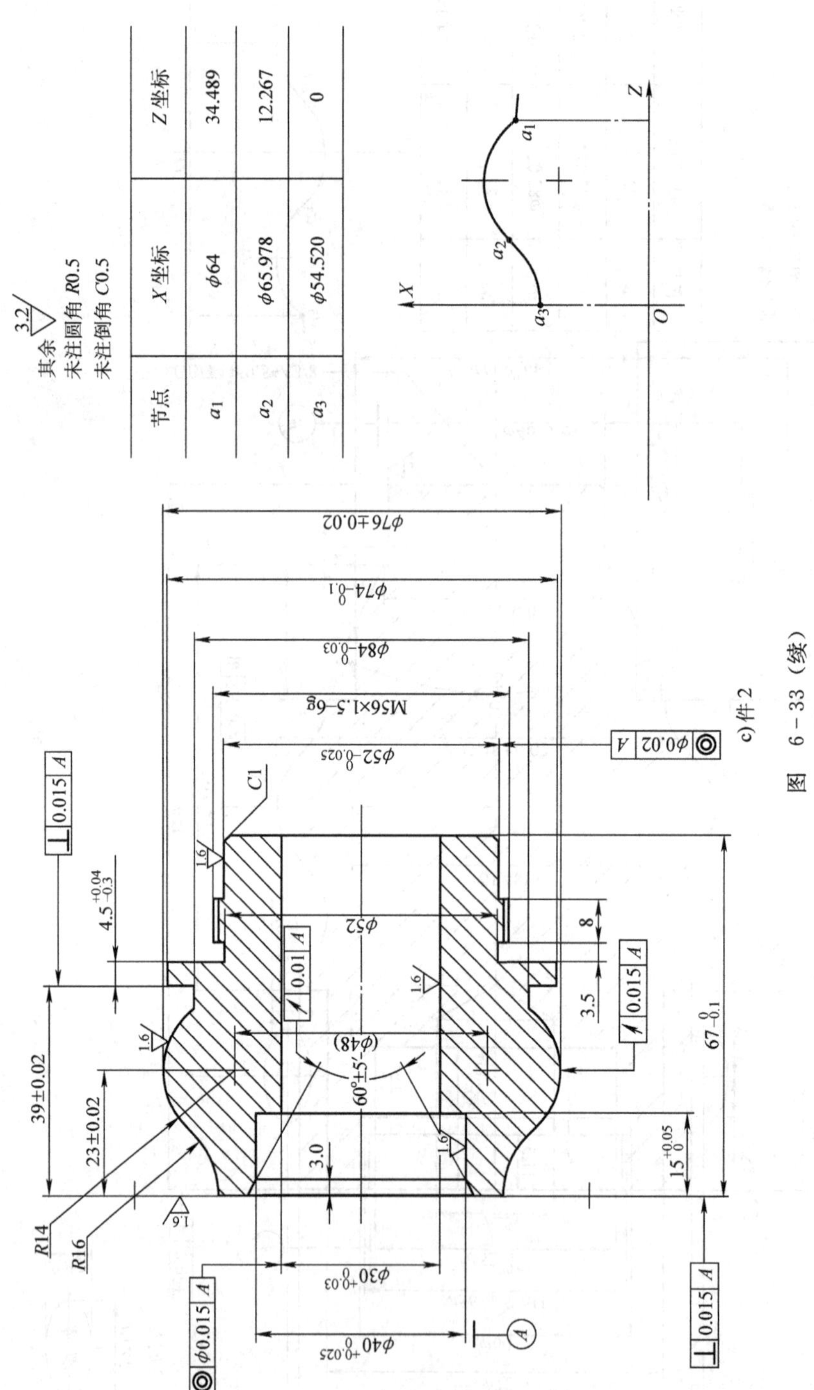

节点	X 坐标	Z 坐标
a_1	φ64	34.489
a_2	φ65.978	12.267
a_3	φ54.520	0

c) 件 2

图 6-33（续）

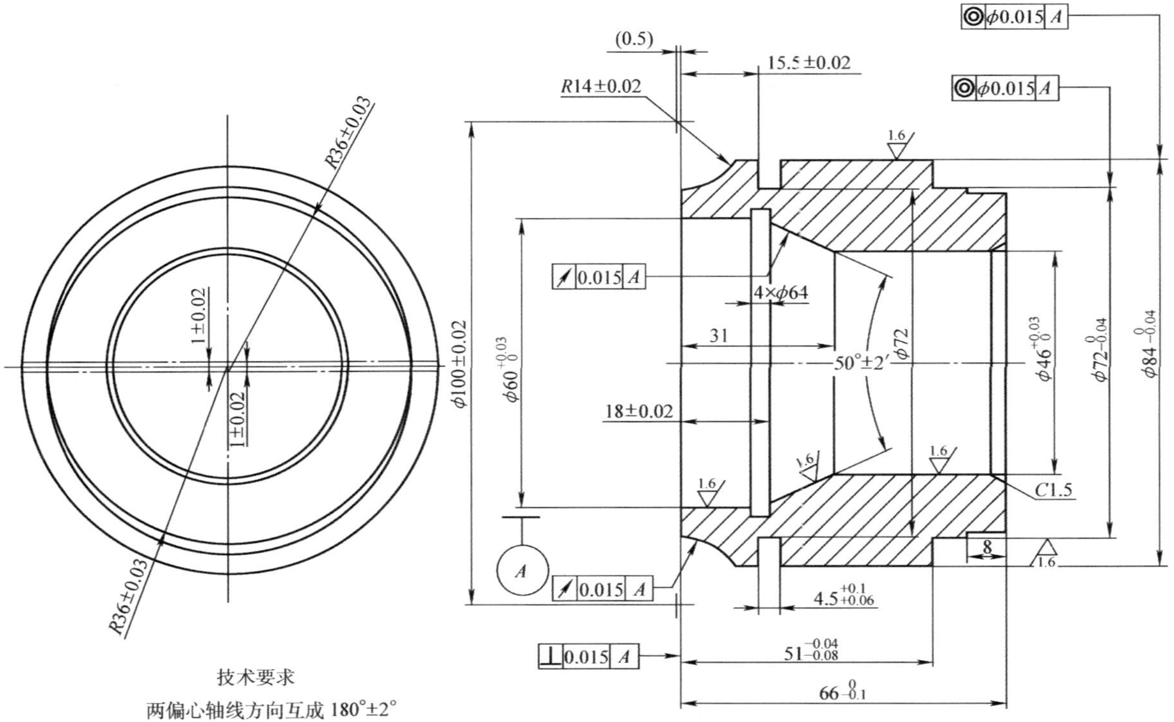

技术要求

两偏心轴线方向互成 180°±2°

其余 $\sqrt{3.2}$

未注圆角≤$R0.5$

未注倒角≤$C0.5$

节点	X 坐标	Z 坐标
a_1	$\phi72.02$	0
a_2	$\phi84$	10.99

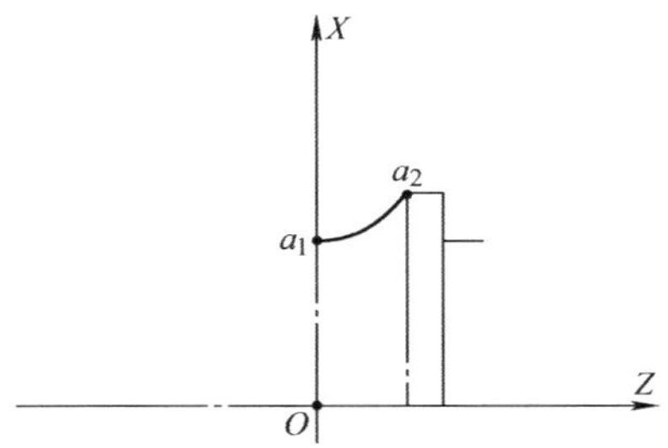

d)件 3

图　6－33（续）

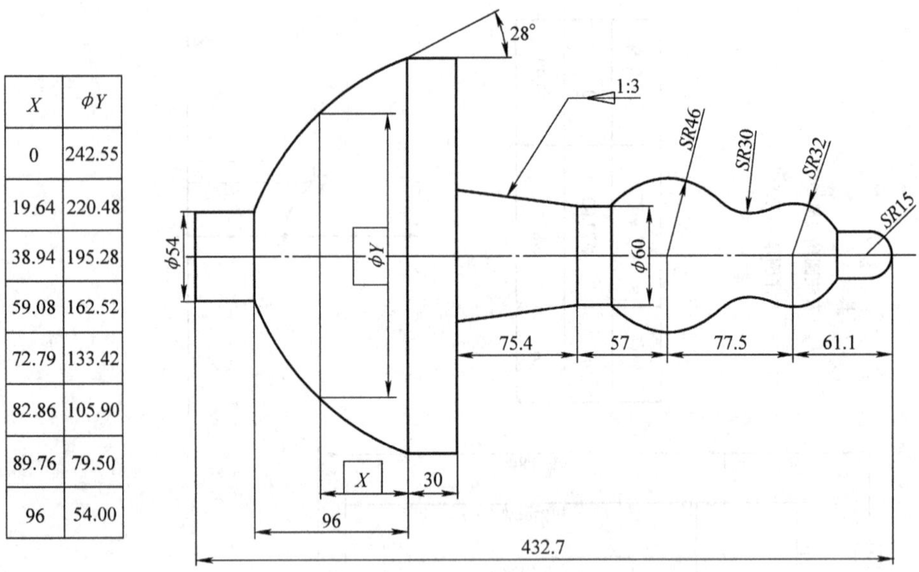

X	φY
0	242.55
19.64	220.48
38.94	195.28
59.08	162.52
72.79	133.42
82.86	105.90
89.76	79.50
96	54.00

图 6-34

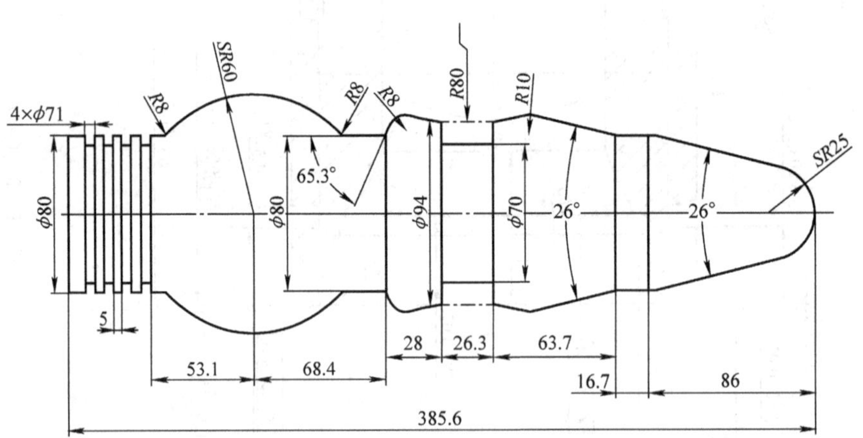

图 6-35

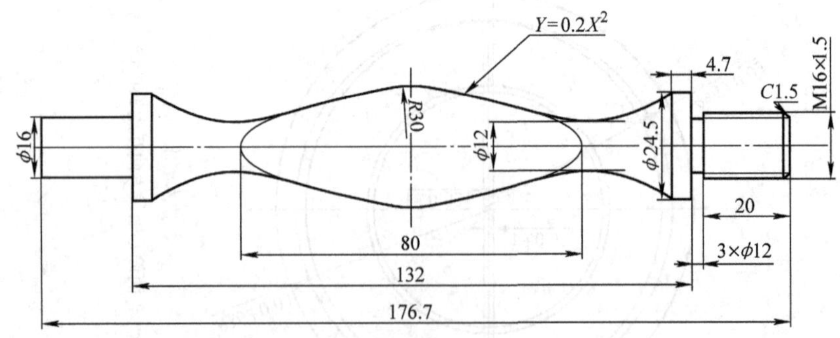

注：如所选软件无公式曲线功能，可用样条线拟合，但须保证拟合误差在10%以内。

图 6-36

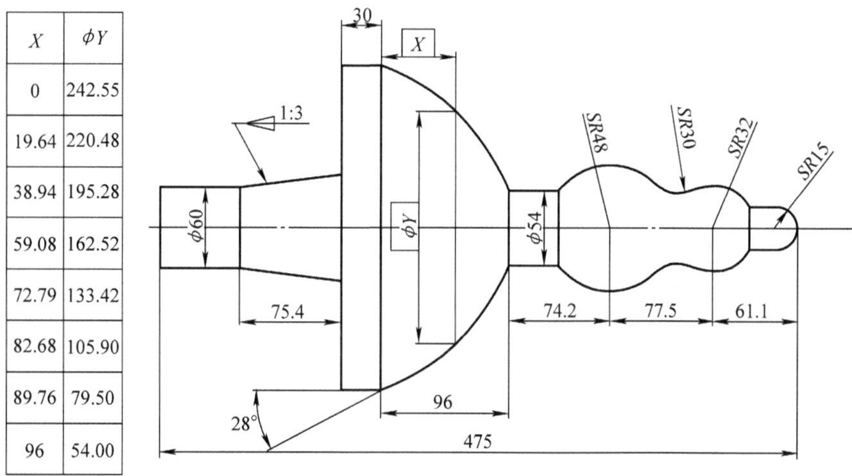

X	ϕY
0	242.55
19.64	220.48
38.94	195.28
59.08	162.52
72.79	133.42
82.68	105.90
89.76	79.50
96	54.00

图　6－37

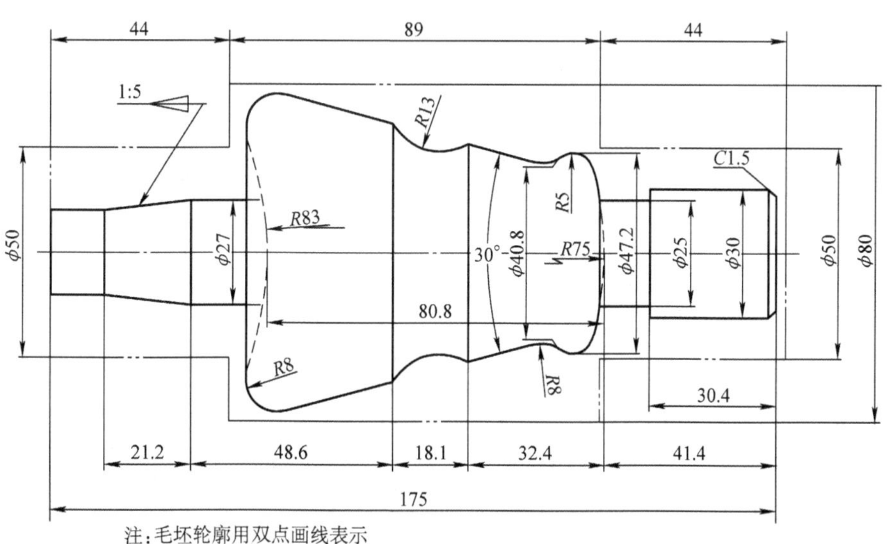

图　6－38

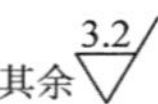

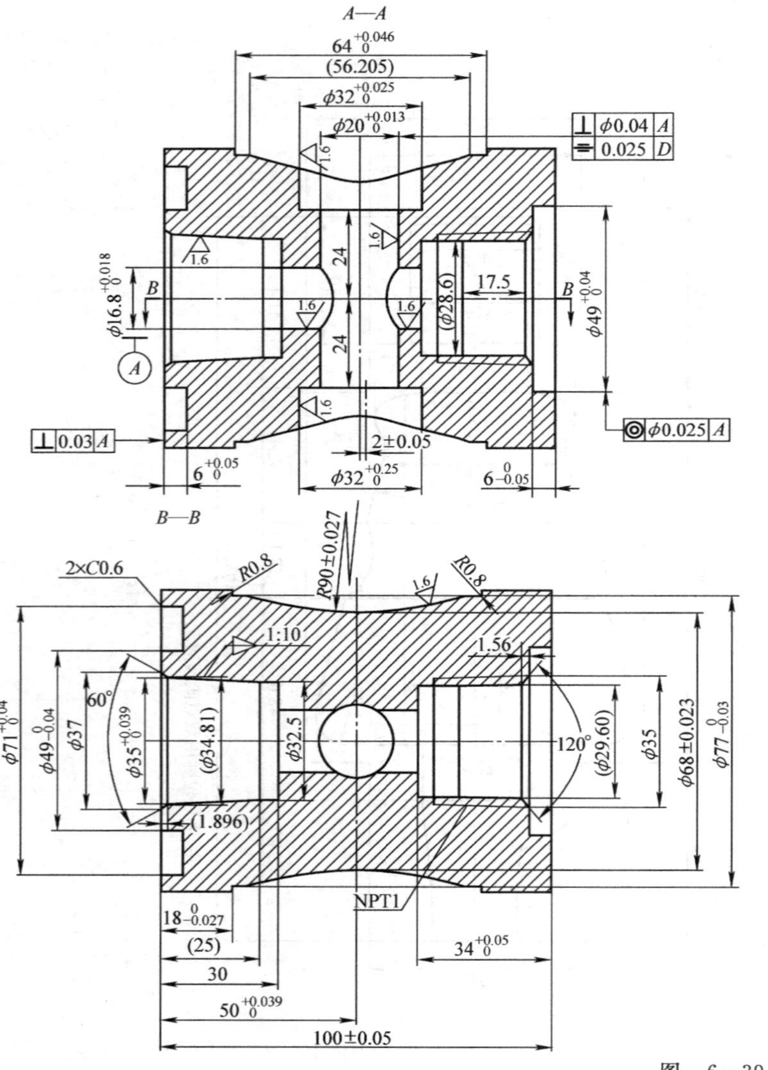

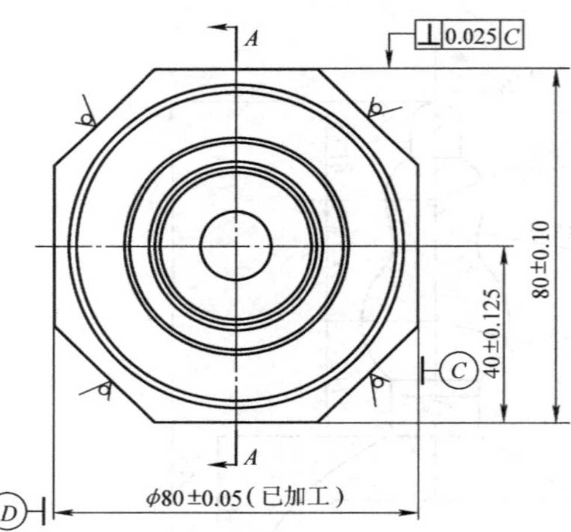

技术要求

1. 锐角倒钝。
2. 未注圆角 R0.5。
3. 表面不得磕碰划伤。
4. 45 钢调质处理 180~200HBW。
5. 未注公差按 GB/T 1804—f 标准执行。

图 6-39

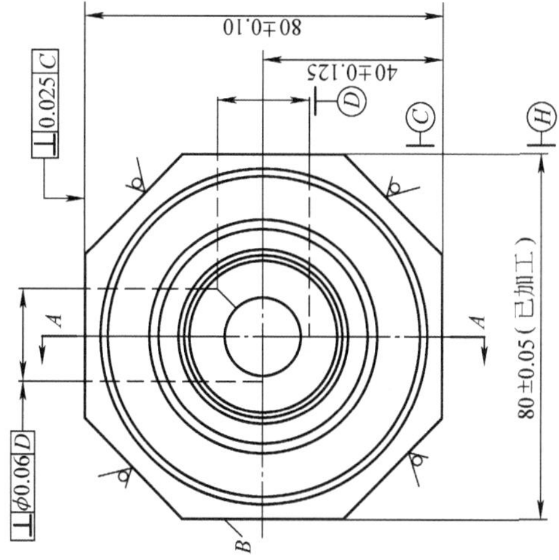

技术要求

1. 锐角倒钝。
2. 未注圆角 R0.5。
3. 表面不得磕碰划伤。
4. 45 钢调质处理 180~200HBW。
5. 未注公差按 GB/T 1804—f标准执行。

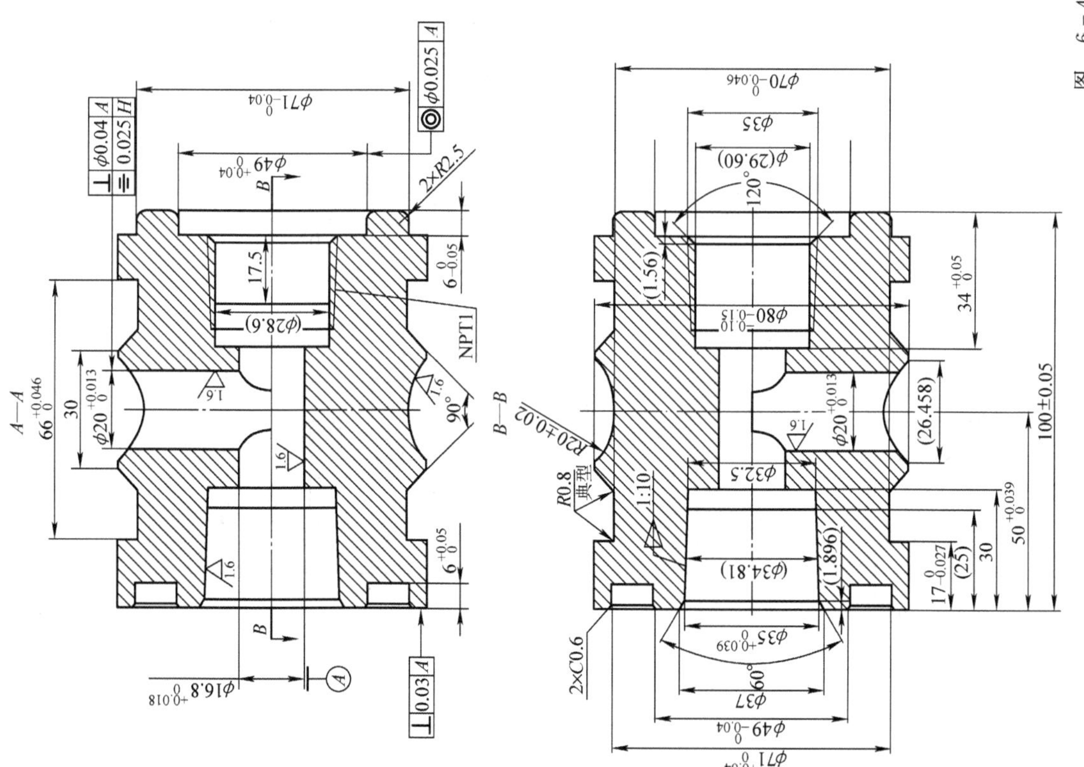

图 6-40

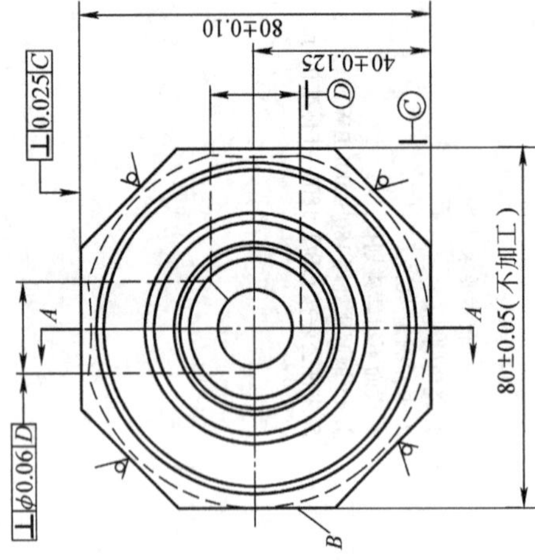

技术要求

1. 锐角倒钝。
2. 未注圆角 R0.5。
3. 表面不得磕碰划伤。
4. 45 钢调质处理180~200HBW。
5. 未注公差按 GB/T 1804—f 标准执行。

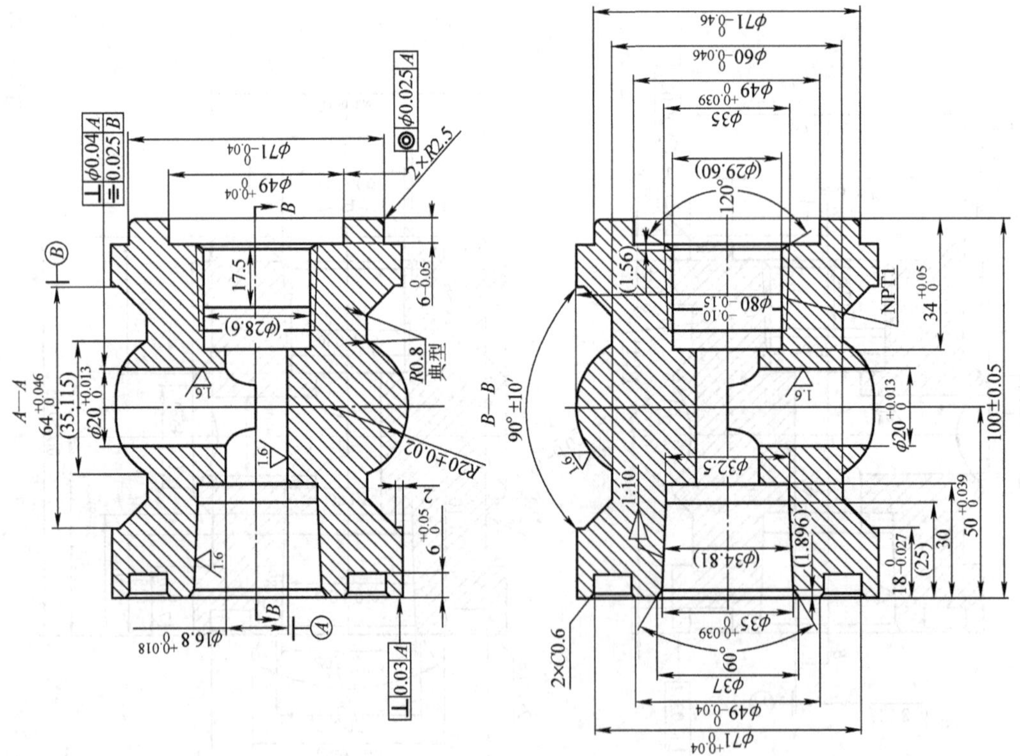

图 6-41

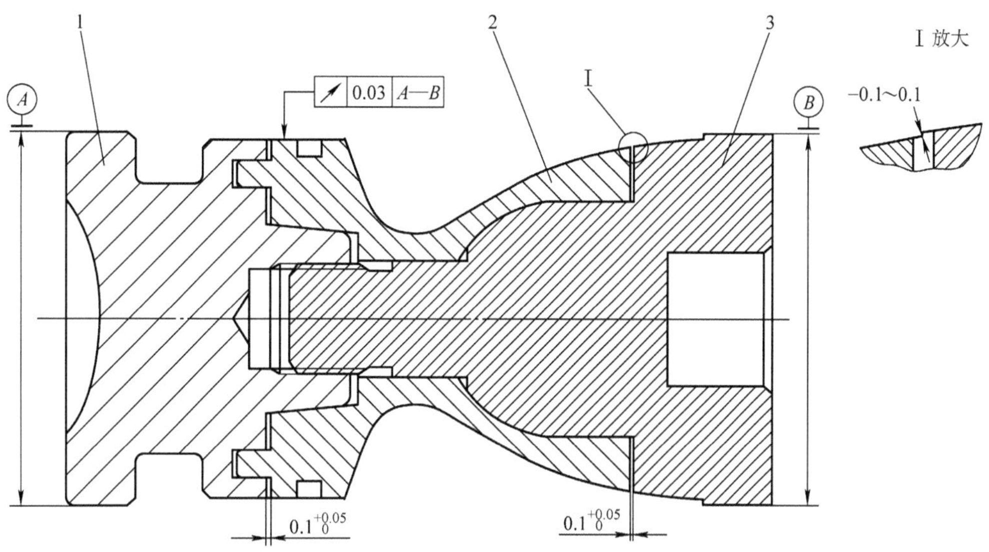

技术要求
球面、圆锥配合用涂色法检查
接触面大于 70%

a) 装配图

其余 3.2

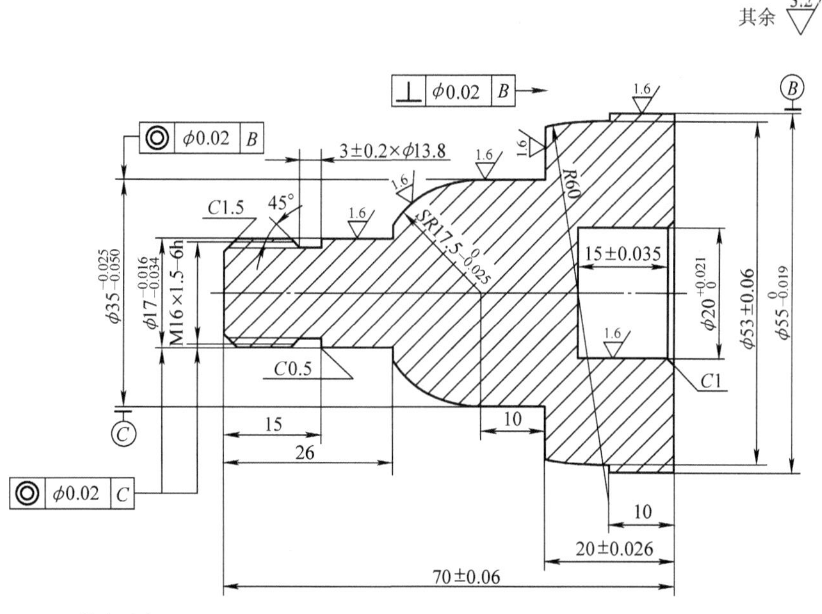

技术要求
1. 允许螺纹端打中心孔 A2/4.25。
2. 未注尺寸公差按 GB/T 1804—f。

b) 件 3

图　6 - 42

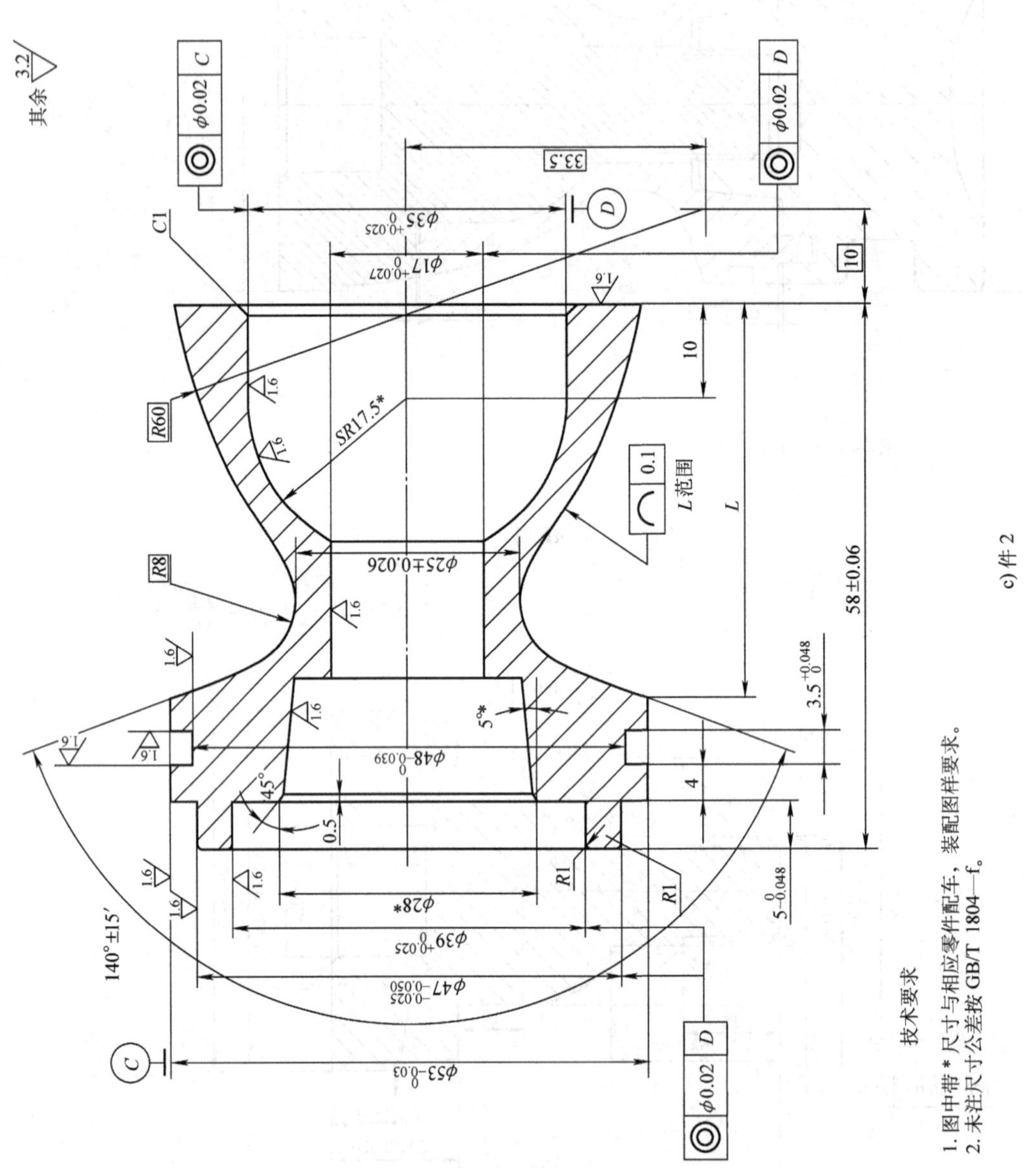

技术要求

1. 图中带 * 尺寸与相应零件配车，装配图样要求。
2. 未注尺寸公差按 GB/T 1804—f。

c) 件 2

图 6-42（续）

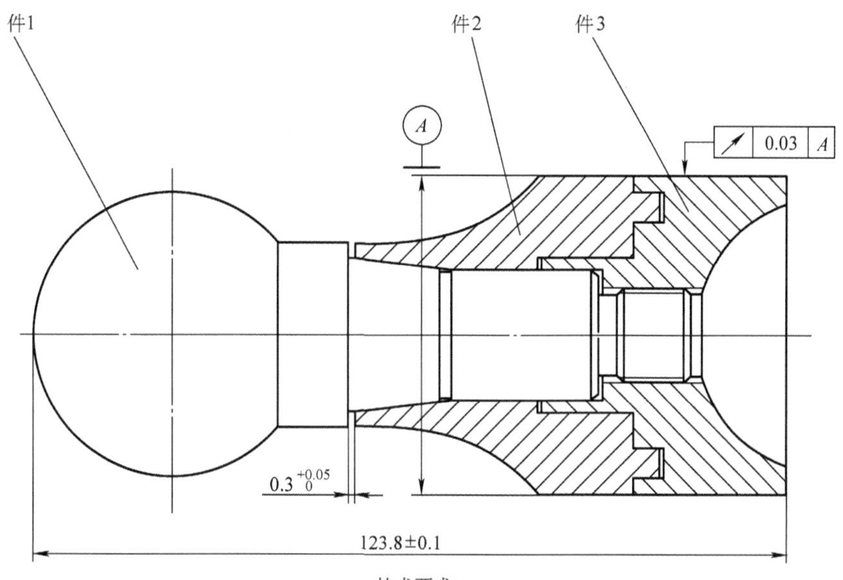

技术要求

组合完成后，旋紧螺纹，检测 [↗ 0.03 A]、间隙 $0.3^{+0.05}_{0}$ 及总长123.8±0.1。

a) 装配图

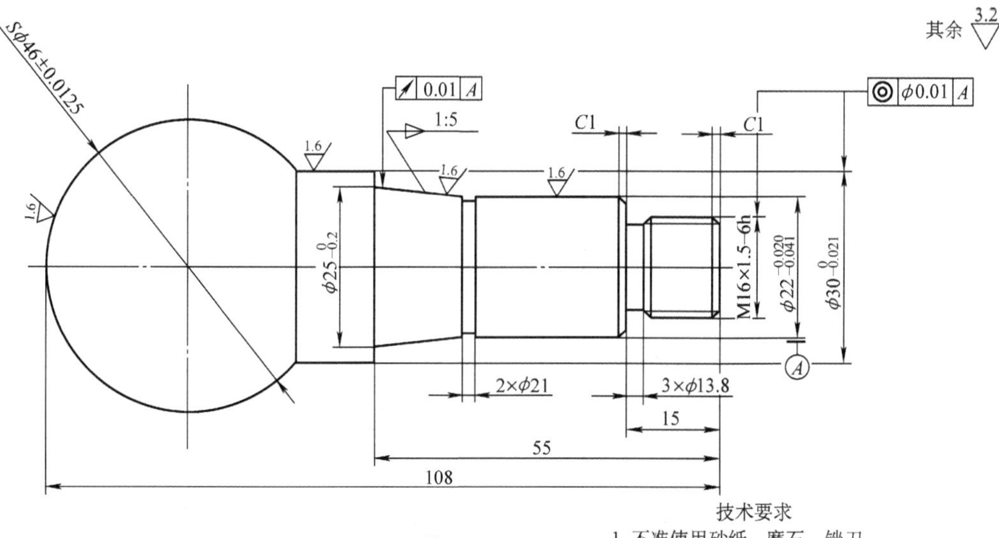

b) 件 1

技术要求

1. 不准使用砂纸、磨石、锉刀等辅具抛光加工表面。
2. 1:5 锥度与件 2 配合，用涂色法检验接触面大于 70%。
3. 右端面允许打中心孔 GB/T 4459.5-A2/4.25。
4. 未注尺寸公差按 GB/T 1804—f。

图　6-43

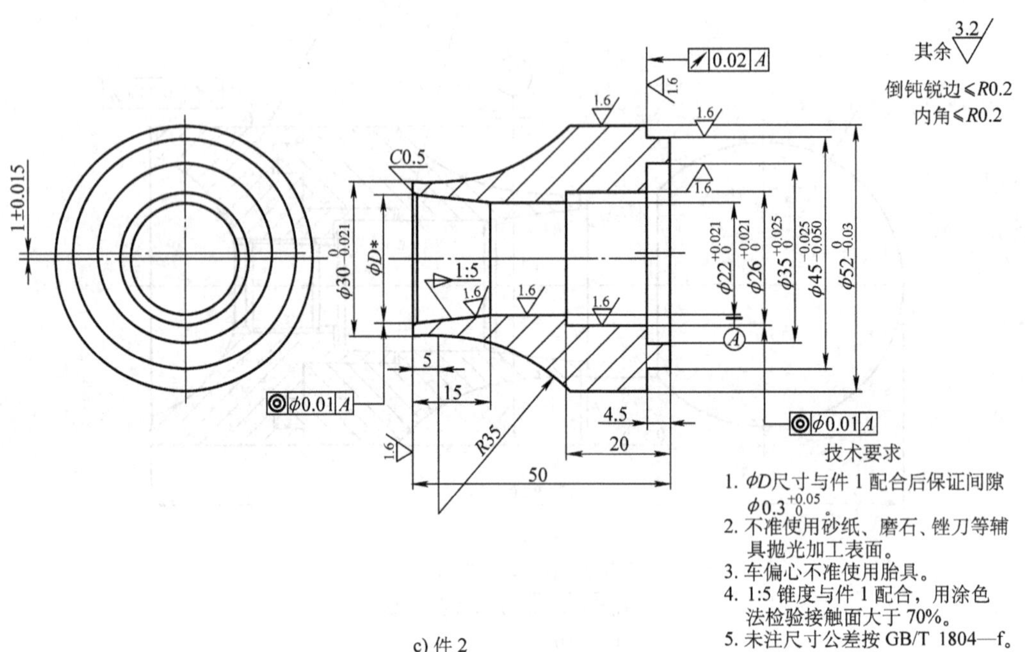

c) 件2

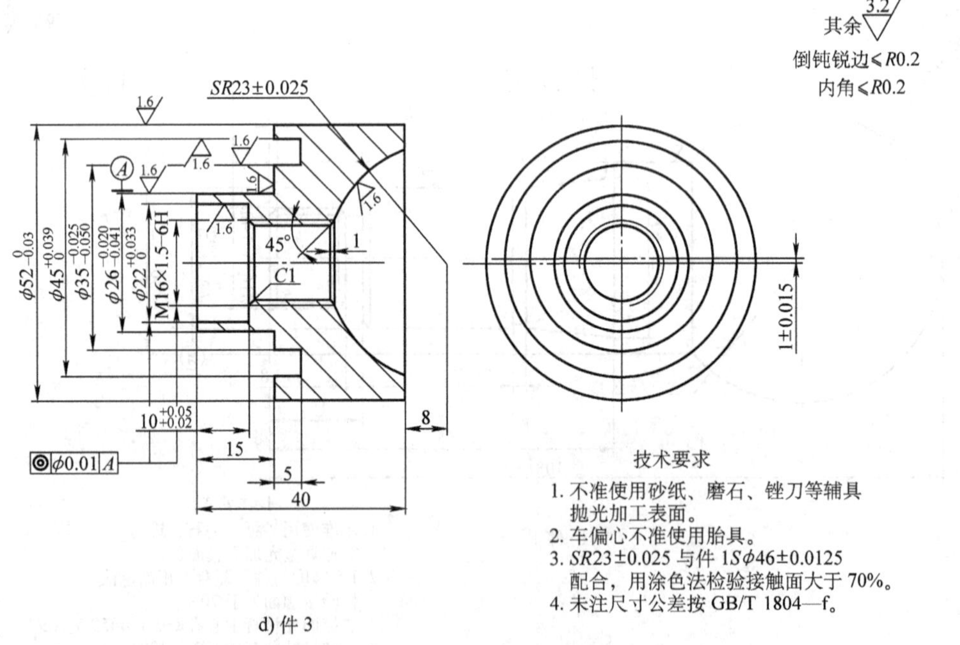

d) 件3

图 6-43（续）

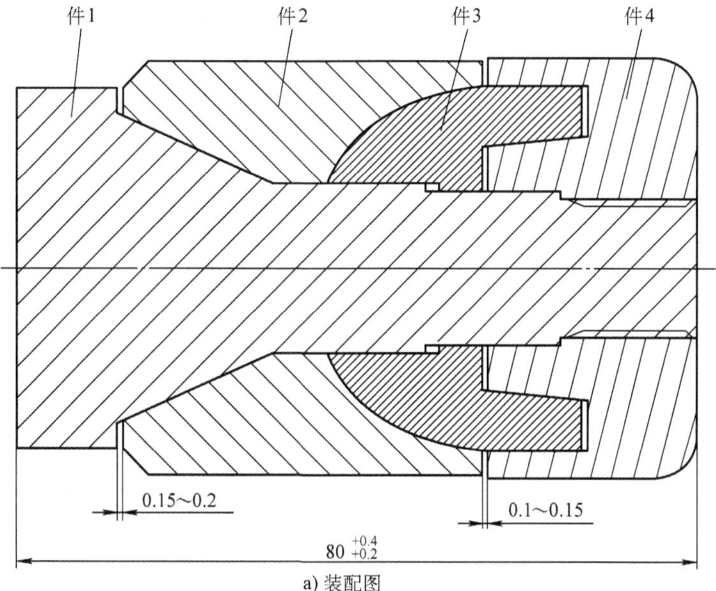

a) 装配图

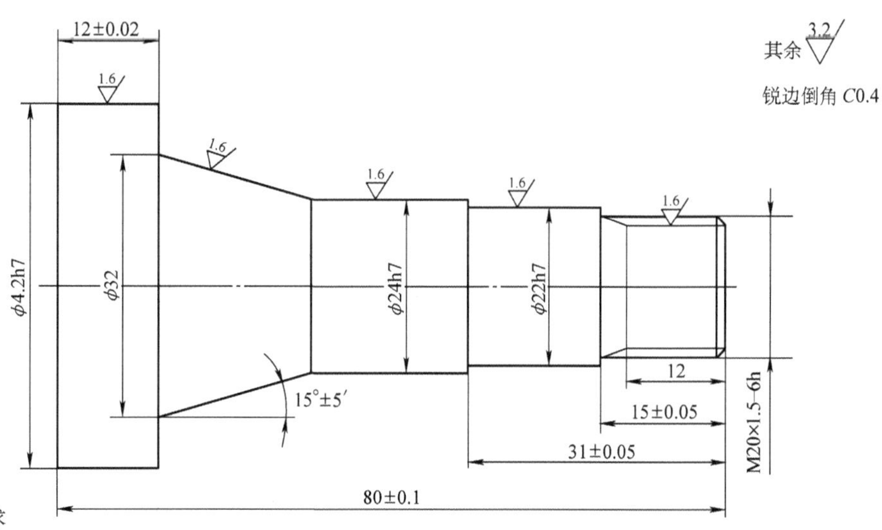

技术要求

1. 端面允许 B2/6.3 中心孔。
2. 15°±5′锥面与件 2 配合接触面大于 80%。
3. 倒角 C1。

b) 件 1

图 6-44

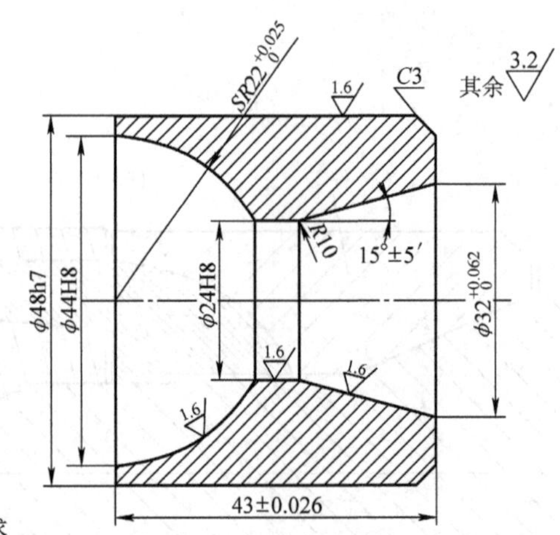

技术要求

1. 球面与件 3 配合接触面大于 80%。
2. 锐边倒角 C0.4。

c) 件 2

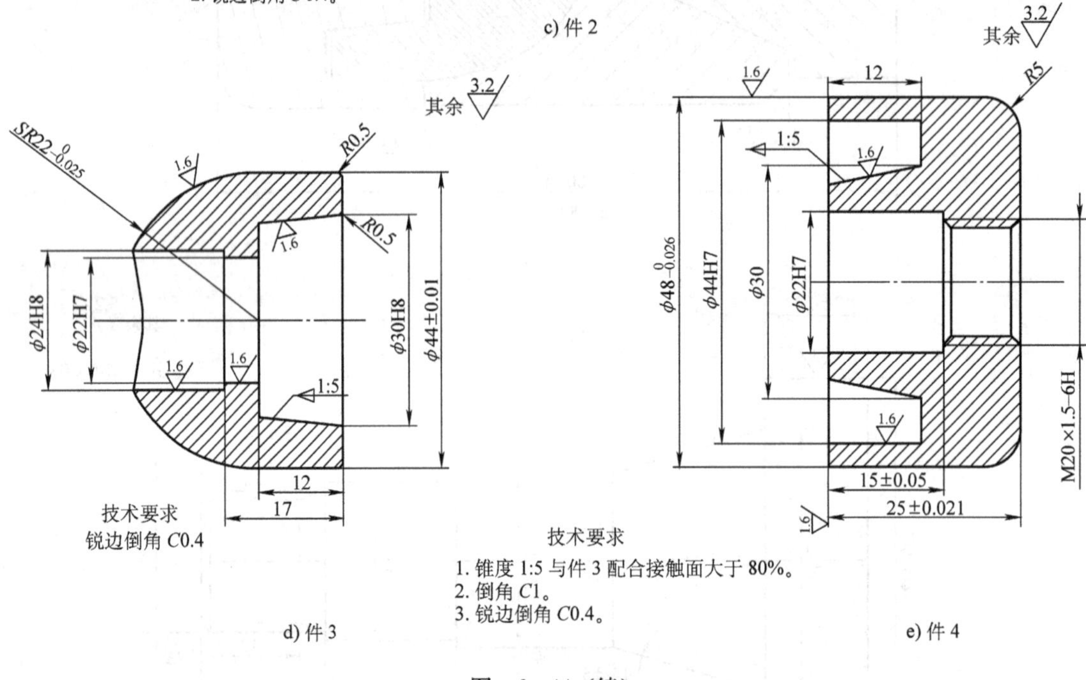

技术要求

锐边倒角 C0.4

d) 件 3

技术要求

1. 锥度 1:5 与件 3 配合接触面大于 80%。
2. 倒角 C1。
3. 锐边倒角 C0.4。

e) 件 4

图 6-44（续）

第七章　全国数控大赛数控铣床、加工中心大赛图库

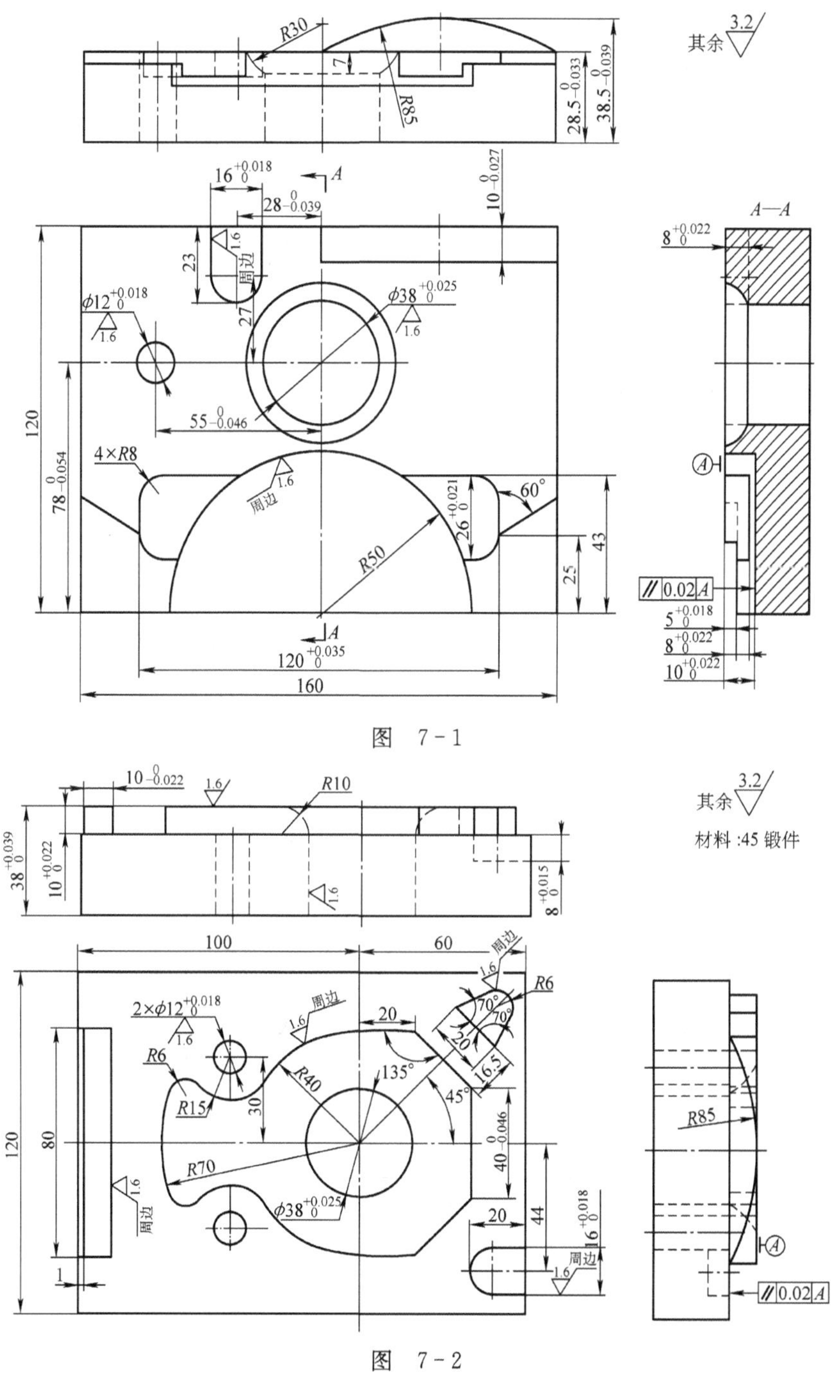

图　7-1

图　7-2

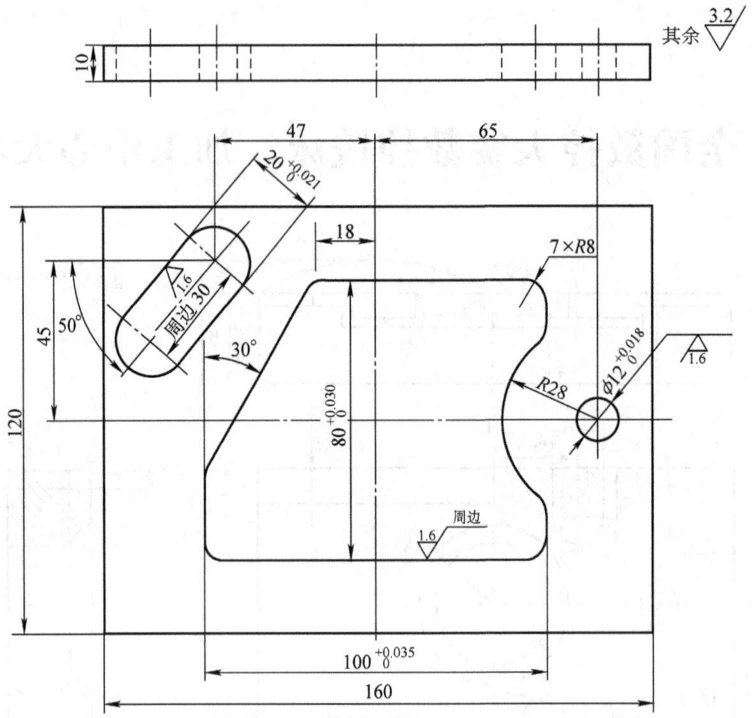

a) 件 1

b) 件 2

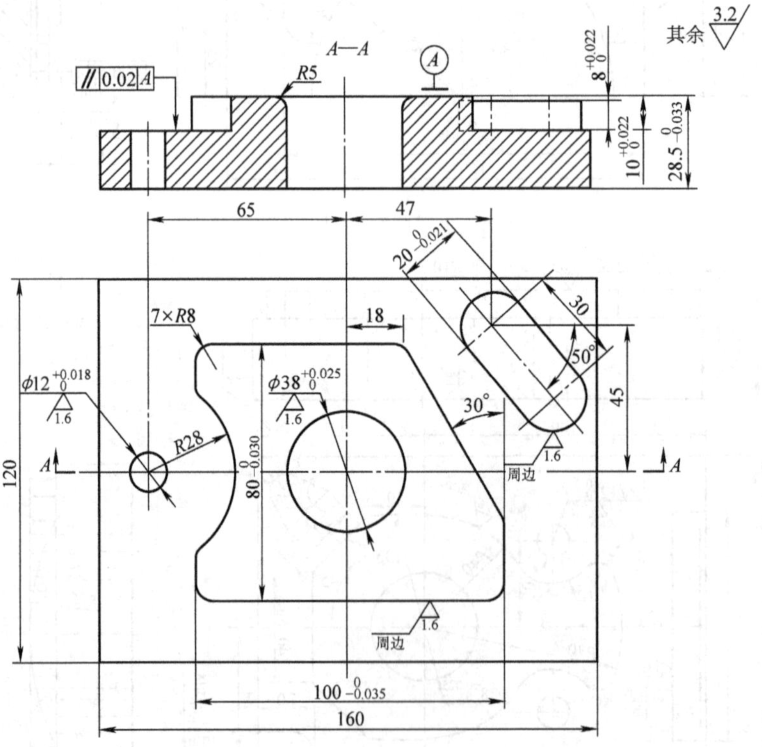

图 7-3

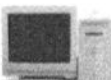

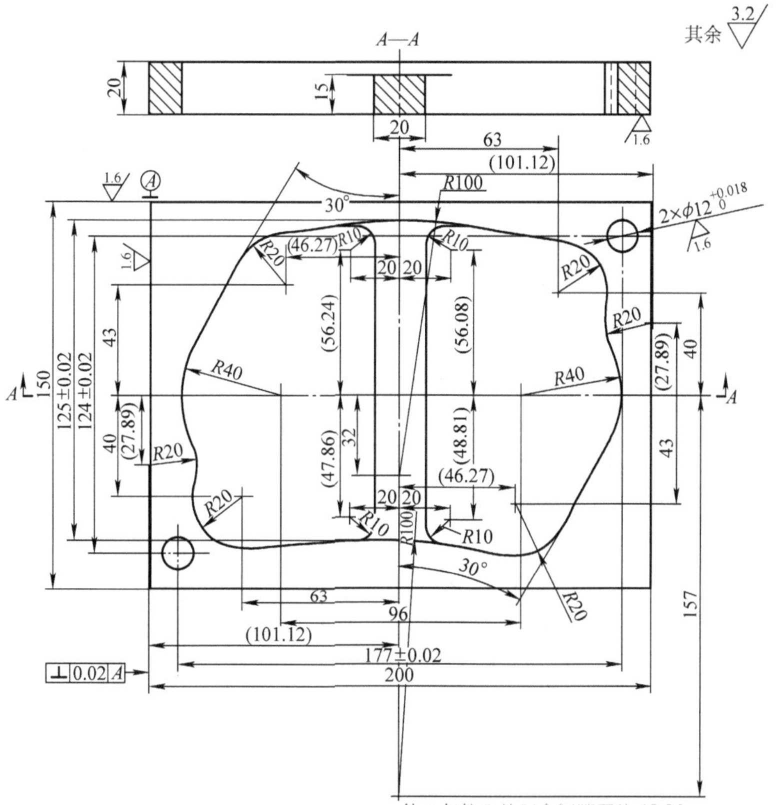
其余 3.2
A—A
2×ϕ12 +0.018 0
30°
R100
R40
R20
R10
125±0.02
124±0.02
150
157
177±0.02
200
⊥ 0.02 A
件 1 与件 2 的配合间隙双边≤0.06

a) 件 1

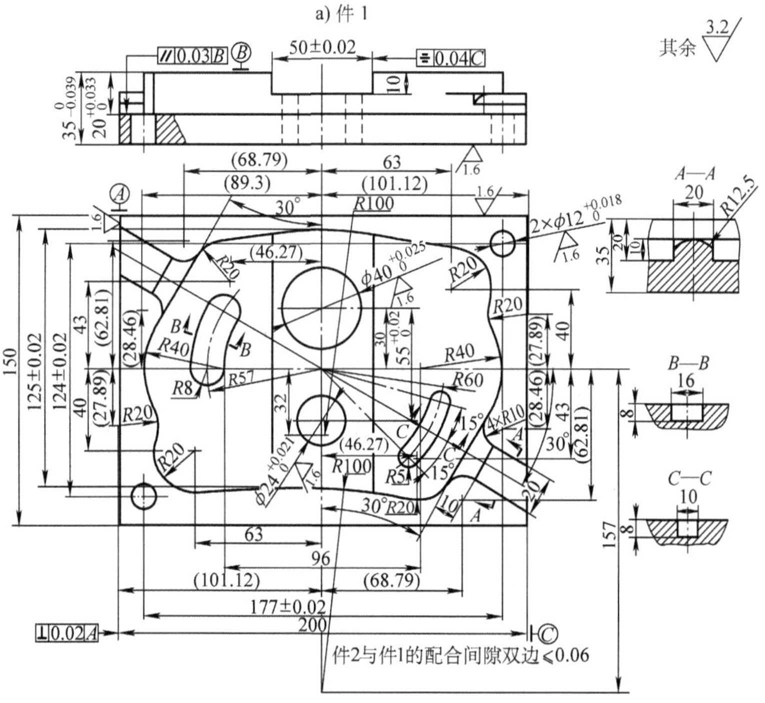
其余 3.2
50±0.02
// 0.03 B
≡ 0.04 C
2×ϕ12 +0.018 0
ϕ40 +0.025 0
ϕ24 +0.021 0
4×R10
A—A
B—B
C—C
R12.5
125±0.02
124±0.02
150
157
177±0.02
200
⊥ 0.02 A
件2与件1的配合间隙双边≤0.06

b) 件 2

图　7 - 4

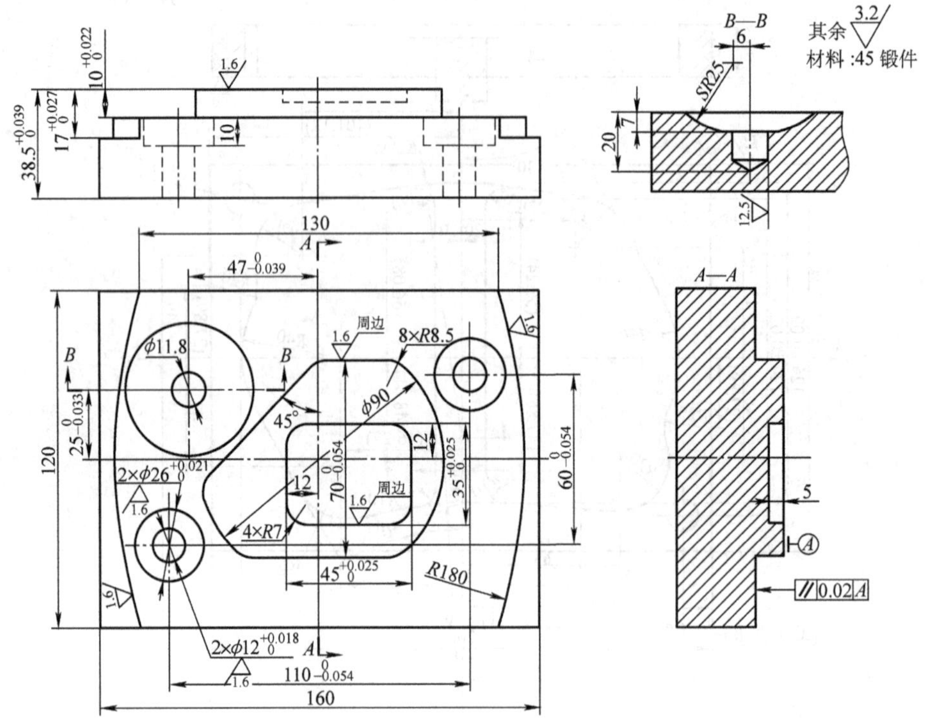

图 7-5

图 7-6

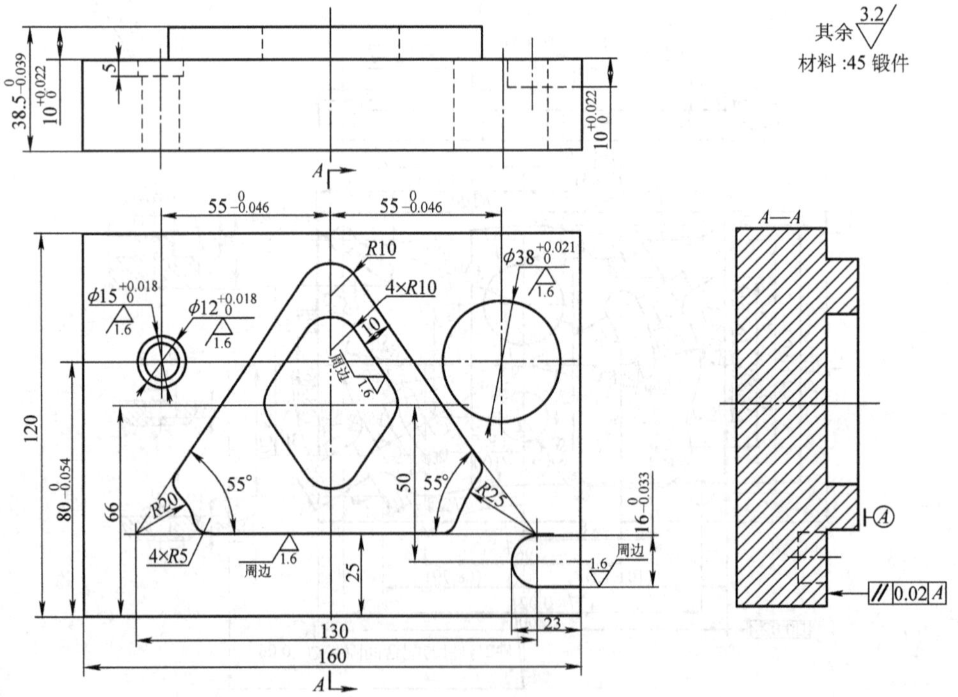

15±0.1
0.1 B
3.2
13
R8
20±0.1
25±0.05
15±0.05
13±0.05
10±0.05
1.6
B
0.05
12±0.05
16±0.1
16±0.1
40
其余 6.3
材料:45锻件
62.9
2×M10
10
45
0.02 A
R15
R5
R5
7.5
20
10
64±0.05
60±0.03
70
80±0.05
φ24±0.1
φ16H7
5
30±0.1
R5
57.1
A
100
130±0.05

图　7－7

150
130
2×M12
周边
5.1°
2×φ20$^{+0.033}_{0}$
其余 3.2
材料:45 锻件
1.6
R6
38.7°
R40
A
100
50±0.03
100±0.05
120
B
2×R30
2×R35
6.3°
80±0.03
120
A—A
B—B
30
6.3
R18
45
15
10
6.3
1.6
1.6
10
15
10
6.3

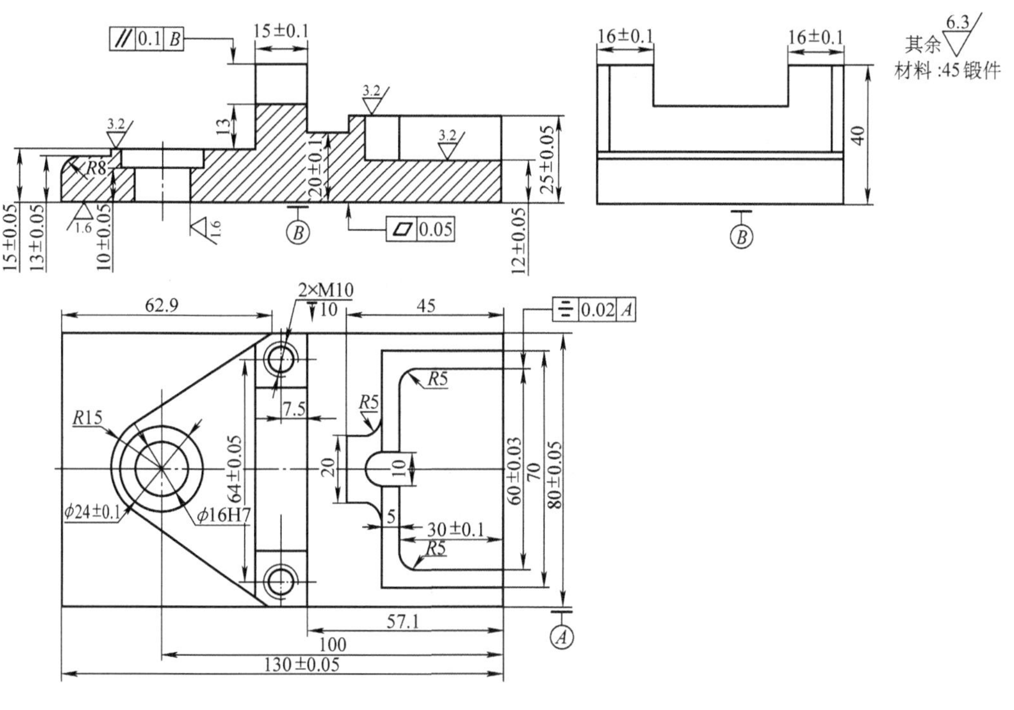

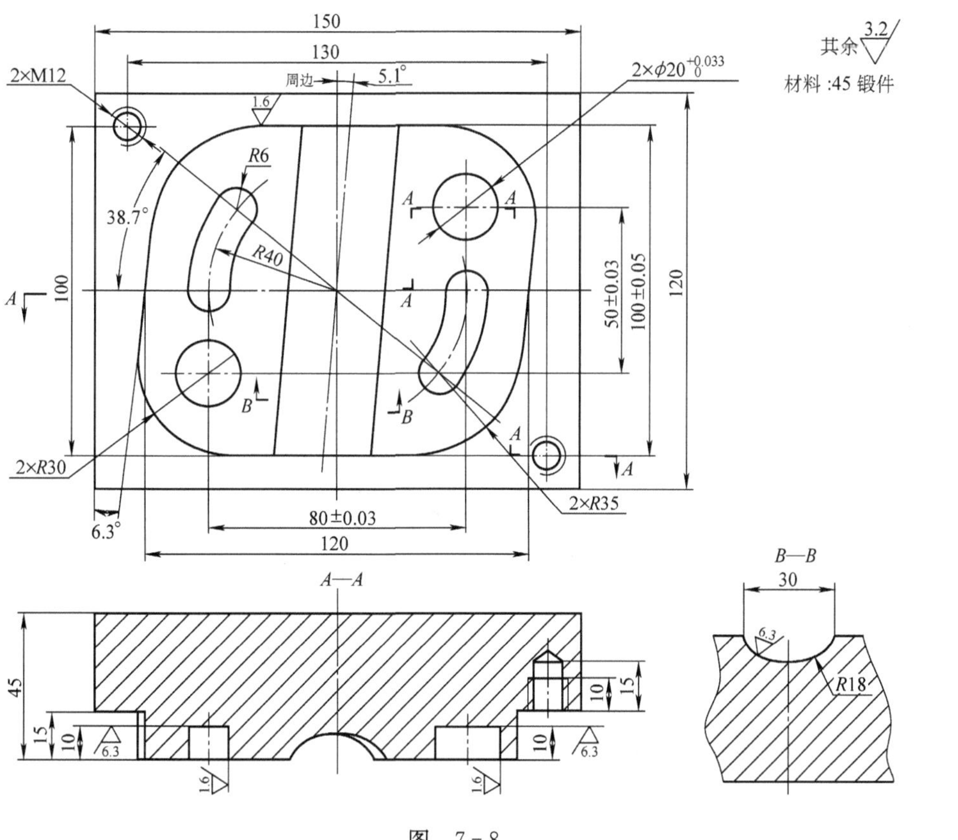

图　7－8

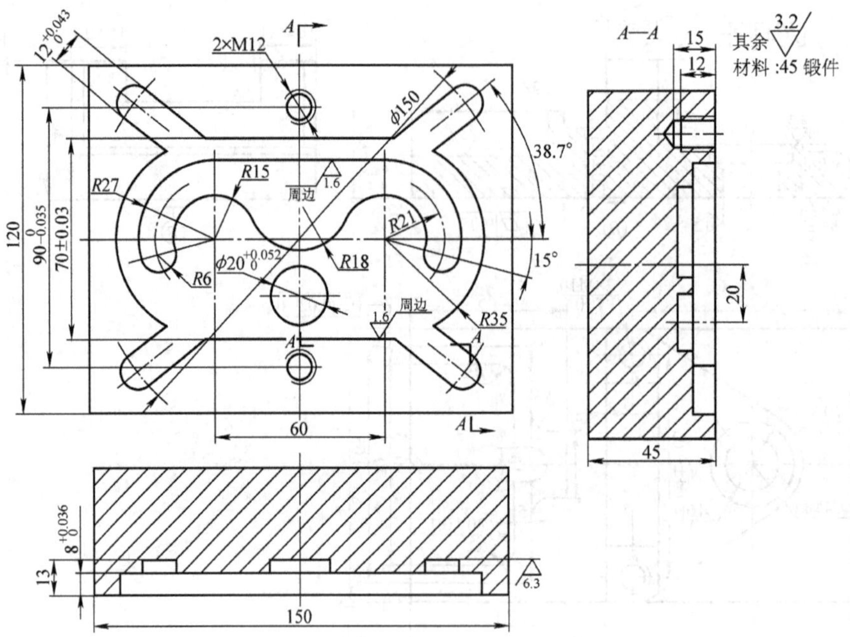

图 7-9

图 7-10

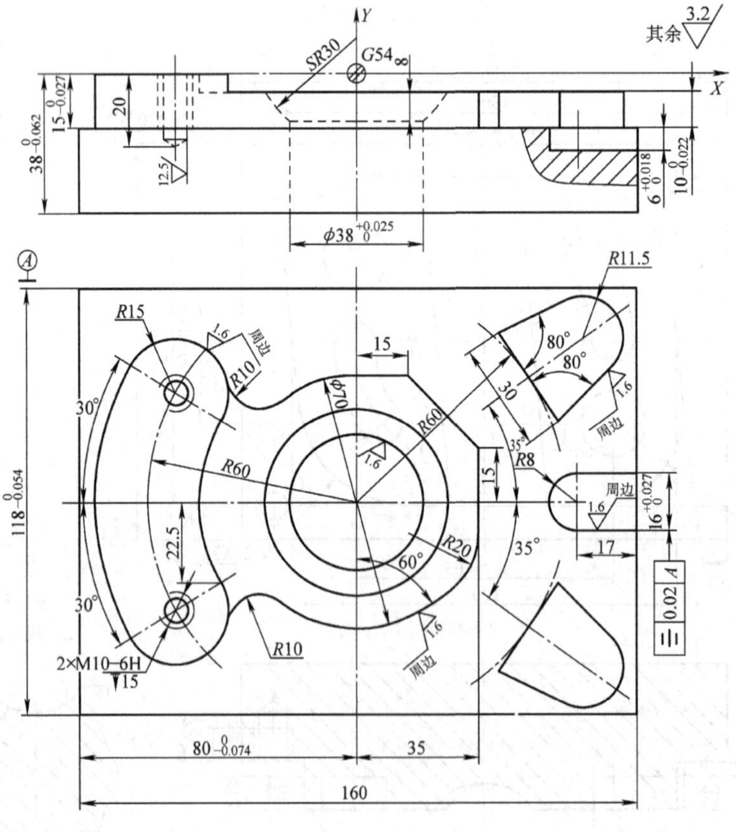

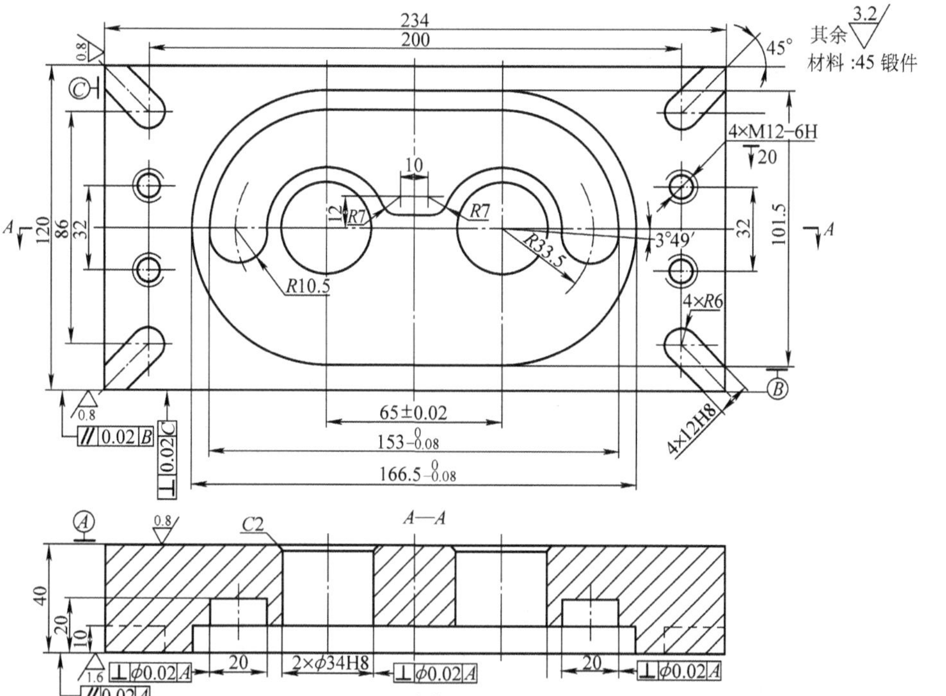

234
200
其余 3.2
材料:45 锻件
45°
4×M12-6H
20
10
12
R7
R7
R33.5
R10.5
3°49′
120
86
32
32
101.5
4×R6
4×12H8
65±0.02
153$_{-0.08}^{0}$
166.5$_{-0.08}^{0}$
0.8
// 0.02 B
⊥ 0.02 C

A—A
C2
40
20
10
20
2×ϕ34H8
20
1.6
⊥ ϕ0.02 A
⊥ ϕ0.02 A
⊥ ϕ0.02 A
// 0.02 A

a) 件 1

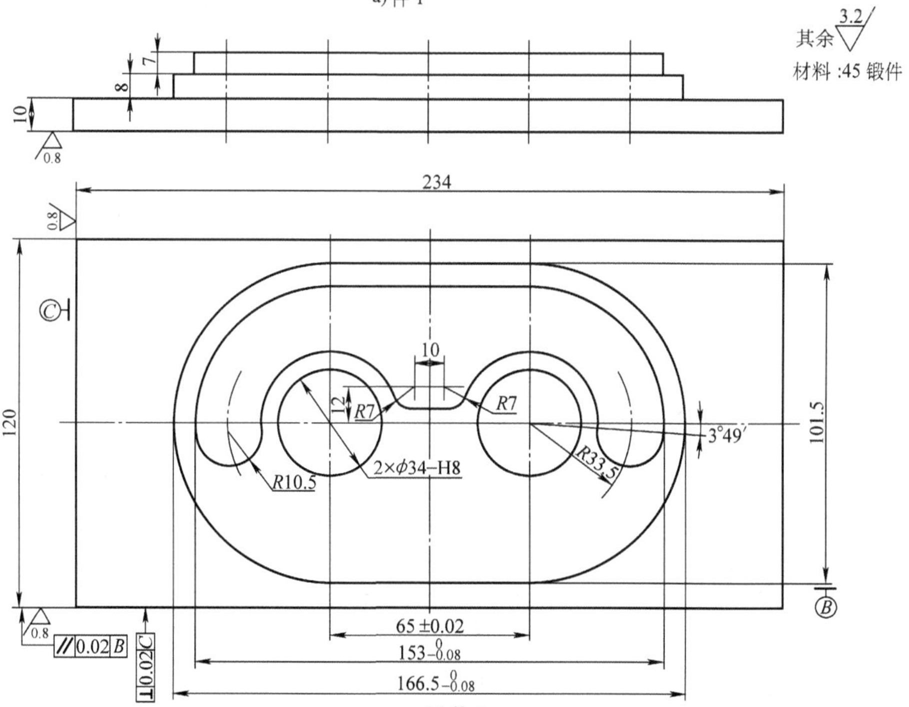

其余 3.2
材料:45 锻件
7
8
10
0.8

234
120
10
12
R7
R7
2×ϕ34-H8
R10.5
R33.5
3°49′
101.5
65±0.02
153$_{-0.08}^{0}$
166.5$_{-0.08}^{0}$
// 0.02 B
⊥ 0.02 C

b) 件 2

图 7-11

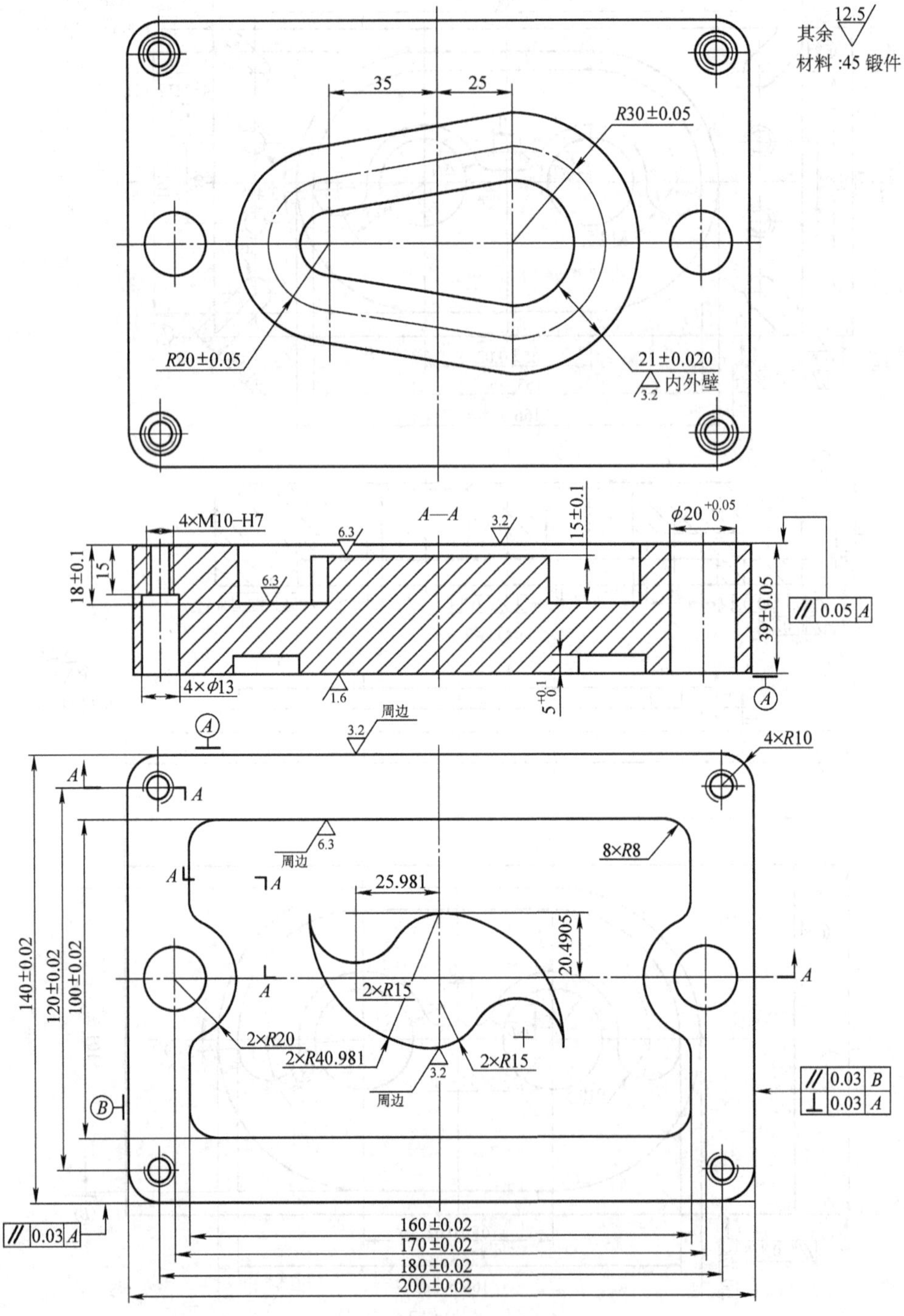

其余 12.5
材料:45 锻件
35
25
R30±0.05
R20±0.05
21±0.020
3.2 内外壁
4×M10-H7
A—A
3.2
15±0.1
φ20 +0.05 0
6.3
6.3
18±0.1
15
39±0.05
// 0.05 A
4×φ13
1.6
5 +0.1 0
A
A
3.2 周边
4×R10
A
A
6.3 周边
8×R8
A
A
25.981
20.4905
2×R15
A
A
2×R20
2×R40.981
3.2 周边
2×R15
// 0.03 B
⊥ 0.03 A
B
140±0.02
120±0.02
100±0.02
// 0.03 A
160±0.02
170±0.02
180±0.02
200±0.02

图 7-12

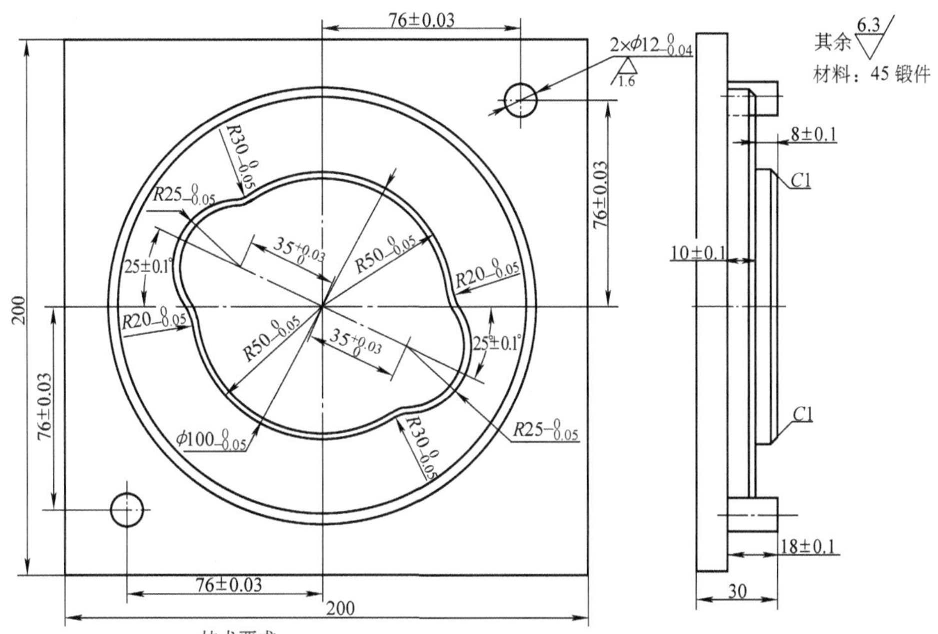

技术要求

1. 曲线外圆周过渡应光滑无节点，轮廓周边应保证表面粗糙度值 R_a 为 1.6μm。
2. 此图为 1 号零件，加工完成后需与 2 号零件相配贴紧，相应部位应该清根或倒角。
3. ϕ12 的圆柱销的圆柱度应在 0.05 内。

a) 件 1

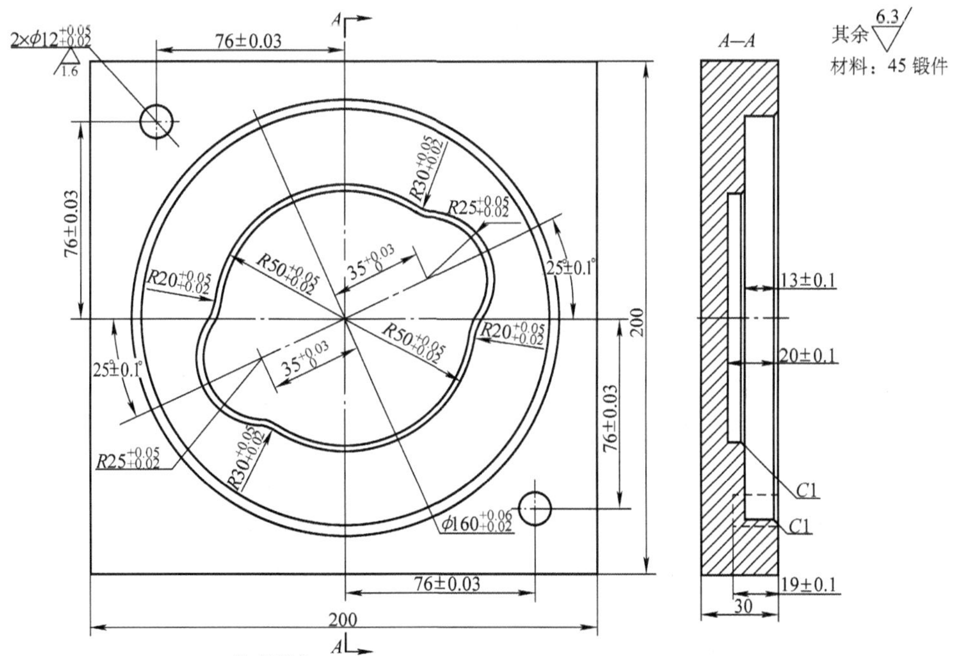

技术要求

1. 曲线外圆周过渡应光滑无节点，轮廓周边应保证表面粗糙度值 R_a 为 1.6μm。
2. 此图为 2 号零件，加工完成后需与 1 号零件相配贴紧，在相应部位应该清根或倒角。

b) 件 2

图　7－13

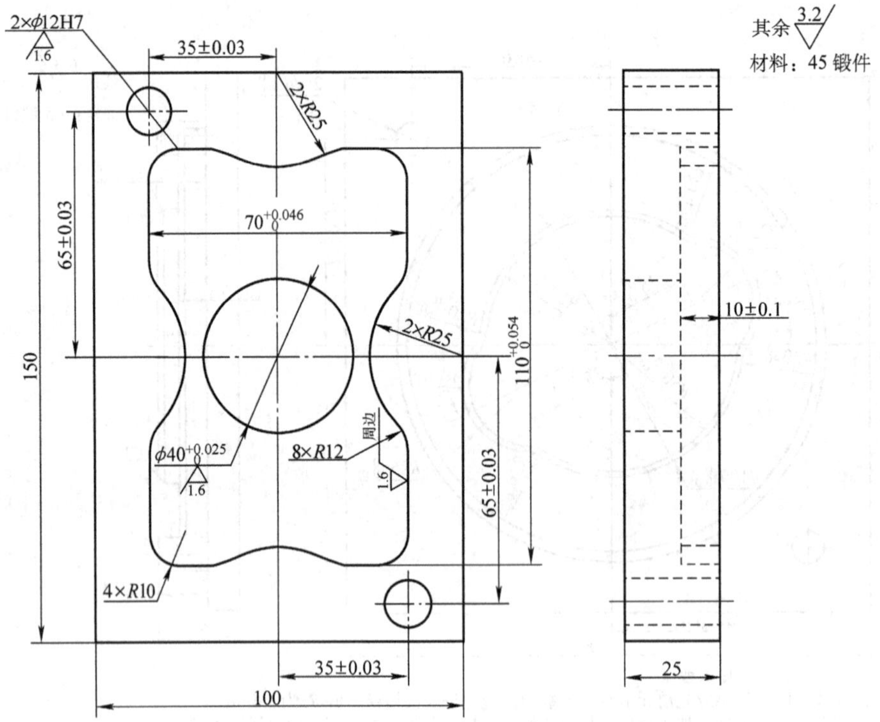

与凸件的配合间隙双边≤0.06

a) 件 1

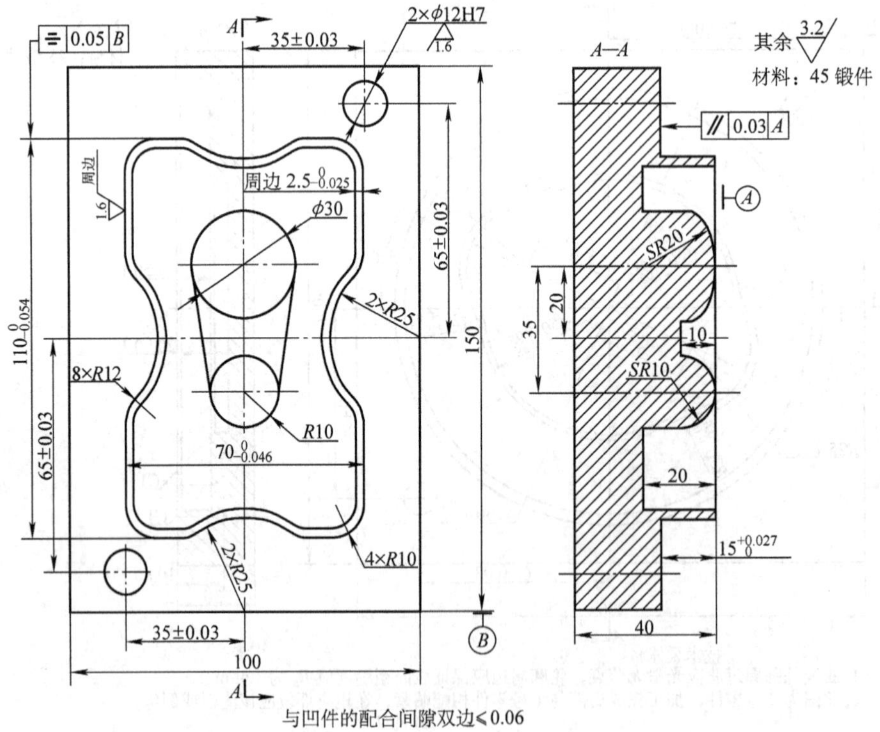

与凹件的配合间隙双边≤0.06

b) 件 2

图 7-14

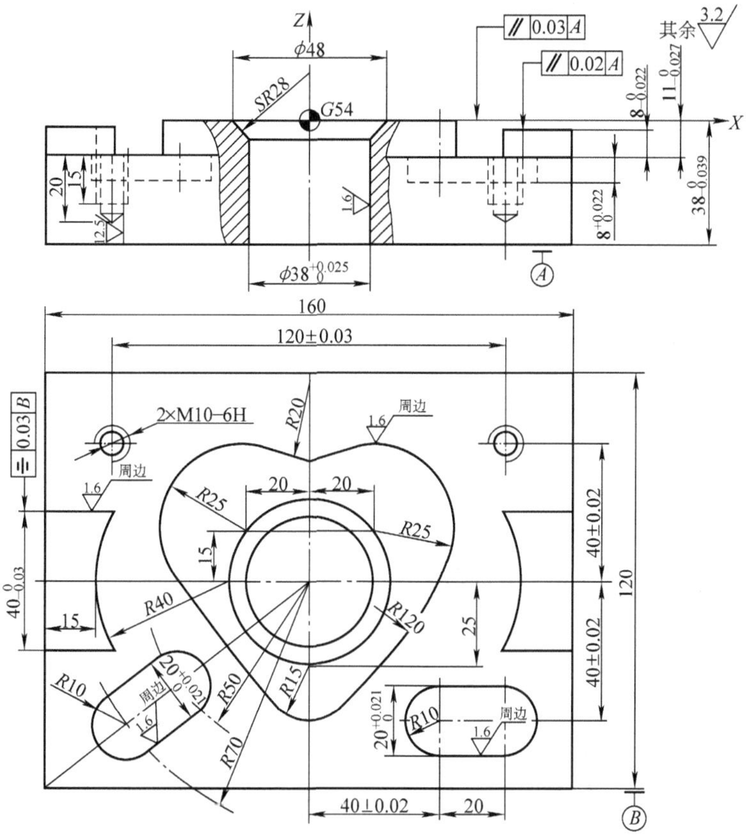

图　7-15

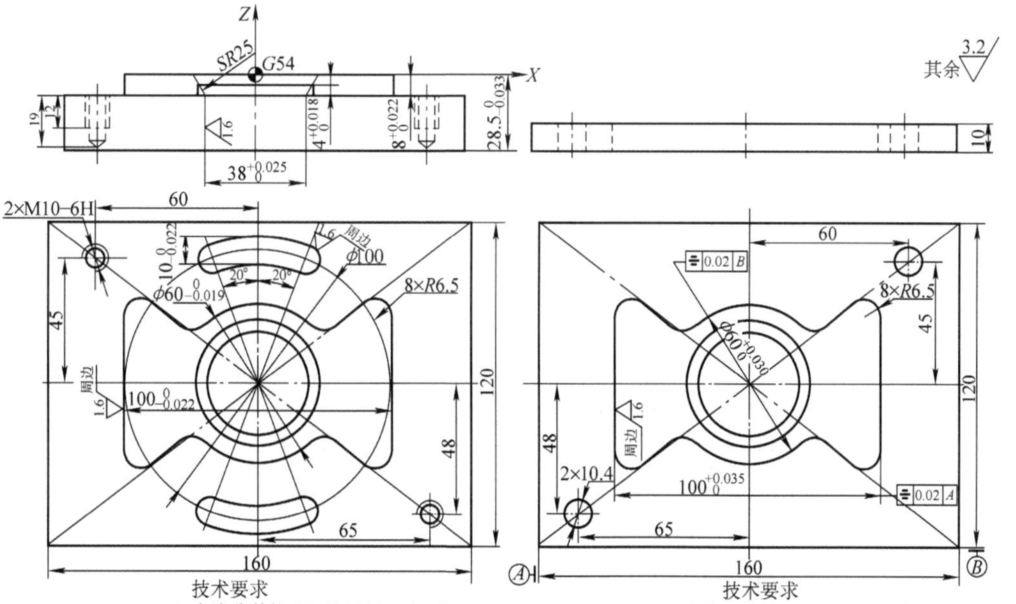

其余 3.2

技术要求
1. 未注公差按 GB/T 1804–m加工。
2. 孔口去毛刺。
a)

技术要求
1. 未注公差按 GB/T 1804–m 加工。
2. 孔口去毛刺。
b)

图　7-16

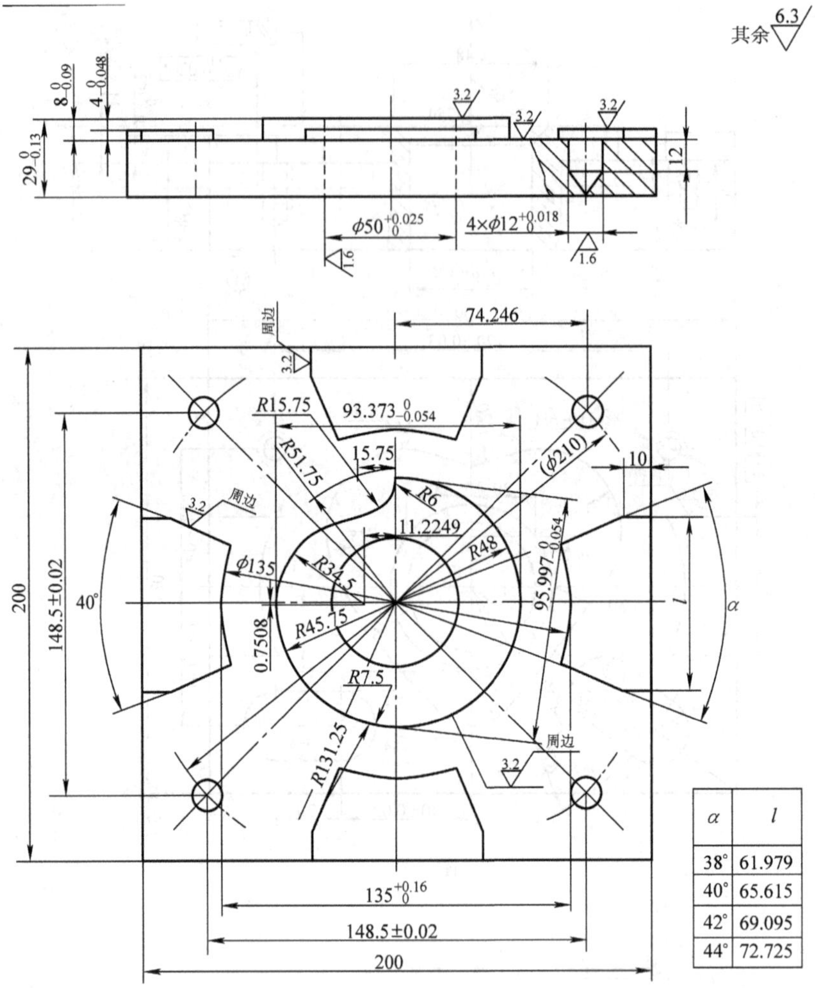

其余 6.3

α	l
38°	61.979
40°	65.615
42°	69.095
44°	72.725

图 7-17

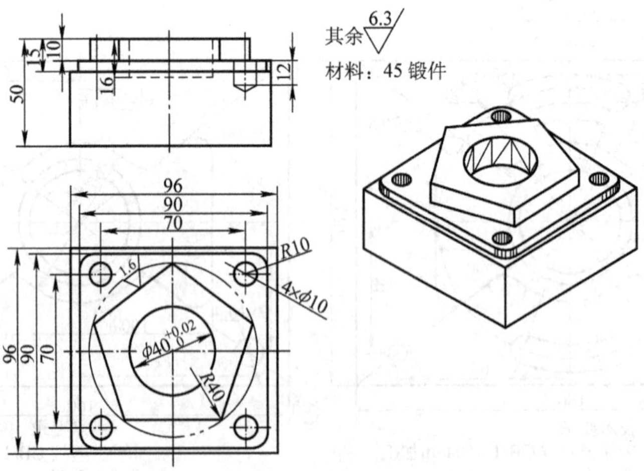

其余 6.3

材料：45 锻件

图 7-18

其余 6.3
Z
M40×1.5
G54
X
2 0 -0.025
10 0.08 0
29 0 -0.12
20
3.2
φ12
140±0.02
R40
R30
1.6
周边
120 0 -0.03
80 0 -0.03
45°
R3.5
170 0 -0.03
200
140±0.02
R40
40°
2×φ16H7
160 0 -0.03
a)
G54
3.2
10
23 0 -0.12
2×φ16H7
φ12
周边
b)

图 7-19

其余 6.3
材料：45 锻件
20±0.1
SR50
10
15
40±0.1
A
6×φ8
6×φ5
0.1 B
8×R6
φ60
32
2×R20
100±0.02
120±0.02
140±0.02
B
4×R10
160±0.02
180±0.02
200±0.02
0.1 A

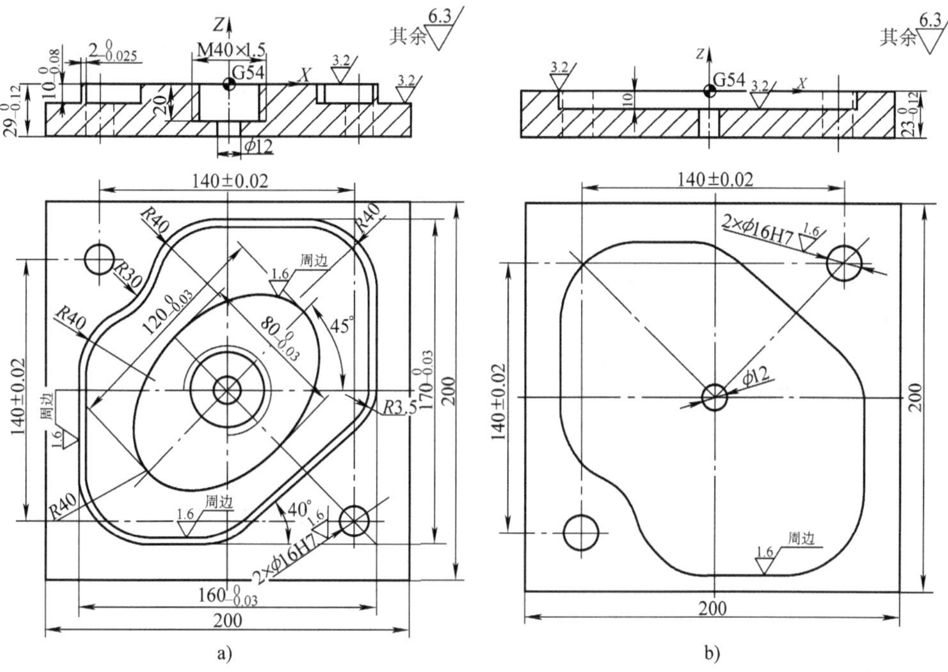

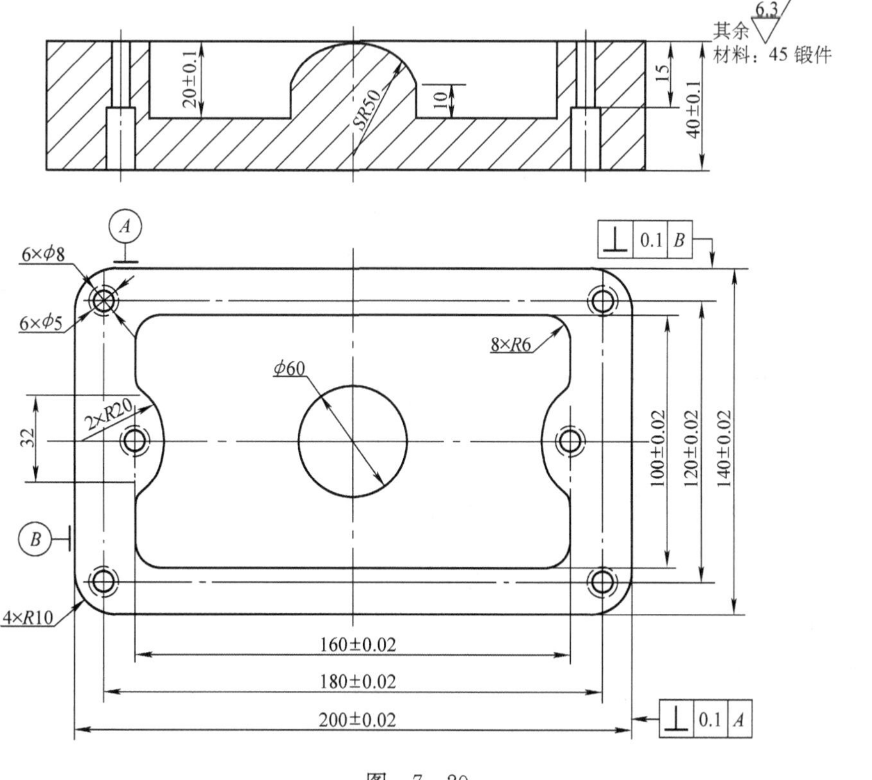

图 7-20

其余 6.3

材料：45 锻件

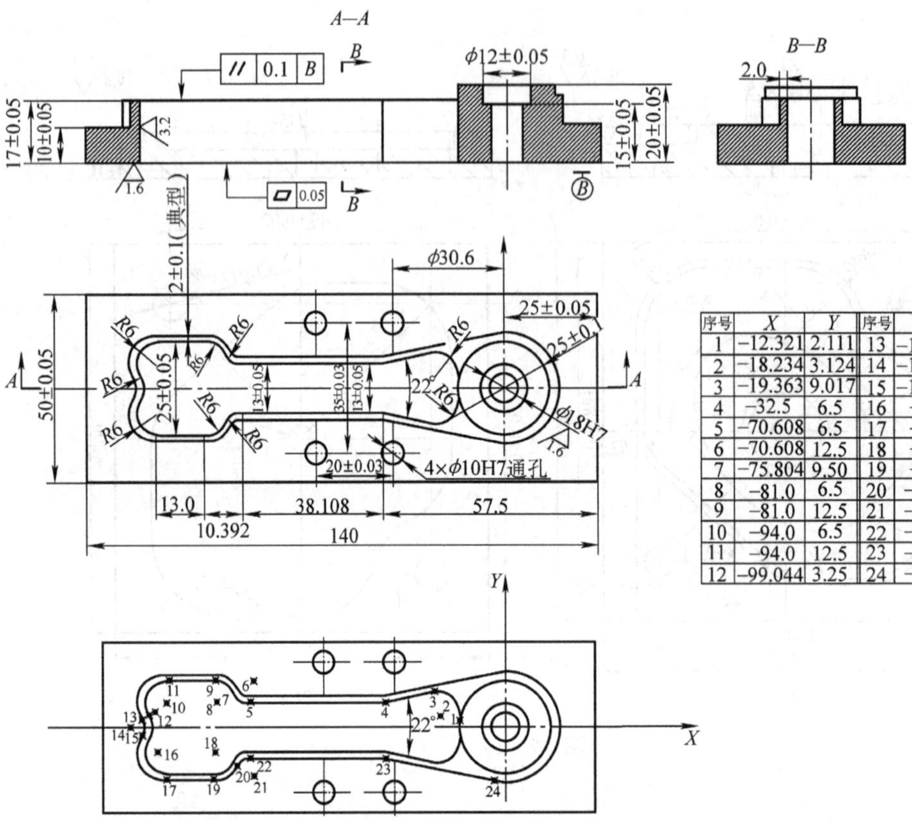

序号	X	Y	序号	X	Y
1	−12.321	2.111	13	−100.725	2.167
2	−18.234	3.124	14	−104.087	0.0
3	−19.363	9.017	15	−100.725	−2.167
4	−32.5	6.5	16	−94.0	−6.5
5	−70.608	6.5	17	−94.0	−14.5
6	−70.608	12.5	18	−81.0	−6.5
7	−75.804	9.50	19	−81.0	−14.5
8	−81.0	6.5	20	−74.072	−6.5
9	−81.0	12.5	21	−70.608	−10.5
10	−94.0	6.5	22	−70.608	−12.5
11	−94.0	12.5	23	−32.69	−8.5
12	−99.044	3.25	24	−2.729	−14.241

图 7-21

其余 6.3

材料：45 锻件

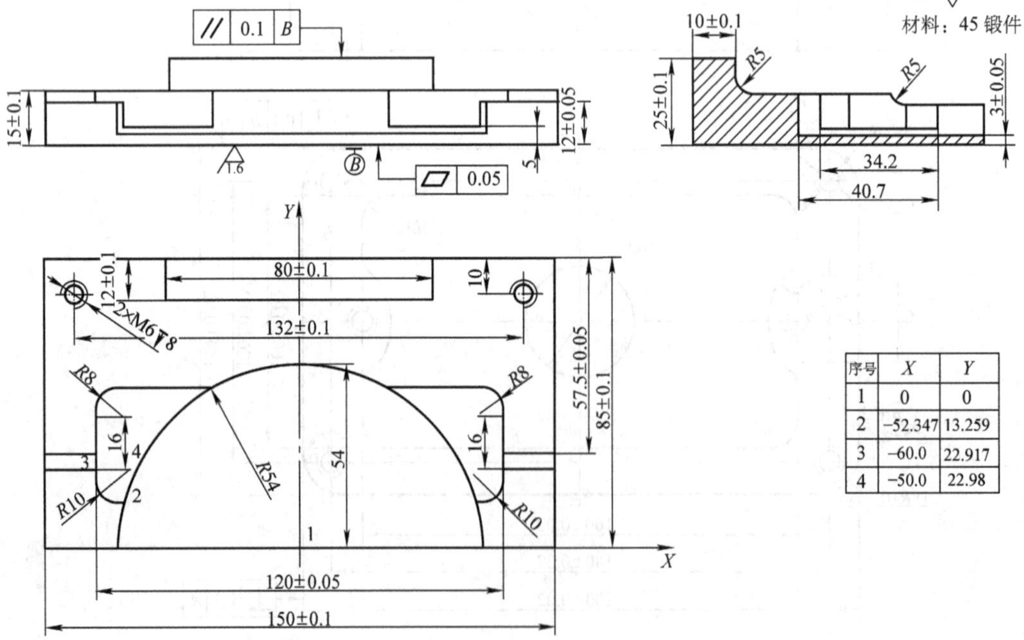

序号	X	Y
1	0	0
2	−52.347	13.259
3	−60.0	22.917
4	−50.0	22.98

图 7-22

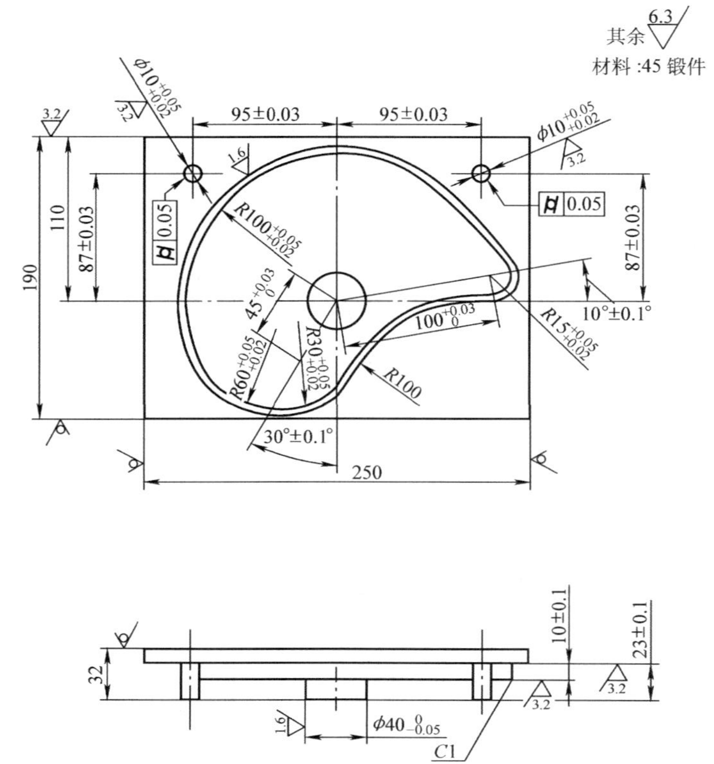

其余 6.3

材料:45 锻件

技术要求

1. 曲线外圆周过渡应光滑无节点，轮廓周边应保证表面粗糙度值为 R_a1.6μm。
2. 此图为 1 号零件，加工完成后需与 2 号零件相配贴紧，所以在相应部位应该清根或倒角。
3. 曲线凸凹模配合间隙应在 0.06~0.08 内，ϕ40 导向头与孔的配合间隙在 0.02~0.04 内。

a) 1 号零件

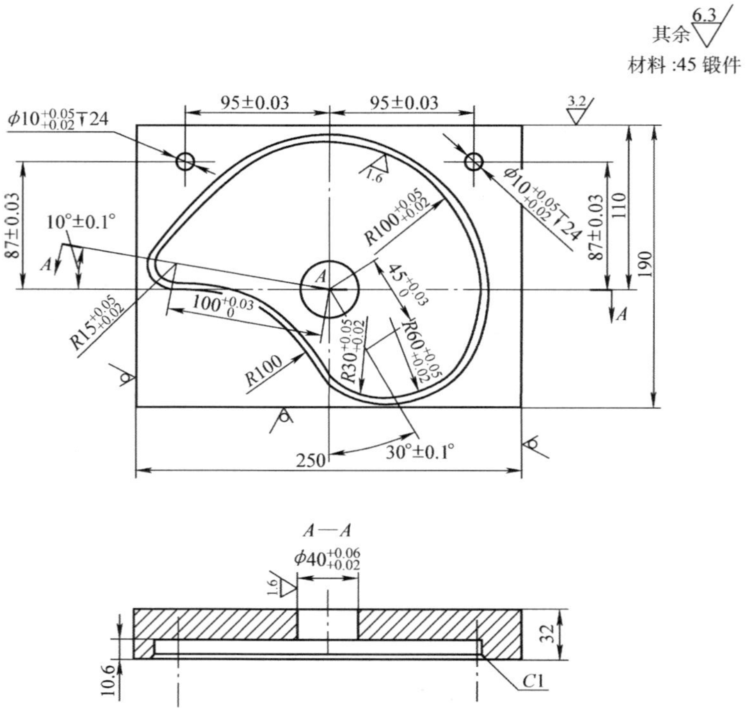

其余 6.3

材料:45 锻件

技术要求

1. 曲线内周过渡应光滑无节点，轮廓周边应保证表面粗糙度值为 R_a1.6μm。
2. 此图为 2 号零件，加工完成后需与 1 号零件相配贴紧，所以在相应部位应该清根或倒角。

b) 2 号零件

图 7－23

3.2
材料:45 锻件
80
42
A
2×R30
40°
4×R16
R12
4×R8
2×R40
2×ϕ12
R8
A
30
67
73
80
100
40
70
80
90
100
44
12
12
25
10

图 7-24

A—A
10+0.05 0
0.1 B
5 0 -0.03
其余 6.3
材料:45 锻件
5
1.6
B
ϕ30H8
0.03 B
20±0.1
0.05

Y
A
40+0.1 0
1.6
2×ϕ6H7
4×C10
A
4×R5
26±0.05
R20
R20
10
10
A
A
70+0.1 0
44 0 -0.1
72±0.03
100±0.2
A
X
1.6
15
1.6
2×M8
36±0.05
37 0 -0.1
123±0.1
0.05 A
150±0.2

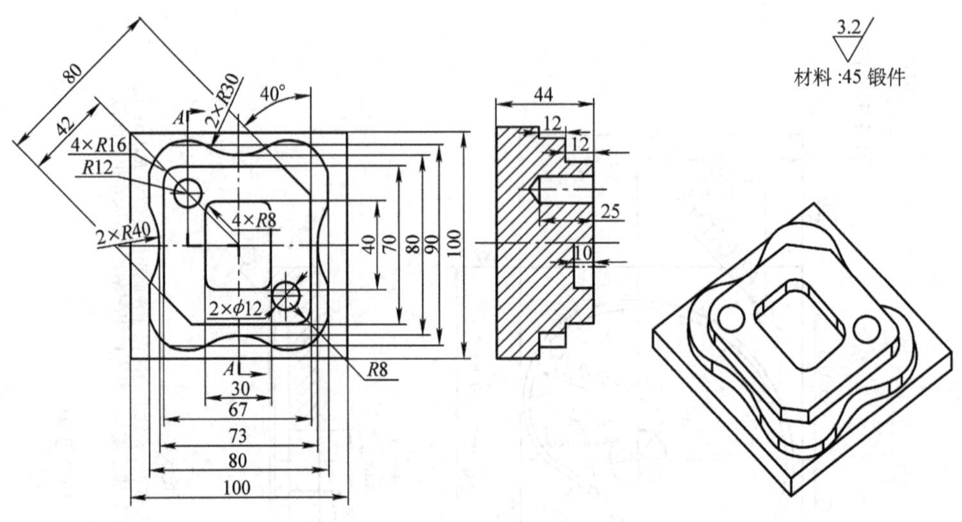

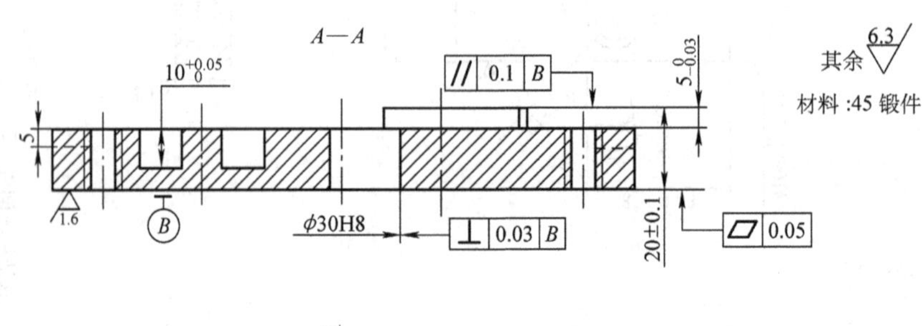

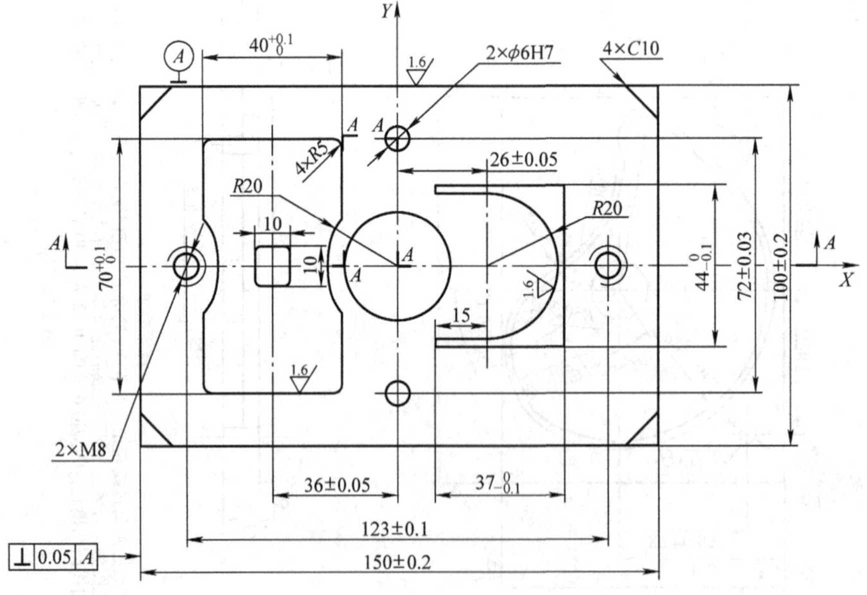

图 7-25

其余 6.3

材料:45 锻件

序号	X	Y	序号	X	Y
1	−9.190	27.056	13	87.596	8.292
2	−14.703	24.690	14	81.737	1.0
3	−18.946	28.933	15	81.737	7.0
4	−28.933	18.946	16	51.485	1.0
5	−24.690	14.703	17	47.243	2.757
6	−27.056	9.19	18	51.485	7.0
7	20.901	44.582			
8	19.802	38.683			
9	15.56	34.44			
10	57.324	39.324			
11	57.049	37.849			
12	50	0			

图 7－26

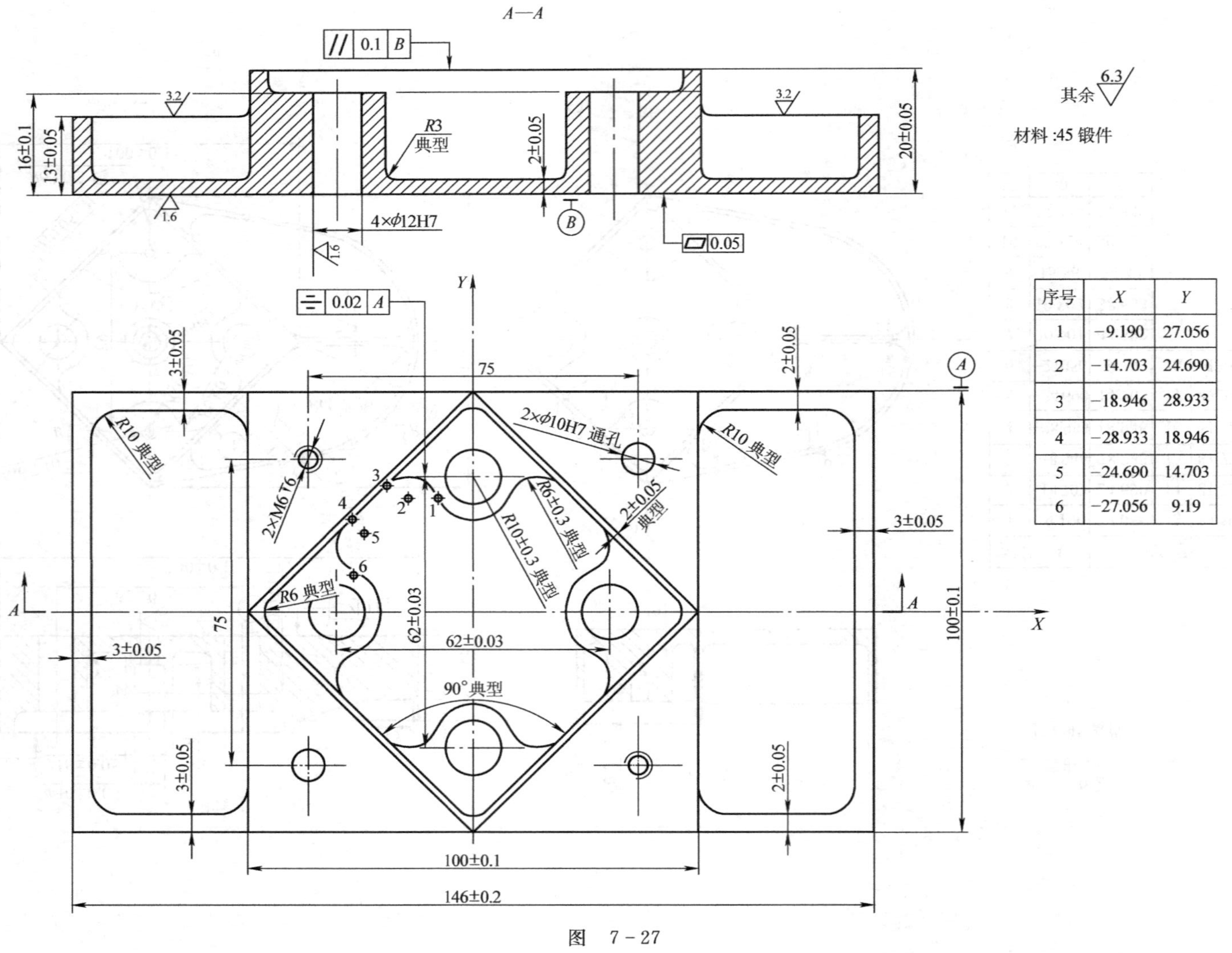

序号	X	Y
1	-9.190	27.056
2	-14.703	24.690
3	-18.946	28.933
4	-28.933	18.946
5	-24.690	14.703
6	-27.056	9.19

图 7-27

其余 6.3
φ50
M40×2-6H
8
4
5
3.2
55
24
6
42

2×16H8
0.02 B
A
4×R10
φ125
R34.5
1.6
R131.25
R45.75
R15.75
R10
0.02 A
2×20H8
R7.7
R6
R48
周边
1.6
30
30°
15°
2×φ12H7
1.6
140
(148.49)
180
B

图　7-28

A—A
其余 6.3
10 +0.05 0
10 0 -0.05 材料:45 锻件
0.1 B
3.2
5
30±0.1
1.6
B
0.05
2×φ10
A
2×φ14
R6
1.6
0.05 A
18
6±0.05
1.6
8
1.6
6±0.05
64 0 -0.1
70±0.03
100±0.2
R10
A
2×φ6H7
104 0 -0.1
110±0.03
150±0.2

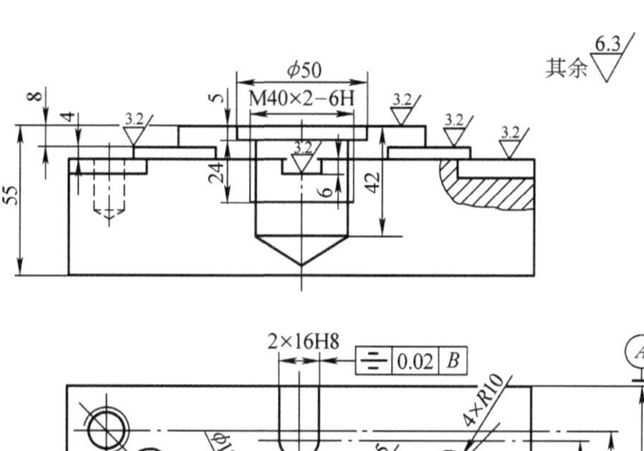

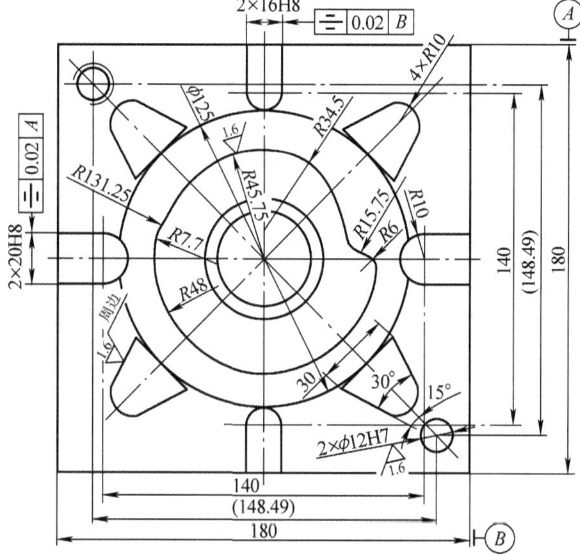

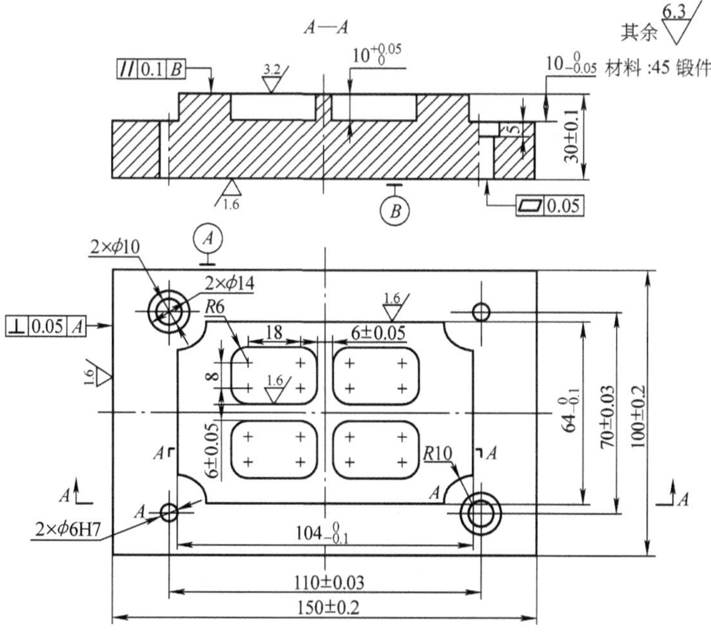

图　7-29

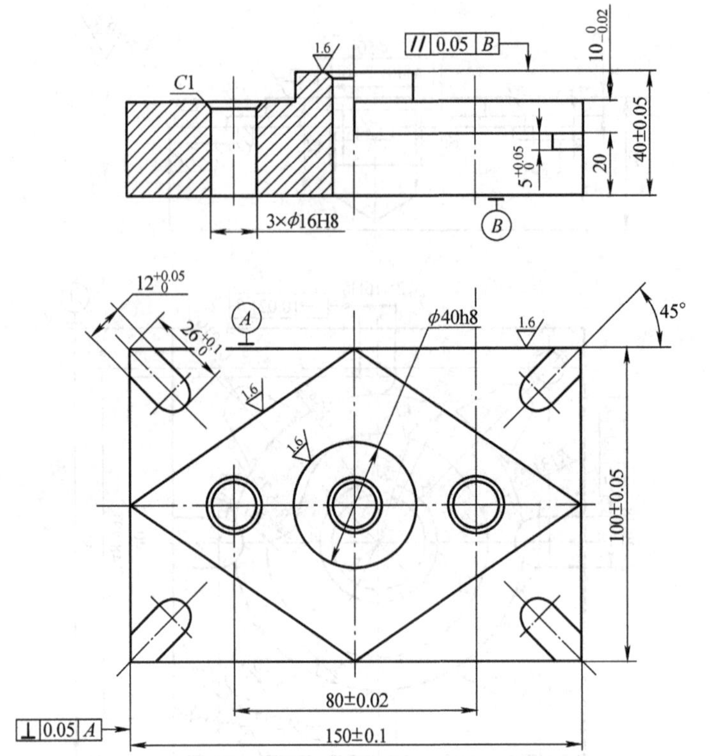

图 7-30

A—A

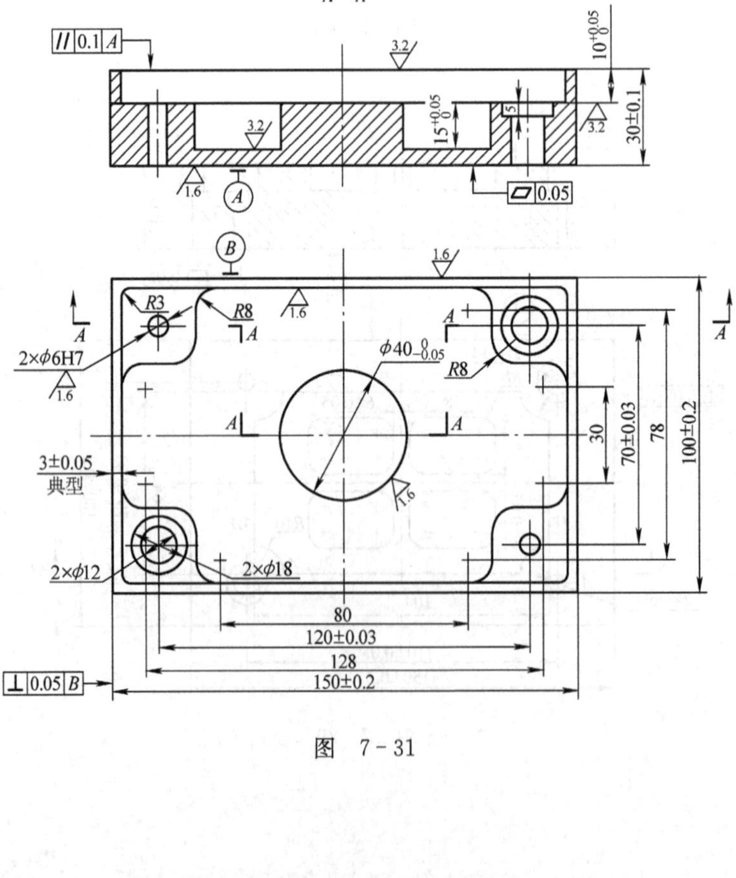

图 7-31

A—A
其余 6.3
材料:45 锻件
4×ϕ14±0.05
0.1 B
3.2
16±0.1
13±0.05
2±0.05
20±0.05
1.6
4×ϕ10H7
B
0.05
0.05 A
3±0.05
R6
R6 典型
75±0.05
100±0.1
3±0.05
2±0.05
四周
90°
146±0.2

图　7 - 32

4×M16×2 ISO-H
攻螺纹⊤16
4 钻孔ϕ14
⊤19-(1) 孔
140±0.02
65
65.57
55
R200
130°
R100
15
5
47.789
115±0.02
46.817
90+0.055 +0.027
A—A
8
5
20
6
88+0.055 +0.027
B
16
3.2
ϕ100
48
40
25
12
50
R30
4×R4.5
4×R12

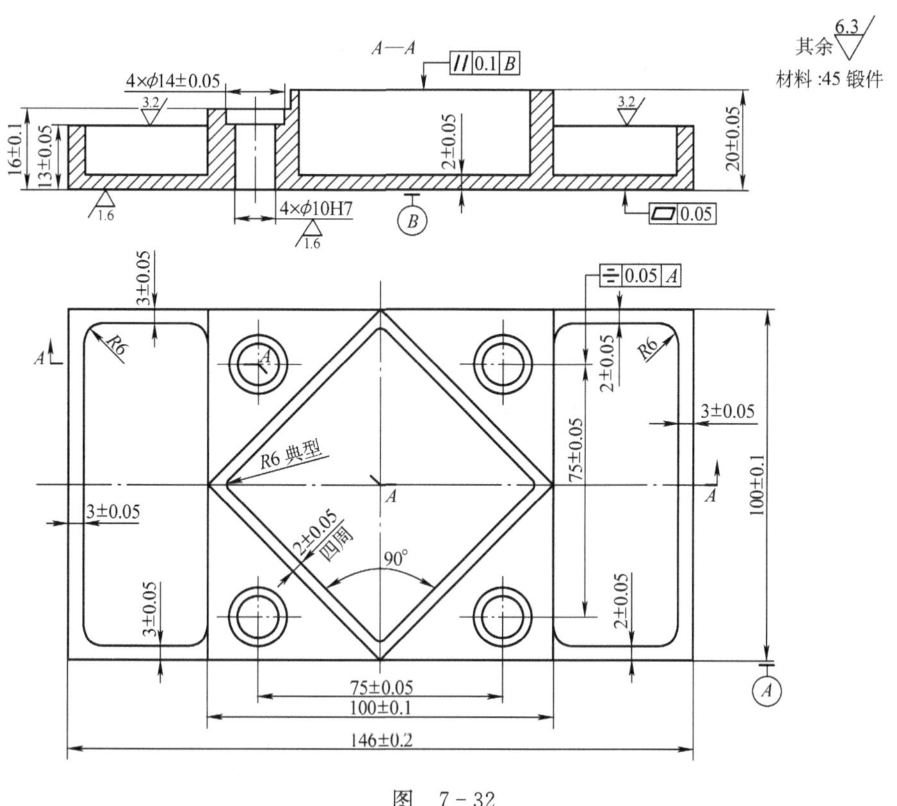

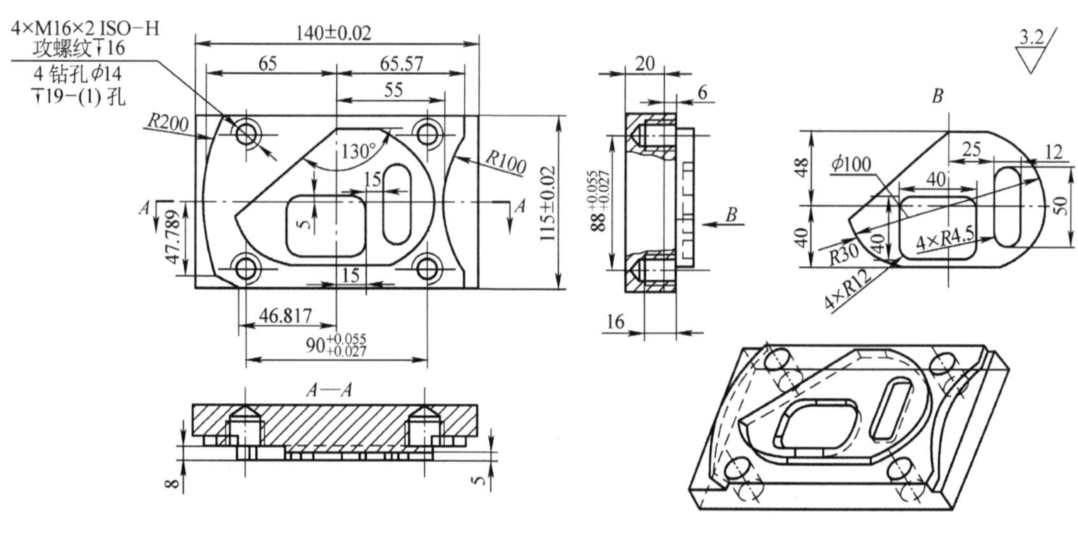

图　7 - 33

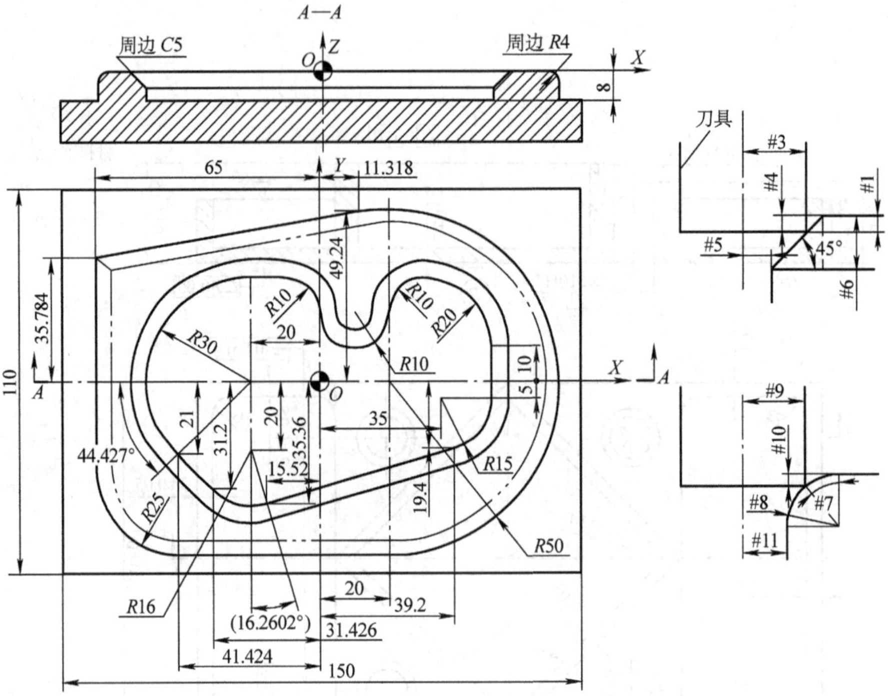

图 7-34

其余 $\sqrt{6.3}$

技术要求

1. 未注尺寸公差为GB/T 1804—m。
2. 锐边去毛刺。

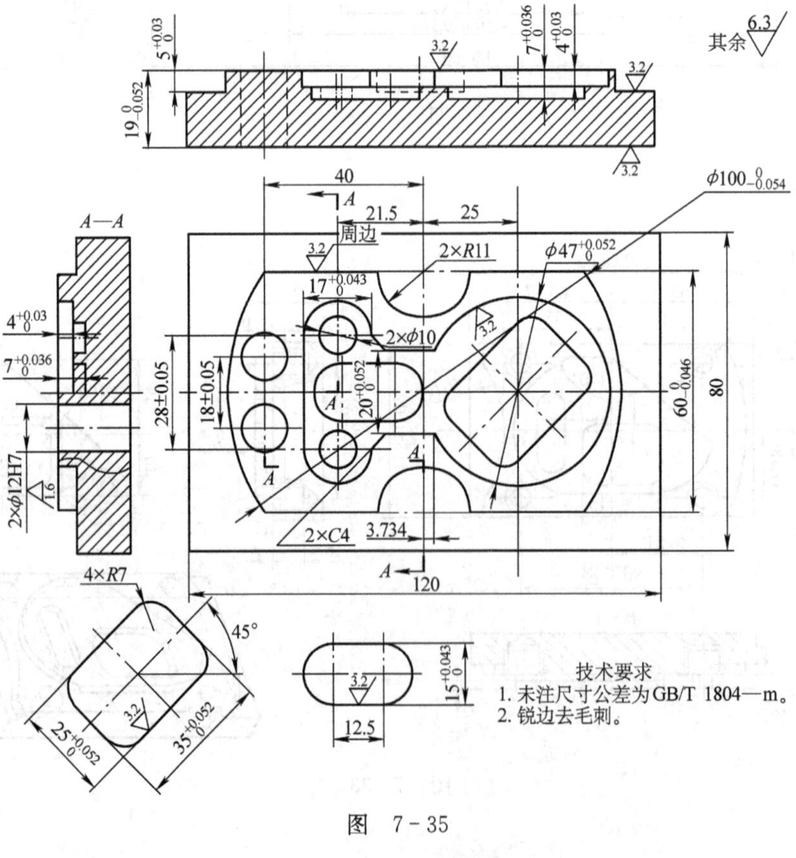

图 7-35

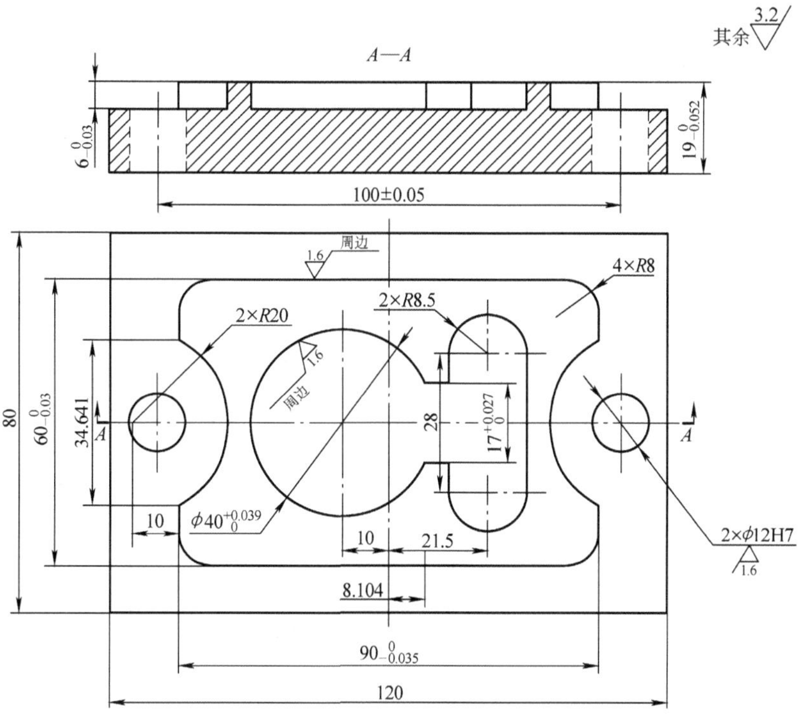
其余 3.2
A—A
6 0 -0.03
19 0 -0.052
100±0.05
周边
1.6
4×R8
2×R8.5
2×R20
80
60 0 -0.03
34.641
A
28
17 +0.027 0
1.6
周边
10
φ40 +0.039 0
10
21.5
2×φ12H7
1.6
8.104
90 0 -0.035
120

图　7-36

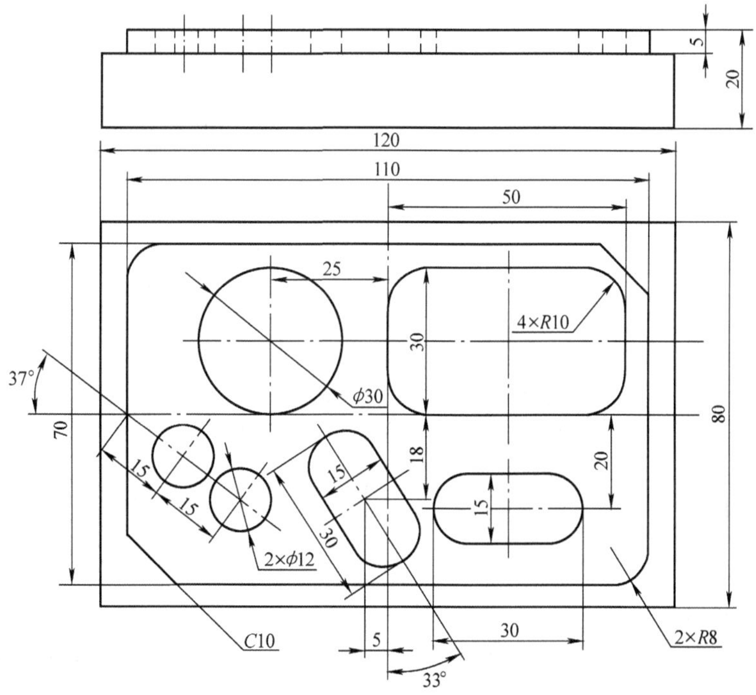
5
20
120
110
50
25
4×R10
30
37°
φ30
70
18
20
80
15
15
15
15
2×φ12
30
C10
5
30
2×R8
33°

图　7-37

A—A
52.5
5
20
4×R22.5
φ50
2×φ10
R30
A
A
51.962
80
25.567
35
42.969
15
100

图 7-38

2×φ12H7
2×φ20+0.033 0
其余 6.3
70±0.023
15
15+0.043 0
15−0.043 0
25
2×C5
2×15+0.043 0
2×R10
4×φ8
20
20
30°
周边
80
70 0 −0.045
60
30
100 0 −0.054
120
A—A
4+0.03 0
8+0.036 0
技术要求
1. 未注尺寸公差为GB/T 1804—m。
2. 锐边去毛刺。

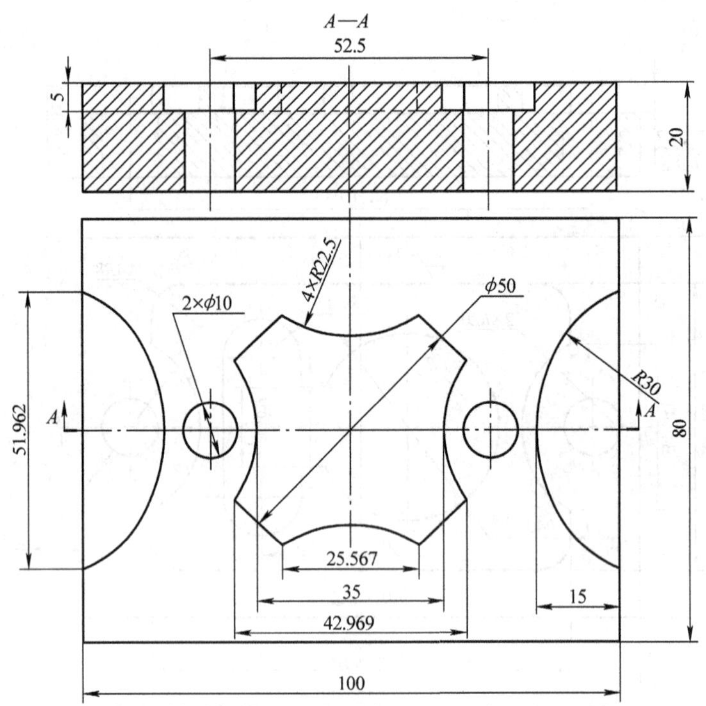

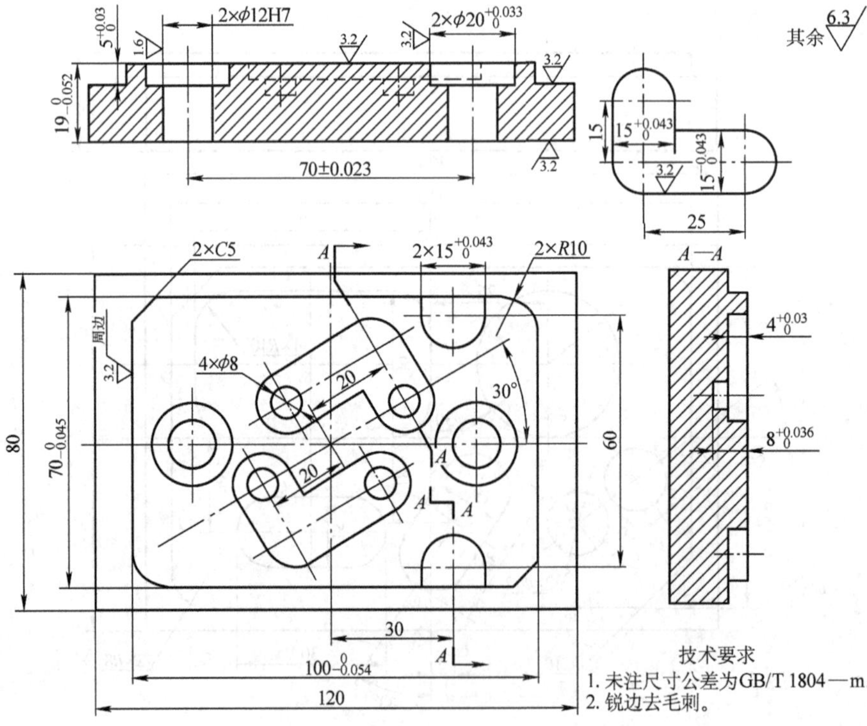

图 7-39

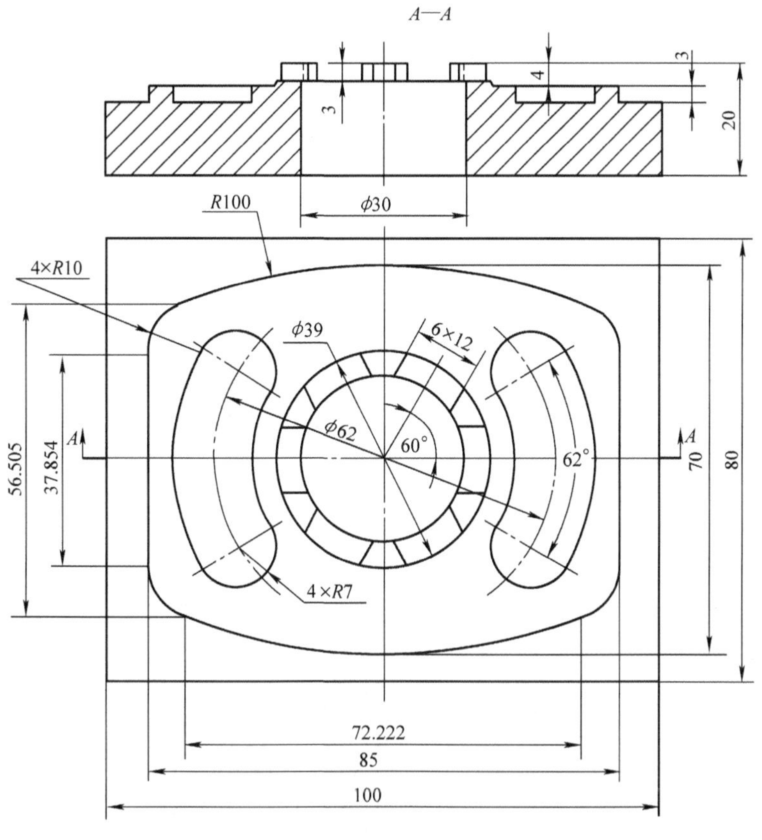

图　7-40

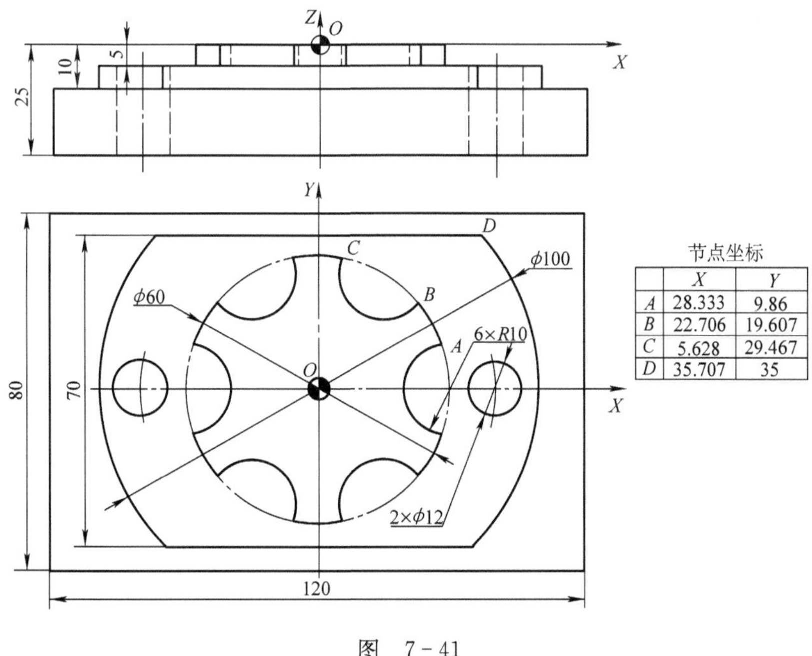

节点坐标

	X	Y
A	28.333	9.86
B	22.706	19.607
C	5.628	29.467
D	35.707	35

图　7-41

A—A
0.03 A
周边 C3
周边 R5
其余 3.2
15
20
φ12H7
20
φ12H7
⊥ φ0.04 A
φ40 +0.038 0
99±0.027
B—B
31
23.1466°
C—C
R100
R25
12 0 -0.027
15
34.5
35.1719°
30°
25
50±0.019
40
60
90 0 -0.054
99 0 -0.054
40±0.019
R15
R15
50.514°
32
54
4×M10-6H
R25
R50
6 0 -0.03
139 0 -0.072
4×R6.5
25 0 -0.033
40°
20 0 -0.033
20 +0.033 0
45 +0.039 0
技术要求：
1. 未注尺寸公差为GB/T1804—m。
2. 去毛刺。

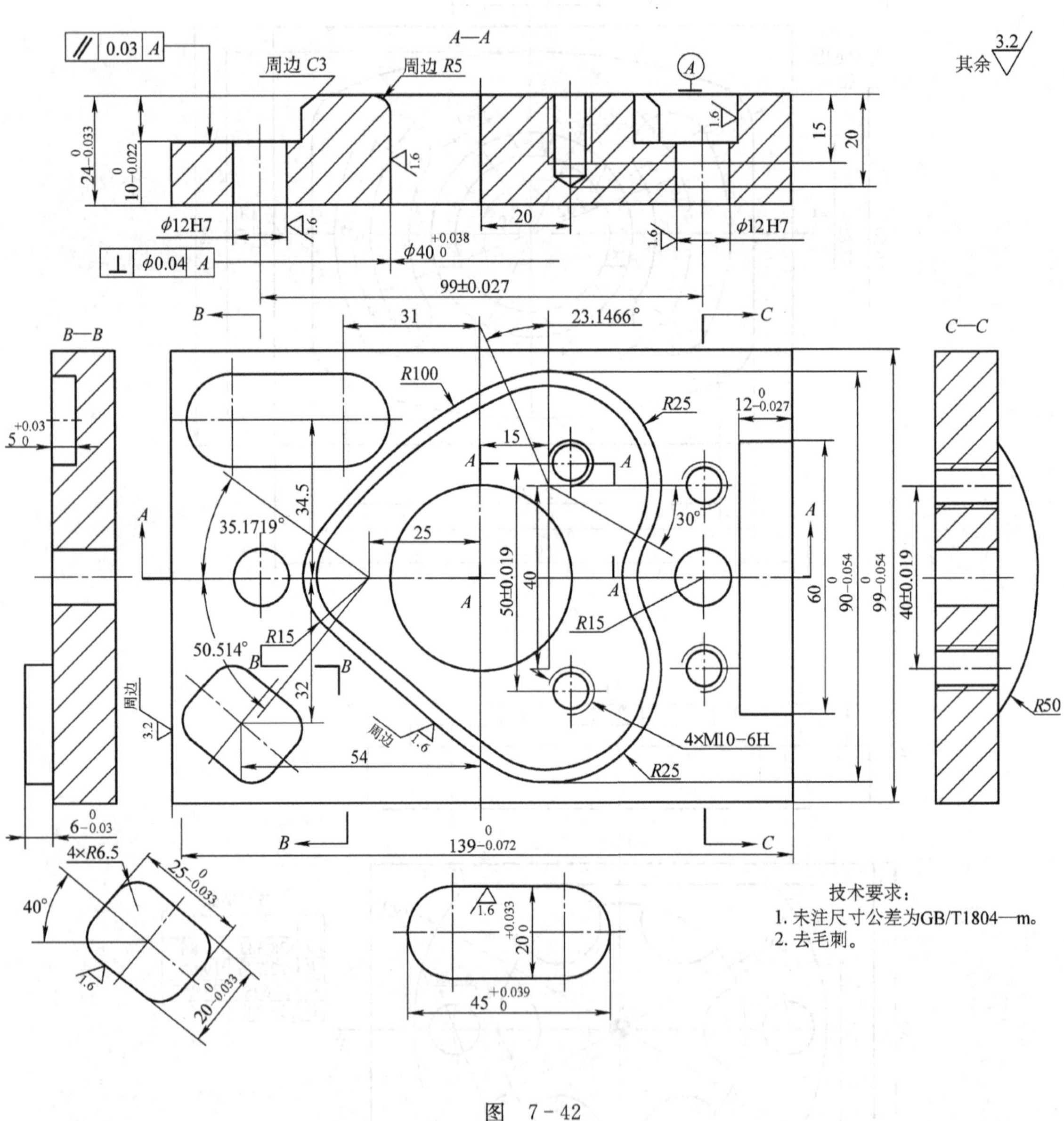

图 7-42

其余 3.2
Z
ϕ48
SR28
G54
X
0.03 A
7 0 −0.022
11 0 −0.027
38 0 −0.038
18
15
12.5
1.6
ϕ38 +0.025 0
A
160
84.853
84.853
45°
80
120
2×M10

图　7-43

2×6 −0.01 −0.03
4×12°
4×R6
2×6.15 −0.01 −0.03
6°
38±0.02
43±0.02
4×R4
4×R2
8.2 −0.01 −0.03
43±0.02
7
5.5
3.5
16
未注公差±0.05
立体图

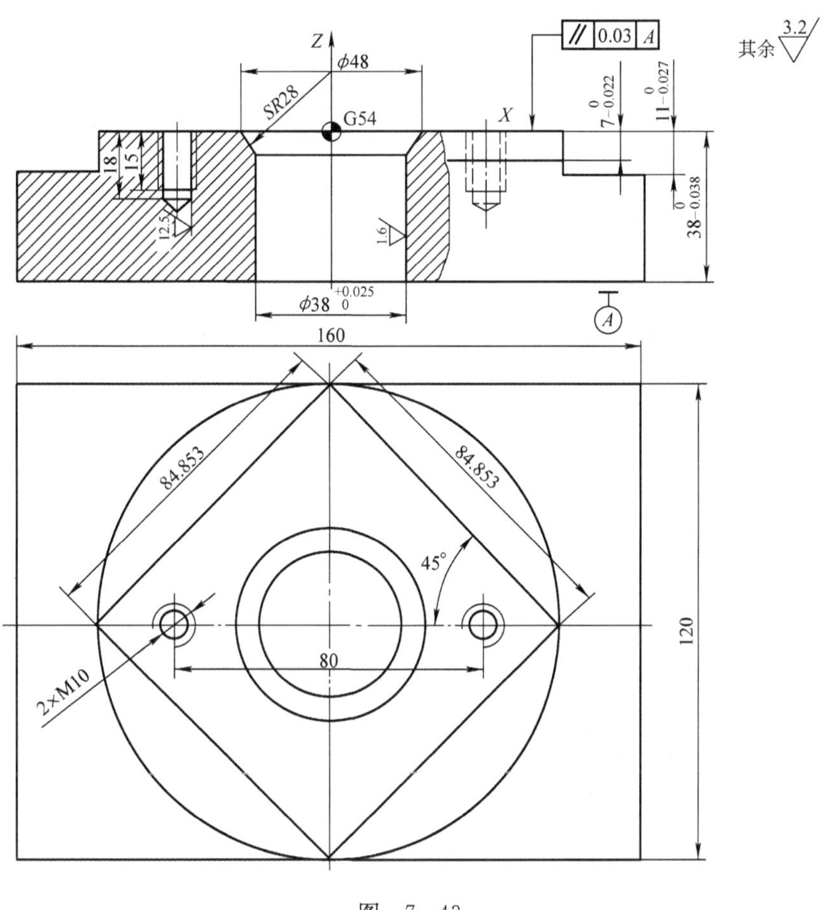

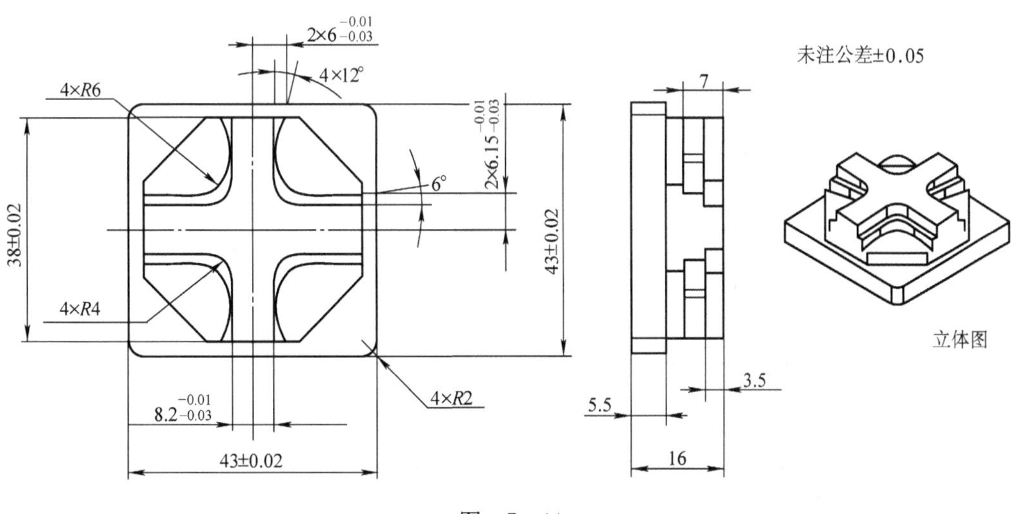

图　7-44

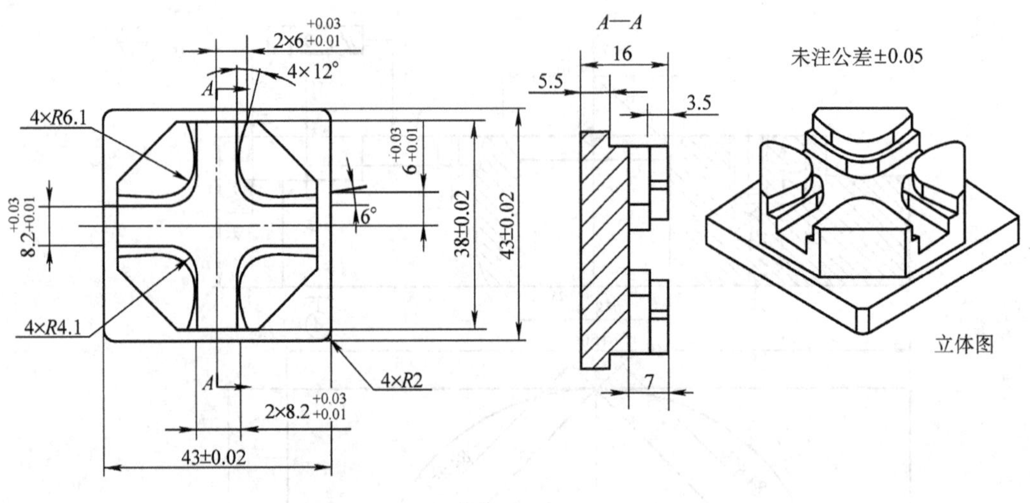

图 7-45

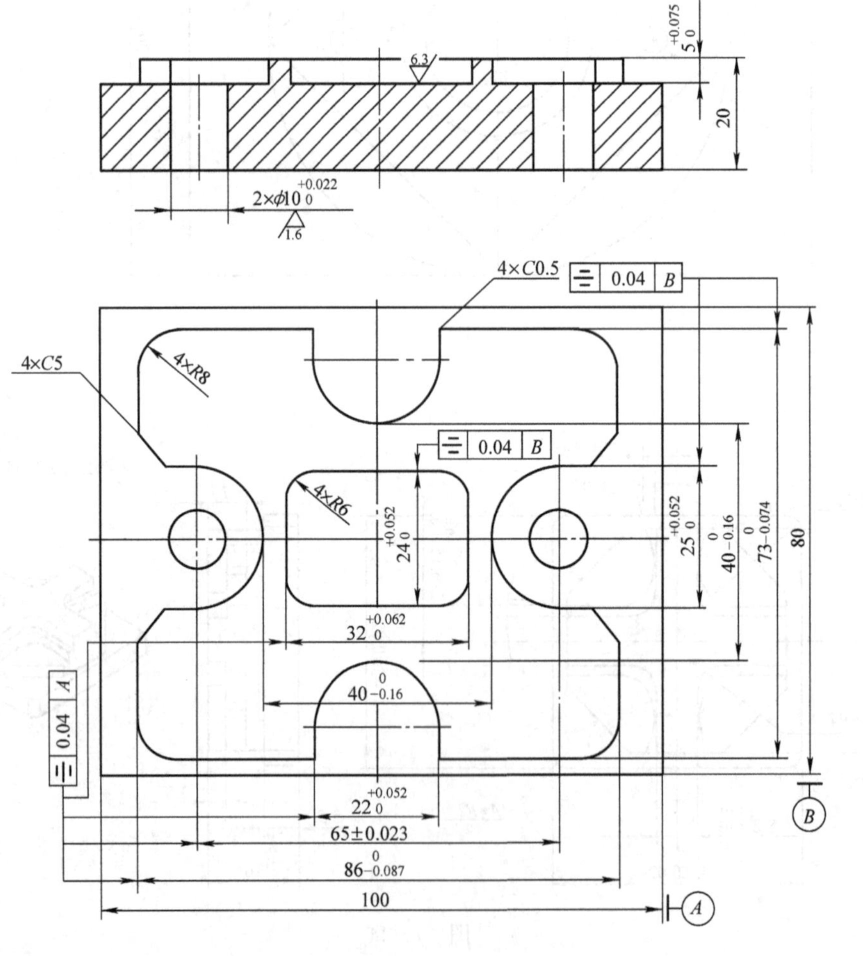

图 7-46

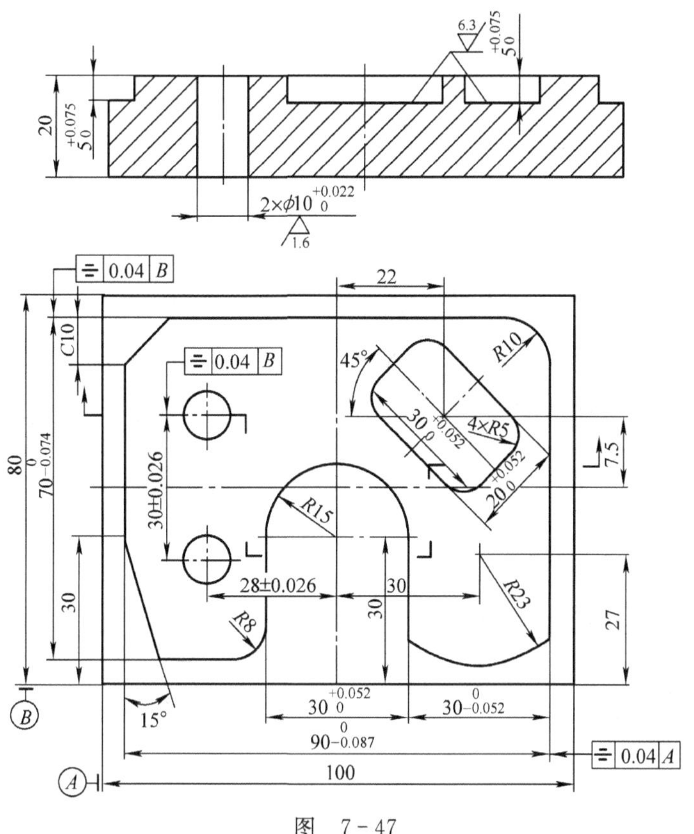

图　7-47

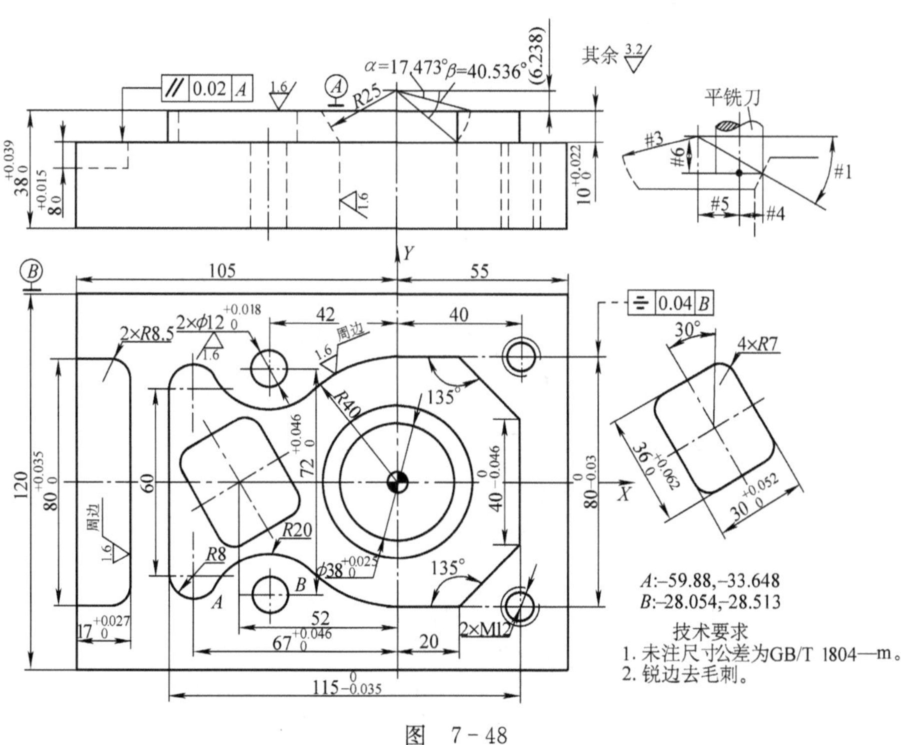

其余 3.2
平铣刀
A:-59.88,-33.648
B:-28.054,-28.513
技术要求
1. 未注尺寸公差为GB/T 1804—m。
2. 锐边去毛刺。

图　7-48

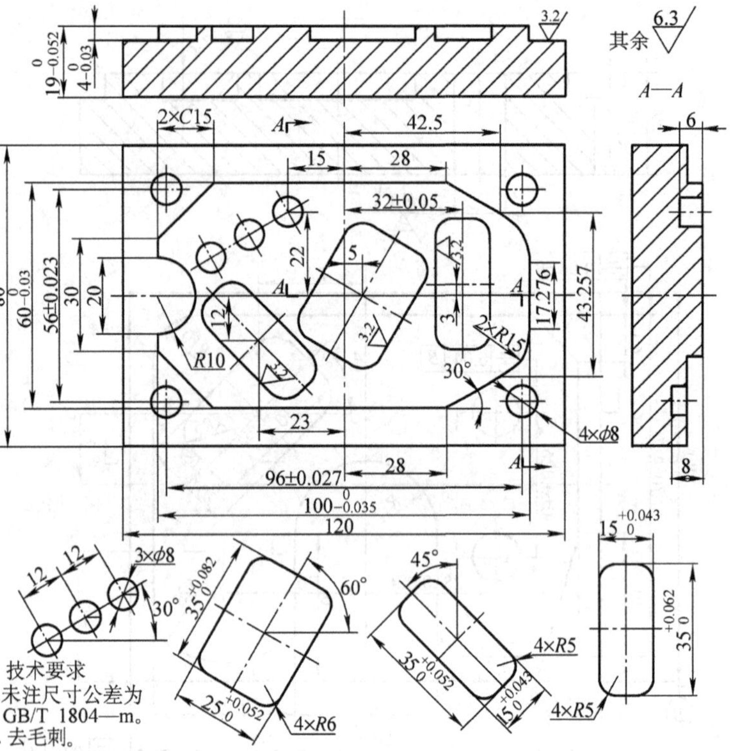

其余 6.3

技术要求

1.未注尺寸公差为GB/T 1804—m。

2. 去毛刺。

图 7-49

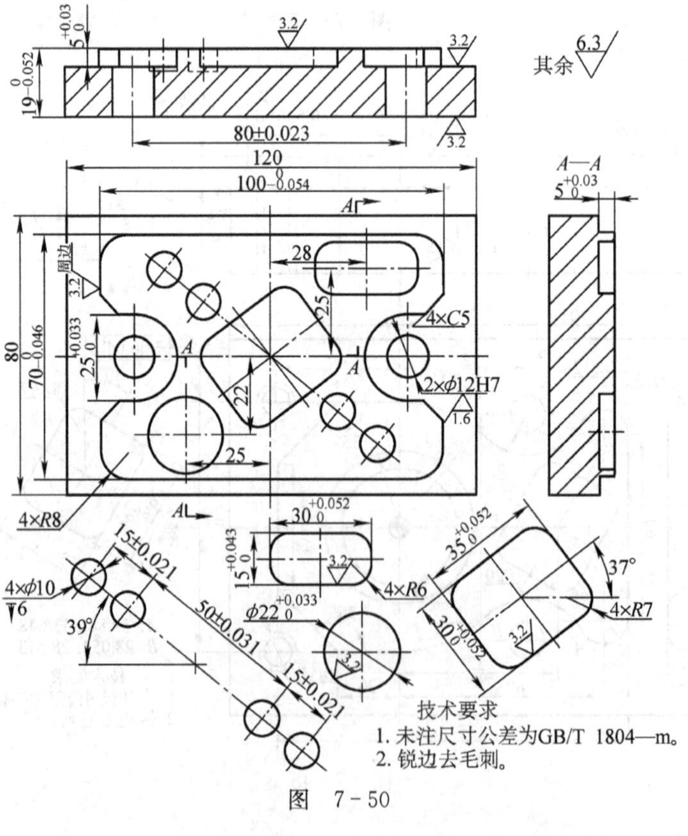

其余 6.3

技术要求

1. 未注尺寸公差为GB/T 1804—m。

2. 锐边去毛刺。

图 7-50

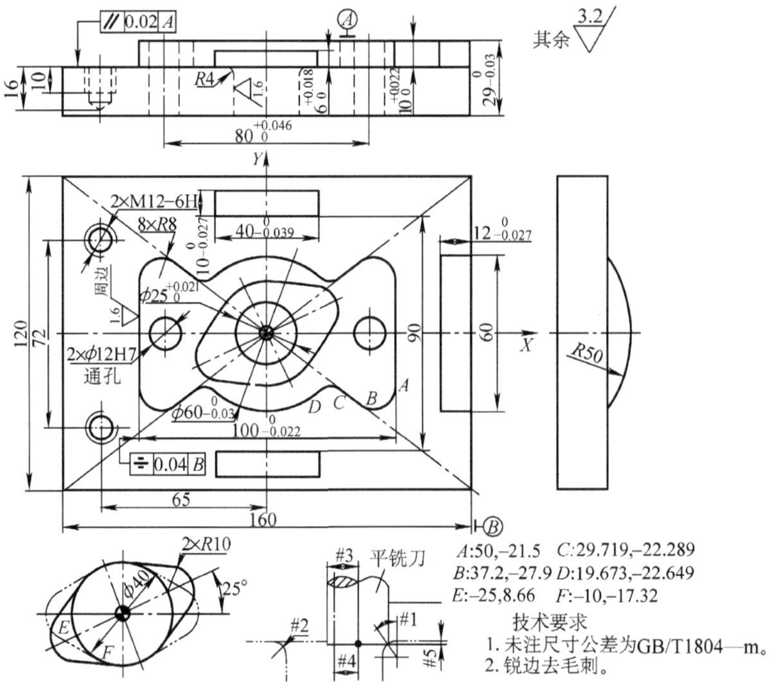

其余 3.2

A:50,−21.5　C:29.719,−22.289
B:37.2,−27.9 D:19.673,−22.649
E:−25,8.66　F:−10,−17.32

技术要求
1. 未注尺寸公差为GB/T1804—m。
2. 锐边去毛刺。

图　7-51

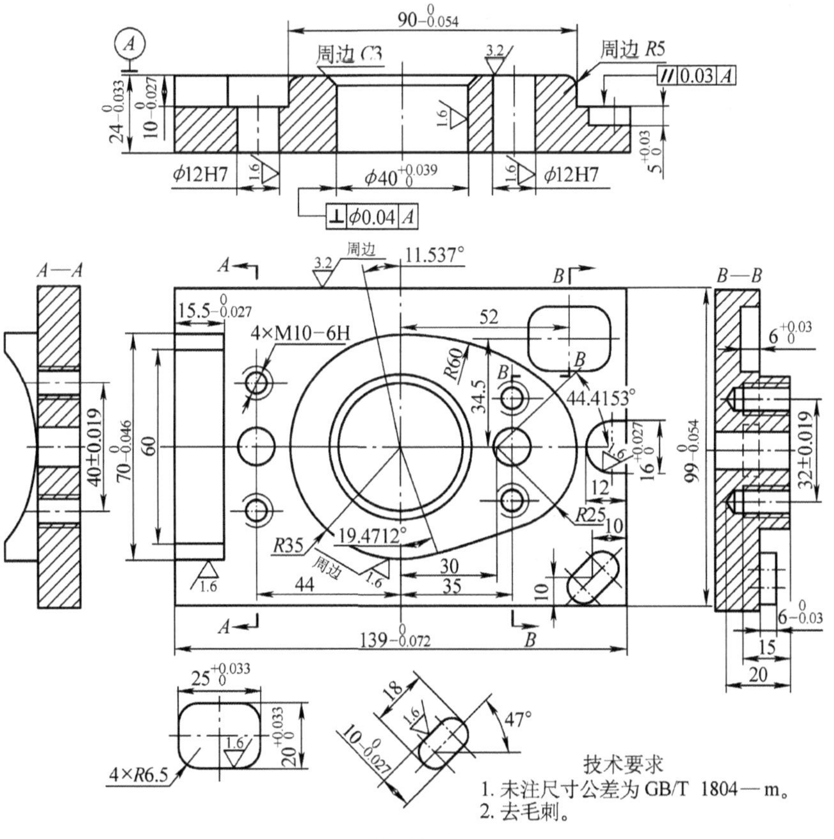

技术要求
1. 未注尺寸公差为 GB/T 1804—m。
2. 去毛刺。

图　7-52

其余 6.3
周边 R3
A
// 0.03 A
24 0 -0.033
8 0 -0.022
10 0 -0.022
⊥ φ0.04 A
φ40 +0.039 0
55
48
A—A
B—B
周边
R10
R50
R25
30°
45°
35
14.434
16.716
5 +0.03 0
2×φ12H7
3×M10-H6
99 0 -0.054
80 0 -0.048
40±0.019
12 0 -0.027
6 0 -0.03
15
18
45
60
139 0 -0.072
4×R12
起模斜角10°
50
15°
4×R8
24 0 -0.033
18 0 -0.027
18 +0.027 0
24 +0.033 0
技术要求
1. 未注尺寸公差为GB/T 1804—m。
2. 去毛刺。

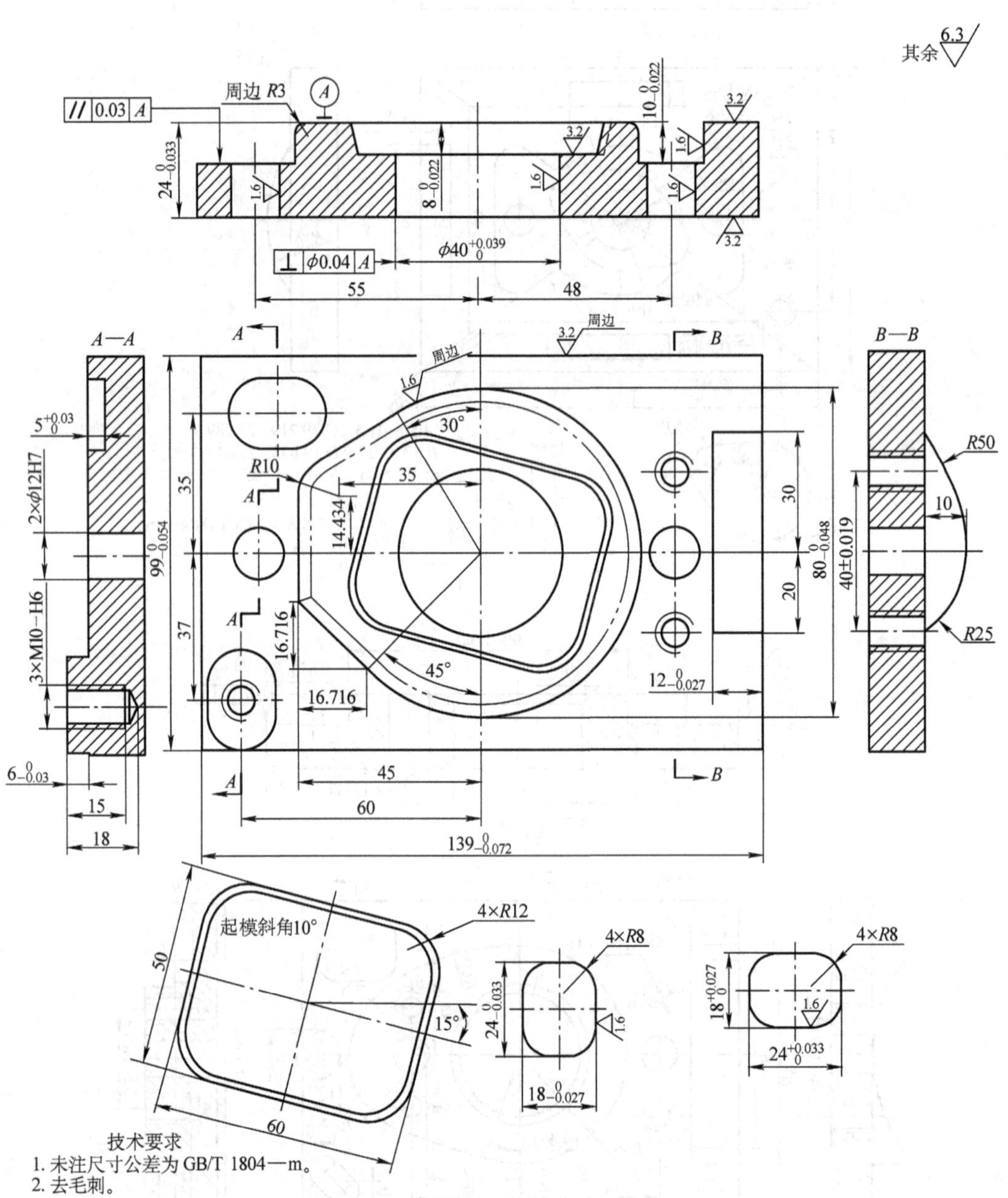

图 7-53

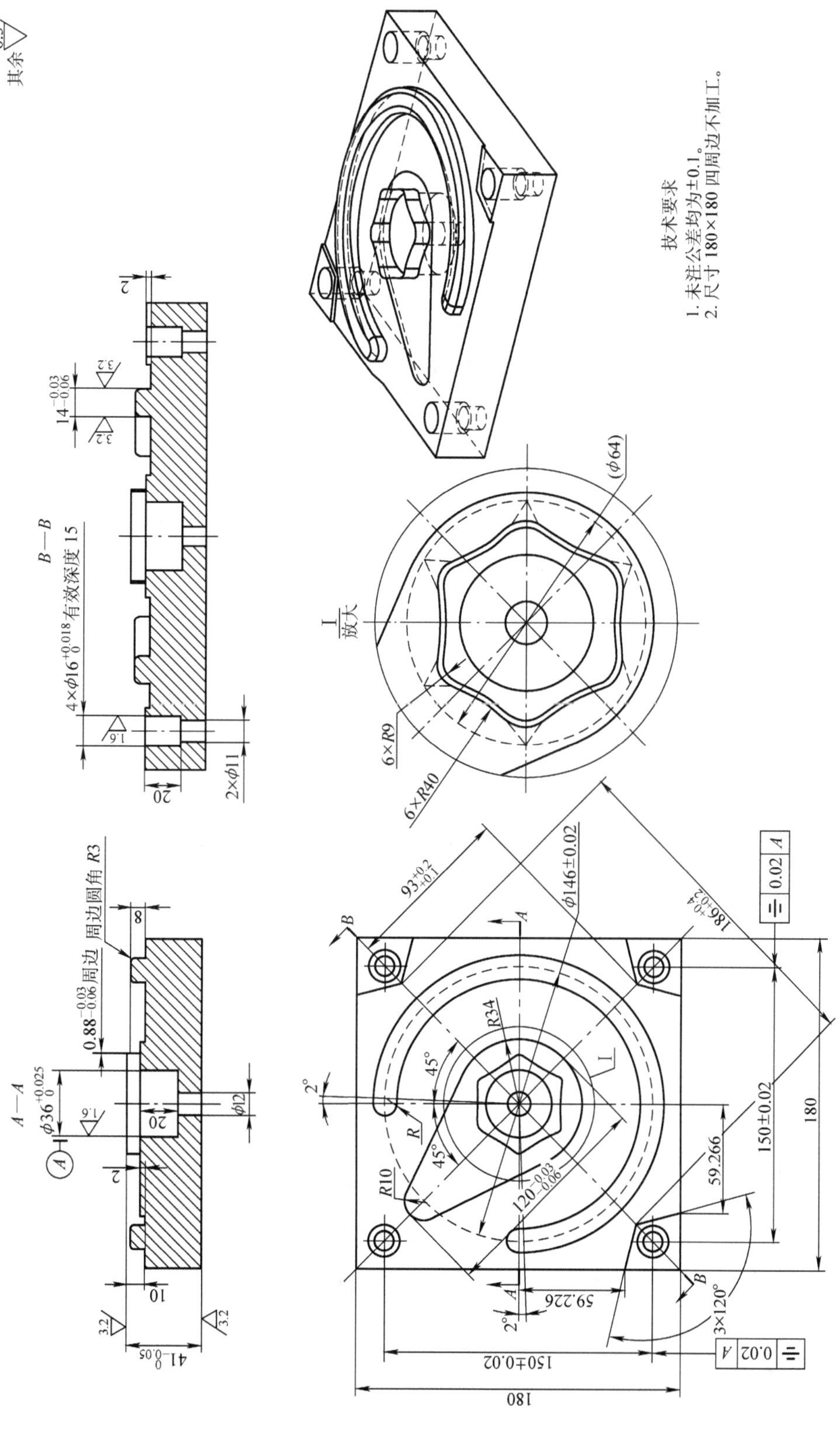

其余 6.3

A—A

B—B

I 放大

技术要求

1. 未注公差均为±0.1。
2. 尺寸180×180四周边不加工。

图 7-54

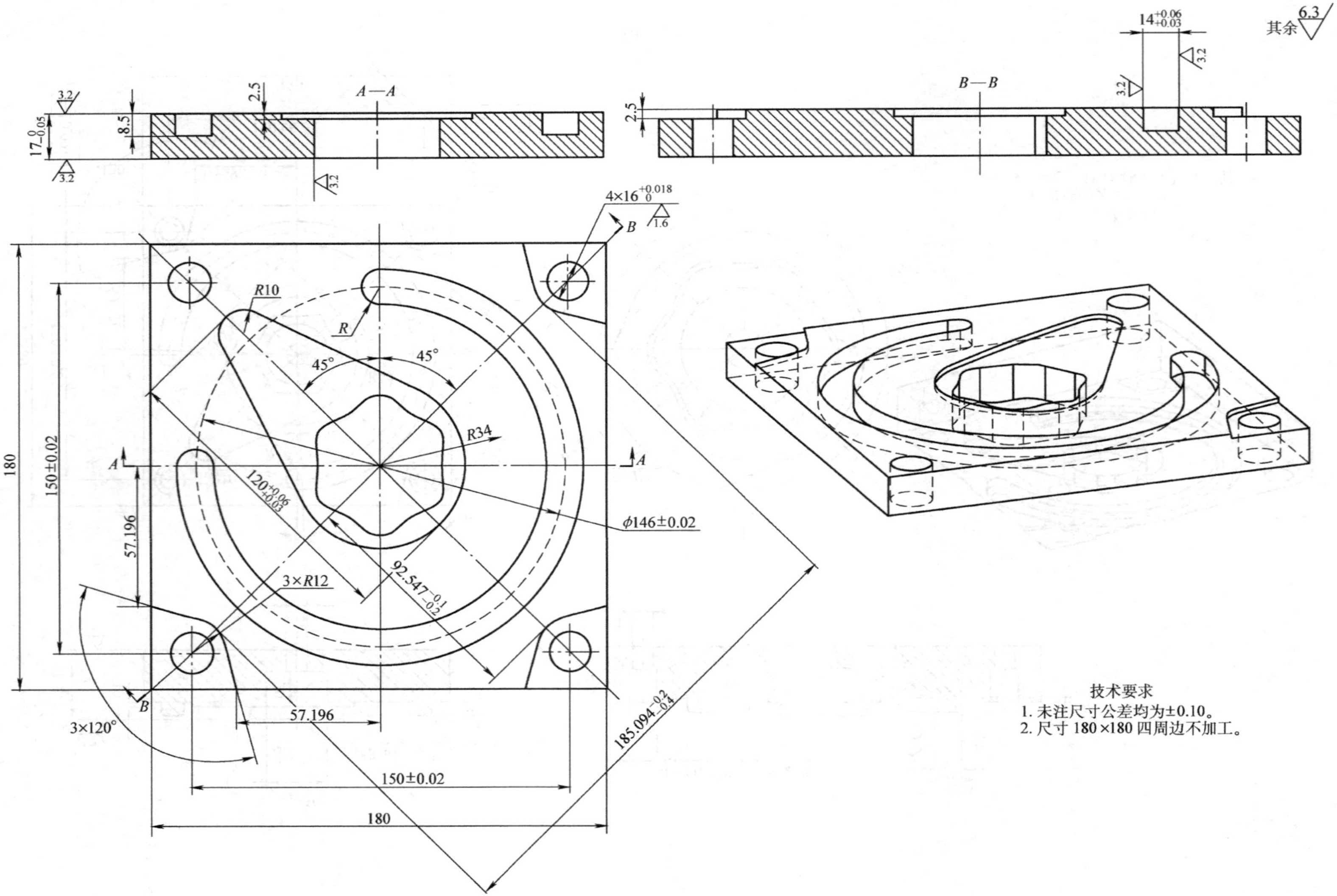

技术要求

1. 未注尺寸公差均为±0.10。
2. 尺寸 180×180 四周边不加工。

图 7-55

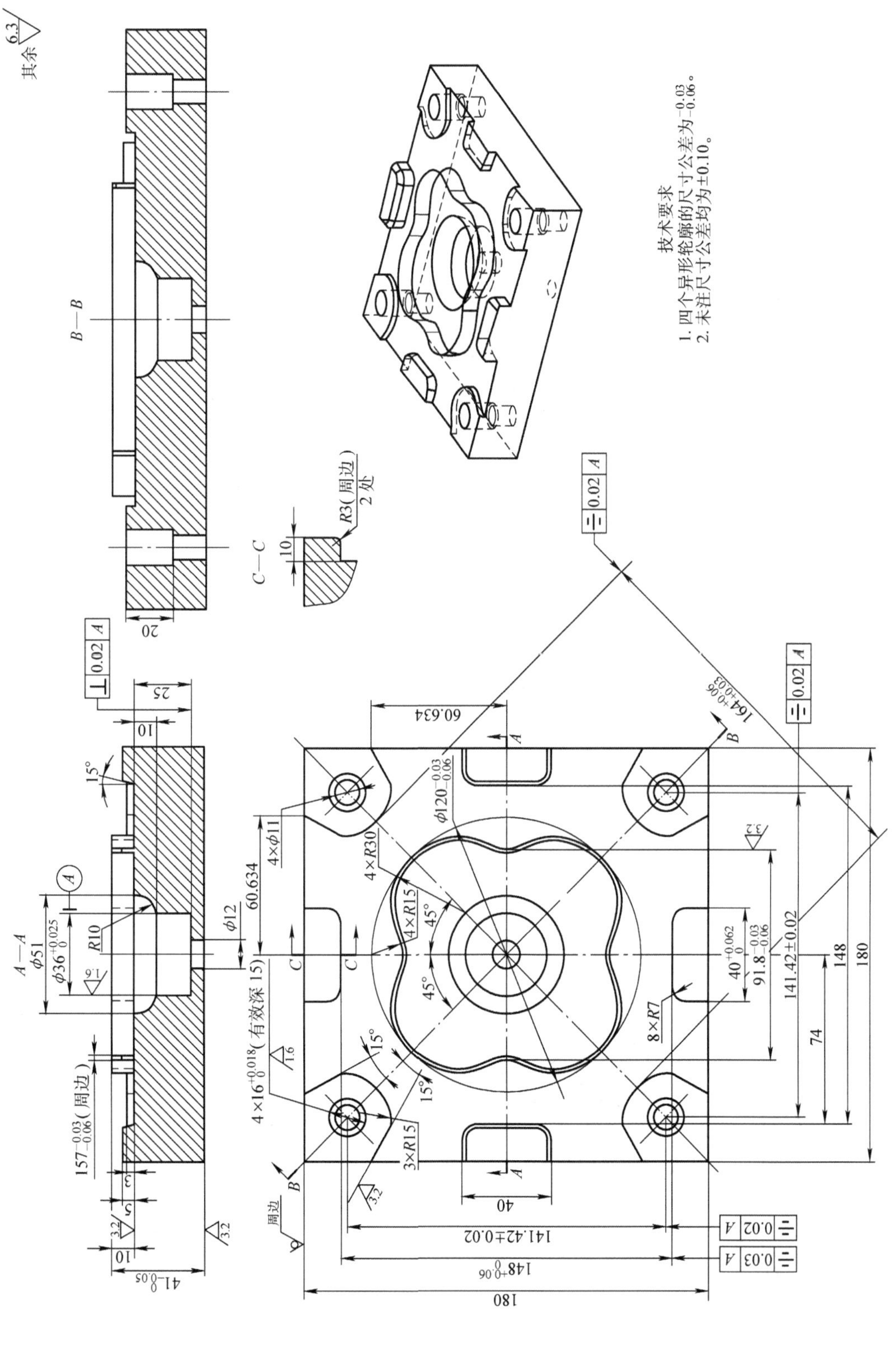

A—A

B—B

C—C

技术要求

1. 四个异形轮廓的尺寸公差为$^{-0.03}_{-0.06}$。
2. 未注尺寸公差均为±0.10。

图　7－56

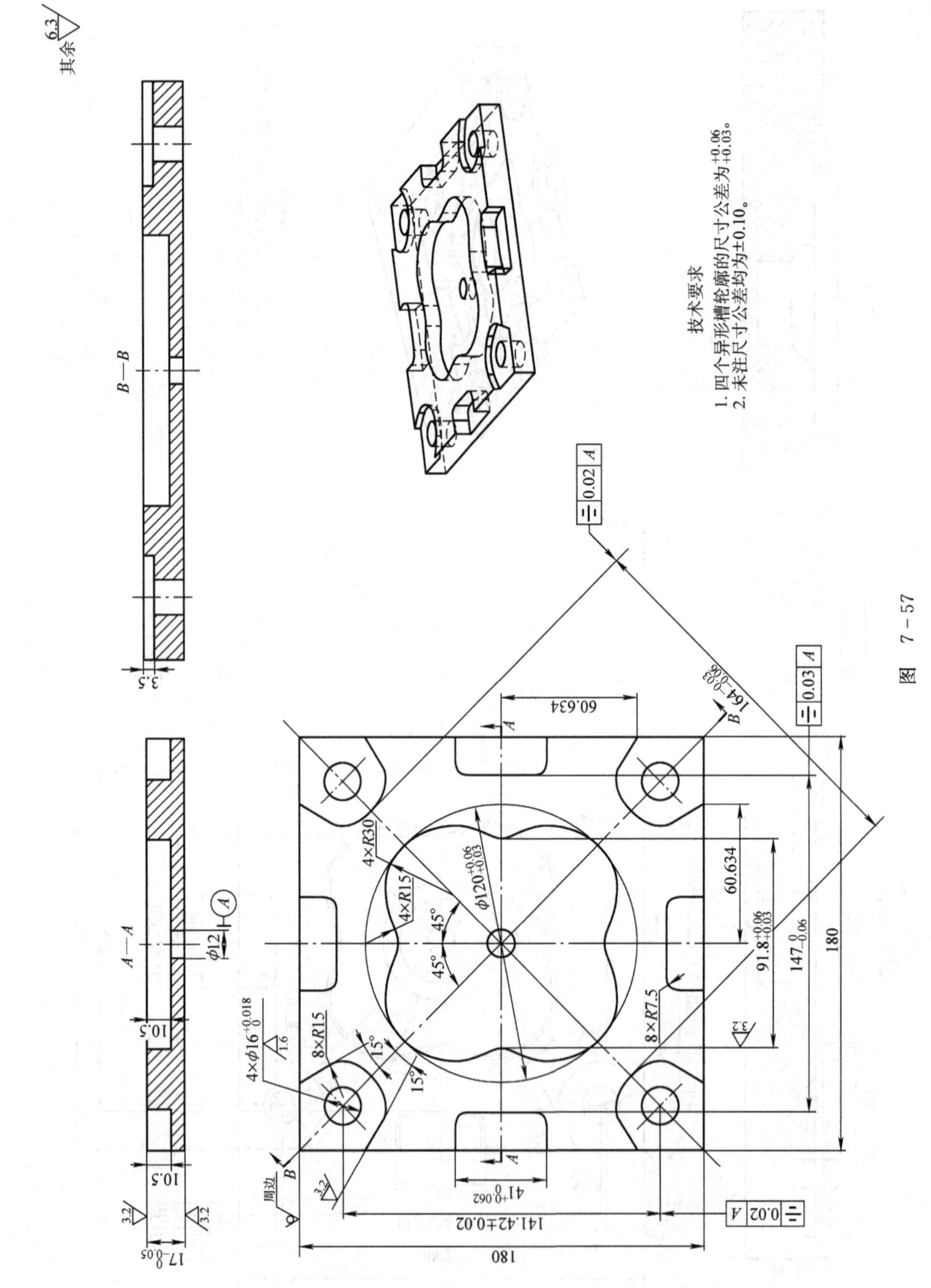

技术要求

1. 四个异形槽轮廓的尺寸公差为$^{+0.06}_{+0.03}$。
2. 未注尺寸公差均为±0.10。

图 7-57

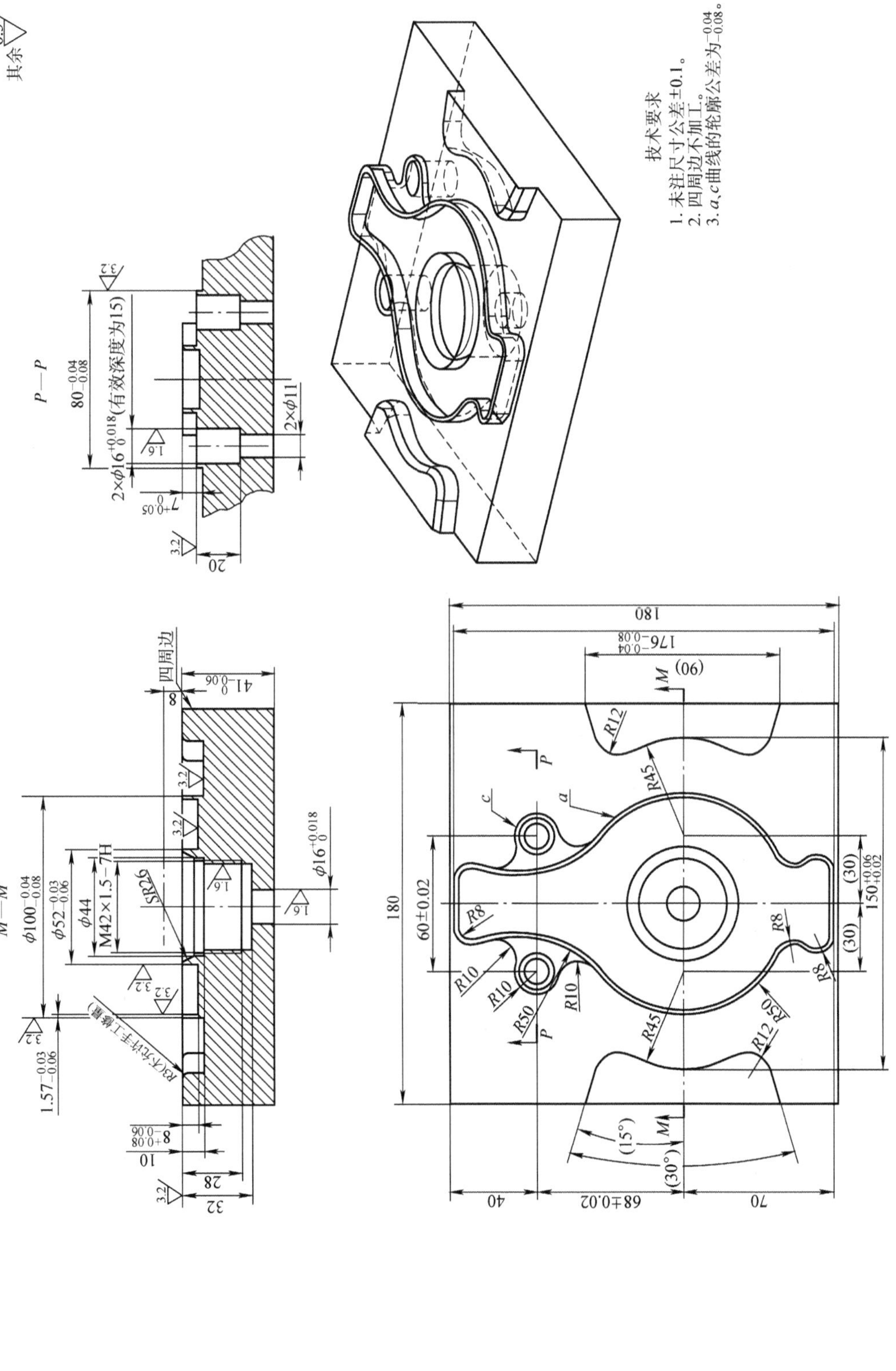
其余 6.3
M—M
P—P
$\phi100^{-0.04}_{-0.08}$
$\phi52^{-0.03}_{-0.06}$
$\phi44$
M42×1.5-7H
SR26
$\phi16^{+0.018}_{0}$
$1.57^{-0.03}_{-0.06}$
R3(不允许手工修磨)
四周边
$41^{0}_{-0.06}$
8
$8^{+0.08}_{-0.06}$
10
28
32
20
$7^{+0.05}_{0}$
$80^{-0.04}_{-0.08}$
$2\times\phi16^{+0.018}_{0}$(有效深度为15)
2×φ11
180
$176^{-0.04}_{-0.08}$
(90)
R12
R45
R8
R10
R50
R30
60 ± 0.02
(30)
$150^{+0.06}_{+0.02}$
(15°)
(30°)
40
68 ± 0.02
70
a
c
P
M
技术要求
1. 未注尺寸公差±0.1。
2. 四周边不加工。
3. a、c曲线的轮廓公差为$^{-0.04}_{-0.08}$。

图 7-58

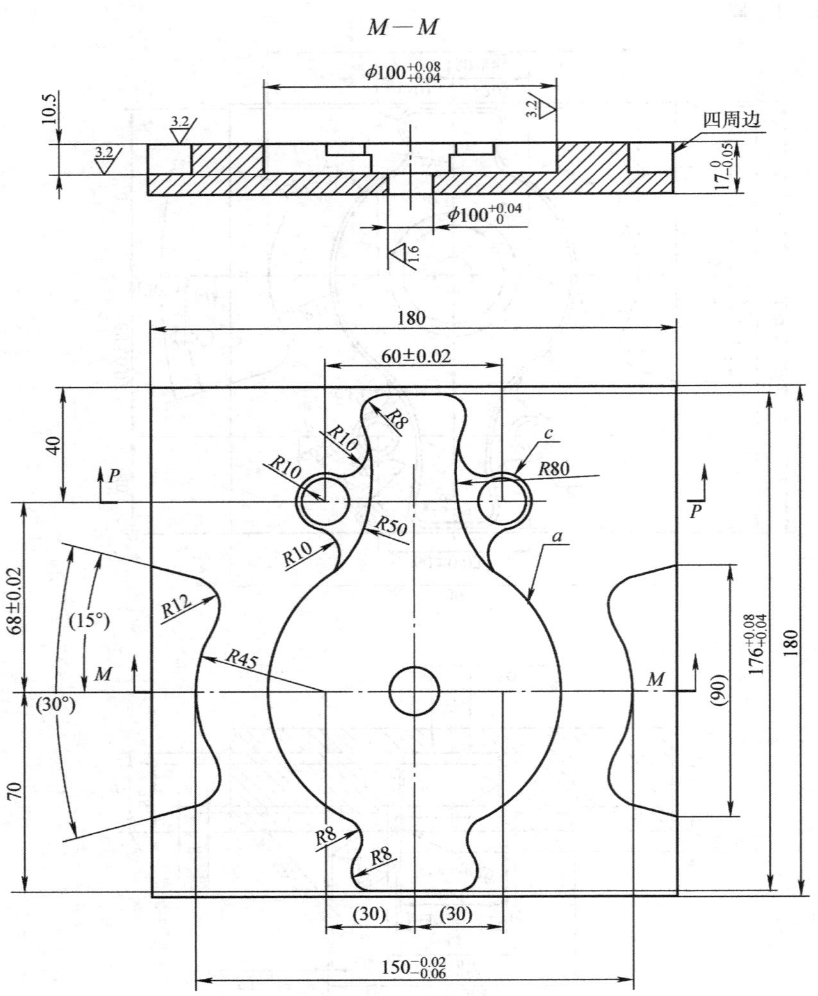

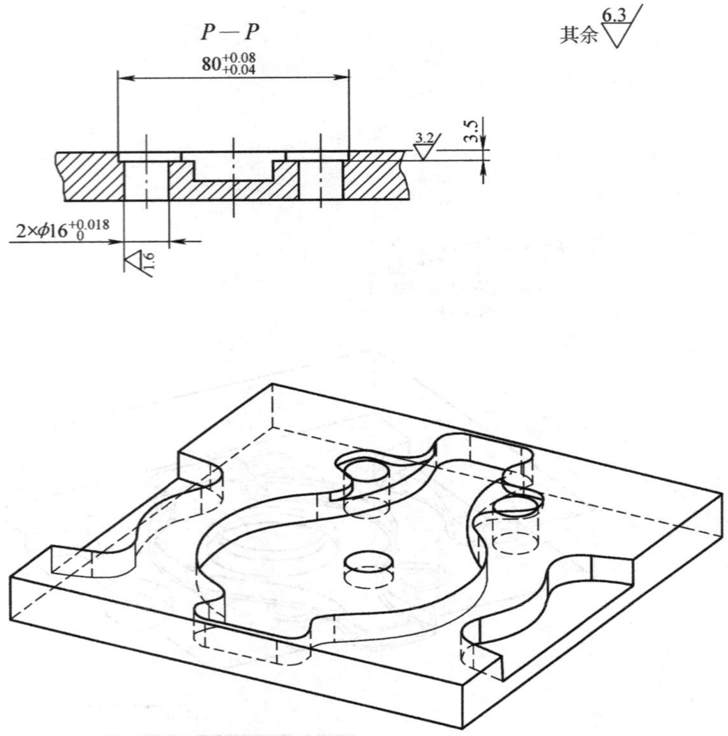

M—M

P—P

其余 6.3

技术要求

1. 未注尺寸公差±0.1。
2. 四周边不加工。
3. a、c 曲线的轮廓公差为$^{+0.08}_{+0.04}$。

图 7-59

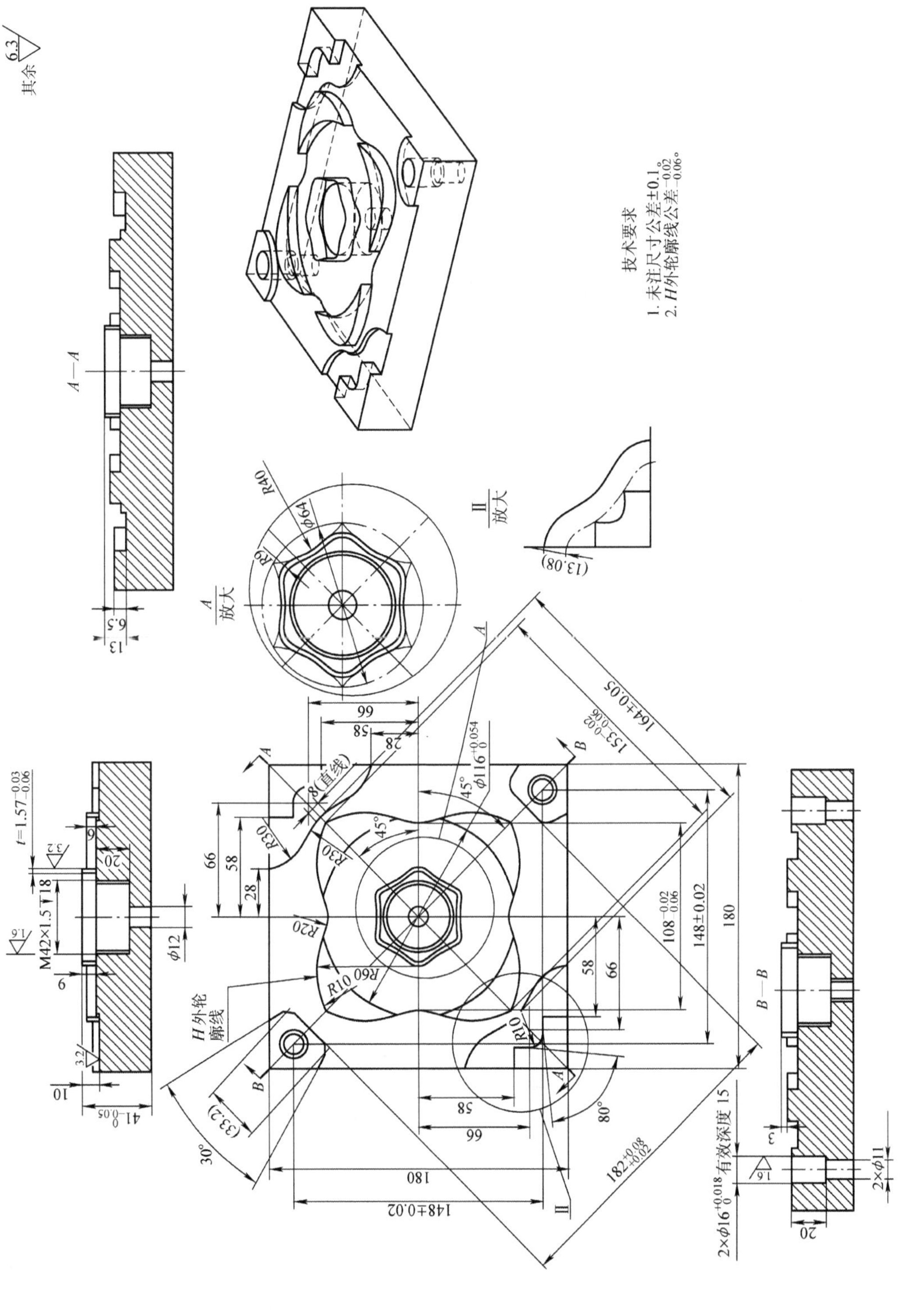

其余 $\sqrt{6.3}$

技术要求

1. 未注尺寸公差±0.1。
2. *H*外轮廓线公差$_{-0.06}^{-0.02}$。

图　7－60

其余 6.3
2×φ16 +0.018 0
17 0 -0.05
1.6
3.2
3.2
3.2
7.5
R3
4
4
30°
(33.2)
148±0.02
182 +0.02 -0.06
R10
R60
45°
φ60
R20
45°
R10
180
148±0.02
40.5
66.1
R10.5
R9.5
80°
153 +0.06 +0.02
66.1
108 +0.05 +0.02
180
技术要求
1. 未注尺寸允许偏差±0.1。
2. 轮廓曲线H公差+0.06 +0.02。

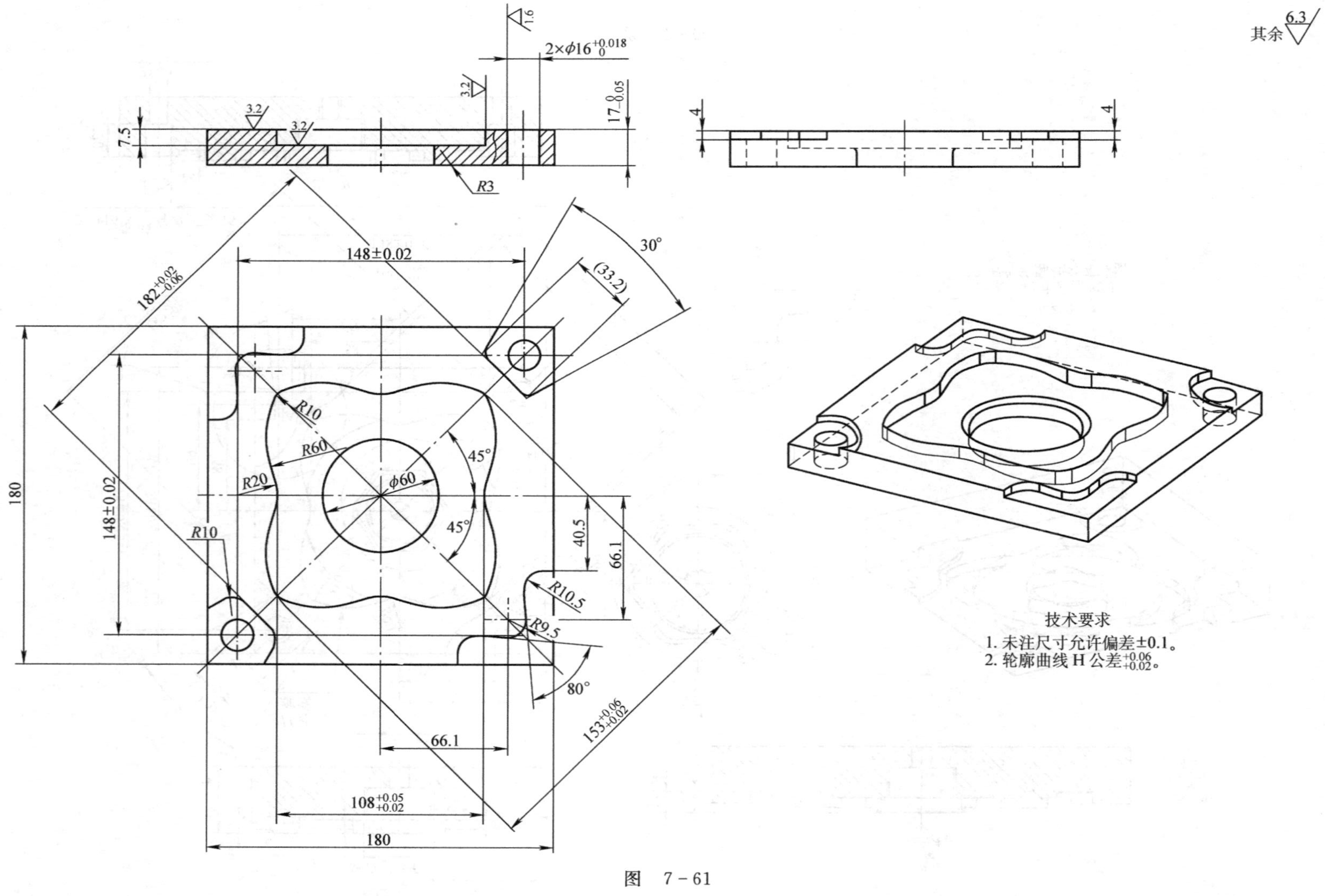

图 7-61

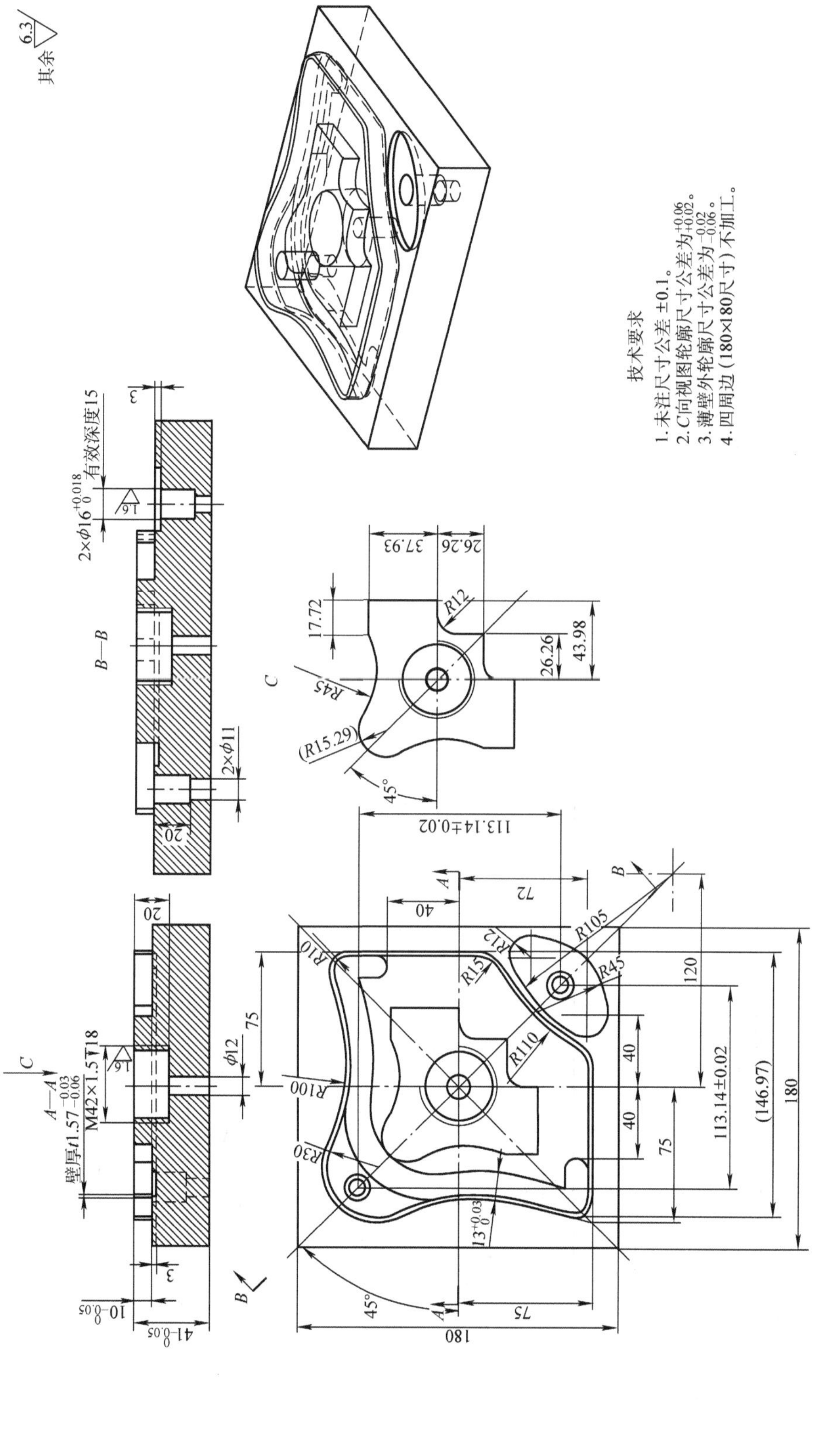

其余 6.3

A—A

C

壁厚$t1.57^{-0.03}_{-0.06}$

M42×1.5↧18

$10^{\ 0}_{-0.05}$

$41^{\ 0}_{-0.05}$

B—B

$2\times\phi16^{+0.018}_{\ 0}$ 有效深度15

$2\times\phi11$

$\phi12$

C

R30　R100　R10　R15　R12　R110　R105　R45

$13^{+0.03}_{\ 0}$

(R15.29)　R45　R12

17.72　37.93　26.26　43.98

113.14±0.02　(146.97)　180　120　75　72　40

技术要求

1. 未注尺寸公差 ±0.1。
2. C向视图轮廓尺寸公差为$^{+0.06}_{+0.02}$。
3. 薄壁外轮廓尺寸公差为$^{-0.02}_{-0.06}$。
4. 四周边（180×180尺寸）不加工。

图　7－62

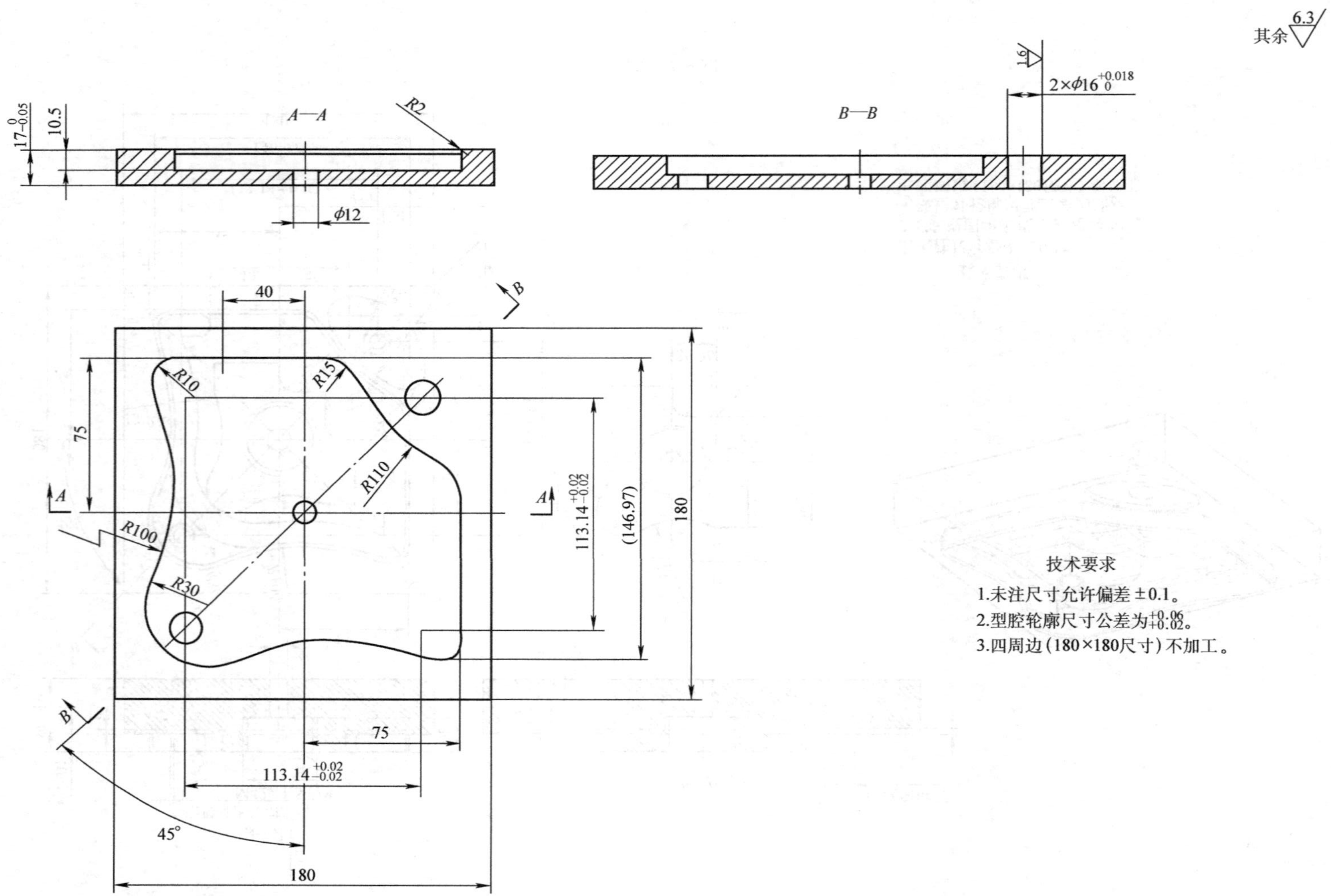

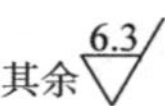

技术要求

1.未注尺寸允许偏差±0.1。

2.型腔轮廓尺寸公差为$^{+0.06}_{+0.02}$。

3.四周边(180×180尺寸)不加工。

图 7-63

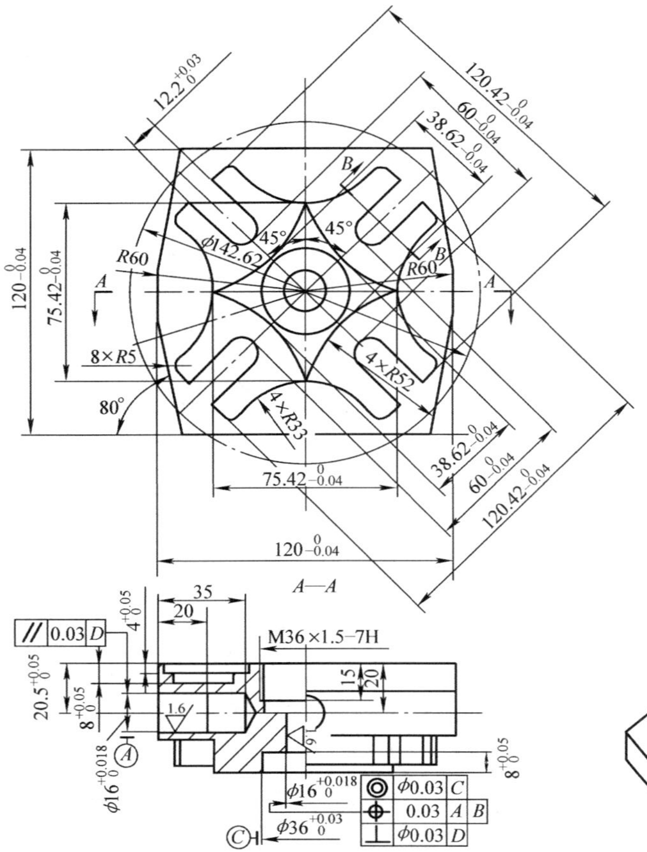

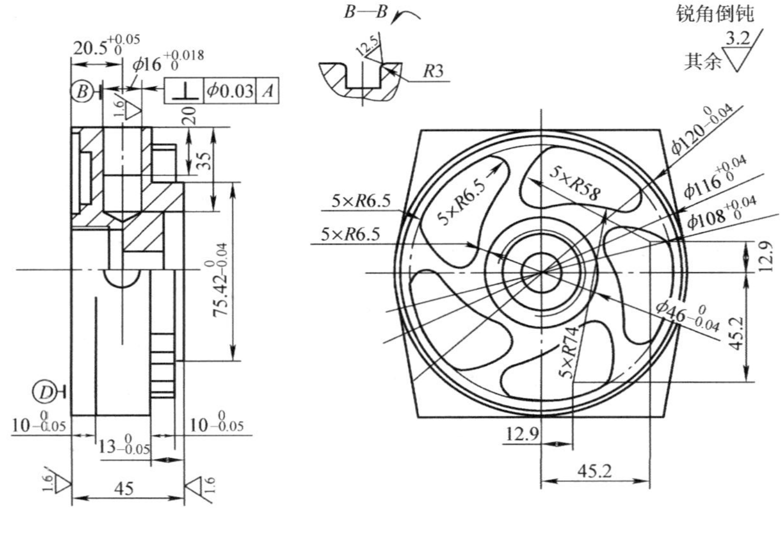

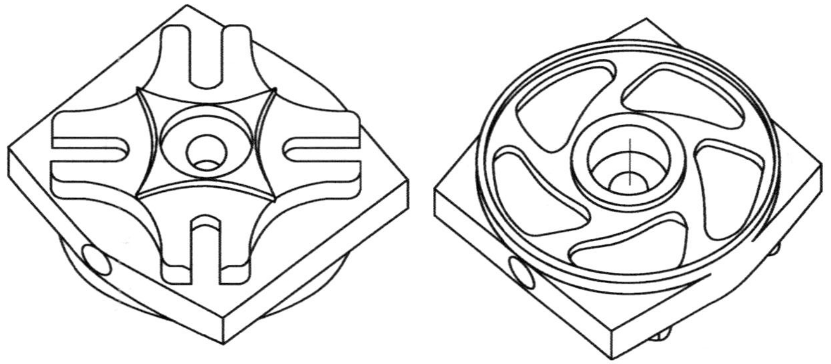

锐角倒钝

其余 3.2▽

技术要求

1. 未注圆角≤R0.5。
2. 圆倒角处 12.5▽。
3. 45钢调质处理180~200HBW。
4. 未注公差按GB/T 1804—f，标准执行。
5. 表面不得磕碰划伤。

图 7-64

锐角倒钝
其余 3.2
96°(6个均布)
6×R12
6×R8
$\phi 62 \pm 0.03$
6.2±0.03
6×R8.2
12×R90
75
20
B—B
A—A
25±0.05
3±0.03
8±0.03
R2
R3
$\phi 16^{+0.018}_{\ 0}$
0.03 A
$\phi 0.03$ A
$20^{+3}_{\ 0}$
(35)
$\phi 0.03$ A
$\phi 34.6^{+0.025}_{\ 0}$
$\phi 20 \pm 0.03$
M36×1.5-7H
10±0.03
21.5±0.03
12×R8
$\phi 54^{+0.05}_{\ 0}$
$\phi 64^{\ 0}_{-0.05}$
4±0.03
$\phi 98^{+0.05}_{\ 0}$
6×R5
$\phi 0.03$ C
$\phi 120^{-0.10}_{-0.15}$
$\phi 0.03$ A B
$\phi 0.03$ A
45
30±0.03
6±0.03
$\phi 120^{\ 0}_{-0.05}$
技术要求
1. 未注圆角≤R0.5。
2. 圆倒角处R_a12.5μm。
3. 45钢调质处理180~200HBW。
4. 未注公差按GB/T1804—f标准执行。
5. 表面不得磕碰划伤。

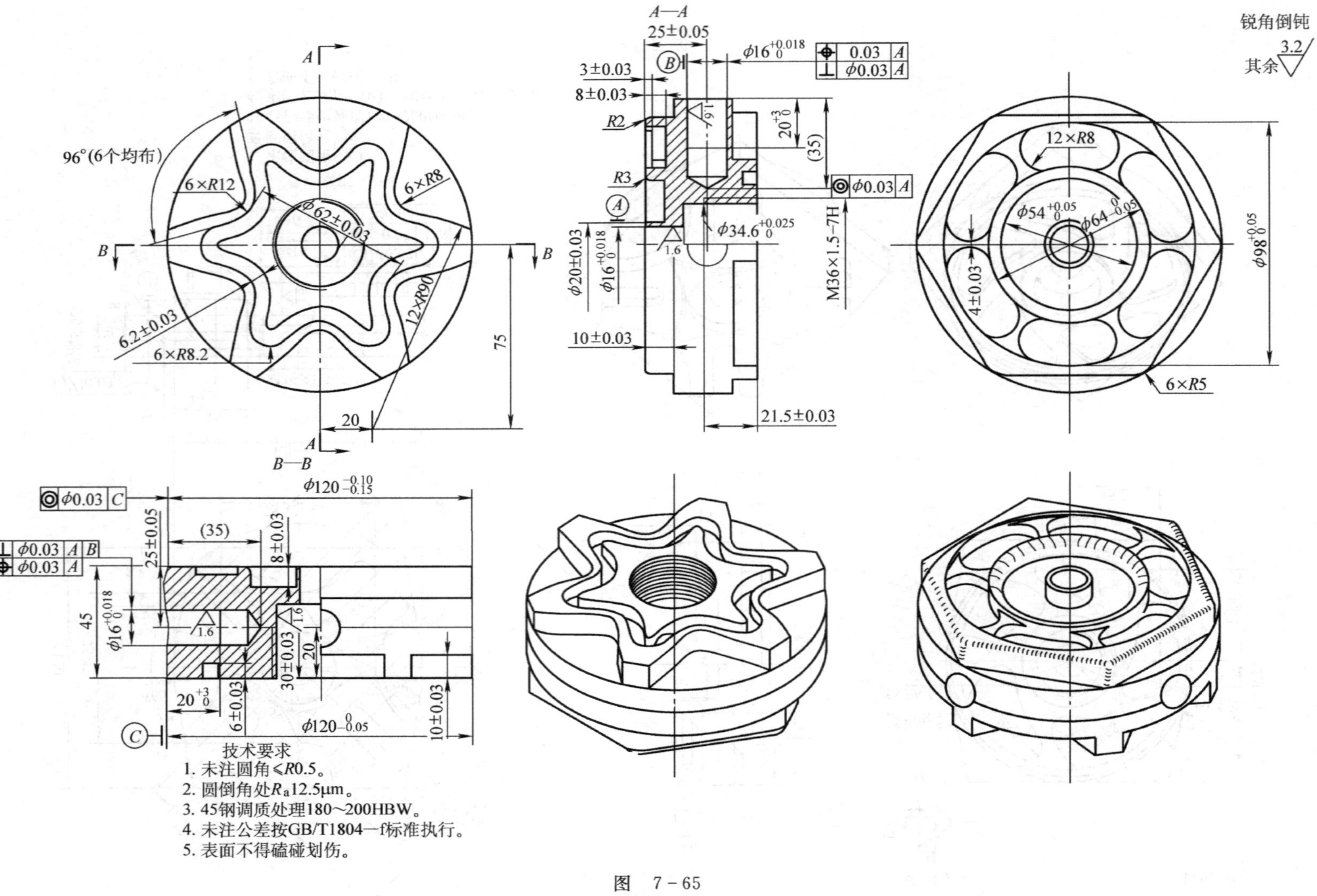

图 7-65

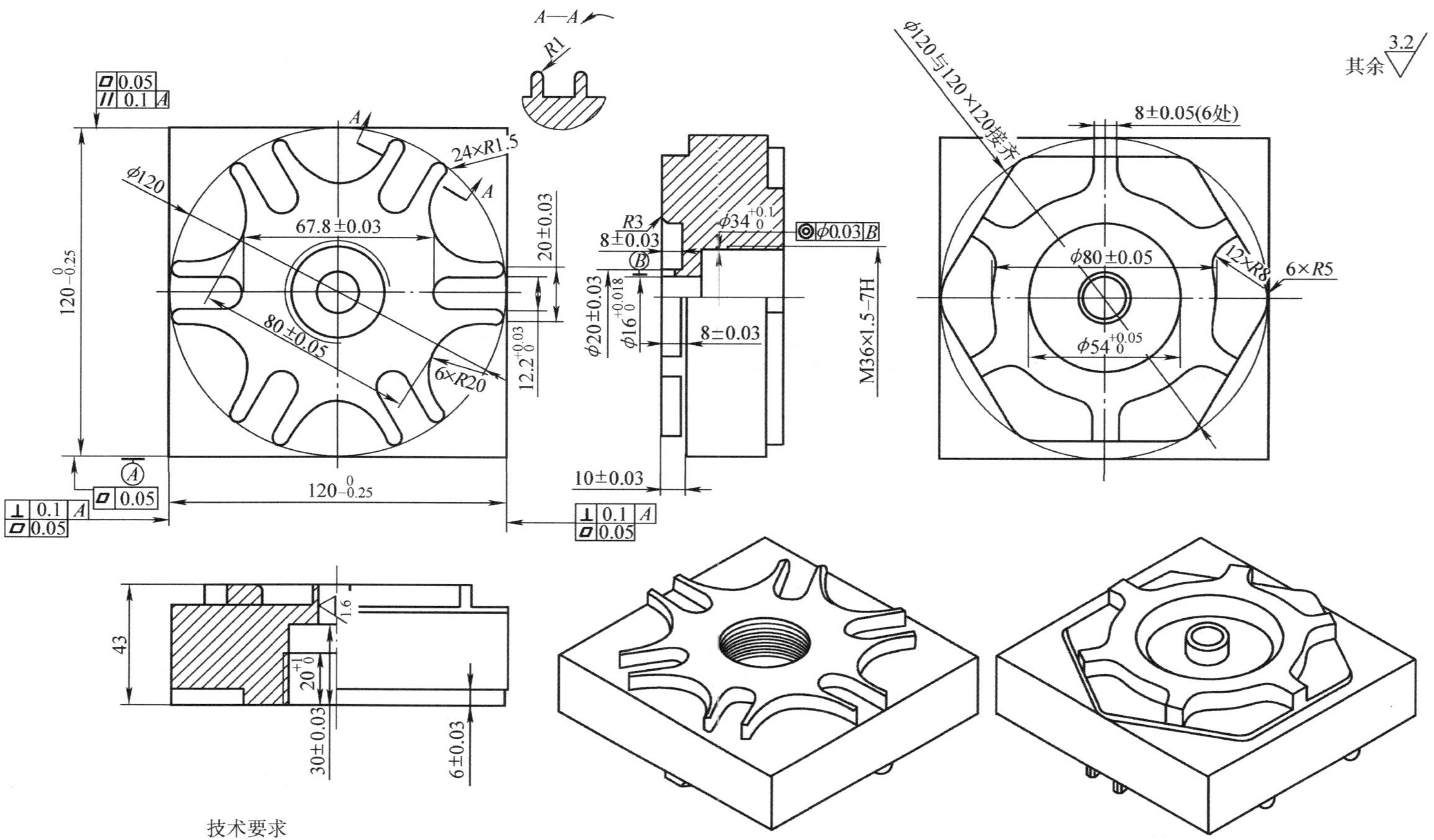

其余 $\sqrt{3.2}$

技术要求

1. 未注圆角≤R0.5。
2. 圆倒角处 $\sqrt{12.5}$。
3. 45钢调质处理180~200HBW。
4. 未注公差按GB/T1804—f标准执行。
5. 表面不得磕碰划伤。
6. 锐角倒钝。

图　7－66

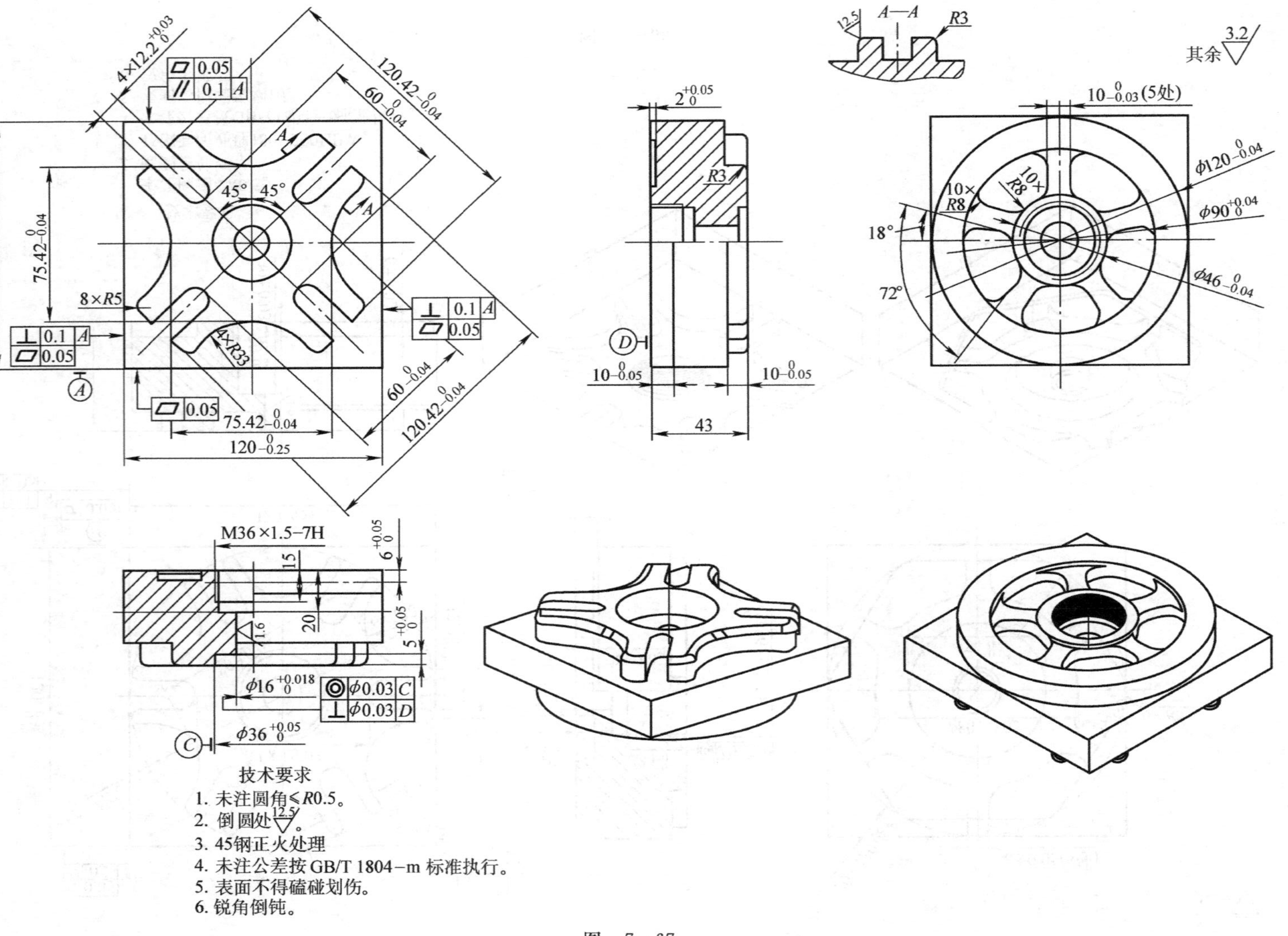

技术要求

1. 未注圆角≤R0.5。
2. 倒圆处 12.5 。
3. 45钢正火处理
4. 未注公差按 GB/T 1804-m 标准执行。
5. 表面不得磕碰划伤。
6. 锐角倒钝。

图 7-67

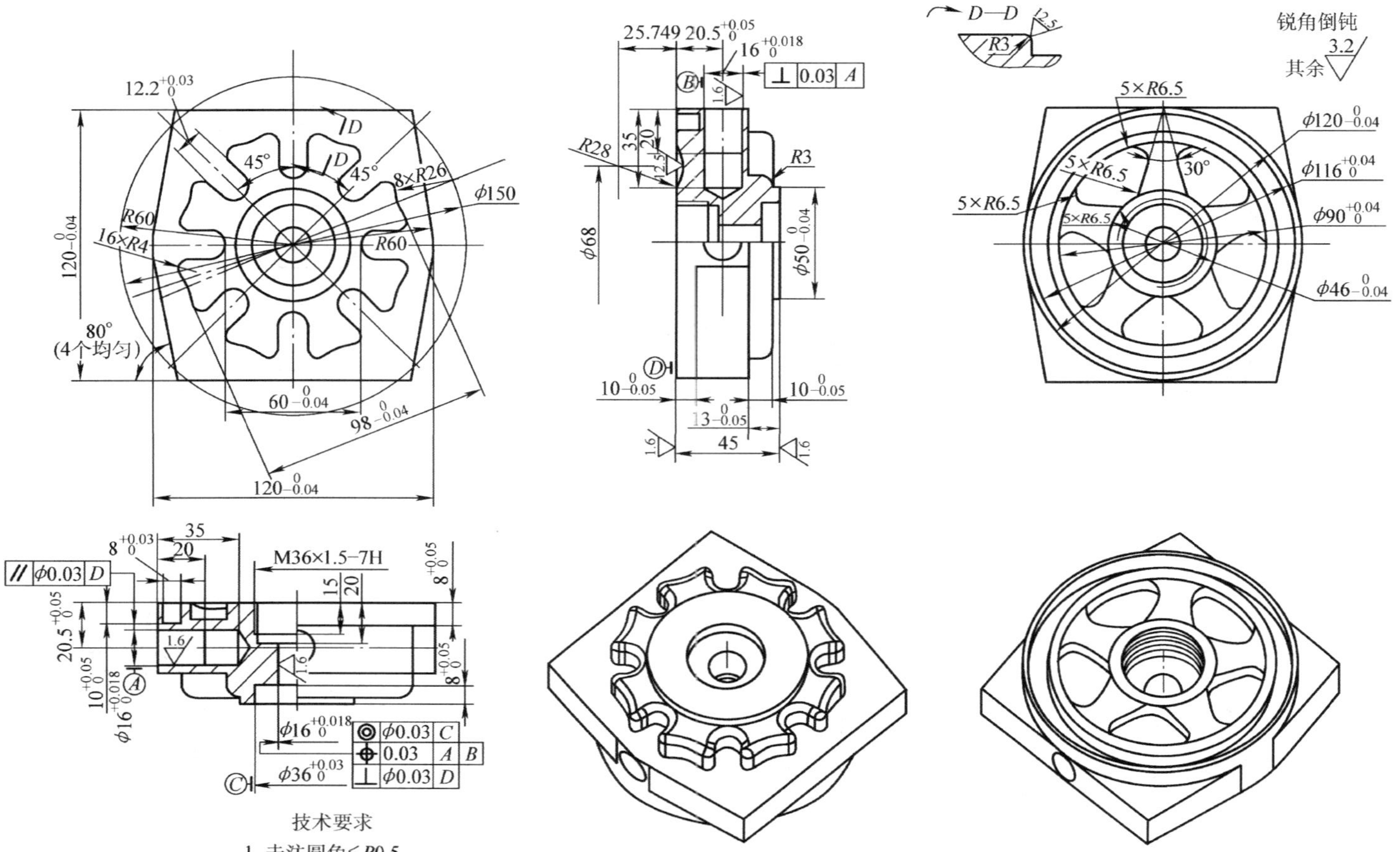

技术要求

1. 未注圆角≤$R0.5$。
2. 倒圆处 $\sqrt{12.5}$。
3. 45钢调质处理180~200HBW。
4. 未注公差按GB/T 1804—m，标准执行。
5. 表面不得磕碰划伤。

图　7-68

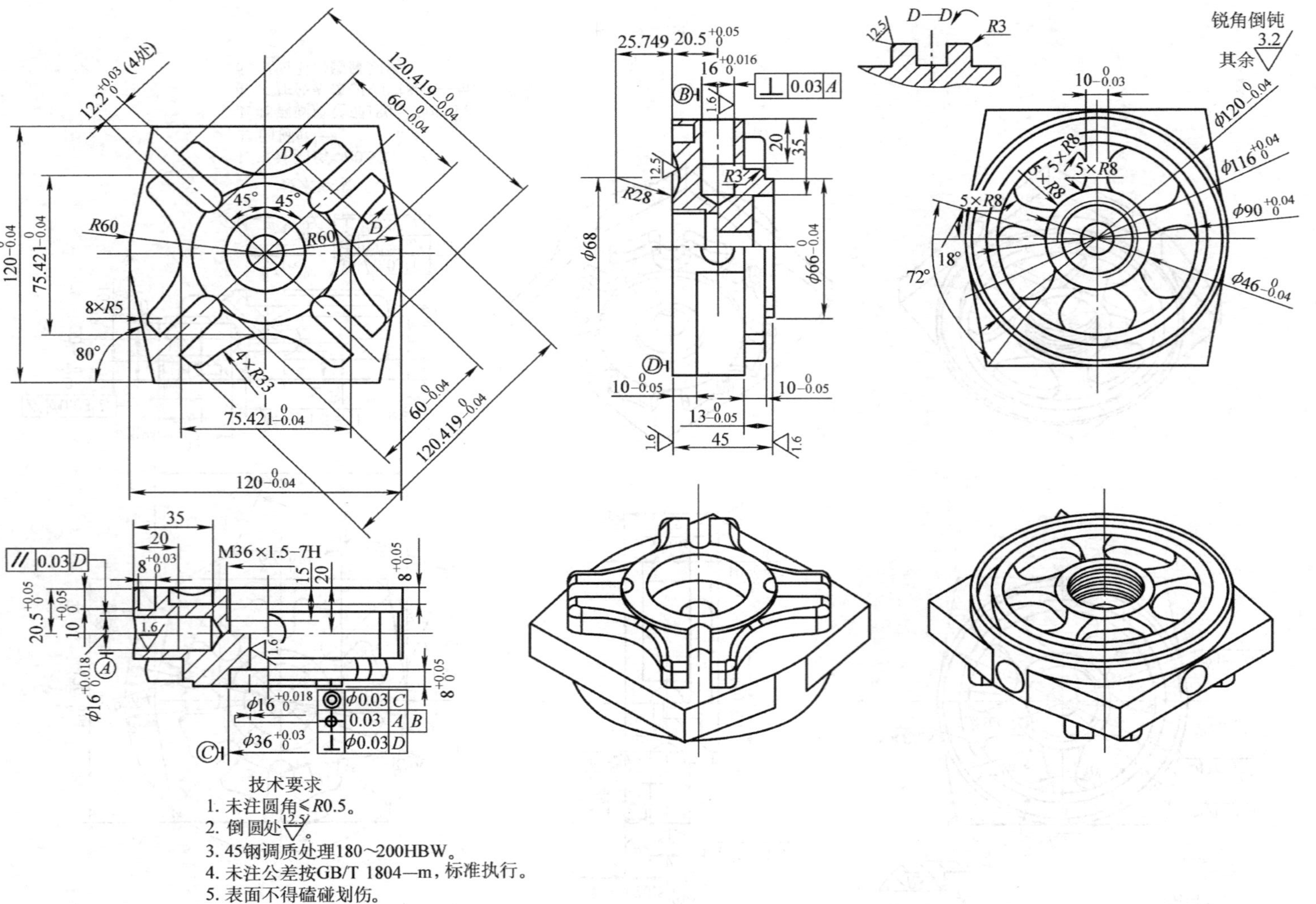
锐角倒钝
其余 3.2
技术要求
1. 未注圆角≤R0.5。
2. 倒圆处 12.5。
3. 45钢调质处理180~200HBW。
4. 未注公差按GB/T 1804—m，标准执行。
5. 表面不得磕碰划伤。

图 7-69

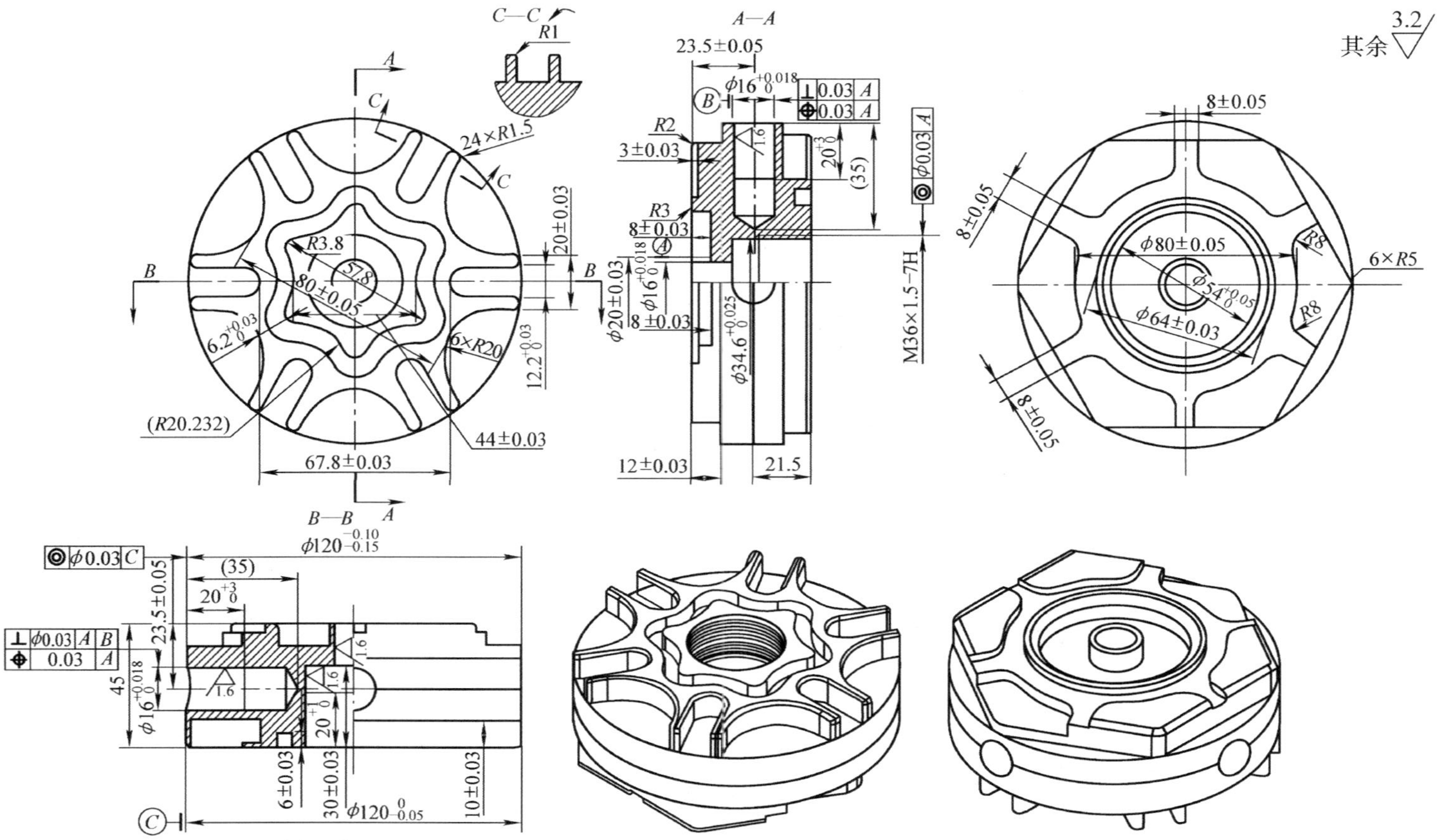

技术要求

1. 未注圆角≤R0.5。
2. 倒圆处 $\sqrt{12.5}$。
3. 45钢调质处理180~200HBW。
4. 未注公差按GB/T1804—m，标准执行。
5. 表面不得磕碰划伤。
6. 锐角倒钝。

图　7－70

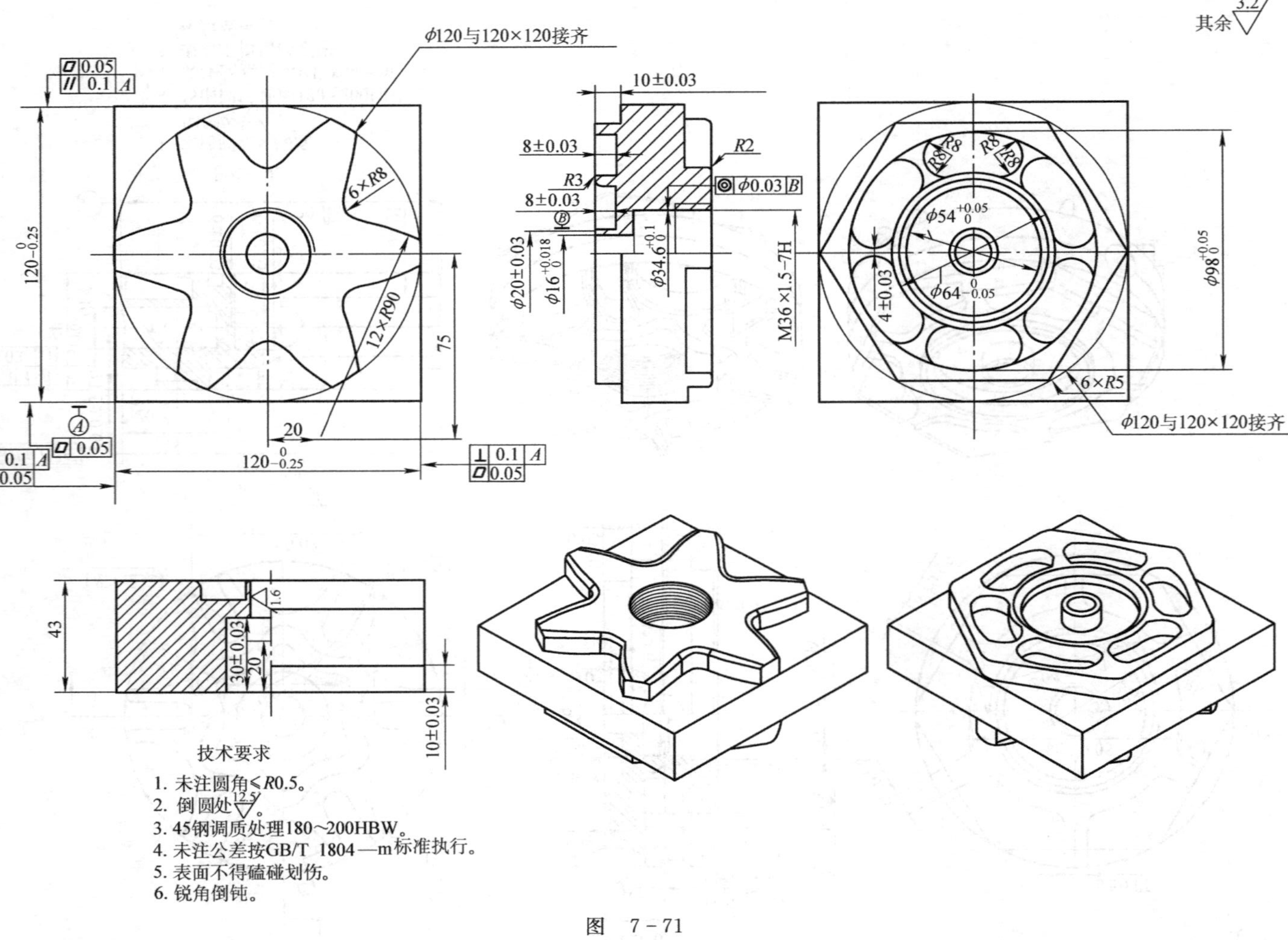

技术要求

1. 未注圆角≤R0.5。
2. 倒圆处 12.5。
3. 45钢调质处理180~200HBW。
4. 未注公差按GB/T 1804—m标准执行。
5. 表面不得磕碰划伤。
6. 锐角倒钝。

图 7-71

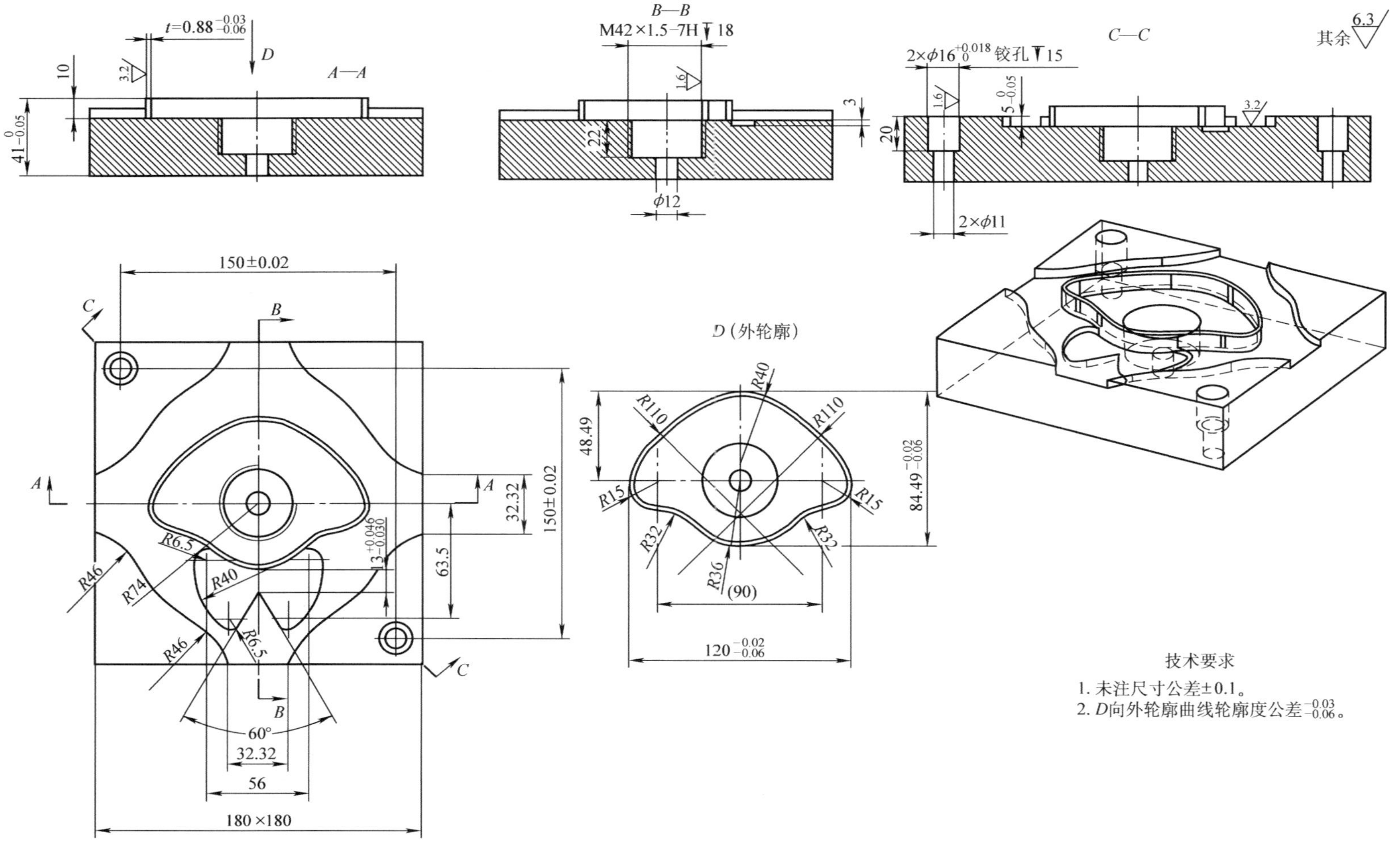

技术要求

1. 未注尺寸公差±0.1。
2. *D*向外轮廓曲线轮廓度公差$^{-0.03}_{-0.06}$。

图 7-72

A—A
C
5.2
10.2
3.2
3.2
$17^{0}_{-0.05}$
ϕ11
$2\times\phi16^{+0.018}_{0}$
1.6
B—B
R3
3.2
其余 6.3
C
R40
R110
R110
48.49
R15
R15
R32
R32
R36
90
$170^{+0.063}_{0}$
B
R46
R18
R46
R74
R18
A
A
$170^{+0.083}_{0}$
150±0.02
B
150±0.02
180×180
技术要求
未注尺寸允许公差±0.01。

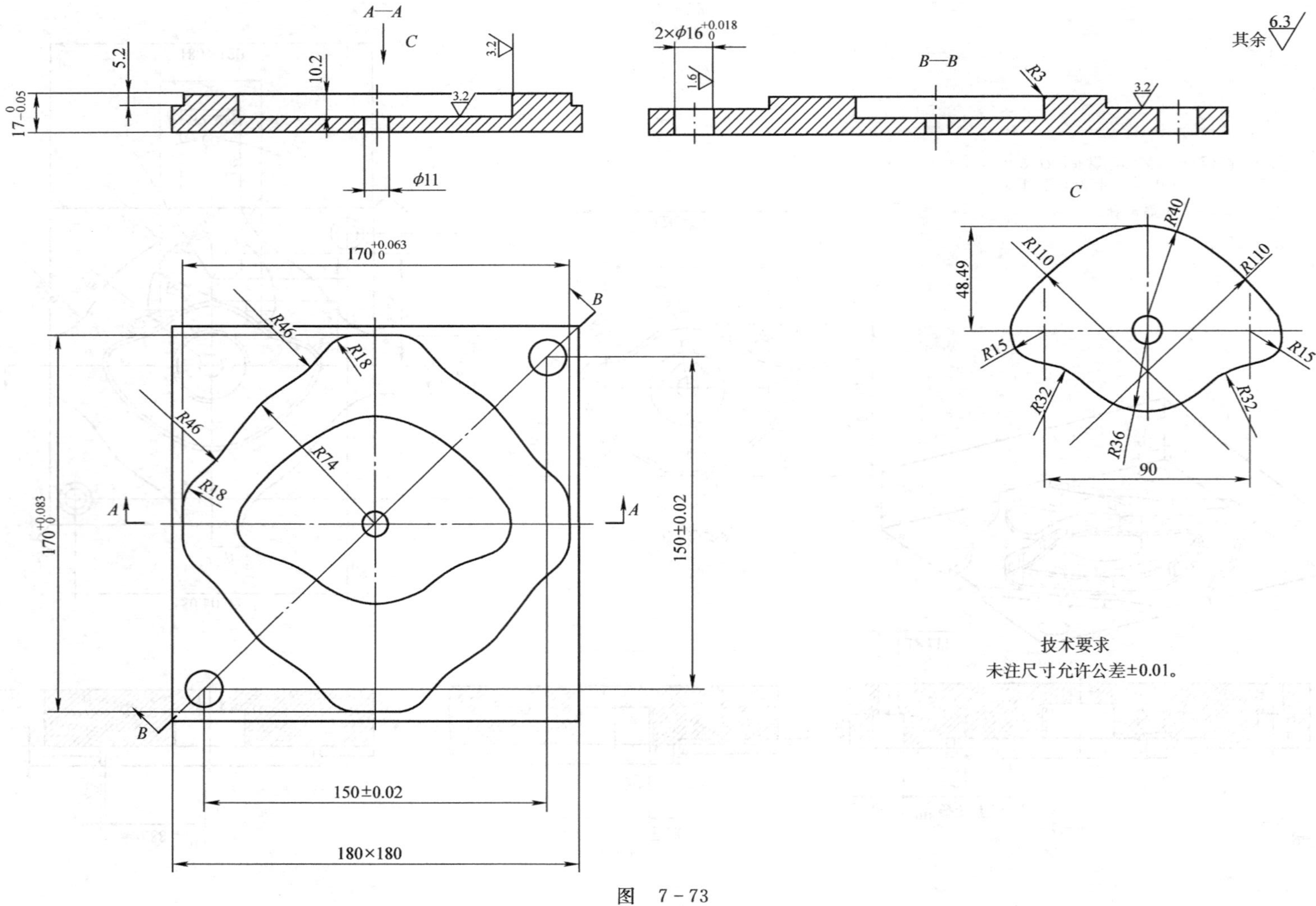

图 7-73

第八章　计算机辅助制造CAM实训图库

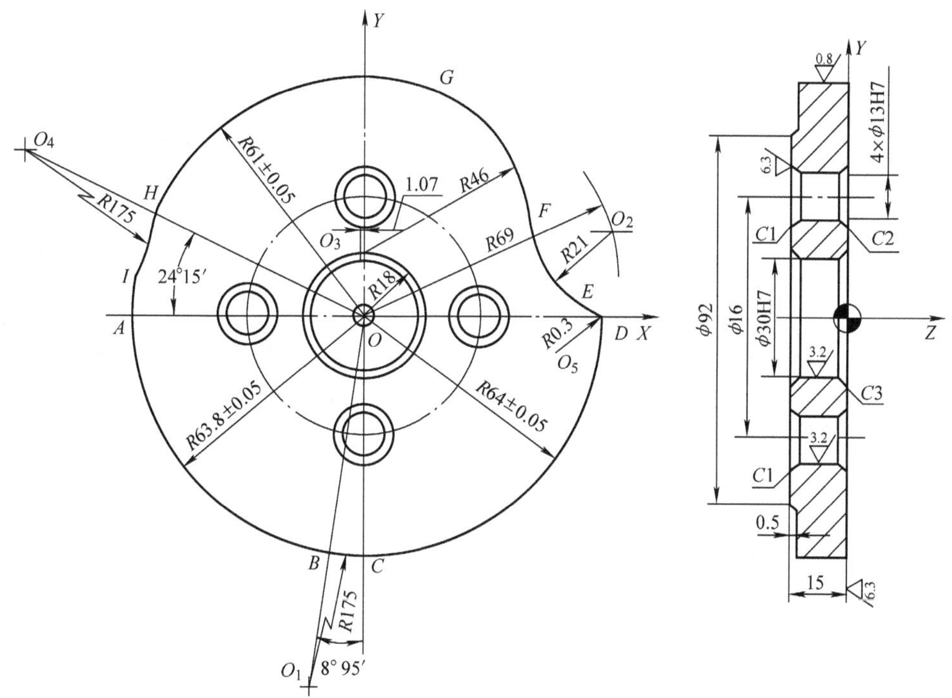

图　8 - 1

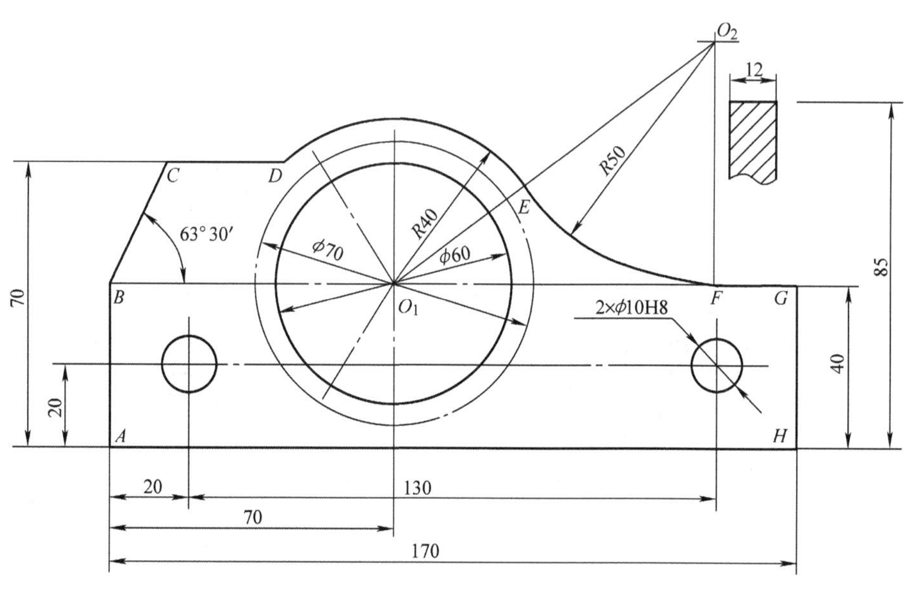

图　8 - 2

5.2
R1.38
SR78
54
80
20
5
R4.2
R1.38
R81
R8
37
R2.4
1:15
此面可与毛坯连体

图 8-3

5°
R5
R5
R5
R5
5°
25
15
10
6
10
5
ϕ80
ϕ50
6
ϕ20
ϕ40
140

图 8-4

80
70
59
50
4
C1
A
24
4×ϕ10
24
R64.5
26
R60
R79
R70
R75
R19.5
R30
R5
A
R80
R25
17
R1
R15

A—A
65
C1
ϕ25
35
9
16

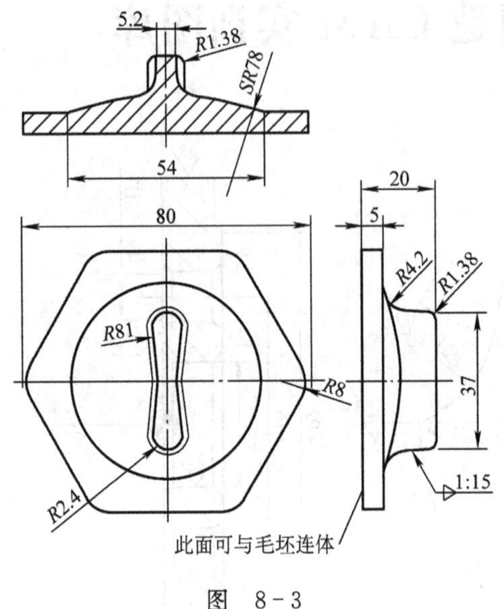

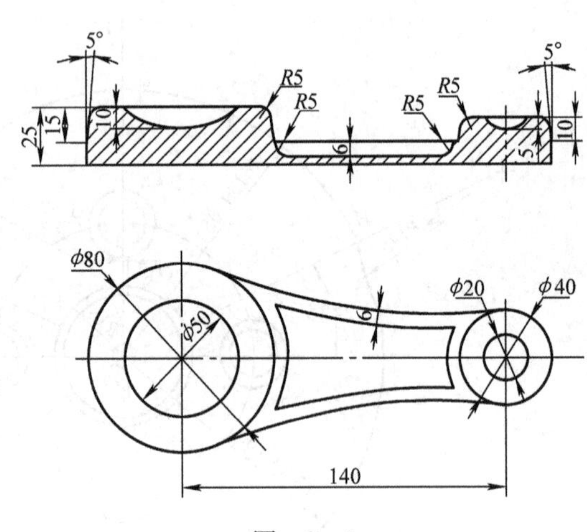

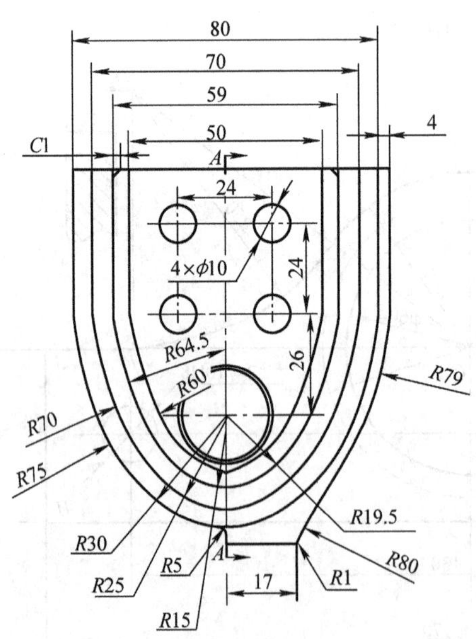

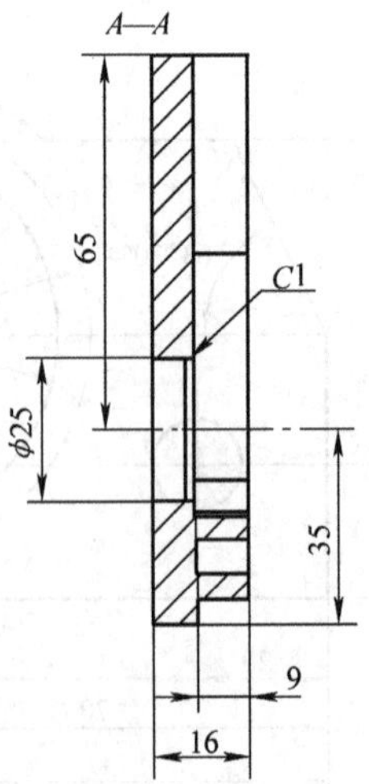

图 8-5

样条线
SR20
20
25
105
R2
14°
50
90°
R5
4
R1.5
R2
R2
100
308
200
200
100
R30
R20
50
100

100
100
30
80
R2
样条线
100

图 8-6

Y
X
R90
R95
φ12
12
R69
O
17
R72
φ35
R93
28
17
25

14
18
φ65
φ280
35

图 8-7

90°
A
φ160
φ96
B
B
φ39
φ67
90°
A
A—A
R3
7.2
其余 6.3
材料2A12
SR181(顶部)
B—B
6.2
7.9
15°
43.4
15
SR181(底部)
φ100±0.05
3.2

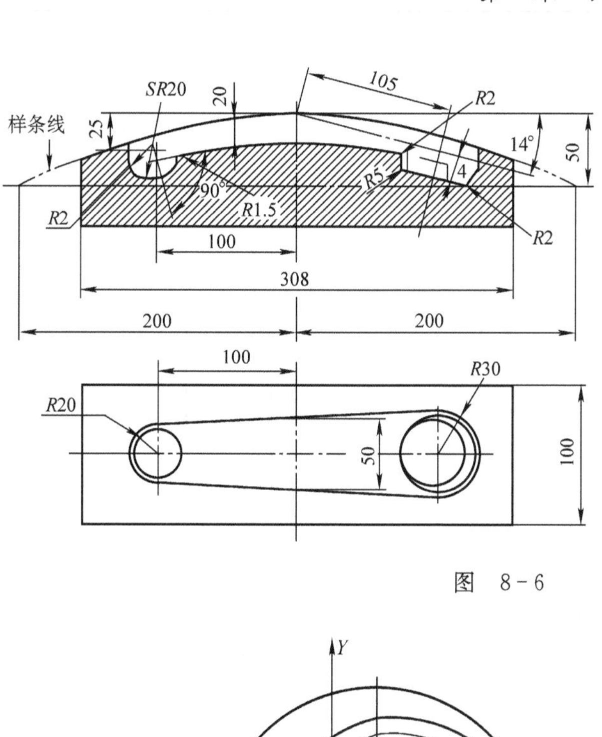

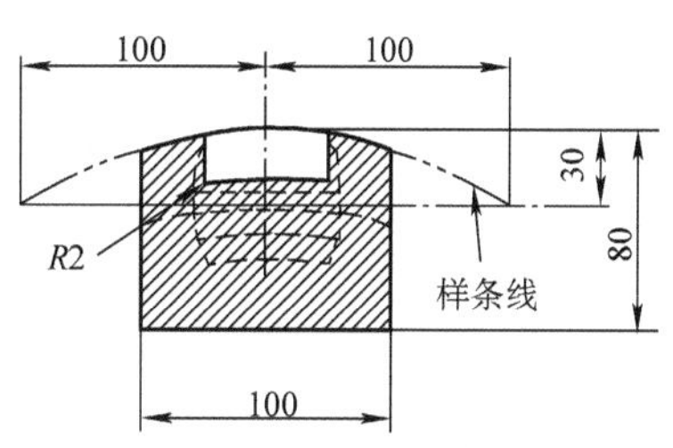

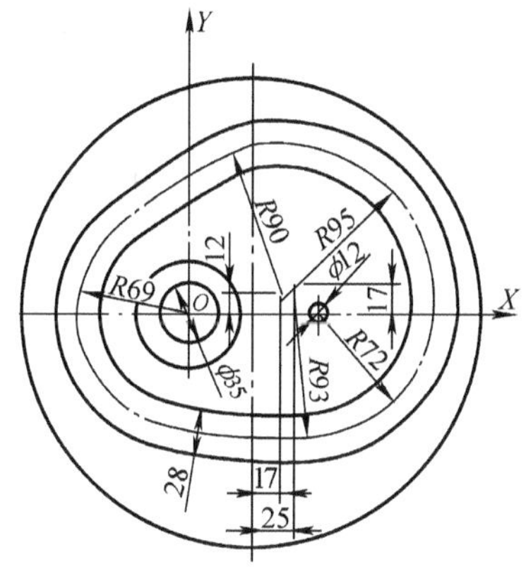

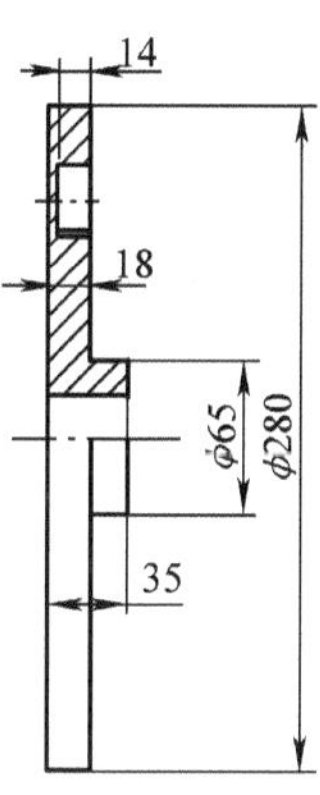

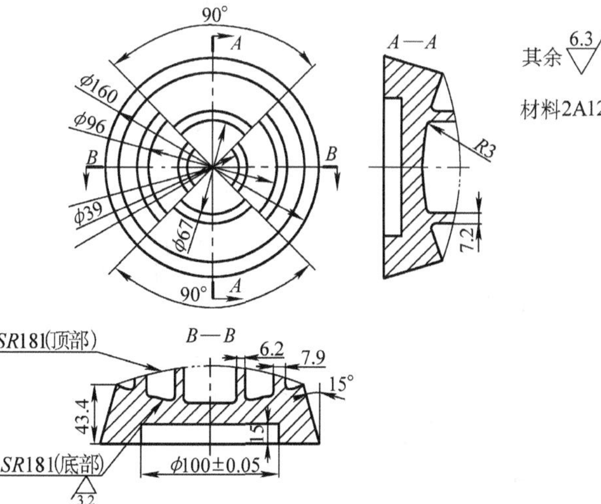

图 8-8

45°
12
2×ϕ35 +0.025 0
1.6
R20
R6
R40
36
R50
R15
80
40
156
ϕ40
40
30 +0.1 0
ϕ25
R45
SR6.5
R45
20
40
80
110
20

290
3°
80
36
R6
12
R20
12.5

图 8-9

ϕ144
ϕ115.77
42.42
35.18
R22.35
R103.9
0.77
18.38
40
8
ϕ140
R20.59
72°
70

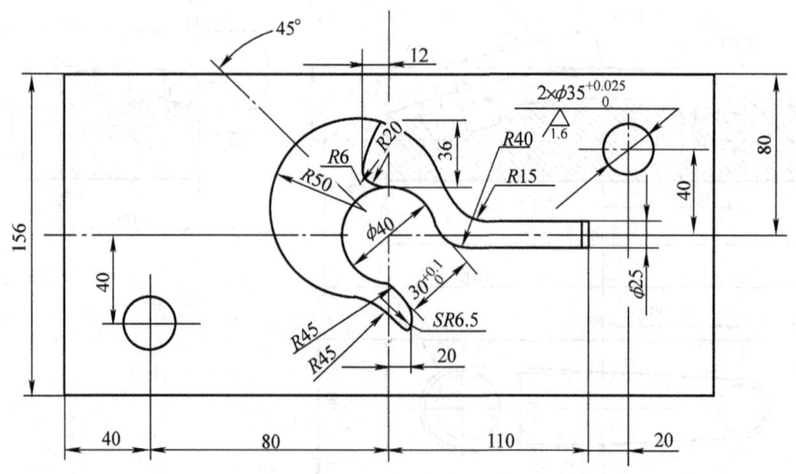

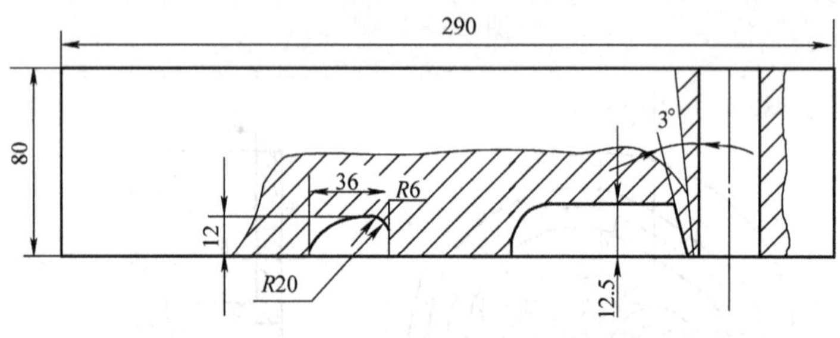

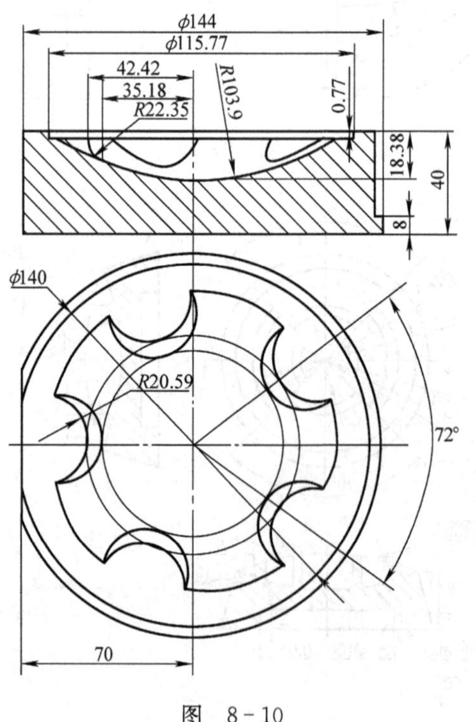

图 8-10

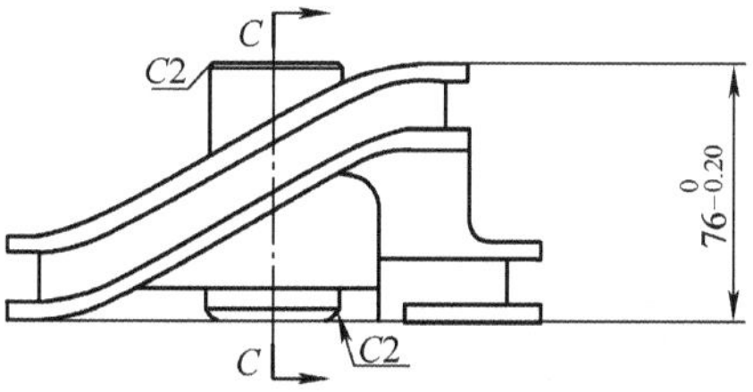

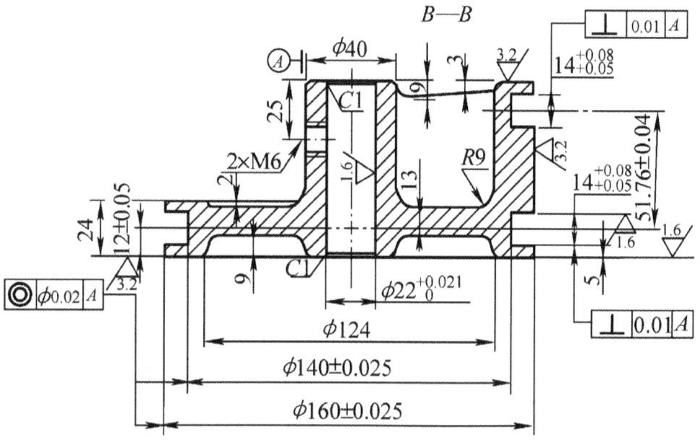

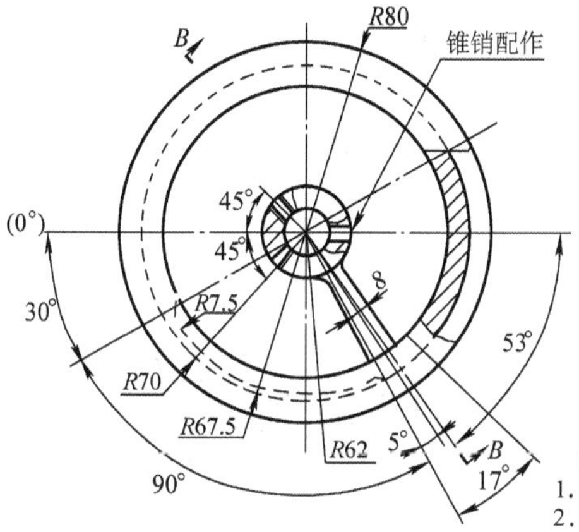

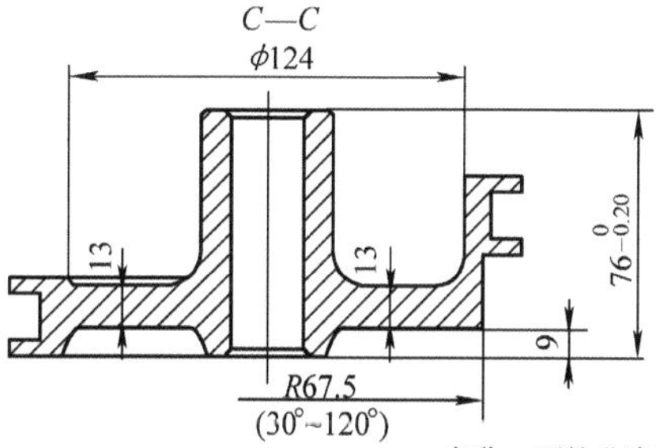

B—B

C—C

锥销配作

技术要求

1. 未注圆角 $R0.5$。
2. 硬度190~270HBW。

名称：圆柱分度凸轮
材料：QT600

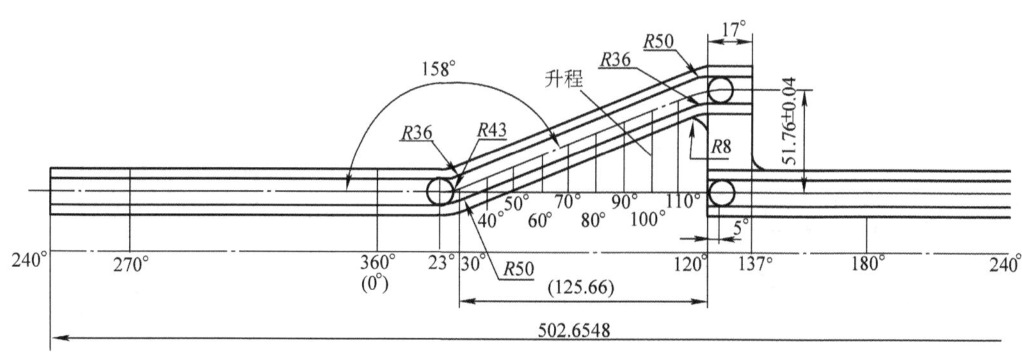

凸轮外缘展开图

角度	23°	30°	40°	50°	60°	70°	80°	90°	100°	110°	120°	125°
升程	0	1.1540	6.3208	12.0725	17.8242	23.5759	29.3276	35.0793	40.8311	46.5828	51.1695	51.7638

图　8－11

其余 6.3
120
116 +0.054 0
45
R4
R5
4×R10
8×R5
4×R6
38
27
5
100
94 +0.054 0
68 +0.046 0
φ54 +0.046 0
周边3 0 -0.1
R2.5
52 +0.046 0
1.6
4 +0.03 0
3
28
5 +0.03 0
4
6
8
SR8
6.3
A—A
8
12.5
4×φ8
15
90
12
20±0.026
2×φ12 +0.018 0
A
4×R4
4×R5
2×R1
16×R4
45°
4 0 -0.12
φ16
φ50
φ54 +0.046 0
74±0.037
88±0.017
74
64 +0.046 0
60
R30
50 +0.039 0
30±0.026
32.5

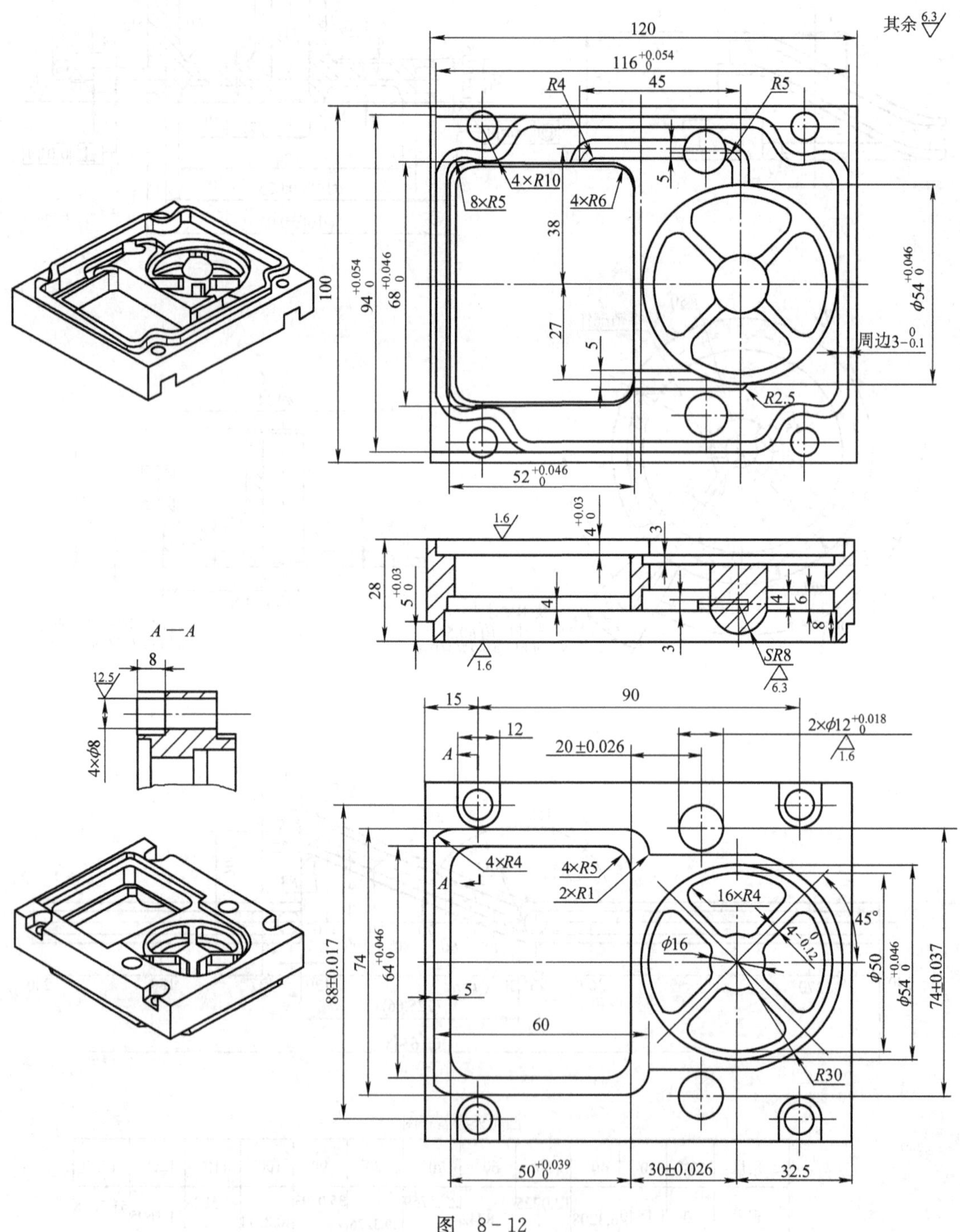

图 8-12

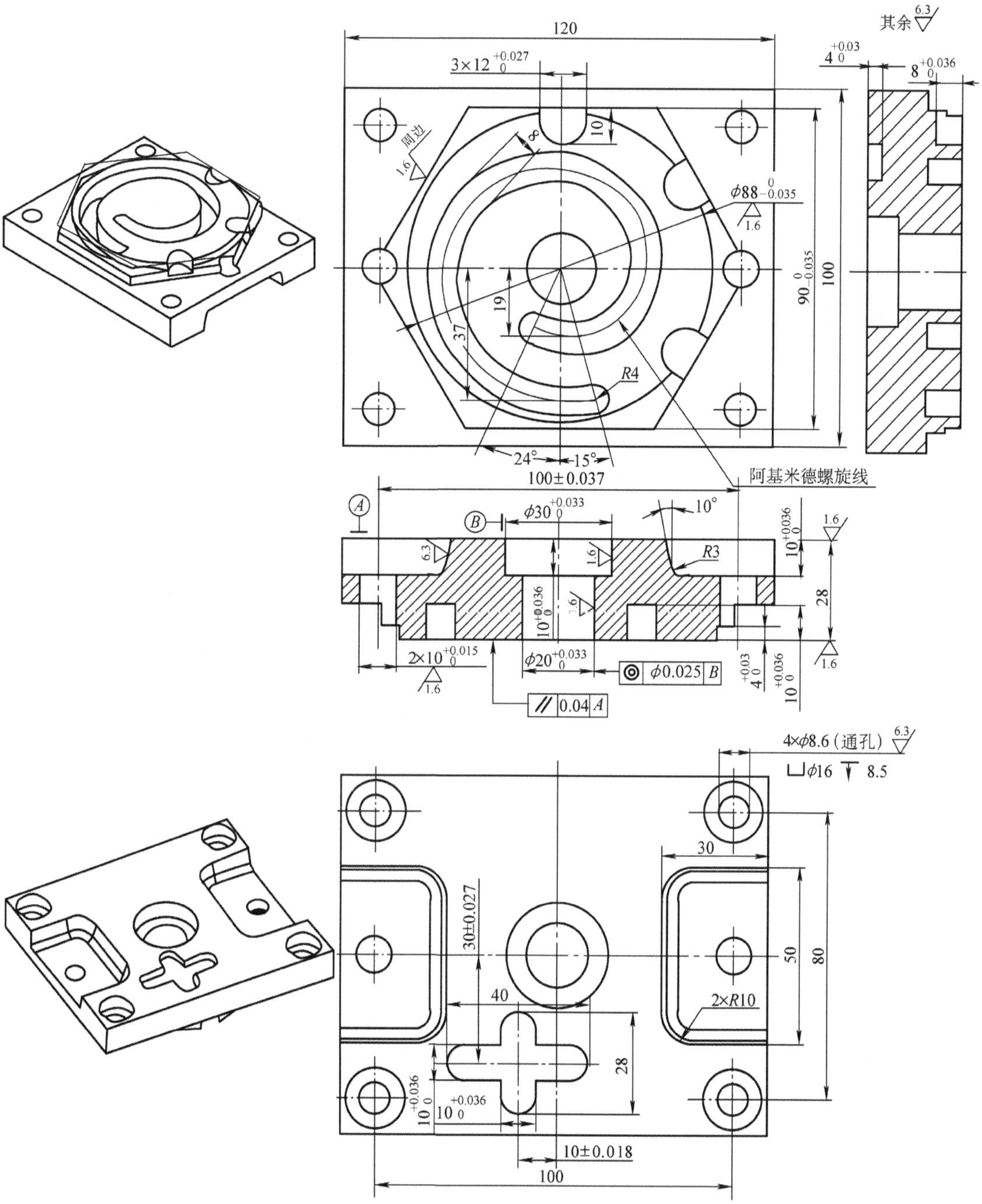

图　8-13

其余 3.2
110±0.027
45
2×ϕ8.5 6.3
⊔ϕ15↧8.5
2×R10
4×R8.5
B
45
55±0.023
R18
50±0.019
70 0 −0.046
100
68±0.023
80 0 −0.046
100±0.027
140
B—B
ϕ38 +0.039 0
⊥ ϕ0.04 A
A
1.6
15 +0.043 0
7
10 +0.056 0
ϕ20 +0.033 0
⊥ ϕ0.03 A
ϕ26
// 0.04 A
20 0 −0.033
12 0 −0.027
4×R3
30 0 −0.033
15 0 −0.027
4×R4
40±0.019
24
ϕ50 +0.039 0
1.6
15
4 0 −0.048
9
R3
21
34
16
15
R5
8
29±0.016
84 +0.054 0
11.5
21
17
R3
36
2×ϕ12(H7)
7×R10
118 +0.054 0
6 +0.048 0
SR20
6.3
R3
6 +0.048 0
1.6
1.6
⊥ ϕ0.03 A
5 +0.048 0
图 8-14

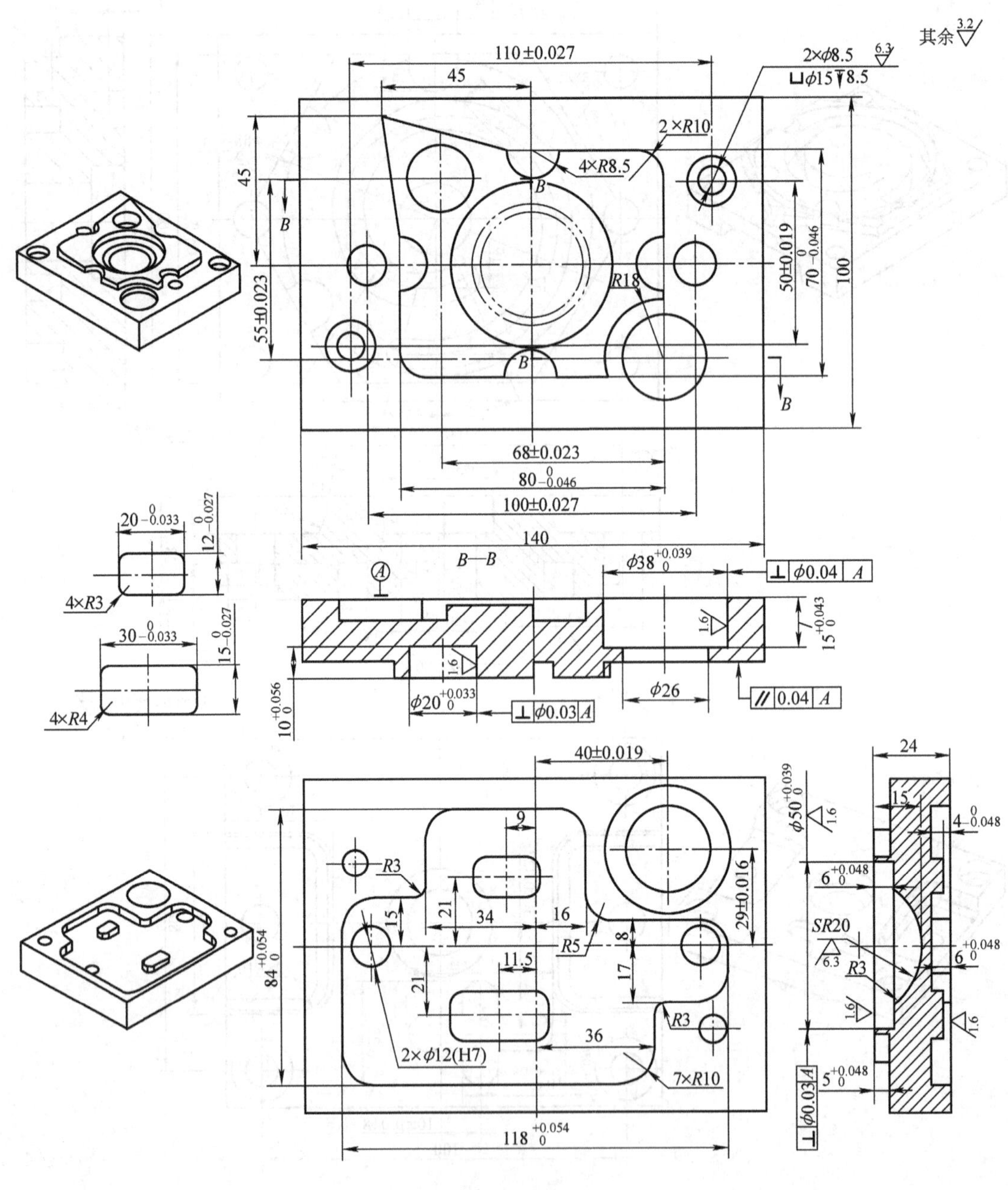

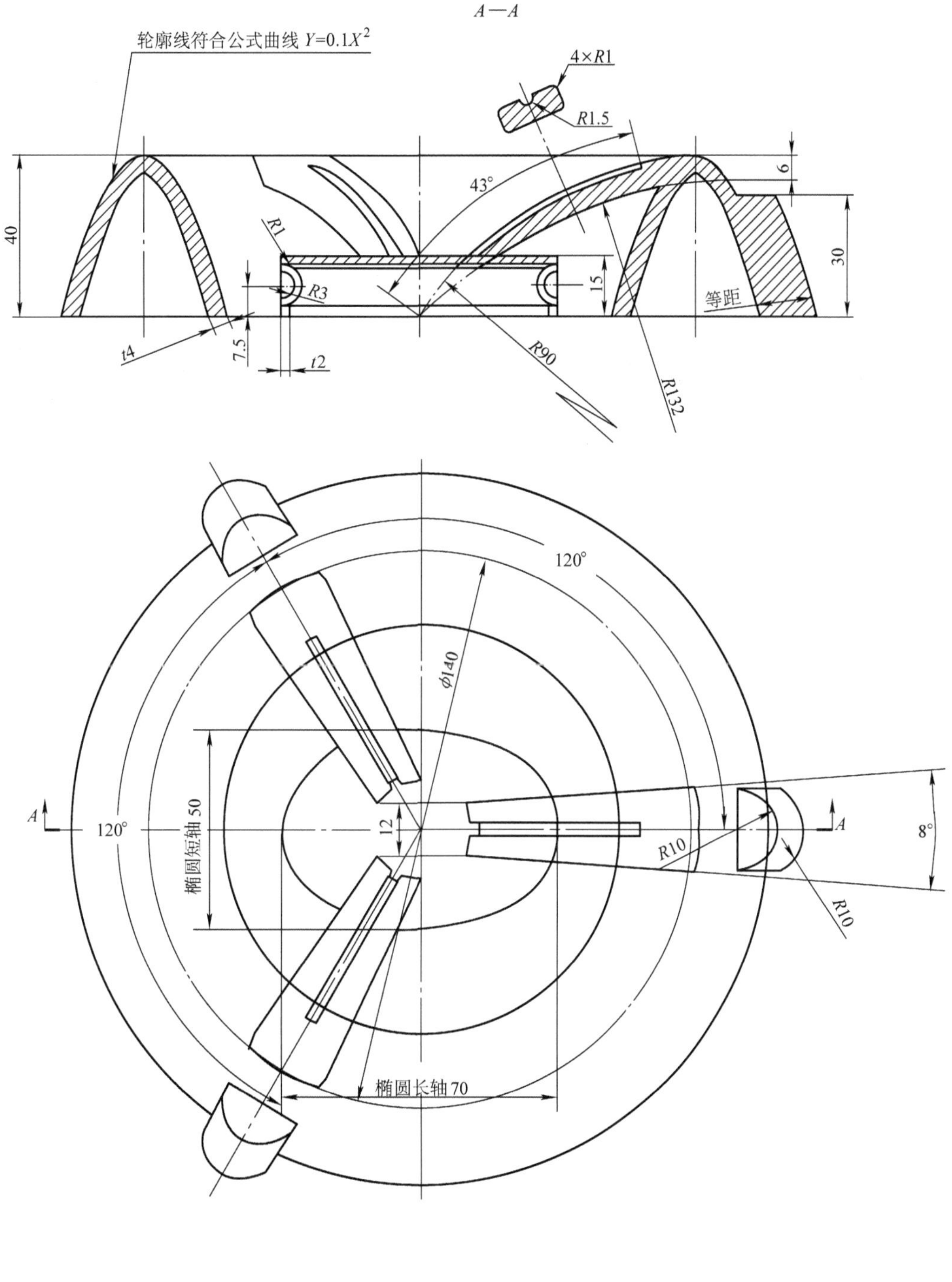

A—A

轮廓线符合公式曲线 $Y=0.1X^2$

4×R1

R1.5

43°

6

40

30

R1

R3

15

等距

t4

7.5

t2

R90

R132

120°

φ140

8°

A

120°

12

椭圆短轴 50

R10

R10

椭圆长轴 70

*注：如软件无公式曲线功能，可以用样条线拟合公式曲线，但拟合误差应控制在 10%以内。

图　8 - 15

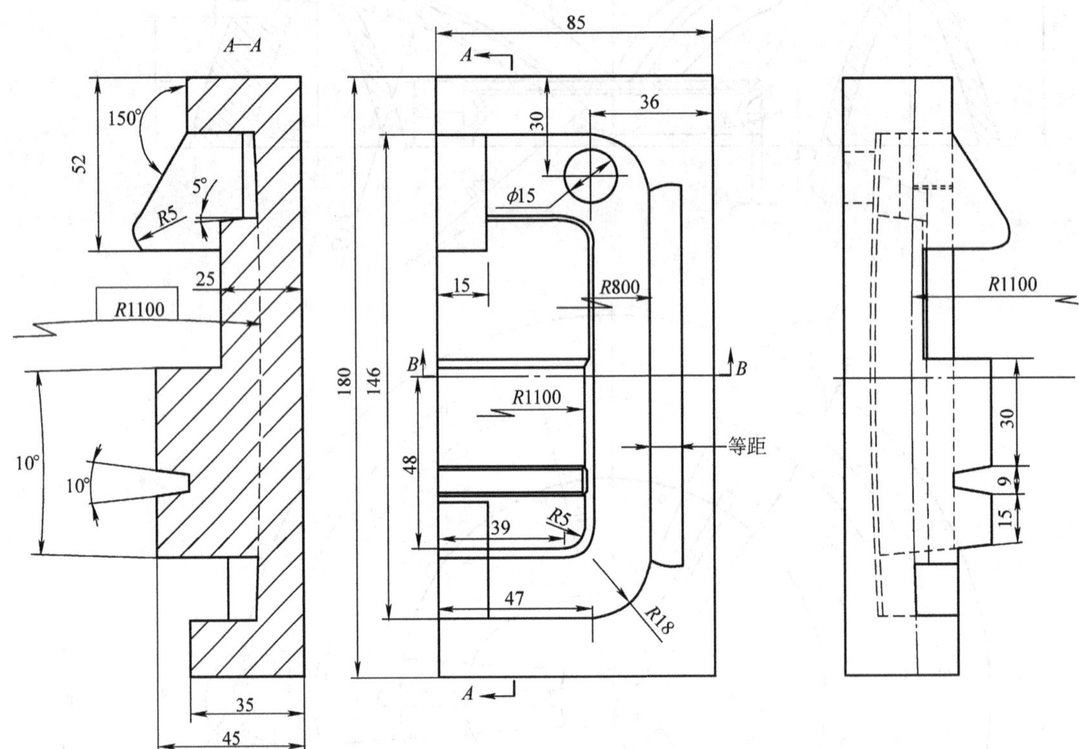

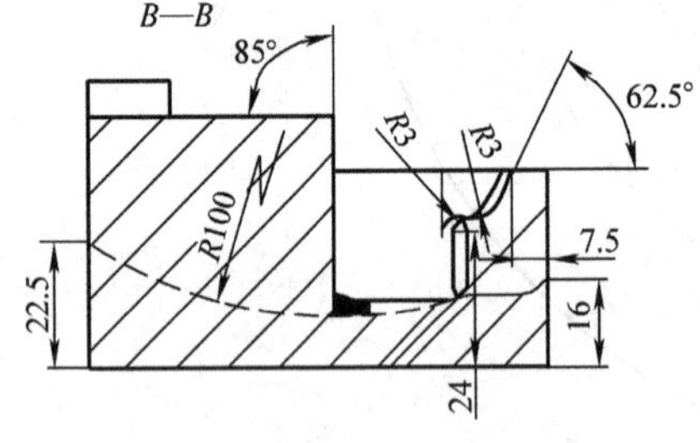

技术要求

1. 已知毛坯尺寸为 180×85×60，45 调质钢材。
2. 脱模斜度 5° 的凸台与槽底曲面的交线以 *B*—*B* 位置的中心线为对称。
3. 槽底曲面与凸台、侧壁圆弧过渡半径均为*R*2(图中未注)。
4. 平行 *B*—*B* 方向截面的槽底圆弧半径均为 *R*100。

图 8-16

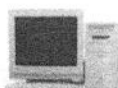

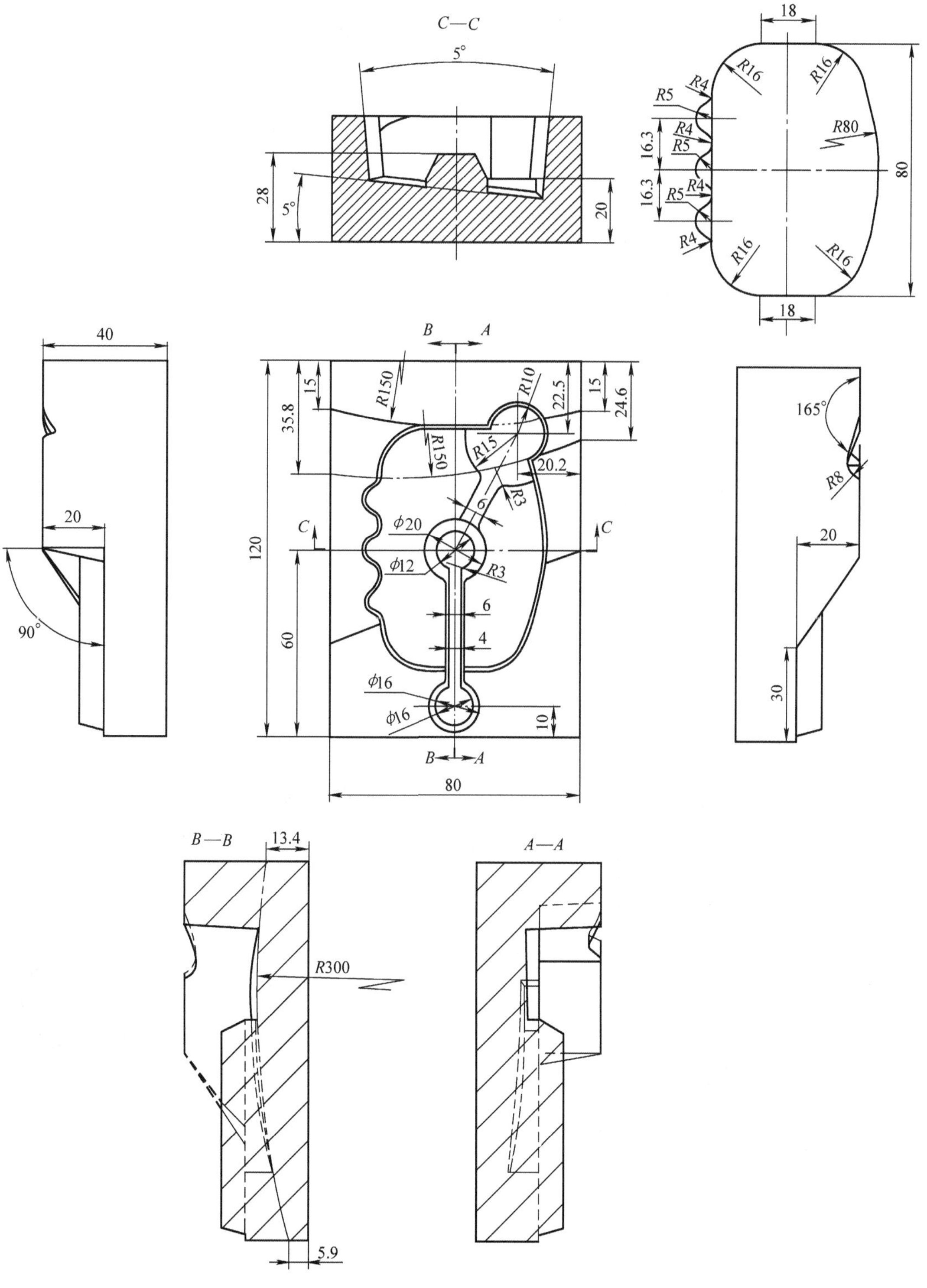
C—C
5°
28
5°
20
18
R16
R16
R4
R5
R4
R80
16.3
R5
80
16.3
R4
R5
R4
R16
R16
18
40
B
A
R150
R10
15
22.5
15
24.6
35.8
R150
R15
20.2
R3
6
165°
R8
20
C
C
ϕ20
120
ϕ12
R3
20
6
90°
4
60
ϕ16
30
ϕ16
10
B
A
80
B—B
13.4
A—A
R300
5.9

图 8-17

第九章　钣金件造型实训图库

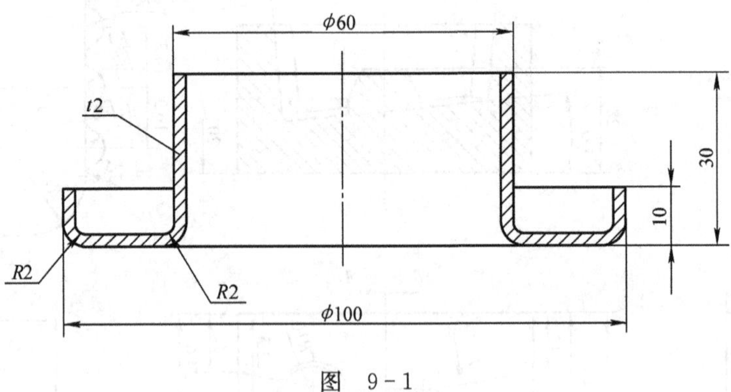

图　9-1

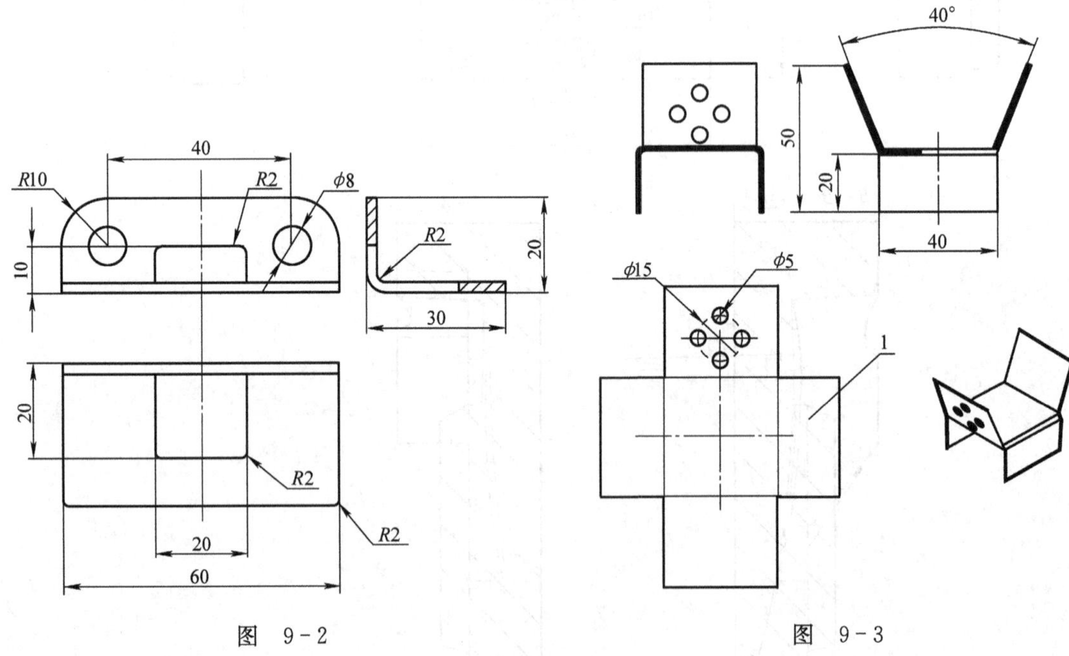

图　9-2　　　　图　9-3

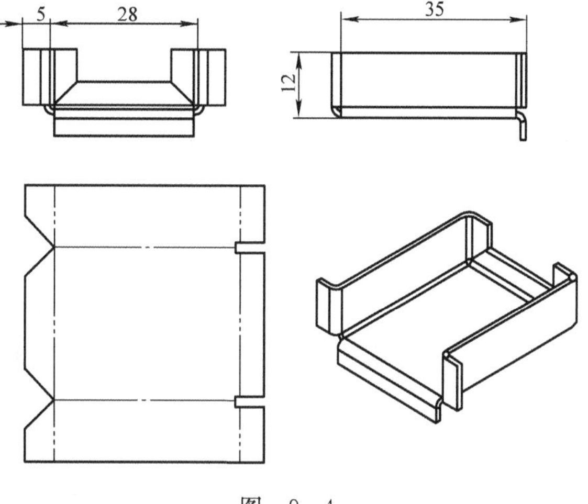

图　9-4

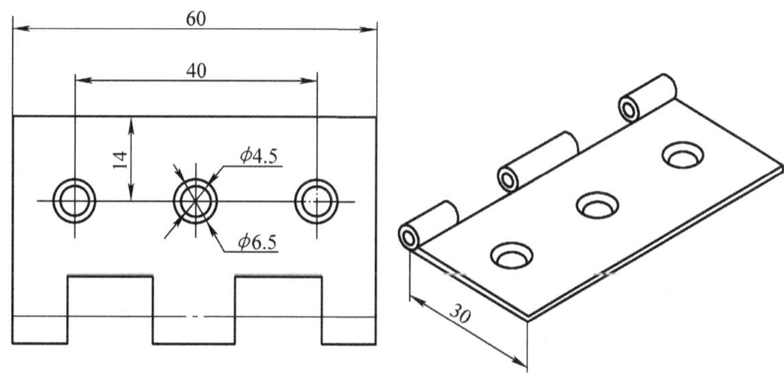

图　9-5

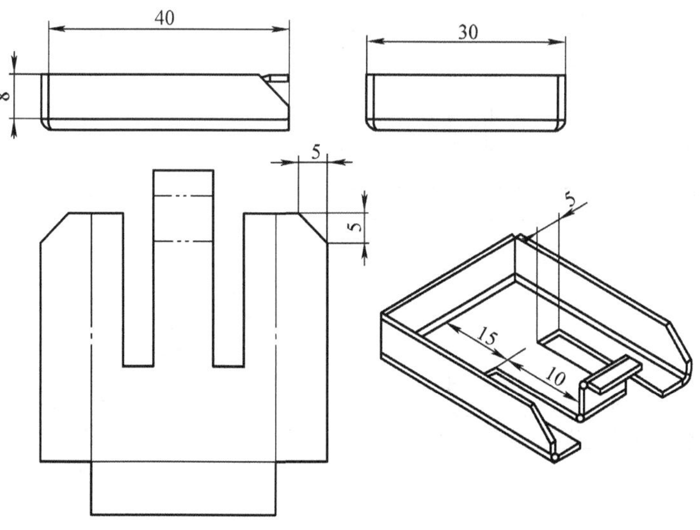

图　9-6

R6
ϕ5
R88
R4
R6
R6
13
72
2
16
R4
2
50
R4
16
2
27

图 9-7

C10
C4
20
20
ϕ6
R4
98
43
38
25
R4
10
116
5
33
R5
ϕ4
R4
40
5
2
技术要求
1. 未注凸台圆角半径为 R1。
2. 其余圆角半径为 R2。

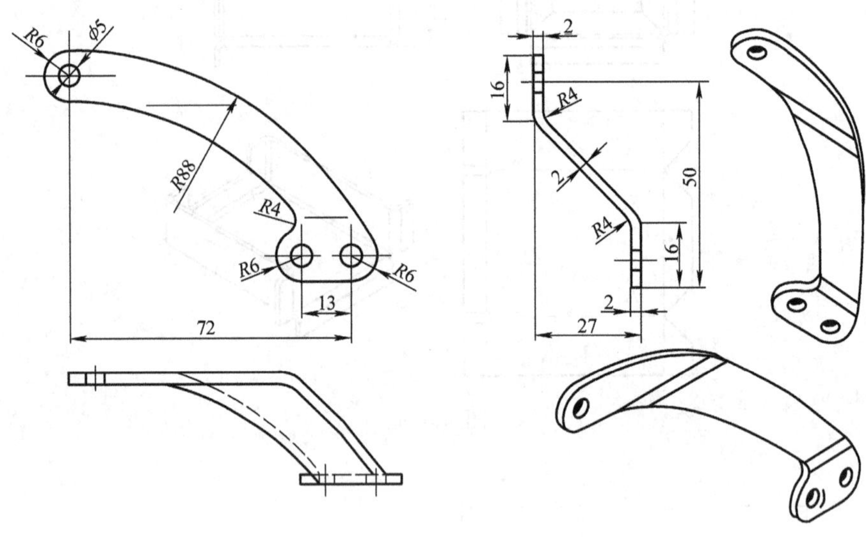

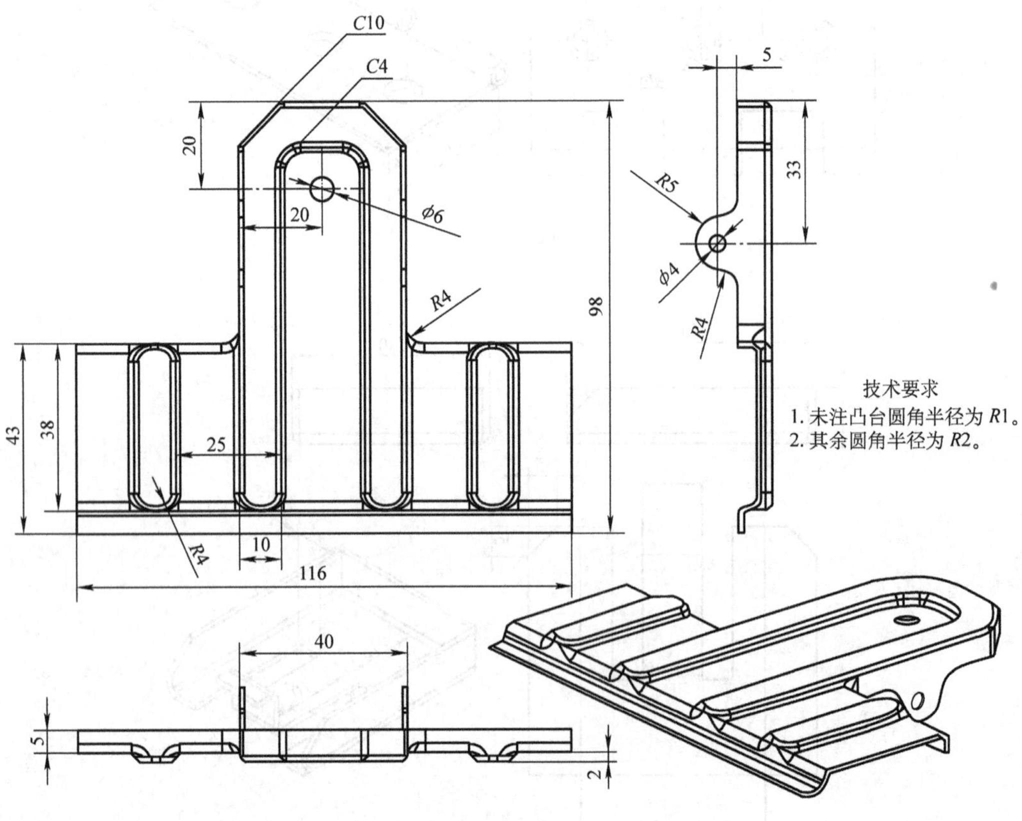

图 9-8

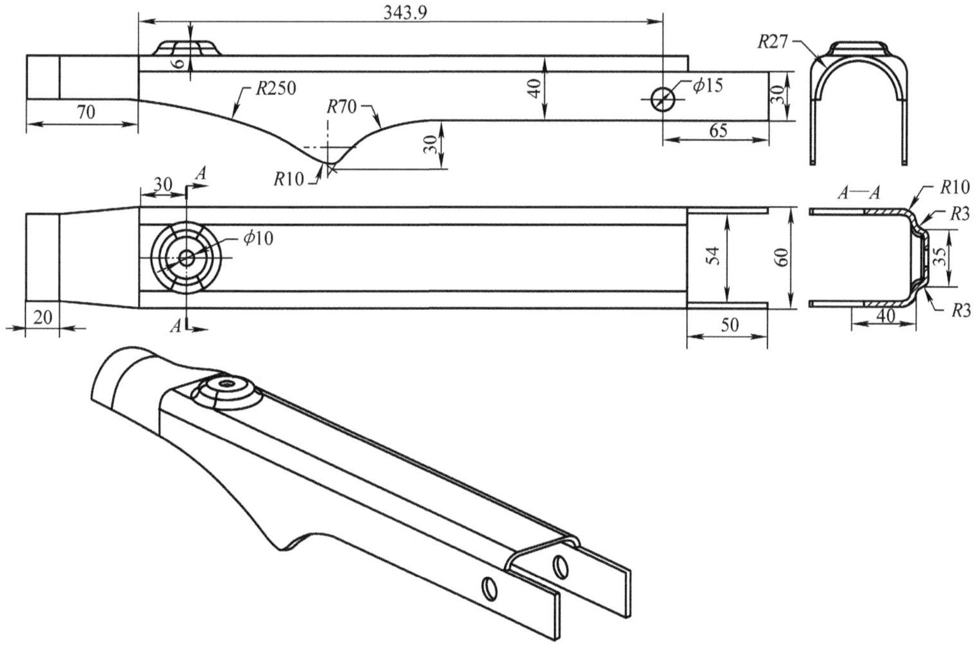

图　9－9

图　9－10

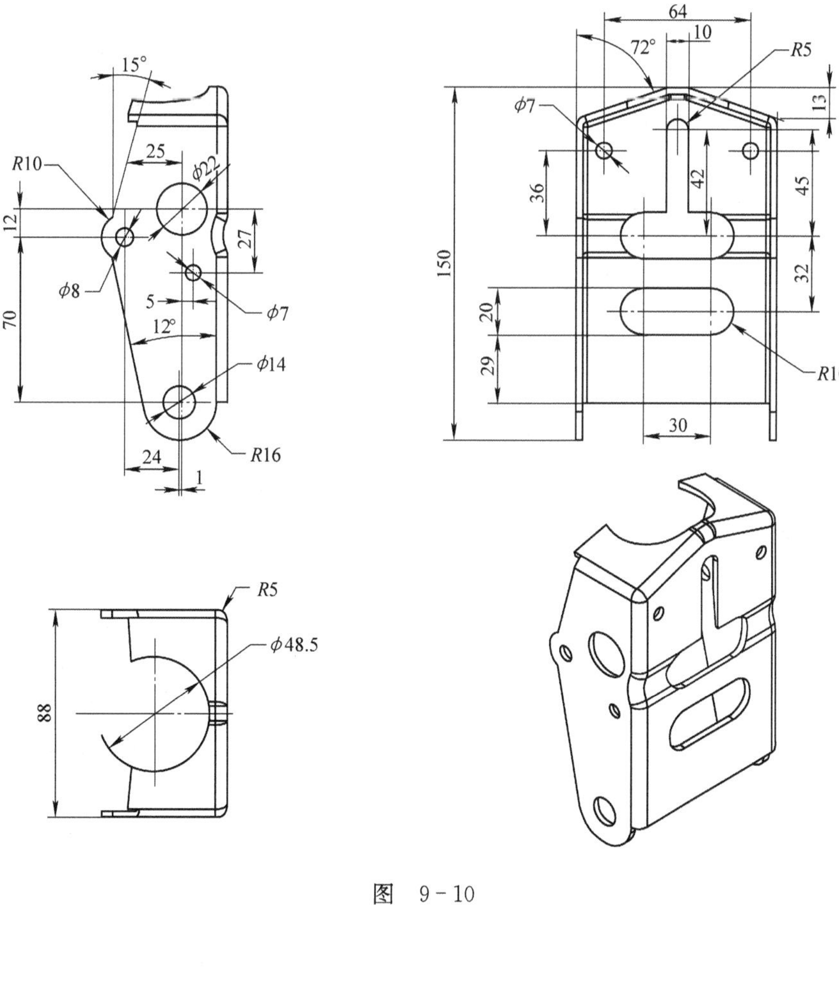

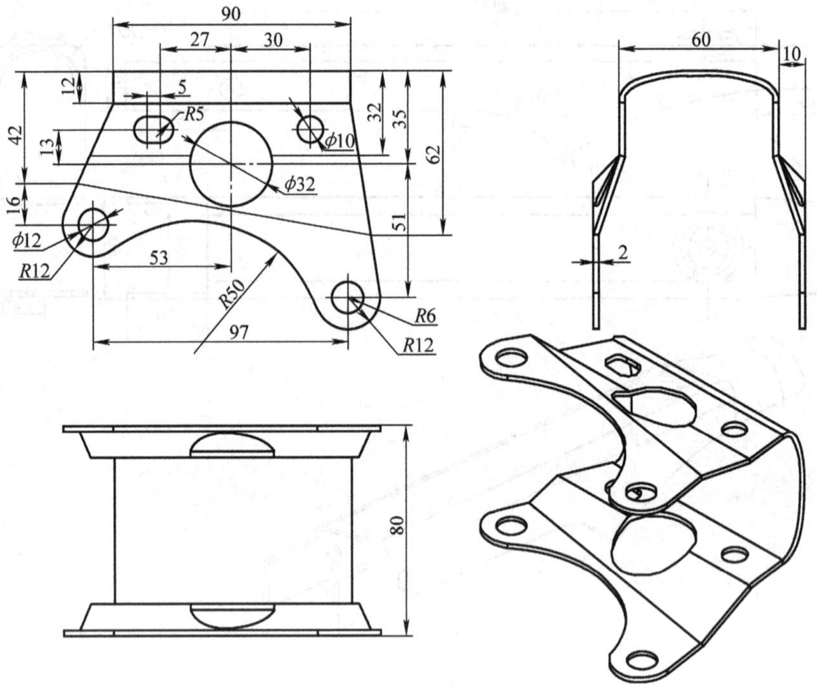

图 9-11

图 9-12

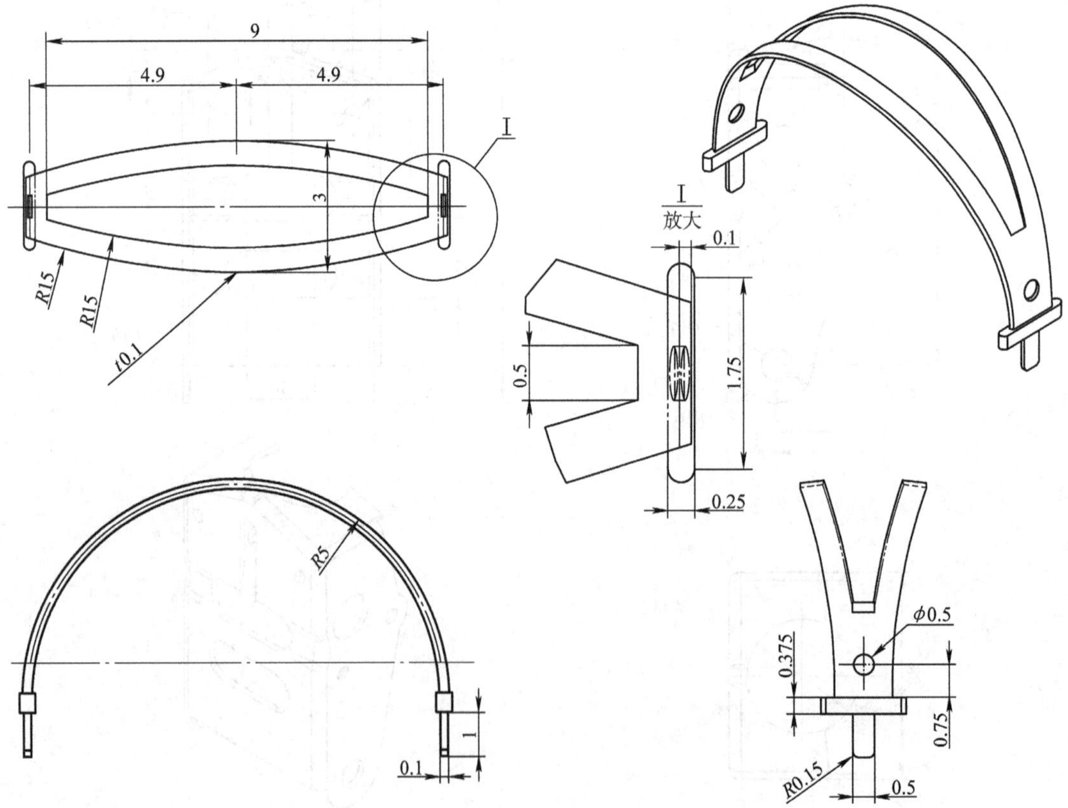

37
10×10
14
44
ϕ7
62
10
R6
22
A
R26
28
A
130°
R16
R12
81
71
97
55
30
25
5
R6
R6
A—A
R6
板厚:t2

图　9－13

50
55
45°
45°
R20
R25
R85
R20
275
120
79
45°
A
A
30°
60
55
80
A—A
35
50
2
15
15

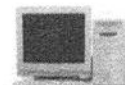

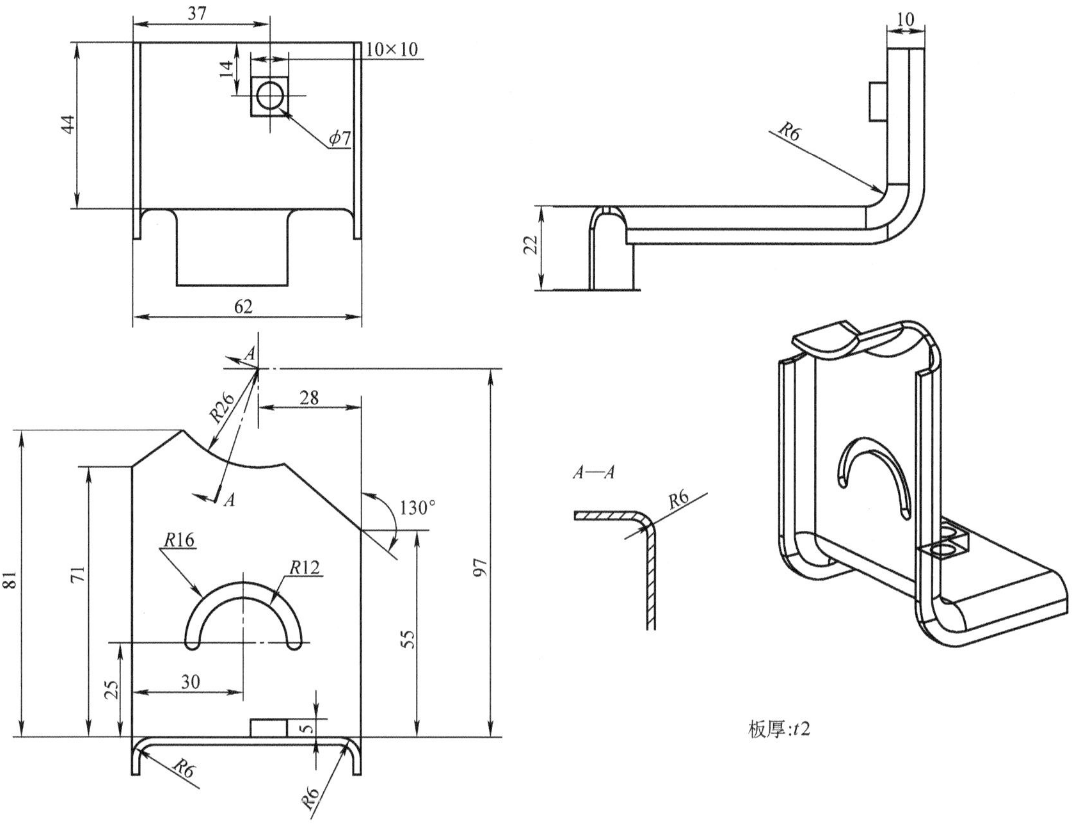

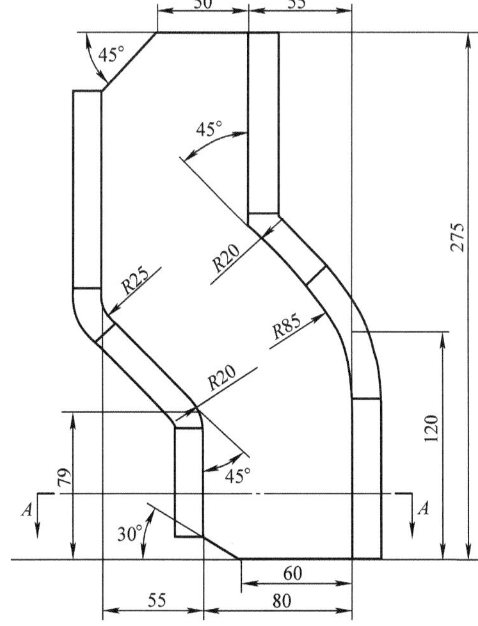

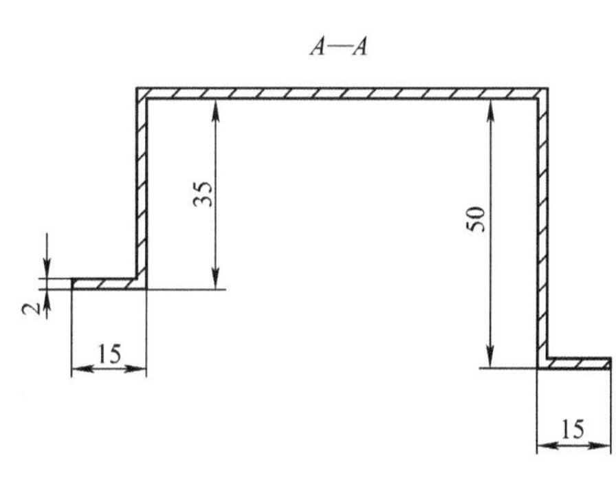

图　9－14

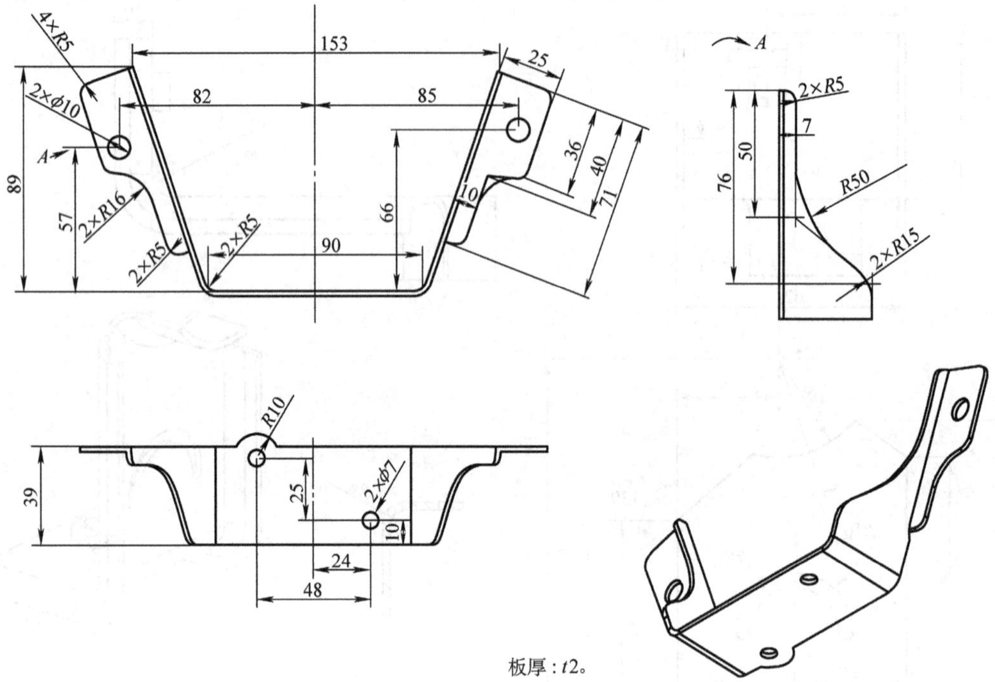

板厚：$t2$。

图 9-15

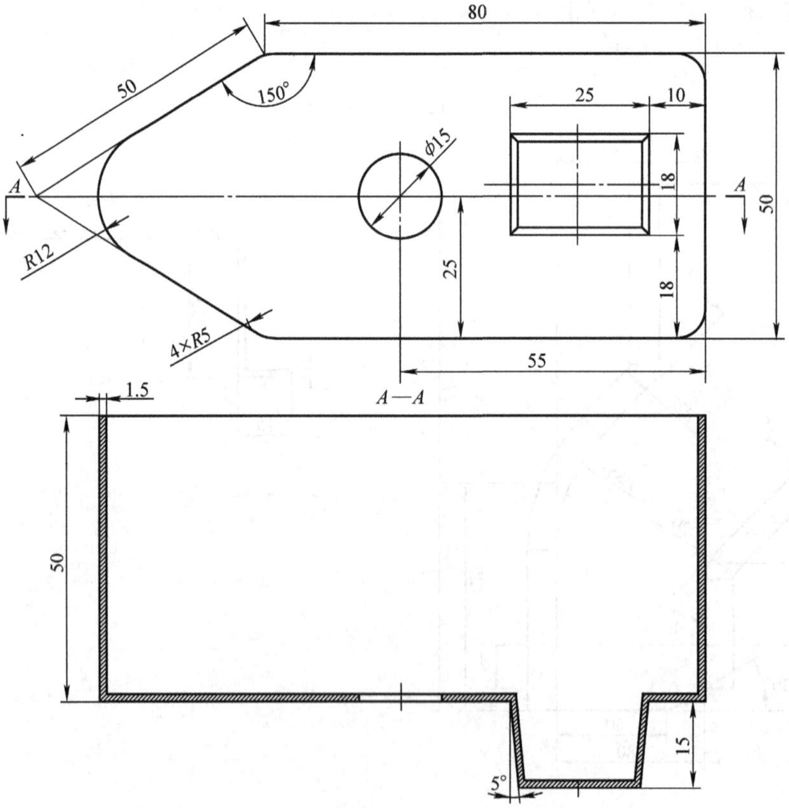

A—A

图 9-16

B—B
C—C
E—E
110
R5
85°
2×ϕ24
52
80
3
5
29
20
15
24
4
14
10
24
2×R3
71
108
R5
4
5
21
31
2×R5
187
75
ϕ7
R5
13
30
16
17
1

图　9-17

板　t2.5
未注圆角：
内半径 1.5
外半径 4.0
深度 3.8
倒圆半径 R1.25
17.5
ϕ8
25
178
152
50
140
15
13.5
12
3.2
22
105
16
13.5
ϕ12.5
82
68
118
38
12.7
34

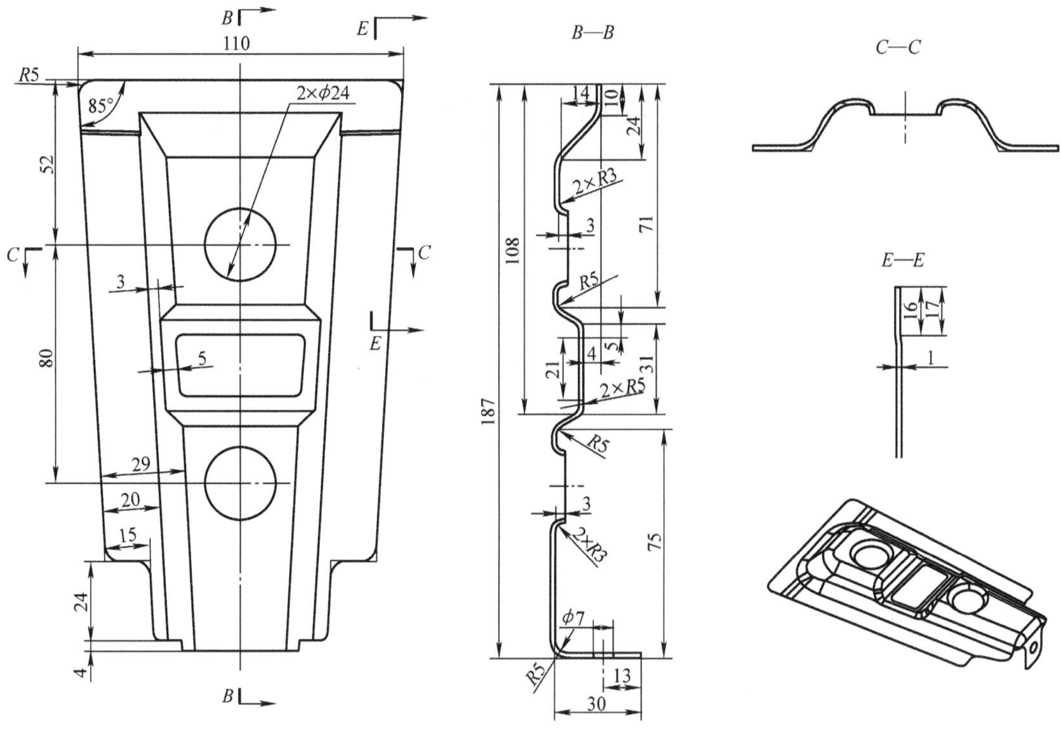

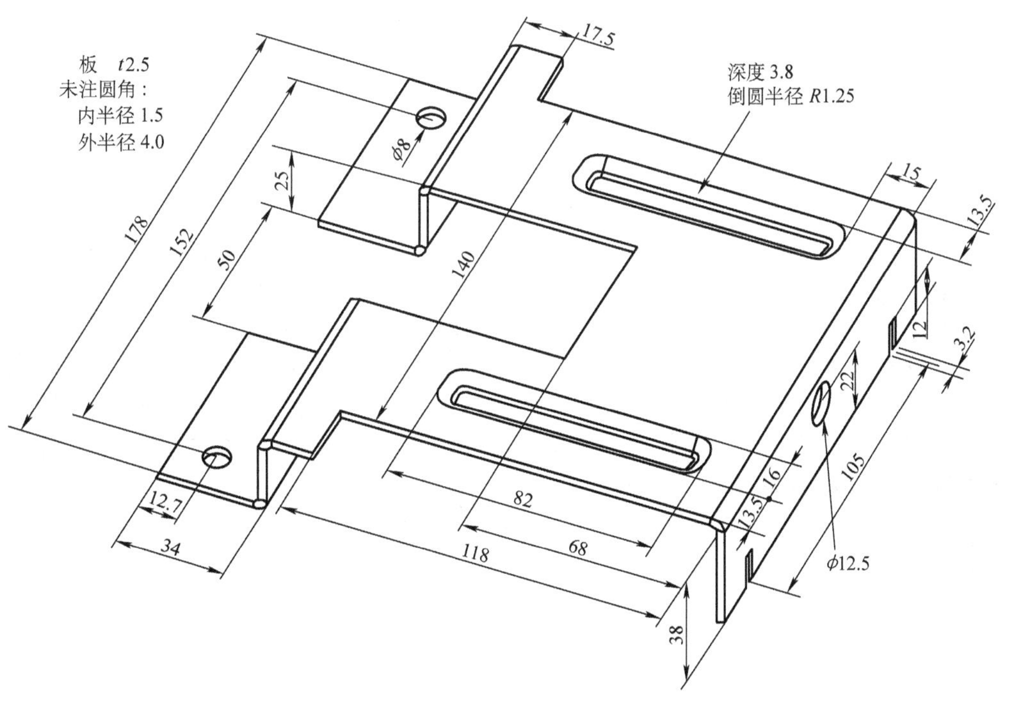

图　9-18

第十章　塑料制品造型实训图库

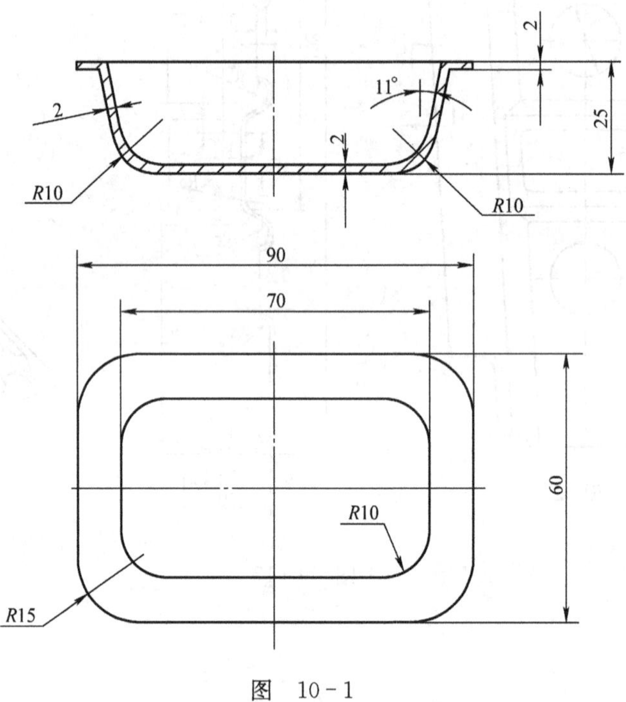

图　10 - 1

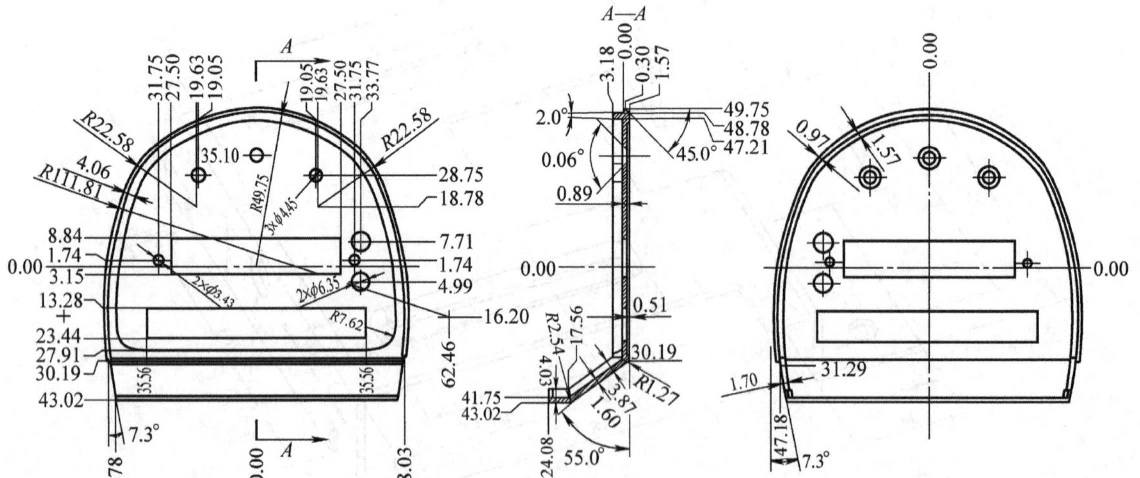

图　10 - 2

2.14
0.2
0.08
0.43
B
B
1.3
2×ϕ0.12
2.52
B—B
R5.15
0.08
120°0′
120°0′
0.87
1.26
0.67
1.59
1.63
5.21
1.97
0.74
R0.4
0.79
2.78
I
放大
0.04
0.04
0.04
I
0.89
0.89
1.79
1.79

图　10-3

A—A
技术要求
1.未注起模斜角1°～3°。
2.未注圆角R1～R3。
A
A
ϕ92
76
60°
ϕ50
15
1.95
38
4
69
ϕ36
ϕ12
ϕ5.5
ϕ11
13
3.5
48
107
119.83
I
70.77
2×R7.67
102.92
2×R12.87
ϕ26
ϕ22
ϕ98.65
3×R13.67
R12.83
3×ϕ11
I
放大
3

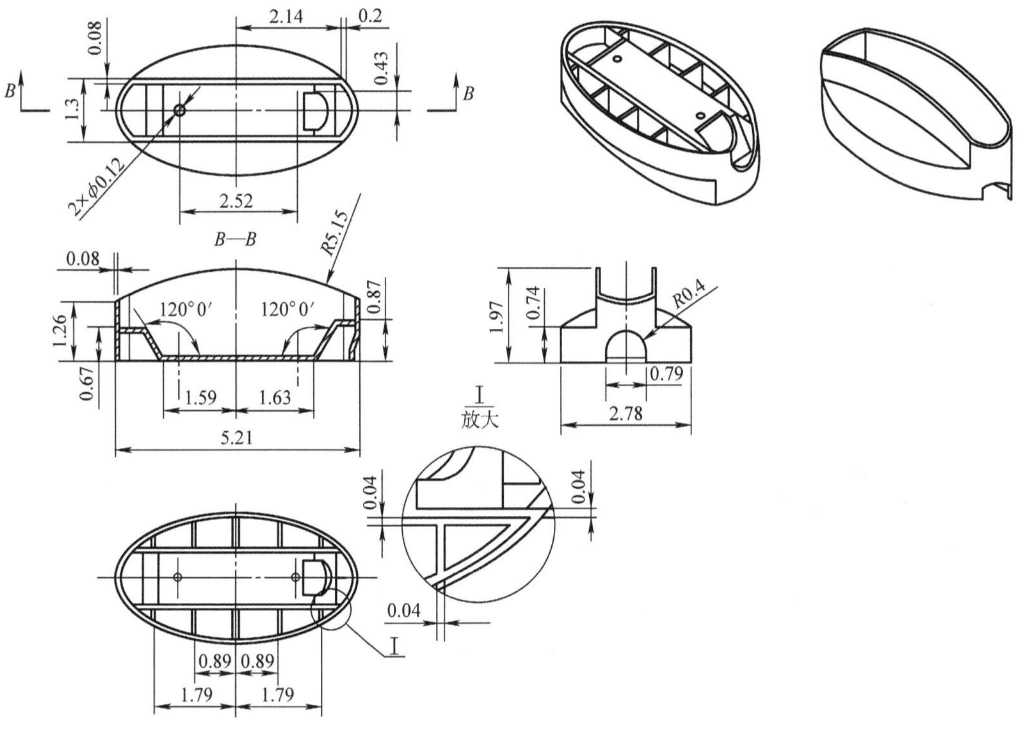

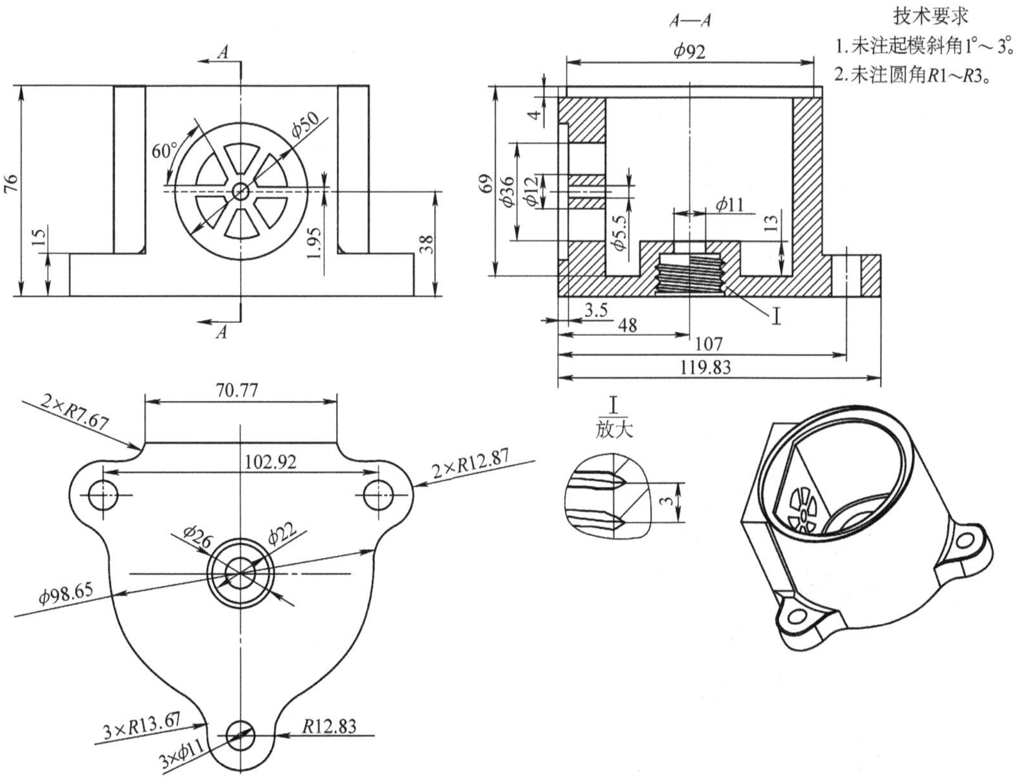

图　10-4

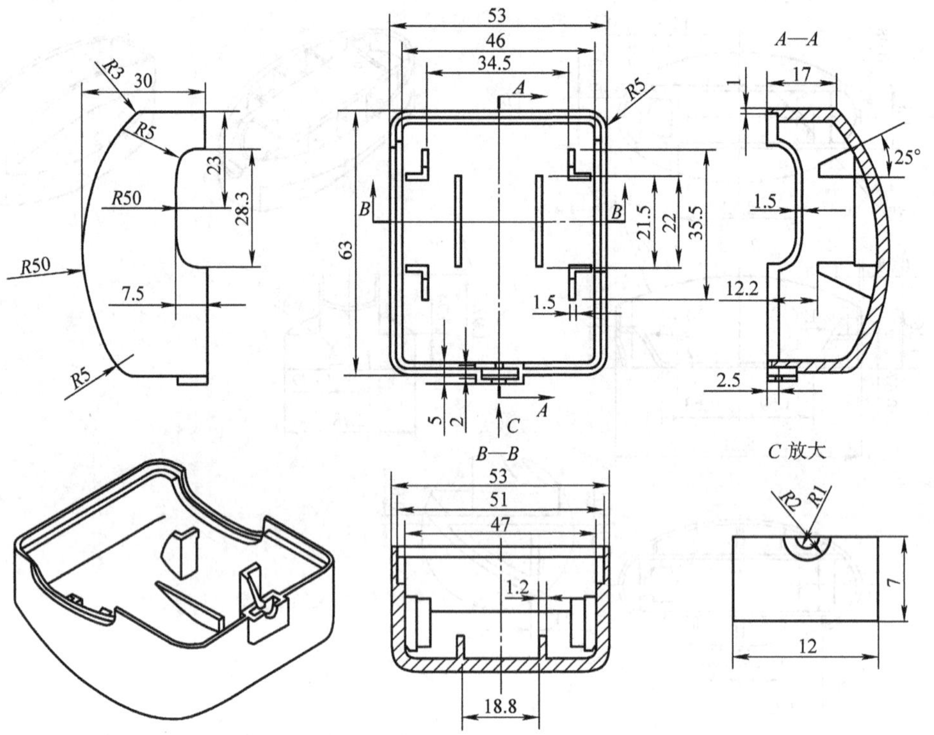

图　10-5

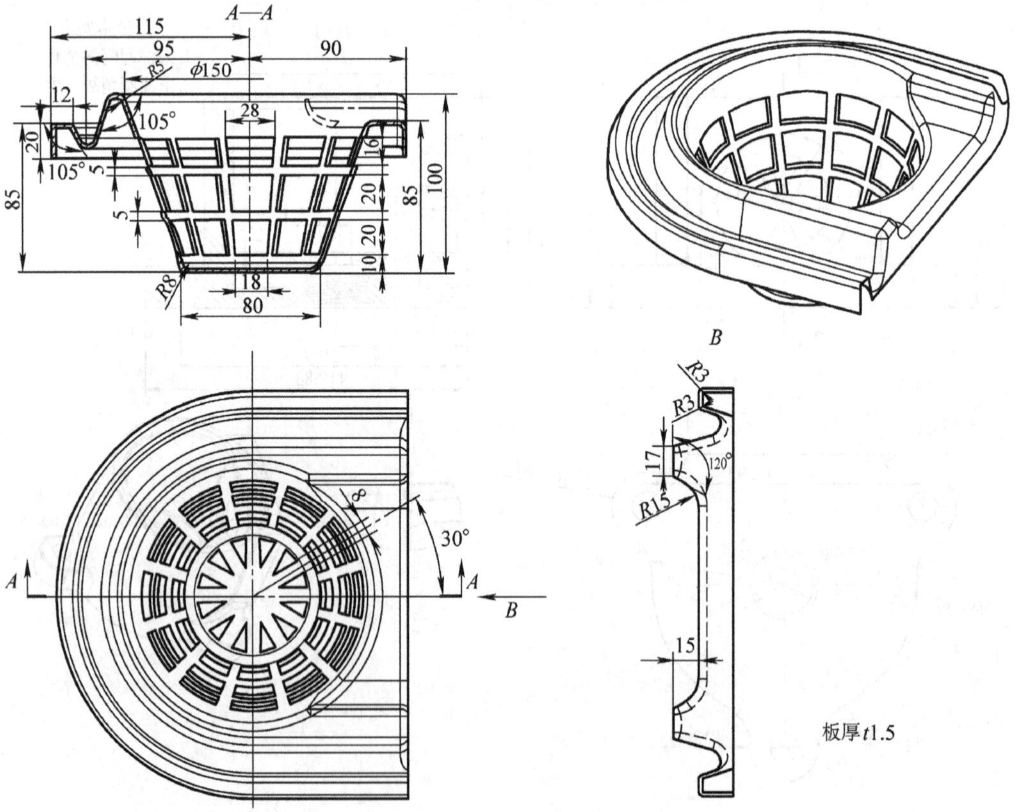

板厚t1.5

图　10-6

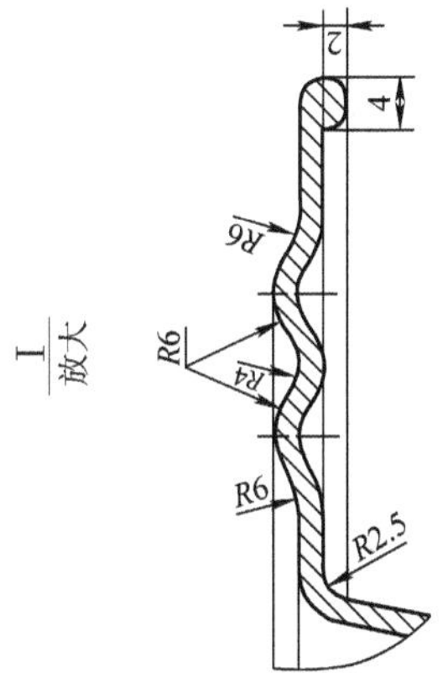

注：未标注圆角为 *R*1

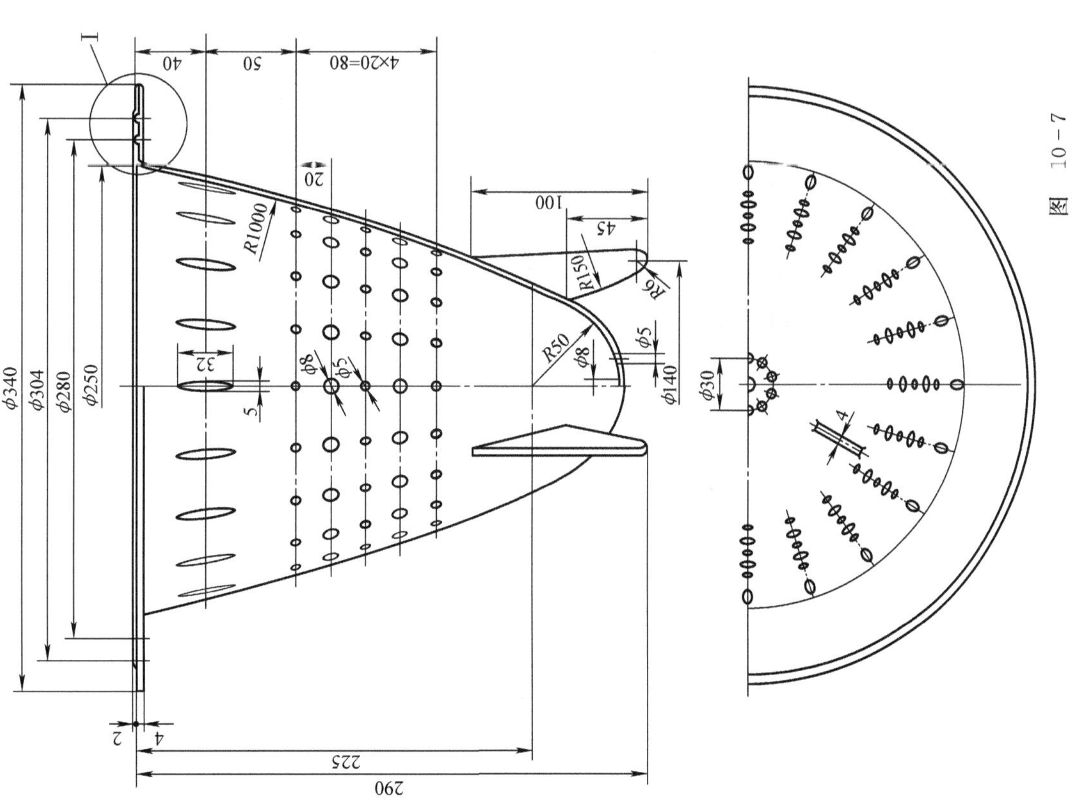

图　10－7

30
R1
4
φ8
R0.5
R0.5
R5.2
10.4
8.4
R3.0
R4.2
2×R0.5
3
C
φ2.6
R1.0
φ2.2
φ0.8
A—A
2.1
1.8
1.4
0.4
φ0.6±0.015
φ9.6
φ7.6
B
1.0
φ1.3
4.2
5.2
5
12.0±0.06
12.2
13.2
13.4±0.06
17.6±0.06
20.6
3.2
45.2
49.00±0.10
42.00±0.10
47.00±0.10
48.00±0.10
10.6
8.5
3.8
C
B
0.4
30.8
0.4
46.00±0.10
48.00±0.10
4
4
A
R0.5
A
R2
R0.5
A
A
浇口位置
R1.0

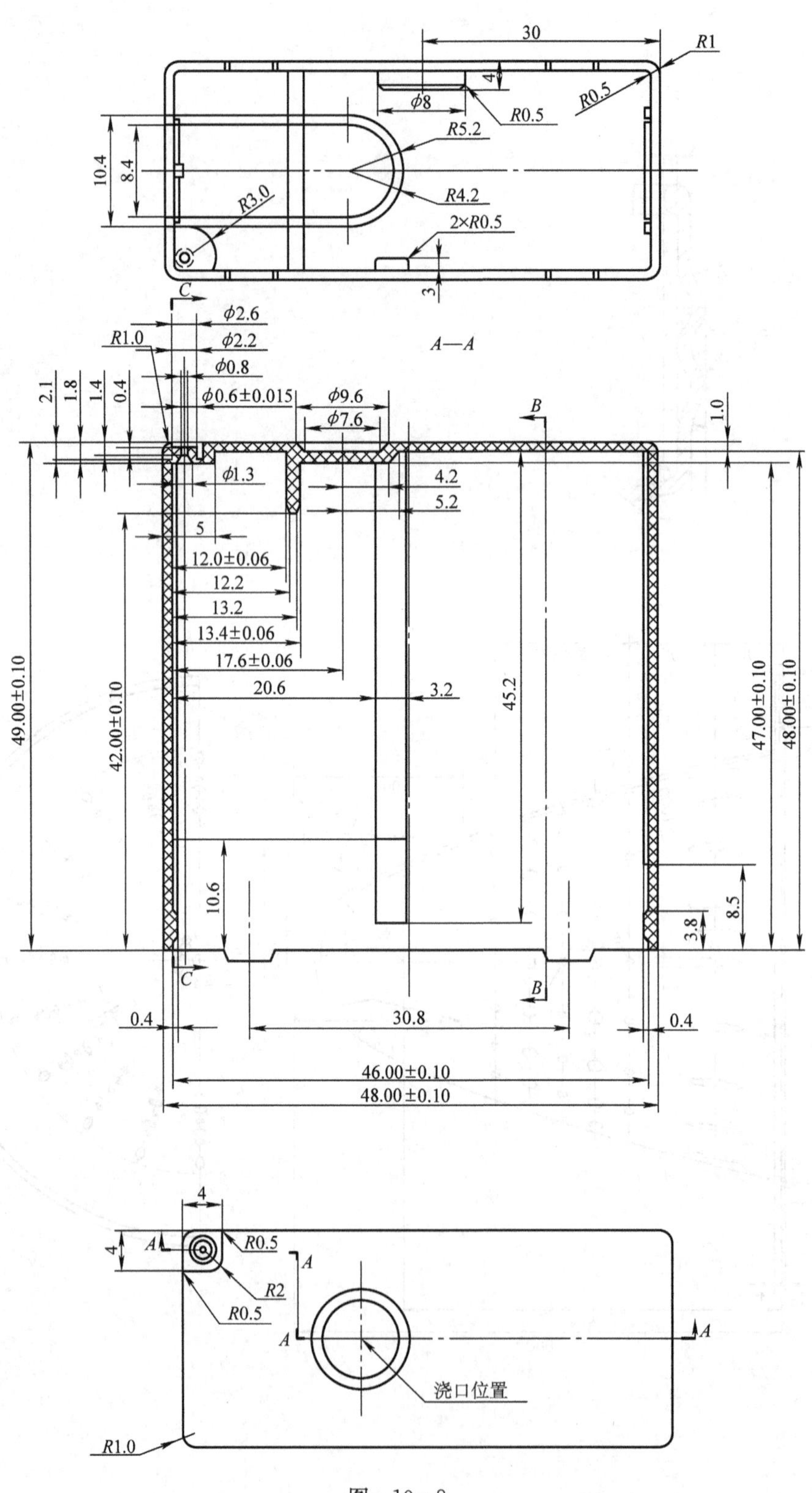

图 10-8

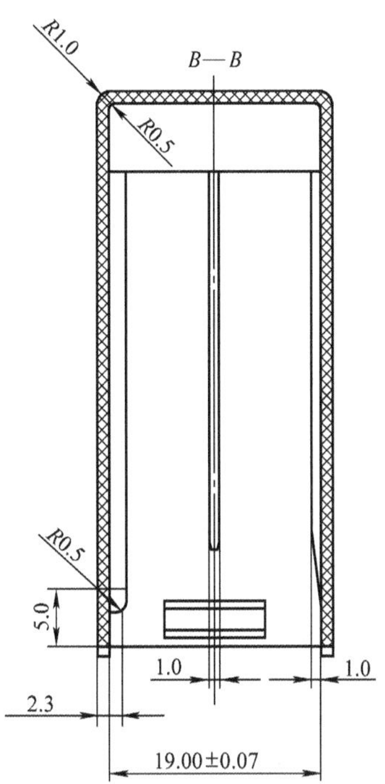

其余公差±0.15

技术要求

1. 塑料材料 PBTⅡ/V0G30 BLA。
2. 内部不可有导电杂质。
3. 不允许有毛刺、未填充、缩孔、凹痕、变色、翘曲、变形。
4. 毛刺最大允许 0.05。

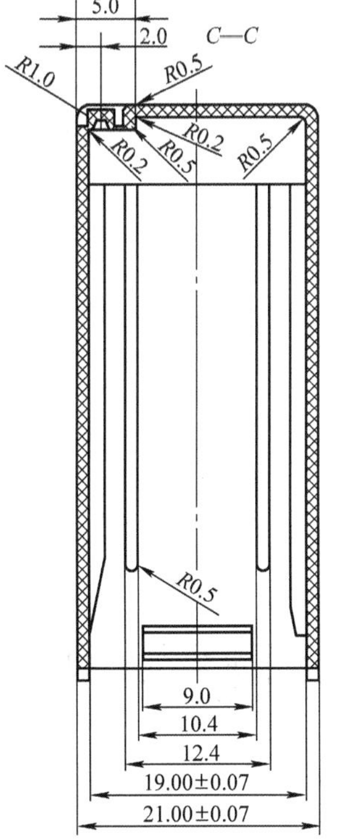

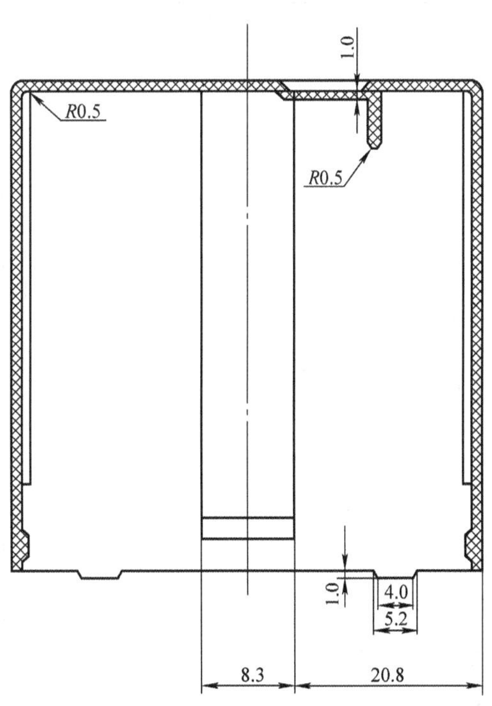

图 10-8（续）

90
1.8
45°
13.6
10.3
8.7
8.2
C5
34.7
32
2×R2.5
60.5
20.5
94
3
4.5
3×R2
I
放大
A—A
I
0.6
1.8
45°
0.3
1.1
45°
4.6
4
1.5
4.2
4
B
B
2.8
6.5
24.5
9
10.8
7
14.5
φ33
φ21.3
φ22.5
1
1
73
45
4×φ3
4
7
79.5
0.3
2.1
0.3
1.7
B—B
放大
0.4
135°
0.8
技术要求
锐边倒圆角R0.3。

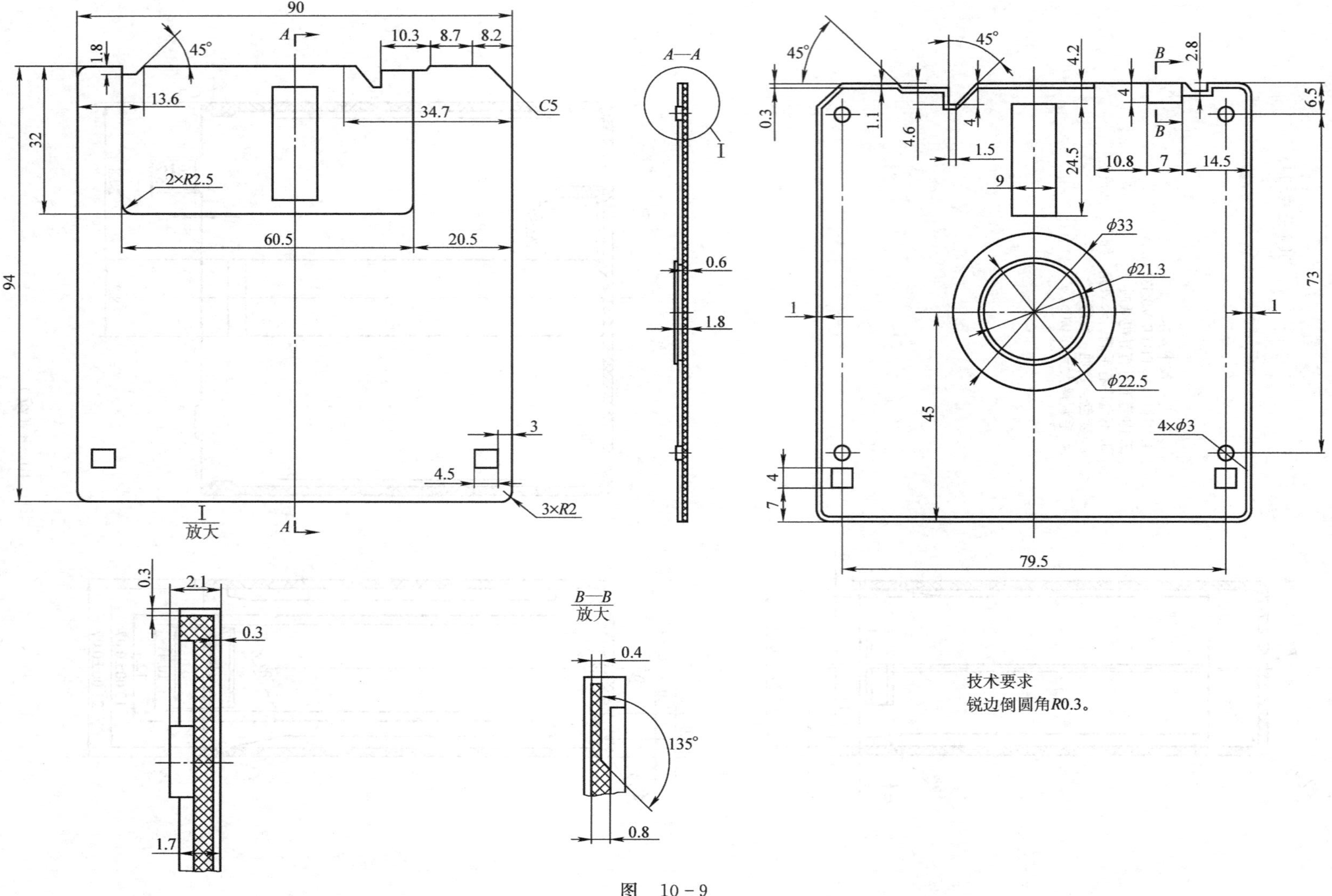

图 10－9

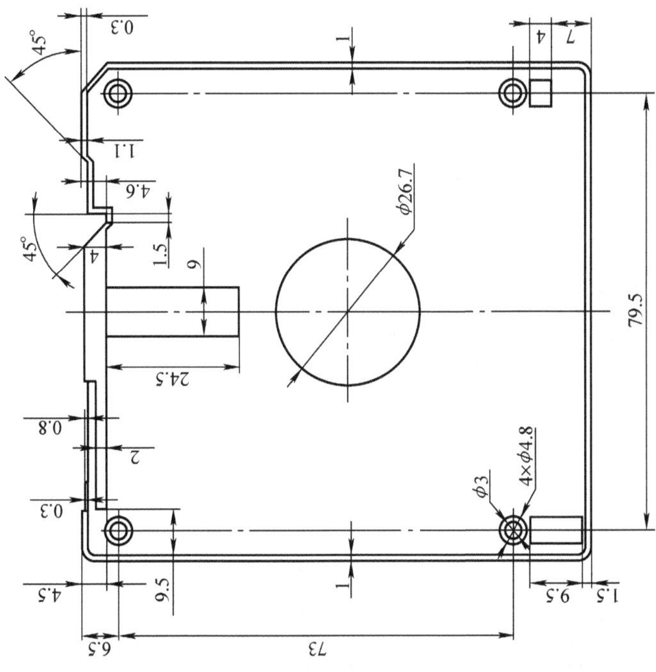

技术要求
锐边倒圆 R0.3。

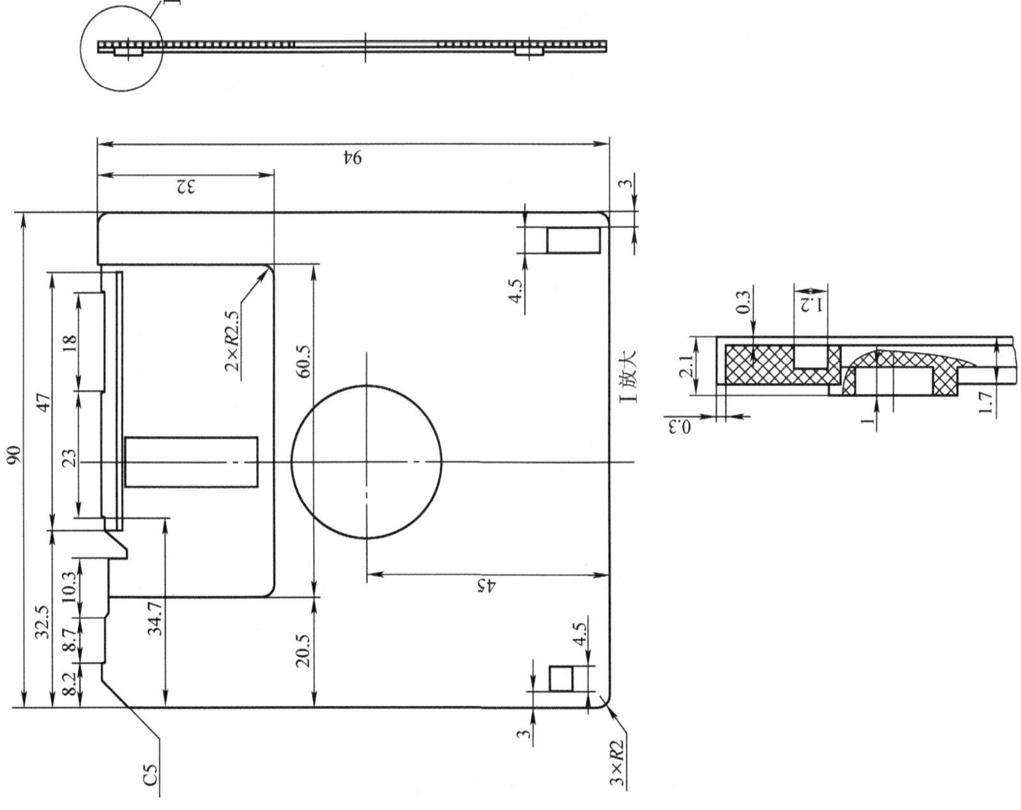

图　10－10

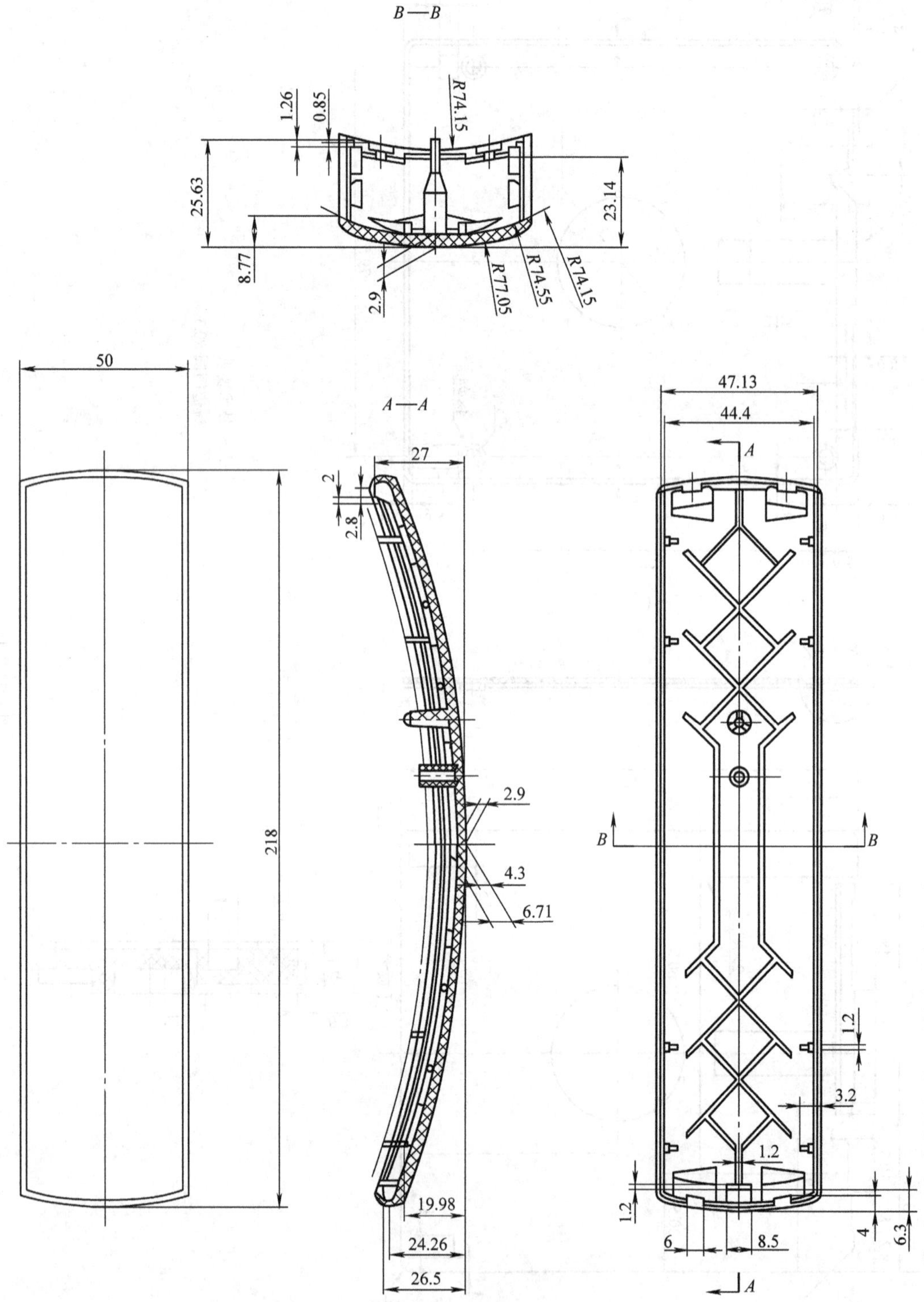

B—B

1.26 0.85 R74.15

25.63 23.14

8.77 2.9 R77.05 R74.55 R74.15

50

218

A—A

27 2 2.8

2.9 4.3 6.71

19.98 24.26 26.5

47.13 44.4

A

B B

1.2 3.2 1.2

1.2 6 8.5 4 6.3

A

图 10－11　电话机手柄上盖

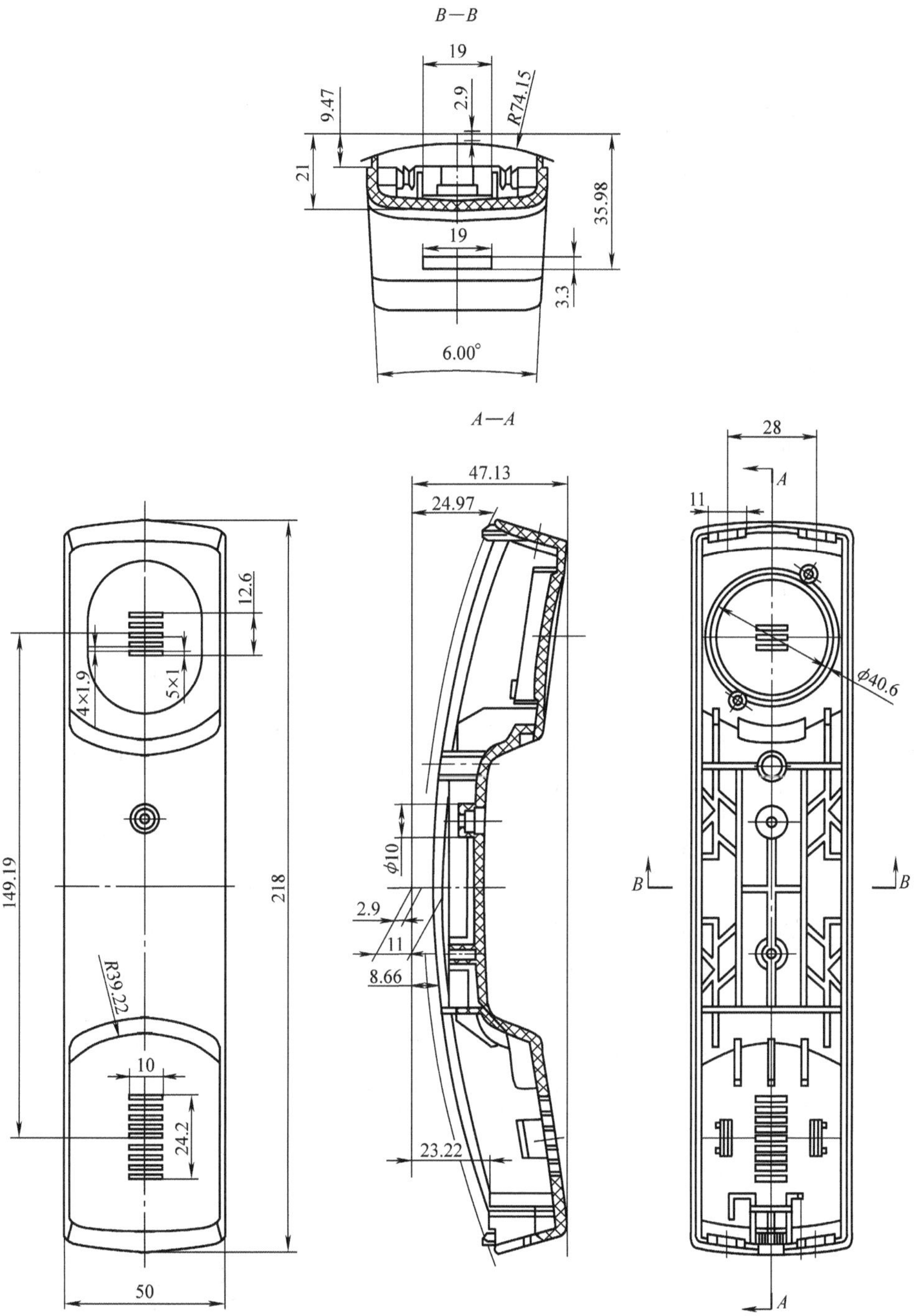

技术要求

1. 未注脱模斜度为 1.05°。
2. 外表面皮纹处理，按指定的样板，内表面光洁，不得有刀痕。
3. 制品表面不得有冷料痕、气痕、缩水和披锋等缺陷。
4. 材料：黑色 ABS。

图 10-12　电话机手柄下盖

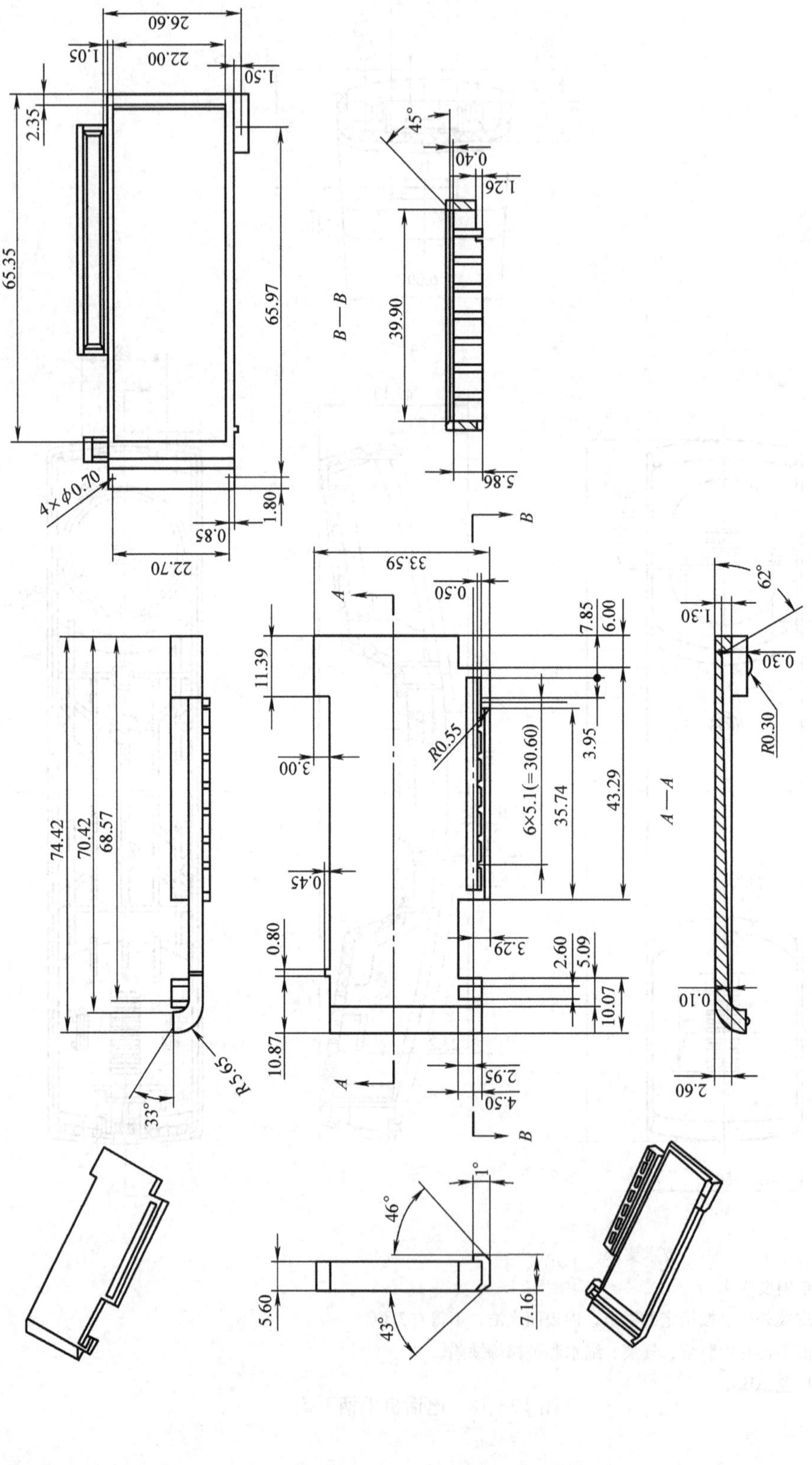

图 10-13

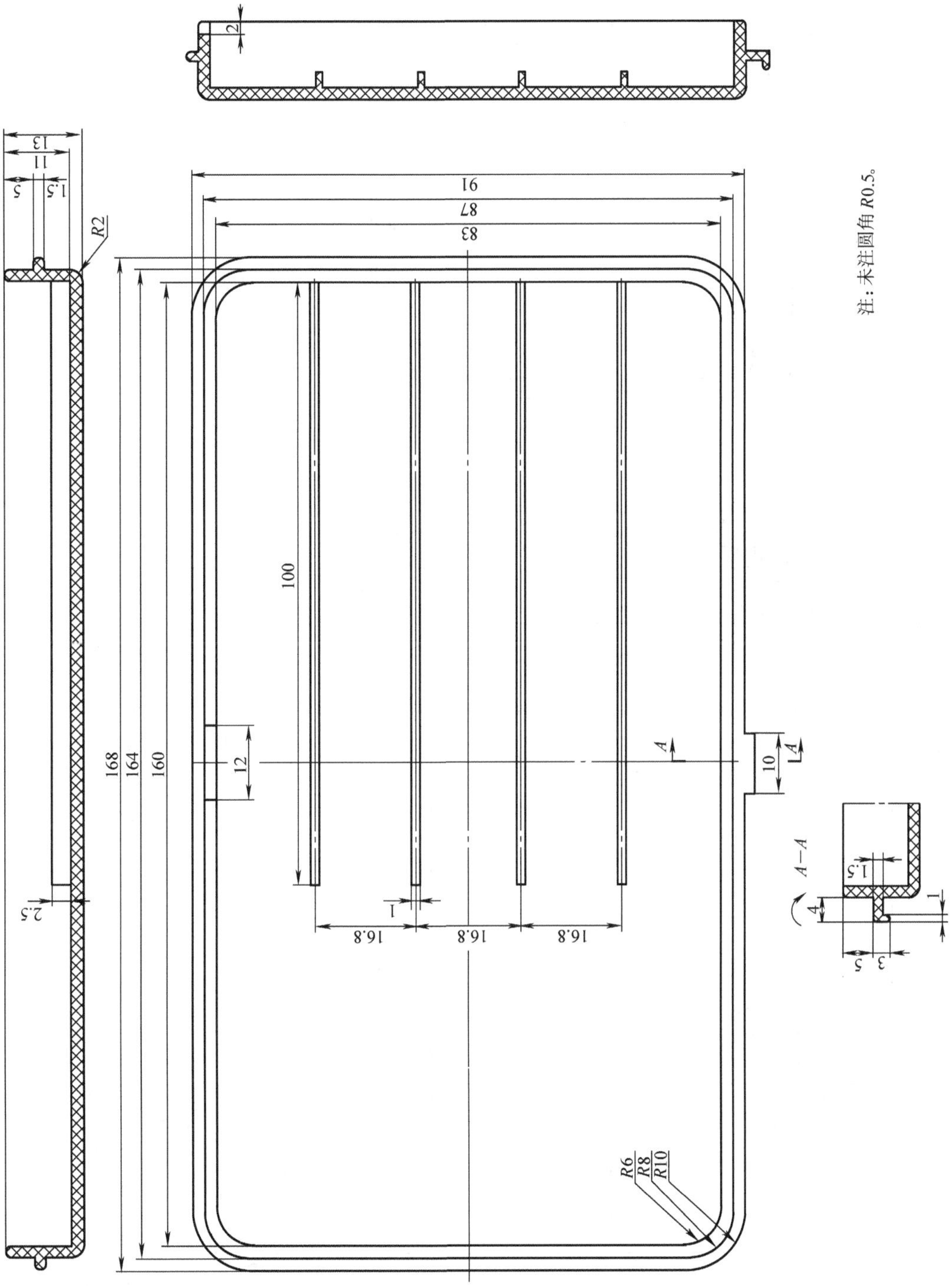

注：未注圆角$R0.5$。

图 10-14

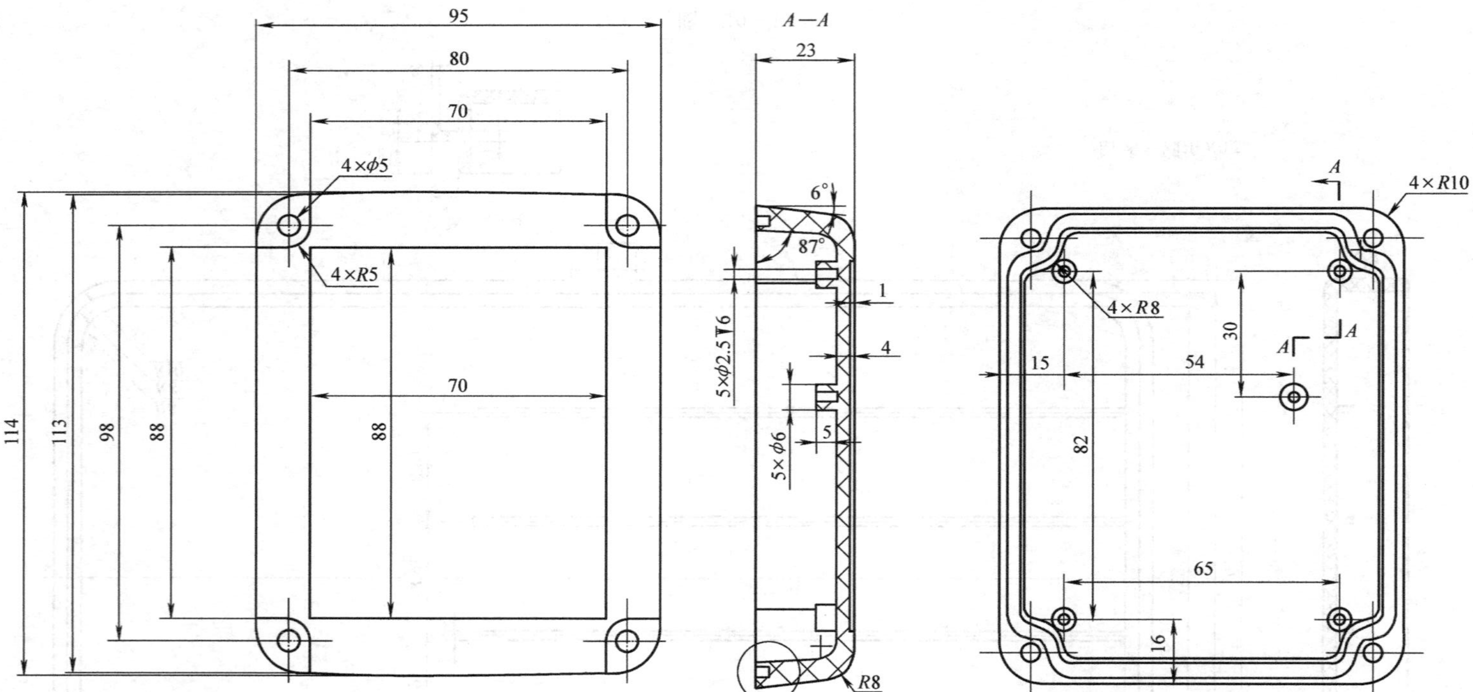

技术要求

1. 未注过渡圆角 $R2 \sim R4$。
2. 工件未注尺寸公差±0.1。
3. 工件注塑后应对工件去毛翅处理。
4. 工件表面不得有明显色彩差异。
5. 工件表面不得有裂缝和撞伤痕迹等缺陷。
6. 3×3 环形密封槽深浅公差−0.02～−0.08。
7. 3×3 环形密封槽，槽形必须清角，清洁。
8. 总装前工件表面不得有撞伤、撞毛等缺陷。

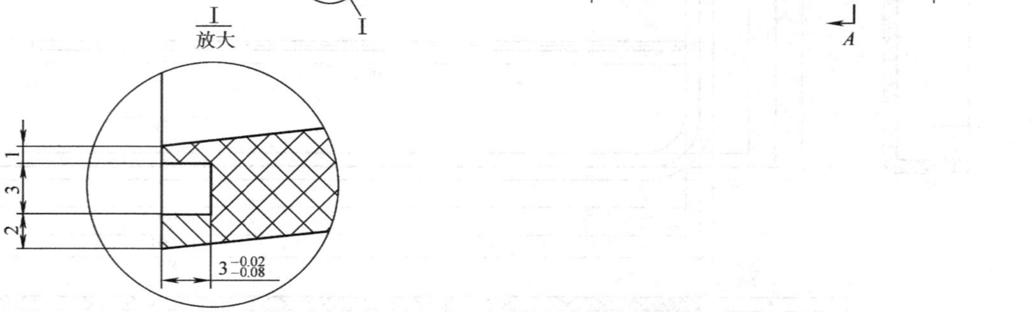

图 10-15

11
4
R0.75
5
91°
R3
26
R3
R0.75
R0.75
14
90°
6
14
90°
4
77
70
5°
11.75
44
40.5
R1.25
R3
A
R0.75
2
2
2
100
96.5
6
9
72
3
A
A—A
2×φ14.5
2×φ11.1
2×φ13.6
2×φ15.1
2×φ18.5
3
3
3
17
5
7

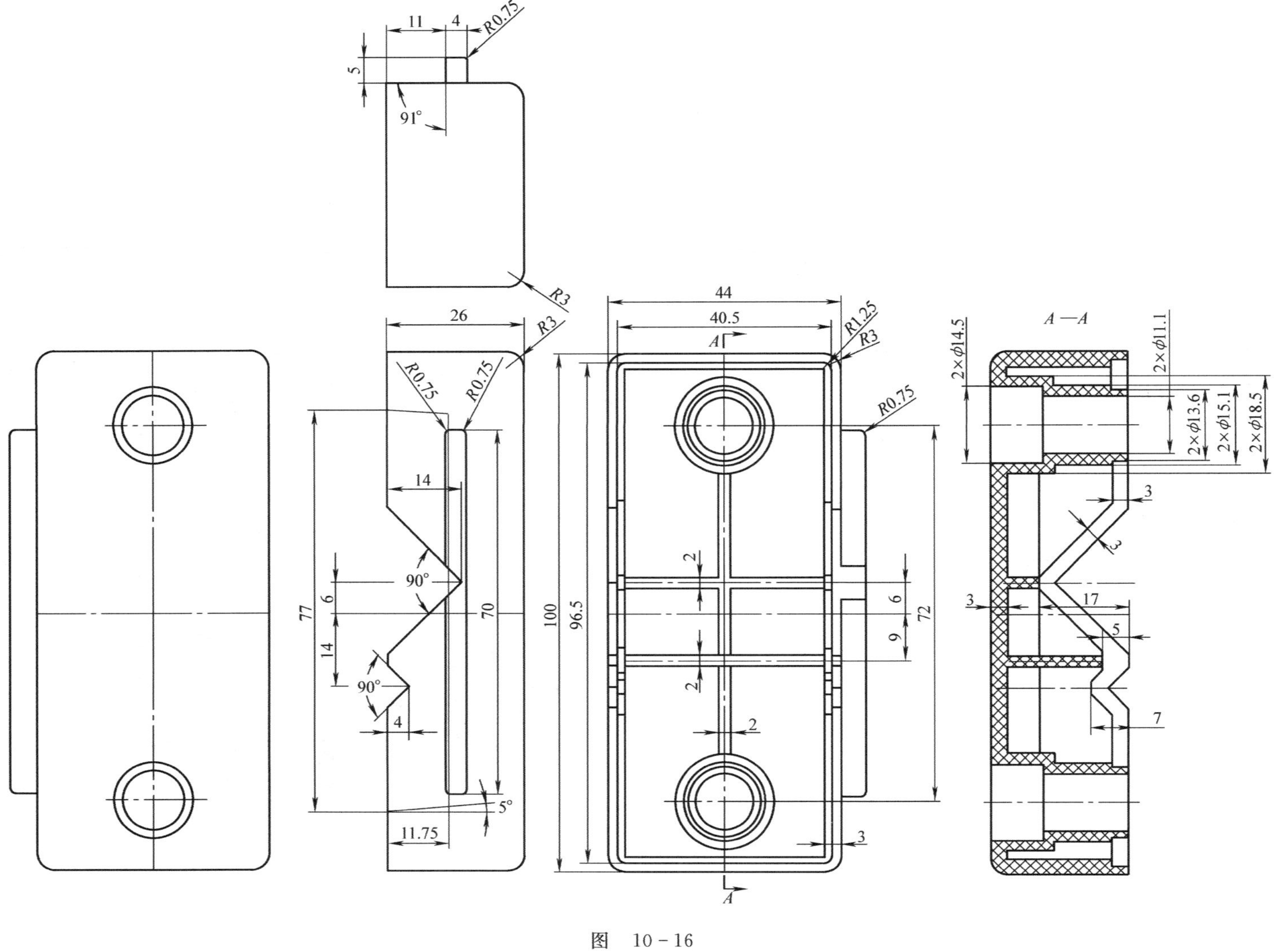

图　10－16

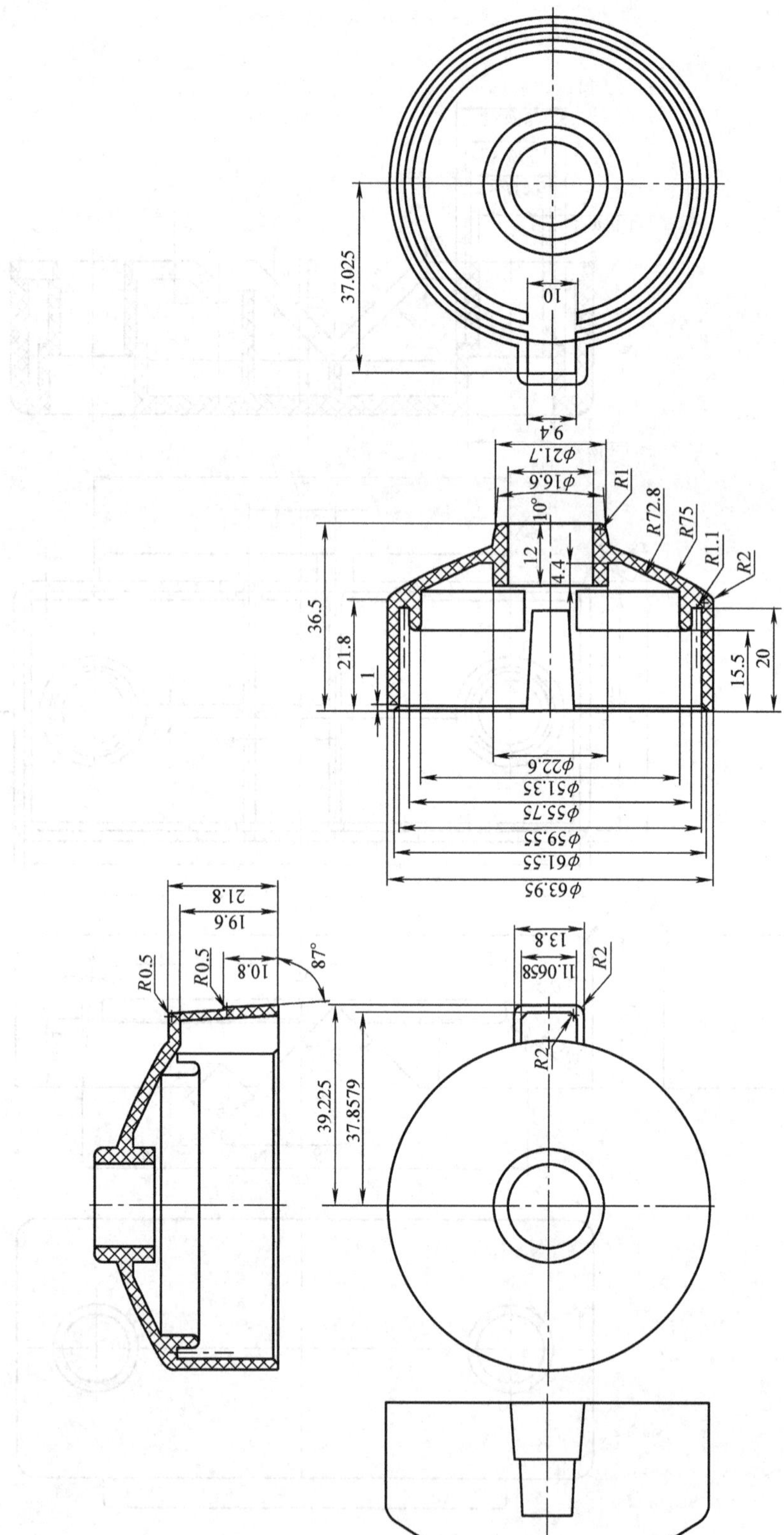

图 10－17

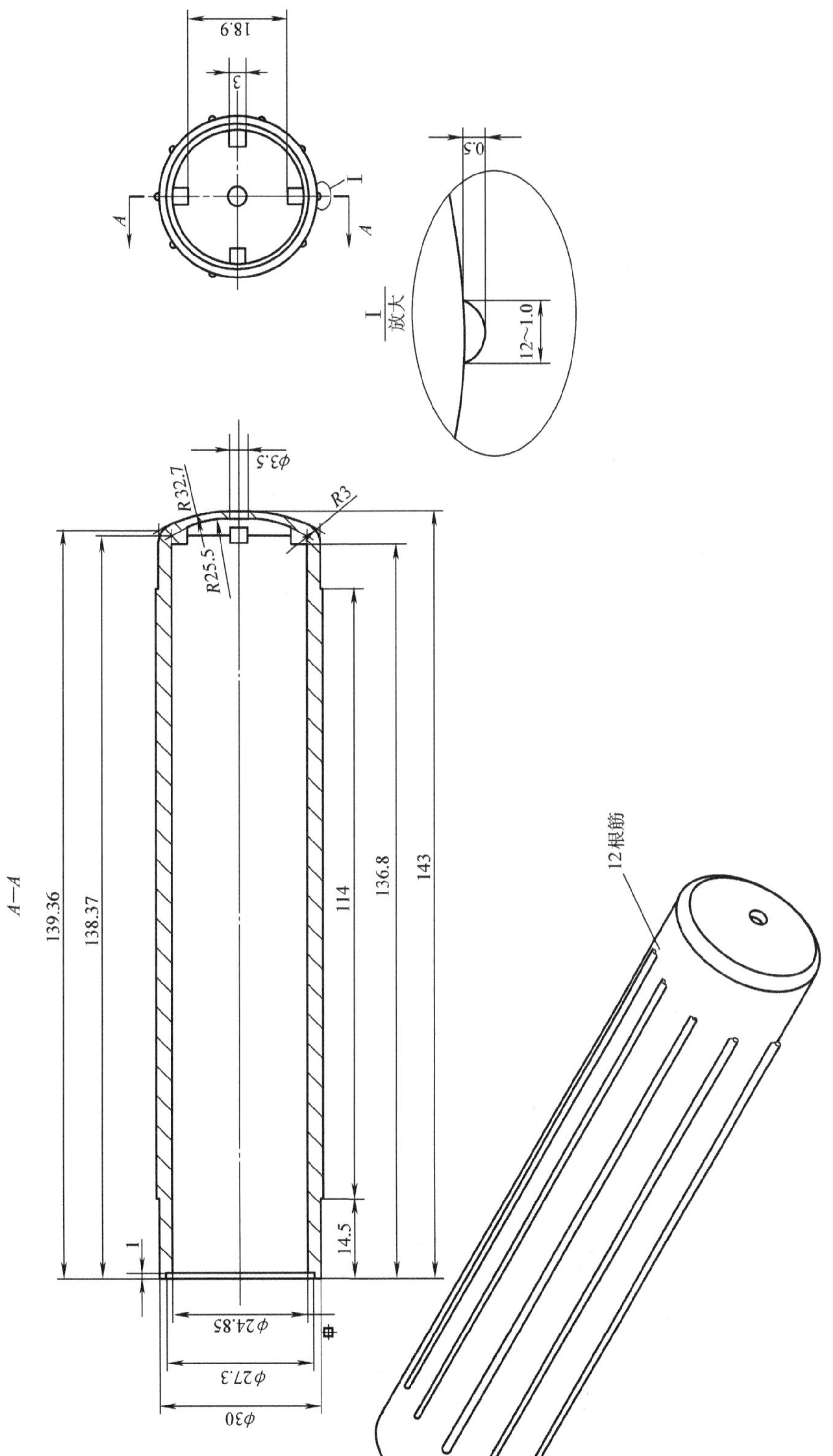

图　10－18

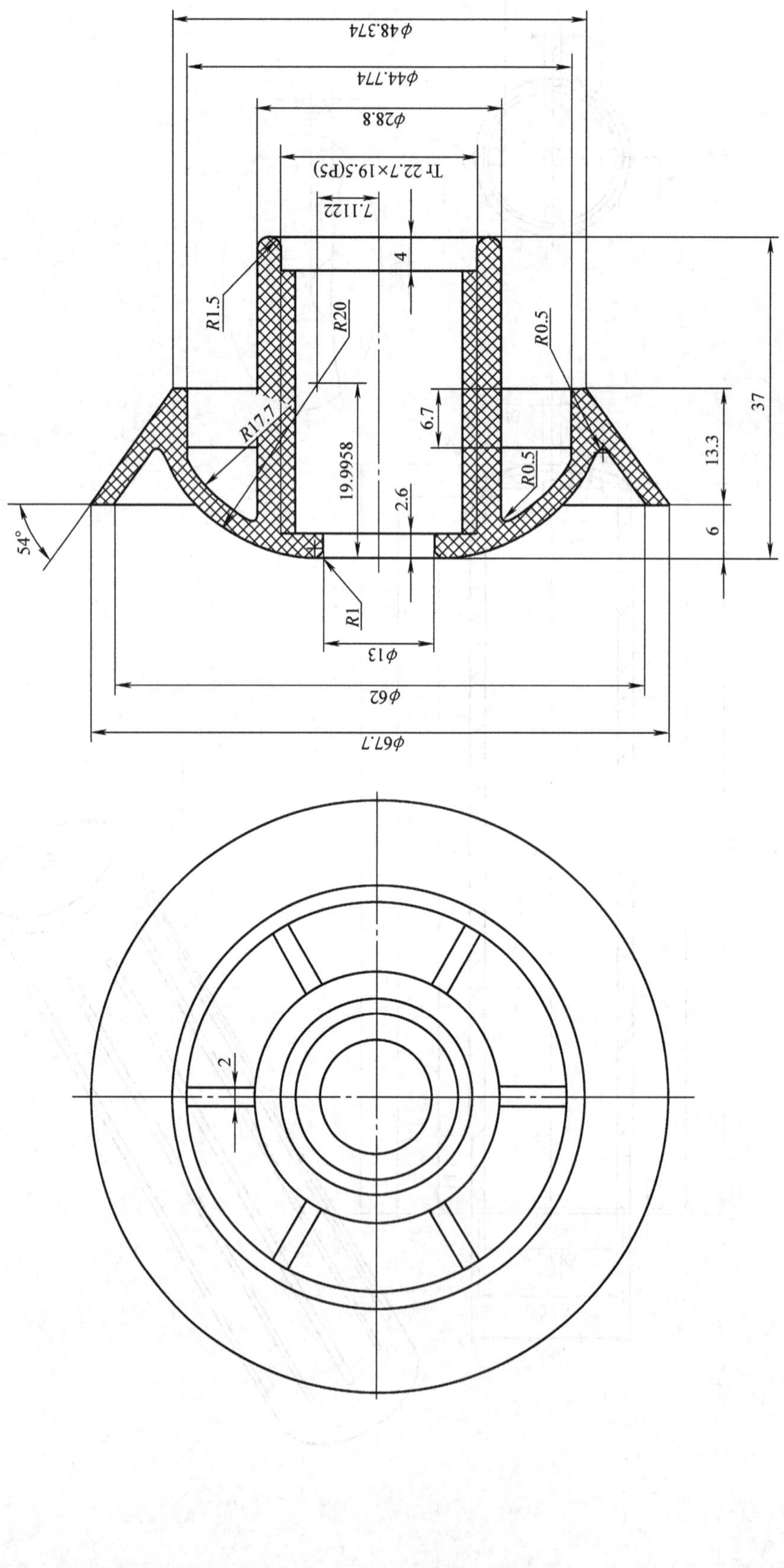

图 10-19

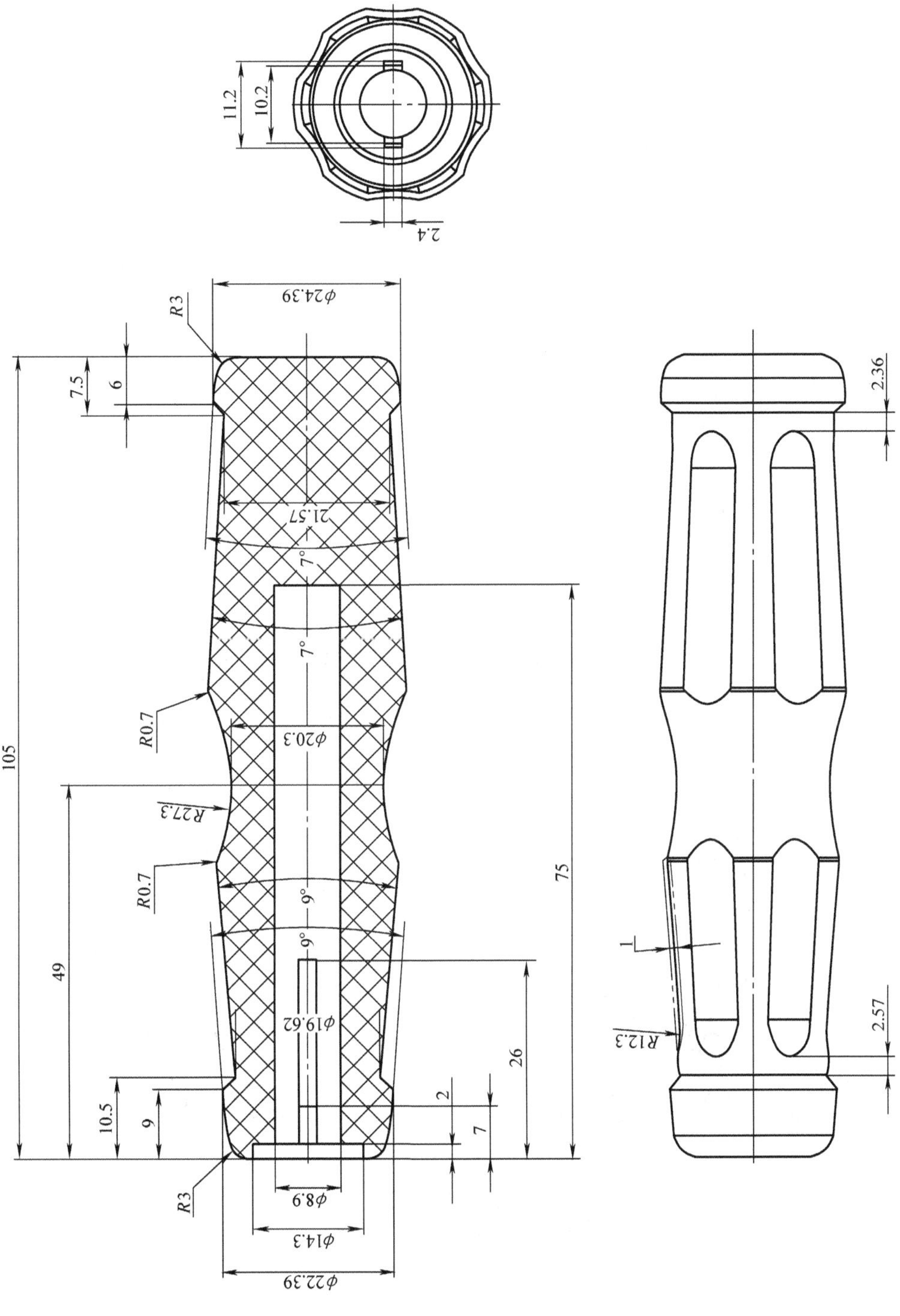
11.2
10.2
2.4
φ24.39
R3
7.5
6
21.57
7°
7°
R0.7
φ20.3
105
R27.3
R0.7
9°
9°
49
φ19.62
75
26
10.5
9
2
7
R3
φ8.9
φ14.3
φ22.39
2.36
1
R12.3
2.57

图　10－20

φ77
φ53
R0.5
1
4.3
3
R0.3
(32.3)
25
C2
2
φ68
φ70
φ72.6
2
R2.05
R1
R5
4.1
φ71
φ67
φ65

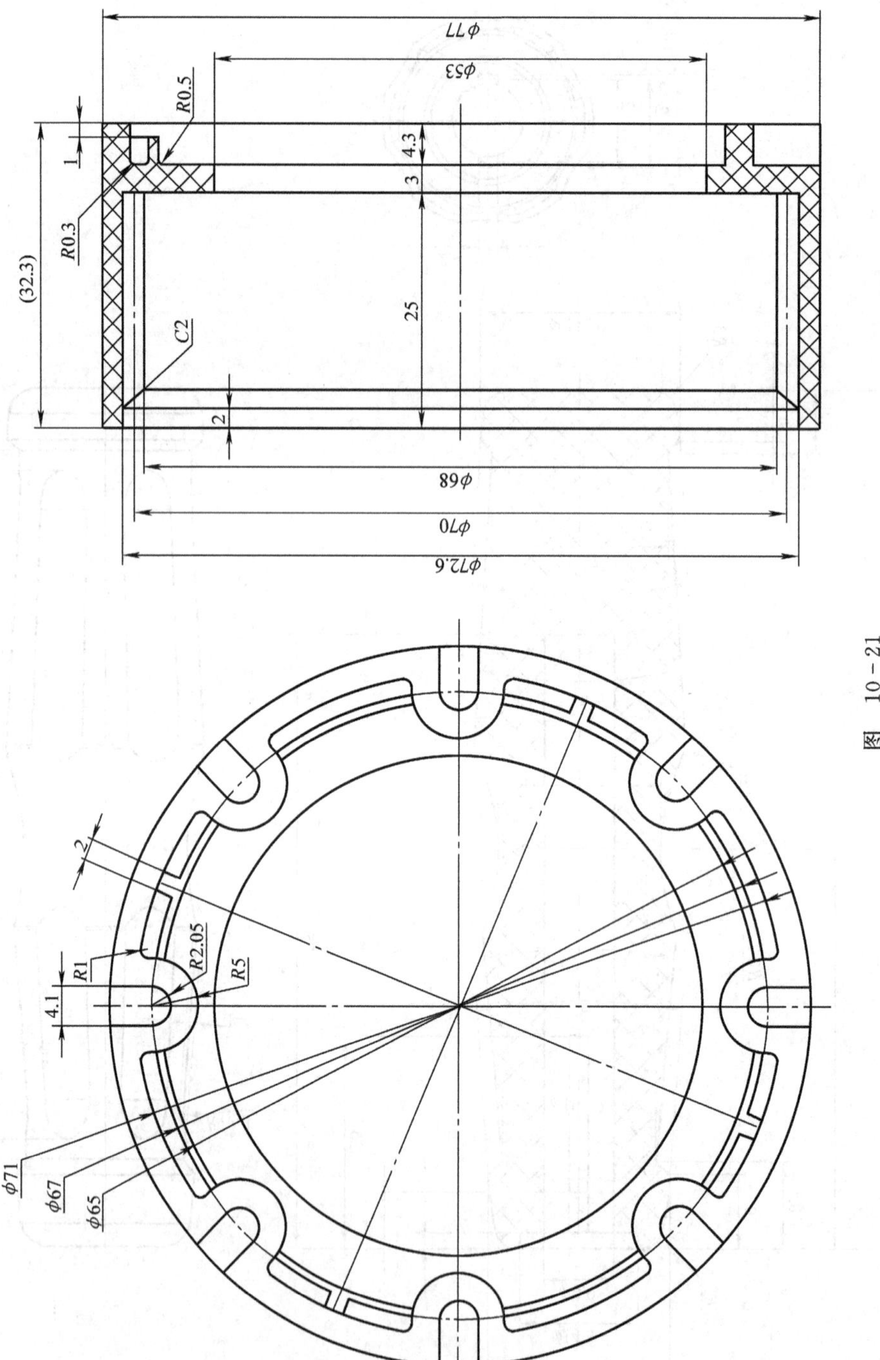

图 10-21

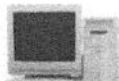

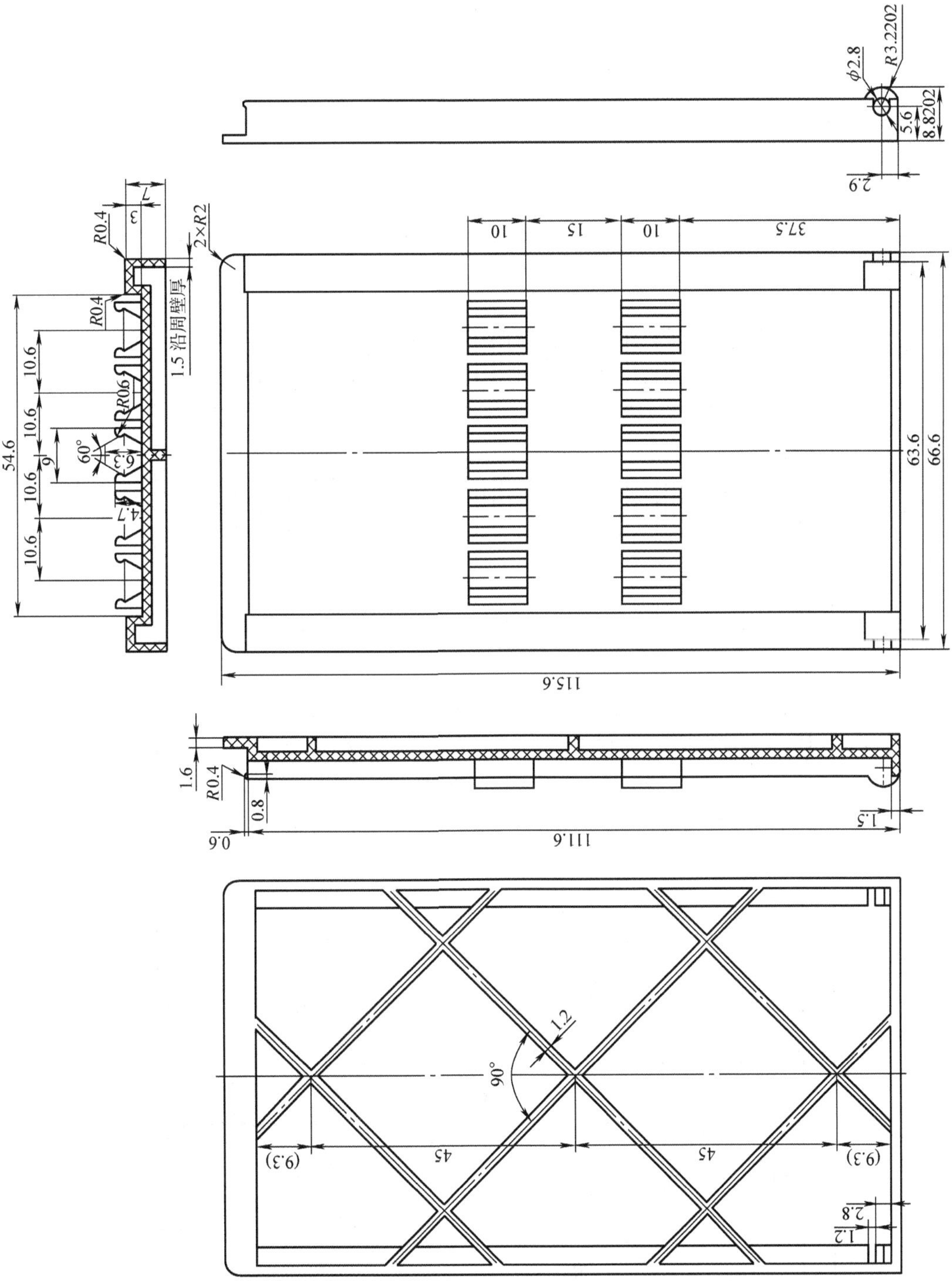

φ2.8
R3.2202
5.6
8.8202
2.9
R0.4
3
L
2×R2
1.5 沿周壁厚
R0.6
60°
6.3
4.7
54.6
10.6
9
10
15
37.5
63.6
66.6
115.6
1.6
R0.4
0.8
0.6
111.6
1.5
1.2
90°
45
(9.3)
2.8

图 10－22

R3.2202
φ2.8
8.8202
7
5.6
30°
2.9
R0.4
R0.4
3
7
2×R2
1.5 沿周壁厚
R5.5
35
4.5
10
15
10
4.5
63.6
66.6
115.6
0.8
9
1.6
R0.4
R0.6
6.3
60°
4.7
1.5
1.5
10.6
9.3608
111.6
0.6
1.2
90°
(9.3)
45
45
(9.3)
2.8
3

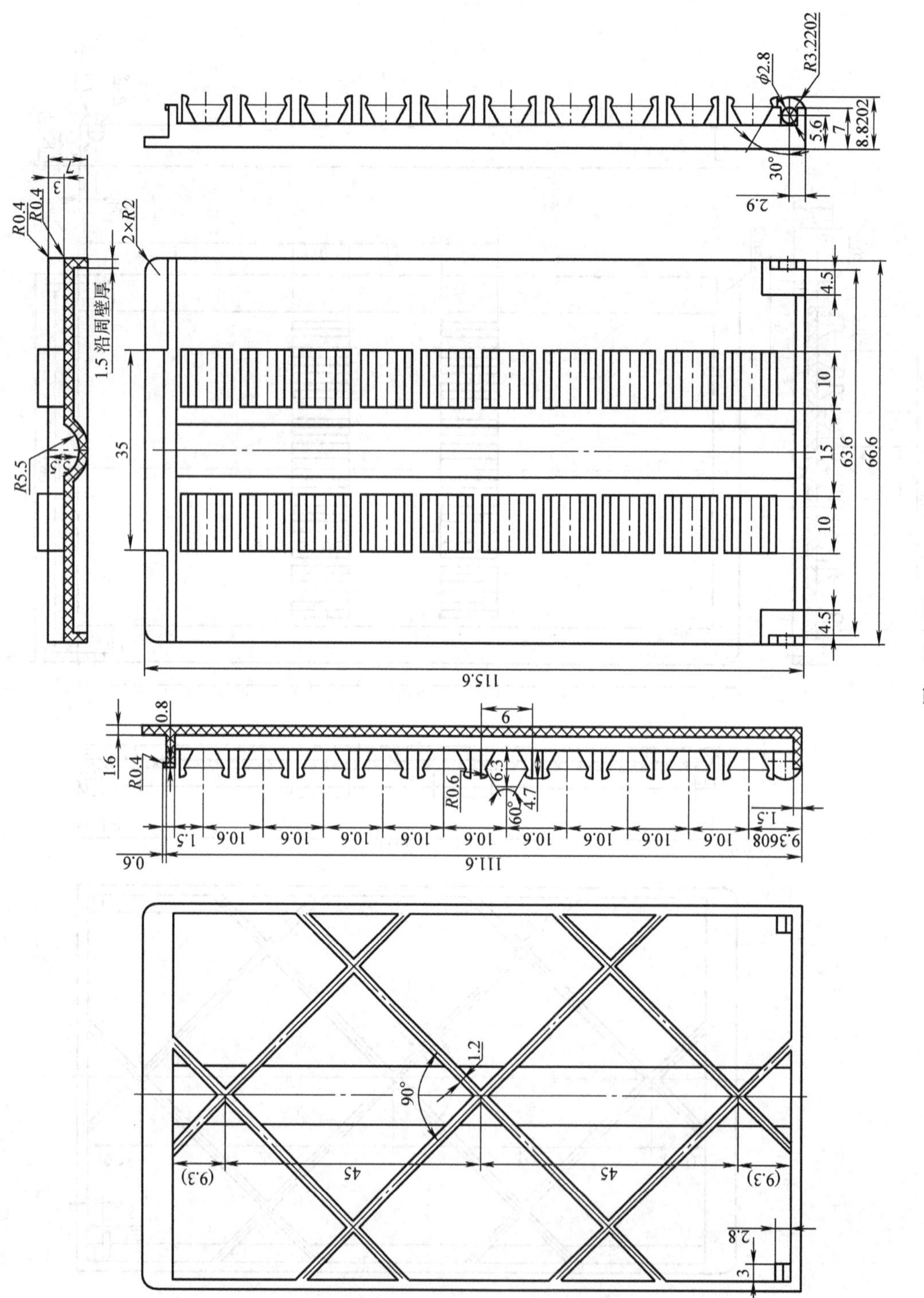

图 10－23

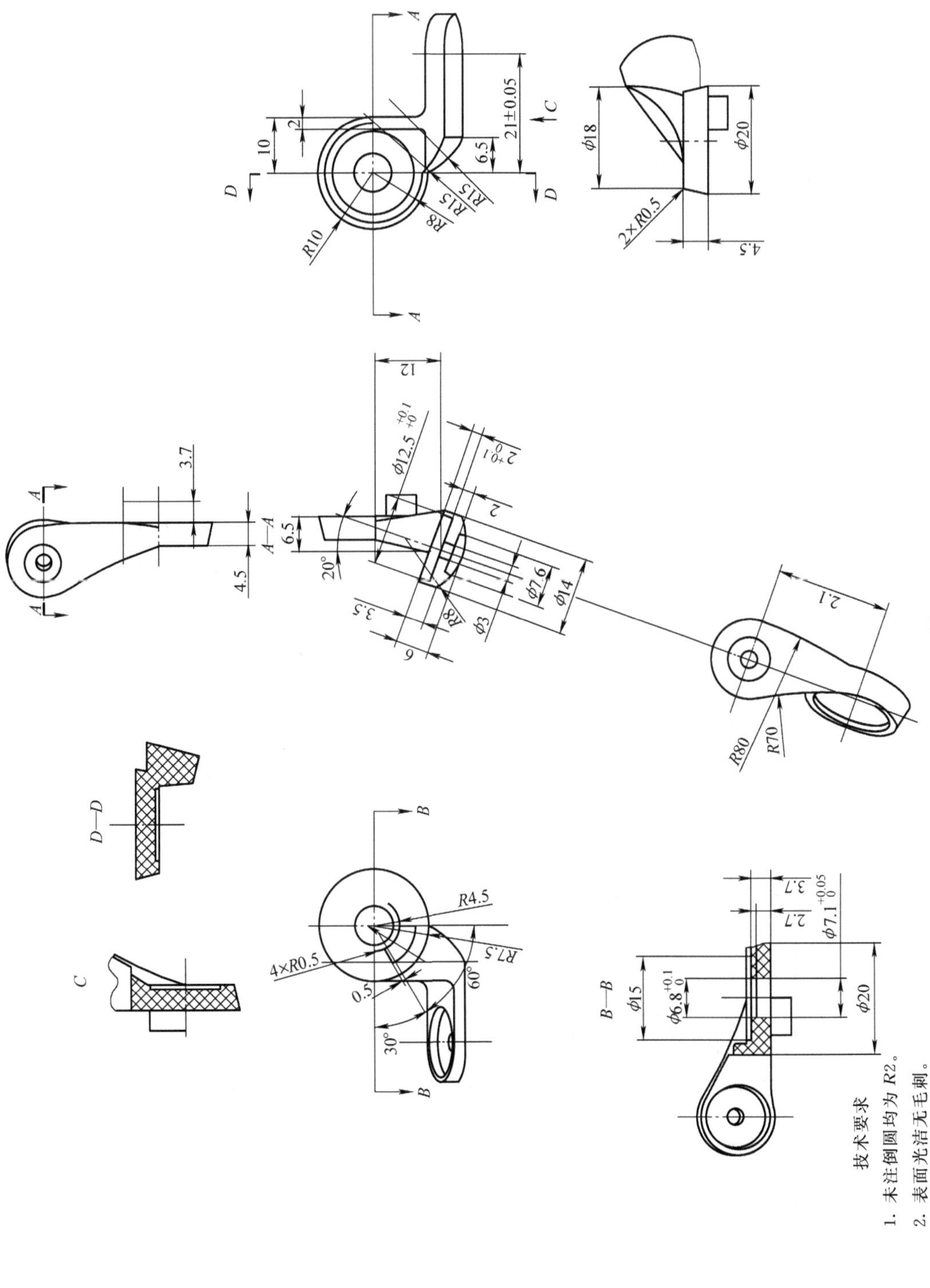

技术要求

1. 未注倒圆均为 $R2$。
2. 表面光洁无毛刺。

图　10－24

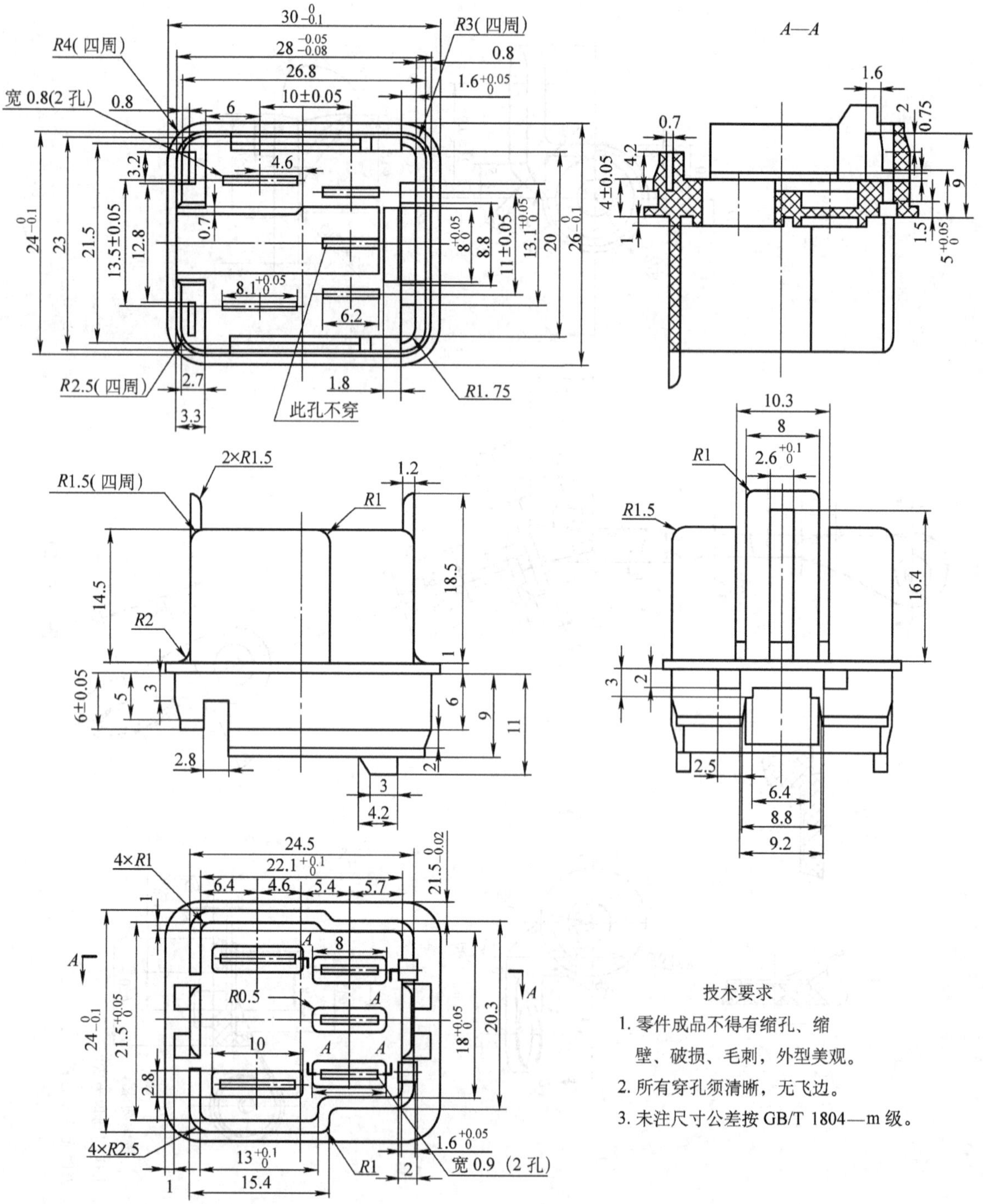

A—A

技术要求

1. 零件成品不得有缩孔、缩壁、破损、毛刺，外型美观。
2. 所有穿孔须清晰，无飞边。
3. 未注尺寸公差按 GB/T 1804—m 级。

图 10 - 25

11.9
2×φ4
2×φ7
I
34.2±0.05
10.4
$9^{+0.15}_{+0.05}$
φ2.1±0.05
9
1.2
$2.7^{+0.1}_{0}$
$4.5^{+0.1}_{0}$
$11^{+0.1}_{0}$
4×R1
2×R105
I放大
R1.5
R5
R5
R245
R56.5
12
13
3.2
14
12
R2.5
R2.5
R3
R3
R2
R2
7
2.5
2.5
R40
$φ30.6^{+0.1}_{0}$
φ41.2
φ44.2
15°
2
1
R11.1
R11.5
R12.5

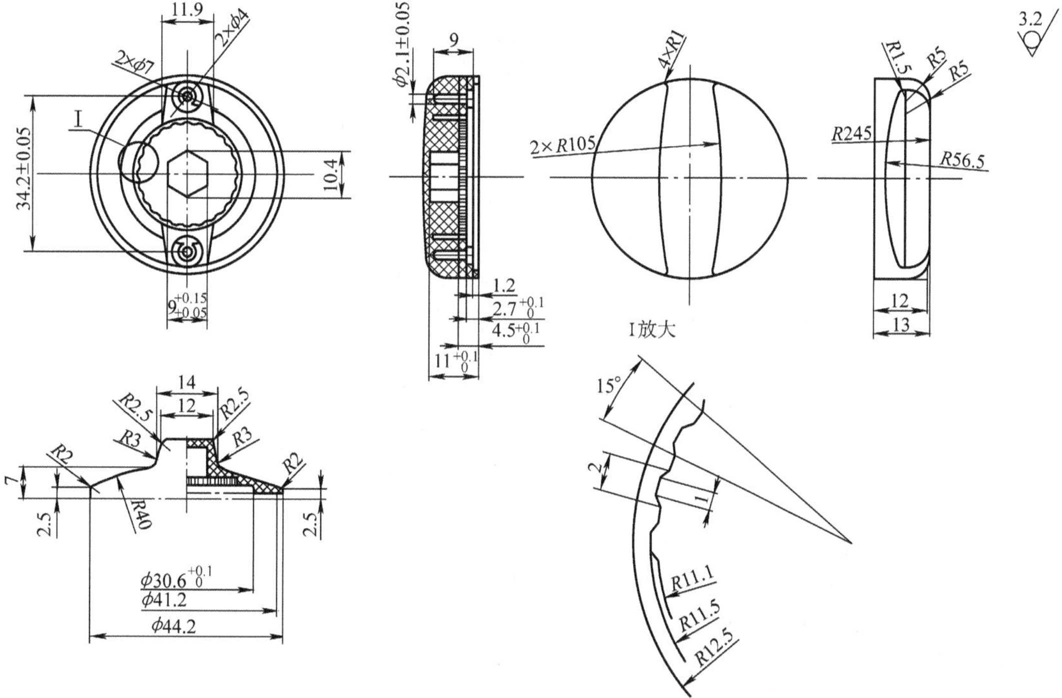

图 10-26

参考文献

[1] 黄贵东，韦志林，范建文．UG范例教程［M］．北京：清华大学出版社，2002.
[2] 夸克工作室．Unigraphics V16 实体域组合应用［M］．北京：科学出版社，2001.
[3] 夸克工作室．Unigraphics V16 曲面设计应用［M］．北京：科学出版社，2001.
[4] 黄俊明，吴运明，詹永裕．UnigraphicsⅡ模型设计［M］．北京：中国铁道出版社，2002.
[5] 林清安．零件设计基础篇（上、下）［M］．北京：清华大学出版社，2001.
[6] 林清安．零件设计高级篇（上、下）［M］．北京：清华大学出版社，2001.
[7] 技工学校机械类教材编审委员会．机械制图习题集［M］．北京：机械工业出版社，1987.
[8] 冯秋官．机械制图与计算机绘图习题集［M］．北京：机械工业出版社，1999.
[9] 董国耀．机械制图习题集［M］．北京：北京理工大学出版社，1998.
[10] 刘申立．机械工程设计图学习题集［M］．北京：机械工业出版社，2000.
[11] 刘小年．机械制图习题集［M］．北京：机械工业出版社，1999.
[12] 老虎工作室．机械设计习题精解［M］．北京：人民邮电出版社．2003.
[13] 王荣兴．加工中心培训教程［M］．北京：机械工业出版社，2006.
[14] 二代龙震工作室．PRO/E 立体制图造型设计实训［M］．北京：电子工业出版社，2006.
[15] 刘颖．CAXA 制造工程师 2006 实例教程［M］．北京：清华大学出版社，2006.
[16] 魏峥．SolidWorks 2005 基础教程［M］．北京：清华大学出版社，2005.
[17] 袁乐健　康亚鹏．UG NX2 基础教程［M］．北京：清华大学出版社，2005.
[18] 赖新建　杜智敏．Cimatron E7.0 产品模具设计入门一点通［M］．北京：清华大学出版社，2006.
[19] 陈为　谢玉书．PRO/ENGINEER 模具设计实例教程［M］．北京：清华大学出版社，2006.
[20] 陈小燕．UG 项目式实训教程［M］．北京：电子工业出版社，2005.
[21] 单岩．UG 三维造型应用实例［M］．北京：清华大学出版社，2005.
[22] 姜勇．AutoCAD 机械制图习题精解［M］．北京：人民邮电出版社，2002.
[23] 姜勇　刘小杰．从零开始 AutoCAD 机械制图典型实例［M］．北京：人民邮电出版社．2002.
[24] 黄小龙　高宏．机械制图实战演练［M］．北京：人民邮电出版社，2006.